高等职业教育园林园艺类“十二五”规划教材

园林植物保护

主　编　周庆椿　尚海庆
副主编　龙仕平　段渝萍　段明革
参　编　冯小俊　张晓玮　崔琳霞　高　锋
主　审　王进军　谌伦伟

机械工业出版社

本书按照生产实践要求，以工作任务为载体，将相关知识的讲解贯穿于完成工作任务的过程中，注重实际能力的培养，强化实训环节，充分体现了教、学、做一体化的高职教育特色。每项目后附有归纳总结和同步测试，方便学生自学；配套电子课件，方便教师授课。

本书主要介绍了园林植物害虫及病害的识别技术、园林植物有害生物综合防治技术、城市不良环境的影响及控制措施、园林植物害虫防治技术、园林植物侵染性病害防治技术、草坪主要病虫草害防治技术、外来有害生物及防治措施等。

本书可作为高职高专园林、园艺专业教材，也可作为应用型本科院校、函授和自学辅导用书以及园林、园艺专业从业人员的参考书。

图书在版编目（CIP）数据

园林植物保护/周庆椿，尚海庆主编. —北京：机械工业出版社，2011.12（2019.1 重印）

高等职业教育园林园艺类“十二五”规划教材

ISBN 978-7-111-36921-9

Ⅰ.①园…　Ⅱ.①周…②尚…　Ⅲ.①园林植物-植物保护-高等职业教育-教材　Ⅳ.①S436.8

中国版本图书馆 CIP 数据核字（2011）第 274342 号

机械工业出版社（北京市百万庄大街 22 号　邮政编码 100037）

策划编辑：王靖辉　覃密道　责任编辑：王靖辉

版式设计：张世琴　责任校对：张晓蓉

封面设计：马精明　责任印制：李　昂

三河市宏达印刷有限公司印刷

2019 年 1 月第 1 版第 3 次印刷

184mm×260mm · 24.75 印张 · 612 千字

标准书号：ISBN 978-7-111-36921-9

定价：55.00 元

凡购本书，如有缺页、倒页、脱页，由本社发行部调换

电话服务

社服务中心：（010）88361066

销售一部：（010）68326294

销售二部：（010）88379649

读者购书热线：（010）88379203

网络服务

门户网：http：//www.cmpbook.com

教材网：http：//www.cmpedu.com

前　　言

本书是根据我国高职高专教育教学改革的需要，依据园林专业园林植物保护课程标准，针对高职“园林植物保护”精品课程编写的“十二五”规划教材。教材按照园林植物保护工作任务和生产实践要求，以工作任务为载体，将相关知识的讲解贯穿于完成工作任务的过程中，所设计的“教学项目”是学生毕业后就业上岗需求的实际工作任务，以充分体现高职教育特色。

“园林植物保护”是园林专业的主干课程，该教材内容共分为7个项目，包括园林植物害虫及病害的识别技术、园林植物有害生物综合防治技术、城市不良环境的影响及控制措施、园林植物害虫防治技术、园林植物侵染性病害防治技术、草坪主要病虫草害防治技术、外来有害生物及防治措施。通过对本教材的学习，使学生在掌握园林植物有害生物识别技术的基础上，熟练掌握园林植物有害生物的种类、危害及发生发展规律，掌握园林植物主要有害生物的诊断识别及综合治理技术，还能诊断目前普遍存在的由于城市不良环境引起不能通过药物治疗的病害，将植物保护的概念贯穿于园林植物设计、施工、栽培养护的整个过程中，成为既有一定的园林植物保护的理论知识，又有综合治理有害生物及维护城市生态环境的实践技能，能独立完成园林植物保护相关工作任务的高技能应用型人才。教材广泛搜集了国内外园林植物保护技术方面的资料和文献，注重引入近年来的最新科技成果和成熟稳定的先进技术。教材内容着重突出实用性和针对性，注重将园林植物保护技术融入可持续发展和环境保护之中，增加了城市不良环境的影响及控制措施，强调了对外来有害生物的防控，扩大了园林植物保护的生态环保范围，以实现高效控制园林植物有害生物，最大限度地减少对环境的污染，有利于人类身体健康的目的。该教材融教、学、生产一体化，体现先进性与实用性，强化操作技能训练，文字描述深入浅出，内容展现图文并茂，寓教于乐。

本书由周庆椿、尚海庆任主编，龙仕平、段渝萍、段明革任副主编。全书编写分工如下：绪论由周庆椿编写，项目1由周庆椿、段渝萍、冯小俊编写，项目2由龙仕平编写，项目3由周庆椿编写，项目4由段渝萍、张晓玮编写，项目5由尚海庆编写，项目6由崔琳霞编写，项目7由段明革编写；实训1~实训4由高锋编写，实训5~实训10由周庆椿编写，实训11~实训13由段明革编写，实训14由周庆椿编写，实训15~实训18由段渝萍、张晓玮编写，实训19~实训22由高锋编写，实训23~实训25由崔琳霞编写，实训26由段明革编写。本书由周庆椿统稿并编写课程标准，由西南大学植保学院王进军、重庆市园林局谌伦伟任主审。

本书在编写过程中，得到重庆三峡职业学院、吉林农业科技学院、重庆城市管理职业学院、湖北恩施职业技术学院、山西运城农业职业技术学院、阜阳职业技术学院、西南大学植物保护学院、重庆市园林局等有关领导及专家的大力支持，在此深表谢意！由于编写时间紧、任务重，书中缺点及错误在所难免，敬请各位读者批评指正。书中插图参考或引用有关文献或网络资源，在此一并向相关作者致谢！

本教材配有电子课件，凡使用本书作为教材的教师可登录机械工业出版社教材服务网 www. cmpedu. com 下载。咨询电话：010-88379375。

编　者

目录

绪　论

0.1　园林植物保护的内容和任务

园林植物保护是研究园林植物有害生物的发生发展规律及防治技术，以消除或减少有害生物的危害，并将其控制在经济允许的最低水平，以发挥城市园林的生态效益，改善城市生态环境的一门学科。

园林植物保护是园林专业的主干必修课程，主要内容包括园林有害生物的识别和诊断、发生发展规律的研究和防治技术等。其主要任务是从生态学观点出发，通过本门课程的学习，使学生能够掌握园林植物有害生物的基础知识和基本技能；领会并切实贯彻执行“预防为主，综合防治”的植物保护工作方针，采取科学的防治措施，以维护城市生态系统的平衡，达到城市生态系统的良性循环。

0.2　园林植物保护在园林绿化中的重要性

园林绿化是城市建设的重要组成部分。人们利用丰富的园林植物对环境进行绿化、美化，为人类创造出优美舒适的生存环境。许多城市都提出要建立生态园林城市的目标，如重庆市更是将“森林城市”建设提到了城市建设的重要地位。然而园林植物在生长发育过程中，常因各种有害生物的危害而造成重大损失。叶、花、果、茎、根出现坏死斑或发生畸形、凋萎、腐烂或落叶、落花等现象，降低了花草树木的质量，使其失去观赏及绿化效果，甚至全株死亡。如月季黑斑病、菊花褐斑病、芍药和牡丹红斑病等发生普遍且严重；郁金香、仙客来病毒病等使花卉品种退化、甚至毁种；有的病害如菊花病毒病和盆景病虫害影响到出口创汇；病毒病、线虫病已成为花卉生产中的潜在危害。一些食叶害虫除食叶外，其虫体、虫粪还遍布树下、路旁，污染环境。吸食汁液的蚜虫、蚧虫、粉虱、蓟马和叶螨等“五小”害虫，其虫体小，繁殖能力强，扩散蔓延快，防治效果不稳定，它们不仅使植物萎蔫、卷曲、变色，还能引起煤污病，有的还传播病毒病，严重危害园林植物正常生长及观赏效果。市政建设中产生的石灰、水泥、砖石常导致土壤呈碱性，城市道路经常挖掘路面伤及树根，以盐融雪致使被盐融化后的雪水直接流入绿地或从下水道渗进绿地，导致园林植物黄化及其他致命伤害。

园林植物有害生物的危害是一种较为常见的自然灾害，它给世界各国的园林花卉业都造成过巨大的损失。20 世纪 20 年代，茎线虫的危害使英国当时的水仙种植几乎毁灭。20 世纪 70 年代以来，松材线虫病在日本盛行，几乎席卷全国，每年造成松材损失达 $2\times10^6\text{m}^3$ 以上。该病自 1982 年在我国南京市中山陵首次发现以来，又先后在浙江、山东、广东和安徽等省局部地区发现并流行成灾，2002 年发生面积已达 8.7 万 hm^2，因病死亡的松树近 3500 万株，严重威胁黄山风景区。原国务院总理朱镕基曾指出："松材线虫要注意，黄山奇景要保护"。20 世纪 80 年代初，驰名中外的北京香山红叶逾期不能变红，是由于感染了白粉病；90 年代该地区的高温多湿，导致木橑尺蛾的大发生，将景区内的 1/3 黄栌叶片吃光，经人工捕捉再加上飞机撒药，才使该虫得到控制，挽救了香山红叶的壮丽秋景。杨树食叶害虫、蛀干害虫威胁着北方的防护林工程；松毛虫在我国各风景区发生面积每年约 4000 万亩。杨树烂皮病、小蠹、樟脊网蝽、灰白蚕蛾等危害城市行道树，在风景区也发生严重。

园林植物除了本地有害生物的危害外，外物入侵也会造成严重的危害。松突圆蚧原产于日本，自 1982 年珠海、深圳首次发现后，以每年发生面积扩大 6.7 万 hm^2 的速度向内地扩展。据广东省森林病虫害防治与检疫总站统计，截止 2002 年，广东省有虫面积达 $111.58 \times 10^4 hm^2$，发生危害面积为 $31.88 \times 10^4 hm^2$，受害枯死或濒死已更新改造的马尾松林达 $18 \times 10^4 hm^2$。

由美洲传入我国的美国白蛾是一种多食性害虫，1979 年在辽宁丹东发现，现除辽宁西南部未见发生外已遍及辽宁各地，2006 年在北京、天津、山东、陕西等北方省市出现爆发态势，危害植物达 200 多种。

从园林有害生物的危害可以看出，这些灾害已经危及园林植物的正常生长，破坏了园林植物的绿化及观赏功能，随着城市现代化的发展和人们生活水平的提高，人们对观赏植物需求量日益增加。因此，在扩大绿化面积的同时，必须高度重视园林植物有害生物的防治工作。

0.3 园林植物保护的特点

城市生态系统的特点是人为干扰严重，这就决定了园林有害生物的发生和危害与农作物病虫害及园艺病虫害相比有其共同性也有其特殊性和复杂性，在园林植物有害生物的防治上也具有一定的独特性。

1. 园林植物生长的影响因子复杂多样

我国的园林植物种类丰富，品种繁多，在各大中城市自然景区、公园、庭院及街道，各种园林植物都有一定的组合和配置，形成独特的园林生态环境，不同环境中的生物与非生物因子均会对园林植物的生长造成影响，也给多种有害生物的发生提供了不同条件。危害园林植物的有害生物种类较多，据报道，我国园林植物，包括草本花卉、木本花卉、攀缘植物、肉质植物、地被植物、水生观赏植物和园林树木的病害有 5500 多种，虫害有 8265 种，此外，还有草害、螨类、软体动物等的危害。除有害生物的危害外，城市特殊的生态环境也对园林植物的生长带来许多不良影响，这就决定了园林植物生长影响因子的多样性和防控工作的复杂性。

2. 复杂的栽培方式决定了有害生物发生的特殊性

园林植物的栽培方式多种多样，结构层次及立地条件复杂，生长周期长，小环境、小气候多种多样。在各个风景区、公园、城市街道、庭院绿化中，为了达到绿树成荫、四季有花的效果，常常将花、草、树木巧妙地搭配在一起种植，形成一个个独特的园林景观。一些名

贵、稀有品种或艺术盆景，其每根枝条、每张叶片都有一定的造型艺术。这些栽培方式及艺术造型在满足人们观赏需求的同时，也为园林植物有害生物的发生和交叉感染提供了更多有利的条件。在北方园林中，常见的有桧柏、侧柏与梨、苹果、海棠搭配在一起种植，松树与栎树混交，松树与芍药混种等，往往给梨桧锈病、松栎锈病和松芍锈病的转主寄生和病害的流行创造了条件。介壳虫、粉虱、蚜虫和叶蝉等吸汁类害虫寄主范围广泛，在各种园林植物中大量繁殖、辗转危害，并传播园林植物病毒病等，同时许多有害生物还可随种苗异地交换而扩散蔓延，使其分布更广、危害更严重。

3. 城市人口稠密，有害生物防治技术要求更环保

园林植物在整个社会经济生产中占有重要地位，经济价值较高，如天坛公园、黄帝陵的古柏、黄山的迎客松等。园林植物多分布在城市和风景点，由于城市人口稠密，行人和游人众多，对园林植物上发生的有害生物采用化学药剂防治虽然能迅速见效，但是其不仅污损花木，影响美观，有时还可能造成环境污染，影响市民或游人的健康。因此，防治园林植物有害生物应从多方面考虑，以保护和改善居民赖以生存的城市生态环境为重点，以改善环境、提高园林植物抗病虫害的能力和控制有害生物发生的条件为主，多采用园林养护、生物防治和化学防治相结合的综合防治方法，尽量减少环境污染，对古树名木通常还采用外科手术、修复术及“美容”等方法，使园林植物真正起到绿化美化城市的目的。

0.4 园林植物保护的发展概况

植物保护的概念最早出现在农业中，主要是针对农作物的病虫害进行防治。随着科学技术的发展，学科研究广泛而深入，植物保护又发展到林业上，之后又分支到城市园林植物上。由于研究对象的不同，也就决定了园林植物保护有着与农林业不同的特点。园林植物涉及的品种多，既有乔木又有灌木和草坪，形成的植物生长环境比较复杂，各种有害生物之间的关系也很复杂，这就要求园林植物保护的方法要讲究科学性、生态性、人文性。

园林植物保护研究在我国起步较晚，约起步于20世纪20年代，大量系统研究是从70年代末到80年代后期，才初步摸清了有害生物的种类、分布及危害程度，并确定了检疫对象，为今后的防治研究奠定了基础。目前对造成严重危害的许多病虫害，经过研究和生产实践，已掌握了其发生发展规律，有了较成熟的防治经验。但有些病虫害从防治上来讲，目前还缺乏理想的、经济有效的、安全可靠的综合防治措施。有些原来并不重要的病虫害，在新的环境条件下也可能暴发成灾，如重阳木锦斑蛾等。因此，有害生物仍是影响园林植物生长和城市绿化的严重问题。新的防治理论和综合防治措施的提出还有待进一步探索和研究，特别是在园林植物有害生物的预测预报方面还亟待完善提高。

当前的园林植物保护已不局限于有病治病、有虫治虫，而是从植物、环境这个大的生态系统出发，最大限度地调动和利用各种有效生物对园林有害生物的自然控制作用，尽量少用或不用难降解的化学药物，改用无公害的生物制剂，采用科学、环保的施药方法，确保整个生态系统良性循环，最大限度地符合人类利益，达到园林植物保护工作的可持续发展。

项目1

园林植物害虫及病害的识别技术

通过本项目的学习，掌握昆虫及病害的主要特征并能熟练识别；熟悉昆虫的习性及分类等基本知识；熟悉病原菌的一般性状及所致病害特点；熟练掌握显微镜的使用及病虫害标本的采集制作及鉴定技术，为完成园林植物病虫害的防治任务打下坚实的基础。

任务1 昆虫的识别技术

任务分析：该任务主要包括昆虫形态特征的识别、昆虫变态类型及不同发育阶段的特点、园林植物昆虫重要目科的分类识别等内容。要完成该任务必须具备植物及动物的相关知识，采用科学的方法，运用体视显微镜等仪器，掌握园林植物昆虫分类方法及常见害虫的识别技术。

知识点：昆虫的形态特征、昆虫的生物学特性、昆虫分类特征。

能力点：园林植物害虫重要目科的识别技术，昆虫标本的采集、制作方法。

任务实施的相关专业知识

昆虫属于动物界、节肢动物门、昆虫纲。目前地球上已知的昆虫150万种以上，占整个动物界的2/3，是动物界中种类最多、数量最大、分布最广的一个类群。

根据昆虫对人类经济利益的影响，昆虫相对地被划分为“害虫”和“益虫”两大类。危害植物的有害动物绝大部分是昆虫，如蝗虫、蚜虫等，有的寄生在人、畜体上，如臭虫、牛虻等，它们分别被称为农林害虫和卫生害虫，统称为害虫；有些昆虫却以害虫为取食对象，如瓢虫、螳螂等，还有些昆虫能为人类提供工业、医药或食用原料，如五倍子蚜、家蚕等，这些昆虫分别被称为天敌昆虫和资源昆虫，统称为益虫。

1.1.1 昆虫的外部形态

昆虫的种类繁多，生活环境各异，由于长期进化的结果，其形态呈现多样性，但它们在

成虫阶段具有很多共同的基本外部形态特征，这是识别害虫种类并进行防治的基础。

昆虫成虫的体躯分为头、胸、腹三个体段。头部有口器和1对触角、1对复眼和0～3个单眼；胸部有3对胸足，一般有2对翅；腹部末端有外生殖器；具有几丁质的外骨骼，如图1-1所示。

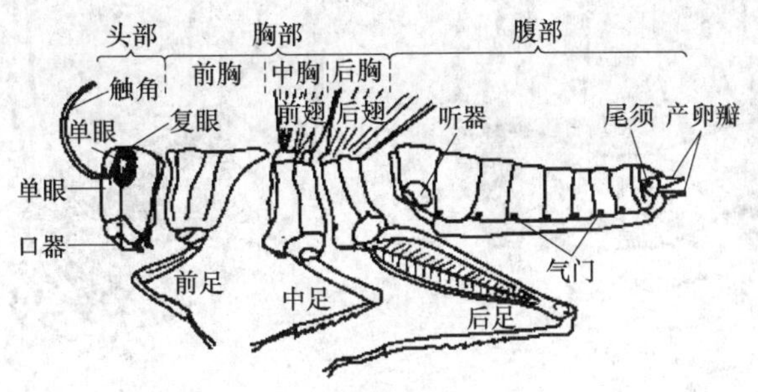

图1-1　蝗虫的体躯构造

与园林植物关系密切的动物类群还有蛛形纲，主要有蜘蛛目和蜱螨目，多数种类个体比较小，如图1-2所示。蜘蛛目的主要特征是体躯分为头胸部和腹部两个体段，有4对足、多个单眼，无触角、无复眼、无翅，多数种类为园林植物害虫的天敌；蜱螨目的主要特征是体躯没有明显的分段，有4对足、多个单眼，无触角、无复眼、无翅，危害园林植物的主要为叶螨和瘿螨，也有捕食性的益螨。

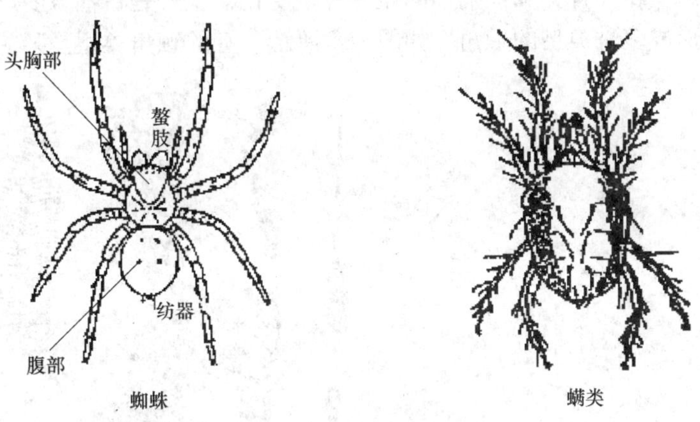

图1-2　蛛形纲动物

1.1.1.1　昆虫的头部

1. 头部的基本构造和功能

昆虫成虫的头部位于体躯的最前端，以柔软的节间膜与前胸相连。通常着生有触角、复眼、单眼等感觉器官和取食器官——口器，因此，头部是昆虫的感觉和取食中心。

一般认为，昆虫的头部是由6个体节愈合而成的一个完整而坚硬的体段。虽然没有分节的痕迹，但因体壁内陷在头部表面形成一些沟和缝，将其分成5个区域，分别为额区、颊区、唇基区、头顶区和后头区，如图1-3所示。这些区的形状、位置都随沟的变化而变化，是昆虫分类的重要依据。

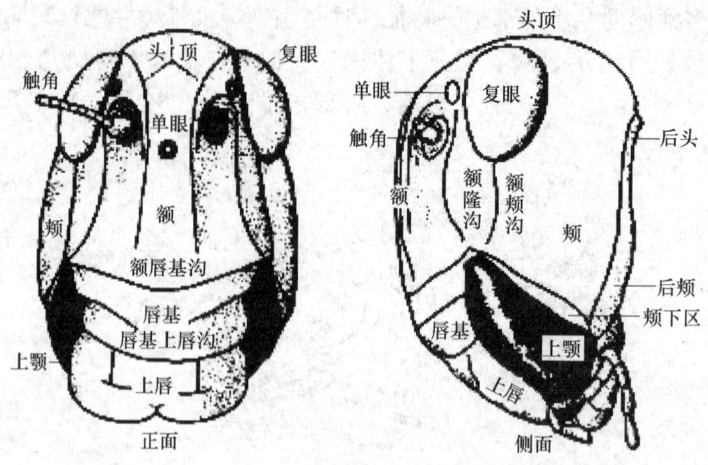

图 1-3 蝗虫的头部构造

2. 头部的附属器官

(1) 触角 触角具有嗅觉、触觉和听觉的功能，是头部的主要感觉器官，能帮助昆虫进行觅食、求偶、产卵、避敌等活动。

昆虫的触角由 3 部分组成，自基部起第 1 节称为柄节，第 2 节称为梗节，梗节以后的若干个亚节统称为鞭节，如图 1-4 所示。

昆虫触角的形状，因种类和性别不同而有许多变化，主要是在鞭节的形状和亚节数目上变化较大，从而形成多种类型的触角，如图 1-5 所示。有的触角类型是某些昆虫特有的，因

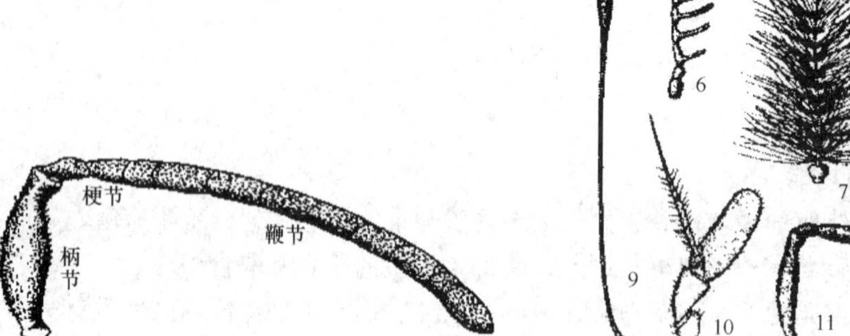

图 1-4 昆虫触角的基本构造

图 1-5 昆虫触角的类型

1—刚毛状 2—锤状 3—鳃片状 4—羽毛状 5—念珠状 6—栉齿状 7—环毛状 8—锯齿状 9—球棒状 10—具芒状 11—膝状 12—线状

此，触角是昆虫分类的重要依据，也可以据此对一些昆虫进行雌雄性别的区分。如球棒状触角是蝶类特有的，鳃片状触角是金龟甲特有的，具芒状触角是蝇类特有的，许多蛾类雄性的触角是羽毛状的，而雌性蛾类的触角却是丝状的。

(2) 复眼和单眼　复眼和单眼是昆虫的视觉器官，在昆虫的取食、栖息、繁殖、避敌、决定行动方向等各种活动中起着重要的作用。

复眼对光的强度、颜色等都有较强的分辨能力，具有成像功能，是昆虫的主要视觉器官，如图1-6所示。昆虫成虫和不完全变态类的幼虫期都有1对复眼，它由许多六角形的小眼组成，小眼数目越多则视觉越强。有些昆虫的成虫，在复眼之间还有1~3个单眼，它们只能感受光强度的变化及光源的方向，而没有成像的功能，如图1-7所示。

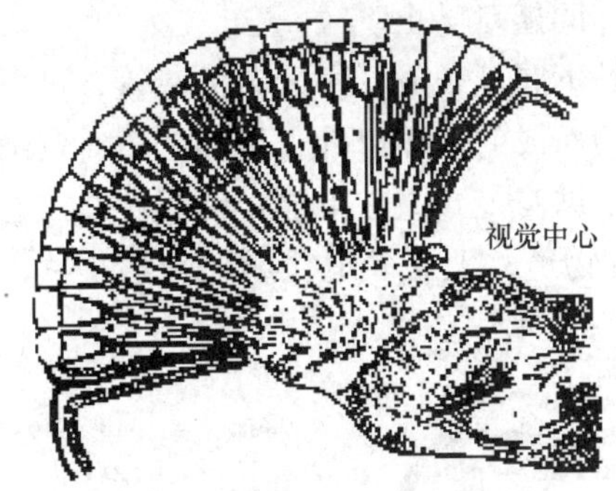

图1-6　昆虫复眼纵切面模式

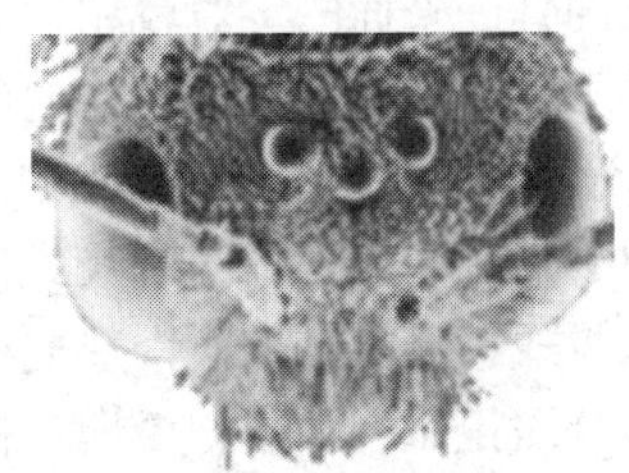

图1-7　蜜蜂头部的单眼

(3) 口器　口器是昆虫的取食器官。昆虫由于取食方式不同，口器在构造上形成了多种类型，分为咀嚼式、吸收式和咀吸式三大类。吸收式口器按照取食方式又可分为刺吸式、锉吸式、刮吸式、虹吸式和舔吸式。掌握昆虫的口器类型，不仅可以了解害虫的危害方式，而且还可以正确进行杀虫剂的选择和使用。

危害园林植物的昆虫常见口器类型为咀嚼式和刺吸式，另外还有锉吸式。

1) 咀嚼式口器。其适于咀嚼固体食物，是昆虫口器中最原始、最基本的类型，由它演化为其他口器类型。许多昆虫具有这种口器，如蝗虫、蝼蛄、金龟甲、瓢甲、螳螂等。

咀嚼式口器由上唇、上颚、下颚、下唇和舌5个部分组成，如图1-8所示。

① 上唇是和唇基相连的一块双层薄片，外壁骨化，内壁膜质而多毛，有感觉功能。

② 上颚位于上唇之后，坚硬而不分节，前端有齿的部分为切区，用以切断食物；基部的粗糙面为磨区，用于磨碎食物。

③ 下颚位于上颚下方，分为轴节、茎节、外颚叶、内颚叶和下颚须5部分。内、外颚叶具有协助上颚切割和抱托食物的作用，下颚须具有嗅觉和味觉的功能。

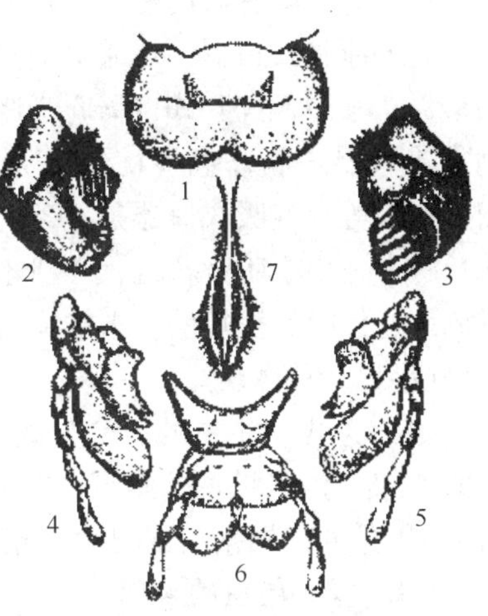

图1-8　蝗虫的咀嚼式口器
1—上唇　2、3—上颚　4、5—下颚　6—下唇　7—舌

④ 下唇位于下颚之后，分为后颏、前颏、侧唇舌、

中唇舌和下唇须5部分。下唇起托持食物的作用，下唇须具有感觉功能。

⑤ 舌位于口腔中央，为软袋状，具有许多茸毛和感觉细胞，具有搅拌、运送食物和味觉的功能；舌基部有唾液腺开口。

具有咀嚼式口器的害虫危害特点是使植物组织和器官受到机械损伤而残缺不全，如取食叶片造成透明斑、缺刻、孔洞甚至全叶吃光等；钻蛀果实和枝干的造成隧道、孔洞、枝叶枯死等。

防治咀嚼式口器害虫的杀虫剂通常使用胃毒剂，喷施于植物体表或与某些食饵混合，通过害虫取食将药剂带入消化道，引起害虫中毒而死。

2）刺吸式口器。这种口器具有口针，能刺破动植物组织，吮吸其汁液。许多昆虫具有这种口器，如蝉、蚜虫、介壳虫、木虱和粉虱等同翅目昆虫。

刺吸式口器是由咀嚼式口器演化而来的，其下唇延长成一根分节的喙管，可以屈伸，包藏两对细长的针，外面的1对较粗，为上颚延伸而成的上颚口针，里面的1对较细，为下颚延伸而成的下颚口针，下颚口针的内侧各有2条纵沟，当左右下颚口针嵌合在一起时就合成2条极细的管道，分别为唾液道和吸取养分的食物道，上唇多退化成三角形小片，盖在喙管基部，舌位于口针基部。蝉的刺吸式口器如图1-9所示。

具有刺吸式口器的害虫通常造成植物产生变色斑点、卷缩扭曲、肿瘤、虫瘿、枯萎等受害状。同时，很多种类还能传播病毒病，使植物造成严重损失。

防治刺吸式口器害虫的杀虫剂通常使用内吸剂，通过吸收或渗透方式而混入植物的汁液中，在害虫吸食带药的汁液时进入消化道而致其死亡。

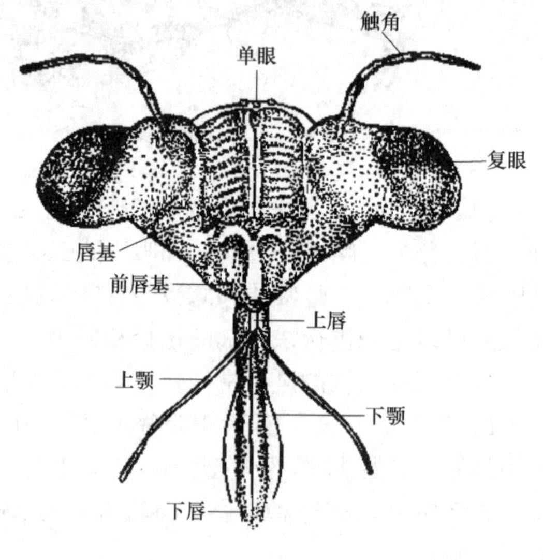

图1－9　蝉的刺吸式口器

除以上两种口器外，还有蓟马类特有的锉吸式口器、蜜蜂特有的嚼吸式口器、双翅目蝇类特有的舐吸式口器、蝶蛾类成虫特有的虹吸式口器。其中，锉吸式口器介于咀嚼式口器和刺吸式口器之间，危害植物通常造成变色斑点、虫瘿等。虹吸式口器是一条能卷曲和伸展的长喙，适用于吮吸花蜜，一般不会对植物造成危害，但吸果夜蛾的喙末端锋利，能刺破植物的果皮吸食果汁，造成果实未熟先黄、落果烂果或果品质量低劣。

（4）头式　昆虫的取食方式不同，其口器在头部着生的位置也不相同。按照口器着生的方向与体躯纵轴的角度，可将昆虫的头式分为下口式、前口式、后口式3种类型，如图1-10所示，根据头式可以了解昆虫的食性。

1.1.1.2　昆虫的胸部

1. 胸部的基本构造和功能

胸部是昆虫成虫的第二个体段，由前胸、中胸和后胸3个胸节组成。各胸节的侧下方均着生1对足，依次称为前足、中足和后足。在中胸和后胸的背面两侧，通常各生1对翅，称

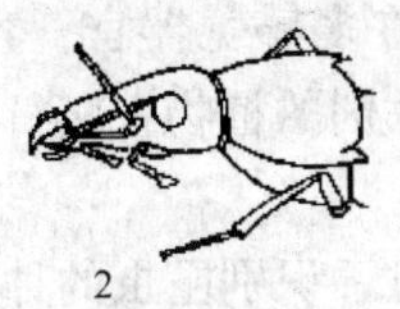
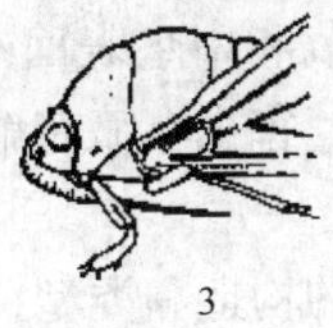

图1-10　昆虫的头式

1—下口式（蝗虫）　2—前口式（步甲）　3—后口式（蝉）

为前翅和后翅，中胸和后胸也因此称为“具翅胸节”。足和翅是昆虫的主要运动器官，所以胸部是昆虫的运动中心。

由于昆虫胸部要承受胸足的运动强度和配合翅的飞行运动，所以，胸节的体壁高度骨化，具有复杂的沟和脊，内部着生有特别发达的肌肉，各胸节之间紧密相连，特别是中胸和后胸因为具翅而特别紧凑。昆虫的每一胸节，均由4块骨板组成，位于背面的称为背板，两侧的称为侧板，腹面的称为腹板。

2. 胸部的附属器官

（1）胸足　昆虫的胸足是胸部的附肢，着生于侧板与腹板之间，基部由膜与体壁相连，形成一个膜质的窝，称为基节窝，有助于胸足的自由转动。

胸足分为6节，从基部向端部依次称为基节、转节、腿节、胫节、跗节和前跗节，前跗节又包括爪和中垫，如图1-11所示。

原始的胸足是适应陆生行走的器官，但由于不同的生活环境和生活方式，足的基本构造和功能也发生了相应的变化，形成各种类型的足，如图1-12所示。胸足除了具有爬行、跳跃等足的基本运动功能外，有的还具有挖掘、捕捉、游泳、携粉、抱握等功能，可以帮助昆虫捕食、交配、寻找栖息场所。

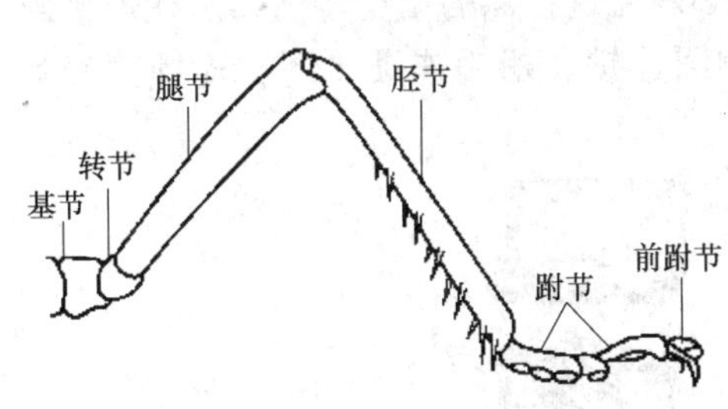

图1-11　昆虫胸足的基本构造

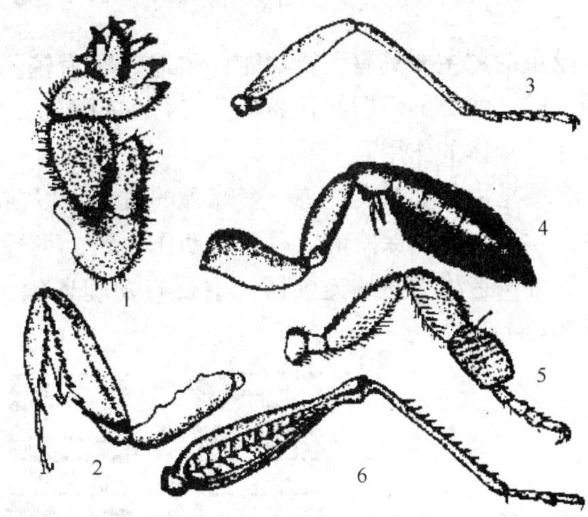

图1-12　昆虫胸足的类型

1—开掘足（蝼蛄前足）　2—捕捉足（螳螂前足）　3—步行足（步行甲胸足）　4—游泳足（龙虱后足）　5—携粉足（蜜蜂后足）　6—跳跃足（蝗虫后足）

多数昆虫的跗节和中垫表面有许多感觉器官，容易受外界刺激，且这些部位体壁较柔软，外物容易侵入。害虫在喷有触杀剂的植物上爬行时，药剂容易由此进入虫体内引起中毒死亡。

了解昆虫胸足的构造和类型，对于识别昆虫的种类、推断其活动场所、研究它们的生活习性和危害方式，以及在制订害虫的防治和益虫保护措施上都有一定的指导意义。

（2）翅　多数昆虫的成虫有 2 对翅，如蝗虫、蝶类、蜂类、金龟甲、有翅蚜等；有的种类如蝇、蚊、虻类只有 1 对翅；少数种类如无翅蚜、臭虫、雌性介壳虫、雌性蓑蛾等无翅。

昆虫的翅是由背板向两侧扩展而成的附肢，所以翅的上下壁构造和体壁完全相同。在翅的发育过程中，上下两层体壁愈合且膜质化，皮细胞层消失，气管增厚硬化形成翅脉。

展开的翅通常近似三角形，具有 3 条边分别为前缘、外缘和内缘（或后缘），对应的 3 个角为肩角、顶角和臀角，翅面的一些褶线又将其划分为腋区、臀前区、臀区和轭区 4 个区，如图 1-13 所示。

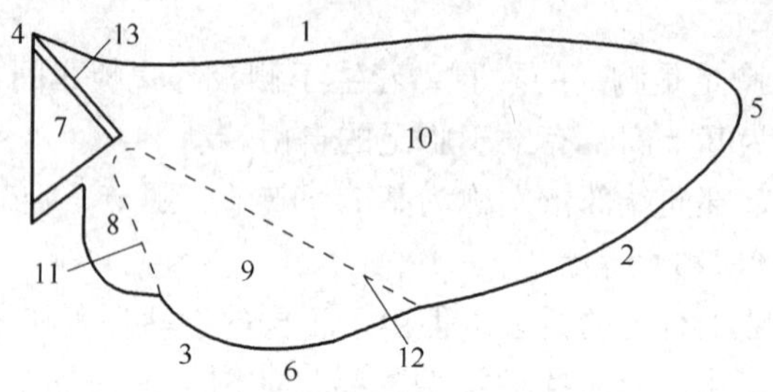

图 1-13　昆虫翅的基本构造

1—前缘　2—外缘　3—内缘　4—肩角　5—顶角　6—臀角　7—腋区　8—轭区
9—臀区　10—臀前区　11—轭褶　12—臀褶　13—基褶

昆虫的翅主要具有飞行功能，质地一般为较薄的膜质；但有些种类的翅功能发生特化，如蝇、蚊、虻类的后翅特化为平衡飞行的短棍状，金龟甲、瓢虫等甲壳虫的前翅增厚变硬，具有保护身体的作用。

有些昆虫，如蛾类、蝉、蜜蜂等的成虫，以前翅为主要的飞行器官，后翅的飞行功能一般不太发达，为了保持前、后翅的动作一致，飞行时必须通过特殊的结构将前、后翅连接起来，这种构造称为翅的连锁器，主要有翅轭连锁、翅缰连锁、翅钩连锁、翅褶连锁四种类型，如图 1-14 所示。

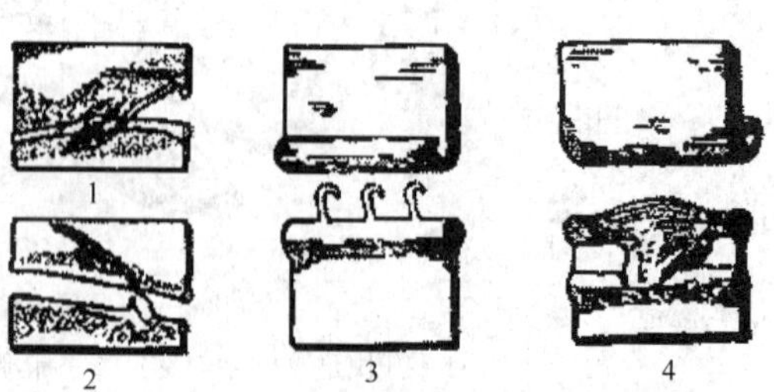

图 1-14　翅的连锁结构

1—翅轭　2—后翅的翅缰和前翅的翅缰钩　3—后翅的翅钩和前翅的卷褶
4—前翅的卷褶和后翅的短褶

根据翅的形状、质地与功能，可将翅分为多种类型，常见的有以下 7 种，如图 1-15 所示。翅的类型是昆虫分目的主要依据，如膜翅目、鳞翅目、鞘翅目等，识别昆虫必须掌握翅的特征。

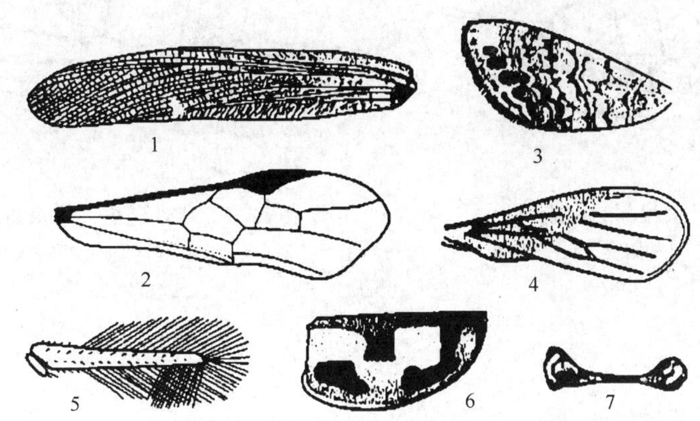

图 1-15　昆虫翅的类型

1—覆翅（蝗虫的前翅）　2—膜翅（蜂类）　3—鳞翅（蝶、蛾类）　4—半鞘翅（蝽类的前翅）　5—缨翅（蓟马）　6—鞘翅（瓢虫的前翅）　7—平衡棍（蝇、蚊、虻类的后翅）

1.1.1.3　昆虫的腹部

1. 腹部的基本构造和功能

腹部是昆虫体躯的第三段，内部有消化器官、排泄器官和生殖器官，外部有呼吸器官和外生殖器，所以腹部是昆虫代谢和生殖的中心。

昆虫成虫的腹部一般由 9 ~ 11 个腹节组成，第 1 ~ 8 节两侧各有 1 对气门，部分种类第 11 腹节上有 1 对尾须。昆虫腹部的构造如图 1-16 所示。各腹节之间由节间膜连接并相互套叠，背板与腹板之间由侧膜连接，节间膜和侧膜都较发达，因此，腹部能伸缩和弯曲，可以帮助昆虫进行呼吸、蜕皮、羽化、交配和产卵等活动。

2. 腹部的外生殖器

昆虫的第 8 ~ 9 腹节通常着生有外生殖器，雌性的称产卵器，雄性的称交尾器。

（1）产卵器　位于第 8 ~ 9 腹节，一般为管状，由腹产卵瓣、内产卵瓣、背产卵瓣和生殖孔组成，如图 1-17 所示。由于昆虫产卵的环境不同，产卵器的形状和构造有差异，因此产卵器是识别昆虫的依据。

（2）交尾器　位于第 9 腹节，主要包括阳具和抱握器，如图 1-18 所示。交尾器也因种而异，可以造成种间隔离，以保持自然界中昆虫种的稳定性，所以，雄性外生殖器是分类学中鉴定种的重要依据。

1.1.1.4　昆虫的体壁

1. 体壁的基本构造和功能

体壁是包围昆虫整个身躯最外层的组织，是高度骨化的皮肤，并且具有与高等动物骨骼相似的作用，所以称为外骨骼，含有节肢动物特有的几丁质。

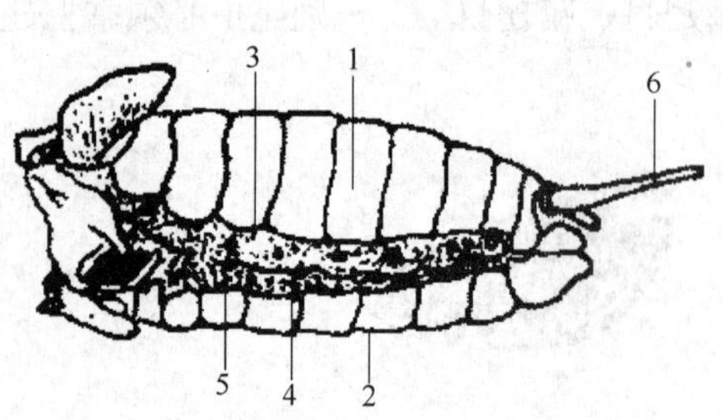

图 1-16　昆虫腹部的构造

1—背板　2—腹板　3—侧膜　4—背侧线　5—气门　6—尾须

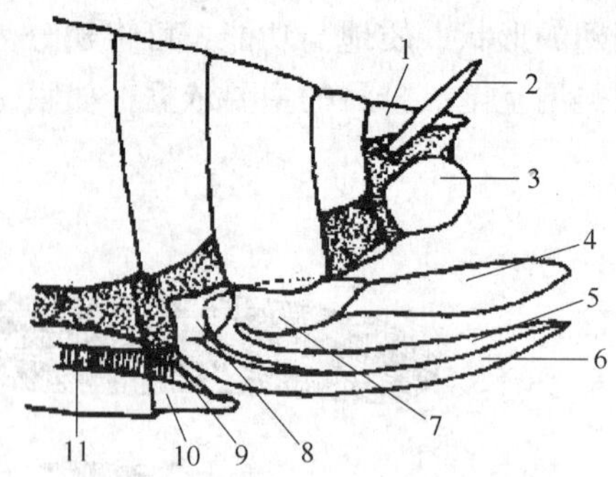

图 1-17　雌性昆虫外生殖器的构造

1—肛上板　2—尾须　3—肛侧板　4—背产卵瓣　5—内产卵瓣　6—腹产卵瓣　7—第二载瓣片　8—第一载瓣片　9—生殖孔　10—导卵器　11—中输卵管

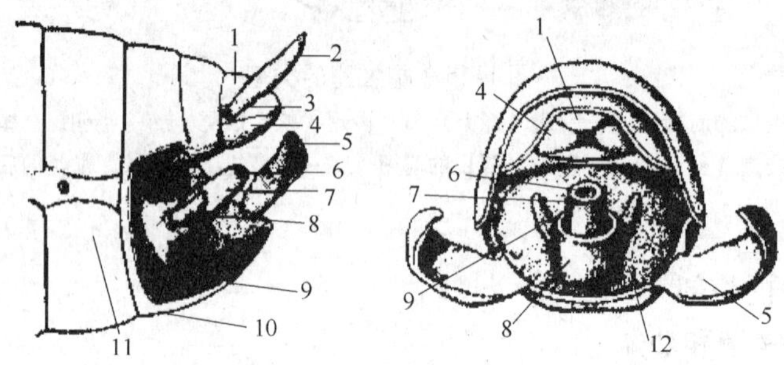

图 1-18　雄性昆虫外生殖器的构造

1—肛上板　2—尾须　3—肛门　4—肛侧板　5—抱握器　6—射精孔　7—阳茎　8—阳茎基　9—阳基侧片　10—下生殖板　11—射精管　12—生殖腔

（1）体壁的结构　昆虫的体壁较薄，但构造复杂，由里向外分为底膜、皮细胞层和表皮层 3 层，如图 1-19 所示。底膜和表皮层都是由皮细胞层分泌形成的非细胞组织。底膜紧

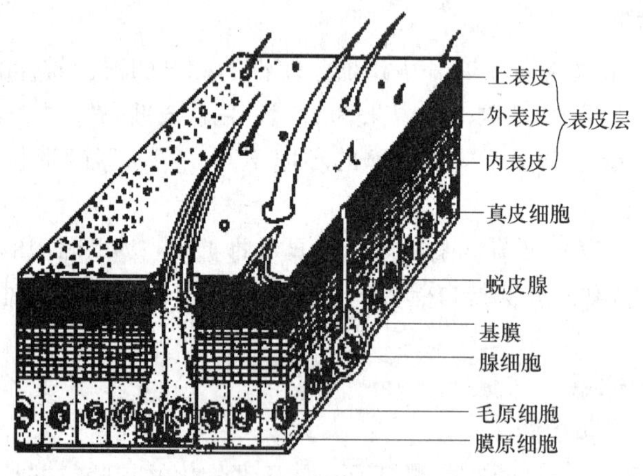

图 1-19　昆虫体壁的构造

贴在皮细胞层下；皮细胞层是一层排列整齐的活细胞，可以特化成刚毛、鳞片和各种腺体；表皮层由内向外又分为内表皮、外表皮和上表皮3层，主要含有蛋白质、几丁质、蜡层、护蜡层，使体壁具有一定的延展性、坚硬性、不透性，保护着内部器官。

（2）体壁的功能　昆虫体壁的主要功能是支撑身体，着生肌肉；防止体内的水分过度蒸发；阻止外部有毒物质及有害微生物的侵入；接受外界刺激，分泌各种化合物，调节昆虫的行为。

2. 体壁的衍生物

由于适应环境和生命活动的各种特殊需要，昆虫体壁的皮细胞和表皮层常发生特化，形成多种衍生物，如刺、距、刚毛、毒毛、鳞片等各种外长物，如图1-20所示。或形成多种腺体如唾腺、蜡腺、丝腺、毒腺、臭腺等。

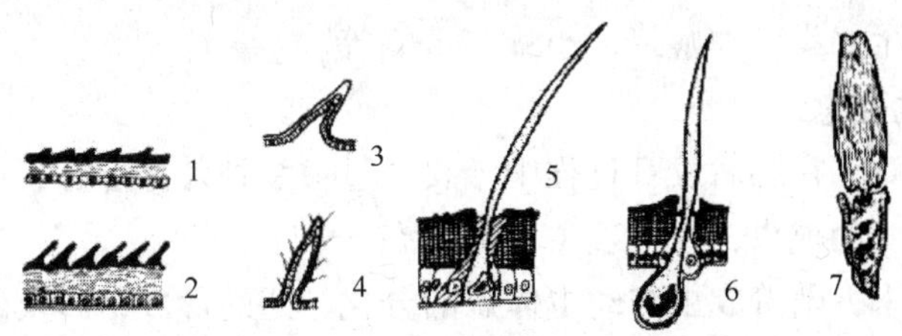

图1-20　昆虫体壁的外长物

1—毛　2—棘　3—刺　4—距　5—刚毛　6—毒毛　7—鳞片

3. 体壁与防治的关系

昆虫的体壁有较厚的蜡层和护蜡层，又有微毛、刺或鳞片，对外界物质具有一定的阻隔作用，防治害虫时应注意这些特点。同种昆虫在低龄幼虫期的体壁较薄，刚蜕皮时体壁柔软、骨化程度低，所以幼龄期、蜕皮初期施药防治效果好。惰性粉能摩擦掉蜡层和护蜡层，高温、脂类能溶解或破坏蜡层的排列，因此，高温烘烤曝晒或使用惰性粉、乳油型触杀剂可以提高对害虫的防治效果。

1.1.2　昆虫的生物学特性

昆虫的生物学特性是指昆虫在个体发育过程中具有的生命特征和行为特点，很多特性是由遗传因子控制的，包括昆虫的生殖、个体发育各阶段的特征、生活习性、年生活史等。

1.1.2.1　昆虫的生殖方式

昆虫的繁殖能力强，生殖方式多，多数种类以产卵的方式繁殖后代，再由卵孵化为虫体发育。绝大多数昆虫雌雄异体，主要进行两性生殖，此外还有孤雌生殖、卵胎生和多胚生殖等特殊的生殖方式。

1. 两性生殖

两性生殖又称为两性卵生，它的特点是必须经过雌雄两性交配产出受精卵，在母体外发育成新个体。多数昆虫具有两性生殖方式，如蝗虫、瓢虫、天牛等。

2. 孤雌生殖

孤雌生殖又称为单性生殖，指卵不经过受精也能发育成正常的新个体。孤雌生殖又分为3种类型：①偶发性孤雌生殖。如家蚕在正常情况下行两性生殖，但雌成虫偶尔产出的未受精卵也能发育成新个体的现象。②经常性孤雌生殖。如蜜蜂、蚂蚁等，雌成虫产下的卵中有受精卵和未受精卵，前者发育成雌虫，后者发育成雄虫；又如蓟马、介壳虫、粉虱等因雄成虫极少，雌成虫主要或完全进行孤雌生殖，偶有两性生殖现象。③周期性孤雌生殖。一种两性与孤雌生殖交替进行的繁殖方式。如蚜虫，在春季至秋季完全进行孤雌生殖，此时种群中全为雌虫，而在冬季来临前种群中才产生雄蚜，进行两性生殖产出受精卵越冬。

3. 卵胎生

蚜虫孤雌生殖时，未受精的卵先在母体内孵化再产出幼虫，所以这种生殖方式又称为孤雌胎生，也叫卵胎生。

4. 多胚生殖

多胚生殖是指由1个卵细胞分裂成多个胚胎，再发育成多个正常新个体的生殖方式。这种现象多见于一些寄生蜂类，如姬蜂、小蜂、茧蜂等。

1.1.2.2 昆虫的变态

昆虫自卵中孵出后，在胚后发育过程中，要经过一系列外部形态、内部器官和生活习性等方面的变化才能转变为成虫，这种现象称为变态。

昆虫在进化过程中，随着成虫与幼虫体态的分化、翅的形成，以及幼虫期对生活环境的特殊适应和其他生物学特性的分化，形成了各种不同的变态类型。主要有完全变态和不完全变态两种类型。

1. 完全变态

完全变态的昆虫个体发育经过卵、幼虫、蛹和成虫4个阶段。幼虫在化蛹时，各器官芽形成的构造同时翻出体外，因此蛹已具备羽化时成虫的外部构造。如鞘翅目的甲壳虫类、鳞翅目的蝶蛾类、膜翅目的蜂类、双翅目的蝇类等为完全变态类昆虫，如图1-21所示。

有些完全变态昆虫的幼虫期各龄之间的生活方式不同，在体形上也发生了明显的分化，这种变化比一般完全变态更为复杂，特称为复变态。如鞘翅目的芫菁是该类变态，其1龄幼虫有发达的胸足，行动活泼，取食蝗虫的卵，称为蛃型幼虫；2龄幼虫即变为体壁柔软、胸足不很发达、行动迟缓的蛴螬型幼虫；经过若干龄后深入土中，蜕皮后变成胸足更退化、体壁坚硬的伪蛹型幼虫，又称为拟蛹，并以此虫态越冬，翌年再化蛹并羽化为成虫。

2. 不完全变态

不完全变态的昆虫个体发育经历卵、幼体和成虫3个阶段。翅在幼体的体外由翅芽发育而成，成虫特征随着幼体的生长发育而逐渐显现。不完全变态又可分为以下三个类型：

（1）渐变态　其特点是幼体与成虫除了翅和性器官的发育程度不同外，在形态、习性及栖息环境等方面都很相似，故幼体又特称为若虫。常见的如直翅目的蝗虫、螳螂目的螳螂、等翅目的白蚁、蜚蠊目的蜚蠊、半翅目的蝽象、同翅目的蝉等昆虫，如图1-22所示。

（2）半变态　其特点主要是幼期营水生生活，成虫陆生；成虫与幼体之间在外部形态如体型、取食器官、呼吸器官、运动器官等方面均有不同程度的分化现象，以致成、幼体间区别显著，其幼体特称为稚虫。常见的如蜻蜓目的蜻蜓、襀翅目的石蝇等昆虫。

（3）过渐变态　其特点是若虫与成虫均陆生，形态相似，但末龄若虫不吃不动似蛹态，故又称为伪蛹或拟蛹。因其比渐变态稍显复杂，故称为过渐变态，是不完全变态向完全变态演化的一个过渡类型，主要有蓟马、粉虱和雄性介壳虫类。

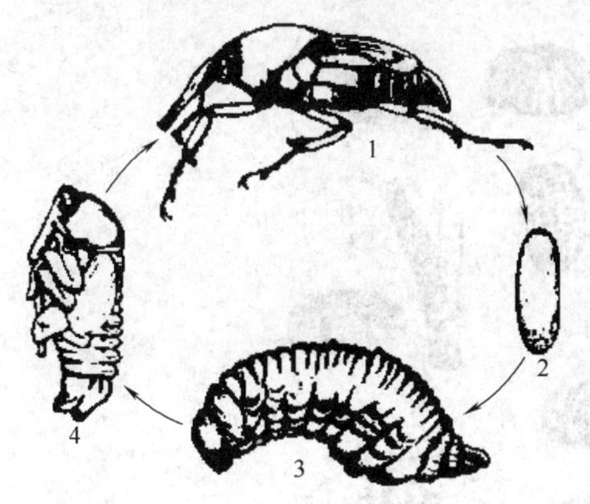

图1-21　完全变态（竹大象甲）
1—成虫　2—卵　3—幼虫　4—蛹

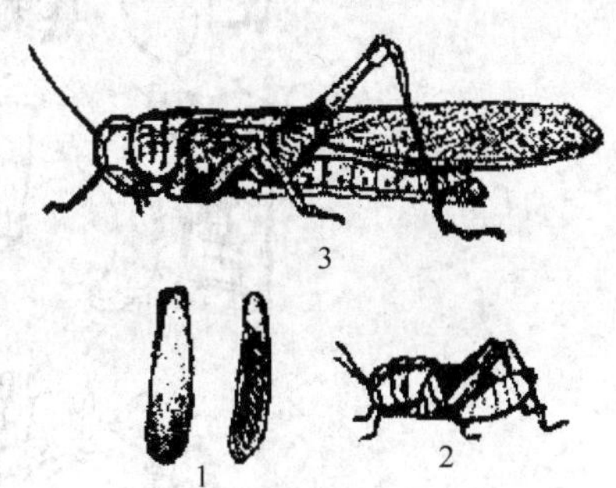

图1-22　不完全变态（东亚飞蝗）
1—卵　2—若虫　3—成虫

1.1.2.3　昆虫个体发育各阶段的特征

1. 卵期

卵是昆虫个体发育的第一个阶段，卵期指卵从母体产下到孵化所经历的时期。

（1）卵的构造　昆虫的卵是一个大型细胞，外面有一层坚硬的卵壳，卵壳下面为一薄层卵黄膜，其内有卵周质和卵黄，卵的前端有精子进入卵内的卵孔或受精孔，在卵孔附近，常有放射状、菊花状等刻纹。卵的颜色初产时一般为乳白色，此外还有淡黄色、黄色、淡绿色、淡红色、褐色等，接近孵化时颜色通常变深。

（2）卵的大小、形状　昆虫卵的大小差异很大，如蝗虫卵长6～7mm，而葡萄根瘤蚜的卵长仅为0.02～0.03mm。卵的形状也是多种多样的，常见的为卵圆形和肾形，还有半球形、球形、桶形、瓶形等，如图1-23所示。草蛉的卵具柄，蝽的卵有盖，有些昆虫在卵壳表面有各种各样的脊纹，如一些夜蛾的呈放射状，菜粉蝶的卵在纵脊之间还有横脊，以增加卵壳的硬度。

（3）产卵方式　昆虫的产卵方式多种多样，有的单个分散产，有的卵粒聚集在一起形成各种形状的卵块；有的昆虫将卵产在物体表面，有的产在隐蔽的场所甚至寄主组织内，对寄主造成不同程度的损伤，如广翅蜡蝉、蔷薇叶蜂和月季茎蜂产卵于枝条内、叶蝉产卵于枝条或叶脉内。

（4）孵化　昆虫的卵经过胚胎发育后，形成幼虫至卵中破壳而出的现象。

（5）卵的特征在实践中的应用　昆虫的产卵方式、卵的大小及形状因种类不同而异，可作为鉴别虫种的依据之一。卵壳有保护卵和防止卵内水分过量蒸发的作用。雌虫产卵时，其内生殖器官的附腺分泌粘胶层附着于卵壳外面封闭卵孔，可以阻止药剂的侵入，所以，杀虫剂的效果与卵壳的构造有密切关系，卵期的化学防治应选择具有杀卵作用的药剂。

2. 幼虫期

昆虫从孵化至化蛹或至若虫羽化之前的整个发育阶段为幼虫期或若虫期，是主要的危害时期，也是防治的重要时期。

（1）幼虫期的生命特征　幼虫期的显著特点是大量取食获得营养，发育到一定阶段，体壁的一层坚硬表皮会限制其生长，必须脱去旧表皮，形成新表皮，这种现象称为蜕皮。幼虫的生长与蜕皮呈周期性的交替进行，每蜕皮一次，身体体积增大一些。

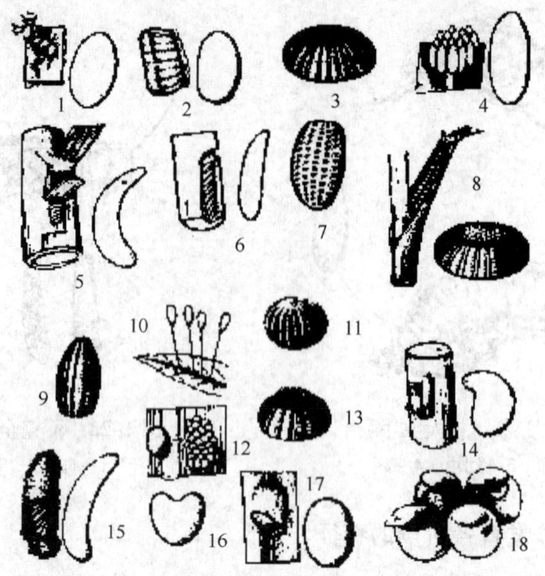

图 1-23　昆虫卵的类型

1—椭圆形（蓝目天蛾）　2—椭圆形（中华地鳖）　3—半球形（斜纹夜蛾）　4—子弹形（龟纹瓢虫）　5—香蕉形（灰飞虱）　6—长椭圆形（叶蝉）　7—花生形（棉红铃虫）　8—扁球形（蛀茎夜蛾）　9—瓶形（菜粉蝶）　10—具柄形（草蛉）　11—圆球形（棉铃夜蛾）　12—扁椭圆形（玉米螟）　13—鱼篓形（金刚钻）　14—肾形（稻蓟马）　15—长椭圆形（棉蝗）　16—马蹄形（茶枝镰蛾）　17—椭圆形（三化螟）　18—桶形（蝽）

刚孵化出的幼虫称为 1 龄幼虫或初孵幼虫。以后每蜕 1 次皮增加 1 龄，即虫龄 = 蜕皮次数 + 1；相邻两龄间的历期，称为龄期；最后一龄幼虫称为老熟幼虫，蜕皮后变成蛹或成虫。昆虫的蜕皮次数因种而异，但同种昆虫是相对稳定的，如梧桐木虱的幼虫蜕 2 次皮，瓢甲的幼虫蜕 3 次皮，蝗虫和蝶、蛾的幼虫一般蜕皮 4 ~ 5 次。

（2）幼虫的类型　多数不完全变态的幼虫形态与成虫相似，一般称为若虫；完全变态的幼虫则根据足的种类和数目，可分为下列 4 个类型，如图 1-24 所示。

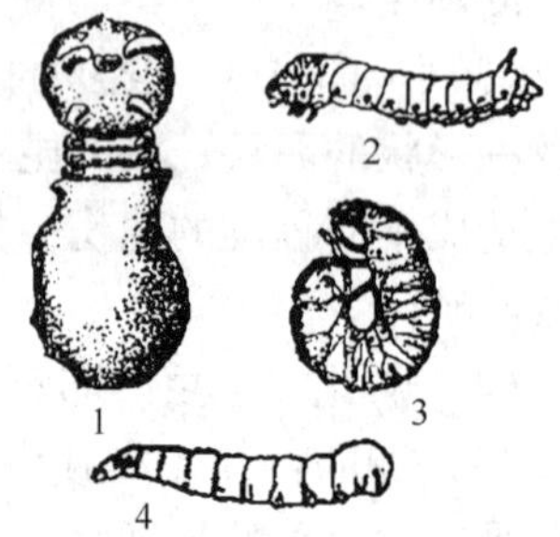

图 1-24　完全变态幼虫的类型

1—原足型（寄生蜂）　2—多足型（蛾类）　3—寡足型（金龟甲）　4—无足型（蝇类）

1）原足型。此类幼虫在胚胎发育早期孵化，虫体的发育尚不完善，胸部附肢仅为突起状态的芽体，有的种类腹部尚未完全分节，如膜翅目中的寄生蜂类幼虫。

2）多足型。此类幼虫除具 3 对胸足外，还有数对腹足，如鳞翅目的蝶蛾类和膜翅目的叶蜂类幼虫。蝶、蛾类幼虫有腹足 2 ~ 5 对，腹足端部有趾钩，称为蠋型幼虫；而叶蜂类幼虫的腹足多于 5 对，不具趾钩，称为伪蠋型幼虫。或者，多足型幼虫通称为蠋型幼虫。

3）寡足型。此类幼虫胸足发达，无腹足。常根据其体型和胸足的发达程度又分为蛃型、蛴螬型、蠕虫型。

4）无足型。此类幼虫既无胸足，也无腹足。一般认为，此类幼虫是由寡足型或多足型幼虫在容易获得营养的环境中附肢逐渐退化、消失而形成的。

3. 蛹期

蛹是完全变态类昆虫特有的发育阶段，是幼虫转变为成虫的过渡虫态。自末龄幼虫蜕去表皮始至蛹变为成虫止所经历的时间，称为蛹期。

（1）蛹期的生命特征　蛹期生命活动处于相对静止的状态，其内部进行着幼虫器官解体、逐渐转化为成虫器官的剧烈变化。

老熟幼虫停止取食，不再活动，身体缩短，体色变淡，成虫的触角、翅、足等附属器官已形成，先被幼虫的表皮掩盖，待表皮逐渐脱离后，即显露于体外，这一过程称为化蛹。

为了躲避不良环境条件，昆虫常寻找适宜的化蛹场所，有的吐丝作茧，如黄刺蛾；有的建造土室，如小地老虎，如图1-25所示。蛹的抗逆力比较强，许多种类的昆虫常以蛹态越冬。

（2）蛹的类型　根据蛹的触角、翅和足等附肢是否紧贴于蛹体、能否活动和其他外部形态特征，可将昆虫的蛹分为离蛹、被蛹和围蛹3种类型，如图1-26所示。

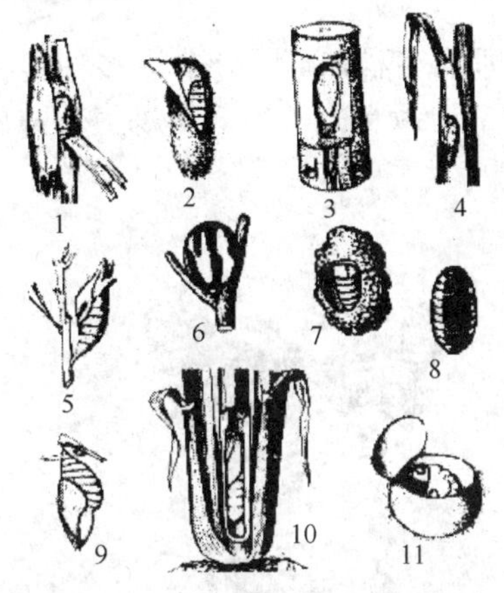

图1-25　蛹的保护物或化蛹场所

1—叶苞　2—丝茧（蛾）　3—树干　4—叶鞘　5—悬丝（蝶）　6—石灰质茧（黄刺蛾）　7—土茧　8—幼虫表皮　9—丝垫　10—茎内　11—丝茧（蜂）

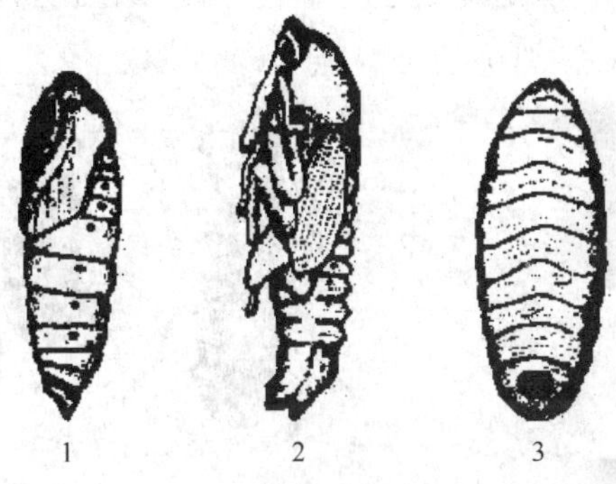

图1-26　蛹的类型

1—被蛹（蛾）　2—离蛹（象甲）　3—围蛹（蝇）

（3）蛹的特征在防治中的应用　了解昆虫蛹的种类和化蛹场所，既可以识别某些昆虫的种类，也可以采取多种措施破坏其化蛹场所并灭蛹以达到防治害虫的目的，如翻挖土壤、修剪枝叶、剥茎除蛹、采摘虫茧、土壤施药等方法。

4. 成虫期

成虫是昆虫个体发育的最后一个虫态和最高级阶段，其外部形态特征已经固定，是识别、鉴定昆虫的重要虫态。成虫期是唯一具有飞行能力的虫态，运动器官和感觉器官都较发达，有助于成虫寻觅配偶、寻找产卵场所。

（1）成虫期的生命活动　成虫的生殖器官也逐渐成熟而具有生殖能力，所以成虫期为繁殖期，可分为产卵前期、产卵期和产卵后期。产卵前期指从羽化到开始产卵所经历的时期；产卵期指从产卵始到产卵结束的历期；产卵后期指从产卵结束到死亡的历期。多数种类的成虫产完卵后便死亡，雄虫的寿命一般较雌虫更短；社会性昆虫的成虫有照顾子代的习性，因此寿命较一般昆虫长。成虫期主要有补充营养、交配、产卵繁殖后代的生命活动。

1）羽化。不完全变态的若虫或完全变态的蛹脱皮而出变为成虫的现象，称为羽化。

2）补充营养。某些昆虫羽化后，生殖器官已成熟，成虫不需要继续取食或仅以花粉为食即可产卵繁殖后代，这类昆虫的成虫口器往往退化，寿命较短，对植物的危害不大，如蚧类雄虫、多数蝶和蛾的成虫。而大多数昆虫到了成虫期，性器官未完全成熟，需要继续取食植物才能繁殖后代，这种对成虫性成熟必不可少的营养物质称为补充营养，如蝗虫、叶蝉等绝大多数不完全变态昆虫，少数完全变态的昆虫如吸果夜蛾。

3）产卵繁殖。昆虫不同种类的生殖力差异很大，既取决于种的遗传特性，也受生态因子的影响。总的来说，昆虫的生殖力很强，只有当生态条件适宜时才具有最大的生殖力，如东亚飞蝗每雌平均产卵约400粒；白蚁的生殖力非常惊人，某些种类累计一生能产5亿粒卵。

成虫期的防治在产卵前期内进行，才能收到较好的治虫效果。

（2）成虫期的形态特征　昆虫发育到成虫期，雌雄性别已分化，有的种类具有明显的性二型现象；还有的种类具有多型现象。

1）性二型现象。昆虫雌雄个体之间除第一性征即生殖器官不同外，许多种类在个体大小、形态、体色、构造等第二性征方面也常有很大差异，这种现象称为雌雄二型现象，如图1-27所示。

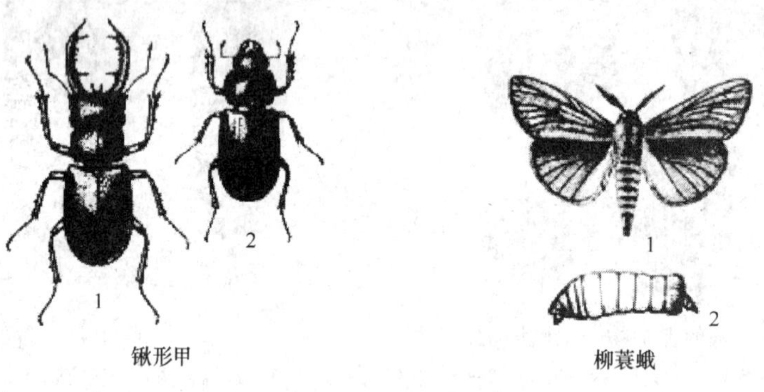

图1-27　成虫的性二型现象

1—雄成虫　2—雌成虫

在形态上，有的种类雄成虫有翅而雌成虫无翅，如蚧类、蓑蛾；有的种类雌雄成虫触角差异较明显，如蚊；有的在口器上差异大，如锹甲的雄成虫上颚明显大于雌成虫的上颚。在个体大小上，多数种类的雌成虫大于雄成虫，如蝗虫、天牛等。

2）多型现象。指同种昆虫在同一性别的个体中分化出不同成虫类型的现象。

多型现象的出现有多种原因。有的是因季节变化而出现变型，称为季节变型，如橘黄凤蝶有夏型和春型之分。蚜虫在同一季节里，雌蚜有无翅和有翅两个类型。多型现象在蜜蜂、蚂蚁及白蚁等社会性昆虫中更典型，如蜜蜂的雌性个体中，有专司生殖的蜂王和无生殖能力的工蜂；同一群体中的白蚁，常见类型有6种，包括长翅型、短翅型和无翅型的雌性生殖蚁，还有具生殖能力的雄蚁、无生殖能力的工蚁和兵蚁两种雄蚁，如图1-28所示。

了解昆虫的多型现象，不仅能正确区分昆虫的种类和性别，同时在害虫的预测预报、防害保益工作中都有重要意义。

1.1.2.4　昆虫的世代和年生活史

1. 昆虫的世代

昆虫自卵或幼虫离开母体开始到成虫繁殖产生后代为止的个体发育历期，即完成了一个生命周期，称为一个世代，简称一代。

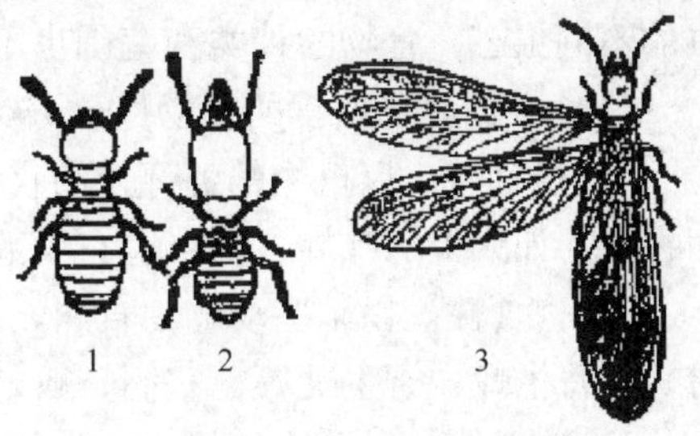

图1-28　白蚁的多型
1—工蚁　2—兵蚁　3—有翅雄蚁

各种昆虫完成一代需要的时间不同，一年发生的代数也不同，主要受种的遗传性决定。一年发生1代的昆虫，称为一化性昆虫，如天幕毛虫、梨茎蜂、舞毒蛾等；一年发生2代及2代以上的昆虫，称为多化性昆虫，如东亚飞蝗一年发生2代、蚜虫因一代只需要8~10d所以一年可发生10~30代；也有一些昆虫需多年才能完成1代，如桑天牛需2年完成1代、美洲的一种蝉需17年才完成1代。

2. 昆虫的生活史

生活史是指昆虫在一年内的个体发育史，或由当年的越冬虫态开始活动起到第二年越冬结束止的发育经过，称为年生活史或生活年史。

一年1代的昆虫年生活史与世代的含义相同；一年多代的昆虫年生活史包括多个世代，其中度过冬季的世代称为越冬代，越冬代成虫所产的卵是翌年第1代的起始虫态。有些种类因发育期不整齐或成虫产卵期较长，同一时期内会出现不同世代的相同虫态，这种现象称为世代重叠。世代重叠严重的害虫防治难度较大。

1.1.2.5　昆虫的生活习性

昆虫的习性包括昆虫的活动规律和行为特征，是生物学特性的重要组成部分。昆虫的某些习性是以种为特征表现的，亲缘关系相近的昆虫往往具有相似的习性，如天牛类的幼虫都具有蛀茎习性，夜蛾类的成虫一般有夜间活动的习性。了解昆虫的习性，有助于利用害虫的薄弱环节进行有效控制。

1. 休眠和滞育

昆虫个体发育到一定阶段，当遭遇不良环境条件时，生命活动常出现暂时停滞的现象，依据引发和解除停育的条件，这种现象分为休眠和滞育两类。

（1）休眠　由不良环境条件直接引发，如温度、湿度过高或过低、食物不足等，一旦不良条件消除后，生命活动会很快恢复正常。夏季的休眠称为越夏，冬季的休眠称为越冬。

（2）滞育　滞育是昆虫定期出现的一种生长发育暂时停止的现象，是昆虫长期适应不良环境而形成的种的遗传特性，具有一定的稳定性，由激素控制。滞育一般并非不良环境条件所直接引发，在不良环境条件到来之前昆虫已开始滞育，不良环境条件消除后，也不会很快恢复正常生命活动。滞育的解除要求由特定的因素刺激和一定的时间，才会转入正常发育状态。如樟叶蜂在7月上、中旬以老熟幼虫在土中结茧滞育，部分个体直至第二年2月上、中旬才化蛹，恢复生长发育，此间包括越冬；滞育的家蚕卵必须经低温刺激才能孵化。

昆虫在休眠和滞育期间，呼吸频率、耗氧量、体内含水量显著减少，脂肪贮存量和碳水化合物含量增多，此时昆虫体的抗逆力显著增强。

2. 食性

昆虫在长期演化过程中对食物形成的一定选择性，称为食性。不同种类的昆虫或同种昆虫的不同虫态，食物的种类和范围也不一定完全一样，甚至差异很大。

（1）根据昆虫取食的食物性质分类

1）植食性。以植物的各部位为食料，这类昆虫约占昆虫总数的40%～50%，多数种类为害虫，如天牛、叶蜂、蚜虫等；少数种类为益虫，如家蚕、五倍子蚜虫等。

2）肉食性。以某些动物为食料，又分为捕食性和寄生性两类，如澳洲瓢虫、猎蝽、食蚜蝇、寄生蜂、寄生蝇等，它们一般是害虫的天敌，常用于生物防治中。

3）腐食性。以动物的尸体、粪便或腐败植物为食料，如蜣螂、萤火虫、果蝇等。

4）杂食性。兼食动物、植物等，如蜚蠊。

（2）根据昆虫取食的食物范围广狭分类

1）单食性。以某一种植物为食料，如梨黄粉蚜只危害梨，澳洲瓢虫只捕食吹绵蚧等。

2）寡食性。以一个科或少数近缘科植物为食料，如菜粉蝶喜食十字花科植物等。

3）多食性。以多种非近缘科的植物为食料，如桃蚜可危害蔷薇科、菊科、茄科等300多种花木和果蔬。

了解昆虫的食性可以有针对性地实施防治措施，如改变耕作制度、合理配置植物，创造不利于害虫而有利于天敌生存的食物环境，从而有效地控制害虫。

3. 趋性

趋性是指昆虫对外界刺激所产生的定向性行为。趋向活动称为正趋性，背向活动称为负趋性。外界刺激源主要有光、温度、湿度和某些化学物质等，趋性有利于昆虫觅食、求偶、产卵及躲避不良环境。

（1）趋光性　昆虫对光的刺激所产生的定向活动反应。多数夜间活动的昆虫，对灯光表现为正趋性，特别是对黑光灯发出的紫外光的趋性尤强，如金龟甲、蛾类；蚜虫、白粉虱对黄色光源趋性极强；而蟑螂、白蚁却对光源表现为负趋性。

（2）趋化性　昆虫对某些化学物质的刺激所表现出的定向活动反应，通常与觅食、求偶、避敌、寻找产卵场所等活动有关。如有些夜蛾对糖醋发酵混合液发出的气味有正趋性；菜粉蝶趋向含有芥子油的十字花科植物上产卵。

（3）趋温性、趋湿性　昆虫对温度或湿度刺激所产生的定向活动。如在土中越冬或越夏的昆虫，在土壤温度或湿度发生变化时，虫体会通过上、下移动进行调节。

人们可以利用这些趋性开展害虫防治，应用最多的是趋光性和趋化性。采用的措施有灯光诱杀、食饵诱杀、人为创造害虫产卵或聚集场所以引诱害虫便于集中杀灭。

4. 群集性

同种昆虫的大量个体高密度地聚集在一起生活的习性称为群集性。许多昆虫具有群集性，但各种昆虫群集的方式有所不同，可分为两类：一类是临时性群集，即昆虫仅在某一虫态或某一时间段内群集，过后分散生活，如天幕毛虫的幼虫聚集在树杈上结的网中栖息，舟蛾、刺蛾、叶蜂等在低龄幼虫期群集生活，老龄后便分散生活；另一类是永久性群集，即昆虫终生都群集在一起生活，这以社会性昆虫最普遍。了解昆虫的群集特性，可以在害虫群集时进行挑治或人工捕杀。

5. 扩散和迁飞

（1）扩散　扩散指昆虫个体为了满足对食物和环境的需要，经常性或偶然性进行小范围、近距离的转移活动，也称为蔓延或分散。

(2) 迁飞 迁飞指某种昆虫在成虫期，成群地从一个发生地长距离地转移到另一个发生地的现象，像大雁一样有规律地飞来飞去，也称为迁移。迁飞是昆虫在长期进化过程中为适应环境形成的种的遗传特性，是一种种群行为。如东亚飞蝗，每年秋天飞到南方越冬，第二年春天再产生下一代飞回北方，周而复始；黑脉金斑蝶是地球上唯一的迁徙性蝴蝶，可以相隔几代在北美洲和南美洲之间进行数千余里的南来北往。

了解昆虫的扩散和迁飞规律，有助于人们掌握害虫的消长动态，以便于在其转移之前及时防治，控制其传播、蔓延。

6. 自我保护习性

昆虫为了躲避敌害、保护自己，在长期的进化过程中具备了很多保护自己的绝招，形成了自我保护的特性。这些习性主要包括以下几种类型。

(1) 假死性 假死性是指昆虫体受到某种刺激而出现麻痹反应，突然停止活动、佯装死亡的现象。如金龟子、叶甲、瓢虫等多数甲壳虫和蝽象的成虫以及叶蜂的幼虫，当受到外界突然的震动惊扰后，身体卷缩、静止不动或从栖息处突然跌落呈“死亡”状，稍后苏醒又恢复常态。利用这种假死性，可采取人工震落法进行害虫的集中杀灭或虫情调查等。

(2) 拟态 拟态是昆虫在形态、颜色或行为等方面“模仿”其他植物或动物，从而躲避敌害、使自身得以保护的现象。昆虫拟态的方式有多种，有的模拟植物的形态，如枯叶蛱蝶、竹节虫；有的模拟其他昆虫的形态，如食蚜蝇模拟蜜蜂等。

(3) 保护色 保护色是指某些昆虫具有与其生活环境中背景相似的体色，从而躲过天敌的视线而获得保护自己的效果。如蝗虫在夏季的个体体色多为绿色，而秋季的个体体色多为褐色。

(4) 警戒色 警戒色是指昆虫具有的使其天敌不敢贸然捕食或厌恶的鲜艳斑纹，具有主动防御的效果。该特性在蝶蛾类、螳螂、蝽类等昆虫中较常见，如蓝目天蛾的前翅颜色与树皮相似，后翅有颜色鲜明的蓝色眼状斑，遇袭时前翅突然展开，露出后翅，将袭击者吓跑。

相关技能训练

实训1 昆虫外部形态及变态类型识别

一、实训目标

通过对昆虫标本的观察，结合挂图、影视教材、CAI教学课件，认识昆虫体躯外部形态的一般特征，学会区分全变态和不全变态，掌握昆虫各虫态主要类型和形态特征，为正确识别害虫和学习昆虫分类奠定基础。

二、实训材料和用具

1. 观察材料

粉蝶、天蛾、螟蛾、蝽象、蝗虫、瓢虫、草蛉等的卵或卵块；蝗虫、蟋蟀、有翅蚜虫、蝽象的若虫；瓢虫、蛾类、粉蝶类、蝇类、金龟甲类、尺蠖类、叶蜂、象甲类、寄生蜂类的成虫、幼虫和蛹；螳螂、蝗虫、金龟子、步行虫、蝼蛄等足的类型；蓑蛾、锹甲的性二型标本；蚜虫成虫、白蚁、柑橘凤蝶的多型标本；竹节虫、枯叶蝶的拟态标本；全变态和不全变态昆虫生活史标本、浸渍标本、针插标本、相关照片及挂图。

2. 实训用具

有关昆虫挂图及照片、影视教材、CAI 教学课件、实体显微镜、放大镜、镊子、挑针、搪瓷盘、泡沫塑料板等。

三、实训内容与方法

1. 昆虫外部形态观察

(1) 昆虫体躯观察　以蝗虫为例，用放大镜观察蝗虫的体躯，注意体外包被的外骨骼，体躯的分节情况和头、胸、腹三个体段的划分，触角、复眼、单眼、足、翅以及口器、听器、尾须、气门、雌雄外生殖器的着生位置和形态特征。

(2) 昆虫触角的观察　用实体显微镜或放大镜观察蜜蜂触角的柄节、梗节、鞭节的构造。对比观察蝗虫、蝉、蛾类、蝶类、蝽象、金龟甲、步甲、蝇类的成虫触角，以辨别、掌握各种触角类型的主要特征。

(3) 昆虫胸足的观察　观察蝗虫足的基节、转节、腿节、胫节、跗节、爪和中垫的构造。对比观察蝼蛄的前足、步行甲足、蝗虫的后足、螳螂的前足、蜜蜂的后足、龙虱的后足，辨认昆虫足的类型及特点。

(4) 昆虫翅的观察　观察蛾类成虫的前翅，了解并掌握昆虫翅的构造及分区。对比观察蝗虫、蛾类、蜂类、草蛉的前、后翅，蝽类、金龟甲类的前翅，蝇类的后翅，在实体显微镜下观察蓟马类的前、后翅。比较不同昆虫翅的类型在质地、形状上的差异及特性。

(5) 昆虫口器的观察

1) 咀嚼式口器。以蝗虫为例，观察其口器的构造。用镊子取下蝗虫口器的上唇、上颚、下颚、下唇和舌进行观察。

2) 刺吸式口器。以椿象或蝉为例，在实体显微镜下将其口器取下，用解剖针小心将口针挑出。分开上、下颚口针，进行观察，注意各部分构造与咀嚼式口器的区别。

3) 虹吸式口器。观察蛾类成虫的示范标本。

4) 舐吸式口器。观察蝇类成虫的示范标本。

5) 昆虫的头式。观察步行虫、蝗虫、椿象的口器，注意其口器的开口方向与身体纵轴的夹角。

2. 昆虫的变态和虫态观察

(1) 变态类型的观察　比较完全变态和不完全变态昆虫，了解并掌握变态内容。

(2) 卵的观察　观察各种昆虫卵的形态、大小、颜色、纹饰；卵块排列情况；散产还是聚产；卵外有无保护物。

(3) 若虫形态的观察　观察比较蝗虫、蟋蟀、蝽象、有翅蚜虫等若虫与成虫在形态上的异同，注意翅芽的形态。

(4) 幼虫形态观察　观察尺蠖类、金龟子、瓢甲类、蛾类、蝶类、叶蜂、象甲等的幼虫与成虫的显著区别，并鉴别其各属于何种类型的幼虫。

(5) 蛹的观察　观察蛾类、蝶类、金龟甲、蝇类、蜂类等蛹的形状、大小、颜色、臀刺和纹饰，判断蛹的类型，观察蛹外有无保护物。注意茧的形状、大小、质地及颜色等特征。

(6) 成虫性二型、多型现象及昆虫拟态观察　观察蚜虫、尺蠖、介壳虫、白蚁等成虫形态上的变化；观察竹节虫、枯叶蝶等的拟态。

四、实训报告

1) 比较昆虫咀嚼式口器与刺吸式口器，指出其在构造上有何不同。

2) 蝗虫、龙虱的后足，蝼蛄、螳螂、金龟甲的前足各属何种类型？

3) 列表注明所观察昆虫卵的形态，及幼虫、蛹各属何种类型。

4) 举例说明不完全变态与完全变态有哪些主要区别。

知识链接

双目实体显微镜使用方法和保养

双目实体显微镜有许多类型，目前使用最多的是连续变倍实体显微镜，如图1-29所示，其次是转换物镜的实体显微镜。

一、使用方法

根据观察物的颜色，选择载物台面，将所观察的物体放在台面中心；选择适当的放大倍率，换上所需目镜。卸下2×大物镜，其有效工作距离为85～88mm，如果加上2×大物镜，放大倍率可达160倍，有效工作距离为25～35mm。为了得到适当的放大倍率，可拨动转盘，改变变倍物镜的放大倍率或换插不同倍数物镜。变倍物镜的放大倍率可在读数圈上读出。

二、注意事项

调焦距时，首先应了解使用镜的明视工作距离，即物镜面与观察物的距离有多大。先粗调后细调、先低倍后高倍地寻找观察物。调焦螺旋内的齿轮有一定的活动范围，扭不动时不可强扭，避免损坏齿轮。

放大倍数一般是按物镜倍数与目镜倍数的乘积计算。但在选择高倍率放大时，应以选择高倍率物镜为主；当最高倍物镜仍不能解决问题时，再选择高倍率目镜。这是因为目镜放大的是虚像，对提高分辨率不起作用。

物像越放大，光线越暗，这是因为亮度是放大倍数的平方的函数。观察物的表面投光角度与成像清晰程度密切相关，背景的衬托也与物像的清晰度有关，因此观察时必须调好背景物。

三、实体显微镜的保养

1) 实体显微镜为精密光学仪器，不用时必须置于干燥、无灰尘、无酸碱蒸汽的环境，特别应做好防潮、防尘、防霉、防腐蚀的保养工作。

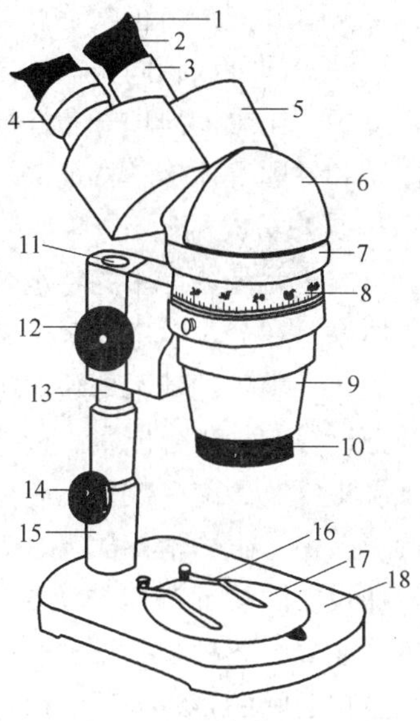

图1-29　连续变倍实体显微镜结构
1—眼罩　2—目镜　3—镜筒　4—目镜调节环　5—直角棱镜组　6—半五角棱镜　7—转盘　8—读数圈　9—物镜　10—2×大物镜　11—支柱　12—调焦手轮　13—活动支柱　14—锁紧手轮　15—固定支架　16—压片簧　17—活动载物台　18—底座

2）取镜时，必须一手紧握支柱，一手托住底座，保持镜身垂直，轻拿轻放。使用前需要掌握其性能，使用中按规程操作，使用后应及时降低镜体，取下载物台面上的观察物，清洁镜体，按要求放入镜箱内。

3）透镜表面有灰尘时，切勿用手擦，可用吸耳球吹掉，或用干净的毛笔、擦镜纸轻轻擦去。透镜表面有污渍时，可用脱脂棉蘸取少许乙醚与酒精的混合液或二甲苯轻轻擦净。

1.1.3 常见园林昆虫的分类与识别

1.1.3.1 昆虫分类基础知识

1. 昆虫分类的意义

昆虫分类是研究昆虫的类别及其异同，寻找其进化过程中的亲缘关系，并据此建立分类系统，尽可能反映昆虫的历史演化过程和自然系谱的一门学科，它是科学研究昆虫的基础。其目的是建立一个能反映进化过程的自然系统，帮助我们增强正确识别昆虫的能力，并危害虫防治和益虫利用提供科学依据。因此，学习昆虫分类具有重要的理论和现实意义。

2. 昆虫分类的依据

昆虫分类的依据包括形态学特征、生理学特征、生态学特征、遗传学特征等多个方面。

形态学特征是分类学中最常用和最重要的依据，特别是成虫的外部形态特征，因为不同的种或类群，其形态上有明显的差异，而同一物种或相同的类群，个体间的形态基本相似，所以将其作为主要的分类依据。生理学特征主要表现在同种雌雄个体间能通过性激素相互吸引、交配，并能产出正常后代，而异种间杂交会导致不育，因此，这些特征也用于昆虫分类。另外，同种或相同类群的昆虫要求有相同或相似的生态条件，生活和栖息于相同或相似的环境中，昆虫的地理分布格局、种群的同域和异域关系以及昆虫的细胞、染色体、核酸、蛋白质和基因等遗传学特征等均可作为分类的依据。

3. 昆虫分类的阶元

分类单元是分类用的特定名称，如目、科、属等。分类阶元是各分类单元按等级排列的分类体系，在分类学中有 7 个基本的分类阶元，包括界、门、纲、目、科、属、种，种是分类、进化、繁殖的基本单位。分类学家通过昆虫个体在形态、生物学等特征上的相似性比较，把近缘的种集合成属、近缘的属集合成科、近缘的科集合成目、各目再集合成纲。昆虫属于昆虫纲，目前多数采用有翅亚纲和无翅亚纲、33 目的分类系统，分目的依据主要是形态特征，还有生物学特征等。为了更详细地反映物种间的亲缘关系，还常在纲以下的基本阶元间加设中间阶元，主要为“亚（sub-）”和“总（super-）”级阶元，包括亚纲、亚目、亚科、亚属、亚种和总科。通过分类阶元，我们可以了解一种昆虫的分类地位、进化程度或一类昆虫之间的亲缘关系的远近。

例如东亚飞蝗 Locusta migratoria manilensis（Meyen）的分类地位是：

界　动物界 Animalia

　门　节肢动物门 Arthropoda

　　纲　昆虫纲 Insecta

　　　亚纲　有翅亚纲 Pterygota

　　　　目　直翅目 Orthoptera

　　　　　总科　蝗总科 Locustoidea

科　蝗科 Locustidae

亚科　飞蝗亚科 Locustinae

属　飞蝗属 Locusta

种　飞蝗 *Locusta migratoria* L.

亚种　东亚飞蝗 *L. migratoria manilensis* (Meyen)

总科词尾加-oidea，科词尾加-idae，亚科加-inae；具翅昆虫的目名词尾常加-ptera。

4. 昆虫的命名法

每种已知的昆虫都有一个且只有一个全球通用的科学名称，称为学名。为了便于国际交流和避免混乱，《国际动物命名法规》规定了必须用拉丁文书写动物的学名。

昆虫学名的命名法通常有“双名法”和“三名法”，一般在学名后还附带有命名人的姓。“双名法”由属名+种名组成；若是亚种，则采用“三名法”，将亚种名排在种名之后。要求学名用斜体字，属名的首字母大写，其余小写。命名人的姓用正体字，首字母也大写，若该学名更改过，原定名人的姓氏要加括号。种名相同的昆虫先后出现时，后面种类的属名可以缩写，如飞蝗的学名为 *Locusta migratoria* L.，而东亚飞蝗为它的一个亚种，则学名为 *L. migratoria manilensis* (Meyen)。

1.1.3.2　常见主要昆虫目科介绍

与园林植物关系密切的昆虫主要有直翅目、半翅目、等翅目、同翅目、缨翅目、鞘翅目、膜翅目、鳞翅目、双翅目、脉翅目十个目。

另外，属于蛛形纲的蜘蛛和螨类，多数是园林植物生态系统中的捕食性天敌或有害生物，不但在形态和生物学特征上与昆虫有相似之处，而且在害虫的综合防治中占有很重要的地位，因此并入本部分一起阐述。

1. 直翅目

本目昆虫体粗壮，中到大型。咀嚼式口器，触角多为丝状。前胸背板发达，中、后胸愈合。前翅为狭长的革质覆翅，静止时平覆于体背或呈屋脊状；后翅为宽大的膜翅，静止时折叠于前翅之下。多数种类后足为跳跃足，有的种类前足为开掘足。腹末具尾须1对。多数雌虫产卵器发达；雄虫大多有发音器和听器。

两性生殖，渐变态，多为植食性，有的营土栖或穴居生活，有的喜夜间活动，产卵场所皆隐蔽。重要的科有蝗科、螽斯科、蝼蛄科、蟋蟀科，如图1-30所示。

(1) 蝗科　俗称“蝗虫”或“蚱蜢”。触角短于体长，一般为线状，少数种类为短剑状。前胸背板呈马鞍形，盖住中胸背板；前翅略超过体长；后足为跳跃足。听器位于第1腹节两侧；产卵器呈粗短的凿状；尾须短。多数种类1年1代，卵聚产于土中，外有卵囊保护。典型的植食性昆虫，有的种类在干旱年份危害特别严重。本科许多是重要的农业、园林植物害虫，如东亚飞蝗、短额负蝗、棉蝗、竹蝗等。

(2) 螽斯科　俗称“蝈蝈”，多为绿色或暗褐色。触角丝状，较体长。前胸背板马鞍形；前翅超过体长近1倍，也有短翅型和无翅型；听器位于前足胫节基部；能发音的种类发音器通常位于前翅基部。产卵器刀状或剑状；尾须粗短。多数种类1年1代，成虫在夏秋季盛发，以卵越冬。雄虫昼夜鸣叫，一般为植食性，少数肉食性，常产卵于植物组织内，如绿露螽、日本螽斯等。

(3) 蝼蛄科　俗称“土狗”、“拉拉蛄”，褐色。触角丝状，比身体短。前胸背板卵圆

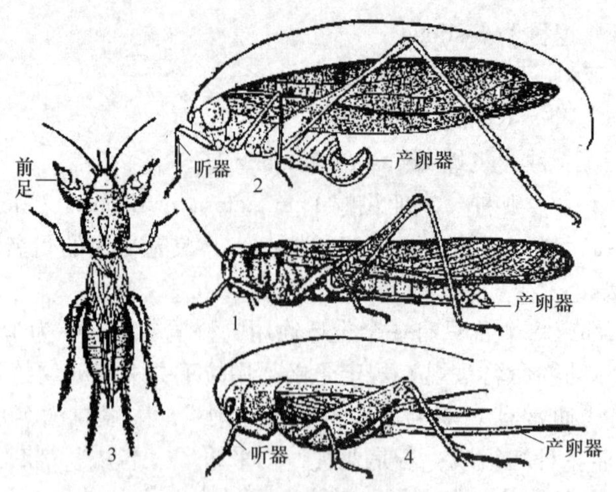

图 1-30　直翅目常见科

1—蝗科　2—螽斯科　3—蝼蛄科　4—蟋蟀科

形；前足为开掘足，胫节、跗节具齿；听器位于前足胫节基部；后足步行足；前翅短，后翅纵折超过腹末，使腹部数节外露。产卵器不发达；尾须很长。1～3 年发生 1 代，营土栖生活，夜间活跃，具趋光性，卵产于隧道的卵室中。食性杂，不仅咬食种子、幼苗，而且在土中挖掘隧道时，造成伤根、断根、吊根或断苗缺垄。其是重要的地下害虫，如华北蝼蛄、东方蝼蛄和非洲蝼蛄。

（4）蟋蟀科　俗称“蛐蛐”，暗褐色。触角丝状，比体长。前胸背板近矩形，盖住侧板；后足为跳跃足，腿节粗壮，听器在前足胫节两侧；前翅下折盖住身体两侧，雄虫前翅有发音器。产卵管针状或长矛状；尾须很长。多数 1 年 1 代，以卵越冬。营穴居生活，夜间活跃，具趋光性。食性杂，主要危害幼苗，或食根、叶、种子，是常见的苗圃害虫，如南方油葫芦、姬蟋蟀等。

2. 半翅目

本目昆虫通称为蝽象，小到中型，少数大型，体扁平。刺吸式口器，具有分节的喙，从头的前端伸向下贴在胸部；触角一般 4～5 节，为线状。前胸背板发达，中胸有明显的三角形小盾片；前翅为半鞘翅，后翅为膜质，静止时翅平覆在体背，前翅的膜区部分交叉重叠。许多种类有臭腺，位于后足基节旁或腹部背面，如图 1-31 所示。

两性生殖，渐变态，陆生或水生，多为植食性，少数为肉食性天敌昆虫。重要的科有蝽科、网蝽科、缘蝽科、猎蝽科，如图 1-32 所示。

（1）蝽科　俗称“放屁虫”、“臭板虫”、“臭大姐”等，小至大型，体宽阔而扁平，体色丰富，有绿色、红色、褐色或黑色等。触角 5 节，具单眼。前胸背板宽大，近似梯形，中胸小盾片发达，可长及前翅的膜区；前翅膜区上一般有 5 条纵脉，多从一基横脉上分出。有臭腺。卵桶形，聚产于叶背。多数植食性，如黄斑蝽、赤条蝽等。

（2）网蝽科　俗称“军配虫”，体小型、极扁平。触角 4 节，末节膨大。前胸背板近菱形，向后延伸盖住小盾片，向两侧延伸的侧翼呈围兜状；前翅、侧翼膜质，布满网状脉纹。若虫体背黑色多刺。卵产在叶背，覆以黏液，黏液变硬后呈锥形。以成虫或卵越冬。全为植食性，如悬铃木方翅网蝽、海棠冠网蝽、梨冠网蝽、杜鹃冠网蝽、樟脊网蝽等。

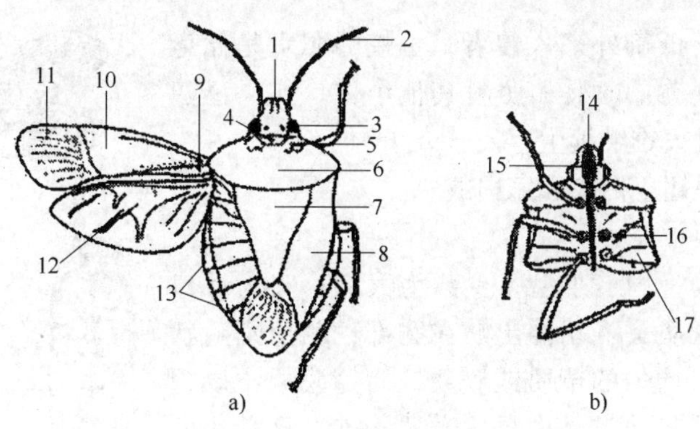

图1-31　半翅目成虫特征

a）蝽的背面观　b）蝽的头部与胸部腹面观

1—前唇基　2—触角　3—复眼　4—领片　5—胝　6—前胸背板　7—小盾片　8—前翅　9—爪片　10—革片　11—膜片　12—后翅　13—侧接缘　14—上唇　15—小颊　16—臭腺　17—气门

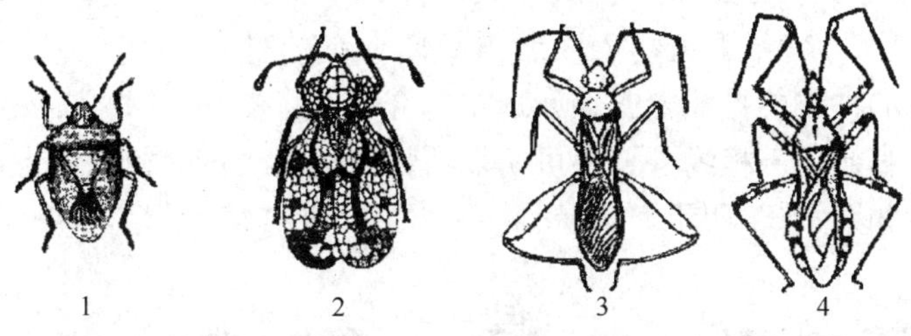

图1-32　半翅目常见科

1—蝽科　2—网蝽科　3—缘蝽科　4—猎蝽科

（3）缘蝽科　体中至大型，狭长，两侧缘略平行，常为褐色。触角4节，有单眼。前胸背板侧缘常具角状或叶状突；中胸小盾片三角形，短小；前翅膜区的翅脉多，至少有4~5条分叉的纵脉，均出自一个基横脉上；足较长，有的种类后足腿节扁而粗壮，具瘤或刺状突起。有臭腺。全为植食性，如针缘蝽、亚姬缘蝽、斑须蝽、茶缘蝽等。

（4）猎蝽科　体中至大型，长椭圆形，多为黄褐、褐色或黑色，部分种类鲜红色。头窄，头后细窄成颈状；触角4节，第3、4节较长；有单眼；喙3节，基部弯曲，端部尖锐，不平贴于胸腹面。前胸腹板中央有一个纵沟，前胸背板有横沟；前翅膜片基部有2~3个翅室，端部伸出1纵脉，少数种类无翅；不少种类前足为捕捉足；具臭腺。多数为捕食性的天敌，如黄足猎蝽、环斑猛猎蝽、华猛猎蝽等。

3. 等翅目

本目昆虫通称白蚁，小到中型，体柔软，头部骨化坚硬。复眼有或无，单眼2个或无；触角念珠状；咀嚼式口器，胸腹部连接处粗壮。等翅目昆虫白蚁如图1-33所示。

工蚁白色、头圆；兵蚁类似工蚁，但头和上颚较大，自主取食功能退化。无翅生殖蚁的体色为白色；有翅生殖蚁的体色为淡黄色或褐色，前、后翅宽大膜质，超过体长，在形状、大小和脉序上均相似，静止时双翅平覆在体背。

白蚁为渐变态，具多型现象。营社会性群居、有严格的职责分工，蚁王、蚁后专司生

殖，兵蚁负责护巢、抵御外来入侵者，工蚁的职责是储运食物、种植菌圃、筑巢、饲喂和照料其他个体。如果已建蚁群遭到破坏后，就很难继续生存。

常见的白蚁有黑翅土白蚁和家白蚁。

4. 同翅目

本目昆虫体多数为中、小型，少数为大型；头为后口式，刺吸式口器，喙从头下端伸出贴在胸部，触角刚毛状或丝状；前翅质地为均匀的革质或膜质，后翅膜质，双翅合拢时呈屋脊状；有些种类雄虫具发音器，雌虫具发达的产卵器。不少种类具蜡腺。

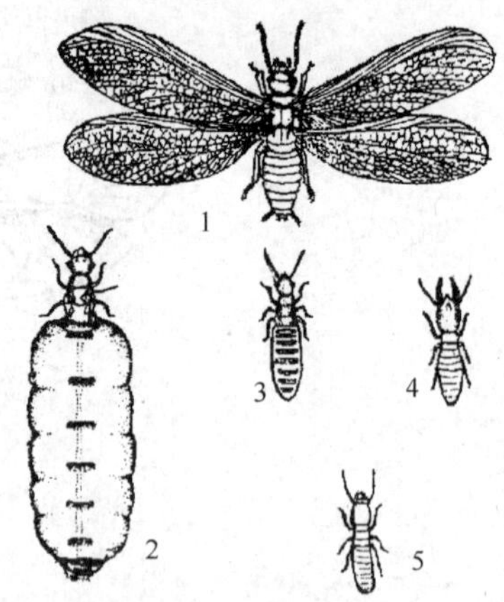

图1-33　等翅目昆虫白蚁

1—有翅生殖蚁　2—蚁后　3—蚁王　4—兵蚁　5—工蚁

同翅目多为渐变态；有的具明显的性二型，如介壳虫的雄成虫有1对翅，而雌成虫无翅；有的种类有多型现象，如蚜虫的雌虫有无翅型和有翅型；生殖方式多样，主要有两性生殖和孤雌生殖，产卵于植物表面或组织内；有的种类能分泌蜡质，有的种类能排泄蜜露，如蚜虫、介壳虫、蜡蝉、木虱、粉虱。全为植食性，有害的种类除可以直接危害植物外，还可诱发植物煤污病或传播植物病毒病。

同翅目常见科如图1-34所示。

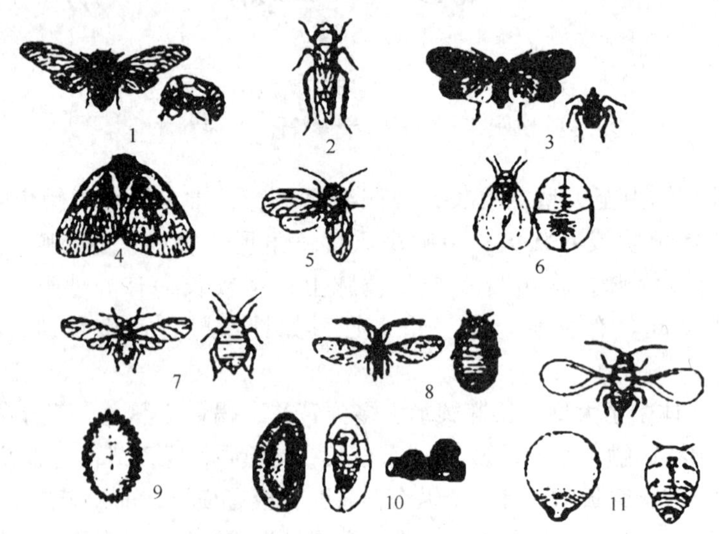

图1-34　同翅目常见科

1—蝉科　2—叶蝉科　3—蜡蝉科　4—广翅蜡蝉科　5—木虱科　6—粉虱科　7—蚜科　8—绵蚧科　9—粉蚧科　10—蜡蚧科　11—盾蚧科

（1）蝉科　体中至大型，头顶部宽而平，触角刚毛状；具3个单眼。前、后翅膜质，翅脉明显较粗；前足为挖掘足。雄虫第1腹节腹面具发音器；雌虫产卵器发达。若虫生活于地下，吸食植物根部的汁液，老熟若虫夜间出土、上树羽化；成虫刺吸危害树木的枝干，卵产于嫩枝内，损伤枝条；生活史长，有的长达十多年；被菌类寄生的若虫和老熟若虫蜕的皮可入药。常见的种类有蚱蝉、黄蟪蛄等。

（2）叶蝉科　体小型，狭长。头部似蝉，触角刚毛状。前翅革质不透明；后足胫节具两列刺。多食性，常聚集于叶片背面；产卵于寄主的组织内；趋光性强；有横走习性，善跳。有些种类传播植物病毒病。有些种类是重要的园林植物害虫，如大青叶蝉、小绿叶蝉等。

（3）蜡蝉科　体中至大型，体色美丽。头圆或延伸呈象鼻状，触角3节，基部2节膨大如球，鞭节刚毛状；前翅近似矩形，翅脉呈网状，外缘纵脉多二分叉；腹部一般大而扁平。雌成虫的产卵器发达。多数种类可分泌蜡质。卵产于嫩枝内。多数危害树木，如斑衣蜡蝉等。

（4）广翅蜡蝉科　体中型，似蛾类。头顶宽平。前翅肩角呈钝角，翅面宽大，前缘横脉短、近平行排列；双翅合拢时平覆于体背。若虫善跳，腹部背面在中后端有许多白色蜡丝，呈扇形拖于体后，竖立时似孔雀开屏。卵产于嫩枝内。植食性，园林植物上的常见种类有柿广翅蜡蝉、八点广翅蜡蝉等。

（5）木虱科　体小型，似蝉，腹末较尖削。头顶端额瘤突出；触角丝状，末端具2个不等长分叉状刚毛，单眼3个。前翅革质，前缘翅痣明显，从基部发出的1条纵脉在中途分为3支，在近翅缘处又分叉，无横脉。若虫体短而圆胖、宽扁，胸部背面侧生明显的翅芽。植食性；若虫具有群集性，能分泌蜡质覆盖身体；以成虫越冬。有些种类是重要的园林植物害虫，如榕个木虱、槐木虱、梧桐木虱等。

（6）粉虱科　体微小、柔弱，体翅均被白色蜡粉。翅脉简单，前翅仅有2~3条交叉的纵脉，后翅仅1条较直的纵脉。若虫体被蜡质外壳，似介壳虫。若虫、成虫腹部末端背面有皿状孔，是该科的重要特征。植食性；过渐变态，初孵若虫有足能活动，2龄若虫足和触角消失而固定危害，3龄若虫老熟时变为拟蛹；若虫可以分泌蜡质、排泄蜜露。多为园林植物的重要害虫，如温室白粉虱、黑刺粉虱、烟粉虱等。

（7）蚜科　通称蚜虫，体微小、柔弱。触角丝状，上有圆形或条状感觉孔。前翅前缘具黑色翅痣。多数种类第6或第7腹节背面两侧常有1对腹管，腹末有突起的尾片，有的具发达的蜡腺。植食性，有的种类寄主范围很广；渐变态；季节性孤雌生殖；具有多型现象，雌蚜分为有翅型和无翅型；有的具有转主寄生现象；群集生活，多数喜食地上的幼嫩部位，少数危害根部，引起植物畸形、萎蔫，能传播植物的病毒病；多数种类能分泌蜜露，有的还能分泌蜡丝或蜡粉覆于身体上。

绝大多数蚜虫是园林植物的重要害虫。常见的种类有蚜科的绵蚜、桃蚜、绣线菊蚜、菊姬长管蚜等，其腹管和尾片均发达；瘿绵蚜科的有苹果绵蚜、秋四脉绵蚜等，头部无额瘤，蜡腺发达，体背覆盖白色絮状蜡丝；根瘤蚜科的有梨黄粉蚜、葡萄根瘤蚜等，瘿绵蚜科和根瘤蚜科蚜虫的腹管均退化或消失，其中，苹果绵蚜和葡萄根瘤蚜是重要的检疫害虫。

（8）蚧总科　通称介壳虫，体微小、柔软，具有发达的蜡腺；能排泄蜜露。形态多样，雌成虫无翅，形似若虫，身体分段不明显，背部常覆有蜡质形成的介壳或蜡粉、蜡丝，口器发达；雄成虫口器退化，有1对膜质前翅，仅1条二分叉的翅脉，后翅为平衡棍。1龄若虫触角、足发达，能爬行，可借气流传播，2龄始足退化，多数种类固定生活。雄虫过渐变态，成虫寿命短；雌虫渐变态。孤雌生殖为主，卵产于虫体腹面的孵化腔内或体后的卵囊内。群集生活。虫体排泄的蜜露能诱发植物发生煤污病，影响光合作用，其造成的间接危害甚至超过取食造成的直接危害。

绝大多数介壳虫是园林植物的重要害虫，危害叶、枝、果等部位。常见的种类有盾蚧科的矢尖蚧、桑白盾蚧、褐圆蚧、拟蔷薇白轮盾蚧等，其介壳薄而扁平；绵蚧科的有吹绵蚧、草履蚧、日本松干蚧等，其身体主要覆有柔软的蜡丝或蜡粉；粉蚧科的有橘粉蚧、橘小粉蚧、康氏粉蚧等，其体表被白色蜡粉，酷似白粉披身；蜡蚧科的有红蜡蚧、白蜡蚧、龟蜡蚧等，其介壳中部常凸起，厚而坚硬；毡蚧科即绒蚧科，主要的种类有紫薇毡蚧等。

5. 缨翅目

本目昆虫通称蓟马，体微小至小型，黑色或黄褐色。口器锉吸式。翅2对，狭长，膜质透明，翅脉退化，最多2~3条纵脉，翅缘有细密的缨穗状长毛；足粗壮，跗节端部有一可伸缩的端泡，善弹跳。产卵器管状或锯状。

缨翅目为过渐变态；多为卵生，少数孤雌生殖，卵产于植物组织内或表面；多为植食性害虫，少数为捕食性益虫，可捕食蚜虫、介壳虫、螨类、粉虱及其他蓟马等；喜干怕湿。主要的科有管蓟马科、蓟马科、纹蓟马科，如图1-35所示。

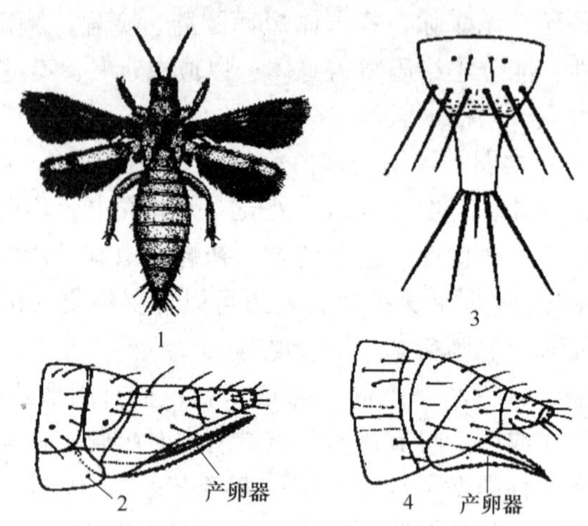

图1-35 缨翅目常见科

1、2—纹蓟马科虫体及腹末 3—管蓟马科腹末 4—蓟马科腹末

（1）纹蓟马科 体粗壮，褐色或黑色。触角9节，具带状感觉器。翅面较宽，常有暗色斑纹；前翅末端圆形，纵脉和横脉明显，2条纵脉伸达翅缘。雌虫腹末圆锥形，产卵器锯齿状，向上弯曲。少数植食性；多数为捕食性益虫，常见的有横纹蓟马，在生物防治中具有重要的应用意义。

（2）管蓟马科 体黑色或暗褐色。触角8节，具锥状感觉器。前翅翅面无毛、有光泽，无翅脉或中部仅有1条短脉。腹部末节管状，生有较长的刺毛；无特化的产卵器。卵产于缝隙中。园林植物上常见的种类有榕管蓟马、中华简管蓟马等。

（3）蓟马科 触角6~8节，第3~4节上具叉状感觉器。前翅末端狭长、尖锐，翅面上有微毛，常具2条纵脉，脉上生有刚毛。雌虫腹部末端圆锥形，产卵器锯齿状，向腹面弯曲。植食性；卵产于植物组织内。蓟马科是缨翅目中危害最严重的一个大科，许多是园林花木上的重要种类，如花蓟马、温室蓟马、黄胸蓟马等。

6. 鞘翅目

成虫通称为甲虫，是昆虫纲中最大的目。体小至大型，体壁坚硬。口器咀嚼式，上颚发达；触角形状多变，主要为丝状、鳃片状、膝状等，是分类的重要特征。前胸背板发达，中胸仅露很小的三角形小盾片；前翅高度骨化，坚硬不透明，无翅脉，有的具有斑纹或刻纹，后翅膜质、较宽大，具有飞翔功能。

鞘翅目一般为全变态，少数复变态；多为陆生，少数水生；食性复杂，有植食性、肉食性、腐食性、杂食性等类型；多数种类性二型明显，多具假死性；幼虫无足型或寡足型；裸蛹。多数为农林、园艺、贮粮害虫，食叶、钻蛀枝条或果实等。部分为益虫，与人类关系密切。

根据其食性，鞘翅目又可分为肉食亚目和多食亚目，如图1-36所示；肉食亚目的后足基节固着在后胸腹板上，不能活动，后足基节窝将第1腹板完全分隔开，前胸背板与侧板间分界明显，常见科有步甲科和虎甲科，如图1-37所示，多为捕食性的益虫；多食亚目的后足基节不固着在后胸腹板上，可自由活动，后足基节窝未将第1腹板完全分隔开，前胸背板与侧板间无明显分界，该亚目的种类很多，常见科有虎甲科、步甲科、吉丁甲科、叩头甲科、金龟甲总科、叶甲科、瓢甲科、天牛科、象甲科、小蠹科等，多为植食性害虫，危害方式主要有食叶、地下食根、钻蛀枝干，如图1-38所示。

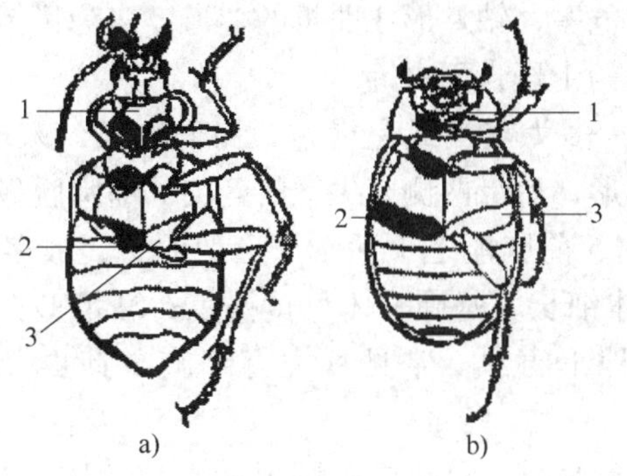

图1-36 鞘翅目形态特征

a）肉食亚目 b）多食亚目

1—前胸腹板 2—后足基节窝 3—后足基节

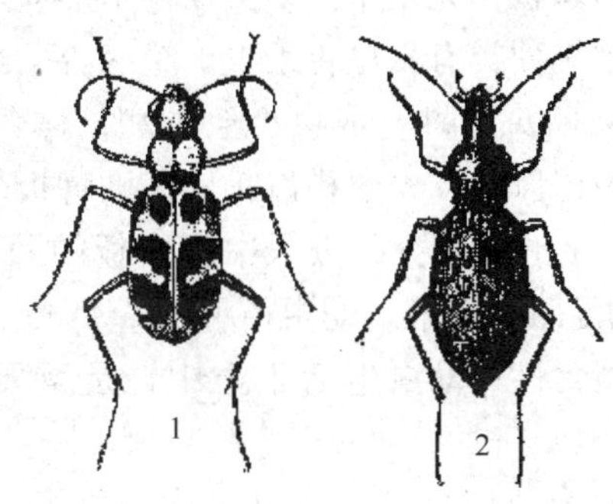

图1-37 肉食亚目常见科

1—虎甲科 2—步甲科

（1）虎甲科 成虫中型，体色鲜艳并具金属光泽，绒毛多。头为下口式，宽于前胸背板；触角丝状，间距小于唇基宽度；复眼大而突出。鞘翅有各种彩色斑纹，有金属光泽；肉食性；成虫能作短距离飞行，白天活动，喜在田坎、河边活动；幼虫穴居。常见种类有中华虎甲、杂色虎甲等。

（2）步甲科 成虫小至中型，体色较暗，黑色或褐色，绒毛少。头为前口式，窄于前胸背板；触角丝状，间距大于唇基宽度；复眼较小。有的种类鞘翅具有刻点、条纹或斑点；肉食性；成、幼虫栖息于砖石、落叶中，昼伏夜出。常见种类有中华步甲、金星步甲等。

（3）吉丁甲科 成虫小至中型，形似叩头甲，狭长且腹部末端尖削，但体色鲜艳，多具金属光泽。触角锯齿状。前胸背板近矩形，后缘两侧角无刺突，与中胸紧密相接，不能上下活动；幼虫俗称“溜皮虫”、“串皮虫”，乳白色，头小，前胸膨大似头，各腹节连接处缢

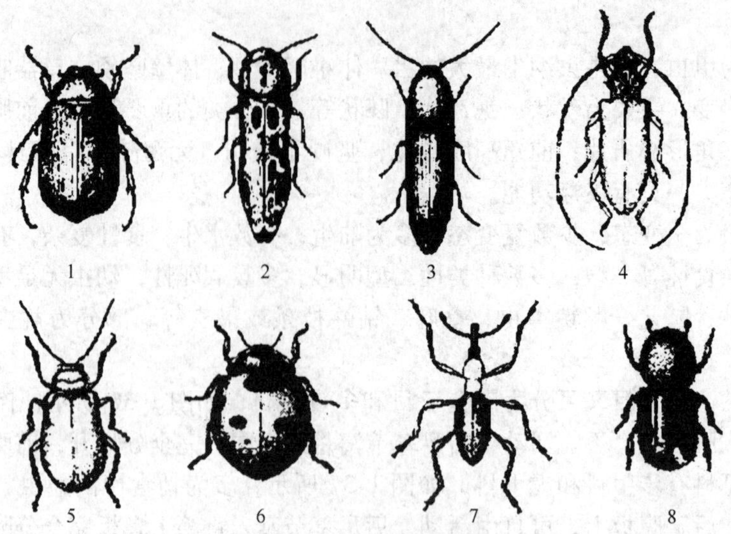

图1-38 多食亚目常见科

1—金龟甲总科 2—吉丁甲科 3—叩头甲科 4—天牛科 5—叶甲科 6—瓢甲科 7—象甲科 8—小蠹科

缩形成串珠状，无足型。幼虫在树木形成层中危害，钻蛀形成曲折的隧道，多为果树和林木害虫。常见种类有六星吉丁虫、金缘吉丁虫、杨十斑吉丁虫等。

(4) 叩头甲科 成虫小至中型，体色暗，多为灰褐或黑褐色，扁而狭长，末端尖削。触角多为锯齿状，少数栉齿状。前胸背板吊钟形，后缘两侧有尖锐的刺突；前胸腹板中间有一“V”字形的齿突，嵌入中胸腹板的凹沟内，前胸能上下活动，形似叩头，故名“叩头甲”；胸足跗节5节。幼虫俗称“金针虫”，体细长、坚硬，体色黄褐色；寡足型；行动较活跃。植食性；幼虫生活于土中，是重要的地下害虫。常见种类有细胸金针虫、沟金针虫等。

(5) 金龟甲总科 成虫通称金龟子，小至大型，卵圆或椭圆形，体色及鞘翅有黑色、褐色等暗色，或者具黄、蓝、绿等亮丽的金属光泽。触角鳃叶状，植食性的种类触角上少毛，而粪食性的种类触角上毛多。前足为开掘足；鞘翅未全盖住腹部，常露出末端数节。幼虫称为“蛴螬”，体乳白色，柔软多皱褶，向腹面弯曲呈“C”字形；头黄褐色，骨化；臀节圆形，腹板上着生有许多刚毛；寡足型。

金龟甲总科食性复杂，有的为植食性，有的为粪食性；成虫一般具有趋光性、假死性；幼虫生活在土中，危害幼苗的根茎，是重要的地下害虫。

金龟子为农、林及草坪上的一类重要害虫，种类很多，有22个科3万余种，常见的种类有鳃金龟科的华北大黑鳃金龟、棕色鳃金龟等；丽金龟科的有铜绿异丽金龟、红脚绿丽金龟等；花金龟科的有小青花潜、白星花潜等。

(6) 叶甲科 成虫俗称“金花虫”，小至中型，椭圆形，体色鲜艳并有金属光泽。触角线状；复眼圆形。鞘翅盖住腹部末端或短缩；有的种类如跳叶甲的后足腿节发达，善跳跃。幼虫体圆柱形或纺锤形，寡足型。成虫和幼虫均为植食性，主要食叶，少数种类的幼虫潜叶、蛀茎或咬根。常见的有榆毛胸萤叶甲、柳蓝叶甲、白杨叶甲等。

(7) 瓢甲科 成虫小至中型，体背隆起，腹面平坦呈半球形，体色多变。头小，部分被前胸背板盖住；触角锤状或短棒状。鞘翅常有斑纹，肉食性的种类鞘翅无毛而有光泽，植食性的种类鞘翅多毛而无光泽。幼虫体纺锤形，寡足型，肉食性的种类体背具多而柔软的毛瘤；植食性的种类体背有大而硬的枝刺。成虫、幼虫食性相同。多数种类为肉食性，捕食蚜虫、蚧壳虫和螨类等，幼虫行动活泼，常见种类有七星瓢虫、龟纹瓢虫；少数为植食性，幼虫行动迟缓，常见种类有马铃薯瓢虫。

（8）天牛科　成虫小至大型，体长而略扁，体壁坚硬，体色多样。上颚坚硬、发达；触角为粗而长的鞭状，常披向体后，鞭节11节，具绒毛；复眼肾形，围于触角基部。幼虫体长而肥胖，略呈扁平的圆筒形，乳白色或淡黄色；头小，前胸大而扁平；胸足退化；头部、前胸背板骨化，颜色较深，胸节及1~6腹节的背腹两面一般有骨化区或突起，称为“泡步突”。成虫多白天活动，取食植物柔嫩部分或菌类等，卵产于树皮缝隙或植物组织内；幼虫多在树木的根和主干木质部内蛀食，形成不规则的隧道，在树皮上开有排屑通气孔。天牛科是重要的园林害虫，影响树木生长，重则导致树木死亡，常见种类有星天牛、桑天牛、菊天牛等。

（9）象甲科　成虫的额区向前延伸成“象鼻”状的喙，俗称“象鼻虫”，微小至大型。触角膝状。胸足跗节为隐5节；鞘翅长，腹部末节不外露。幼虫体柔软，乳白色，肥胖而弯曲，头部发达，无足型。成虫和幼虫均为植食性，钻蛀危害植物的根、茎、果实及种子；成虫不善飞，有些种类的雌成虫用喙在植物体上凿孔以置放卵粒，造成伤口。象甲科是昆虫纲中最大的科，许多种类为园林植物害虫，常见种类有一字竹象、沟眶象甲等。

（10）小蠹科　成虫小型，体长一般短于9mm，圆筒形，暗色。触角短小，略呈膝状弯曲，顶端数节膨大呈锤状。前胸背板宽大，常占体长的1/4，与鞘翅等宽，向前盖住头后半部；鞘翅短而宽，两侧缘近似平行，翅上有刻点，翅缘常有齿状突起；前足胫节外缘具成列小齿。幼虫体柔软、白色、短胖，头部坚硬，无足型。大多数种类的幼、成虫蛀食树木皮层和木质部，构成各种图案的坑道系统。小蠹科是重要的林木害虫，部分种类为重要的检疫性害虫，常见种类有松纵坑切梢小蠹、柏肤小蠹、华山松大小蠹等。

7. 膜翅目

本目包括蜂类和蚂蚁，是昆虫纲中第三大目。体微小至大型。口器以咀嚼式为主，少数为咀吸式，复眼发达，具3个单眼，触角有线状、膝状或锤状。成虫具有2对膜翅，前翅大于后翅，以翅钩列相连，翅脉较特化，有的合并或退化，形成许多封闭的翅室。跗节5节，有的足特化为携粉足。第1腹节并入后胸，称为“并胸腹节”；第2腹节收缩成“腰”状，称为“腹柄”。雌成虫的产卵器为针状或锯状，在高等类群中特化为具有螯刺作用的毒针。

膜翅目为完全变态；幼虫除叶蜂为多足型外，其余种类无足，叶蜂幼虫常有6~8对腹足，无趾钩；少数高等类群营社会生活，如蜜蜂、蚂蚁等；裸蛹，常结茧或在巢内化蛹。本目昆虫少数植食性；多数捕食性或寄生性。

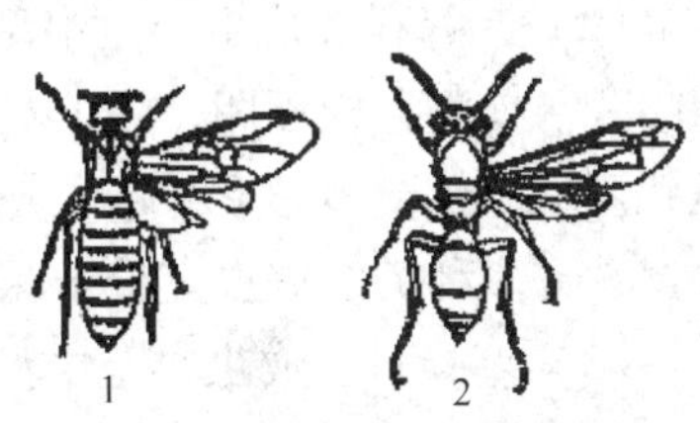

图1-39　膜翅目形态特征
1—广腰亚目（叶蜂）
2—细腰亚目（胡蜂）

根据成虫的胸、腹部连接处是否缢缩，本目又分为广腰亚目和细腰亚目，如图1-39所示；广腰亚目的腹部不收缩成腰，后翅至少具3个基室，胸足转节为2节，全为植食性，食叶或蛀茎危害，如叶蜂、茎蜂，如图1-40所示；

细腰亚目的腹部和胸部连接处收缩成腰状，后翅最多具2个基室，胸足转节多为1节，绝大多数是寄生性种类，如姬蜂、小蜂等，还有捕食性的种类，如黄猄蚁、胡蜂等，如图1-41所示，有的种类还能传粉，如蜜蜂。细腰亚目许多种类有孤雌生殖、多胚生殖现象；它们是著名的资源昆虫、传粉昆虫和天敌昆虫，具有重要的利用价值和经济意义，特别是在害虫的生物防治中应用广泛。

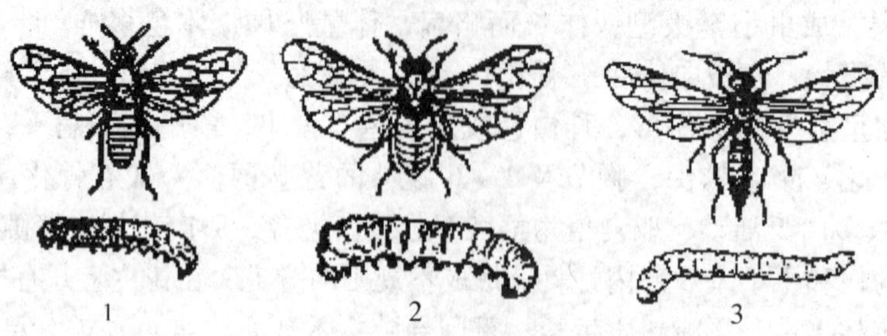

图1-40　广腰亚目常见科

1—三节叶蜂科　2—叶蜂科　3—茎蜂科

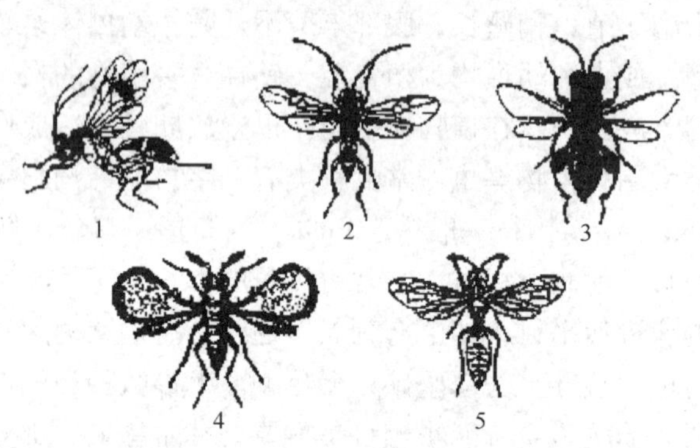

图1-41　细腰亚目常见科

1—姬蜂科　2—茧蜂科　3—小蜂科　4—赤眼蜂科　5—胡蜂科

（1）三节叶蜂科　成虫小至中型，体粗壮。触角3节，第3节最长；前足胫节具2个端距；产卵器为锯状。幼虫体壁具皱褶和毛瘤；腹足6~8对，无趾钩；多足型。植食性，成虫、幼虫均食叶危害，幼虫有群集性，结茧化蛹，雌成虫用产卵器纵向划破新梢，卵产于其内。部分种类是较常见的园林植物害虫，如蔷薇叶蜂。

（2）叶蜂科　成虫小至中型，体粗壮。触角丝状或棒状，7~15节，多数为9节，口器咀嚼式。前胸背板深凹，翅上具1~2个缘室，前足胫节有2个端距。产卵器不外露，扁平锯状。幼虫体壁多环形皱褶、光滑；腹足6~8对，无趾钩；多足型。植食性，孤雌生殖较普遍，许多种类的成虫穿梭于花间。部分种类是比较常见的园林植物害虫，如樟叶蜂。

（3）茎蜂科　成虫小至中型，体细长，但腹部不缢缩。触角线状。前胸背板后缘平直，前翅翅痣狭长，前足胫节只有1个端距；腹部两侧扁平，雌成虫的产卵器短，能收缩。幼虫乳白色，无足，体弯曲，腹部末端有尾状突起。以幼虫蛀食植物的新梢嫩茎。在寄主体内化蛹，为裸蛹。雌成虫用产卵器横向划破寄主的新梢，卵产于其组织内。常见种类有梨茎蜂、蔷薇茎蜂等。

（4）姬蜂科　属姬蜂总科。成虫小至大型，体长多为10～20mm。触角丝状，16节以上。翅脉发达，前翅有明显的翅痣，具多边形的小翅室，其下有1条称为第二回脉的短横脉。腹部细长弯曲，圆筒形或侧扁，具腰，雌成虫的产卵器及鞘为细长丝状，胸、腹节常具雕刻纹。幼虫在鳞翅目、鞘翅目、双翅目、膜翅目、脉翅目等全变态类的幼虫和蛹体内或体外寄生，且1头害虫体上只能有1种姬蜂寄生。姬蜂科是重要的天敌昆虫，常见种类有广黑点瘤姬蜂、舞毒蛾黑瘤姬蜂、螟蛉悬茧姬蜂、松毛虫黑点瘤姬蜂等。

（5）茧蜂科　属姬蜂总科。成虫体长小于12mm，形态与姬蜂科相似。前翅有2个盘室，无小翅室和第二回脉。腹部圆筒形或卵圆形。少数种类的产卵器较长。成虫栖息时触角常不停地摆动。幼虫常寄生于鳞翅目、鞘翅目、双翅目或半翅目的幼虫和蛹体内，老熟时爬至寄主体表或附近结黄白色小茧化蛹。我国已知约1200种，其也是重要的天敌昆虫，常见种类有桃瘤蚜茧蜂、螟蛉绒茧蜂、松毛虫绒茧蜂等。

（6）小蜂科　属小蜂总科。成虫微小至小型，体长0.2～7mm，多为黑褐色。头横宽，复眼大，触角膝状。翅脉退化，前翅仅前缘有1～2条脉；后足腿节常膨大，外侧下缘有成列的刺突，胫节向内弯曲。头胸部常有褐色粗点粒。幼虫内寄生于其他昆虫的幼虫或蛹体，寄主多为鳞翅目或双翅目，少数为鞘翅目、膜翅目和脉翅目。小蜂科为重要的天敌昆虫类群，常见种类有广大腿小蜂、粉虱丽蚜小蜂等。

（7）赤眼蜂科　赤眼蜂科又称为纹翅小蜂科，属小蜂总科。成虫体微小，长0.3～1mm，黑色、淡褐色或黄色。触角膝状，也分为柄节、梗节、环节、索节和棒节5部分；复眼多红色。翅脉退化，翅面不透明，前翅球拍状，翅面上有放射状成行分布的微毛，后翅成狭长小刀状。幼虫多为卵寄生，已广泛应用于农林植物上鳞翅目害虫的生物防治中，常见种类有松毛虫赤眼蜂、螟黄赤眼蜂等。

（8）胡蜂科　成虫中至大型，黄色或红色并间有黑色斑纹。触角膝状，上颚发达。前胸背板后缘深凹至翅基，中足胫节有2个端距，翅狭长，前翅明显大于后翅，休息时双翅纵折。具简单的社会组织，多在树上或屋檐下筑大型吊钟状蜂巢，成虫捕食多种鳞翅目幼虫，有时也取食果汁及嫩叶，主要被视为益虫。常见种类有中华胡蜂、长脚胡蜂等。

8. 鳞翅目

鳞翅目通称蝶、蛾类，是昆虫纲中第二大目。体型以翅展表示，小至大型。触角多样，是分类的重要依据。口器虹吸式或退化；具2对鳞翅，一般前翅宽大，后翅较小，少数种类的雌虫无翅。成虫体、翅密生鳞片、鳞毛等，并组成各种颜色和形状的斑纹，常作为识别的重要特征。幼虫主要为圆柱体形，少数种类体较扁；口器咀嚼式；多足型，腹足2～5对，有趾钩。

鳞翅目为全变态；有的具明显性二型。成虫取食花蜜、果汁等；蛾类多夜晚活动，具趋光性、趋化性；蝶类白天活动；幼虫多为植食性，食叶、钻蛀危害；蛹为被蛹，结茧、做土室或悬蛹等。许多种类是园林植物的大害虫；少数为重要的资源昆虫，如家蚕、柞蚕能为人类提供蚕丝，蝙蝠蛾的幼虫被虫囊真菌寄生后形成冬虫夏草。

本目根据触角的类型和生活习性等特征，又分为蝶亚目和蛾亚目。蝶亚目又称为锤角亚目，通称蝴蝶，触角为棍棒状，如图1-42所示；蛾亚目又称为异角亚目，通称蛾，触角为线状、栉状、羽状等，如图1-43所示。

（1）弄蝶科　小至中型蝶类。体粗壮，暗黑色或棕褐色，少数为黄色或白色，似蛾。

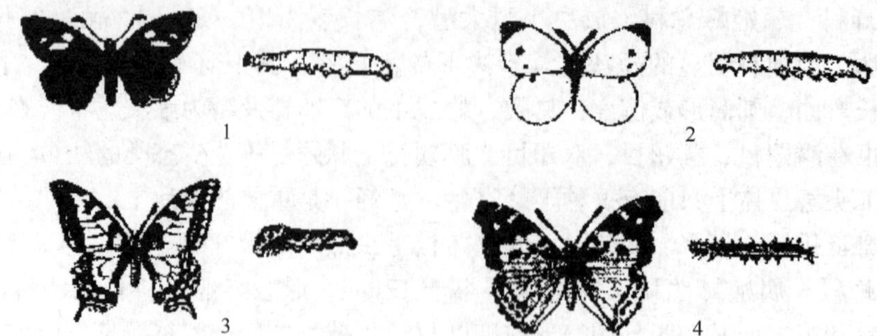

图 1-42　蝶亚目常见科

1—弄蝶科　2—粉蝶科　3—凤蝶科　4—蛱蝶科

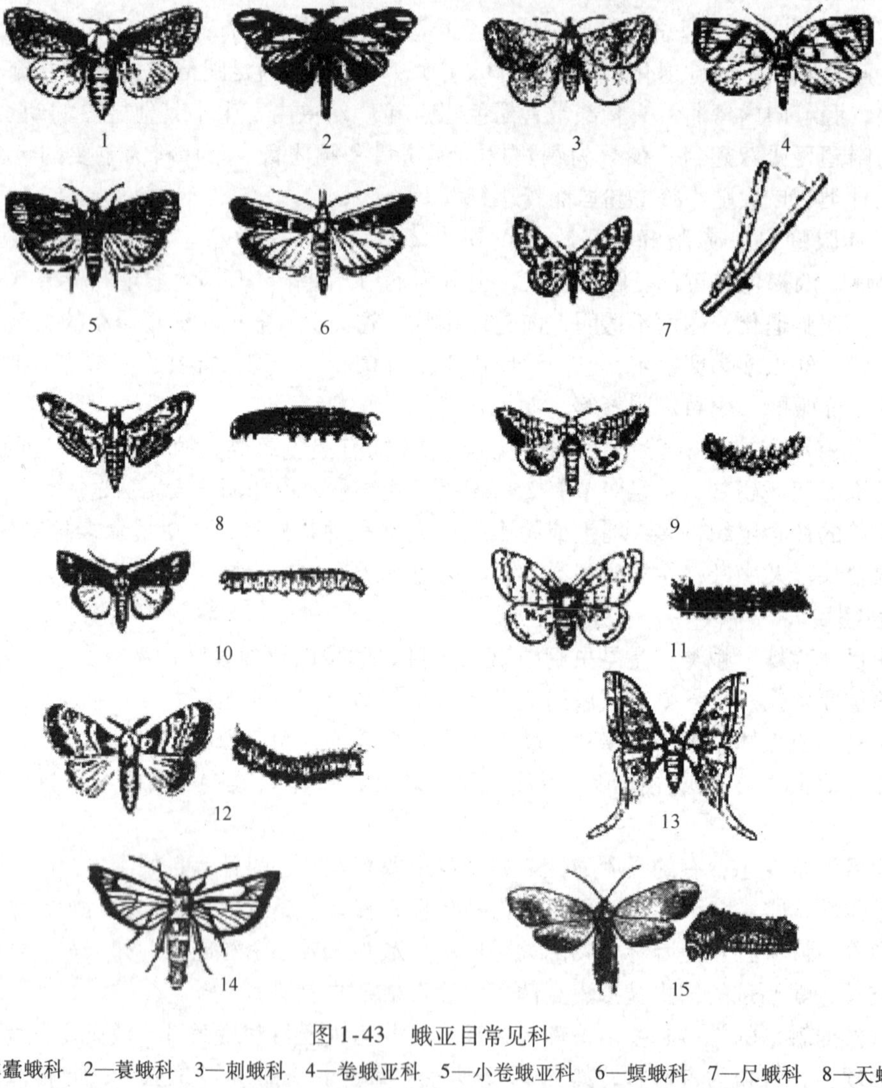

图 1-43　蛾亚目常见科

1—木蠹蛾科　2—蓑蛾科　3—刺蛾科　4—卷蛾亚科　5—小卷蛾亚科　6—螟蛾科　7—尺蛾科　8—天蛾科　9—舟蛾科　10—夜蛾科　11—毒蛾科　12—枯叶蛾科　13—天蚕蛾科　14—灯蛾科　15—斑蛾科

头可转动，复眼大具睫毛，触角末端尖钩状。前翅三角形，后翅卵圆形；后足胫节有2对距。幼虫纺锤体形，头大，前胸缢缩呈颈状。成虫飞翔迅速而带跳跃，喜穿梭在花丛间觅食。幼虫常吐丝缀叶作苞，并在苞内食叶危害、吐薄丝化蛹。常见种类有香蕉弄蝶等。

（2）粉蝶科　中型蝶类。翅白色、黄色或橙色，有黄色、黑色或红色斑点，前翅三角形，后翅卵圆形；幼虫体圆筒形，黄色或绿色，体节上多环形皱褶，体壁光滑或有短绒毛。成虫飞行缓慢，喜在十字花科植物上产卵。幼虫多危害十字花科、豆科、蔷薇科等植物。结悬蛹。常见种类有菜粉蝶、山楂粉蝶、斑粉蝶等。

（3）凤蝶科　大型、美丽的蝶类。翅色多鲜艳，具绚丽多彩的斑纹，前、后翅外缘具波状纹或呈波状，多数种类的后翅臀角处有尾角。幼虫的头与前胸之间有橙红色或黄色的"Y"字形臭腺，又称为翻缩腺，受刺激时猛然翻出可惊吓天敌；后胸显著隆起，有的胸部有眼状斑，像蛇头；低龄幼虫体暗淡无光泽，高龄幼虫鲜艳，体壁光滑。成虫飞行迅速，有多型现象。幼虫主要危害芸香科、樟科等植物。结悬蛹。常见种类有玉带凤蝶、柑橘凤蝶、樟青凤蝶等。

（4）蛱蝶科　中至大型蝶类。触角锤部特别大。前足退化，缩于前胸下；多数种类颜色鲜艳，翅正面具艳丽的斑纹，翅背面色泽暗淡，翅缘缺刻状，后翅无尾角。幼虫深色，体表多棘刺，悬蛹倒挂。为果树、林木害虫。常见种类有豹斑蛱蝶、大红蛱蝶等。

（5）木蠹蛾科　中至大型蛾类，体粗壮多毛。喙退化；触角栉齿状或线状。体、翅具浅灰色斑纹。幼虫体粗壮略扁，白色、黄褐或红色，上颚发达。幼虫蛀食树木。园林植物上常见的种类有芳香木蠹蛾、柳木蠹蛾、小线角木蠹蛾等。

（6）蓑蛾科　蓑蛾科又称为袋蛾科。小至中型蛾类，色暗。雌雄异型，雄虫触角双栉齿状，具2对翅，翅面的鳞毛、鳞片稀疏，斑纹少，腹末较尖削；雌虫无翅，幼虫状，触角、口器和足有不同程度退化。幼虫体粗壮肥胖，深褐色，胸足发达。雌虫羽化后仍留在巢袋内交尾和产卵；幼虫能吐丝缀枝叶为袋形的巢，负囊行走，取食时仅伸出头及前胸，俗称"避债虫"，老熟后将巢袋固定于小枝上封口，并在其内化蛹。常见种类有大蓑蛾、小蓑蛾、白囊蓑蛾等。

（7）刺蛾科　小至中型蛾类，粗短；色彩鲜艳，鳞毛蓬松，头、翅被稠密鳞片。喙退化；雌虫触角线状，雄虫触角双栉齿状。前翅短宽呈三角形，后翅宽圆。幼虫蛞蝓型，粗短，体有带毒腺的毛簇或枝刺，俗称"痒辣子"，多取食阔叶树叶，老熟时在地上或土中结茧化蛹。常见种类有黄刺蛾、扁刺蛾等。

（8）卷蛾科　小至中型蛾类，多为褐、棕、黄、灰等色，并有条斑。触角丝状。前翅略呈长方形。幼虫圆柱形，体色多为绿色，还有黄、粉红、紫或褐色；幼虫可卷叶、潜叶、蛀茎、蛀果危害。许多是园林重要害虫，常见种类有松褐卷蛾、苹褐卷蛾、苹果小食心虫等。

（9）螟蛾科　小至中型蛾类，体纤细，腹末尖削；触角丝状，下唇须前伸上翘，如同鸟喙；前翅呈长三角形，鳞片细密。幼虫体细长、光滑。成虫有趋光性、趋化性，部分种类有迁飞性。幼虫一般蛀茎、卷叶潜入危害。很多种类为果树和园林植物的重要害虫，如黄杨绢野螟、大丽花螟蛾、桃蛀螟等。

（10）尺蛾科　小至大型蛾类，体细长；触角线状或栉齿状，雄虫的触角较粗；翅宽而薄，常有细小波纹，鳞片稀疏，休息时翅平展。幼虫体细长，仅第6、第10腹节具腹足，

爬行时身体上拱，形似度量尺寸，故俗称“造桥虫”或“寸寸虫”，静息时以腹足固定身体，与树枝成一定角度，又称尺蠖。常见种类有丝棉木金星尺蛾、槐尺蛾、木橑尺蛾等。

（11）天蛾科　中至大型蛾类，体为粗壮的纺锤体形；触角为粗短的线状、扁棒状或栉齿状，末端弯曲成小钩状；前翅颜色通常鲜艳，外缘向内侧急剧倾斜，使翅面狭长、顶角尖锐，后翅为短小的三角形。幼虫体肥胖，各体节上有多个环形皱褶，腹节侧面常有斜纹，第8腹节背中部有1枚末端尖细的尾角。成虫飞翔力强，趋光性强。幼虫食叶危害，老熟时入土结土茧化蛹。部分种类为园林植物的常见害虫，如霜天蛾、雀纹天蛾、芝麻鬼脸天蛾等。

（12）舟蛾科　舟蛾科又称为天社蛾科。中型蛾类，体粗壮。体翅大多暗褐色，似夜蛾，但喙不及夜蛾发达。腹末多毛丛。幼虫体形多变，臀足常退化或特化成细小的突起，受惊时常将头尾上翘形似小舟，故名“舟形毛虫”。成虫具趋光性。幼虫有群集性，取食阔叶树的叶片。常见种类有苹掌舟蛾、杨扇舟蛾、杨二尾舟蛾等。

（13）夜蛾科　中至大型蛾类，粗壮，多毛而蓬松，体色深暗。触角丝状或羽状，喙发达。前翅狭长，常有横带和斑纹，后翅三角形，多为灰白色且无斑纹。幼虫体色较暗。成虫趋光性强，多数种类对糖、酒、醋液趋性强。幼虫食叶、钻果蛀茎，有的危害草坪。绝大多数为重要害虫，如斜纹夜蛾、地老虎类等。

（14）毒蛾科　中至大型蛾类，体粗壮，鳞毛多而蓬松，体色多为白、黄、褐色。触角双栉齿状。前足多毛，静止时向前斜伸；前翅宽阔，有些种类雌虫无翅；雌虫腹部末端常有毛丛。幼虫体的毛瘤上着生长短不一、鲜艳的毒毛簇；第6、7腹节或仅第7腹节有翻缩腺。有些种类雌雄成虫在大小、色泽上差异显著。绝大多数为树木上的食叶害虫，如侧柏毒蛾、舞毒蛾、柳毒蛾、杨毒蛾等。

（15）枯叶蛾科　中至大型蛾类，体粗壮多毛。触角双栉齿状，喙退化。后翅宽大，肩区发达，有数根明晰的翅脉，静息时肩角及外缘平展外露于前翅下方，形似半片枯叶。雌、雄虫腹部末端常有毛丛。幼虫体密被长短不一的毛，中后胸具毒毛带，俗称“毛虫”。成虫趋光性强，有些种类雌雄异型。幼虫大多数种类取食树叶，老熟幼虫织丝茧化蛹。很多为林木重要害虫，常发生成灾，常见的种类有马尾松毛虫、黄褐天幕毛虫等。

（16）天蚕蛾科　天蚕蛾科又称为大蚕蛾科。大型蛾类，体粗壮。触角羽毛状；翅色多为褐色、绿色、蓝色，前翅顶角外突，后翅肩角处宽阔，有的臀角延伸成飘带状。幼虫粗壮，体上有带枝刺或毛的瘤突。园林植物上常见的有绿尾大蚕蛾、柞蚕等。

（17）灯蛾科　中型蛾类，色彩鲜艳，腹部多为黄色或红色，并具黑点。触角羽状或线状；翅多为白、黄和灰色，有斑纹。幼虫体的毛瘤上着生长短较整齐、呈辐射状的毛丛，无毒腺，中胸上有2~3个毛瘤，体色常为黑色或褐色。成虫趋光性强。幼虫食叶害虫，如美国白蛾是著名的国际性检疫害虫。

（18）斑蛾科　中型蛾类，多数种类颜色美丽，有的有金属光泽；翅薄，体光滑。幼虫体粗短，体壁不光滑，常具瘤状突起。成虫多白天活动，只能作短距离的缓慢飞行。大多为食叶害虫，重要的种类有重阳木锦斑蛾。

9. 双翅目

本目昆虫包括蚊、蝇、虻等多种类群。体微小至中型，多细毛和鬃；头小，复眼发达，口器刺吸式或舐吸式，触角多样，是分类的重要特征；前翅为1对膜翅，翅脉简单，后翅特化成平衡棒。

双翅目为全变态；幼虫无足，有显头式、半头式、无头式3种类型；蛹有裸蛹和围蛹；生殖方式主要为两性生殖；食性有植食性、寄生性、捕食性、腐食性等，多数为卫生害虫。常见科有瘿蚊科、食蚜蝇科、寄蝇科、实蝇科、潜叶蝇科等，如图1-44所示。

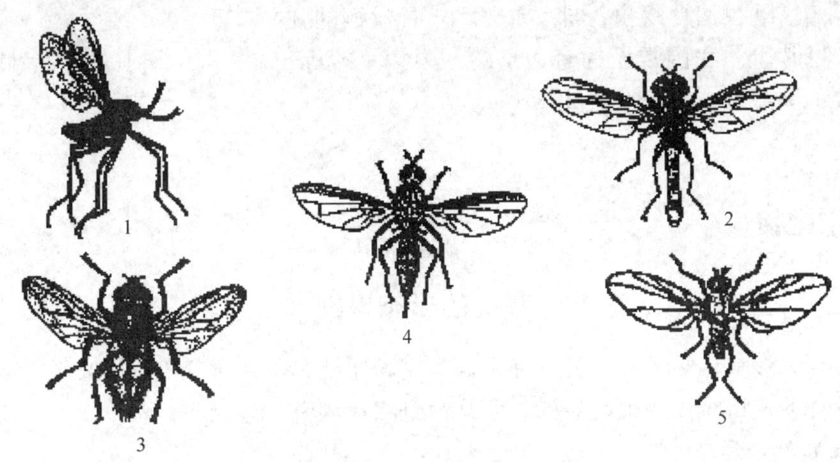

图1-44　双翅目常见科

1—瘿蚊科　2—食蚜蝇科　3—寄蝇科　4—实蝇科　5—潜叶蝇科

（1）瘿蚊科　成虫体微小纤细。触角念珠状，每节环生放射状细毛。翅脉极少，纵脉仅3~5条。幼虫体呈白色、橙红色等。成虫早晚活动，卵产于花蕾及叶片上。幼虫刺吸危害，多在植物上形成虫瘿，故称为瘿蚊。园林植物上常见的种类有柳瘿蚊、梨瘿蚊等。

（2）食蚜蝇科　成虫中型，体常有黄、黑相间的横纹，似蜜蜂，为拟态现象。腹部一般较扁平。成虫取食花蜜及花粉以补充营养。幼虫多为肉食性，口器刺吸式，吮吸蚜、蚧、叶蝉、粉虱等小型昆虫的体液。常见种类有黑带食蚜蝇、细腰食蚜蝇等。

（3）寄蝇科　成虫小至中型，体粗短多毛、暗灰色带褐色斑纹。后胸盾片发达，中胸后小盾片发达。腹部特别是腹末多刚毛。幼虫多寄生于鳞翅目的幼虫和蛹体，或寄生于直翅目、鞘翅目的成虫及幼虫体。常见的有松毛虫狭颊寄蝇、地老虎寄蝇、日本追寄蝇等。

（4）实蝇科　成虫小至中型，体常有黄、棕、橙、黑等色。头后部细如颈，复眼发达具金属光泽。前翅面上常有云雾状暗色斑；雌虫产卵器细长。成虫常取食花蜜及花粉。幼虫为植食性，多蛀果潜食。重要种类有瓜食蝇、柑橘大实蝇等。

（5）潜叶蝇科　成虫微小至小型。体淡黄、绿或淡黑色。前翅前缘近基部1/3处有1个缺刻状的折断痕。幼虫多潜食草本植物的叶肉。重要种类有美洲斑潜蝇等。

10. 脉翅目

脉翅目通称蛉，小至大型昆虫。体细长，有的形似蜻蜓。绿色、黄色或灰白色。头灵活能动，复眼大而突出，且有金属光泽，触角为细长的线状或棒状，口器咀嚼式。翅宽大，4翅均为膜质，形状、大小和脉序很相似，多数种类的翅上短横脉密而多，呈网状分布，在外缘处分叉。

脉翅目为完全变态。成虫、幼虫均为肉食性，捕食蚜虫和介壳虫等害虫，为重要的天敌昆虫。

草蛉科成虫中型，身体细长、柔弱，多数种类绿色。复眼具金色光泽；触角长丝状。翅的前缘区有 30 条以下近平行排列的短横脉。幼虫体长形，两头尖削，胸部与腹部两侧有毛瘤。幼虫捕食蚜虫，即“蚜狮”。具丝柄的弹形卵竖立于叶片上。我国常见的有大草蛉、中华草蛉等，是一类重要的天敌昆虫。草蛉科如图 1-45 所示 。

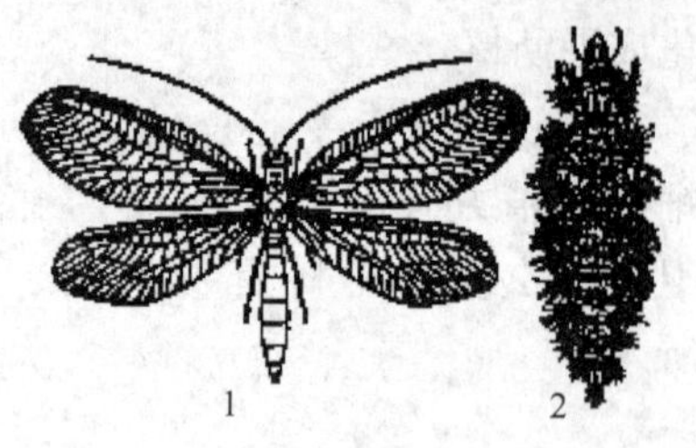

图 1-45　草蛉科
1—成虫　2—幼虫

知识链接

螨类的形态识别

螨类属于蛛形纲，蜱螨目，其外部形态和生物学特征与昆虫既有相似之处，也有明显差异。有许多种类是园林植物上的害螨，常见的科有叶螨科、瘿螨科。

1. 螨类的外部形态

体微小，通常 0.5 ~2.0mm；圆形、卵圆形、楔形或蠕虫形。无翅、无复眼，多数只有 1 ~2 对单眼。足分节，多数 4 对，少数种类如瘿螨仅 2 对。体躯分段不明显，头胸部和腹部愈合；为了研究和描述方便，一般将螨类体躯划分为前体段和后体段，前体段又分为颚体段和前肢体段，后体段又分为后肢体段和末体段。颚体段的腹面着生有口器，由 1 对螯肢和 1 对须肢组成，通常具爪，口器因食性不同分为咀嚼式和刺吸式两类；前、后肢体段主要着生足，体背上有一定数目和不同分布的刚毛；末体段的腹面有生殖孔和肛门的开口。螨类（叶螨）的体躯结构如图 1-46 所示。

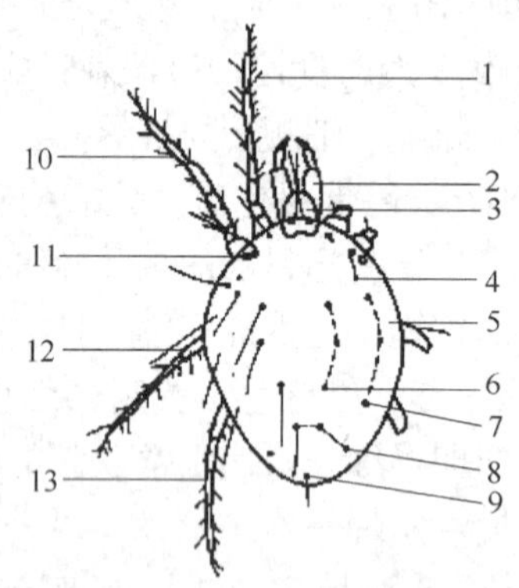

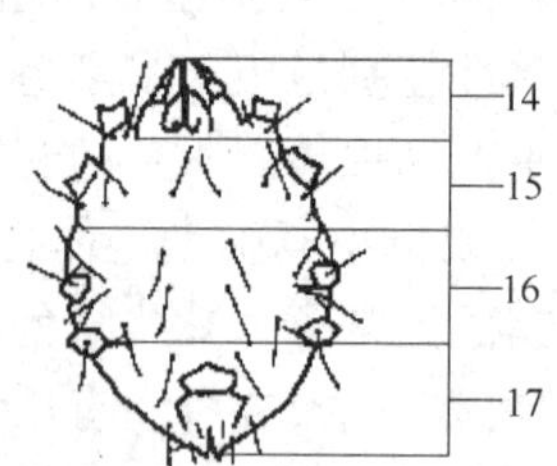

图 1-46　螨类（叶螨）的体躯结构

1—第 1 对足　2—须肢　3—颚刺器　4—前足体段刚毛　5—肩毛　6—后足体段背中毛　7—后足体段背侧毛　8—骶毛　9—臀毛　10—第 2 对足　11—单眼　12—第 3 对足　13—第 4 对足　14—颚体段　15—前肢体段　16—后肢体段　17—末体段

2. 螨类的生物学特性

螨类多为两性卵生，少数行孤雌生殖。一般有卵、幼螨、若螨、成螨 4 个阶段。除瘿螨外，幼螨期有足3对，若螨期有足4对。螨类繁殖快，一年发生20~30代，第1代发生较整齐，以后世代重叠。多以卵或雌成螨在树皮缝或土块下越冬。很多有吐丝结网的习性。一般喜高温干旱环境。螨类多为植食性，造成变色、畸形或瘿瘤等；也有捕食性和寄生性的，以害螨、昆虫的幼虫和卵为食，是重要的天敌生物，如植绥螨已被广泛用于生物防治。

3. 与园林植物关系密切的螨类

（1）叶螨科　微小，长约0.2~0.8mm，体圆形或卵圆形，雄螨腹部尖削似楔形；体色多为红色、暗红色、黄色，形似蜘蛛，故常被称为“红蜘蛛”或“黄蜘蛛”。刺吸式口器；幼螨3对足，若螨和成螨4对足；体背面拱起，刚毛24或26根，呈横排分布。植食性，通常聚集在叶背刺吸危害，造成变色、落叶或畸形。有的能吐丝结网。常见种类有朱砂叶螨、山楂叶螨等。

（2）瘿螨科　俗称“壁虱”。极微小，长约0.1mm，体为狭长蠕虫形。刺吸式口器；足2对，位于颚体段。前肢体段背板较大，呈盾形，后体段延长，具有许多环纹，如图1-47所示。植食性，危害叶片、嫩枝或果实，造成变色、畸形。常见种类有葡萄瘿螨、荔枝瘿螨、柑橘瘿螨等。另外，还有跗线螨科、植绥螨科等。

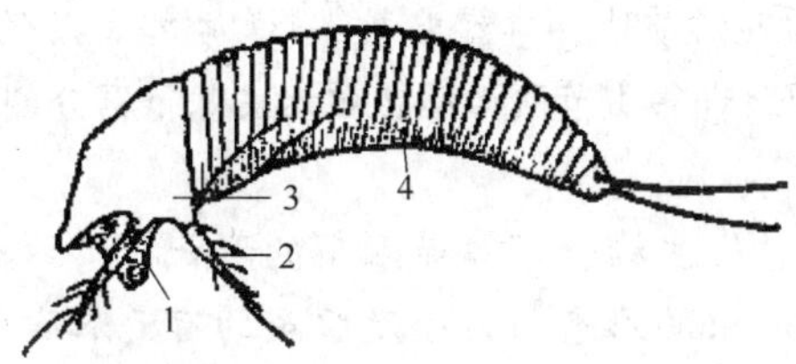

图1-47　瘿螨的体躯结构

1—颚体段　2—足　3—前肢体段　4—后体段

相关技能训练

实训2　园林植物常见目科害虫种类识别

一、实训目标

通过对昆虫标本的观察，熟悉昆虫纲中园林植物常见目科害虫种类的主要识别特征。

二、实训材料和用具

1. 观察材料

直翅目、半翅目、等翅目、同翅目、缨翅目、鞘翅目、膜翅目、鳞翅目、双翅目、脉翅目等各科当地常见代表种类；蜱螨目的叶螨科、瘿螨科等的分类示范标本及危害状标本。

2. 实训用具

有关昆虫挂图及照片、影视教材、CAI教学课件、实体显微镜、放大镜、镊子、挑针、搪瓷盘、泡沫塑料板等。

三、实训内容与方法

就供试标本按昆虫分类的依据，观察各目、科的主要分类特征，鉴定出所属目、科。

1. 直翅目

观察蝗科、蝼蛄科、螽斯科、蟋蟀科触角的形状和长短，翅的质地和形状、口器类型、前足和后足的类型、产卵器的构造和形状、听器的位置和形状，尾须形态，找出各种发音器的位置。

2. 半翅目

观察蝽科、网蝽科、猎蝽科及其他供试蝽类的口器、触角、翅的质地及膜区翅脉的形状，臭腺孔开口部位等。

3. 等翅目

观察黑翅土白蚁、家白蚁触角的类型、翅的形状、质地及口器类型，指出其主要区别。

4. 同翅目

观察蝉、蜡蝉、叶蝉、飞虱、蚜虫、介壳虫等的口器、前后翅的质地、前后足的类型、蚜虫的腹管位置及形状、介壳虫的雌雄介壳形状及虫体的形状等。

5. 缨翅目

观察蓟马科、纹蓟马科的玻片标本，注意翅的形状及有无斑纹，产卵器形状及弯曲方向。

6. 鞘翅目

观察鞘翅目各科昆虫前后翅的质地、口器类型、触角类型、足的类型和足附节数目、幼虫类型。详细观察步行甲和金龟甲腹部第1节腹面腹板被后足基节窝分割情况及象甲的喙状额突。

7. 膜翅目

观察叶蜂类危害状，各种寄生蜂、胡蜂等触角的形状、口器类型、翅脉变化的情况，以及产卵器的形状。观察有关幼虫的形态、大小及腹足的有无和腹足数目。

8. 鳞翅目

观察小地老虎翅的斑纹，天蛾卷曲的喙和幼虫的口器及胸部的线纹。对比观察其他科昆虫触角形状、翅的形状、斑纹颜色以及后翅的脉的变化情况。观察有关科幼虫的形态、大小、有无腹足及趾钩的着生情况，幼虫身上有无毛瘤、枝刺，有无臭腺、毒腺及其着生位置等。

9. 双翅目

观察蚊、蝇、虻等标本，了解平衡棍的形式。了解幼虫形态及大小情况。

10. 脉翅目

观察草蛉的体形、复眼、口器、翅脉；观察幼虫（蚜狮）的形态。

11. 蜱螨目

观察各种叶螨、瘿螨、捕食螨，注意比较它们之间的形态特点及主要区别。

四、实训报告

1. 列表比较

夜蛾科、尺蛾科、螟蛾科、刺蛾科、粉蝶科、蛱蝶科、凤蝶科等昆虫的主要特征。

2. 列表比较

直翅目、半翅目、等翅目、同翅目、缨翅目、鞘翅目、膜翅目、鳞翅目、双翅目、脉翅目、蜱螨目的主要特征。

实训3　昆虫生活史的饲养观察

一、实训目标

通过学习园林树木常见害虫的简易饲养方法和益虫的简易繁殖方法，进一步了解昆虫的生活史、

生活习性和生态学特性，为获得用于鉴定的虫期、农药的毒力测定或开展生物防治奠定基础。

二、实训材料和用具

养虫缸（可用大罐头瓶、玻璃灯罩等）、养虫笼（用铁窗纱卷制或在木框四周围钉以窗纱）、尼龙养虫网、4%福尔马林、0.1%高锰酸钾溶液或0.01%～0.02%次氯酸钠溶液或5%的苯酸（碳酸）。

三、实训内容与方法

昆虫饲养可根据饲养的目的要求确定方法。如个体饲养或群体饲养、短期饲养或系统饲养、室内饲养或田间饲养。

1. 昆虫饲养的准备工作

（1）饲料　合适的饲料是饲养昆虫的前提。昆虫种类不同，所需饲料不同，同种昆虫的不同虫态也要求不同的饲料。必须饲喂其原来的专食植物或嗜食植物饲料。如斜纹夜蛾幼虫可用荷叶、芋叶、豆科、十字花科植物叶片饲养，而成虫期用糖液、蜜水饲养。小量的饲养，即可从野外直接采集，但要注意保持饲料的新鲜和无病菌或无农药的污染。最好每天更换饲料。某些珍贵的植物或饲料来源困难的，可以将饲料进行水养（即将带枝植物插在盛有清水的小口瓶内，为防止虫落水淹死，可用厚纸板挡在瓶口，将枝条穿过厚纸板再插入瓶中），并注意定期换水。易干枯的叶片，可用脱脂棉蘸水包住叶柄保湿。大量饲养时，最好采用人工饲养或半人工饲养。

（2）气候条件　创造能够满足所饲养昆虫的气候条件。一般情况下，温度以20～30℃为宜，在饲养过程中，必须记录温度并加以控制。加温常依靠阳光、电炉、电灯、温箱等。降温可以利用冷冻装置，如地下室或冰块、井水等。应根据各种昆虫的要求，注意控制湿度，湿度在70%～80%为宜。增湿常采用喷雾、洒水，设置水盆、水盘，放置多湿物质。降湿运用吸湿物质，如硅胶、石灰等，可以减少水汽。要注意适当通风。在成虫交配产卵期，要给予适当空间和适于产卵要求的条件，如放入纸条等。每一饲养容器内，放1～2对成虫即可，如过分拥挤，常导致昆虫不能交配或不产卵。

（3）生活条件　创造满足所饲昆虫生活习性的条件，在昆虫饲养中也是十分重要的。如饲养天牛幼虫，由于它有钻蛀习性，必须提供适宜的树木枝干，并人工造好光滑隧道，饲养过程中最好给予遮光条件。饲养小地虎幼虫，皿底要给一定深度的土壤，对有自相残杀习性的昆虫，要分开单个饲养等。

（4）环境卫生　饲养环境要经常保持清洁，虫粪要每天清除，否则常招致毒菌等微生物的发生，造成饲养结果不良或引起大量死亡。

一般饲养器皿要用肥皂和洗洁精清洗，并用4%福尔马林消毒，整个饲养室，也应用0.1%高锰酸钾溶液或0.01%～0.02%次氯酸钠溶液或5%的苯酸（碳酸）进行全面消毒。人工饲养要加防腐剂或高压蒸汽消毒。从各方面创造卫生条件，使昆虫生长良好，增加抵抗力，以减少虫病发生。

（5）资料记载　在整个饲养过程中，每天定期观察记载下列各项：卵期，幼虫各龄的龄期、蜕皮、各龄形态描述、食量、化蛹日期、蛹历期、羽化时间、交配的时间与次数、补充营养、产卵（产卵前期，次数、产卵量、产卵场所、状态）、成虫寿命等。

2. 昆虫饲养的一般方法

饲养昆虫的方法因昆虫的种类、习性和饲养目的不同而异，常用的有：

（1）室内饲养　优点是便于观察，便于同时饲养多种昆虫；缺点是与自然环境不全相同，取得结果难免会有出入。

室内饲养一般又分为个体饲养和群体饲养两种。个体饲养应不少于20个编号，原则上数量多较数量少为好。每一养虫器皿放一头虫，皿口纱布覆盖后，再用橡皮圈扎紧贴上编号标签（用铅笔写）。群体饲养最好有5～10个养虫笼（箱）以上，每一笼（箱）内放入较多的昆虫，按笼（箱）编号。在饲养昆虫过程中，要经常注意食料、温湿度条件，清除粪便残渣，供给产卵、取食、化蛹等模拟条件。

（2）田间饲养　田间饲养更接近自然环境，饲养观察结果比较可靠。但观察比较麻烦，特别是天敌的干扰较大，必须注意。一般在田间定点、定株、笼罩编号饲养。不适于笼罩的，可根据昆虫栖息习性设计饲养方法。

3. 各类昆虫饲养实例

（1）食叶害虫饲养　以苹果小卷叶蛾（小黄卷叶蛾）饲养为例。春季搜集未出蛰的越冬幼虫，或采集出蛰卷叶危害的越冬幼虫，集中放在较大的饲养缸（或饲养笼）中饲养。以后各代幼虫可取同一卵块上同时孵化的放在一起饲养。饲养缸口盖纱布，用橡皮筋扎紧。

饲养幼虫时应注意：

1）饲养室温度不宜过高，一般不要超过田间气温，以免幼虫不安，乱爬。

2）在幼虫幼小时，缸内壁及缸底都应贴以滤纸，以免缸内壁及缸底凝结水珠，将小幼虫粘住溺死。

3）更换饲料时，应将苹果新梢放入，当幼虫自动爬到新梢后，再将旧枝梢取出。当幼虫老熟将要化蛹时，可用指形管单个饲养，便于观察化蛹、蛹态及羽化等。

成虫可在小型缸中饲养。每缸放1头雌成虫，2～3头雄成虫，每晚用脱脂棉球吸收5%～10%糖液放入，供成虫取食。成虫喜在光滑部位产卵，可在缸内壁紧贴1层玻璃纸，发现卵块当即剪下，供以后饲养继续观察。

（2）蛀干害虫饲养　以柑橘星天牛饲养为例。取直径为1.5cm的橘树（可利用废弃的酸橙或枳壳砧木）10株，截去上部枝叶，进行盆栽。然后按照成虫的产卵习性，在主干距地面3～4cm处的树皮上，制造一个伤口，待有树汁流出后，将当天采得的卵接种其中。每日检查一次。自幼虫孵出之日起，可按幼虫活动的方向，仔细割开树皮观察，至幼虫蛀入木质部，为第一阶段。

此后约过半个月，虫体已较壮实，可将橘木割开检查，记载幼虫行程及发育情况。然后将幼虫移于事前备好的人造隧道的枯木中，如图1-48所示。这种橘木，可取经济价值较低的酸橙或柚，但已凋残或营养不良者不宜采用。人造隧道应凿得相当光滑。隧道宽与虫体的比例，以不大于虫体的1倍为宜，过大则反而使幼虫行动困难，甚至失去取食能力，隧道长度大致为虫体长的5倍。把幼虫移入隧道，将橘木合并，用绳扎紧，两侧的缝及上下两端涂以接蜡或石蜡，以防止水分蒸发。

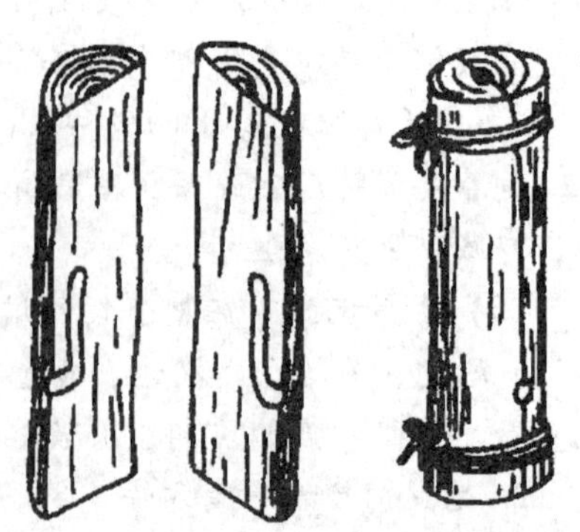
图1-48　蛀干害虫的饲养

幼虫第一次移植后，可每隔3d解开检查一次。约经半个月，木质渐干燥，应另换橘木。如发现幼虫折道而

不易观察时，可待更换橘木时再割开检查。饲养时应注意空气新鲜和用具消毒，以防止虫体感染疾病。观察时应尽量避免强光。

(3) 吸汁类害虫饲养　以柑橘锈壁虱饲养为例。可分为果实饲养法和叶片饲养法。

1) 果实饲养法。即在果实上套圈饲养。饲养圈用0号明胶制成，安放在鲜果上。胶圈基部的外侧涂以热蜡，使之与果面密接，以防螨逃逸。胶圈上方敞开，使空气流通和便于观察。在此饲养圈中的锈壁虱，很少爬逃。选择直径4~6cm的鲜果连同枝条一同插入水中，以保持果实较长时间的新鲜，便于螨虫取食。待果实萎缩后，更换果枝。采用这种方法，在春、夏果实尚绿时易于观察，且果实不易干缩，较耐锈壁虱取食，但在秋季果实变黄红色，观察困难，在无果期则无法进行。

2) 叶片饲养法。用此法全年均可饲养，且取得的资料近于自然条件下的生活史。选取当时新梢上的叶片，用棉花轻擦表面及叶背，以除去可能已寄生在叶片上的锈壁虱，然后在显微镜下仔细检查，确证叶片上无螨时，方可移一成螨在叶片上。待成螨产卵后，将成螨移去。从接种起直至饲养结束，每日定时在显微镜下观察，以观察卵期、若螨期和成螨产卵前期、产卵量、寿命。

四、实训报告

1) 选择当地重要害虫或天敌饲养1个世代，制成生活史标本，并记载其发育过程。

2) 分组参加天敌昆虫大量繁殖的主要过程，无操作条件时，可就近进行参观实习。

实训4　昆虫标本的采集、制作与鉴定

一、实训目标

掌握昆虫标本的采集、制作及保存的技术与方法；学会初步的分类鉴定方法；了解当地园林植物主要虫害发生的种类，为害虫的综合治理奠定科学基础。

二、实训材料和用具

捕虫网、毒瓶、吸虫管、诱虫灯、指形管、采集箱、采集袋、活虫采集盒、三角纸袋、昆虫针、展翅板、三级台，三角台纸、幼虫吹胀干燥器、还软器等用具；粘虫胶、酸性品红溶液、福尔马林（甲醛）、酒精液、二甲苯、阿拉伯胶、丁香油、水合氯醛、葡萄糖水溶液、氢氧化钾（钠）溶液、蒸馏水等材料。

三、实训内容与方法

1. 昆虫标本的采集

(1) 采集工具

1) 捕虫网。按用途可分为空网、扫网和水网三种，均由网框、网袋和网柄三部分组成，如图1-49所示。空网是采集空中飞翔的昆虫，如蛾蝶类、蜂、蜻蜓等，网框用粗铁丝弯成，直径约33cm；网袋用白色或淡绿色尼龙纱、珠罗纱或纱布做成，底略圆，深为网框直径的一倍；网柄长约1m，用木棍或竹竿制成。扫网用来扫捕杂草或树丛中的昆虫，因而网袋要用白布或亚麻布制作，通常网袋底端开一个小口，使用时扎紧或套一个塑料管，便于取虫。水网用来捞取水生昆虫，网袋通常用透水良好的铜纱或尼龙筛网等制作。

2) 吸虫管。用来采集身体脆弱不易拿取的微小昆虫，如蚜虫、红蜘蛛、蓟马等。常用的吸虫管是直径40mm、长130mm的有底玻璃管，在软木塞的盖上穿两个细玻璃管，其中一根玻璃管的外端接上胶皮管，并安上吸气球，瓶内的一端捆上纱布；另一根玻璃管弯成直

角，使用时对准要采集的小虫，按动吸气球便将小虫吸入瓶中，如图1-50所示。

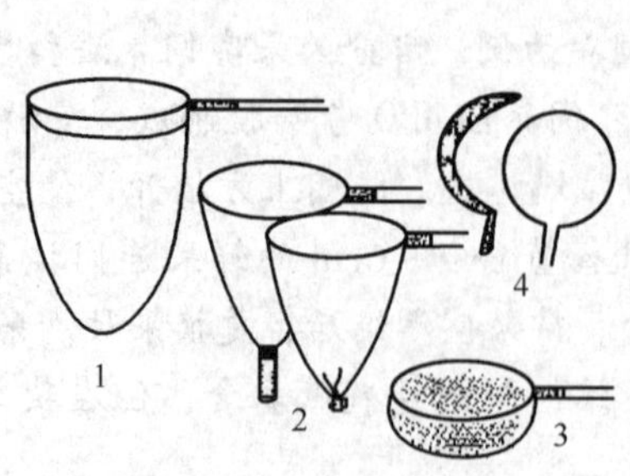

图1-49　捕虫网的类型

1—空网　2—扫网　3—水网　4—可折叠的网

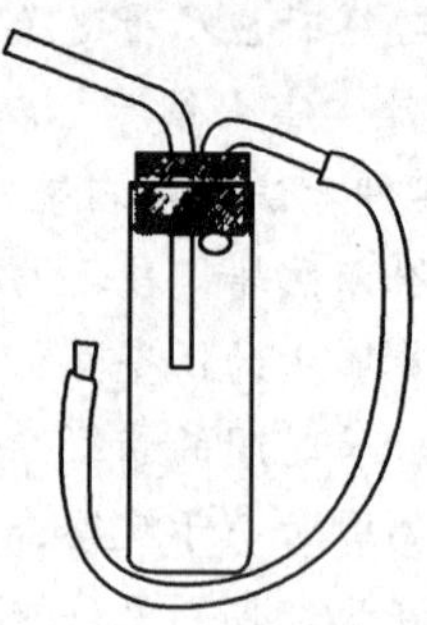

图1-50　吸虫管

3）毒瓶。用来迅速毒杀采集的昆虫。可用严密封盖的广口瓶做成，最下层放氰化钾或氰化钠毒剂，上铺一层锯末，压平后再在上面加一层石膏粉，滴上清水，稍加震动，使石膏摊平，待10h后石膏硬化，上铺一层吸水纸，如图1-51所示。为避免虫体互相碰撞，可在毒瓶中放一些细长的纸条，蛾蝶类不能同其他昆虫共用一个毒瓶，以免撞坏鳞粉。小虫可用小毒瓶或毒管分装。氰化物为剧毒物，在制作或使用时应特别注意安全；破损的毒瓶要深埋。也可用棉球蘸上敌敌畏等药液置于瓶内，上用带口的硬纸板或泡沫塑料隔开，制成临时用毒瓶。

4）三角纸袋。用来包装野外采集和暂时保存蝴蝶标本。用优质光滑半透明的薄纸，裁成3∶2的长方形纸片，将中部按45°斜折，再将两端回折，制成三角形纸袋，可大小多备几种，如图1-52所示。

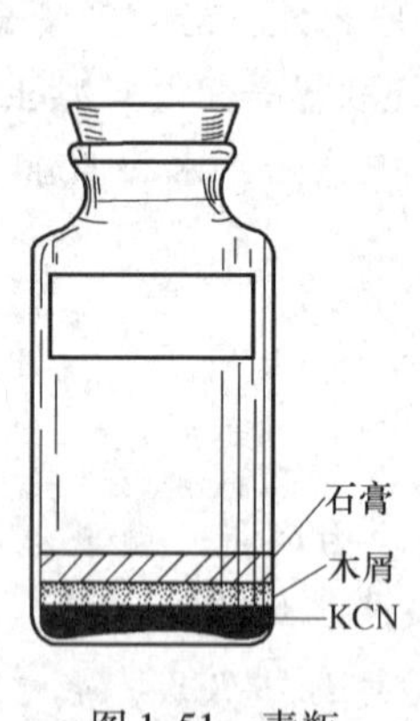

图1-51　毒瓶

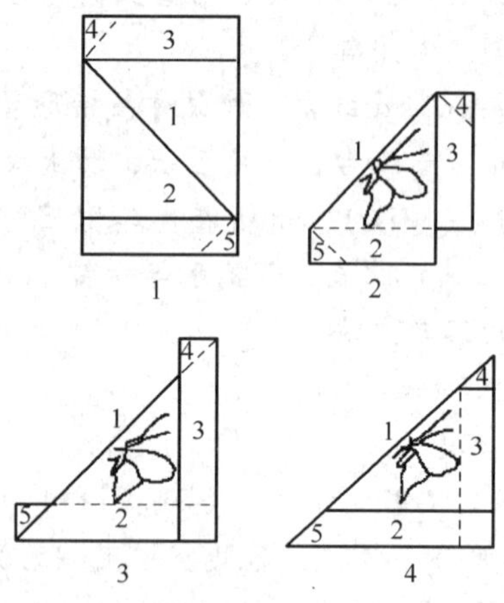

图1-52　三角纸袋

注：数字表示折叠顺序

5）指形管和小瓶。用来盛放各种活的或已经毒死的小虫。指形管和小瓶要配以合适的软木塞或橡皮塞，大小可根据需要适当选用。废弃的抗生素类小瓶也可代用。

6）活虫采集盒。用来盛放需带回饲养的活虫。可用铁皮、铝等制成，盖上装一块透气的铜纱和一带活盖的孔，如图1-53所示。

7）采集箱和采集袋。防压的标本或装上标本的三角纸袋，可放在木制的采集箱（图1-54）内，而指形管、小瓶、镊子等小工具可放在采集袋内。采集袋内有许多大小不一的袋格，具体形式可按要求自行设计。

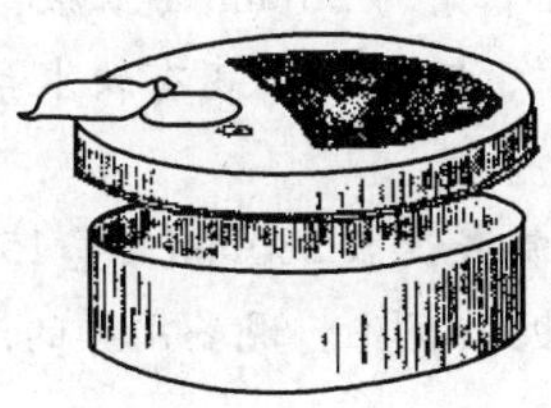

图1-53　活虫采集盒

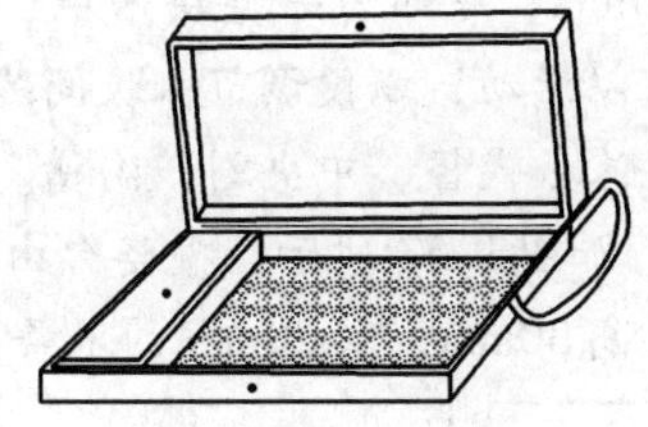

图1-54　采集箱

8）诱虫灯。专门用来诱集夜间活动的昆虫。诱虫灯下设一漏斗，并加一个毒瓶，可以及时毒杀诱来的虫子。

9）镊子等工具。镊子、刀、剪子、锯、手持扩大镜、小毛笔、铅笔、标签、笔记本、针线、橡皮筋、胶布等都是必不可少的用品。

（2）采集方法

1）网捕法。用来捕捉能飞善跳的昆虫。对于能飞的昆虫，用空网或扫网迎头捕捉或从旁边掠取，并立即摆动网柄，将网袋下部连虫一并甩到网框上。如果捕到大型蛾蝶，可由网外用手捏压昆虫胸部，使其失去活动能力，然后放入毒瓶或直接包在三角纸袋中；如果捕到的是中小型昆虫，可抖动网袋，使昆虫集中于网底部，再放入广口毒瓶中，待虫毒死后再取出分类保存。

2）震落法。摇动或敲打植物、树枝等，昆虫便假死坠地或吐丝下垂，再加捕捉，或受惊起飞，暴露了目标，便于网捕。

3）诱集法。利用昆虫的趋性和栖息场所等习性来诱集昆虫。如灯光诱集、食物诱集、色板诱集、潜所诱集和性诱剂诱集等。

2. 昆虫标本的制作

（1）针插标本的制作

1）制作用具。

① 昆虫针。不锈钢针，型号分00、0、1、2、3、4、5七种，号越大，针越粗，用于针插大小不等的昆虫。

② 三级板。如图1-55所示，三级板由木料、泡沫塑料做成，长75mm，宽30mm，高

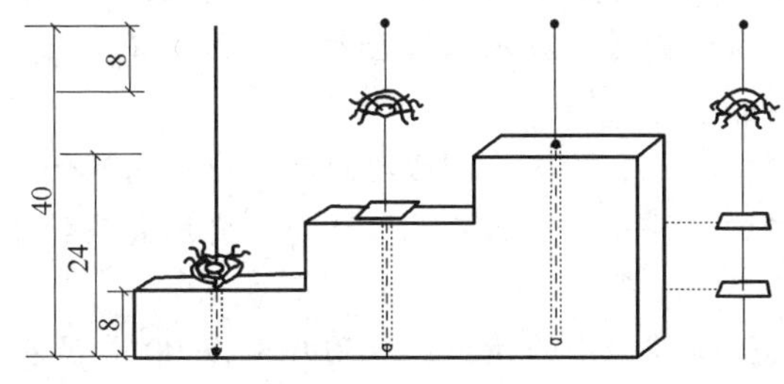

图1-55　三级板

24mm，分为三级，每级高8mm，中间有一小孔，可使昆虫标本、标签在昆虫针上的高度一致，保存美观、方便。

③ 展翅板。用于伸展昆虫翅的工具。如图1-56所示，展翅板由软木料制成，长约330mm，宽约80mm，底部为一整块木板，上面装两个宽约30mm的木板，略微向内倾斜，其中一块木板可以活动，以便调节木板间缝隙的宽度。板缝底部装有软木条或泡沫塑料条。展翅板可用硬泡沫板代替，中央刻一沟槽。

④ 整姿台。如图1-57所示，整姿台由松软木材制成，长280mm，宽150mm，厚20mm，两头各钉上一块高30mm，宽20mm的木条做支柱，板上有孔。现多用厚的泡沫板代替。

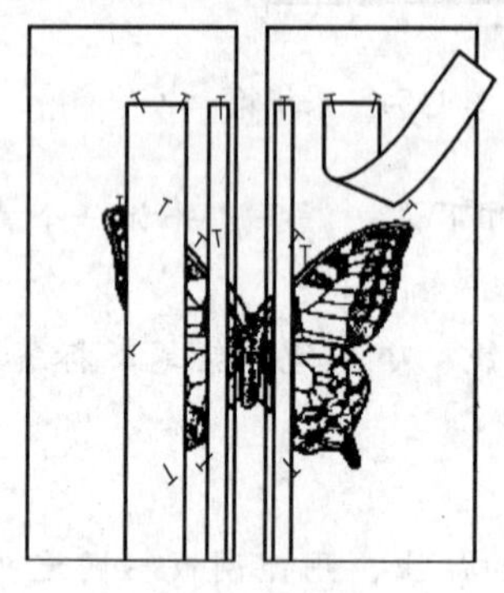
图1-56 展翅板

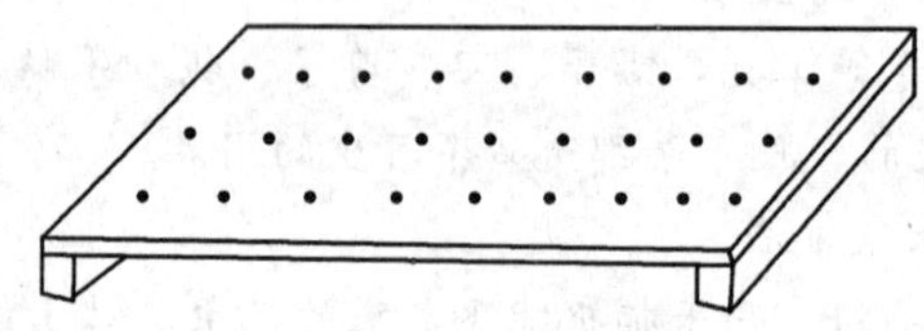
图1-57 整姿台

⑤ 回软器。如图1-58所示，回软器是用于软化已经干燥的昆虫标本的一种玻璃器皿，一般用干燥器加水使用。

图1-58 回软器

此外，还有制作小型昆虫标本用的台纸、修补昆虫标本用的黏虫胶、制作幼虫干燥标本用的吹胀器、光滑的纸条、大头针等。

2）制作方法。

① 针插昆虫标本。除幼虫、蛹及个体微小的昆虫以外，皆可用昆虫针插制后装盒保存。插针时，应按照昆虫标本体型大小选择型号合适的昆虫针。对于体型较大的夜蛾类成虫，一般选用3号针；天蛾类成虫，多用4号或5号针；体型较小的蝽、叶蝉、小型蝶、蛾类则用1号或2号针。一般插针位置在虫体上是相对固定的。蝶、蛾、蜂、蜻蜓、蝉、叶蝉等从中胸背面正中央插入，穿透中足中央；蚊、蝇从中胸中央偏右的位置插针；蝗虫、蟋蟀、蝼蛄的虫针插在前胸背板偏右的位置；甲虫类虫针插在右鞘翅的基部；蝽类插于中胸小盾片的中央，如图1-59所示。这种插针位置的规定，一方面是为插针的牢固，另一方面是为避免破坏虫体的鉴定特征。昆虫虫体在昆虫针上的高度是一定的，在制作时可将带虫的虫针倒置，放入三级台的第一级小孔，使虫体背部紧贴于台面上，其上部的留针位置即为8mm。

昆虫插制后还应进行整姿，前足向前，后足向后，中足向两侧；触角短的伸向前方，长的伸向背侧面，并使之对称、整齐、自然美观。整姿后要用大头针或纸条加以固定，待干燥定型后即可装盒保存。

对跳甲、木虱、蓟马等体型微小的昆虫，选用0号或00号昆虫针，针从昆虫的腹面插入后，将昆虫针插在软木片上，再按照一般昆虫的插法，将软木片插在2号虫针上。也可用虫胶将小昆虫粘在三角纸台的尖端，三角纸台的纸尖应粘在虫体的前足与中足之间，然后将

三角纸台的底边插在昆虫针上。插制后三角纸台的尖端向左，虫体的前端向前。

② 整姿展翅。蝶、蛾和蜻蜓等昆虫，在插针后还需要展翅。将新鲜标本或还软的标本，选择型号合适的昆虫针，按三级板的特定高度插定，先整理蝶、蛾的6足，使其紧贴身体的腹面，不要伸展或折断；其次触角向前、腹部平直向后，然后转移至大小合适的展翅板上，虫体的背面应与两侧面的展翅板水平。用2枚细昆虫针分别插于前翅前缘中部、第一条翅脉的后面，两手同时拉动一对前翅，使两翅的后缘在同一直线上，并与身体的纵轴成直角，暂时用昆虫针将前翅插在展翅板上固定。再取2枚细昆虫针拨后翅向前，将后翅的前缘压到前翅下面，臀区充分张开，左右对称，充分展平。然后用玻璃纸条压住，以大头针沿前后翅的边缘进行固定，插针时大头针应略向外倾斜。

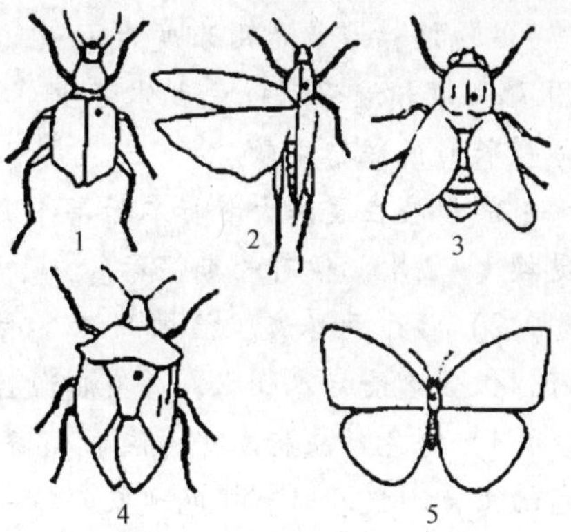

图1-59　各种昆虫针插的部位
1—鞘翅目　2—直翅目　3—膜翅目
4—半翅目　5—鳞翅目

标本插针后应将四翅上的昆虫针拔去，大头针也不可插在翅面上，否则标本干燥后会留下针孔，破坏标本的完整和美观。大型蝶、蛾类等腹部柔软的昆虫在干燥过程中腹部容易下垂，须用硬纸片或虫针支撑在腹部，触角等部位也应拨正，可用大头针插在旁边板上使姿态固定，如图1-60所示。

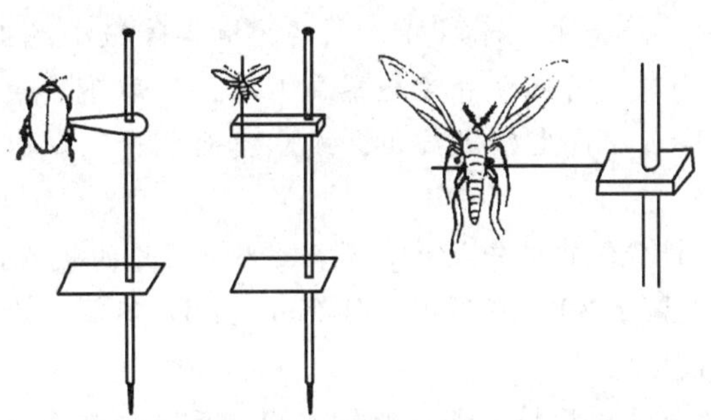

图1-60　微小昆虫针插的方法

标本放置一星期左右，就已干燥、定型，可以取下安插标签。将标本从展翅板上取下时，动作应轻柔，以免将质地脆硬的标本损坏。每个昆虫标本必须有两个标签，一个标签要注明采集地点、时间、寄主种类，虫针插在标签的正中央，高度在三级板的第二级；另一个标签标明昆虫的拉丁文学名和中文名，插在第一级。昆虫标本制作过程中如有损坏，可用粘虫胶贴着修补。

（2）浸渍标本的制作　身体柔软、微小的昆虫和少数虫态（幼虫、蛹、卵）及螨类可用保存液浸泡后，装于标本瓶内保存。昆虫标本保存液应具有杀死昆虫和防腐的作用，并尽可能保存昆虫原有的体形和色泽。活幼虫在浸泡前应饥饿1～2d，待其体内的食物残渣排净后用开水煮杀、表皮伸展后投入保存液内。注意绿色幼虫不宜煮杀，否则体色会迅速改变。常用的保存液配方如下：

1）酒精液。常用浓度为75%。小型和体壁较软的虫体可先在低浓度酒精中浸泡后，再用75%酒精液保存以免虫体变硬。也可在75%酒精液中加入0.5%～1%的甘油，可使虫体体壁长时间保持柔软。

酒精液在浸渍大量标本后半个月应更换一次，以防止虫体变黑或肿胀变形，以后酌情再更换1～2次，便可长期保存。

2）福尔马林液。福尔马林（含甲醛40%）1份：水17～19份。保存昆虫标本效果较好，但会略使标本膨胀，并有刺激性的气味。

3）绿色幼虫标本保存液。硫酸铜10g，溶于100mL水中，煮沸后停火，并立即投入绿色幼虫，刚投入时有褪色现象，待一段时间绿色恢复后可取出，用清水洗净，浸于5%福尔马林液中保存。或用95%酒精90mL、冰醋酸2.5mL、甘油2.5mL、氯化铜3g混合。先将绿色幼虫饥饿几天，用注射器将混合液由幼虫肛门注入，放置10h，然后浸于冰醋酸、福尔马林、白糖混合液中，20d后更换一次浸渍液。

4）红色幼虫浸渍液。用硼砂2g，50%酒精100mL混合后浸渍红色饥饿幼虫。或者用甘油20mL、冰醋酸4mL、福尔马林4mL、蒸馏水100mL的混合液，效果也很好。

5）黄色幼虫浸渍液。用无水酒精6mL、氯仿3mL、冰醋酸1mL。先将黄色昆虫在此混合液中浸渍24h，然后移入70%酒精中保存。或用苦味酸饱和溶液75mL、福尔马林25mL、冰醋酸5mL混合液，从肛门注入饥饿幼虫体内，然后浸渍于冰醋酸、福尔马林、白糖混合液中。

（3）玻片标本的制作　微小昆虫（如蓟马、蚜虫、赤眼蜂、螨等）及虫体的一部分，往往要制成玻片标本，放在显微镜下才能看清细微结构特征，其制作步骤如下：

1）材料准备。蚜虫、介壳虫、赤眼蜂、蓟马、螨类等微小昆虫一般都采用整体制片，活虫用70%酒精固定几小时。对成虫外生殖器制片时，可取下成虫的腹部；如果是稀有标本，可捏住腹部末端稍挤压，将生殖器挤出，或从腹面剪开，取出外生殖器后，再捏合腹部，使其复原。

2）碱液处理。将材料从保存液中捞出，放入5%～10%的氢氧化钠或氢氧化钾溶液中，直接加热或隔水加热，或置于80℃温箱中，经5min至1h不等，以材料基本透明为度。不宜加热太久，避免材料损坏。

3）清洗。将碱液处理过的材料，移入蒸馏水中，反复清洗多次，除去碱液和脏物，再移入酒精中保存。

4）染色。清洗后的材料，染色与否视昆虫种类而定。如鳞翅目雄性外生殖器色深，特征明显，就不需染色，而其他材料一般都需要染色。可用酸性品红溶液染色20min至24h不等。

5）脱水与透明。将清洗或染色后的材料移至载玻片上，在解剖镜下初步整姿后，取无水酒精和二甲苯的等量混合液，滴在虫体上脱水透明。在此过程中，因混合液吸收水分而出现白雾，应继续滴加混合液驱除白雾。然后用吸水纸吸去混合液，再将丁香油或冬青油滴在材料上以取代混合液。

6）封片。用吸水纸吸去多余的丁香油或冬青油，然后蘸取少量的加拿大树胶，将材料黏在玻片上，在解剖镜下充分整姿后，移入大培养皿或其他容器中，任其干燥又不沾染灰尘，待树胶干后，再滴加适量的加拿大树胶，将盖玻片盖上，贴上标签后置于干燥遮光又不易染尘处，自然干后即成永久性玻片标本。

（4）昆虫生活史标本的制作　将前面用各种方法制成的标本，按照昆虫的发育顺序，

即卵、幼虫（若虫）的各龄、蛹、成虫的雌虫和雄虫及成虫和幼虫（若虫）的危害状，安放在一个标本盒内，在标本盒的左下角放置标签即可，如图1-61所示。

3. 昆虫标本的保存

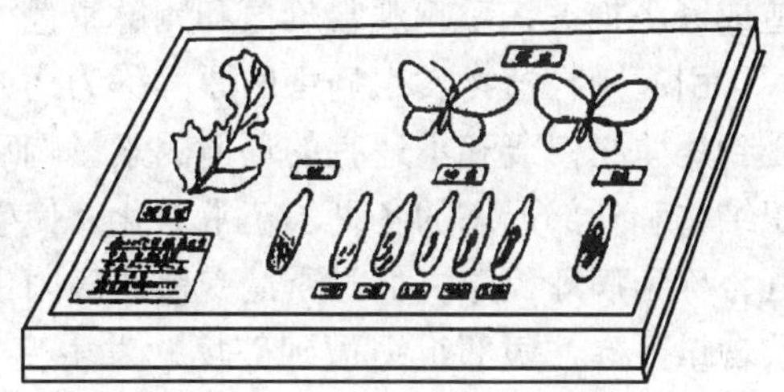

图1-61　昆虫的生活史标本

昆虫标本是认识昆虫防治害虫的参考资料，必须妥善保存。保存标本，主要的工作是防蛀、防鼠、避光、防尘、防潮和防霉。

(1) 针插标本的保存　针插的昆虫标本，必须放在有盖的标本盒内。盒有木质和纸质的两种，规格也多样，盒底铺有软木板或泡沫塑料板，适于插针；盒盖与盒底可以分开，用于展示的标本盒盖可以嵌玻璃，长期保存的标本盒盖最好不要透光，以免标本出现褪色现象。

标本在标本盒中应分类排列，如天蛾、粉蝶、叶甲等。鉴定过的标本应插好学名标签，在盒内的四角还要放置樟脑球以防虫蛀，樟脑球用大头针固定。然后将标本盒放入关闭严密的标本橱内，定期检查，发现蛀虫及时用敌敌畏进行熏杀。

(2) 浸渍标本的保存　盛装浸渍标本的器皿，盖和塞一定要封严，以防保存液蒸发。或者用石蜡封口，在浸渍液表面加一薄层液体石蜡，也可起到密封的作用。将浸渍标本放入专用的标本橱内。

4. 昆虫标本的初步鉴定

通过文献查出目科后，可进一步查找相关资料，初步定名，或送往有关专家审定。

四、实训报告

1. 昆虫标本采集及鉴定

根据当地虫情，每人采集并制作园林植物各类昆虫标本15~20个，并初步鉴定。

2. 实训体会

写一份园林昆虫标本采集、制作及鉴定的实训体会报告。

任务2　园林植物侵染性病害及病原的诊断识别

任务分析：该任务主要包括植物病害症状和病原的识别、侵染性病害的诊断技术等，是园林植物病害防治的基础，要完成该任务必须具备植物及植物生理的相关知识，采用科学诊断方法，运用光学显微镜等仪器，掌握植物病害的症状及病原类型，学会病害的诊断方法。

知识点：园林植物病害的含义；常见植物病害的症状及病原的特点。

能力点：植物病害的田间诊断识别，病害标本采集制作技术，病原菌显微鉴定技术。

任务实施的相关专业知识

1.2.1　园林植物病害的概念、类型及症状

1.2.1.1　园林植物病害的概念

园林植物在生长发育和贮藏运输过程中，由于生物的侵染或不利的非生物因素的影响，

正常的生长和发育受到抑制，生理机制受到干扰，细胞、组织和器官遭到破坏，导致植物在生理或组织结构上出现各种病理变化，表现出各种病态，甚至死亡，从而降低产量及质量，造成经济损失，影响观赏价值和园林景色，这种现象称为园林植物病害。

引起园林植物发生病害的原因称为病原。病害的发生是一个持续的过程，当园林植物遭受到病原物侵袭和不适宜的环境因素影响后，首先表现为正常的生理功能失调，再是出现组织结构和外部形态的各种不正常变化，使生长发育受到阻碍，这种逐渐加深和持续发展的过程，称为病理程序。如月季遭受黑斑病菌侵染后，首先是叶片的呼吸作用降低，色素及氨基酸含量下降，病部组织遭到破坏，发生变色、坏死，最后叶片上出现黑色坏死斑，病叶早落。因此，植物病害的发生必须经过一定的病理程序。根据这一特点，风折、雪压、动物咬伤及其他人为的器械损伤等，因无病理程序，所以不称为病害，而称为伤害。

有些园林植物虽然受到某些病原物的侵染或不良环境因素的影响，表现出某种“病态”，但从经济学的观点认为，植物是否生病要看其经济价值是否受损，如茭白由于感染黑粉菌而茎部膨大才成为人们餐桌上的佳肴；避光生长的豆芽菜和韭黄也因为组织幼嫩提高了经济价值；受病毒侵染的普通郁金香变成了“杂色郁金香”而提高了观赏价值，因而不属于病害的范畴。

1.2.1.2　园林植物病害的类型

园林植物病害由于引起的病因不同可以分为两大类，即侵染性病害和非侵染性病害。

1. 园林植物侵染性病害

由真菌、细菌、病毒、线虫和寄生性种子植物等生物因素引起的园林植物病害称为侵染性病害。这类病害可以传染，故也称为传染性病害。

侵染性病害对园林植物破坏性极大，可由病株传播到健株，引起健株再度发病，严重时可导致园林植物成片死亡，对园林植物的观赏价值和园林景色影响极大。由于该类病害病原复杂，因此是园林植物病害研究的重点。

2. 园林植物非侵染性病害

由不适宜的环境条件，如气候、土壤或营养等非生物因素引起的园林植物病害称为园林植物非侵染性病害。由于这类病害不能传染，因此也称此类病害为非侵染性病害或生理性病害。

园林植物的生长需要良好的环境条件，如果不适宜的环境条件超过了植物的忍受范围，就会影响园林植物的正常生长，诱发病害的发生。如营养失调、水分不匀、温度不适或有毒物质影响等，都是诱发园林植物病害的环境因素。

值得注意的是，侵染性病害和非侵染性病害虽然有着本质的区别，但二者常常相互联系，相互作用。园林植物在不良环境条件下往往长势减弱，抵抗性降低，生物性病原物就容易侵入导致植物发病，而病株往往吸收水分养分的能力减弱，就会加重植物侵染性病害。

1.2.1.3　园林植物病害的症状

园林植物生病以后，会使正常的生理程序发生改变，最终导致植物组织结构和外部形态病变，即发生病理程序。植物生病后外部形态表现出来的不正常特征称为病害的症状。症状按性质分为病状和病征。

生病植物本身的不正常表现称为病状，病原物在发病部位的特征性表现称为病征。通常病害都有病状和病征，但也有例外。非侵染性病害不是由病原物引发的，因而没有病征。侵染性病害中也只有真菌、细菌、寄生性种子植物有病征，病毒、类病毒、类植原体所致的病害无病征。也有些真菌病害没有明显的病征，在识别病害时应加以注意。

无论是非侵染性病害还是侵染性病害，都是由生理病变开始，随后发展到组织病变和形态病变。因此，症状是植物内部一系列复杂病理变化在植物外部的表现。各种植物病害的症状都有一定的特征和稳定性，对于植物的常见病和多发病，可以依据症状进行诊断。

1. 病状类型

植物病害的病状主要分为变色、坏死、腐烂、萎蔫、畸形五大类型。

(1) 变色　植物受害后局部或全株失去正常的颜色称为变色，如图1-62所示。变色是由于色素比例失调造成的，其细胞并没有死亡。变色以叶片变色最为多见。主要表现有花叶，它是形状不规则的深浅绿色相间而形成不规则的杂色，各种颜色轮廓清晰。斑驳与花叶的不同是它的轮廓不清晰。褪绿是叶片均匀地变为浅绿色。黄化、红化、紫化是叶片均匀的变为黄色、红色和紫色。明脉是叶脉变为半透明状。

(2) 坏死　坏死指植物细胞和组织的死亡。多为局部小面积发生这类病状。坏死在叶片上常表现为各种病斑和叶枯，如图1-63所示。病斑的形状、大小和颜色因病害种类不同而差别较大，轮廓多比较清晰。病斑的形状多样，有圆形、多角形、条形、梭形、不规则形，色泽以褐色居多，但也有灰色、黑色、白色。有的病斑周围还有变色环，称为晕圈。病斑的坏死组织有时脱落形成穿孔，有些病斑上有轮纹，称为轮斑或环斑。环斑多为同心圆组成。叶枯是指叶片上较大面积的枯死，枯死的轮廓有的不明显。叶尖和叶缘枯死称为叶烧或枯焦。疮痂可以发生在叶片、果实和枝条上，病部较浅、面积小且多不扩散，表面粗糙。幼苗茎基部组织的坏死，称为猝倒（幼苗倒伏）和立枯（幼苗不倒伏）。木本植物的枝干上还有溃疡，主要是木质部坏死，病部湿润稍有凹陷。

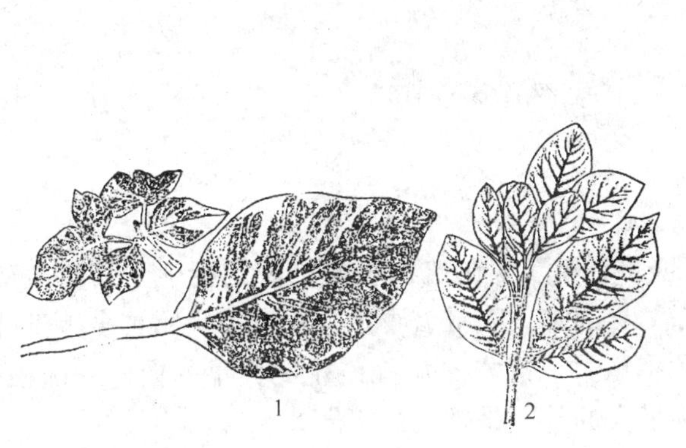

图1-62　变色

1—花叶　2—黄化（栀子黄化病）

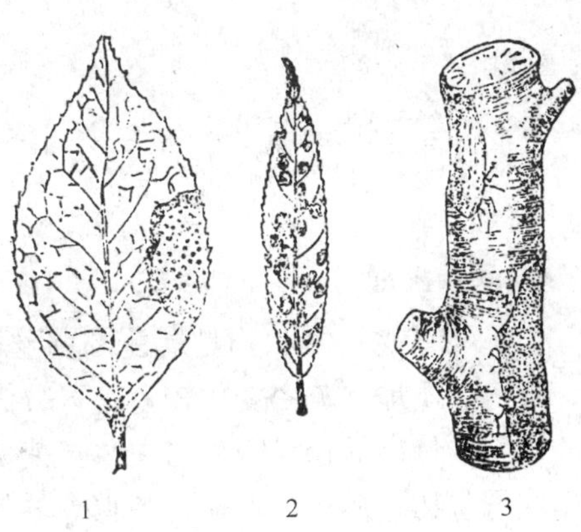

图1-63　坏死和腐烂

1—叶斑（山茶灰斑病）　2—穿孔（碧桃穿孔病）　3—腐烂（苹果腐烂病）

(3) 腐烂　腐烂是指植物大块组织的分解和破坏。植物幼嫩多汁的根、茎、花和果实上容易发生腐烂，如图1-63所示。腐烂可以分干腐、湿腐和软腐。如果组织崩溃时伴随汁液流出便形成湿腐，腐烂组织崩溃过程中的水分迅速丧失或组织坚硬则形成干腐。软腐则是中胶层受到破坏而后细胞离析、消解形成的。根据腐烂的部位不同又有根腐、茎基腐、果

腐、花腐等。流胶多在木本植物上发生，是细胞和组织分解的产物从受害部位流出形成。

（4）萎蔫　萎蔫是指植物的整株或局部因脱水而枝叶下垂的现象，主要由于植物维管束受到毒害或破坏，水分吸收和运输困难造成的，如图1-64所示。病原物侵染引起的萎蔫一般不能恢复。萎蔫有局部性和全株性，后者更为常见。植株失水迅速仍能保持绿色的称为青枯，不能保持绿色的称为枯萎或黄萎。

（5）畸形　畸形是指植物受害部位的细胞生长发生促进性或抑制性的病变，使被害植物全株或局部形态异常。畸形常见的有：矮化是全株生长成比例地受到抑制；矮缩主要是节间缩短造成植株矮小；丛枝是枝条不正常地增多呈簇状；叶面高低不平的为皱缩；叶片沿主脉上卷或下卷的为卷叶；卷向与主脉大致垂直的为缩叶；叶片叶肉发育不良或完全不发育为蕨叶或线叶。

瘤肿也较为常见，可发生在植物的根、茎、叶上，如细菌侵染引起的根癌、冠瘿、线虫侵染形成的根结等。畸形多由病毒、类病毒、植原体等病原物侵染引发的，如图1-65所示。

图1-64　萎蔫

图1-65　畸形

1—缩叶（桃缩叶病）　2—肿瘤（桃根癌）

2. 病症类型

（1）霉状物　霉状物是真菌的菌丝、孢子梗和孢子在植物表面构成的特征，其着生部位、颜色、质地、疏密变化较大，可分为霜霉、绵霉、灰霉、青霉、黑霉等。霜霉多生于叶背，由气孔伸出的较为密集的白色至紫灰色霉状物。绵霉是病部产生的大量的白色、疏松、棉絮状霉状物。灰霉、青霉、黑霉等霉状物最大的差别是颜色的不同。

（2）粉状物　根据粉状物的颜色不同可分为锈粉、白粉、黑粉和白锈。锈粉也称为锈状物，颜色有黄色、褐色和棕色，在表皮下形成，后表皮破裂散出。具有此类病征的病害统称为锈病。白粉是叶片表生的大量白色粉末状物，后期变为淡褐色，与黄色、黑色小点混生，统称为白粉病；黑粉是植物病部组织内产生的大量黑色粉末状物，统称为黑粉病；白锈是在叶背表皮下形成的白色瓷片状物，表皮破裂后散出白色粉状物，统称为白锈病。

（3）粒状物　粒状物是在病部产生的形状、大小、色泽和排列方式各不相同的小颗粒状物。一种为针尖大小的小黑点，是真菌的繁殖体，即子囊壳、分生孢子器、分生孢子盘等形成的特征。另一种称为菌核，是真菌菌丝体形成的一种特殊结构，菜籽形或不规则形，大

小差别很大，多为褐色。

（4）伞状物和索状物　伞状物是真菌形成的较大型的子实体，蘑菇状，颜色有多种变化。如各种花卉菌核病的子囊盘、多种果树木腐病的子实体等。索状物是真菌菌丝体形成较细的索状结构，白色或紫褐色，如落叶松白纹羽病、苗木紫纹羽病等。

（5）脓状物　脓状物是潮湿条件下细菌性病害在植物病部溢出的脓状粘液，又称为菌脓。气候干燥时形成菌胶粒。

3. 植物病害症状的变化及在病害诊断中的应用

植物病害的症状是病害种类识别、诊断的重要依据。但植物病害症状会随环境条件、寄主种类的不同而变化，在病害诊断时必须了解这些变化才能及时、准确的做出判断。这种变化主要表现在异病同症、同病异症、症状潜隐等几个方面。

（1）异病同症　有的病害如壁桃细菌性穿孔病、褐斑穿孔病及霉斑穿孔病，在叶片上都表现穿孔症状；又如葡萄霜霉病和细菌性角斑病初期在叶片上都表现为水浸状斑，而后叶面出现多角形褪色黄斑；但病原物种类分别为细菌和真菌，防治方法有所不同。

（2）同病异症　植物病害症状会因发病的寄主种类、部位、生育期和环境条件有所改变。如苹果褐斑病在苹果不同品种的叶片上可产生同心轮纹型、针芒型和混合型三种不同的症状，是由同一病原引起的；西葫芦花叶病在叶片上表现花叶，在果实上则表现畸形；白菜的软腐病在空气湿度较大时，呈现软腐，但在较干燥的条件下，叶片则表现为薄纸状。

（3）症状潜隐　有些病原物在其寄主植物上表现为潜伏侵染。虽然此时病原物在植物体内还在繁殖和蔓延，但是外面不表现明显的症状，待环境条件适宜时才显症。如苹果腐烂病，病菌是在夏季时侵入树干皮层的，但此时正是果树的生长旺季，所以不表现症状，次年春季，果树萌芽之前，才是症状表现的高峰期。还有些病毒病的症状会因高温而消失。

病害症状本身也并非一成不变，某种植物在一定条件下发生某种病害，并在某段时间表现出特定的症状，称为典型症状，如斑点、腐烂、萎蔫或癌肿等。但病害的症状实际上可分为初期症状、典型症状和末期症状，如霜霉病发病初期表现为叶背的水浸状病斑，典型症状是叶正面出现多角形黄色斑块，叶背出现霜霉。又如白粉病在发病初期表现为叶片上产生的白色粉状物，之后颜色逐渐加深，最后出现黑色小粒点。很多病害在空气潮湿时形成大量霉状物，但在空气干燥时可能不产生肉眼可见的病征。

在病害的实际诊断时会发现有两种以上的病害同时在一株植物上发生的情况，有时两种病害互相促进症状加剧，出现协生现象。如根结线虫病发生后，其口针在植物根部穿刺造成的伤口，会引起其他病原真菌或细菌的二次侵染，使病害的症状加剧；在田间进行症状观察时，应注意症状的这种复杂性。

相关技能训练

实训5　园林植物病害症状的观察识别

一、实训目标

通过植物病害新鲜及干制、浸渍标本的观察，结合挂图、影视教材、CAI教学课件，认

识植物病害各种症状类型，掌握各种症状类型的特点，正确区别病害的病状和病征，为病害的诊断和防治打下基础。

二、实训材料和用具

材料：当地主要园林植物不同的症状类型新鲜、干制或浸渍标本。如月季黑斑病、瓜叶菊白粉病、碧桃缩叶病、玫瑰锈病或草坪草锈病、草坪草黑粉病、兰花炭疽病、梅花炭疽病、仙客来灰霉病、菊花褐斑病、丁香细菌性疫病、菊花线虫叶枯病、君子兰细菌性软腐病、香石竹叶斑病、水仙大褐斑病、杜鹃叶肿病、观赏植物毛毡病、花木煤污病、郁金香碎锦病、香石竹病毒病、美人蕉花叶病、菊花矮化病、香石竹枯萎病、菊花枯萎病、唐菖蒲干腐病、银杏茎腐病、杨树烂皮病、樱花根癌病、幼苗猝倒和立枯病、花木根朽病、花木白纹羽病、紫纹羽病等标本。

用具：有关植物病害症状挂图、影视教材、CAI 教学课件、光学显微镜、放大镜、镊子、挑针、搪瓷盘等。

三、实训内容与方法

1. 植物病害病状类型识别

（1）变色　观察郁金香碎锦病、香石竹病毒病、美人蕉花叶病等标本的花叶与黄化现象。叶片是局部变色还是全部变色，变色深或浅，有否深浅不均的斑驳型等现象。

（2）坏死　观察月季黑斑病、菊花褐斑病、香石竹叶斑病、水仙大褐斑病、兰花炭疽病、梅花炭疽病、幼苗猝倒和立枯病，注意叶片或茎基病部的病斑形状、颜色、大小、有无轮纹，茎基病部是否缢缩等病状。

（3）腐烂　观察君子兰细菌性软腐病、香石竹枯萎病、唐菖蒲干腐病、银杏茎腐病、杨树烂皮病的特征，注意干腐与湿腐的区别。

（4）萎蔫　观察香石竹枯萎病、菊花枯萎病等标本，植株是否保持绿色，剥开病茎维管束注意有无变化，颜色与健株比较有何不同之处。

（5）畸形　观察菊花矮化病、樱花根癌病、碧桃缩叶病、毛毡病、杜鹃叶肿病等标本，注意区分矮化、瘤肿及叶片畸形等病状。

2. 植物病害病征类型识别

（1）霉状物　观察花木煤污病、仙客来灰霉病等标本，注意病部表面霉状物的颜色。

（2）粉状物　观察瓜叶菊白粉病、草坪草黑粉病、玫瑰锈病或草坪草锈病等标本，注意病部粉状物的粗细及颜色。

（3）点状物　观察兰花炭疽病、梅花炭疽病、银杏茎腐病、瓜叶菊白粉病等标本，注意点状物发生在什么部位，点状物的大小、颜色，散生或排列成轮纹。

（4）索状物　观察花木根朽病、白纹羽病、紫纹羽病等标本的菌索形态及颜色。

（5）脓状物　观察丁香细菌性疫病、君子兰细菌性软腐病等标本，注意脓状粘液或胶粒的颜色及形状。

四、实训报告

将病害症状观察结果记入表 1-1：

表1-1　植物病害症状观察记载表

序号	病名	受害植物	发病部位	病状类型	病征类型	病原类别

1.2.2　园林植物侵染性病害的病原

引起植物生病的原因称为病原，它是病害发生过程中起直接作用的主导因素。生物性病原被称为病原生物或病原物。植物病原物大多具有寄生性，因此病原物也被称为寄生物，它们所依附的植物被称为寄主植物，简称寄主。病原物主要有真菌、细菌、病毒和类病毒、线虫、寄生性种子植物等。它们大都个体微小，形态特征各异，如图1-66所示。

1.2.2.1　植物病原真菌

真菌是菌物界真菌门生物的统称，是一类营养体通常为丝状分枝的菌丝体，没有根、茎、叶的分化，没有叶绿素，不能进行光合作用，以吸收的方式获取营养，通过产生各种类型的孢子进行繁殖的微生物。真菌是微生物中一个很大的类群，目前已记载的真菌估计有12万种以上，其种类多，分布广，可以广泛存在于水和陆地上。真菌大部分是腐生的，少数可以寄生在植物、人类和动物上引起病害。由真菌所致的病害称为真菌病害。据资料表明，在园林植物病害中，真菌病害占80%以上。如危害严重的月季黑斑病、黄栌白粉病、水仙大褐斑病、菊花黑斑病、梨、苹锈病、杨树腐烂病、松苗立枯病等。因此，真菌是最重要的植物病原类群。

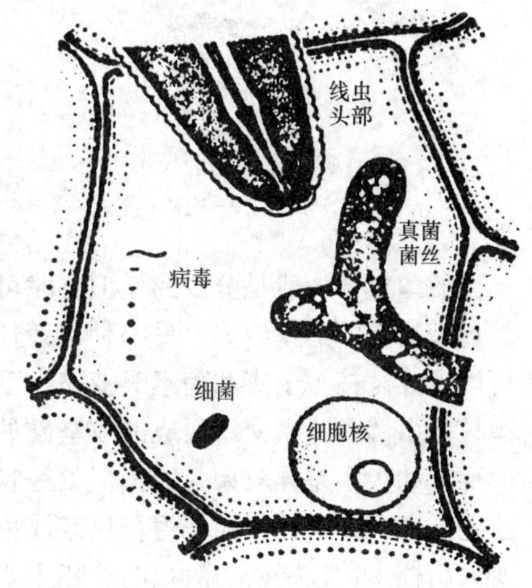

图1-66　几类植物病原物与植物细胞的比较

1. 真菌的营养体

大多数真菌的营养体是可分枝的丝状体，单根丝状体称为菌丝，多根菌丝交织集合成团称为菌丝体。菌丝通常呈圆管状，直径一般为5～10μm，无色或有色。高等真菌的菌丝有隔膜，将菌丝分隔成多个细胞，称为有隔菌丝；低等真菌的菌丝一般无隔膜，通常认为是一个多核的大细胞，称为无隔菌丝，如图1-67所示。菌丝一般由孢子萌发产生的芽管生长而成，以顶部生长和延伸。菌丝每一部分都潜存着生长的能力，每一断裂的小段菌丝在适宜的条件下均可继续生长。少数真菌的营养体不是丝状体，而是一团多核、无细胞壁且形状可变的原生质团如黏菌，或具细胞壁、卵圆形的单细胞，如酵母菌。

菌丝体是真菌获得养分的结构，寄生真菌以菌丝侵入寄主的细胞间或细胞内吸收营养物

质。当菌丝体与寄主细胞壁或原生质接触后，营养物质和水分通过渗透作用和离子交换作用进入菌丝体内。生长在细胞间的真菌，特别是专性寄生菌，还可在菌丝体上形成特殊机构，即吸器，伸入寄主细胞内吸收养分和水分。吸器的形状多样，因真菌的种类不同而异，有掌状、丝状或分枝状、指状、小球状等，如图 1-68 所示。有些真菌还有假根，其形态状如高等植物的根，但结构简单与菌丝对生，可从基物中吸收营养。

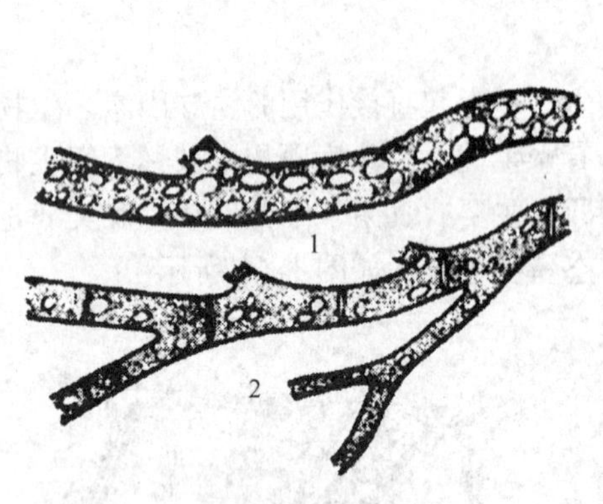

图 1-67　真菌的菌丝形态

1—无隔菌丝　2—有隔菌丝

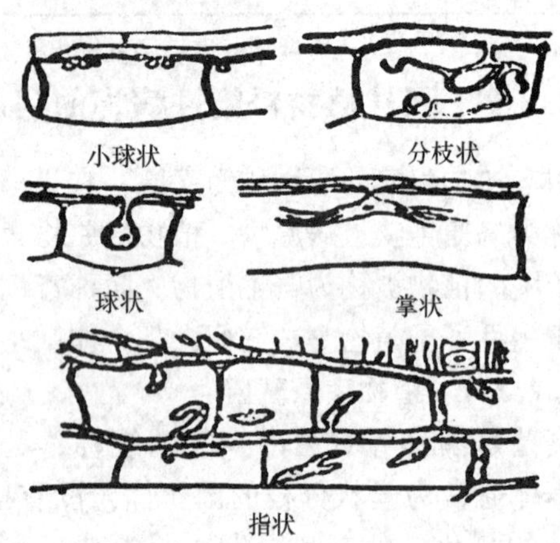

图 1-68　真菌吸器的类型

真菌的菌丝体一般是分散的，但有时可以密集形成菌组织。菌组织有两种：一种是菌丝体组成比较疏松的疏丝组织；另一种是菌丝体组成比较紧密的拟薄壁组织。有些真菌的菌组织还可以形成菌核、子座和菌索等变态类型。

菌核是由菌丝紧密交织而成的较坚硬的休眠体，内层是疏丝组织，外层是拟薄壁组织。菌核的形状和大小差异较大，通常似菜籽状、鼠粪或不规则状。大的如拳头，小的需在显微镜下才能观察到。颜色初期常为白色或浅色，成熟后为褐色或黑色，其表层细胞壁厚、颜色深，所以菌核多数较坚硬。菌核的功能主要是抵抗不良环境，当条件适宜时，菌核能萌发产生新的菌丝体或在上面形成产孢机构。

子座是产生繁殖器官的菌丝组织。子座形状多样，一般为垫状，也有柱状、棒状、头状等，通常紧密地附着在基物上。子座的主要功能是形成产孢机构，也有渡过不良环境的作用。

菌索是由菌丝体平行交织构成的绳索状结构，外形与植物的根相似，所以也称为根状菌索。菌索的粗细不一，长短不同，有的可长达几十厘米。菌索可抵抗不良环境，也有助于菌体在基质上蔓延和侵入。

2. 真菌的繁殖体

真菌经过营养生长后，即进入繁殖阶段，形成各种繁殖体进行繁殖。大多数真菌只以一部分营养体分化为繁殖体，其余营养体仍然进行营养生长，少数低等真菌则以整个营养体转变为繁殖体。真菌的繁殖方式分为无性和有性两种，无性繁殖产生无性孢子，有性繁殖产生有性孢子。孢子的功能相当于高等植物的种子。

（1）无性繁殖及无性孢子的类型　无性繁殖是指真菌不经过性细胞或性器官的结合，

直接从营养体上产生孢子的繁殖方式。无性繁殖产生的孢子称为无性孢子，如图1-69所示。无性孢子在一个生长季节中，环境适宜的条件下可以重复产生多次，是病害迅速蔓延扩散的重要孢子类型。但其抗逆性差，环境不适宜时很快失去生活力。

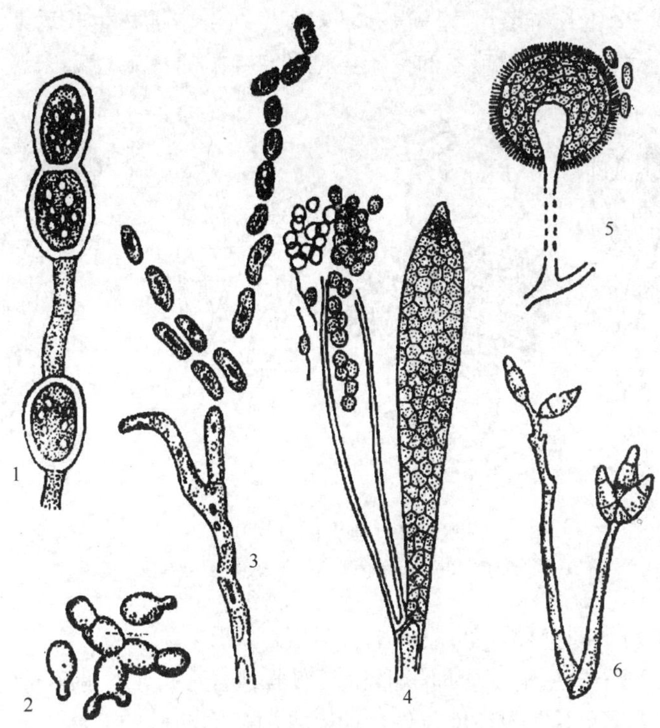

图1-69　真菌的无性孢子

1—厚垣孢子　2—芽孢子　3—粉孢子　4—游动孢子囊和游动孢子　5—孢子囊和孢囊孢子　6—分生孢子

1）芽孢子。芽孢子由单细胞真菌发芽生殖而成。

2）粉孢子。粉孢子又称为节孢子，它由菌丝顶端细胞分隔、断裂成大致相等的菌丝段，有时形成链状孢子。它们无休眠功能，在适当的环境下可以发育成新个体。

3）厚膜孢子。厚膜孢子由菌丝顶端或中间细胞的原生质浓缩、细胞壁增厚，形成圆形或椭圆形孢子，具休眠功能，能渡过不良环境。

4）游动孢子和孢囊孢子。游动孢子和孢囊孢子为较高级的无性孢子，孢子在孢子囊内产生，孢子囊产生在菌丝顶端或产生在已有分化的孢囊梗顶端。孢子囊的原生质分裂形成许多小块，产生孢子膜，形成大量孢子。孢子囊成熟后，破裂而散出孢子。有鞭毛的为游动孢子，通常为肾形、梨形，无细胞壁，具1～2根鞭毛，可在水中游动。无鞭毛的为孢囊孢子，释放后可随风飞散。

5）分生孢子。分生孢子产生在由菌丝分化而形成的呈枝状的分生孢子梗上，成熟后从孢子梗上脱落。为真菌最高级的无性孢子。分生孢子的种类很多，它们的形状、大小、色泽、形成和着生的方式都有很大的差异。不同真菌的分生孢子梗或散生或丛生，也有些真菌的分生孢子梗着生在特定形状的结构中。如近球形、具孔口的分生孢子器和杯状或盘状的分生孢子盘。

（2）有性繁殖及有性孢子的类型　有性繁殖是指真菌通过性细胞或性器官的结合而产生孢子的繁殖方式。有性繁殖产生的孢子称为有性孢子如图 1-70 所示。真菌的性细胞称为配子，性器官称为配子囊。真菌有性繁殖的过程可分为质配、核配和减数分裂三个阶段。真菌的有性孢子多数一个生长季节产生一次，且多产生在寄主植物生长后期，它有较强的生活力和对不良环境的忍耐力，常是越冬的孢子类型和次年病害的初侵染来源。

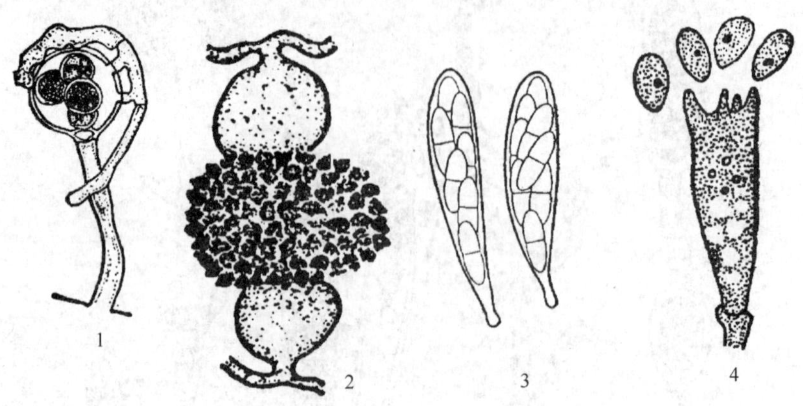

图 1-70　真菌的有性孢子

1—卵孢子　2—接合孢子　3—子囊孢子　4—担孢子

1）接合子。由两个同型异性的配子结合形成。

2）卵孢子。由两个异型配子囊即雄器和藏卵器结合形成。一般球形、厚壁、色深，埋藏在病组织内，可以抵抗不良的环境条件。如鞭毛菌亚门卵菌的有性孢子。

3）接合孢子。由两个同型配子囊融合成厚壁、色深的休眠孢子。如接合菌亚门真菌的有性孢子。

4）子囊孢子。通常由两个异型配子囊即雄器和产囊体相结合，其内形成子囊。子囊是无色透明、棒状或卵圆形的囊状结构。每个子囊中一般形成 8 个子囊孢子，子囊孢子形态差异很大。子囊通常产生在有包被的子囊果内。子囊果一般有几种类型，即球状无孔口的闭囊壳；瓶状或球状、有真正壳壁和固定孔口的子囊壳；盘状或杯状的子囊盘等。如子囊菌亚门真菌的有性孢子。

5）担孢子。通常直接由性别不同的菌丝结合成双核菌丝后，双核菌丝顶端细胞膨大成棒状的担子，在担子上产生 4 个外生担孢子。如担子菌亚门真菌的有性孢子。

（3）真菌的子实体　子实体是产生孢子的特殊器官，由菌丝发育而成，具有一定的形态。常见的有分生孢子器、分生孢子盘、闭囊壳、子囊壳、子囊盘、担子果等，如图 1-71 所示。

3. 真菌的生活史

真菌从一种孢子萌发开始，经过一定的营养生长和繁殖阶段，最后又产生同一种孢子的过程，称为真菌生活史。真菌的典型生活史包括无性和有性两个阶段。真菌的菌丝体在适宜条件下生长一定时间后，进行无性繁殖产生无性孢子，无性孢子萌发形成新的菌丝体。菌丝体在植物生长后期或病菌侵染的后期进入有性阶段，产生有性孢子，有性孢子萌发产生芽管进而发育成为菌丝体，之后又进入无性繁殖阶段。

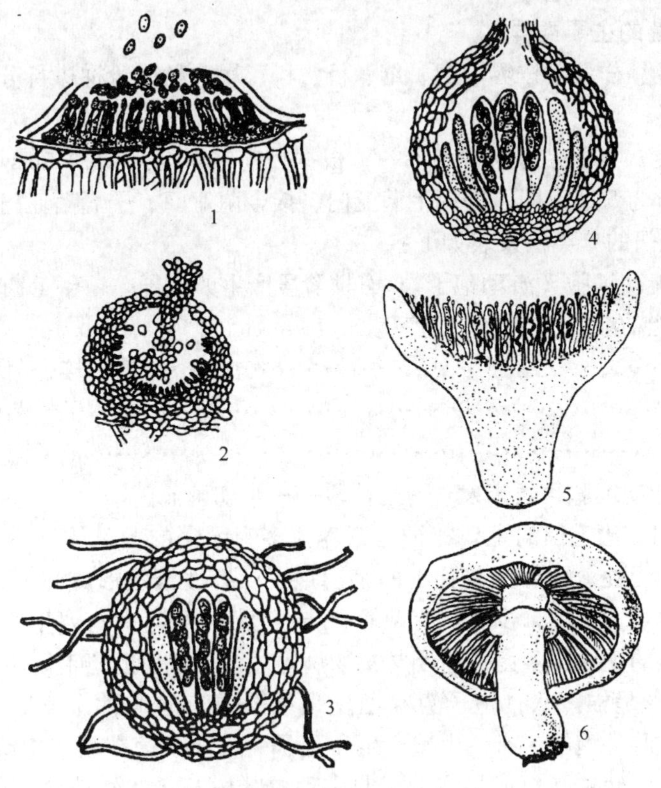

图1-71　真菌的子实体

1—分生孢子盘　2—分生孢子器　3—闭囊壳　4—子囊壳　5—子囊盘　6—担子果

真菌在无性阶段产生无性孢子的过程在一个生长季节可以连续循环多次，是病原真菌侵染寄主的主要阶段，它对病害的传播和流行起着重要作用。而有性阶段一般只产生一次有性孢子，其作用除了繁衍后代外，主要是度过不良环境，并成为翌年病害初侵染的来源。真菌的生活史图解如图1-72所示。

在真菌的生活史中，有的真菌不止产生一种类型的孢子，这种形成几种不同类型孢子的现象，称为真菌的多型性。一般认为多型性是真菌对环境适应性的表现。也有些真菌根本不产生任何类型的孢子，其生活史中仅有菌丝体和菌核。真菌的种类很多，不可能用一个统一的模式来说明全部真菌的生活史，有些真菌的有性阶段到目前还没有发现，其生活史仅指其无性阶段。了解真菌的生活史，可根据病害在一个生长季的变化特点，有针对性地制订相应的防治措施，这对园林植物病害的预防和控制有着重要的意义。

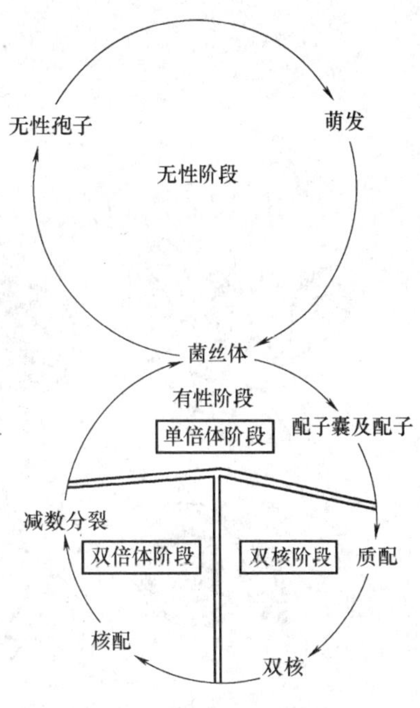

图1-72　真菌的生活史图解

4. 植物病原真菌的主要类群

真菌和其他生物一样，也按界、门、纲、目、科、属、种的阶梯进行分类。种是真菌最基本的分类单元。

关于真菌的分类，学术界历来观点不一，根据目前被广泛采纳的 Ainsworth 提出的真菌分类系统，将真菌分为5个亚门，即鞭毛菌亚门、接合菌亚门、子囊菌亚门、担子菌亚门和半知菌亚门。5个亚门的分类检索表如下：

1. 无性阶段有能动细胞（游动孢子）；有性阶段产生卵孢子……鞭毛菌亚门

2. 无性阶段无能动细胞；有性阶段产生

（1）接合孢子…………………………………………………………接合菌亚门

（2）子囊孢子…………………………………………………………子囊菌亚门

（3）担孢子……………………………………………………………担子菌亚门

3. 无性阶段无能动细胞且暂未发现有性阶段——半知菌亚门

（1）鞭毛菌亚门　鞭毛菌的主要特征是营养体多为无隔的菌丝体，少数为原生质团或具细胞壁的单细胞；无性繁殖产生具鞭毛的游动孢子；有性繁殖形成休眠孢子（囊）或卵孢子。鞭毛菌大多数生于水中，少数具有两栖和陆生习性。鞭毛菌有腐生，也有寄生，有些高等鞭毛菌是植物上的活体寄生菌。与园林植物病害关系较密切的鞭毛菌主要有：

1）腐霉属。菌丝呈棉絮状，孢子囊在菌丝顶端形成，孢子囊为球形、柠檬形或姜瓣形，孢子囊萌发形成游动孢子。有性生殖产生卵孢子。病菌多存在于水中或潮湿的土壤中，危害园林植物的幼根、幼茎基部或果实，引起多种扩叶树及花卉幼苗的猝倒病（图1-73）、根腐病和果腐病。

2）疫霉属。孢子囊梗与菌丝有明显的区别，孢子囊为柠檬形或卵圆形，顶端有乳状突起，成熟后脱落，如图1-74所示。如引起杜鹃疫霉根腐病、牡丹疫病、山茶根腐病等的病菌。

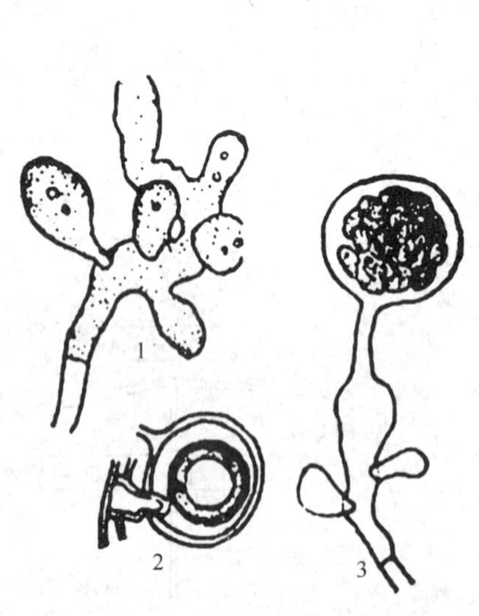

图1-73　腐霉菌的瓜果猝倒病菌

1—孢子囊　2—卵孢子　3—泡囊

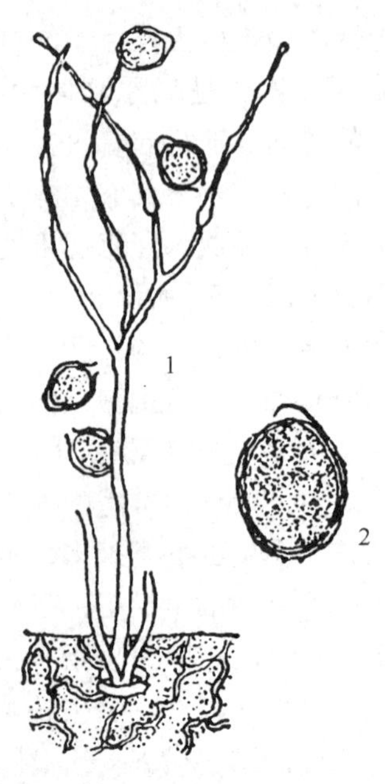

图1-74　马铃薯晚疫病菌

1—孢囊梗从气孔伸出　2—孢子囊放大

3）霜霉属。霜霉属是鞭毛菌亚门中的高等菌类，都是专性寄生菌，如图1-75所示。无性繁殖产生孢子囊，孢囊梗有分枝，自气孔伸出。孢子囊成熟后脱落，随风传播，习性很像分生孢子。有性繁殖产生卵孢子。由霜霉菌引起的病害一般称为霜霉病，通常在叶背病斑处形成一层白色霜状霉。如葡萄霜霉病、菊花和月季霜霉病。

4）白锈菌属。白锈菌属也是高等类型的鞭毛菌，都为陆生，如图1-76所示。孢子囊梗聚生在寄主表皮下排成栅栏状，在表皮形成白色凸起的脓疱状病征。孢子囊内可产生游动孢子或直接萌发产生芽管。孢子囊借风雨传播，可引起牵牛花、二月菊等花卉的白锈病。

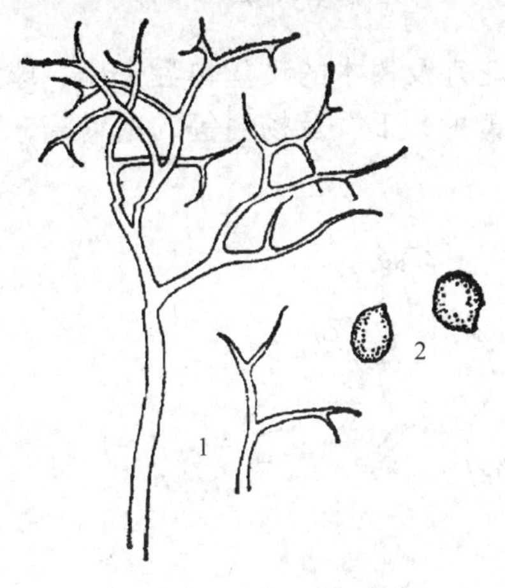

图1-75　霜霉属
1—孢束梗　2—孢子束

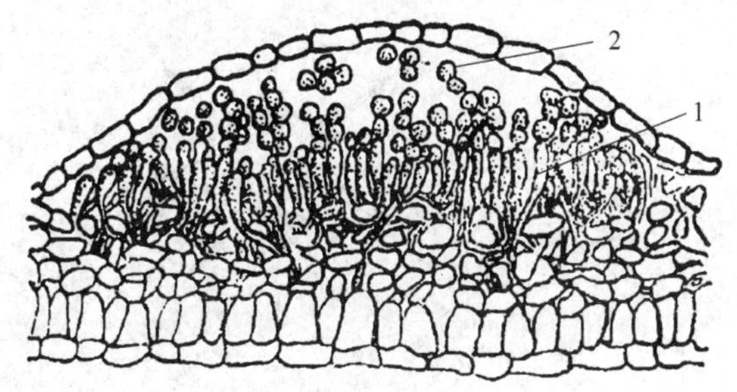

图1-76　白锈菌属
1—孢囊梗　2—孢子囊

（2）接合菌亚门　接合菌的营养体为无隔菌丝体；无性繁殖在孢子囊内产生不能游动的孢囊孢子；有性繁殖产生接合孢子。接合菌绝大多数为腐生菌，少数为弱寄生菌，广泛分布于土壤、粪肥及其他有机物上。本亚门真菌与园林植物病害有关的主要是根霉属（图1-77）和毛霉属，可侵染储藏期种子、果实、球根、鳞茎等器官，引起发霉腐烂。

（3）子囊菌亚门　本亚门真菌除酵母菌为单细胞外，其他子囊菌的营养体都是分枝繁茂的有隔菌丝体，还可产生菌核、子座等组织。无性繁殖发达，可在孢子梗上产生分生孢子，产生分生孢子的子实体有分生孢子器、分生孢子盘、分生孢子束等；有性繁殖产生子囊和子囊孢子，每个子囊内通常有8个子囊孢子。大多数子囊菌的子囊产生在子囊果内，少数是裸生的。子囊果常见有四种类型：子囊壳、闭囊壳、子囊腔和子囊盘。

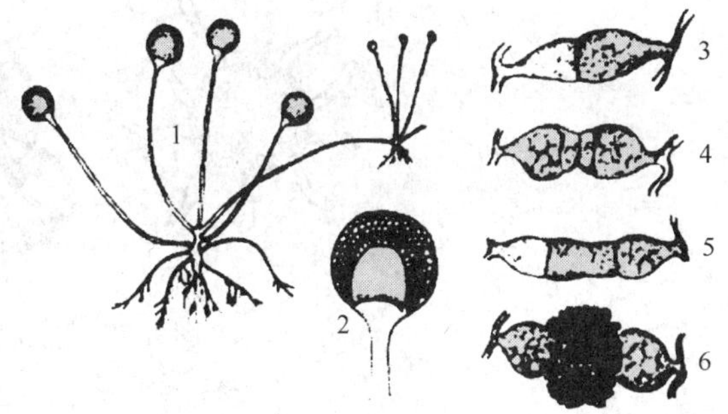

图1-77　接合菌亚门根霉属
1—胞囊梗、孢子囊、假根和匍匐枝　2—放大的孢子囊
3—原配子囊　4—原配子囊分化为配子囊和配囊柄
5—配子囊交配　6—交配后形成的接合孢子

1）外囊菌目。本目的特点是子囊散生，平行排列在寄主表面，不形成子囊果。子囊一般为圆筒形，内含8个子囊孢子。子囊孢子可以芽殖方式产生芽孢子。外囊菌目危害多种园林植物造成叶肿、畸形等症状，如桃缩叶

病、樱桃丛枝病和李袋果病等，如图1-78所示。

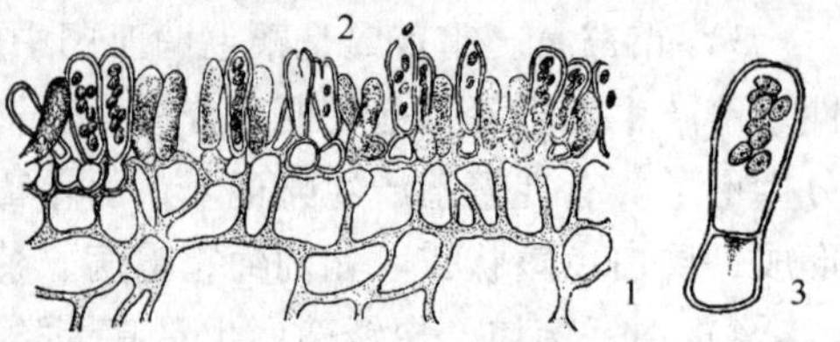

图1-78 外囊菌属

1—寄主组织 2—子实层

3—放大的子囊和子囊孢子

2）白粉菌目。白粉菌是一类专性寄生菌，菌丝体大都着生在植物表面，以吸器伸入寄主表皮细胞内吸取营养。白粉菌的子囊果为闭囊壳，闭囊壳里有一个或多个子囊，在闭囊壳外表有各种形状的附属丝。在病株表面散生的白粉状物是白粉菌无性阶段的菌丝体和分生孢子，小黑点则是闭囊壳。引起园林植物白粉病的病原菌主要有：危害草本花卉的白粉菌属、单囊壳属；危害木本花卉及树木的叉丝单囊壳属、球针壳属、钩丝壳属和叉丝壳属，如芍药、凤仙花、月季、黄栌、丁香及杨树等的白粉病，如图1-79所示。

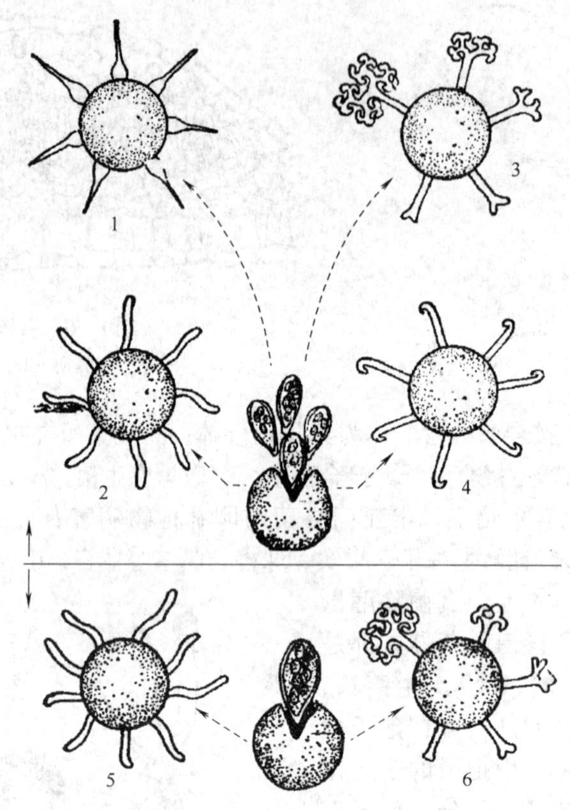

图1-79 白粉菌目常见属

1—球针壳属 2—白粉菌属 3—叉丝壳属

4—钩丝壳属 5—单囊壳属 6—叉丝单囊壳属

3）球壳菌目。本目的子囊果为子囊壳，子囊为单层壁，顶壁较厚，有侧丝。本目真菌的无性繁殖很发达，其中许多种类的分生孢子还着生在各种子实体上，如分生孢子盘、分生孢子器。本目真菌中的小丛壳属、黑腐皮壳属（图1-80）、长喙壳属、赤霉属等的病原菌可引起园林植物的叶斑、花腐、果腐、枝干（茎）烂皮和根腐等症状，常见有山茶、杨树烂皮病、苹果树腐烂病、花木芽腐病等。

4）柔膜菌目。本目的子囊果为子囊盘，表生或埋生于寄主组织内。子囊和侧丝在子囊盘上平行排列成子实层。其中双包被盘菌属和黑盘菌属是重要的园林植物病原菌，分别引起菊花菌核性茎腐病以及多种花卉和树木的菌核病等，如图1-81所示。

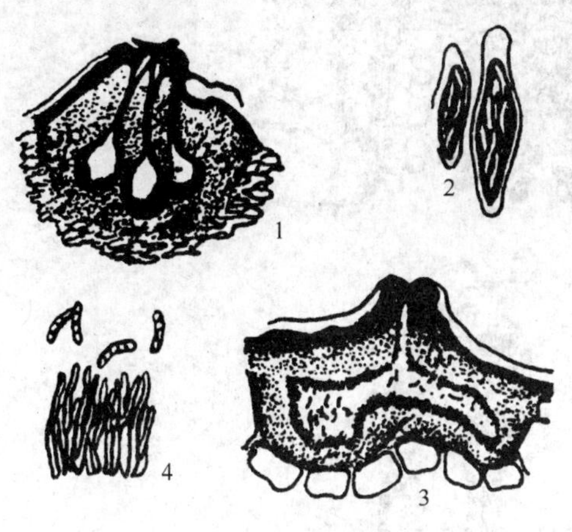

图1-80　黑腐皮壳属

1—子座及子囊壳　2—子囊及子囊孢子

3—分生孢子器　4—分生孢子

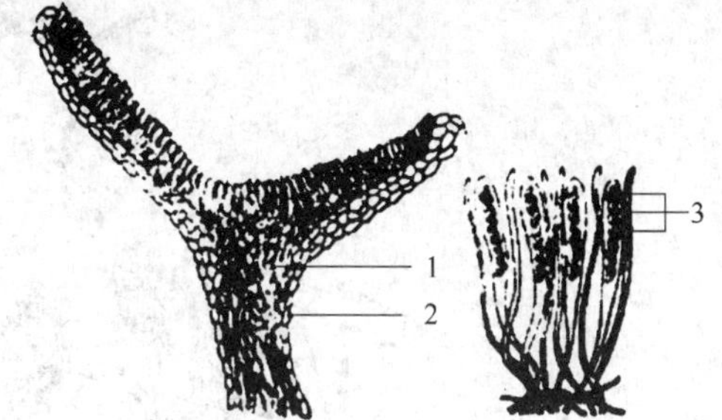

图1-81　黑盘菌属子囊盘

1—囊层基　2—囊盘被

3—子囊、侧丝及子囊孢子放大

（4）担子菌亚门　担子菌中包括可供人类食用和药用的真菌，如平菇、香菇、猴头菇、木耳、竹荪、灵芝等。寄生或腐生，营养体为发达的有隔菌丝体。担子菌菌丝体发育有两个阶段，由担孢子萌发的菌丝单细胞核，称为初生菌丝，性别不同的初生菌丝结合形成双核的次生菌丝。双核菌丝体可以形成菌核、菌索和担子果等机构；担子菌无性繁殖一般不发达，有性繁殖除锈菌外，多由双核菌丝体的细胞直接产生担子和担孢子。高等担子菌的担子散生或聚生在担子果上，如蘑菇、木耳等。担子上着生4个担孢子。与园林植物病害关系较密切的担子菌主要有：

1）锈菌目。锈菌为活体寄生菌，菌丝在寄主细胞间以吸器伸入细胞内吸取养料。在锈菌的生活史中可产生多种类型的孢子，典型锈菌具有5种类型的孢子，即性孢子、锈孢子、夏孢子、冬孢子和担孢子。冬孢子主要起越冬休眠的作用，冬孢子萌发产生担孢子，常成为病害的初次侵染源；锈孢子、夏孢子是再次侵染源，起扩大蔓延的作用。锈菌种类很多，并非所有锈菌都产生5种类型的孢子，因此不同的锈菌生活史不同。有的锈菌全部生活史可以在同一寄主上完成，还有些锈菌必须在两种亲缘关系很远的寄主上寄生才能完成其生活史，前者称为同主寄生或单主寄生，后者称为转主寄生。锈菌引起的植物病害在病部可以看到铁锈状物（孢子堆）故称为锈病，如图1-82所示。

引起园林植物病害的重要属有胶锈菌属引起梨和苹果等蔷薇科果树的锈病，转主寄主为桧柏；柄锈菌属引起草坪草锈病、菊花锈病；多胞锈菌属引起蔷薇属多种植物锈病等。

2）黑粉菌目。黑粉菌因其在植物病部产生大量的黑色粉末状孢子而得名。由黑粉菌引起的病害称为黑粉病。病菌以双核菌丝在寄主的细胞间寄生，一般有吸器伸入寄主细胞内。典型特征是在寄主植物受害部位出现黑色粉堆或团状的冬孢子。最常见的是寄生在花器上，使其不能授粉或不能结实；叶片和茎受害在其上产生条斑和黑粉堆。黑粉菌的无性繁殖是由菌丝体上生出小孢子梗，其上着生分生孢子，或以芽生方式产生大量子细胞。有性繁殖产生

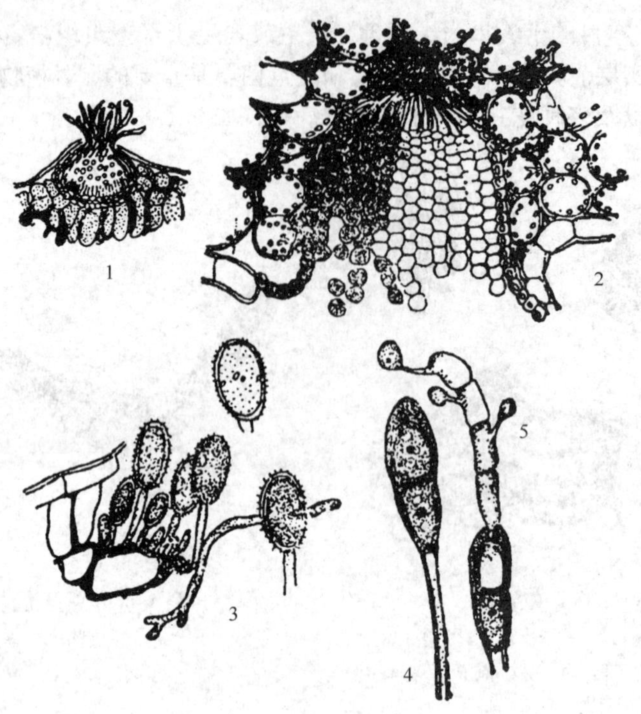

图 1-82　锈菌的各种孢子类型

1—性孢子器及性孢子　2—锈孢子腔及锈孢子　3—夏孢子

4—冬孢子　5—冬孢子萌发产生担子和担孢子

圆形的冬孢子，也称为厚垣孢子，萌发形成先菌丝和担孢子。黑粉菌主要根据冬孢子的性状进行分类。常见的园林植物黑粉病有银莲花、草坪草条黑粉病及石竹科植物花药黑粉病等，如图 1-83 所示。

（5）半知菌亚门　半知菌的营养体为多分枝繁茂的有隔菌丝体；无性繁殖产生各种类型的分生孢子；多数种类有性阶段尚未发现，少数发现有性阶段的，其有性阶段多属子囊菌，少数为担子菌。着生分生孢子的机构类型多样。有些种类分生孢子梗散生，或成分生孢子束状，或着生在分生孢子座上；有些种类分生孢子梗和分生孢子着生在近球形、具孔口的分生孢子器中，或盘状的分生孢子盘上。半知菌所引起的病害种类在真菌病害中所占比例较大，主要危害植物的叶、花、果、茎和根，引起局部坏死和腐烂。园林植物病害中重要的半知菌主要有：

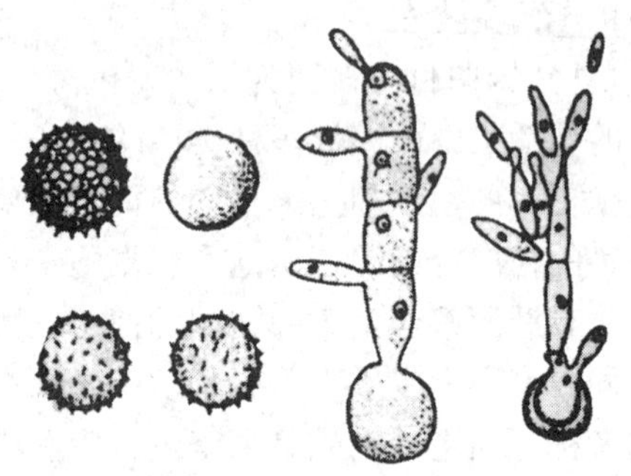

图 1-83　黑粉菌属

1）无孢目。无孢目真菌的重要特征是不产生分生孢子。菌丝体很发达，可以形成菌核。其主要为丝核菌属和小核菌属的病原菌，危害植物的根、茎基和果实，引起多种花卉幼苗的立枯、猝倒病和多种花木的白绢病，如图 1-84 所示。

2）丝孢目。分生孢子梗散生或丛生、形成束丝或分生孢子座。重要的园林植物病害的病原有尾孢属、葡萄孢属、粉孢属、枝孢属、轮枝孢属及交链孢属等，常见的病害有樱花穿

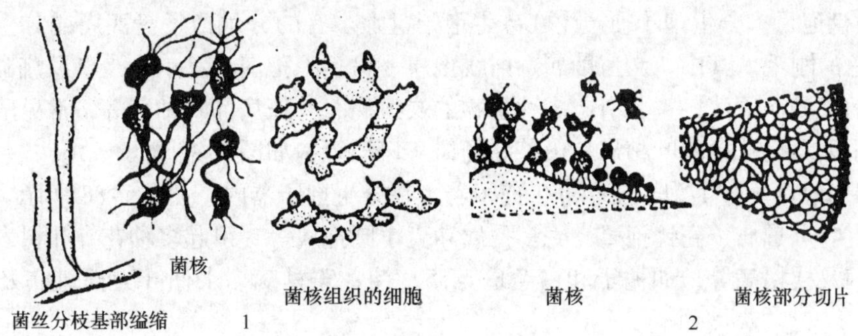

图1-84　丝核菌属和小核菌属

1—丝核菌属　2—小核菌属

孔病、月季灰霉病、芍药和牡丹红斑病、大丽花黄萎病、丁香轮斑病和香石竹黑斑病等，如图1-85所示。

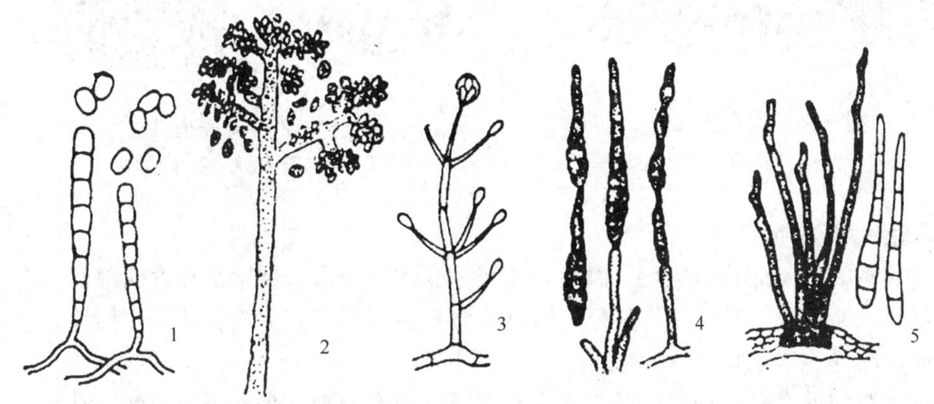

图1-85　丝孢目重要属

1—粉孢属　2—葡萄孢属　3—轮枝孢属　4—交链孢属　5—尾孢属

3）瘤座菌目。分生孢子梗着生在由菌丝体纠结而成的分生孢子座上。重要的有镰刀菌属：分生孢子梗无色，内壁芽生瓶梗式产孢。分生孢子有两种类型：大型分生孢子多细胞，无色，镰刀形；小型分生孢子单细胞，无色，卵圆形或椭圆形。有的种类菌丝或分生孢子的细胞可形成近球形的厚垣孢子，如图1-86所示。此属真菌一般称为镰刀菌，可寄生或腐生，寄生性的镰刀菌可引起多种植物的根腐、茎腐、果腐及块根、块茎的腐烂，有的可侵染植物维管束，引起萎蔫，如香石竹等多种花木枯萎病。

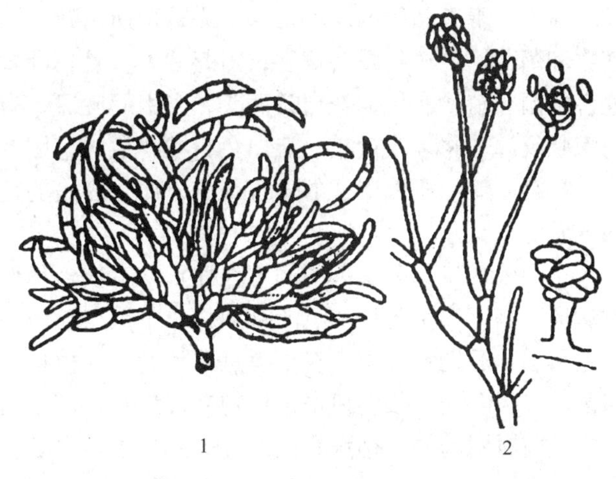

图1-86　镰刀菌属

1—分生孢子座、分生孢子梗及镰刀形分生孢子

2—分生孢子梗及小型孢子

4）黑盘孢目。分生孢子梗产生在分生孢子盘上。有的分生孢子盘四周或分生孢子梗之间具有黑色的刚毛。其中，炭疽菌属、射线孢属、盘多毛孢属、盘单毛孢属及痂圆孢属等为园林植物的重要病原菌，主要引起多种植物的炭疽病、叶斑病和叶枯病等，常见的有山茶炭疽病、月季黑斑病、杜鹃叶枯病、山茶和杨树灰斑病等，如图 1-87 所示。

5）球壳孢目。分生孢子梗和分生孢子着生在分生孢子器内，如图1-88 所示。常见的重要病原菌有叶点霉属、壳针孢属、壳多孢属和壳小圆孢属等，引起多种花卉和树木叶片斑点病、叶枯病及枝枯病等，如栀子和白兰斑点病、菊花斑枯病、水仙叶大褐斑病及月季枝枯病等。

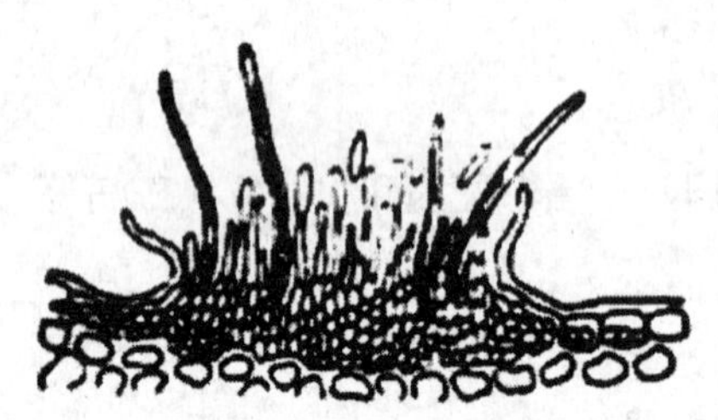
图 1-87　炭疽菌属

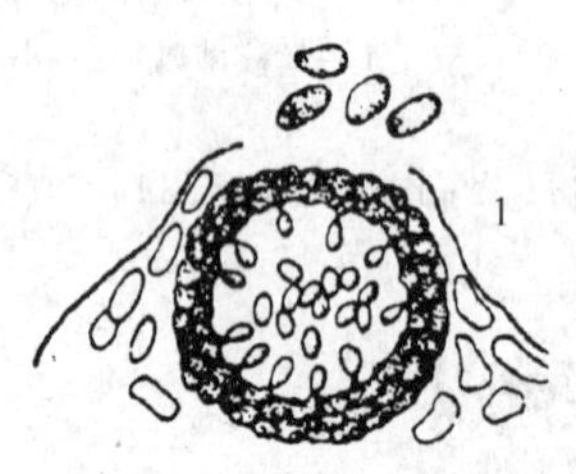

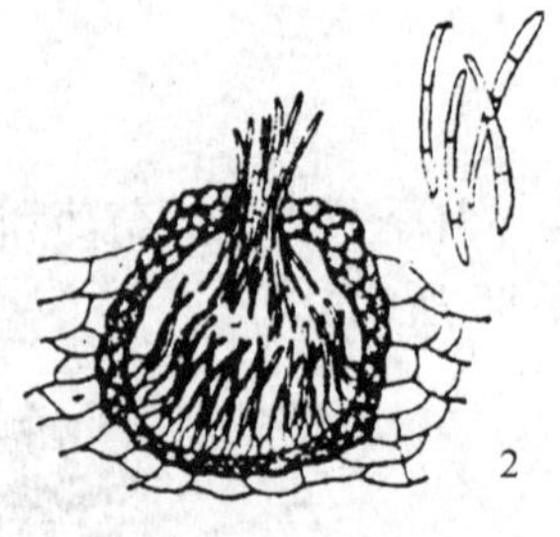

图 1－88　球壳孢目
1—叶点霉属　2—壳针孢属

5. 真菌病害的症状

真菌病害的主要症状是坏死、腐烂和萎蔫，少数为畸形。特别是在发病部位常有肉眼可见的霉状物、粉状物、粒状物等病征，这是真菌病害区别于其他病害的重要标注，也是进行病害田间诊断的主要依据。

鞭毛菌亚门的真菌，如腐霉菌，多生活在潮湿的土壤中，是土壤习居菌，常引起植物根部和茎基部的腐烂或苗期猝倒病，湿度大时往往在病部生出大量的白色棉絮状物；疫霉菌所引起的疫病或晚疫病，发病常常十分迅速，发病部位多在茎和茎基部，病部湿腐，病健交界处不清晰，常有稀疏的霜状霉层；霜霉菌所引致的病害通称为霜霉病，是十字花科、葫芦科植物和葡萄等果树的重要病害，引起叶斑，且在叶背形成白色、紫褐色的霜状霉层；白锈菌危害的园林植物有凤仙花白锈病等，也引起叶斑，有时也引致病部畸形，但在叶背形成白色的疱状突起，将表皮挑破，有白色粉状物散出，因此这类病害又称为白锈病。

接合菌亚门真菌引起的病害很少，而且多是弱寄生菌，通常引起含水量较高的大块组织的软腐。

子囊菌及半知菌引起的病害在症状上有很多相似的地方，一般在叶、茎、果上形成明显的病斑，其上产生各种颜色的霉状物或小黑点。但白粉菌常在植物表面形成粉状的白色或灰白色霉层，后期霉层中夹有小黑点即闭囊壳，植物本身并没有明显的病状变化。子囊菌和半知菌中有很多病原物会使寄主植物在发病部位产生菌核，如核盘菌属引起的菌核病、丝核菌和小核菌属引起的立枯病和白绢病等，都很易识别；炭疽病是一类发病寄主范围广，危害较大的病害，其主要的特点是引起病部坏死，且有橘红色的粘状物出现，是其他真菌病害所不具有的特征。

担子菌中的黑粉病和锈病，也很容易识别，分别在病部形成黑色或褐色的粉状物。

掌握了真菌病害的症状特点后，在田间病害诊断时可以利用某类病害的症状变化规律快速、准确做出判断。

1.2.2.2　植物病原细菌

细菌属于原核生物界，细菌门，为单细胞生物。其遗传物质分散在细胞质内，没有核膜包围而成的细胞核。细胞质中含有小分子的核蛋白体，没有线粒体、叶绿体等细胞器。它们的重要性仅次于真菌和病毒，引起的园林植物病害主要有桃细菌性穿孔病、花木青枯病和根癌病等。

1. 植物病原细菌的形态和特性

(1) 形态结构（图1-89）　细菌的形态有球状、杆状和螺旋状。植物病原细菌大多为杆状，因而称为杆菌，两端略圆或尖细。菌体大小为（0.5～0.8）μm×(1～3) μm。

细菌的构造简单，由外向内依次为粘质层或荚膜、细胞壁、细胞质膜、细胞质、由核物质聚集而成的核区，细胞质中有颗粒体、核糖体、液泡等内含物。植物病原细菌细胞壁外有粘质层，但很少有荚膜。

大多数的植物病原细菌有鞭毛，鞭毛数目各种细菌都不相同，通常有3～7根，着生在一端或两端的鞭毛称为极鞭，着生在菌体四周的鞭毛称为周鞭，如图1-90所示。细菌鞭毛的数目和着生位置在分类上有重要意义。

有些细菌生活史的某一阶段，会形成芽孢。芽孢是菌体内容物浓缩产生的，一个营养细胞内只形成一个芽孢，它是细菌的休眠体，有很厚的壁，对光、热、干燥及其他因素有很强的抵抗力。植物病原细菌通常不产生芽孢。

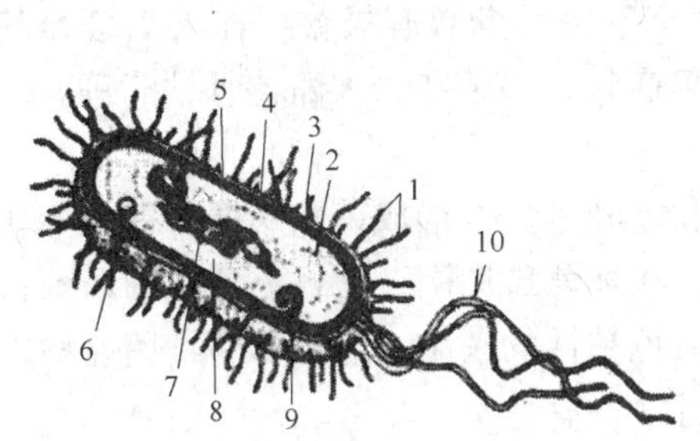

图1-89　细菌的结构示意图

1—菌毛　2—核糖体　3—细胞膜　4—细胞壁　5—荚膜　6—内含物　7—原核　8—细胞质　9—间体　10—鞭毛

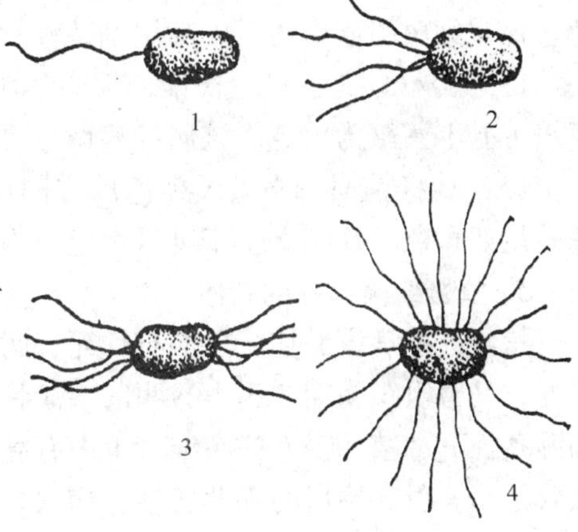

图1-90　植物病原细菌的形态

1、2—单极鞭　3—双极鞭　4—周鞭

(2) 繁殖和变异　细菌都是以裂殖的方式进行繁殖的。裂殖时菌体先稍微伸长，自菌体中部向内形成新的细胞壁，最后母细胞从中间分裂为两个子细胞。细菌的繁殖速度很快，在适宜的条件下，每20min就可以分裂一次。

(3) 生理特性　大多数植物病原细菌对营养的要求不严格，可在一般人工培养基上生长。在固体培养基上形成不同形状和色泽的菌落。这是细菌分类的重要依据。菌落边缘整齐或粗糙，胶粘或坚韧，平贴或隆起；颜色有白色、灰白色或黄色等。

植物病原细菌最适宜的生长温度一般为26~30℃，多数细菌在33~40℃时停止生长，50℃、10min时多数死亡，但对低温的耐受力较强，即使在冰冻条件下仍能保持生活力。绝大多数病原细菌都是好气性的，少数为兼性厌气性的。培养基的酸碱度以中性偏碱较为适合。

（4）染色反应　细菌的个体很小，一般在光学显微镜下观察必须进行染色才能看清。染色方法中最重要的是革兰氏染色，它还具有重要的细菌鉴别作用。即将细菌制成涂片后，用结晶紫染色，以碘处理，再用95%酒精脱色，如不能脱色则为革兰氏反应阳性，能脱色则为革兰氏反应阴性。植物病原细菌革兰氏染色反应大多是阴性，只有棒杆菌属细菌是阳性。

2. 植物病原细菌的主要类群

植物病原细菌根据鞭毛的有无、数目、着生的位置、培养性状及格兰氏染色反应等性状分为5个属，它们分别是假单胞杆菌属、黄单胞杆菌属、欧氏杆菌属、野杆菌属和棒杆菌属。

（1）假单胞杆菌属　格兰氏染色反应阴性，极生3~4根鞭毛。在人工培养基上，菌落灰白色，有的呈萤光。病菌主要引起斑点和条斑。如天竺葵、栀子花叶斑病、丁香疫病等。

（2）黄单胞杆菌属　格兰氏染色反应阴性，极生一根鞭毛。在人工培养基上，菌落为黄色。由黄单胞杆菌引起的病害有桃细菌性穿孔病、柑橘溃疡病等。

（3）欧氏杆菌属　格兰氏染色反应阴性，周生多根鞭毛。在人工培养基上，菌落为白色。该属细菌引起腐烂，如鸢尾细菌性软腐病等。

（4）野杆菌属　格兰氏染色反应阴性，少数没有鞭毛，有鞭毛的为周生1~4根。在人工培养基上菌落为白色。该属的病菌主要引起花木毛根病和果树根癌病等。

（5）棒杆菌属　格兰氏染色反应阳性，多数没有鞭毛，少数有极鞭。在人工培养基上菌落呈奶黄色。病菌寄生于维管束组织内，引起萎蔫症状，如菊花、大丽花青枯病等。

3. 植物细菌病害的症状

植物细菌病害的症状主要有坏死、腐烂、萎蔫和瘤肿等，并形成菌脓病征；引起坏死症状的，受害组织初期多为半透明的水渍状或油渍状，在坏死斑周围，常可见黄色的晕圈；在潮湿条件下，植株表面或在维管束中有乳白色或污黄色粘性的菌脓，这是诊断细菌性病害的重要依据。引起腐烂的细菌病害，症状多为软腐，且常伴有恶臭。

植物病原细菌主要通过伤口和自然孔口（如水孔、气孔、皮孔等）侵入寄主植物。通过流水（雨水、灌溉水）、介体昆虫进行传播；很多细菌还可通过农事操作，如嫁接和切花的刀具进行传播；有些则随着种子、球根、苗木等繁殖材料的调运作远距离传播。

高温、高湿、多雨（暴风雨）等环境条件均有利于细菌病害的发生和流行。

1.2.2.3　植物病原病毒

植物病原病毒是仅次于真菌的重要病原物。据统计，有900余种病毒可引起植物病害。其中，花卉病毒已达300余种，树木病毒已达100余种，这些病毒可导致花木发病，轻者影响观花，重者不能开花，品种逐年退化。可见，植物病毒病已对我国的花卉栽培和生产造成了极大的威胁，如水仙、大丽花、一串红、香石竹、山茶、月季等多种花卉的病毒病等，都

有日益严重的趋势，由于病毒病的防治困难，造成的危害性更大。

1. 病毒的主要性状

病毒是由核酸和蛋白质组成的一类非细胞结构的分子生物。它是一类专性寄生物，只能在适合的寄主细胞内完成自身的复制，表现出生命特征。病毒比细菌更加微小，在普通光学显微镜下是看不见的，必须用电子显微镜放大数万倍至十几万倍才能观察到，如图1-91、图1-92所示。

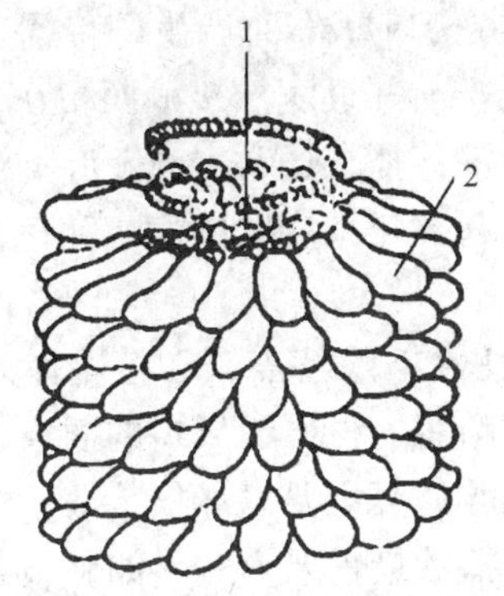

图1-91　烟草花叶病毒结构示意图
1—核酸链　2—蛋白质

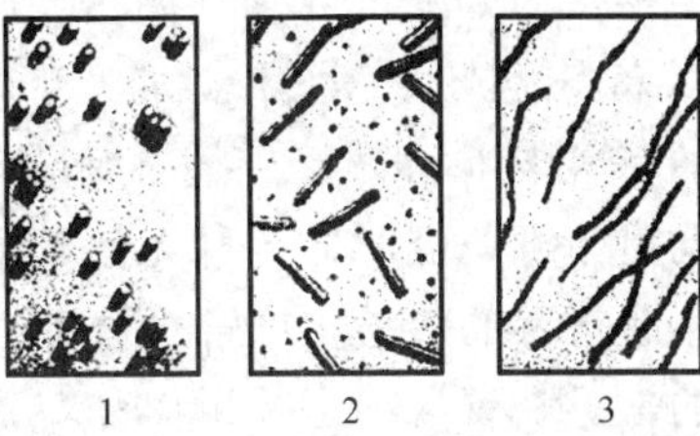

图1-92　电子显微镜下病毒粒体形态
1—球形（芜菁花叶病毒）　2—杆状（烟草花叶病毒）
3—线状（甜菜黄化病毒）

（1）植物病毒的形态　形态完整的病毒称为病毒粒体。在电子显微镜下，高等植物病毒粒体主要为杆状、线条状和球状等。病毒的大小、长度个体之间相差很大，直径一般为10～300nm，如烟草花叶病毒大小为15×280nm。

（2）植物病毒的结构和成分　植物的病毒粒体由核酸和蛋白质衣壳组成。蛋白质在外形成衣壳，具有保护核酸免受核酸酶或紫外线破坏的作用。核酸在内形成心轴。一般杆状或线条状的植物病毒中间是核酸链，蛋白质亚基呈螺旋对称排列。核酸链也排列成螺旋状，嵌于亚基的凹痕处；球状病毒大都是近似正20面体。

一种病毒粒体内只含有一种核酸（RNA或DNA）。高等植物病毒的核酸大多数是单链RNA，少数是双链的RNA（三叶草伤瘤病毒）。个别病毒是单链DNA（联体病毒科）或双链DNA（花椰菜花叶病毒）。

（3）植物病毒的理化特性　病毒作为活体寄生物，在其离开寄主细胞后，会逐渐丧失它的侵染力，通常用以下指标来鉴定其稳定性：

1）失毒温度。把含有病毒的植物汁液在不同温度下处理10min后，使病毒失去侵染力的最低温度。大多数植物病毒的失毒温度为55～70℃，但烟草花叶病毒为90～93℃。

2）稀释终点。把含有病毒的植物汁液加水稀释，使病毒失去侵染力的最大稀释限度。如菊花D病毒的稀释终点为10^{-4}，烟草花叶病毒的稀释限点为10^{-6}。

3）体外保毒期。在室温（20～22℃）下，含有病毒的植物汁液保持侵染力的最长时间。如香石竹坏死斑病毒为2～4d，烟草花叶病毒为30d以上。

（4）植物病毒的复制增殖　植物病毒的“繁殖”方式称为复制增殖。植物病毒以被动方式通过伤口侵入寄主活细胞，脱壳后释放出病毒核酸，然后病毒核酸进行复制、转录和表达，新合成的核酸与蛋白质再进行装配，形成完整的子代病毒粒子。子代病毒粒子可以不断增殖，并通过胞间连丝进行扩散转移。病毒在复制增殖过程的同时，也破坏了寄主正常的生理程序，使得寄主植物发病并表现出症状。

2. 植物病毒的侵染和传播

植物病毒是严格的细胞内专性寄生物，无主动侵染能力，只能从机械的或传毒介体所造成的微伤口侵入，其传播途径有：

（1）机械传播　病株汁液通过与健株表面的各种机械伤口摩擦而产生的传播。在田间和温室进行移苗、整枝、打杈等农事操作，或因大风使健株与邻近病株接触而相互摩擦造成微小的伤口，病毒就可随着汁液进入健株，因此又称为汁液传播。通常引起花叶型症状的病毒较容易机械传播，如蟹爪兰、八仙花环斑病毒病。而引起黄化型症状的病毒和存在于韧皮部的病毒难以或不能机械传播。

（2）无性繁殖材料和嫁接传播　许多病毒都有全株性侵染的特点，在植物体内除生长点外各部位均可带毒，因此，各种无性繁殖材料如球茎、鳞茎、根系、果树的插条、砧木和接穗等都会引起病毒的传播。如郁金香碎锦病、美人蕉花叶病等主要以球根传播；嫁接是园林、园艺上的常见农事活动，是果树和花卉病毒病得以传播的最重要方式，如蔷薇条纹病毒及牡丹曲叶病毒，就是通过接穗和砧木带毒经嫁接传播的。

（3）种子和花粉传播　由种子传播的病毒种类大约占1/5，种子带毒危害主要表现在早期侵染和远距离传播。早期侵染可形成田间发病中心；而带毒种子随着种子的调运则会造成病毒的远距离传播。以种子传播的病毒大多可以机械传播，症状常为花叶。如仙客来病毒病就是通过种子传带病毒的；还有极少量的病毒可以由花粉传毒，如桃环斑病毒、悬钩子丛矮病毒等。

（4）介体传播　植物病毒的传毒介体主要有：昆虫、螨、线虫、真菌、菟丝子等。大部分植物病毒是通过昆虫传播的。传毒的昆虫主要是刺吸式口器的昆虫，如蚜虫、叶蝉、飞虱、粉虱、蓟马等，也有少数咀嚼式口器的昆虫如甲虫、蝗虫等。

昆虫传播病毒有一定的专化性，有些病毒只由蚜虫传播，有的只由叶蝉传播，其中以叶蝉的专化性较强，而蚜虫传毒的专化性较弱。有些昆虫只能传播一种病毒，而桃蚜可以传播100多种病毒。蚜虫大多传播花叶型病毒。

植物病毒的侵染有全株性的和局部性的。全株性侵染的病毒也并不是植株的每个部分都有病毒，植物的茎尖和根尖的分生组织中就没有病毒。利用病毒在植物体内的分布特点可将茎尖进行组织培养，从而得到无病毒的植株。

3. 植物病毒病的症状

植物感染病毒后会产生各种症状，但植物病毒病只有明显的病状而无病征，常见的有：

（1）变色　变色中以花叶、明脉和黄化最为常见。植物感染病毒后，叶绿素合成受阻，因而表现为褪绿、白化、黄化、紫化或变褐等，形成全株叶片呈深浅绿色不匀，浓淡相嵌的症状，如大丽花花叶病、水仙黄色条纹花叶病、月季花叶病及牡丹环斑病。有的病叶叶脉明显，对光观察叶脉明亮，称为明脉，是花叶病的前期症状。如果叶片均匀褪绿和变色，则称为黄化、白化、紫化，如虞美人病毒病。

（2）坏死　植物病毒病的坏死症状常表现为枯斑、环纹或环斑，是寄主对病毒侵染后的过敏性坏死反应引起的，如剑兰花叶病毒病、苹果锈果病等。

（3）畸形 畸形症状也是病毒病的常见症状类型，多表现为癌肿、矮化、皱缩、小叶、丛枝等，如仙客来和紫罗兰病毒病。

细胞感染病毒后，植物内部最为明显的变化是在表现症状的表皮细胞内形成内含体，内含体的形状很多，有风轮状、变形虫形、近圆形的，也有透明的六角形、长条状、皿状、针状、柱状等形状的。有些在光学显微镜下就可观察到。

植物受到病毒感染后，病毒虽然在植物体内增殖，但由于环境条件不适宜而不表现显著的症状，称为隐症现象，或称为症状潜隐。如高温可以抑制许多花叶病型病毒病的症状表现。

1.2.2.4 其他侵染性病原

1. 植物病原线虫

线虫是一类低等动物，属线形动物门线虫纲。在自然界种类多，分布广。多数腐生，少数可寄生在园林植物上引起植物线虫病害。我国园林植物线虫病有百余种，虽然所占病害的比例不大，但在局部地区危害性较大。如仙客来、牡丹、月季等花卉根结线虫病；菊花、珠兰的叶枯线虫病；水仙茎线虫病、松树线虫病等，使寄主生长衰弱、根部畸形；同时，线虫还能传播其他病原物，如真菌、病毒、细菌等，加剧病害的严重程度。由于线虫的危害造成植物产生病理变化过程，因此通常将其列为植物病害进行研究。

（1）线虫的一般性状 大多数植物寄生线虫体形细长，两端稍尖，形如线状，故名线虫。植物寄生性线虫大多虫体细小，需要用显微镜观察。线虫体长约0.3～2mm，个别种类可达4mm，宽约0.03～0.05mm。多数线虫雌雄同型，皆为线形；少数雌雄异型，雌成虫为柠檬形或梨形，但它们在幼虫阶段都是线状的，如图1-93所示。线虫虫体多为乳白色或无色透明，有些种类的成虫体壁可呈褐色或棕色。

线虫虫体分头部、胴部和尾部。虫体最前端为头部，着生有唇、口腔、吻针和侧器；胴部是从吻针基部到肛门的一段体躯，线虫的消化、神经、生殖、排泄系统都在这个体段。尾部是从肛门以下到尾尖的一部分，其中有侧尾腺和尾腺，还有少数雄虫具有交合刺。侧尾腺的有无是线虫分类的重要依据。

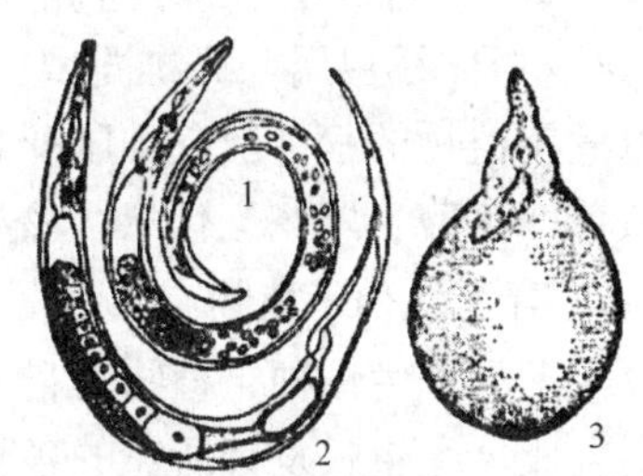

图1-93 植物病原线虫的形态
1—雌虫 2—雄虫 3—根结线虫雌虫

线虫外层为体壁，不透水、角质，有弹性，有保持体形、膨压和防御外来毒物渗透的作用。体壁下为体腔，其内充满体腔液，有消化、生殖、神经、排泄等系统。线虫无循环和呼吸系统，其中消化系统和生殖系统最为发达，神经系统和排泄系统相对较为简单。

线虫生活史比较简单，有卵、幼虫和成虫3个虫态。卵通常为椭圆形，半透明，产在植物体内、土壤中或留在卵囊内；幼虫有4个龄期，1龄幼虫在卵内发育并完成第一次蜕皮，2龄幼虫从卵内孵出，再经过3次蜕皮发育为成虫。植物线虫一般为两性生殖，也可以孤雌生殖。多数线虫完成一代只要3～4周的时间，在一个生长季中可完成若干代。

植物病原线虫多以幼虫或卵在植物组织内或土壤中越冬，在土壤中的分布多在15cm以内的耕作层内，特别是植物根的周围。其传播方式包括水、昆虫和人为传播。在田间主要以灌溉水的形式传播；人为传播形式较多，如耕作机具携带病土；种子、球根及花木的远距离

调运等。

植物病原线虫都是活体寄生物，不能人工培养。线虫的寄生方式有外寄生和内寄生。外寄生的线虫虫体大部分留在植物体外，仅以头部穿刺入植物组织内吸取食物；内寄生的线虫虫体则全部进入植物组织内。也有些线虫生活史的某一段为外寄生，而另一段为内寄生。

植物病原线虫对植物的致病性包括：机械创伤、营养掠夺、化学毒害引起寄主畸形以及造成伤口使真菌、细菌等病原微生物侵染等。但由于多数线虫存活在土壤中，因此，以植物的根和地下茎、鳞茎和块茎等最容易受害。

植物受线虫危害后，可以表现局部性症状和全株性症状。局部性症状多出现在地上部分，如顶芽坏死、茎叶卷曲、叶瘿、种瘿等；全株性病害则表现为地上部营养不良、植株矮小、生长衰弱、发育迟缓、叶色变淡等；地下部形成根结、根部坏死或根腐等症状。

(2) 植物病原线虫的主要类群及所致病害　线虫为动物界、线虫门的低等动物。门下设侧尾腺纲和无侧尾腺纲。植物寄生线虫多属于侧尾腺纲中的垫刃目。危害园林植物的重要病原线虫类群有：

1) 根结线虫属。雌雄异型，雌成虫梨形。内寄生，危害园林植物的根系，植物根部的虫瘿是根结线虫危害的典型症状。如仙客来、四季海棠、鸡冠花、牡丹、栀子、月季、桂花、法桐、泡桐及柳树等多种花木的根结线虫病。

2) 茎线虫属。雌雄同型，均为线状。多数内寄生，可危害茎、叶、花等器官，引起组织坏死腐烂或植株矮化。如水仙、郁金香、福禄考茎线虫病。

3) 滑刃线虫属。雌雄同型，均为线状。多为内寄生，少数外寄生。侵害园林植物的芽和叶，引起枯斑和凋萎，也能侵害花，引起花朵干枯或畸形。如菊花、翠菊、大丽花叶线虫病；唐菖蒲、水仙、扶桑、杜鹃等花木线虫病。

4) 短体线虫属。雌雄同型，均为圆筒形，蠕虫状，体长不超过1mm，迁移型内寄生线虫，危害植物的根，引起细胞死亡。根的外部变褐色，有不规则长形病斑。如百合、水仙、金鱼草、蔷薇、樱花、仁果、核果类花卉和树木的根腐线虫病。

2. 寄生性种子植物

大多数寄生性种子植物为自养生物，能自行吸收水分和矿物质，并利用叶绿素进行光合作用合成自身生长发育所需的各种营养物质。但也有少数植物由于叶绿素缺乏或根系、叶片退化，必须寄生在其他植物上以获取营养物质，称为寄生性植物。大多数寄生性植物为高等的双子叶植物，可以开花结籽，又称为寄生性种子植物。

(1) 寄生性植物的寄生性　根据寄生性植物对寄主植物的依赖程度，可将寄生性植物分为全寄生和半寄生两类。全寄生性植物无叶片或叶片已经退化，无足够的叶绿素，根系蜕变为吸根，必须从寄主植物上获取包括水分、无机盐和有机物在内的所有营养物质，如菟丝子、列当等；半寄生性植物本身具有叶绿素，能够进行光合作用，但需要从寄主植物中吸取水分和无机盐，如槲寄生、桑寄生等，如图1-94所示。

图1-94　菟丝子的吸盘和槲寄生的吸根
1—菟丝子的吸盘　2—寄生侵入寄主后的横切面

寄生性植物在寄主植物上的寄生部位也是不相同的，有些为根寄生，如列当；有些则为

茎寄生，如菟丝子和槲寄生。

（2）寄生性植物的主要类群

1）菟丝子。菟丝子属植物是世界范围分布的寄生性种子植物，在我国各地均有发生，寄主范围广，主要寄生于豆科、菊科、茄科、百合科、伞形科、蔷薇科等草本和木本植物上。菟丝子属植物为全寄生、一年生攀藤寄生的草本种子植物，无根；叶片退化为鳞片状，无叶绿素；茎藤多为黄色丝状。菟丝子花较小，白色、黄色或淡红色，头状花序。蒴果扁球形，内有2~4粒种子；种子卵圆形，稍扁，黄褐色至深褐色。菟丝子为全寄生种子植物，寄生于植物的茎部，以吸器伸入茎或枝干内与寄主的导管和筛管相连接，吸取全部养分，致使被害植物发育不良，表现为生长矮小和黄化，甚至枯萎死亡。

在我国主要有中国菟丝子和日本菟丝子等。中国菟丝子主要危害草本植物，如一串红、翠菊、长春花和扶桑等；日本菟丝子则主要危害木本植物，如杜鹃、六月雪、山茶花、木槿、紫丁香、珊瑚树、银杏、垂柳、白杨等。

田间发生菟丝子危害后，一般是在开花前彻底割除菟丝，或采取深耕的方法将种子深埋使其不能萌发。采用生物制剂“鲁保一号”防效也很好。

2）桑寄生。桑寄生多为绿色灌木，有叶绿素，叶肉质肥厚无柄对生，花极小，单性，雌雄同株或异株；果实为浆果，黄色，营半寄生生活。其主要寄生于桑、杨、板栗、梨、桃、李、山茶、石榴、木兰、蔷薇、梧桐等多种果树和林木植物的茎枝上，如图1-95所示。

桑寄生的种子由鸟类携带传播到寄主植物的茎枝上，萌发后胚轴再与寄主接触处形成吸盘，由吸盘中长出初生吸根，穿透寄主皮层，形成侧根并环绕木质部，再形成次生吸根侵入木质部内吸取水分和矿物质。

发现桑寄生后应及时锯除病枝及寄生物一并烧毁；喷洒硫酸铜800倍液有一定防效。

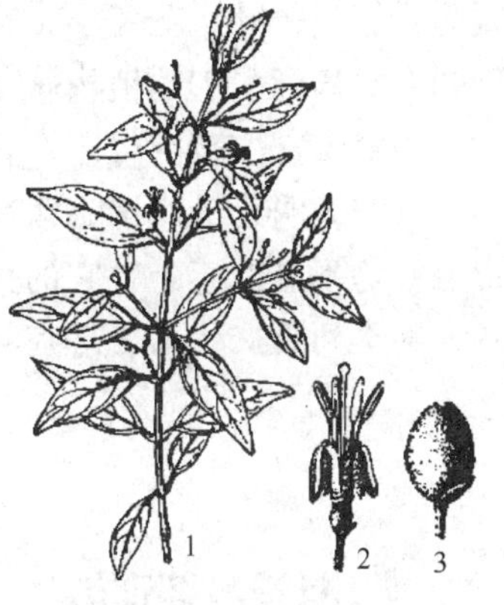

图1-95　桑寄生

1—植株　2—花　3—果

3. 植物菌原体

（1）植物菌原体的一般性状　植物菌原体没有细胞壁，没有革兰氏染色反应，也无鞭毛等其他附属结构。菌体外缘为三层结构的单位膜。细胞内有颗粒状的核糖体和丝状的核酸物质。

植物菌原体包括植原体，即原来的类菌原体和螺原体两种类型。植原体的形态通常呈圆形或椭圆形，圆形的直径为100~1000nm，椭圆形的大小为200nm×300nm，但其形态可发生变化，有时呈哑铃形、纺锤形、马鞍形、梨形、蘑菇形等形状，如图1-96所示。螺原体菌体呈螺旋丝状，一般长度为3~25nm，直径为100~200nm。

植原体较难在人工培养基上培养，它要求较复杂的营养条件，同时要求适当的温度、pH等。极少数种类可在液体培养基中形成丝状体，在固体培养基上形成“荷包蛋”状菌落。螺原体较易在人工培养基上培养，也形成“荷包蛋”状的菌落。

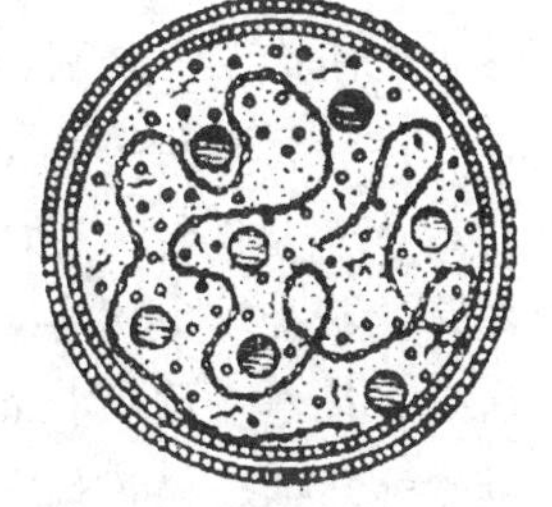

图1-96　植原体的模式结构

植原体一般认为以下列几种方式繁殖：裂殖、出芽繁殖或缢缩断裂法繁殖。螺原体繁殖时是球状细胞上芽生出短的螺旋丝状体，后胞质缢缩、断裂而成子细胞。

植原体主要引起丛枝、黄化、花变叶、小叶等症状。嫁接可传染，传播媒介为叶蝉，其次为飞虱、木虱等。植原体对四环素族抗菌素如四环素、金霉素和土霉素敏感，可以用这些抗菌素治疗其所引起的病害，疗效可达一年，但对青霉素抗性很强。

（2）植物菌原体病害的特点　植物菌原体病害的症状与病毒病相似，为变色和畸形，如黄化、矮化或矮缩、丛生，小叶、花变绿等。通过叶蝉、飞虱、木虱等介体昆虫、嫁接、菟丝子进行传播。

4. 类病毒

类病毒是在研究马铃薯纺锤块茎病时发现的一种类似病毒的病原物。它只有核酸（小分子 RNA）而无蛋白衣壳，其 RNA 一般呈单链环状结构，分子量为 1 ~ 10 道尔顿，远比最小的病毒还要小许多倍。是已知的最小的、结构最简单的病原物。它们与病毒一样具有侵染和增殖能力，具有较强的致病性，能引起植物表现特殊的症状，对热、紫外光和离子辐射具有高度的抗性。

类病毒对植物的侵染主要是通过嫁接传染、接触传染，有的可通过无性繁殖材料传染，某些菟丝子也可传染。昆虫介体传染目前尚无定论。植物细胞的损伤对类病毒的侵染也是必需的途径。当类病毒侵入植物细胞后便进入细胞核中，并在那里自主复制。其致病过程可能是通过扰乱寄主细胞的基因调控来实现的。类病毒引起的植物特殊症状，主要表现为：植株矮化；簇顶；叶、花变小；叶片黄化或斑驳或皱缩、卷曲；果实白化及树皮鳞皮症等。目前已知由类病毒引起的植物病害有 8 种，其中花卉植物占 2 种，即菊花矮化病与菊花褪绿斑驳病。类病毒寄主范围较广，可侵染菊科 43 种植物。

研究表明，类病毒病害有一共同特点，就是许多带有类病毒的植物体并不表现症状，此现象称为不显性感染；它的另一特点是从侵染到发病的潜育期很长，有的侵染植物后几个月，甚至到第二代才表现症状，如马铃薯纺锤块茎病；而柑橘裂皮病的潜育期可长达数年之久。

相关技能训练

实训 6　常见植物病原真菌类群的观察与识别

一、实训目标

通过实际观察，认识鞭毛菌、接合菌、子囊菌、担子菌和半知菌五个亚门真菌的形态。明确它们之间的主要区别，学会植物病原物制片的基本方法，为诊断病害打好基础。

二、实训材料和用具

材料：瓜果腐霉病、杜鹃疫霉根腐病、马铃薯晚疫病、葡萄霜霉病、牵牛花白锈病、谷子白发病、花卉球茎软腐病、桃缩叶病、月季白粉病或紫薇白粉病、杨树烂皮病、菊花菌核性茎腐病、花木煤污病、梨黑星病、玫瑰锈病、柏树锈病、草坪禾草黑粉病、四季海棠灰霉病、牡丹叶霉病、樱花褐斑病、兰花炭疽病、菊花斑枯病、幼苗猝倒病、立枯病、银杏茎腐病、花木白绢病、紫纹羽病等新鲜病害标本或病原菌装片。游动孢子装片、根霉属结合孢子

装片、无性子实体和有性子实体装片、子囊壳切片、子囊盘装片、锈菌冬孢子萌发装片、黑粉菌冬孢子萌发装片等。

用具：显微镜、扩大镜、载玻片、盖玻片、镊子、挑针、小剪刀、刀片、蒸馏水小滴瓶、纱布块、滤纸、脱脂棉、有关真菌性病害症状和病原挂图等。

三、实训内容及方法

（一）鞭毛菌亚门主要病原形态观察

1. 玻片标本制作方法练习

取清洁载玻片一片，在其中央滴蒸馏水一滴，用挑针取少量瓜果腐霉菌的絮状菌丝体，轻轻放到载玻片的水滴中；再取擦净的盖玻片，从水滴一侧慢慢盖在载玻片上，注意防止产生气泡或将病原菌冲溅到盖玻片外。盖玻片边缘多余的水分用滤纸吸去即可。

2. 营养体和繁殖体观察

将制好的玻片标本置于显微镜下，先用低倍镜找到观察对象即可进行识别，或转移至高倍镜下观察。注意观察菌丝的分枝情况，有无分隔、菌丝体与孢囊梗、孢囊梗与孢子囊在形态上有何不同，再挑取谷子白发病组织内少许黄褐色粉末制片或卵孢子装片，显微镜下观察卵孢子形态。

示范镜下观察游动孢子的形态。

3. 鞭毛菌亚门主要病原形态及所致病害症状观察

（1）腐霉属和疫霉属　取瓜果腐病、杜鹃疫霉根腐病或马铃薯晚疫病新鲜标本，用挑针挑取病部的白色菌体制片，观察孢囊梗和孢子囊的形态特征，比较两属病原菌孢囊梗和孢子囊的区别。

（2）霜霉属　选取2~3种霜霉病叶新鲜标本，如葡萄霜霉病等，挑取病叶背面的白色霜霉状物制片观察，注意比较不同霜霉菌的孢囊梗分枝特点和孢子囊形态。

（3）白锈属　观察牵牛花白锈病的组织切片玻片，可见其孢囊梗呈短棍棒状，在寄主表皮下平行排列，顶端串生孢子囊。

（二）接合菌亚门主要病原形态及所致病害症状观察

1. 营养体和无性繁殖体观察

用挑针挑取花卉球茎软腐病的棉毛状菌丝体制片观察。注意观察菌丝体的形态，有无分隔，匍匐丝及假根、孢囊梗和孢子囊的形态；可轻压盖玻片使孢子囊破裂，观察散出的孢囊孢子形态、大小及色泽。

2. 有性繁殖体观察

示范镜下观察根霉属接合孢子的形态特征。

（三）子囊菌亚门主要病原形态及所致病害症状观察

1. 营养体及无性孢子观察

挑取月季白粉病或紫薇白粉病病叶的白色粉状物制片观察，注意菌丝有无分隔，分生孢子梗形态及分生孢子着生情况。

2. 子囊菌有性孢子及子囊果观察

1）闭囊壳观察。示范观察或制片。取月季白粉病或紫薇白粉病等不同植物白粉病两种，分别挑取病部黑色小颗粒制片，在低倍显微镜下观察，注意闭囊壳的形状、颜色以及表面附属丝的特征。然后用挑针轻压闭囊壳上方的盖玻片，挤出闭囊壳中的子囊，注意观察闭

囊壳内子囊的形态及个数、子囊内子囊孢子的形态。

2）子囊壳观察。示范观察或制片。用挑针挑取杨树烂皮病病部颗粒制片，观察子囊的形状、有无开口。然后用挑针轻压盖玻片，观察有无子囊从壳壁裂口处挤出，注意子囊及子囊孢子颜色、形态。示范镜下观察子囊壳切片，注意壳壁组成、子囊在壳内的排列方式，有无侧丝。

3）子囊盘观察。取菊花菌核性茎腐病或苹果花腐病的萌发菌核浸渍标本，观察萌发出的子囊盘的形状。显微镜下观察子囊盘的玻片示范标本，注意子囊和侧丝的排列情况。

（四）担子菌亚门主要病原形态及所致病害症状观察

1. 锈菌观察

1）夏孢子观察。在玫瑰锈病等标本中，取两种锈病夏孢子堆标本，用挑针挑取锈粉制片，观察夏孢子的形状、颜色、单生或串生，表面是否有微刺。

2）冬孢子观察。在上述材料中任选两种带有冬孢子堆的锈菌标本，用解剖刀分别刮取冬孢子制片，观察锈菌冬孢子的形状、颜色、注意柄的长短、单胞或多胞。

示范镜下观察锈菌冬孢子萌发形成的担子和冬孢子的形态。

2. 黑粉菌观察

取草坪草黑粉病等标本，用挑针桃取病部黑粉制片，在显微镜下比较观察，注意冬孢子的形状、大小和颜色。注意表面是否光滑或有瘤刺、网纹；是单个还是多个集结成团，外围有无浅色不孕细胞。

示范镜下观察黑粉菌冬孢子萌发形成的担子和担孢子的形态。

（五）半知菌亚门主要病原形态及病害症状观察

1. 菌丝及菌核观察

选取带有病征的花木立枯病或猝倒病等材料，用挑针自病部挑取菌丝体制片镜检。注意观察菌丝体在分隔、分枝以及色泽等方面的特征；取银杏茎腐病、兰花白绢病的病株，注意观察病部有没有菌核产生，其色泽、形状、大小如何，是否容易脱落。

2. 分生孢子梗、孢梗束及分生孢子观察

选取仙客来灰霉病或四季海棠灰霉病、葡萄大褐斑病、芍药或牡丹红斑病、圆柏叶枯病、柳杉赤枯病、丁香轮斑病和香石竹黑斑病等病征明显的标本，注意病部的霉状物，在放大镜或显微镜下进一步观察霉状物，即散生或呈束状的分生孢子梗和分生孢子。用解剖刀自病部刮取或用挑针挑取霉状物少许，镜下观察分生孢子梗及分生孢子的形态、大小、颜色和有无纵横分隔等。

3. 分生孢子器观察

示范装片观察或选取栀子或白兰斑点病、菊花斑枯病、水仙叶大褐斑病及月季枝枯病等病部黑色小粒点明显的标本，在放大镜或显微镜观察下，用挑针仔细拔取黑色小粒点（分生孢子器），或作徒手切片，镜下观察分生孢子器、孢子梗和孢子的形态、大小、颜色。

4. 分生孢子盘观察

示范玻片观察或用上述法观察山茶炭疽病、月季黑斑病、杜鹃叶枯病、山茶或杨树灰斑病、柑橘炭疽病等分生孢子盘，注意盘内孢子梗的排列情况，分生孢子的形态、色泽，有无刚毛等。

四、实训报告

绘制疫霉病菌、根霉病菌、白粉病菌、黑粉病菌、锈病菌、幼苗立枯病菌、炭疽病菌形

态图各一种，并标明各病菌所属亚门及所致病害的名称。

1.2.3　园林植物病害的诊断

正确诊断和鉴定园林植物病害是防治病害的基础。植物病害诊断是指根据生病植物的特征、所处场所和环境条件，经过调查与分析，对植物病害的发生原因、流行条件和危害性等作出准确的判断。植物病害种类繁多，防治方法各异，只有对病害作出肯定、正确的诊断，找出病害发生的原因，才有可能制订出切实可行的防治措施。因此，正确的诊断是合理有效防治的前提。植物病害的诊断可在病害发生的任何阶段进行。

1.2.3.1　植物病害的诊断步骤

植物病害的诊断，应根据发病植物的症状和病害的田间分布等进行全面的检查和仔细分析，对病害进行确诊。一般可按下列步骤进行：

1. 田间观察

即进行现场观察。观察病害在田间的分布规律，如病害是零星的随机分布，还是普遍发病，有无发病中心等，这些信息常为我们分析病原提供必要的线索。进行田间观察，还需注意调查询问病史，了解病害的发生特点、种植的品种和生态环境。

2. 症状的识别与描述

即对植物病害的症状作全面的观察和检查，尤其对发病部位、病变部分内外的症状作详细的观察和记载。应注意对典型病征及不同发病时期的病害症状的观察和描述。从田间采回的病害标本要及时观察和进行症状描述，以免因标本腐烂影响描述结果。有的无病征的真菌病害标本，可进行适当的保湿后，再进行病菌的观察。

3. 病原物的室内鉴定

肉眼观察看到的仅是病害的外部症状，对病害内部症状的观察需对病害标本进行解剖和镜检。同时，绝大多数病原生物都是微生物，必须借助于显微镜的检查才能鉴别。因此，诊断不熟悉的植物病害时，室内检查鉴定是不可缺少的必要步骤。室内鉴定的主要目的，在于识别有病植物的内部症状；确定病原类别；并对真菌性病害、细菌性病害以及线虫所致病害的病原种类作出初步鉴定，为病害确诊提供依据。

4. 病原物的分离培养和接种

对某些新的或少见的真菌和细菌性病害，还需进行病原菌的分离、培养和人工接种试验，才能确定真正的致病菌，这是植物病害诊断中最科学而可靠的方法。其诊断步骤应按柯赫氏原则进行。即首先把病原菌从受害植物组织中分离出来，在无菌操作的情况下进行人工培养，获得大量致病病原菌，再将这种病原菌接种到相同的健康植物体上，如果通过接种试验，在被接种的植物上又产生了与原来病株相同的症状，同时又从接种的发病植物上重新分离获得该病原菌，即可确定接种的病原菌就是该种病害致病菌。这也称为柯赫氏法则，也称为证病试验。

5. 提出适当的诊断结论

最后应根据上述各步骤得出的结果进行综合分析，提出适当的诊断结论，并根据诊断结果制订相应的防治对策。

值得注意的是，植物病害的诊断步骤不是呆板的，更不是一成不变的。对于具有一定实践经验的专业技术人员，往往可以根据病害的某些典型特征，即可鉴别病害，而不需要完全

按上述复杂的诊断步骤进行诊断。当然，对于某种新发生的或不熟悉的病害，严格按上述步骤进行诊断是必要的。

随着科学技术的不断发展，血清学诊断、分子杂交和 PCR 技术等许多新的分子诊断技术已广泛应用于植物病害的诊断。

1.2.3.2 植物侵染性病害的诊断要点

植物病害的诊断，首先要区分是虫害、机械损伤还是病害，然后进一步诊断是非侵染性病害还是侵染性病害。虫害及机械损伤没有病理变化过程，而植物病害却有病理变化过程。其次，许多植物病害的症状都有很明显的特点，这些典型症状可以成为植物病害的诊断依据，在植物病害的快速诊断中具有重要意义。

侵染性病害有一个发生发展或传染的过程；病害在田间的分布往往是不均匀的；在病株的表面或内部可以发现其病原生物的存在；大多数的真菌病害、细菌病害和线虫病害可以在病部表面产生明显的病征，有些真菌和细菌病害及所有的病毒病害，在植物表面没有病征，但有一些明显的病状特点，可作为诊断的依据。

1. 真菌病害

许多真菌病害，如锈病、黑穗（粉）病、白粉病、霜霉病、灰霉病以及白锈病等，常在病部产生典型的病征，根据这些特征或病征的子实体形态，即可进行病害诊断。对于病部不易产生病征的真菌病害，可以应用保湿培养镜检法缩短诊断过程。即摘取植物的病器官，用清水洗净，于保湿器皿内，适温（22～28℃）培养 1～2 昼夜，往往可以促使真菌产生子实体，然后进行镜检，对病原作出鉴定。有些病原真菌在植物病部的组织内产生子实体，从表面不易观察，需用徒手切片法，切下病部组织作镜检。还有的真菌病害，病部没有明显的病征，保湿培养及徒手切片均未见到病菌子实体，则应进行病原的分离、培养及接种试验，才能作出准确的诊断。

2. 细菌病害

植物受细菌侵染后可产生各种类型的症状，如腐烂、斑点、萎蔫、溃疡和畸形等；在潮湿情况下有的在病斑上有菌脓外溢；一些产生局部坏死病斑的植物细菌性病害，初期多呈水渍状、半透明病斑。所有这些特征，都有助于细菌性病害的诊断。但切片镜检有无“喷菌现象”是最简便易行又最可靠的诊断技术。其具体方法是：选择典型、新鲜的病组织，先将病组织冲洗干净，然后用剪刀从病健交界处剪下 4mm 见方大小的病组织，置于载玻片中央，加入一滴无菌水，盖上盖玻片，随后镜检。如发现病组织周围有大量云雾状物溢出，即可确定为细菌病害。注意镜检时光线不宜太强。若要进一步鉴定细菌的种类，则需作革兰氏染色反应、鞭毛染色等进行性状观察。此外，在细菌病害的诊断和鉴定中，血清学检验、噬菌体反应和 PCR 技术等也是常用的快速方法。

菌原体病害的特点是植株矮缩、丛枝或扁枝、小叶与黄化，少数出现花变叶或花变绿。只有在电镜下才能看到菌原体。注射四环素以后，初期病害的症状可以隐退消失或减轻。菌原体病害对青霉素不敏感。

3. 病毒病害

病毒病通常出现花叶、黄化、矮缩、坏死、畸形等特殊症状，无病征。撕取表皮镜检，有时可见有病毒的内含体。在电镜下可见到病毒粒子和内含体。采取汁液用摩擦或用嫁接、介体昆虫传毒接种可引起发病。用病汁液摩擦接种在指示植物或鉴别寄主上可证明其传染性

或见到特殊症状出现。此外，血清学检验、酶联免疫吸附试验、电镜检测和PCR技术等现代先进的生物检测技术已广泛应用于病毒病害的诊断，如重庆大学生物技术发展公司生产的利用PCR技术快速检测柑橘黄龙病、溃疡病的检测试剂盒，中国柑橘研究所应用指示植物、凝胶电泳、PAGE等技术诊断柑橘病毒和类病毒等。这些分子生物学方法具有简便、迅速、灵敏和准确性高等特点。

4. 线虫病害

在植物根表、根内、根际土壤、茎、叶或虫瘿中可见到有线虫寄生，线虫病的病状有：虫瘿、根结、胞囊或茎（芽、叶）坏死及植株矮化黄化等。对症状不能确诊的，可进行虫体观察，对表现虫瘿、叶斑或坏死等症状的，可直接用挑针从病变组织中挑取虫体进行观察；在植物组织内和土壤中的线虫，要用漏斗分离法从受病组织或根际土壤中分离出线虫制片，在显微镜下观察进行确诊。

相关技能训练

实训7 园林植物病害病原物的分离培养和鉴定

一、实训目的

通过对植物病原物分离培养方法的学习和实际操作，掌握病原物分离培养的基本原理和基本方法，为植物病原物的鉴定及病害的正确诊断提供依据；了解各种病原物的形态和生物学特性，为植物病害的有效防治打下基础。

二、实训材料和用具

1. 材料

新采集的植物真菌、细菌、线虫病害的典型症状植株，PDA培养基、牛肉汁胨平板培养基等。

2. 用具

超净工作台、显微镜、解剖镜、恒温箱、三角瓶、灭菌培养皿、解剖剪、小镊子、移植环、酒精灯、70%酒精、95%酒精、0.1%升汞水或1%漂白粉消毒液、5%来苏水、灭菌水、滤纸、蜡笔、标签、胶水、火柴、玻璃漏斗（直径10～15cm）、铁架台、橡皮管、弹簧夹、尖嘴玻璃管、网筛、挑针、竹针等。

三、实训内容与方法

（一）植物病原真菌的分离培养

对植物病原真菌通常采用的是组织分离法。此方法的基本原理是：创造一个适合真菌生长的无菌营养环境，促使染病植物组织中的病原真菌在人工培养基上大量生长、繁殖，使其成为纯菌种，以便为病原鉴定和病害诊断提供实物依据。

1. 分离材料的选择及处理

选择新鲜的典型症状植株、器官或组织，洗净，晾干，取新鲜病斑病健交界部分，切成3～5mm见方小块用作分离材料。将分离材料置于灭菌的小容器中，先用70%酒精漂洗约2～3s，迅速倒去，以避免材料表面产生气泡；然后用0.1%升汞溶液消毒1～2min（消毒时间因材料厚度不同而异；消毒剂也可根据不同情况选用漂白粉、次氯酸钠等)，再经无菌水漂洗3~4次，最后用灭菌的滤纸吸干材料上的水。

2. 工具的消毒、灭菌

先打开超净工作台通风20min以上，用70%酒精擦拭手、台面和工作台出风口进行消毒；分离用的容器和镊子用95%酒精擦洗后经火焰灼烧灭菌。

分离也可在没有尘土而空气相对静止的室内进行，方法是擦净工作台，在台面上铺一块湿毛巾，地面洒水，然后在室内喷洒5%来苏水熏蒸灭菌2~3h即可。

3. 平板PDA的制作

将三角瓶中的PDA培养基置于水浴锅或微波炉中融化，取出摇匀，自然降温至45°C左右后，在超净工作台上经无菌操作将培养基倒入已灭菌的培养皿中（厚度约2~3mm），并轻轻摇动，静置台面冷却即成。

4. 分离培养

在无菌操作下用镊子将消毒后的材料移入平板PDA培养基上，按一定距离排列整齐。一般病组织平板培养至少需要3个以上的重复，以增加获得致病菌的机会。在培养皿盖上标明分离材料、日期等。将培养皿底部向上放入塑料袋中，扎紧袋口，置恒温培养箱中在适温下培养，或置室内阴暗处培养2~5d即可检查结果。

（二）植物病原细菌的分离培养

1. 材料处理

在病原细菌的分离培养中，材料的选择及表面消毒都与病原真菌的分离培养基本相同，但消毒液通常是用1:14的漂白粉溶液处理3~5min，然后用无菌水冲洗2~3次。培养基除了PDA外，通常还采用肉汁胨培养基（NA）。

2. 制备细菌悬浮液

在灭菌培养皿中盛入少量无菌水，将经表面消毒和无菌水冲洗过3次后的病组织块置培养皿的无菌水中，用灭菌剪刀将病组织剪碎，静置10~15min，使组织中的细菌流入水中成为悬浮液。

3. 划线分离

用经过火焰灭菌的移植环蘸取少量细菌悬浮液，在牛肉胨平板培养基上进行划线培养，以使细菌分开形成分散的菌落。

具体方法是，先在平板的一侧顺序划3~5条线，再将培养皿转90°，将移植环经火焰灼烧灭菌后，从第二条线末端开始，用相同方法再划3~5条线，如图1-97所示。然后在培养皿盖上标明分离材料和日期等。

图1-97　划线分离

4. 培养及结果鉴定

将分离后的培养皿翻转放入塑料袋中，扎紧袋口，置恒温培养箱中适温培养24~48h，可观察结果。

（三）植物病原线虫的分离和鉴定

线虫是低等动物，它们的分离方法与植物的其他病原生物不同。

在植物线虫病害研究中，不仅要采集病变组织作标

本，还必须考虑采集病根、根际土壤和大田土样进行分离鉴定。

1. 直接观察分离法

对胞囊线虫、根结线虫等植物根部寄生的线虫，可在解剖镜下用挑针直接挑取虫体观察，对一些个体比较大的如茎线虫等，可在解剖镜下用尖细的竹针或毛针将线虫从病组织中挑出来，放在凹穴玻片上的水滴中作进一步观察和鉴定。

2. 漏斗分离法

漏斗分离操作简便，不需复杂设备，适合分离能运动的线虫，是目前从植物材料中分离线虫比较好的方法。其缺点是漏斗内特别是橡皮管道内缺氧，不利于线虫活动和存活，所获线虫悬浮液不干净，分离时间较长。

分离装置是将玻璃漏斗（直径10～15cm），架在铁架台上，下面接一段（约10cm）橡皮管，橡皮管上夹一个弹簧夹，其下端橡皮管上再接一段尖嘴玻璃管，如图1-98所示。

具体分离步骤如下：

1）在漏斗中加满清水，将带有线虫的植物材料剪碎，用单层纱布包裹，置于盛满清水的漏斗中。

2）经过4～24h，由于趋水性和本身的重量，线虫离开植物组织，并在水中游动，最后都沉降到漏斗底部的橡皮管中，打开弹簧夹，放取底部约5mL的水样到小培养皿中，其中就含有寄生在样本中大部分活动的线虫。

3）将培养皿置解剖镜下观察，可挑取线虫制作玻片或作其他处理，如果发现线虫数量少，可以经离心（1500rpm，2～3min）沉降后再检查；也可以在漏斗内衬放一个用细铜纱制成的漏斗状网筛，将植物材料直接放在筛网中。

漏斗分离法也适用于分离土壤中的线虫，方法是在漏斗内的网筛上放上一层细纱布或多孔疏松的纸，上面加一薄层土壤样本，小心加水浸过后静置过夜。

将分离到的线虫挑到凹穴玻片上的水滴中即可作进一步观察和鉴定。

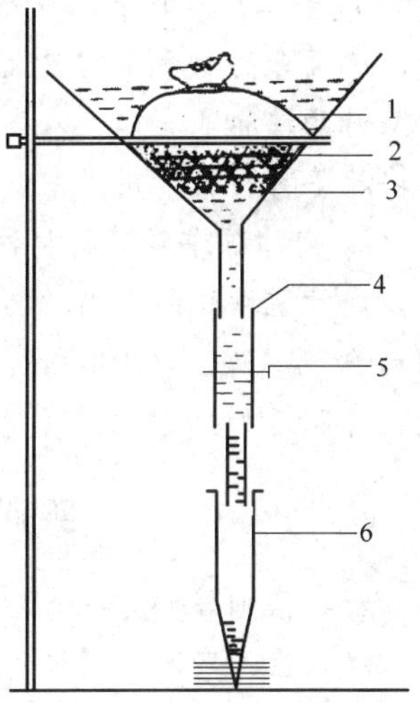

图1-98　漏斗分离装置
1—盛土样的纱布袋　2—铜纱网
3—水　4—橡皮管　5—弹簧夹
6—小玻管或离心管

四、实训报告

1）在教师指导下，选择一、两种园林植物病害材料，按实训操作要求进行分离培养和鉴定，并进行分析、总结。在实训操作过程中，学生应认真填写表1-2：

表1-2　病原菌分离培养记载表

编号	材料	病原物种类	培养基	分离方法	消毒剂	消毒时间	鉴定结果

2）实训总结：将本次实训的过程和结果进行分析、总结。

培养基的制作

1. 平板 PDA 的制作

马铃薯、葡萄糖、琼脂培养基，简称 PDA，主要用于真菌的培养，也可用于细菌的培养。其配方为：马铃薯（或甘薯）200g，葡萄糖（或蔗糖）20g，琼脂 17g，水 1000mL；将马铃薯洗净去皮切成小块，加水 1000mL 煮沸 30min，用 4 层纱布过滤；在滤液中加入葡萄糖及琼脂，再继续加热至琼脂完全熔化为止，并补足失水量，保持 1000mL。趁热将其分装入洁净的三角瓶或试管内。一般作斜面培养基的试管可装 5mL，作平面培养基的试管可装 10mL，而三角瓶内装入培养基的高度不超过瓶身高度的 1/4。将管口或瓶口加上普通棉塞塞紧；病菌分离培养中需要大量无菌水，可将普通自来水用三角瓶或其他耐高温玻璃瓶装好，与做好的培养基一起放入高压灭菌锅内，121℃下经 30min 左右即可达到灭菌目的。灭菌后的培养基可存放待用。

2. 肉汁胨培养基的制作

肉汁胨培养基，简称 NA，主要用于细菌的培养。其配方是：牛肉浸膏 3g，蛋白胨 5～10g，琼脂 17g，水 1000mL。一般先将牛肉浸膏和蛋白胨溶于水中，酸碱度调至 pH6.5～7，放入琼脂后加热熔化，装瓶消毒灭菌后备用。

实训 8　园林植物侵染性病害的田间诊断

一、实训目的

结合生产实际，通过对当地主要区域园林植物群体和局部发病情况的观察和诊断，逐步掌握各类植物病害的发生情况及诊断要点，熟悉病害诊断的一般程序，了解病害诊断的复杂性和必要性，为植物病害的调查研究与防治提供依据。

二、实训材料和用具

侵染性病害发病现场；手持放大镜、记录本、标本夹、小手铲、小手锯、枝剪、图书、挂图、记录本等。

三、实训内容与方法

根据当地生产的实际情况，选取若干园林小区及苗圃的园林植物，组织学生到田间观察植物群体的发病情况，如病害在园林植物中的分布、植株的发病部位、病害是成片发生还是有发病中心、发病植物所处的小环境等，并向花农了解园林植物操作的有关情况，如种植时间、土质、施肥、灌水、修剪、整枝、喷药情况等。

对病害症状进行反复观察比较，病部是变色坏死、腐烂、萎蔫还是畸形，病斑有没有轮纹、穿孔、凹凸情况；病健交界处是否清楚、是否发臭、病斑周围有没有黄色晕圈；有没有明脉、黄化、皱缩、黄绿相间的斑驳、植株矮化等；病部有没有霉状物、锈状物、颗粒状物、脓状物、菌核、菌索、流胶、根结、虫瘿等，这些都是田间诊断的主要依据。

（一）真菌性病害的诊断

真菌病害的病状有：坏死型、腐烂型、畸形型、萎蔫型等。除此之外，真菌病害在发病部位多数具有病征，如霜霉、白锈、白粉、煤污、白绢、菌核、紫纹羽、黑粉和锈粉等，很容易识别。对病部不容易产生病征的真菌性病害，可以采用保湿培养，以缩短诊断过程。即取下植物的受病部位，如叶片、茎秆、果实等，用清水洗净，置于保湿器皿内，在20～23℃培养1～2昼夜，往往可以促使真菌孢子的产生，然后再作出鉴定。对还不能确诊的病害，可进行室内镜检，对照病原物，查阅相关资料，确定病害的种类。

（二）细菌性病害的诊断

植物受细菌侵染后可产生各种类型的症状，如坏死、萎蔫、腐烂和畸形等。其共同病症是气候潮湿时从病部气孔、水孔、伤口等处有大量细菌溢出，成为特异性的粘稠状物——细菌溢脓。这是诊断细菌性病害的主要依据。

确定植物组织中是否有病原细菌存在，对病害诊断也具有重要意义。其方法是，切取小块病健交界部分组织，放在载玻片的水滴中，盖上盖玻片，用手指压盖玻片，目的是将病组织中的菌脓压出组织外。然后将载玻片对光检查，看病组织的切口处有无大量的细菌呈云雾状溢出，这是区别细菌性病害与其他病害的简单方法。如果云雾状不是太清楚，也可以带回室内镜检。

引起植物组织腐烂的细菌性病害，一个重要的特点是腐烂组织解体而粘滑，这是由于腐烂病细菌能产生果胶酶，分解寄主组织细胞间的中胶层而使植物组织崩溃的结果。

诊断危害根茎维管束而导致全株萎蔫的细菌性病害，可切断病茎，用手挤压即能见到变色导管中流出混浊粘液，即可与真菌性萎蔫病相区别。

畸形大多发生在木本植物的根冠或茎基部、枝条上，少数在叶柄或叶脉上出现，如桃发根病、樱花根癌等。

（三）病毒性病害的诊断

植物病毒性病害没有病征，常具有花叶、黄化、条纹、坏死斑纹和环斑、畸形等特异性病状，田间比较容易识别。但有时常与一些非侵染性病害相混淆，因此，诊断时应注意病害在田间的分布，发病与地势、土壤、施肥等的关系；发病与传毒昆虫的关系；症状特征及其变化、是否有由点到面的传染现象等而进行诊断。

当不能确诊时，要进行传染性试验。如对一种病毒病的自然传染方式不清楚时，可采用汁液摩擦方法进行接种试验。如果不成功，可再用嫁接的方法来证明其传染性，注意嫁接必须以病株为接穗而以健株为砧木，嫁接后观察症状是否扩展到健康砧木的其他部位。对禾本科植物，则需要用昆虫接种的方法证明其传染性。供试昆虫以蚜虫、飞虱或叶蝉为主。在昆虫接种时，通常是在健株的1～2个叶片或分枝上进行，然后观察症状的扩展情况，再进行确诊。

（四）线虫病的诊断

线虫病主要诱发植物生长迟缓、植株矮小、色泽失常等现象，并常伴有茎叶扭曲、枯死斑点，以及虫瘿、叶瘿和根结瘿瘤等的形成。一般讲，通过对有病组织的观察、解剖镜检或用漏斗分离等方法均能查到线虫，从而进行正确的诊断。

四、实训报告

结合当地情况，就所调查和诊断的病害情况写出实习报告。

实训9 园林植物病害标本的采集与制作

一、实训目的

通过园林植物病害标本的采集、制作，初步了解园林植物病害在田间的群体发生情况，掌握植物病害标本的采集、制作方法。

二、实训材料和用具

病害标本夹、采集箱、塑料袋、纸袋、小玻管，标本纸、绳、刀、剪、锯、锄、扩大镜、记载本、标签、铅笔；光学显微镜、放大镜、镊子、挑针、搪瓷盘等。有关植物病害症状挂图、影视教材及教学课件等。

三、实训内容与方法

（一）园林植物病害标本的采集

1. 采集准备

园林植物病害标本是病害症状的最好描述，如果采集和整理得当，对病害的鉴定、病原的研究等都会起到很大的作用。因此，在病害标本采集前，应明确采集目的，准备好相应的采集用具。

（1）标本夹 用以夹压各种含水分不多的枝叶病害标本。一般长60cm，宽40cm，可用木板和铁丝制成。

（2）标本纸 要求吸水力强，并应保持清洁干燥。

（3）采集箱 用于采集腐烂果实、木质根茎或怕压而在田间来不及制作的标本。

（4）修枝剪、高枝剪、小刀、小锯、扩大镜、纸袋、塑料袋、标签、镊子、记载本等。

2. 采集方法

园林植物病害标本主要是有病的根、茎、叶、果实或全株，好的病害标本必须具有寄主各受害部位在不同时期的典型症状。真菌病害的病原具有有性和无性两个阶段，应在不同时期分别采集，许多真菌的子实体在枯死的枝叶上出现，因此要在枯枝落叶上采集。对叶部病害标本，采集后立即放入有吸水纸的标本夹内；对柔软多汁的果实或子实体，应采集新发病的幼果，并用纸包好放入标本采集箱，避免孢子混杂影响鉴定；对萎蔫的植株要连根挖出，有时还要连根际的土壤一同采集；对于粗大的树枝和植株，可用刀或锯取其一部分带回；对寄生性种子植物病害，应该连同寄主的枝叶和果实一起采集，以助于鉴定病原和寄主。

采集过程中要有记载，应该在当场记录并编号挂标签，没有记载的标本就失去了它的意义。记载内容有寄主名称、采集日期与地点、采集者姓名、生态条件和土壤条件。

（二）病害标本的制作

从田间采回的新鲜标本必须经过制作，才能应用和保存。对于典型病害症状最好是先摄影，以记录自然、真实的状况，然后按标本的性质和使用的目的制成各种类型的标本。

1. 干制标本（蜡叶标本）制作法

对植物茎、叶等含水较少的病害标本，采集后要及时压在吸水的标本纸中，用标本夹夹紧，在阳光下晒干；也可将标本置于50℃烘箱中放2~3d；或夹在吸水纸中用熨斗烫，使其快速干燥而保持原来的色泽。压制标本干燥前易发霉变色，标本纸要勤更换，通常前3~4d每天换纸1~2次，以后每2~3d换一次，直至完全干燥为止。第一次换纸时，标本柔软，

可对标本进行整形，此时的标本容易铺展。

幼嫩多汁的标本，如花及幼苗等，可夹于两层脱脂棉中压制；含水量高的可通过30～45℃加温烘干。需要保绿的干制标本，可先将标本在2%～4%硫酸铜溶液中浸24h，再压制。

对较大枝干和坚果类病害标本、高等担子菌的子实体，可直接晒干、烤干或风干即可。

干制标本是一种较能保持植物病害症状原形的、制作简单而经济的标本，可保存在棉花铺垫的玻面标本盒内，也可保存于其他纸袋中，并贴上相应的鉴定记录；干燥后的标本也可直接用胶水或针固着在厚的蜡叶标本纸（280mm×430mm）上；也可过塑保存。标本袋或标本盒中均应放入一小包樟脑粉或其他驱虫药剂，以防止标本遭虫蛀或霉烂。制成的标本，经过整理和登记，按寄主或病菌分类排列存放。

2. 浸渍标本制作法

多汁的病害标本，如果实、担子菌的子实体、幼苗和嫩叶等，为了保存其原有的色泽、形状、症状特点，必须用浸渍法保存。浸渍液种类很多，常用的有：

（1）防腐浸渍液　可用福尔马林50mL、95%酒精300mL、蒸馏水2000mL混合而成；也可单用5%福尔马林液或70%酒精液保存。此类浸渍液仅能防腐没有保色作用，宜保存色泽单一的病害标本。若浸泡标本量大，数日后应换一次浸渍液，并加盖密封。

（2）保存绿色浸渍液　其配方有两种，一种是醋酸铜浸渍液：将醋酸铜结晶逐渐加入50%醋酸溶液中，直到不溶解为止（50%醋酸液1000mL，约加醋酸铜15g可达到饱和程度），然后将该饱和液稀释3～4倍后使用。先将稀释液加热至沸，投入标本，继续加热，待标本褪绿又恢复绿色后，取出标本清水洗净后，保存于5%福尔马林液中或压成干标本。另一种是硫酸铜亚硫酸浸渍液：标本在5%硫酸铜中浸泡6～24h，取出用清水漂洗数小时，然后保存在亚硫酸液（含5%～6%二氧化硫的亚硫酸液15mL，加水1000mL。或浓硫酸20mL，稀释在1000mL水中，再加入亚硫酸钠16g）中。不宜煮的果实标本可直接用硫酸铜亚硫酸保绿浸渍液保存。

（3）保存黄色和橘红色浸渍液　含叶黄素和胡萝卜素的果实病害如杏、梨、柿、黄苹果、柑橘或油茶果等，用亚硫酸溶液保存比较适宜。该液有漂白作用，注意浓度不要太高，一般1%即可。若因浓度太小，防腐力不够，可加入适量的酒精；果实浸渍后如发生崩裂，可加少量甘油。

（4）保存红色浸渍液　红色多为水溶性的花青素，难于保存。瓦查浸渍液效果较好。其配方是硝酸亚钴15g、福尔马林25mL、氯化锡10g、水2000mL混合而成，将洗净的标本完全浸没于该液中两周后，取出并保存于福尔马林10mL、饱和亚硫酸液30～50mL、95%酒精10mL、水1000mL的混合液中。浸渍标本应放在暗处，以减少药液的挥发和氧化，并要密封瓶口。封口胶可用蜂蜡和松香各1份，分别融化后混合，加少量凡士林调成胶状，涂在瓶盖边缘做临时封口；或将酪胶和消石灰各1份混合，加水调成糊状，用于永久封口。

四、实训报告

1）根据病害采集、观察过程，谈谈植物病害对园林植物的危害。

2）简述病害标本的制作方法。

归纳总结

- 园林植物害虫及病害的识别技术
  - 昆虫的识别技术
    - 外部形态
      - 概述：昆虫、节肢动物门、昆虫纲、蛛形纲
      - 外部形态：昆虫的头部、胸部、腹部、体壁
    - 生物学特性
      - 生殖方式：两性生殖、孤雌生殖、多胚生殖、胎生、幼体生殖
      - 变态与虫态：昆虫的变态及变态类型、昆虫个体发育各阶段
      - 生活史：昆虫的世代、生活史、休眠和滞育
      - 习性：群集性、食性、趋性、扩散和迁飞、假死和隐蔽等
    - 分类识别
      - 分类基础：昆虫分类的意义、依据、阶元和命名法
      - 分类目科：昆虫纲分为33个目，常见10个目。
  - 侵染性病害及病原诊断技术
    - 病害概论
      - 概述：植物病害、侵染性病害、生理性病害
      - 病状：变色、坏死、腐烂、萎蔫、畸形等
      - 病征：霉状物、粉状物、锈状物、菌核、溢脓等
    - 病原生物
      - 真菌：鞭毛菌、结合菌、子囊菌、担子菌、半知菌
      - 细菌：假单胞、黄单胞、欧氏杆菌、野杆菌、棒杆菌属
      - 病毒：失毒温度、稀释终点、体外保毒期
      - 其他病原：线虫、寄生性种子植物、菌原体、类病毒
    - 病害诊断
      - 田间观察：受害情况、分布情况、品种特性、生态环境
      - 症状识别：病症、病征比较、保湿培养
      - 显微镜检：病组织解剖观察、病原初步鉴定
      - 分离培养：科赫氏法则

同步测试

一、名词解释

两性生殖、孤雌生殖、变态、羽化、孵化、补充营养、性二型、多型现象、世代、世代重叠、年生活史、休眠、趋性、植物病害、病理程序、转主寄生

二、填空题

1. 昆虫体躯由（　　）、（　　）、（　　）组成，就功能而言，头部是（　　）的中心，胸部是（　　）的中心，腹部是（　　）的中心。

2. 危害农作物的昆虫口器主要类型是（　　）和（　　）。其中，取食固体的口器基本结构是由（　　）、（　　）、（　　）、（　　）和（　　）组成的。

3. 蝶的触角是（　　）；口器是（　　）；翅是（　　）；属于（　　）变态。

4. 蛴象的口器是（　　）；翅是（　　）；属于（　　）变态。

5. 蝼蛄的前足是（　　），生活于（　　）。

6. 昆虫对植物造成危害的常见口器有（　　）、（　　），还有（　　）。

7. 翅的类型是对昆虫（　　）的重要依据。

8. 昆虫的孤殖生殖方式可分为（　　）、（　　）、（　　）。

9. 根据昆虫的取食对象将其食性分为（　　）、（　　）、（　　）、（　　）等4种；按取食范围划分的食性有（　　）、（　　）、（　　）等3种。

10. 按照刺激源的种类，昆虫的趋性主要有（　　）、（　　）、（　　）。

11. 昆虫的分类地位属于（　　）门、（　　）纲，每种昆虫都有一个国际通用的学名，通常由昆虫的（　　）加（　　）组成。

12. 植物病害的症状包括（　　）和（　　）。

13. 生物性病原是指以园林植物为寄生对象的一些有害生物。主要有（　　）、（　　）、（　　）类菌质体、类病毒、寄生性种子植物、线虫等。

14. 凡是由生物因子引起的植物病害都能相互传染，有侵染过程，称为（　　）或（　　），也称为寄生性病害。

15. 园林植物病害的发生有一定的病理变化过程，这个病变过程首先是（　　），其次（　　），最后导致（　　）。

三、简答题

1. 昆虫成虫的形态特征主要有哪些？
2. 举例说明完全变态的昆虫幼虫的类型有哪几种？它们的危害方式有什么特点？
3. 为什么幼虫期是害虫防治的重要时期？
4. 利用昆虫的趋性可以制订哪些防治措施？
5. 昆虫有哪些主要的习性？了解各种昆虫的习性在害虫防治中有哪些作用？
6. 鳞翅目幼虫和叶蜂幼虫有哪些区别？
7. 试举例说明你所看见的园林植物害虫的危害特点。

8. 植物病害的病征及病状有哪些类型？
9. 了解症状表现的复杂性对植物病害的识别有何意义？
10. 真菌的无性繁殖和有性繁殖各产生哪些类型的无性和有性孢子？
11. 如何区分真菌、细菌和病毒病害？
12. 植物病害诊断的要点是什么？其基本程序有哪些？

项目2 园林植物有害生物综合防治技术

学习目标

通过本项目的学习，了解综合防治的内涵和意义，理解综合防治的原则和方法，了解病虫调查与测报方法及其在综合防治中的作用，熟悉常用农药的特点、防治对象和使用方法，掌握各种防治方法的原理、特点及应用技巧，学会拟定园林植物有害生物综合防治方案，能够根据有害生物的发生情况合理应用各种防治措施并组织实施。

任务1　园林植物有害生物综合防治原理

任务分析：该任务主要包括有害生物综合防治的内涵、特点、基本思想和基本原则，重点为综合防治的方案制订和技术优化。要完成该任务，必须具备有害生物的形态及生物学特性等知识。通过学习，明确“预防为主，综合防治”的植保方针，熟悉综合防治的基本原理，掌握综合防治方案的拟订和应用。

知识点：综合防治的含义、特点；综合防治的基本思想和基本原则。

能力点：植物有害生物的防治技术，综合防治方案的拟订。

任务实施的相关专业知识

园林植物有害生物的防治应该遵从“预防为主，综合防治”的植保工作方针，它的基础是“预防为主”，即在各种有害生物尚未造成大量危害之前采取相应预防措施，而具体的防治方法应该是多途径的、综合的和可操控的。

2.1.1　综合防治的概念、基本观点与发展

2.1.1.1　综合防治的概念

联合国粮农组织的定义是：有害生物综合治理是一种防治方案，它能控制有害生物的发生，避免相互矛盾，尽量发挥有机地调和作用，保持经济允许水平之下的防治体系。我国根

据有害生物综合治理的定义提出综合防治的定义，即："综合防治是对有害生物进行科学管理的体系。它从生态系统整体出发，根据有害生物和环境之间的相互关系，充分发挥自然控制因素的作用，因地制宜地协调应用必要的措施，将有害生物控制在经济允许水平以下，以获得最佳的经济、社会和生态效益"。

学者们对综合防治的定义虽不尽相同，但对其含义和理解还是比较一致的：一是以生态学原理为基础，把有害生物作为所在生态系统的一个组成部分来研究和控制；二是强调各种防治方法的有机协调，最大限度的利用自然调控因素，尽量少用化学农药；三是提倡与有害生物协调共存，强调对其数量进行调控而不强调彻底消灭；四是防治措施的确定应全面考虑经济、社会和生态效益。

2.1.1.2 综合防治的基本观点

1. 全局观点

综合防治是从生态系统的整体出发，以预防为主要目标，创造不利于有害生物而有利于植物及有益生物生长繁殖的环境条件。在设计综合防治方案时，不能只从防治对象出发，还必须考虑到所采取的防治措施对生态环境及人类的安全，保证可持续发展。

2. 综合观点

各种防治措施都有各自的长处和局限性，必须将它们有机地结合，取长补短，才能达到有效控制的目的。在实施过程中，不仅要考虑各种防治措施的协调配合，还要考虑对于一定区域内的各种有害生物统一进行防治。

3. 经济观点

综合防治的基本目的是要控制有害生物的危害，使其种群数量降低到不足以造成经济损失。必须克服见虫就治甚至打保险药的倾向，要尽可能降低对生态系中其他因子的间接影响。在园林有害生物的防治中，还应该重视对生态环境的影响而带来的长期的和间接的经济损失。

4. 安全观点

综合防治要求一切防治措施都应该以保护人畜、作物、有益生物等的安全为前提，尤其在进行化学防治时必须根据有害生物与植物、天敌及其他环境因子之间的相互关系，科学地选择和使用农药，克服盲目滥用农药的现象。同时不仅要求注意当前的安全，还要求考虑到长期的安全问题。

5. 可持续发展观点

综合治理是以系统论、信息论和灾变论作为理论基础，以生态学的原则作为指导，把有害生物看做是生态系统中的重要组成部分，植物的良好生长必须建立在植物与周围的生物和非生物环境之间协调的基础上，不断保护和培养环境资源，维持生态系统的平衡和稳定，确保可持续发展。

2.1.1.3 综合防治的发展

综合治理的理念是人类在与有害生物作斗争的过程中逐步形成和发展起来的，其方法、策略和技术体系也是在这个过程中逐步完善的。早期的有害生物防治是依靠自然的、种植技术的以及人们生活中可以消灭有害生物的最直接的方法，当时人们对有害生物研究甚少，其规律性未被充分认识，但人们为了保护植物，创造了许多生物的、物理的、栽培的防治方法。在生产过程中，人们发现单独使用某种方法不是十分有效，于是就提出各种方法配合使

用，以取得最好的效果，这实质上已包含了现代综合治理的思想。这一阶段，对某些有害生物不能十分有效地防治，但一般能降低危害水平。

20世纪40年代以来，随着DDT的问世，有机合成农药大量出现和应用，防治效果也大大提高，使化学防治一度成为防治有害生物的主要手段，致使化学防治几乎占垄断地位，使已经具备的综合防治思想雏形被慢慢淡化。到20世纪60年代，人们发现由于化学农药的大量使用，其副作用越来越明显：一是有害生物对农药产生了抗药性，导致用药量增加，防效降低；二是生态环境遭到破坏，人类直接和间接受害越来越重；三是大量杀死天敌，导致有害生物种类越来越多，危害越来越重。这一阶段有害生物防治总的情况是虽然可以防治，但防治效果越来越差，防治难度越来越大。自此以后，人们从化学防治实践中得到启发，发现任何一种防治措施都不是万能的，有长处也有短处，只有综合应用各种防治措施，取长补短，协调配合，持续治理，才能达到控制有害生物的目的，于是提出了有害生物综合治理的新理念。1967年，联合国粮农组织在召开的"有害生物综合防治"专家组会议上明确了综合防治（IPC）的概念，随后发展为有害生物综合治理（IPM）。发达国家在20世纪70代初就开展了综合防治的理论和应用研究，1972年美国由政府部门投资和组织实施了主要农作物有害生物的"IPM"项目，1992年国际昆虫学会议在探讨21世纪植保科技前景中提出"IPM"的新思想，即生物强化害虫综合治理，其研究内容包括作物抗性、天敌保护利用、栽培制度、生物农药的利用等。同年，联合国环境大会宣布，综合治理是防治有害生物优先考虑的策略。

我国对综合防治的认识比较早，1975年就正式确立了"预防为主，综合防治"的植保工作方针，后来又多次进行改进与完善。1986年正式确定了现行的"综合防治"的定义。可以说这既是在"IPM"理论基础上提出来的，也是在长期的有害生物防治工作经验基础上总结出来的。"综合防治"的含义与"IPM"策略是一致的，而"预防为主"这一思想是对"IPM"思想的重要补充。

进入21世纪后，有害生物综合防治得到了进一步地发展，作为可持续农林产业的一部分，综合防治的理论体系和技术体系正在日臻完善。目前，多数有害生物综合防治项目使用动态推广模式，强调操作者的实践及决策能力，而相关的新型技术及生态方面的基础知识已涉及多种作物，但其中的大部分内容仍未得到普及，且缺乏灵活性。

2.1.2 综合防治的原理与策略

2.1.2.1 综合防治与可持续治理

综合防治作为一种有害生物管理系统，充分体现了可持续发展的思想，是一种具有良好生态学基础的可持续生产方式。它针对生态系统中所有的有害生物，强调在通过对有害生物进行管理而取得经济、社会、生态效益的生产实践中，要尽可能地减少对植物、人类健康和环境所造成的危害。使用适当的管理技术，如增加自然天敌、种植抗病虫植物、采用种植管理的方法、正确使用农药等。其目标是限制有害生物的发生，尽量使用对环境有益的种植和生物措施，只有当有害生物大面积爆发或其危害超过经济阈值时，才应用化学药剂。

《中国21世纪议程》白皮书指出："持续植保是在新形势下对植保学科的一种发展。"持续植保的概念可从两个方面理解。一是有害生物综合治理的持续。目前的植保工作容易出现就事论事的局面，出现有害生物就施以化学防治，难以达到对有害生物的综合治理，可持

续植保就是在这种情况下，逐步推进全程的整体控制措施，达到对有害生物的宏观调控，有力地控制其发生和危害，确保生产的持续发展。二是人类生存环境的持续。在防治有害生物的过程中，使用化学农药是一种重要的手段，但它也是造成环境污染和危害人类健康的罪魁祸首，大力推行持续植保，减少化学农药的使用范围和使用剂量，在广泛的范围内推行以生物农药为主的防治方法，可有效地减轻环境污染，减少食品果蔬中的农药残留量，确保人类生存环境的可持续发展。

联合国粮农组织出版的《走向 2015 ~ 2030 年的世界农业》一书，陈述了有害生物综合治理与农业可持续发展问题。在过去的几十年中，人们为减少农业生产给环境带来的不良影响，采用了各种技术路线。其中，有害生物综合治理（IPM）、植物营养综合系统（IPNS）和免耕、资源保护型农业（NT/CA）是最重要的三项。这三项技术路线相互关联，相互补充，在农业的可持续发展中发挥了重要作用。这里所探讨的三大技术路线则注重双重目标，即增加产量的同时减少对环境的影响。要做到这一点就必须在做到管理措施具有多样性和可选择性，在生态系统中建立和谐的生态关系，保持良好的生物进程。通过参与式研究和技术推广，上述技术手段还可以在特定地区进一步发展成为可持续资源管理系统。这三大技术路线各有特色，实际应用中的许多具体技术均是这三大技术路线不同程度的具体表现。

2.1.2.2 综合防治的策略

在特定情况下以最适当的方式和策略控制有害生物，需要对有害生物及其天敌的出现密度和有害生物对植物与环境造成的危害程度进行监测，只要其数量保持在一定的限度之内就不必采取任何防治措施。因此，在作出治理决策时应该注意以下几点：

1. 坚持从园林生态系统的整体出发

园林生态系统是由植物、有害生物、天敌及其所在的环境构成的，它们相互依存、相互制约构成一个整体。其中任何一个组分的变化都会影响其他组分的变化，最终影响到整个园林生态系统的稳定。因此，要从园林生态系统的整体出发，综合考虑园林植物、有害生物、天敌和它们所处的环境条件，有目的、有针对性地调节和操控系统中的某些组成部分，创造一个有利于园林植物和天敌生长而不利于有害生物发生发展的环境条件，进而实现可持续控制有害生物发生发展，达到治本的目的。

2. 充分发挥自然控制因素的作用

在园林有害生物综合治理过程中，要充分发挥自然控制因素（如天敌、气候等）的作用，以预防为主，充分保护和利用天敌，调节小气候，逐步加强各种自然控制因素，增强自然控制力，减少有害生物的发生和危害。

3. 协调运用各种防治措施

综合防治是一个系统工程，往往需要协调应用多种防治措施才能达到目的。针对不同的有害生物应该采用不同对策，通常是以植物检疫为前提，园林技术为基础，综合应用生物防治、物理机械防治、化学防治等措施，因地制宜，取长补短，实现“经济、安全、有效”地控制有害生物的发生和危害。

4. 明确防治指标和防治适期

综合治理的最终目的不是彻底消灭危害植物的有害生物，而是促使其种群密度维持在一定水平之下，这个种群密度称为经济损失允许水平（EIL），它是指某种有害生物引起经济损失的最低种群密度。经济阈值（ET）是指有害生物达到经济损失允许水平前的种群密度，

即采取防治措施时的种群密度，人们习惯将这个阈值称为防治指标。它是根据防治成本与防治后所收获的价值是否平衡来作为防治与否的经济指标，但在以城市街道、公园绿地等园林绿化为主体时，更注重生态效益和观赏价值，要依实际情况灵活应用。

在采取防治措施时，不仅要考虑到防治指标，同时还要考虑到对有害生物采取防治措施的最有效的时期，这就是防治适期。如在释放天敌时要在害虫最适于天敌捕食或寄生的合适虫态，在施用杀虫剂时要在对其最敏感的虫态，施用杀菌剂时在病菌侵入前或孢子萌发期等，以使防治措施达到最佳效果。

2.1.3　综合防治方案的制订

综合防治是一个选择和使用有害生物控制技术的决策支持系统。在实施过程中要协调应用多种技术，这是建立在成本效益分析的基础上的，它充分考虑了生产者、社会和环境的利益及对他们的影响。在协调决策和行动过程中，它运用最合适的、有利于经济和环境的控制方法和策略来达到管理有害生物的目标。

2.1.3.1　制订综合防治方案的基本步骤

1. 摸清“家底”

调查整个农业生态系统的基本情况，摸清整个群落中有害和有益的生物种类、危害程度及它们之间的相互关系，掌握哪些是主要种类，哪些是次要种类，尤其要警惕哪些具有潜在危险的种类，同时要了解周围环境因素对有害生物的影响和采取防治措施对环境的影响。

2. 掌握规律

调查研究主要有害生物和主要天敌的发生规律，以及它们的相互影响和作用程度，科学确定其防治指标和发展适期。

3. 加强测报

对主要有害生物及天敌，进行科学的、准确的预测测报，以便指导综合防治。

4. 组合措施

寻求可以持续降低有害生物发生量和具有兼防效能的防治措施，力求避免作用相同的措施的简单重复，使各措施之间不相互抵消而是相辅相成，达到全面控制其危害的目的。

2.1.3.2　制订综合防治方案的注意事项

目前，人们特别注意从环境整体观点出发来设计有害生物的防治方案，注意充分调动园林生态系统中的积极因素来控制有害生物，与此同时，各类重要有害生物的经济阈值被研究并实施到综合治理的方案中去。因此，园林植物有害生物综合防治实施方案应以建立最优的园林生态体系为出发点，一方面要利用自然控制，另一方面要根据需要和可能协调各项防治措施，制订把有害生物密度控制到受害允许水平之下的管理技术方案。

在设计方案时，选择措施要符合“安全、有效、经济、简便”的原则。应首先保证对人和畜、植物、天敌及其生活环境不带来损害和污染，在此基础上优化组合技术措施，大量杀伤有害生物或明显压低有害生物的密度，起到保护作物不受侵害或少受侵害的作用。同时还要尽量减少消耗性的生产投资，方法应简便易行、便于群众掌握。这4项指标中，安全是前提，有效是关键，经济与简便是在实践中不断改进提高要达到的目标。

任务2 植物病虫害的发生消长和预测预报

任务分析：该任务主要包括有害生物的发生和消长特点及其影响消长的主要因素，有害生物的调查方法及其预测预报方法，是综合防治基本技术之一。要完成该任务，必须具备有害生物的形态及生物学特性等知识。通过学习，要求了解病虫害的发生消长特点，熟悉影响消长的主要因素，掌握病虫害田间调查抽样技术和预测预报方法。

知识点：病虫害消长的数量特征及表达方法，影响病虫害消长的主要因素。

能力点：植物病虫害调查抽样技术、统计计算和预测方法。

任务实施的相关专业知识

2.2.1 昆虫种群及其种群的消长

害虫的综合防治就是要降低其个体数量，使其不至于造成损失，而害虫能否大量发生和造成严重危害，不仅取决于它的内在特性，还直接受到环境因素的作用，因为昆虫种群数量的变化与环境条件有着密切的关系。构成昆虫生活环境的因素可分为生物因素和非生物因素，这些因素之间有着密切的联系，它们综合作用于昆虫，共同构成昆虫的生活环境。

2.2.1.1 昆虫种群、群落及生态系统

1. 昆虫种群

昆虫种群是指在一定时间内占据一定空间的所有同种个体的总和，它是物种存在的基本单位。种群内的个体并非简单的叠加，而是通过种内关系组成一个有机体。种群具有多个数量特征，如出生率、死亡率、平均寿命、性别比例、年龄组配、基因频率、繁殖率、滞育率、种群密度和数量动态，以及因种群的扩散或聚集等习性而形成的种群空间分布型、种群密度调控机制等。同时，种群的变动一方面表现为数量的增减，另一方面数量的增减必然伴随出现种群所占空间的收缩或扩张。

在研究昆虫种群时通常要研究其数量变化、空间分布和遗传性演变等特征，而在生产实践中，人们更重视昆虫种群的数量变化，因此通常所说的种群特征是指种群的数量特征，主要包括种群密度、出生率、死亡率、年龄结构和性别比例等。种群密度是指单位空间内存在的某一种群全部个体的数量，它是表达种群消长的具体指标。出生率和死亡率是指种群在单位时间内新产生或死亡的比例，通常用新生个体数或死亡数与种群总数的比率表达。种群数量还会由于个体的迁入或迁出发生改变。通常把单位时间内迁入（迁出）种群的个体数量占该种群个体总数的比率称为迁入（迁出）率。种群的年龄结构是指一个种群中各年龄段的个体数量的比例，它对种群数量的变化有很大影响，从生态学的角度看可分为增长型、稳定型和衰退型。通过年龄结构可以预测该种群的密度变化趋势。增长型种群中幼年个体多于中老年个体，出生率大于死亡率，种群密度在一段时间内会越来越大。衰退型种群中幼年个体少于中老年个体，死亡率大于出生率，种群密度会越来越小。稳定型种群中各年龄段的个体数比例相当，出生率和死亡率大致相近，种群密度会在一段时间内保持相对的稳定。种群

的性别比例是指种群中雌雄个体数量的比例。由各种原因造成具有生殖能力的雌雄个体数量的比例失调，都将引起种群内个体数量的变动，在一定程度上也影响着种群密度的变化。

种群数量特征之间的关系如图2-1所示。

2. 生物群落

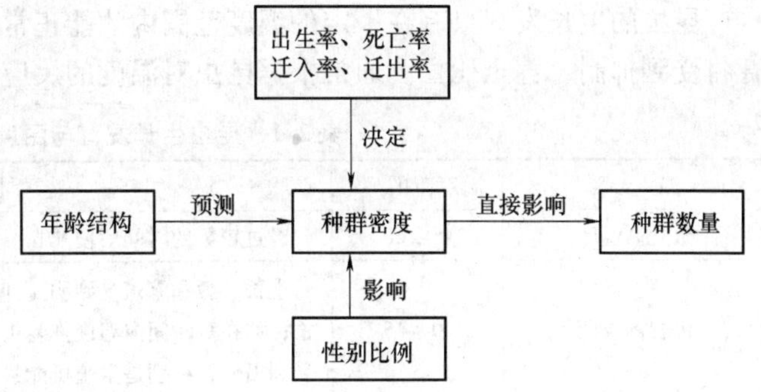

图2-1　种群个体数量变动的关系图

生物群落是指在一定生活环境中的所有生物种群组成的集合体。组成群落的各个生物种群不是任意地拼凑在一起的，而有规律组合在一起才能形成一个稳定的群落，它们是通过食物联系和能量转换而形成的复杂而有序的有机整体。群落同样具有它的特征，但并不是组成群落的各个种群的特征的简单总和，而是在群落水平上的一些特征，它包括物种的多样性和丰富度、优势种群、群落的生长形式及空间结构、营养结构和群落的演替等。群落的多样性是衡量群落的一个重要属性，它是群落内物种数、个体数的多少以及它们之间的比例关系，可以反映出群落内物种间及种内的竞争关系和发展趋势。优势种群是指在群落中数量多、生物量大，能充分体现群落的能流和生产力的少数种群。一个群落如果有许多物种且各种群间、个体间分布均匀，则该群落具有多样性，群落稳定性较高。反之，群落的多样性低，群落不稳定。群落的演替是指群落经过一定的发展历史时期及环境条件的改变，从一种群落类型转变为另一类型的过程，它通常可分为侵入定居、竞争平衡和顶级平衡三个顺序发展的阶段，演替达到最后阶段就达到顶级群落，它具有物种种类多、结构完善、总生物量最高、信息最丰富、稳定性最强等特征。

3. 生态系统

在一定空间内的生物群落和它相应的无机环境（主要是气象因素和土壤因素）所组成的复合体称为生态系统。生态系统的组成成分彼此联系，相互作用，发生着数量的流动和物质的循环。生态系统根据其结构又分为多种类型，如森林生态系统、草原生态系统、农田生态系统、城市园林生态系统等。其中城市园林生态系统和农田生态系统的各种生物种群在很大程度上是根据人们的需要组合在一起的，其多样性和食物联系都比较简单，所以其稳定性远不如森林生态系统，特别是农田生态系统的物种更简单，是极不稳定的。

2.2.1.2　环境对昆虫种群消长的影响

构成昆虫生存环境条件的各种生态因素按其性质可分为两大类，一类是非生物因素，即气候因素，另一类是生物因素，主要包括昆虫的食物和天敌以及人类的生产活动对昆虫产生的影响，近年来人类活动对于昆虫的影响越来越受到人们的重视，常常将其独立于两者之外。

1. 气候因素对昆虫的影响

气候因素主要包括温度、湿度和降水、光照、气流、气压等。这些因素在自然界中常相互影响并共同作用于昆虫。气候因素可直接影响昆虫的生长、发育、繁殖、存活、分布、行为和种群数量动态，也能通过对昆虫的食物、天敌等的作用而间接影响昆虫。

（1）温度　温度是昆虫的生存因子，它不仅能直接影响昆虫的代谢，还对昆虫的分布、活动、生长、发育、生殖、遗传、生存和行为等起着重要作用。昆虫是变温动物，体温随环

境温度的高低而变化，因此温度的变化直接影响到昆虫的活动性。同时昆虫的新陈代谢是一系列生物化学反应，在一定温度范围内，其反应速度随温度的增高而加速。所以昆虫的发育速度也随温度的增高而加快，而昆虫的发育时间则随温度的增高而缩短。

昆虫的生长发育只有在一定的温度范围内才能正常进行，超过这一温度范围，其生长发育将受到抑制，甚至死亡。通常根据昆虫对温度的反应可划分为5个温区，见表2-1。

表2-1　昆虫生长发育与温度的关系

温　区		温度范围/℃	昆虫对温度的反应
致死高温区		45~60	经过较短的时间后便死亡
停育高温区		40~45	生长发育和繁殖受到明显抑制。如高温持续时间过长，呈热昏迷状态或死亡；如在短时间内温度恢复正常，昆虫仍可恢复正常状态，但部分机能可能受到损伤，特别是生殖机能最敏感
适温区（有效温区）	高适温区	30~40	发育速度随着温度的升高而减慢。此温区的上限，称为最高有效温度，达此温度，昆虫的繁殖力就会受到抑制
	最适温区	20~30	发育速度适宜，并随着温度升高而加速，寿命适中，繁殖力最大
	低适温区	8~20	发育速度随着温度降低而减慢，繁殖力也随之下降，甚至不能繁殖。此温区的下限，称为最低有效温度，只有高于这一温度，昆虫才开始发育，故称为发育始点（发育起点）温度
停育低温区		-10~8	昆虫呈冷昏迷状态。如持续时间较短，当温度恢复正常时，昆虫可恢复正常状态；如持续时间过长，也可造成死亡。昆虫的死亡取决于低温的强度和持续的时间
致死低温区		-40~-10	昆虫一般经一定时间便会死亡

昆虫在有效温度范围内，发育速度与温度成正比，即温度越高发育速度越快，发育所需的天数越少。研究发现，昆虫完成一定发育阶段所需的天数与同期的发育起点以上的有效温度的乘积是一个常数。这个常数称为有效积温，其单位以日度表示。这一规律称为有效积温法则。通常用 $K=N(T-C)$ 表达。式中K为积温常数，N为发育天数，T为实际温度，C为发育起点温度。

（2）湿度与降水　水分是昆虫维持生命活动的介质，也是影响昆虫种群数量动态的重要环境因素。不同种类的昆虫以及不同发育阶段都有其一定的适湿范围，高湿或低湿对其生长发育，特别是对繁殖和存活影响较大。同时，湿度和降水还可通过天敌和食物间接地对昆虫发生影响。在一般情况下，湿度对昆虫发育速度的影响远不如温度明显，只有在湿度过高或过低而且持续一定时间，其影响才比较明显。干旱主要影响成虫的交配行为和使其寿命缩短，但干旱有利于蚜、叶螨的营养代谢，使之大量繁殖。在适温范围内，其卵的孵化率随着湿度的增加而提高。

降水次数、持续时间以及降水量的大小，对昆虫种群数量动态的影响更为密切。降水对那些与土壤直接有关的昆虫往往有很大的影响，如春季3、4月间适当降雨，对一些休眠幼虫出土有利，常成为当年发生危害程度的决定因素。暴雨对一些小型昆虫和一些昆虫卵有机械冲刷和粘着于土表的作用，造成死亡，可导致其种群密度的下降。

（3）温湿度的综合作用　昆虫对温度和湿度的要求是综合的，不同温湿度的组合，对昆虫的孵化、幼虫的存活、成虫羽化、产卵及发育历期均有不同程度的影响。在害虫的预测

预报中，常用温湿系数（或温雨系数）、气候图（或生物气候图）来表示温度和湿度对昆虫的综合影响。对同一种昆虫来说，适宜的温度范围，可因湿度条件而转移，反之亦然。

温湿系数是指相对湿度与平均温度的比值，即 Q = RH/T；温雨系数是降雨量与平均温度的比值，即 Q = M/T。式中 Q 为温湿系数或温雨系数，T 为平均温度（℃），RH 为相对湿度（%），M 为降水量（mm）。温湿系数可以应用于日、候、旬、月、年不同的时间范围。但应注意不同的温湿度组合，常会得到相同的温湿系数，故应标出此期的温度。例如，华北地区用温湿系数分析棉蚜的消长，当5日的温湿系数为2.5～3.0时，有利于棉蚜发生，可造成猖獗危害。

气候图是根据一年或数年中各月温湿度组合绘制在坐标纸上，以纵轴代表月平均温度，横轴代表月降雨量或平均相对湿度，找出各月的温湿度结合点，用线条按月顺序连接起来，即成气候图。

（4）光照　光是生态系统中能量的主要来源，昆虫可以从太阳的辐射热中直接吸收热能，也可以通过植物光合作用制造养分，间接获得能量。此外，光的波长、强度和光周期对昆虫的趋性、滞育、行为等也有重要的影响。昆虫的生命活动如趋光性、体色的变化、迁移、取食、孵化、羽化、交配等，也都表现出一定的时间节律，并构成种的生物学特性，称为昆虫生物钟。

2. 土壤环境对昆虫的影响

土壤与昆虫的关系十分密切，它既能通过生长的植物对昆虫发生间接的影响，又是一些昆虫生活的场所。有的昆虫终生生活在土壤内，或仅个别发育阶段或时期在土外生活，如蝼蛄、金针虫、蛴螬等，这类昆虫称为地下害虫。有的昆虫仅某一发育阶段在土壤内生活，如蝗虫的卵、蝉的若虫、地老虎的蛹等，它们也直接受到土壤环境的影响。

土壤环境是一种特殊的生态环境，其温度、含水量（湿度）、物理结构、化学性质、生物组成，以及人类的农事活动等综合地对昆虫发生作用。土壤温度随气温的高低而发生变化，也存在昼夜温差，土层越深，温度变化越小，在地下 1m 深处，昼夜温度几乎没有变化。土壤温度的年变化同样也是表层大于深层。许多昆虫在土壤内一定深处越冬或越夏，就是避免过高或过低温度。从土壤昆虫的潜土深度或垂直活动的情况看，一般在秋季气温渐低时，昆虫向下移动，气温越低，潜土越深；春季气转暖时，昆虫逐渐向上移动；夏季炎热时，昆虫又向下移动潜伏；夏末秋初又向上移动。即使在一天之中，昆虫潜土也有一定的规律，如蛴螬夏季多在夜间及早晨上升到土表危害，日中土表温度过高时又下降到土壤稍深处。东亚飞蝗选择在向南倾斜的砂土地产卵，因为这些地方受热量大，土温偏高。

土壤湿度包括土壤含水量和土壤空隙间的空气湿度，其主要取决于降水量和灌溉。土壤里的空气经常处于高湿度状态，因而多数土壤昆虫一般不会因湿度过低而引起死亡。但土壤含水量对昆虫生长发育的影响则是相当大的，因为许多昆虫的卵和蛹在土壤内需吸收环境水分，才能完成其发育阶段。如棕色鳃金龟的卵在土壤含水量5%时全部干缩死亡，在10%时部分干缩死亡，在15%～35%时才能孵化。但在土壤含水量达30%以上时，孵化的幼虫不能存活。土壤含水量对昆虫的影响因土壤物理性状而不同，因为土壤持水力越强，可被昆虫吸收利用的水分就越少。如东亚飞蝗产卵的适宜含水量，在黏土地为18%～20%，壤土地为15%～18%，持水力最差的砂土地低至10%仍属于适宜范围。土壤含水量与地下害虫的活动也有密切关系，并影响一些地下害虫的分布。如细胸金针虫、小地老虎多发生于土壤湿度大的地方或低洼地；而沟金针虫则多发生于土壤湿度小的较干旱地区；拟地甲多发生在荒

漠草原的干旱砂土地。在土壤内越冬、越夏的昆虫，解除滞育也受土壤湿度的影响。此外，土壤湿度过大，往往使土壤昆虫易于罹病死亡。

土壤理化性质主要包括土壤成分、通气性、团粒结构、土壤的酸碱度、含盐量等，对昆虫的种类和数量都有很大影响。土壤的质地和结构与地下害虫的分布和活动关系密切。葡萄根瘤蚜在有团粒结构的黏壤土或石砾土壤中发生重，而在没有团粒结构的砂土地则基本不能生存，因为前者有利于其若虫的活动和蔓延。但对体型较大的金龟幼虫，疏松的砂土和壤土对其活动有利。土壤的酸碱度对一些昆虫的生活影响也很大，如葱蝇喜欢在强酸性土壤中产卵，单雌产卵量为126粒，而在中性和碱性土壤中仅分别为78粒和24粒。

土栖昆虫有的以植物的根系为食料，有的以腐殖质为食料。所以在施肥的土壤中，昆虫密度比没有施肥的大，特别是施以有机肥料的更大，这显然与其食料及土壤温湿度等的改变有关。腐食性昆虫可将一部分有机物转化为可以被植物利用的化合物，这对土壤肥力的提高起着一定的作用。同时，土栖昆虫在土壤中的活动，增加了土壤的隙度，使土壤微生物的好气性过程加强，更有利于有机物的分解。有些土栖昆虫的消化道内存有大量的土壤微生物和共生微生物，它们的粪便就为土壤积累了腐殖质，从而使土壤肥力得以提高。所以在防治地下害虫和一些作物根病时，应避免盲目灌施农药，以减少对有益的土栖生物的杀伤，防止恶化土壤环境和降低土壤肥力。

3. 生物因素对昆虫的影响

环境中生物之间都会发生直接和间接的影响，这主要表现在营养联系上，如种间竞争、种内竞争及共生、共栖等，其中食物和天敌是生物因素中的两个最为重要的因素。生物因素对昆虫的生长发育、繁殖、存活、行为等关系密切，制约着昆虫种群的数量动态，它与非生物因素相比更具特殊性：一是生物因素对昆虫的影响是不均匀的，在一般情况下，它只影响昆虫的某些个体。如在同一生境内，昆虫获得食料的个体是不均衡的，只有在极个别的情况下，昆虫种群的全部个体才能被其天敌所捕食或寄生。而温度、湿度、降水等对昆虫种群中各个个体的影响是基本一致的，其中虽然可能与某些个体所处的微气候环境不同而有某些差异，但这种差异相对说来是不明显的。二是生物因素对昆虫的影响与昆虫种群数量有关。如在一定空间范围内，寄主越多，昆虫越容易找到食物，即种间竞争小，因此昆虫天敌受昆虫种群数量的影响很大。所以，生物因素也称为密度制约因素。而非生物因素与昆虫种群密度无关，称为非密度制约因素。三是生物因素对昆虫的影响则是相互的。如某种昆虫的天敌数量增多，其种群数量即将随之下降；昆虫种群数量下降，又势必造成其天敌的食物不足，天敌数量也随之下降，而又导致该种昆虫种群数量的增多。而非生物因素一般只是单方面对昆虫发生影响。四是生物因素对某种昆虫来讲虽是一种环境因素，但它又受非生物因素的影响，即非生物因素可以通过生物因素对某种昆虫产生间接的影响。

（1）食物对昆虫的影响　食物是一种营养性环境因素，其数量和质量直接影响昆虫的分布、生长、发育、存活和繁殖，从而影响种群密度。昆虫对食物的适应还可引起食性分化和种型分化。按照食物的性质和来源可将昆虫的食性分为植食性、肉食性和杂食性，按照昆虫取食范围的广窄又可分为单食性、寡食性和多食性。单食性以单种生物为食，寡食性以科内或近缘科内的几种生物为食，多食性则以多科生物为食。各种昆虫都有其适宜的食物，都有各自的最嗜食的植物或动物种类。昆虫取食嗜食的食物，其发育、生长快，死亡率低，繁殖力高。取食同一种植物的不同器官，对昆虫的发育历期、成活率、性别比例、繁殖力等都

有明显的影响。研究食性和食物因素对植食性昆虫的影响，在园林生产上有重要的意义。可以预测引进新的植物后可能发生的害虫优势种类，也可以根据害虫的食性的最适范围改进耕作制度和选用抗虫品种等，以创造不利于害虫的生存条件。

植物抗虫性是指植物对害虫具有的避免受害、耐害，或虽受害而有补偿能力的特性，针对某种害虫选育和种植抗虫性品种，是害虫综合防治中的一项重要措施。就植物而言，其抗虫机制表现在不选择性、抗生性和耐害性三个方面。不选择性是指植物使昆虫不趋向其上栖息、产卵或取食的一些特性。如由于植物的形态、生理生化特性、分泌一些挥发性的化学物质，可以阻止昆虫趋向植物产卵或取食。抗生性是指植物体含有对昆虫有毒的化学物质，或缺乏昆虫生长发育所必要的营养物质，或由于对昆虫产生不利的物理、机械作用等，而引起昆虫死亡率高、繁殖力低、生长发育延迟或不能完成发育的一些特性。耐害性是指植物受害后，具有很强的增殖和补偿能力。如一些禾谷类作物品种受到蛀茎害虫危害时，虽被害茎枯死，但可分蘖补偿，减少损失。植物的抗虫机制，是其对植食性昆虫在选择食物过程的适应结果。这些抗虫机制，与昆虫选择食物的阶段一样，常互有交错，难以截然分开。

生物通过取食和被取食，形成一条链状的食物关系，它们环环相连，扣合紧密，这种现象称为食物链。自然界中的食物链并不是单一的直链，而是由许多交错联系的食物链结合在一起构成多分支的结构，这种结构称为食物网。在这个网中，各种生物都按一定的作用和比例占据一定的位置，相互依存，相互制约，达到动态平衡。食物链中任何一个环节的变动，都将引起整个群落组合的改变，这是人们改变园林植物或引用新的捕食性或寄生性昆虫来改变自然界生物群落的理论基础。

（2）天敌对昆虫的影响　昆虫在生长发育过程中，常由于其他生物的捕食或寄生而死亡，这些生物称为昆虫的天敌。昆虫的天敌主要包括致病微生物、天敌昆虫和食虫动物三类，它们是影响昆虫种群数量变动的重要因素。

天敌昆虫可分为捕食性和寄生性两大类，它们在体型大小、活动性及趋势方式上存在明显差异，见表2-2。捕食性天敌昆虫种类颇多，主要有蜻蜓目、啮虫目、螳螂目、长翅目、半翅目、广翅目、脉翅目、蛇蛉目、鞘翅目、双翅目等10余个目。这些天敌昆虫在自然界中能捕食大量害虫，如瓢虫对蚜虫的控制能力很强。许多种类已被应用于害虫的防治中，如利用大红瓢虫防治吹绵蚧，利用草蛉防治蚜虫等都取得了较好的效果。寄生性天敌昆虫的种类也很多，主要隶属于双翅目、膜翅目。其中寄蝇、姬蜂、茧蜂、赤眼蜂、小蜂、细蜂等在生物防治上的利用价值最大。许多寄生性天敌昆虫已被用于害虫生物防治中，如利用日光蜂防治苹果棉蚜，利用平腹小蜂防治荔枝蜂，利用丽蚜小蜂防治温室白粉虱，利用赤眼蜂防治苹果卷叶蛾、松毛虫等，都取得了较好的效果。

表2-2　捕食性和寄生性天敌昆虫特性比较

特　性	捕食性天敌昆虫	寄生性天敌昆虫
个体大小	身体一般比猎物昆虫大	比寄主昆虫小
食量	通常需捕食许多头猎物才能完成个体发育	只需寄生于1头寄主内即可完成个体发育
致死时间	可使猎物立即致死	需经过一段时间才能使寄主致死
活动性	捕食时可自由活动	在寄生时不离开寄主的身体
猎物食性	成虫和幼虫的食物（猎物）一般是相同的	成虫和幼虫的食物一般不相同

食虫动物是指天敌昆虫以外的一些捕食昆虫的动物，主要包括蛛形纲、鸟纲和两栖纲中的一些动物。蛛形纲中的食虫动物隶属于蜘蛛目和蜱螨目。其中以狼蛛、球腹蛛、微蛛、跳蛛等类群在生物防治中的作用最大。蜱螨目中以植绥螨科中的捕食螨捕食害虫的作用最大，如尼氏钝绥螨、德氏钝绥螨、东方钝绥螨等已被利用。食虫鸟类很多，有些种类终生捕食昆虫，如啄木鸟、灰喜鹊、家燕等。两栖动物中的蛙类大都可捕食昆虫，其中以生活在稻田的泽蛙捕食能力最强，另外在丘陵山区果园中的树蛙也是捕食昆虫的蛙类。

致病微生物主要有细菌、真菌、病毒以及线虫、原生动物等。昆虫病原细菌已知有近100种，研究和应用较多的是芽孢杆菌，如苏芸金杆菌。昆虫感染细菌病常表现行动迟缓，食欲减退，死后身体软化和变黑，内脏常软化，带粘性，有臭味。昆虫病原真菌又称为虫生菌，已记载的有900余种，其中主要有接合菌亚门的虫生霉，子囊菌亚门的虫草菌，半知菌亚门的白僵菌、绿僵菌、多毛孢、轮枝孢等。我国已知昆虫病毒200多种，常见的有核型多角体病毒（NPV）、质型多角体病毒（CPV）和颗粒体病毒（GV）。在自然界，昆虫病毒主要通过带有病毒的食物、接触罹病昆虫、虫尸及昆虫排泄物传播。利用病毒防治害虫，用很少的量就可取得良好的效果，而且持效时间很长。但必须进行活体培养，因而在应用上受到限制。在自然界已知寄生于昆虫的线虫有数百种，其中主要隶属于索线虫科、斯氏线虫科和异小杆线虫科。索线虫以幼虫穿过体壁进入寄主体内，发育到成熟前脱离寄主入土，寄主随即死亡；小杆线虫幼虫与细菌共生，线虫幼虫侵入寄主体内后，将细菌排至寄主血体腔内，引起败血病死亡，而线虫在寄主尸体内发育成熟。此外，还有病原原生动物，常见的有蝗微孢子虫、玉米螟微孢子虫等。

4. 人类活动对昆虫的影响

人类活动是一种强大的改造自然的力量，由于人类对自然规律认识的局限性，生产活动不可避免地破坏自然生态环境，导致生物群落组成结构的变化，使某些以野生植物为食的昆虫转变为园林害虫。但当人类掌握了害虫的发生规律，通过现代科技手段，就可以有效地控制害虫的发生。概括地说，人类活动对昆虫的影响主要表现在四个方面：

（1）改变一个地区的生态系统　人类从事园林绿化活动中的植树、栽植草坪、兴建公园、引进推广新品种等，可引起当地生态系统的改变，同时也改变了昆虫的生态条件，引起昆虫种群的兴衰。

（2）改变一个地区昆虫种类的组成　人类频繁地调引种苗，扩大了害虫的地理分布范围，如美国白蛾自20世纪80代初传入我国大连后，在华北部分地区蔓延对园林植物造成危害；相反，有目的地引进和利用益虫，又可抑制某种害虫的发生和危害，并改变一个地区昆虫的组成和数量。如引进澳洲瓢虫，成功地控制了吹绵蚧的危害。

（3）改变害虫和天敌生长发育和繁殖的环境条件　人类通过中耕除草、灌溉施肥、整枝、修剪等园林措施，可增强植物长势，使之不利于害虫而有利于天敌的发生。

（4）直接杀灭害虫　采用园林、化学、生物及物理等综合防治措施，可直接消灭大量害虫，以保障园林植物的正常生长发育及观赏价值。

2.2.2　植物病害的发生过程和流行

侵染性病害的发生和流行，是寄主植物和病原物在一定的环境条件影响下，相互作用的结果。如果要更好地认识病害的发生、发展规律，就必须了解病害发生、发展的各个环节，

深入分析病原物、寄主植物、环境条件在各个环节中的作用。

2.2.2.1　病原物的寄生性、致病性及寄主植物的抗病性

1. 病原物的寄生性

寄生是指一种生物生活在另一种生物体获得营养，前者称为寄生物，后者称为寄主。寄生性是指寄生物从寄主处获得活体营养的能力。病原生物是一类寄生物，它从寄主植物上吸取养料和水分，导致植物正常生长功能的减弱，损害其发育和繁殖。但不同的病原物其寄生性有强弱区分，一般分为专性寄生和非专性寄生。

专性寄生物的寄生能力最强，在自然条件下只能从活的寄主细胞和组织中获得营养，也称为活体寄生物。寄主植物的细胞和组织死亡后，寄生物也停止生长和发育。因此这类寄生物侵入寄主后，并不立即杀害寄主细胞，而是力求与寄主和平共处以保持寄主的正常代谢，从而便于吸取更多的营养供其生长发育。植物病原物中，所有植物病毒、质原体、寄生性种子植物，大部分植物病原线虫和霜霉菌、白粉菌和锈菌等真菌是专性寄生物。

大多数的植物病原真菌和植物病原细菌都是非专性寄生物，根据它们对活体寄主的依赖轻度又分为强寄生物和弱寄生物。强寄生物以寄生生活为主，但也有一定的腐生能力，在某种条件下，可以营腐生生活。大多数真菌和叶斑性病原细菌属于这一类。如很多子囊菌的无性阶段寄生能力较强，可在旺盛生长的活寄主上营寄生生活，而有性阶段寄生能力弱，可在衰老死亡的寄主组织（如落叶）上营腐生生活。弱寄生物也称为死体寄生物。它们只能在衰弱的活体寄主植物或处于休眠状态的植物组织或器官上营寄生生活。这类寄生物包括引起苗木猝倒病的腐霉菌和瓜果腐烂的根霉菌，引起腐烂的细菌等，它们生活史中的大部分时间是营腐生生活的。

病原物对寄主具有选择性，任何病原物都只能寄生在一定的寄主植物上，也就是每种病原物都有一定的寄主范围。不同病原物的寄主范围差别很大，这与其寄生性强弱有一定的关系。一般来说，寄生物的寄生性越强，寄主范围相对较窄，寄主专化性就强；而寄生性越弱，寄主范围相对较宽，寄主专化性也较弱。

2. 病原物的致病性

致病性是病原物对寄主的破坏和引起病害的能力。病原物的破坏作用是由于寄生物从寄主吸取水分和营养物质，同时，病原物新陈代谢的产物也直接或间接地破坏寄主植物的组织和细胞。致病性和寄生性既有区别又有联系，但致病性才是导致植物发病的主要因素。

专性寄生物或强寄生物对寄主细胞和组织的直接破坏性小，所引起的病害发展较为缓慢，如果寄主细胞或组织死亡，对病原物生长反而不利；而多数非专性寄生物对寄主的直接破坏作用很强，可以很快分泌酶或毒素杀死寄主的细胞或组织，而后从死亡的组织和细胞中获得营养。因此，一般寄生性强的病原物，致病性较弱；而寄生性较弱的病原物一般致病性较强。

病原物对寄主植物致病性的体现是多方面的。首先是夺取寄主的营养物质，致使寄主生长衰弱；其次是分泌各种酶和毒素，使植物组织中毒进而消解、破坏组织和细胞，引起病害；有些病原物还能分泌植物生长调节物质，干扰植物的正常激素代谢，引起生长畸形。

病原真菌、细菌、病毒、线虫等病原物，在其种内存在致病性的差异，依据其对寄主属的专化性可区分为不同的专化型；同一专化型内又根据对寄主种或品种的专化性分为生理小种。病毒称为株系，细菌称为菌系。了解当地病原物的生理小种，对选育和推广抗病品种、

分析病害流行规律和预测预报具有重要的实践意义。

3. 寄主植物的抗病性

寄主植物抵抗或抑制病原危害的能力称为抗病性。不同植物对病原物的抗病能力有程度区分。一种植物对某一种病原物而言，完全不发病或无症状称为免疫；表现为轻微发病称为抗病，发病极轻则称为高抗；植物可忍耐病原物侵染，虽然表现为发病较重，但对植物的生长、发育、产量、品质没有明显影响称为耐病；寄主植物发病严重，对产量和品质影响显著称为感病；寄主植物本身是感病的，但由于形态、物候或其他方面的特性而避免发病称为避病。

植物之所以有抗病性的表现，与植物微观的形态结构和生理生化特性有关。形态结构的特性如植物表面毛状物的疏密、蜡层的厚薄、气孔的结构等，生理生化方面如酚类化合物、有机酸含量和植物保卫素的积累速度等都会影响到植物抗病性的强弱。

根据寄主植物抗病性与病原物小种的致病性之间有无特异性及相互关系，把植物抗病性分为垂直抗性和水平抗性两类。垂直抗性是指寄主和病原物之间有特异的相互作用，植物某品种对病原物的某些生理小种有抗性，而对另一些则没有抗性。生产上，这种抗病性一般表现为免疫或高抗，但抗病性不持久，容易因田间小种变异而导致抗病性丧失。垂直抗性由主效基因控制，抗性遗传表现为质量遗传。水平抗性是指寄主和病原物之间没有特异的相互作用，植物某品种对病原物所有小种的反应基本一致。水平抗性不易因病原小种变化而在短期内导致抗病性丧失，抗病性较为稳定持久。水平抗性由许多微效基因综合起作用，抗性遗传表现为数量遗传。但在生产上易受栽培管理水平、营养条件的影响。

利用抗病品种来防治病害，必须注重科学合理，最大限度发挥水平抗性和垂直抗性品种的长处，才能收到较好的防治效果。

2.2.2.2 植物病害的侵染过程和侵染循环

1. 病害的侵染过程

病原物的侵染过程是指病原物侵入寄主到寄主发病的全过程，简称病程。它是一个连续的过程，包括病原物的致病过程和寄主植物的抵抗过程。病程的有无是区别侵染性病害和非侵染性病害的一个依据。可将侵染过程分为 4 个阶段，即接触期、侵入期、潜育期和发病期。

（1）接触期　接触期是指病原物与寄主植物的感病部位接触，到病原物开始萌动为止的阶段。这段时间病原物处在寄主体外，受到环境中复杂的物理化学因素和各种微生物的影响，病原物必须克服各种不利因素才能进一步侵染，若能阻止病原物与寄主植物接触或创造不利于病原物生长的微生态条件可有效的防治病害。

（2）侵入期　侵入期是指病原物从侵入到与寄主建立寄生关系的阶段。侵入期是病原物侵入寄主植物体内最关键的第一步，病原物已经从休眠状态转入生长状态，且又暴露于寄主体外，是其生活史中最薄弱的环节，有利于采取措施将其杀灭。病原物必须通过一定的途径进入植物体内，才能进一步发展而引起病害。病原物的侵入途径主要有自然孔口、伤口和直接侵入几种。自然孔口包括植物表皮上的气孔、水孔、皮孔、腺体、花柱等；伤口包括机械伤、虫伤、冻伤、自然裂缝、人为创伤等；直接侵入则是病原物靠生长的机械压力或外生酶的分解能力直接穿过植物的表皮或皮层组织。

各种病原物都有一定的侵入途径。病毒只从伤口侵入；细菌可以从伤口和自然孔口侵入；大部分真菌可从伤口和自然孔口侵入，少数真菌、线虫、寄生性种子植物可从表皮直接侵入。真菌大多数是以孢子萌发后形成的芽管或菌丝侵入寄主细胞或组织的。

影响侵入的环境条件主要是温度、湿度。它既影响病原物也影响寄主植物。湿度对真菌和细菌等病原物的影响最大。湿度影响孢子能否萌发和侵入，绝大多数气流传播的真菌病害，其孢子萌发率随湿度增加而增大，在水滴（膜）中萌发率最高。如真菌的游动孢子和细菌只有在水中才能游动和侵入；只有白粉菌是个例外，它的孢子在湿度较低的条件下萌发率高，在水滴中萌发率反而很低。另外，在高湿度下，寄主愈伤组织形成缓慢，气孔开张度大，水孔泌水多而持久，保护组织柔软，寄主植物的抗侵入能力大为降低。温度则影响孢子萌发和侵入的速度。真菌孢子在适温条件下萌发只需几小时的时间。如马铃薯晚疫病菌孢子囊在12~13℃的适宜温度下，萌发仅需1h，而在20℃以上时需5~8h。又如葡萄霜霉病菌孢子囊在20~24℃萌发需1h，在28℃和4℃下分别为6h和12h。

应当指出，在植物的生长季节里，温度一般都能满足病原物侵入的需要，而湿度的变化则较大，常常成为病害发生的限制因素。因而，在潮湿多雨的气候条件下病害严重，而雨水少或干旱季节病害轻或不发生；同样，适当的农业措施，如灌水适时适度、合理密植、合理修剪、适度打除底叶、改善通风透光条件、田间作业尽量避免植物机械损伤和注意伤口愈合等，对于减轻病害都十分有效。只有病毒病是个例外，它在干旱条件下发病严重，这是因为干旱有利于介体昆虫如蚜虫的发育和活动。

（3）潜育期　潜育期是指病原物侵入寄主后建立寄生关系到症状显露为止的阶段。潜育期是病原物在植物体内进一步繁殖和扩展的时期，也是寄主植物调动各种抗病因素积极抵抗病原危害的时期。当寄生关系建立后，病原物就会在寄主体内扩展蔓延，很多病原物扩展范围只限于某些器官和组织，症状的表现也限于这些部位，这种侵染称为局部侵染，如常见的各种叶斑病；有的病原物侵入以后在寄主体内全株扩展，称为系统侵染，如丁香花叶病等。

各种病害的潜育期长短不一，常见的叶斑病类潜育期一般为7~15d，枝杆病害约十多天至数十天。系统侵染的病害，特别是丛枝类病害，潜育期更长。木腐病有时长达十年或数十年，直到树干中心腐烂成空洞，外表尚难察觉出来。在潜育期，温度的影响比较大。病原物在其生长发育的最适温度范围内，潜育期最短，反之延长。

此外，潜育期的长短也与寄主植物的健康状况有着密切的关系。凡生长健壮，营养充足的树木，抗病力强，潜育期相应延长；而营养不良，树势衰弱的树木，潜育期短，发病快。所以，在潜育期采取有利于园林植物的措施，如保证充足的营养、物理法铲除潜伏病菌或使用合适的化学治疗剂等都可以终止或延缓潜育期的进程，减轻病害的发生。

潜育期的长短还与病害流行关系密切。潜育期短，一个生长季节中重复侵染的次数就多，病害发生的可能性就大。

（4）发病期　发病期是指出现明显症状后病害进一步发展的阶段。此时病原物开始产生大量繁殖体，加重危害或开始流行，所以病害的防治工作仍然不能放弃。病原真菌会在受害部位产生孢子，细菌会产生菌脓；孢子形成的迟早是不同的，如霜霉病、白粉病、锈病、黑粉病的孢子和症状几乎是同时出现的，但一些寄生性较弱的病原物繁殖体，往往在植物产

生明显的症状后才出现。

另外，病原物繁殖体的产生也需要适宜的温湿度，温度一般能够满足，在较高的湿度条件下，病部才会产生大量的孢子或菌脓。有时可利用这个特点对病症不明显的病害进行保湿培养以快速的诊断病害。

研究病害的侵染过程及其规律性，对于植物病害的预测预报和防治工作都有极大的帮助。

2. 植物病害的侵染循环

植物病害的侵染循环是指侵染性病害从一个生长季节开始发生，到下一个生长季节再度发生的过程。它包括病原物在何处越冬（或越夏）、病原物如何传播以及病原物的初侵染和再侵染等环节，如图 2-2 所示，切断其中任何一个环节，都能达到防治病害的目的。

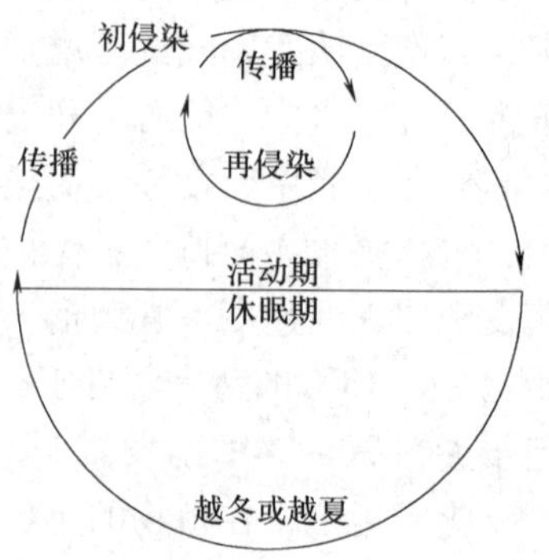

图 2-2　植物病害侵染循环示意图

（1）病原物的越冬、越夏　植物病原物绝大多数是在寄主植物体上寄生的，生长期结束或植物收获后，病原物能否顺利度过寄主休眠期影响到下一个生长季病害的发生情况。病原物可以寄生、休眠、腐生等方式在田间病株、种苗和其他繁殖材料、病株残体、土壤、粪肥等。场所越冬和越夏，而越冬和越夏后的病原物也是植物在生长季内最早发病的初侵染来源。越冬和越夏时期的病原物相对集中，方便我们采取最经济简便的方法最大限度的压低病原物的数量，用最少的投入收到最好的防治效果。

病原物也可随各种残体混入肥料，或者虽然经过牲畜消化，但仍能保持生活力而使粪肥带菌。而粪肥未经充分腐熟，就可能成为初侵染来源增加病害发生的可能性。使用腐熟粪肥是防止粪肥传病的有效措施。

此外，有些病毒也可以在传毒昆虫的体内越冬。

（2）病原物的传播　病原物传播的方式，有主动传播和被动传播之分。如很多真菌有强烈的放射孢子的能力，又如具有鞭毛的游动孢子、细菌可在水中游动，线虫和菟丝子可主动寻找寄主，但其活动的距离十分有限。自然条件下以被动传播为主。

1）气流传播。真菌产孢数量大、孢子小而轻，气流传播最为常见。气流传播的距离远，范围大，容易引起病害流行。园林植物病害中，近距离的气流传播是比较普遍的。

气流传播病害的防治方法比较复杂，要注意大面积的联防。另外，确定病害的传播距离也是很必要的。如桧柏是苹果和梨锈病的转主寄主，其苗圃与果园的间隔距离设为 2.5 ~ 3km 就是依据冬孢子的传播距离确定的。

2）水流传播。水流传播病原物的形式在自然界也是十分普遍的。其传播距离不及气流远。雨水、灌溉水都属于水流传播。如多种真菌的游动孢子、炭疽菌的分生孢子、病原细菌等都有粘性，在干燥条件下无法传播，必须随水流或雨滴传播。在土壤中存活的病原物，靠雨水的飞溅和随灌溉水传播，如花木的根癌病、苗期猝倒病和立枯病等，因此，在防治时要注意灌水的方式。

3）人为传播。人类在从事各种园林操作和商业活动中，常常无意识地传播了病原

物。如使用带病的种苗会将病原体带入田间；而施肥、嫁接、修剪、育苗移栽、整枝、扦插等农事操作中，手和工具会将病菌由病株传播至健株上；种苗、接穗及其他繁殖材料、植物性的包装材料上所携带的病原物都可能随着地区之间的贸易运输由人类自己进行远距离的传播。

4）昆虫和其他介体传播。昆虫等介体的取食和活动也可以传播病原物。如蚜虫、叶蝉、木虱刺吸式口器的昆虫可传播大多数病毒病害和植原体病害；咀嚼式口器的昆虫可传播真菌病害；线虫可传播细菌、真菌和病毒病害；鸟类可传播寄生性植物的种子；菟丝子可传播病毒病等。

大多数病原物都有较为固定的传播方式，如真菌和细菌病害多以风、雨传播；病毒病常由昆虫和嫁接传播，从病害预防的角度来说，了解病害的传播规律有着重要的意义。

（3）初侵染和再侵染　越冬或越夏后，病原物在新的生长季节引起植物的初次侵染，称为初侵染。在同一生长季内，由初侵染所产生的病原体通过传播引起的所有侵染皆称为再侵染。有些病害只有初侵染，没有再侵染，如苹果和梨的锈病、桃缩叶病等；有些病害不仅有初侵染，还有多次再侵染，如各种霜霉病、白粉病、月季黑斑病、菊花斑枯病、梨黑星病等。

有无再侵染是制订防治策略和方法的重要依据。对于只有初侵染的病害，设法减少或消灭初侵染来源，即可获得较好的防治效果。对再侵染频繁的病害不仅要控制初侵染，还必须采取措施防止再侵染，才能遏制病害的发展和流行。

2.2.2.3　植物病害的流行

每种植物都会发生很多种病害，但需要加以防治的是大面积发生、危害严重的病害。一种病原物在大面积植物群体中短时间内传播并侵染大量寄主个体的现象称为植物病害流行。由于自然因素、化学防治和其他控制措施的应用，大多数流行病或多或少有着地区局限性。在发病频率上，有些地区的条件经常有利于某种或几种病害发生，虽然不是每年流行，但经常流行，这种地区称为常发区；偶然流行的地区称为偶发区。在地理范围上，多数病害是局部地区流行，称为地方流行病。如一些由细菌、线虫引起的土壤病害，在田间传播距离有限。而一些由气流传播的病原物，就可以被传播较远，如锈病发生面积可达几个省，称为广泛流行病。对流行性病害，更应该加强防治，以避免给园林植物生产造成巨大损失。

病害发生并不等于病害的流行，植物病害的流行是由引起植物病害的三个主要因素（简称病害“三要素”），即感病的寄主植物、致病性强的病原物和一定时间内适宜的环境条件之间相互配合而发展起来的。

1. 病原物

病原物的致病性强、数量多并能有效传播是病害流行的原因之一。强毒力病原物比弱毒力病原物更能迅速侵染寄主，致病性更强。病害的迅速增长有赖于病原物群体的迅速增长。各种病原物的繁殖能力不同，有的繁殖力强，在短期内可以形成大量的后代，为病害流行提供大量的病原物。而大量的病原物需要借助于有效的介质传播，才能在短期内引起病害流行。气流、风雨（尤其是暴风雨）、流水和昆虫传播的病原物引起的病害往往较易流行。

2. 寄主植物

高抗水平（垂直抗性）的寄主植物能够阻止病原物的侵染，因而不发生病害流行。否则，需要出现一个能够侵染这种抗性寄主的病原菌新小种，而使该寄主感病。带有较低抗性（水平抗性）的寄主植物可能受到侵染，但病害的发病率和流行程度取决于抗性水平和环境条件。感病的寄主缺乏抵抗这种病原菌的抗性基因，为病原物的侵染和病害的发展提供了基础，当存在具有毒性的病原菌和适宜的环境条件时，即有利于流行病害的发生。此外，当遗传上一致的寄主植物大面积种植时，在很大程度上可能出现一种新的病原菌生理小种，它具有能侵染该寄主的基因并导致病害的流行。感病寄主植物群体越大，分布越广，病害流行的范围也越大，危害也越重。

3. 环境条件

环境条件包括气象条件和耕作栽培条件。只有在适宜的环境条件下病害才能流行。气象因素中温度、相对湿度、雨量、雨日、结露和光照时间的影响最为重要。高湿度有利于真菌孢子的形成、萌发和细菌的繁殖，所以雨水多的年份常引起多种真菌和细菌病害的流行，田间湿度高、昼夜温差大，容易结露，雨多、露多或雾多也有利于病害流行。在温度方面，高于或低于植物最适范围的温度有时有利于病害的流行，因为不适的温度降低了植物的水平抗性。生长在这种温度下的植物变得容易感染病害，而病原物却仍保持侵染活力。寒冷的冬季低温能减少真菌、细菌和线虫的存活，炎热夏季的高温也能减少病毒和植原体的存活数量。而温度对流行病最常见的作用是在致病的各个阶段对病原物的影响，即孢子萌发、侵入寄主、病原物的生长和繁殖及产孢的影响。当温度在以上每一阶段保持在适宜范围内，一种多循环病原物就能在最短的时间内完成病害循环，从而迅速增加病原物的数量，引起病害的流行。

病害的流行都是三方面综合作用的结果。但由于各种病害发病规律不同，每种病害都有各自的流行主导因素。如苗期猝倒病，植物品种对其抗性并无明显差异，土壤中病原物始终存在，只要苗床持续低温潮湿就会导致病害流行，低温潮湿就是病害流行的主导因素。

2.2.3 园林植物病虫害的调查与测报

2.2.3.1 园林病虫害的调查

园林病虫害调查的目的在于及时掌握当前病虫的发生数量和分布，以便确定对其采取有效地防治措施和对种群变化作出一个估计，即病虫的预测预报。近年来，这项工作的重要性已被人们充分认识，并在研究中取得一定的进展。

1. 调查内容

园林害虫的调查根据其内容可以分为发生及危害情况调查、发生规律调查、越冬情况调查和防治效果调查。发生及危害情况调查又称为普查，其余的都列入专题调查。

发生及危害情况调查是调查一定区域内昆虫的种类、数量、分布和植物受害程度。这种调查对昆虫数量的估计不要求十分精确，但要求调查的面要广。如果发现比较严重的虫害，则要详细了解其始发期、盛发期、盛末期和数量消长情况，对这种害虫做进一步的分析，为确定防治对象和防治适宜时期提供依据。

发生规律调查主要是了解害虫或天敌的寄主范围、发生世代、主要习性以及在不同生态

条件下数量变化的情况等，为制订防治措施和保护利用天敌提供依据。

越冬情况调查主要是调查害虫的越冬场所、越冬基数、越冬虫态和越冬方式等。目的是为制订防治计划和开展病虫长期预报等积累资料。

防治效果调查包括防治前后的害虫发生程度的对比调查、防治田与不防治田的对比调查和不同防治措施的对比调查等，为选择有效的防治措施提供依据。

2. 调查方法

根据其调查的方式可以分为普查和专项调查。就其方法来说可以分为抽样调查、趋性诱捕、捕捉法、座谈访问和查阅资料等多种方法，但生产中应用最多的是抽样调查。

（1）普查　一般采用踏查法，即在一定区域内沿着一定的路线仔细观察各种植物的生长状况、害虫发生情况以及环境条件的变化情况，同时采集昆虫及其危害状标本。在调查时通常对害虫发生危害程度分轻、中、重三级进行初步估计，不同的危害情况其分级方法不同，见表2-3。

表2-3　害虫危害等级指标

危害类型	调查指示物	轻（+）	中等（++）	严重（+++）
叶部害虫	树冠被害	<1/3	1/3~2/3	>2/3
枝梢害虫	被害株率	<5%	5%~10%	>10%
	树干及枝梢被害	<20%	20%~50%	>50%
果实、种子害虫	果实、种子被害率	<10%	10%~20%	>20%
干部和根部害虫	被害株率	<5%	5%~10%	>10%
钻蛀性害虫	被害株率	<10%	10%~20%	>20%
寄生性昆虫	寄生率	<10%	10%~30%	>30%

（2）抽样调查　以随机方法抽取一定数量的样本来推算其种群数量的方法。样本是从研究对象的总体中抽取出来的部分个体的集合，它根据植物及病虫害的特点可以是面积、长度，也可以是植株或植株的局部器官。在抽样时，如果总体中每一个体被抽选的机会相等，且每一个体被选与其他个体间无任何牵连，那么，这种既满足随机性，又满足独立性的抽样，就称为随机抽样。

随机抽样的基础是害虫在田间的分布型。不同的分布型应采取相应的抽样方法。常见的分布型有随机分布、核心分布和嵌纹分布，如图2-3所示。

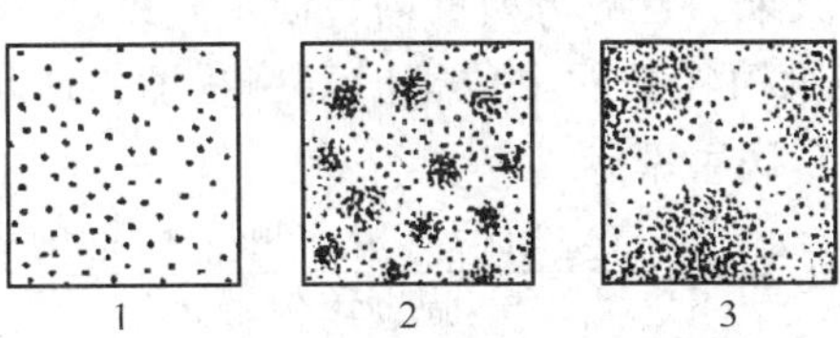

图2-3　昆虫的田间分布型

1—随机分布　2—核心分布　3—嵌纹分布

"随机抽样"不是"随便抽样"，而是根据调查目的要求，采取一定的方式，抽取一定面积或实物数量进行统计，不允许参与任何主观成分，对预先确定的取样点和数量，调查中不得随意更换或增减。根据不同的分布型，利用随机抽样的原理进行一定的摆布形式，就形成了相对的抽样方法。目前常用的随机抽样的方法有8种，如图2-4所示。

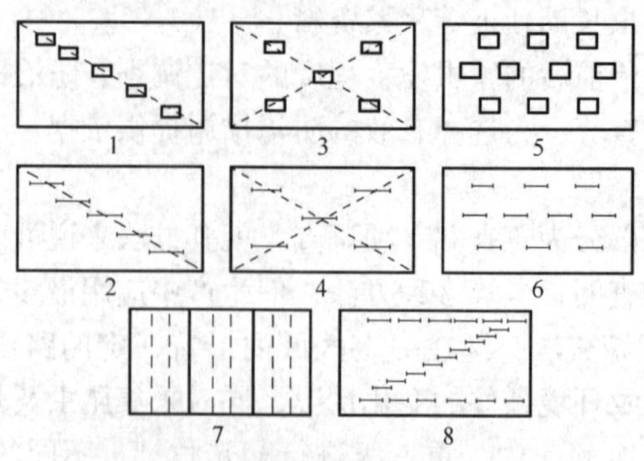

图2-4 病虫田间调查抽样图

1、2—单对角线式（面积或长度） 3、4—双对角线式或五点式（面积或长度）
5、6—棋盘式（面积或长度） 7—平行线或抽行式 8—“Z”字形

五点抽样法可按面积、长度或植株为单位选取样点，每块地取五点，本法抽样数较少，样点应稍大一些。这种方法适用于地块小．近方形病虫较均匀的情况采用。

对角线抽样法可分单对角线和双对角线两种，与五点相似，也适用于分布比较均匀的随机分布型。抽样数较少，每个样点可稍大一点。

棋盘式抽样法的抽样数较多，适用于地块较大或较长方形地块，也适用于随机分布型或核心分布型的病虫。

平行线或抽行式抽样法适用于成行的作物田或害虫呈核心分布型的抽样。由于抽样数较多，每个样点应比较小。

“Z”字形抽样法适宜于分布不均匀的嵌纹分布型抽样。如蚜虫、红蜘蛛、叶蝉前期点片发生时可采用此法。

3. 调查记载及计算

调查记载是害虫调查中一项重要的必不可少的工作，无论是哪种内容的调查都必须有记载。记载要求准确、简要、具体，一般多采用表格方式。记载表格的内容、项目可根据调查的目的和对象自行设计，但不少害虫的调查表格已经有统一的格式。

田间调查所获取的数据资料（原始表），要进行整理与计算（填写整理表），通过比较分析，找出规律，进行防治决策。计算分析的内容通常有：

（1）被害率　被害率表示植物被病虫危害的普遍程度，通常用被害样本数与调查样本总数的比率表示，如虫害率、病害率等。

$$\text{虫害率（\%）}=\frac{\text{有虫单位（株、叶、枝）数}}{\text{调查单位数}}\times 100\%$$

$$\text{病害率（\%）}=\frac{\text{被害单位（株、叶、枝）数}}{\text{调查总单位（株、叶、枝）数}}\times 100\%$$

（2）虫口密度　虫口密度是指在单位空间某种或某类昆虫的个体数，表示害虫的发生数量，用以衡量其危害程度，如百株（叶）虫量、亩虫量等。

$$虫口密度（面积）=\frac{调查总虫数}{调查总单位（面积）数}$$

$$百株（叶）虫量=\frac{调查总虫数}{调查总株（叶）数}\times 100\%$$

（3）病情指数　在抽样调查中，为了准确地表达植物的受害程度，常将样本按照受害程度进行分级，据其计算病情指数，用以表示病害发生的普遍程度和严重程度。病情指数的数值越大，说明发病越严重，反之就越轻。

$$病情指数=\frac{\sum（病害级别值\times 该级别样本数）}{最高级别值\times 调查总样本数}\times 100\%$$

2.2.3.2　园林植物病虫害预测预报

园林植物害虫预测预报是根据园林害虫发生规律、近期害虫及其天敌的发生情况，结合气象预报等资料进行综合分析和判断，估计害虫未来发生发展趋势，及时通报有关部门，使之能够依照测报的信息，做好害虫防治工作。

预测预报通常根据其内容分为发生期、发生量、分布蔓延和危害程度预测。发生期预测是对害虫的卵、幼虫（或若虫）、蛹、成虫等某一虫态或虫龄出现或发生的初盛、高峰和盛末期进行预测。发生量预测是对害虫可能发生的数量或虫口密度进行预测，了解是否有大量发生的趋势和是否会达到防治指标，以确定是否开展防治工作。分布蔓延预测是对测报对象可能分布和蔓延危害的地区进行预测，以确定采取控制其扩展、蔓延危害的措施。危害程度预测是在发生量预测的基础上预测对象可能造成的危害。

有时也根据预测预报期限的长短分为短期、中期和长期预测。短期预测是根据害虫前一个虫态的发生时期和数量预测后一个虫态的发生时期和数量，预测期限较短，仅在一个世代或半年以内。中期预测是根据上一个世代的发生情况，预测下一个世代的发生情况，预测期限随虫种而异，1年发生1代的虫种为1年，1年发生几代的则为1个月或1个季度。长期预测是由年末或年初预测下一年或全年发生动态和危害程度。一般根据越冬后或年初测报对象的越冬虫口基数及气象预报等资料进行预测，供防治参考。

1. 害虫发生期预测方法

（1）发育进度预测法　园林害虫某一虫种的所有个体往往不是同时进入某一虫态，而是有先后之分。根据该虫态个体数量在时间上的分布可划分为始见期、始盛期、高峰期、盛末期及终见期。按照正态分布曲线的特点，通常将某虫态发育百分率达16%、50%、84%左右分别当做划分始盛期、高峰期和盛末期的数量标准。

采用林间调查、诱集或室内外饲养观察等方法，可得到害虫某虫态发育进度曲线，以此作为“基准曲线”。由基准曲线加上害虫某虫态的发育历期，便可得到与基准曲线相平行的“预测曲线”。预测曲线说明了该虫态在未来的发育进度。

发育进度预测法可划分为历期法和期距法。从实质上讲，这两种方法都是在检查发育进度的基础上，加上一定的历期推算的。其不同之处在于历期法的历期指前一虫态至后一虫态的相隔时间，通常在一个龄期范围内；而期距法的历期对以是几个龄期，甚至几个世代，故称为“期距”。

人们已在下列园林害虫中应用发育进度预测法进行发生期预测，如青杨天牛、油松毛虫、落叶松毛虫、杨圆蚧、油松球果小卷蛾、蒙古光瓢虫、榆蓝叶甲、美国白蛾、樗蚕等。

（2）有效积温预测法　是指根据有效积温法则对昆虫的期距进行推算。应用有效积温预测法进行发生期预测的有：美国白蛾、蒙古光瓢虫、油松球果小卷蛾、油松毛虫、落叶松毛虫、青杨天牛。

例如：已知槐尺蛾卵的发育起点温度为 8.5℃，卵期有效积温为 84 日度，卵产下当时的日平均温度为 20℃，若天气情况无异常变化，则幼虫孵化的时间为：$N=K/(T-C)=84/(20-8.5)$天≈7.3 天。

（3）物候预测法　人们在同自然界的长期斗争中发现，害虫某个虫态的出现期往往与其他生物的某个发育阶段同时出现。物候预测法利用这种关系，以植物的发育阶段为指示物，对害虫某一虫态或发育阶段的出现期进行预测。人们对青杨天牛、美国白蛾、榆蓝叶甲、蒙古光瓢虫、油松球果小卷蛾、马尾松毛虫、落叶松毛虫的发生期采用了物候预测。

2. 害虫发生量预测方法

（1）有效虫口基数预测法　利用有效虫口基数预测法对害虫发生量进行预测早在 20 世纪 60 年代就有报道。人们在生产实践中发现，害虫发生数量通常与前一时期的基数密切相关。基数越大，下一时期的发生数量可能越多，反之则少。因此可以利用前一时期虫口基数预测下一时期虫口基数。

（2）气候图及气候指标预测法　气候图通常以某一时间尺度（日、旬、月、年）的降雨量或湿度为一个轴向，同一时间尺度的气温为另一轴向，二者组成平面直角坐标系。然后将所研究时间范围的温湿度组合点按顺序在坐标系内绘出来，并连成线（点太密时可不连）。由此图形可以分析害虫发生与气候条件的关系，并对害虫发生进行测报。

在实际应用时，首先要根据多年或多点的资料，分别绘制成气候图，从中找出昆虫不同发生程度的模式气候图。然后再根据当地中、长期或近期的气象预报，绘制成当年气候图，与模式图比较，即可进行该种昆虫发生量趋势的预测。但应注意由于气象预报有时不够准确，需分析研究。此外，气候图还可用作昆虫地理分布的预测。

比较一种害虫的分布地区和非分布地区的气候图，或猖獗发生年份和非猖獗发生年份的年份图，及猖獗发生地区和非猖獗发生地区的气候图，往往可以找出该害虫生存的温湿度条件，以及有利或不利该害虫的温湿度条件在一年中出现的时期。由于气候图可以帮助了解一种害虫在地理分布上或发生程度上需要的温湿度条件，对进行害虫地理分布及发生量的预测有重要意义。

（3）生命表预测法　通俗地讲，昆虫生命表是与年龄或发育阶段有联系的某昆虫种群特定年龄或时间的死亡和生存的记载。由生命表可以确定各种致死因子对昆虫种群数量变动所起作用的大小，找出关键因子，并根据生存率和死亡率估计种群未来的消长趋势。在我国森林害虫的研究中，已先后对日本松干蚧、马尾松毛虫、油松毛虫、落叶松毛虫、思茅松毛虫、竹蝗、油桐尺蛾、柳毒蛾、青杨天牛等害虫编制了自然种群生命表。

3. 植物病害的预测

植物病害的预测，就是根据病害流行的规律以及近期和当时的实际情况，推测病害今后的发展趋势，确定防治对策，从而加强对病害发生的科学预见性和病害防治工作的计划性，以达到综合治理病害的目的。

病害预测的依据主要有：病害流行规律，特别是造成病害流行的三要素，即病原、寄主和环境条件之间的相互关系，找出起决定作用的关键因素，并在病害发生的历史情况和历年测报经验的基础上，作出正确的预测。

病害的预测分长期预测和中短期预测。长期预测是预测一个生长季节或一年的病情变化。其一般适用于土传和种传病害和只有初侵染的病害，如银杏苗期的茎腐病。中短期预测主要是预测短期内病害的始发期、盛发期、达到防治指标的时期等。短期预测适用于气流传播、再侵染频繁、受环境影响较大的病害。

随着计算机技术和信息技术在植物病理学中应用，采样和监测技术的提高，生物传感、遥感遥测技术的应用，以及病害流行规律的深入研究，植物病害预测预报工作将会得到快速发展。

4. 数理统计预测法

数理统计预测是将测报对象多年发生资料运用数理统计方法加以分析研究，找出其发生与环境因素的关系，并把与害虫数量变动有关系的一个或几个因素用数学关系加以表达，即建立预测经验公式，进一步建立相应的数学模型。建立预测式后只要把影响因素的变量代入预测式中即可推算出害虫未来的数量变动情况。随着计算机的普遍应用，用数理统计的方法在害虫预测预报上将得到很大发展。

相关技能训练

实训10　园林植物病虫害的田间调查

一、实训目标

通过对当地园林植物有害生物的实地调查，要求了解当地园林植物病虫害的主要种类和发生特点，分析主要病虫害的发生规律和严重发生的原因，掌握园林植物有害生物的调查方法，学会整理计算调查资料，并利用这些资料对病虫害发生作出预测，为制订病虫害的防治方案提供科学依据。

二、实训用具

自制调查记载表，放大镜、笔记本、铅笔等。

三、实训内容与方法

1. 病虫害调查的类型和调查内容

选择当地园林植物病虫害发生较为普遍及严重的小区，进行病虫害普查。在普查的基础上，选择重要的病虫害，深入系统地调查它的分布、发病轻重、消长规律、防治效果等。要求调查次数多，记载准确详细，以便进行深入分析。

2. 病虫害调查抽样及记载

根据被调查园地的大小，按五点抽样，对角线抽样（单对角线、双对角线），棋盘式抽样，分行式抽样和“Z”字形抽样等，选取一定数量的样地。一般 $1m^2$ 一个样地，样地面积一般应占调查总面积的0.1%～0.5%，苗圃应适当增加。

记载要准确、简明，田间调查记载的内容，依据调查的目的和对象而定。通常在调查前设计好调查表格。记载表格可分为田间使用的原始表格和调查后的整理表格两种，前者根据整理表格的要求自行设计，要求有调查日期、地点、调查对象名称、调查项目等，见表2-4、表2-5。对虫害的调查可以参考表2-6、表2-7。

表2-4　枝干病害调查记载表（整理表）

调查日期	调查地点	树种	总株数	病株数	发病率（%）	严重度分级					病情指数	备　注
						0	1	2	3	4		

表2-5　枝干病害调查田间记载表（原始表）

样点	株　号											备　注
	1	2	3	4	5	6	7	8	9	10	……　20	（时间、地点及品种名称等）
Ⅰ Ⅱ Ⅲ Ⅳ Ⅴ												

表2-6　苗圃、绿地地下害虫调查表

调查日期	调查地点	土壤植被情况	样坑号	样坑深度	害虫名称	龄期	害虫数量	调查株数	被害株数	受害率/(%)

表2-7　蛀干害虫调查表

调查日期	调查地点	样地号	总株数	健康树		卫生状况	虫害树						害虫名称	备注
							衰弱树		濒死树		枯死树			
				株数	百分率（%）		株数	百分率（%）	株数	百分率（%）	株数	百分率（%）		

3. 调查资料的整理与计算

调查所获取的数据原始资料，要进行整理与计算，通过比较分析，找出规律，进行防治决策。计算分析的内容通常有虫口密度、有虫株率、被害率和病情指数。

四、实训报告

对当地经常发生的某种园林植物病害或虫害进行实地调查后，进行资料整理与计算，写一份调查报告（要求有调查地区的概况、调查目的、任务、调查结果及分析，提出综合控制策略，并附实训体会）。

任务3　园林植物有害生物的防治方法

任务分析：本任务主要包括有害生物各种防治方法的具体措施、特点、在生产中的作用，重点是化学防治的应用价值、存在的问题以及生产实践中趋利避害的策略。要完成该任务必须具备化学基础、有害生物基础知识。通过学习，了解各种防治技术的基本原理，熟悉各种防治方法的特点，掌握这些措施在不同有害生物防治上的合理应用技术。

知识点：植物检疫、园林技术防治、物理机械防治、生物防治和化学防治的内容、特点和具体措施，合理用药和安全用药的原理和方法。

能力点：各种防治方法的技术要点和应用场合，农药的合理使用和安全使用的方法。

任务实施的相关专业知识

2.3.1　植物检疫

2.3.1.1　植物检疫的内涵和作用

植物检疫又称为法规防治，是指一个国家或地区用法律或法规形式，禁止某些危险性有害生物人为地传入、传出以及对已传入的有害生物采取有效措施消灭或控制蔓延。植物检疫与其他防治技术具有明显不同：一是植物检疫具有强制性，任何集体和个人不得违规；二是植物检疫具有宏观战略性，不计局部地区当时的利益得失，而主要考虑全局长远利益；三是植物检疫防治策略是对有害生物进行全面的种群控制，即采取一切必要措施，阻止危险性有害生物进入或将其控制在一定范围内或将其彻底消灭。所以，植物检疫是一项最根本性的预防措施，是园林植物保护的一项主要手段。

园林植物检疫对保证园林生产安全具有重要的意义，是搞好园林有害生物综合防治的前提。随着我国对外开放以及城市园林绿化建设事业的发展，引种或苗木调运日益频繁，人为传播有害生物的机会也随之增加。因此，搞好植物检疫工作对防止危险性害虫的传播蔓延、保护园林绿化成果、保障对外贸易的顺利发展均具有极为重要的现实意义。

植物检疫根据进出境的性质，可分为国家间货物流动的对外检疫（口岸检疫）和对国内地区间实施的对内检疫。对外检疫的任务是防止国外的危险性病虫传入，以及按交往国的要求控制国内已发生的危险性有害生物向外传播，是国家在对外港口、国际机场及国际交通要道设立检疫机构对物品进行检疫。对内检疫的任务在于将国内局部地区已发生的危险性有害生物封锁在一定范围内，防止其扩散蔓延，是由各省、市、自治区检疫机构会同交通运输、邮电、供销及其他有关部门，根据检疫条例对所调运的物品进行检验和处理。

2.3.1.2　植物检疫工作的程序和措施

1. 确定检疫对象

根据国际植物保护公约的定义，检疫性有害生物是指一个受威胁国家目前尚未分布，或虽然有分布但分布不广，对该国具有经济重要性的有害生物。根据这个定义，确定植物检疫

对象的一般原则是：必须是某国尚未发生或局部发生的主要植物的有害生物；必须是严重影响植物的生长和价值，而防治又是比较困难的有害生物；必须是容易随同植物材料、种子、苗木和所附泥土以及包装材料等传播的有害生物。

园林植物有害生物检疫对象确定，是由各省、自治区、直辖市林业主管部门向国家林业局提出建议名单及其危险性分析报告，国家林业局组织专家对建议名单进行审议，由国家林业局确定、调整和发布。目前，我国已颁布的与园林植物有关的进出口植物检疫对象名单是：松材线虫、红脂大小蠹、椰心叶甲、松突圆蚧、杨干象、薇甘菊、苹果蠹蛾、美国白蛾、双钩翅异长蠹、猕猴桃细菌性溃疡病、松疱锈病、庶扁蛾、枣大球蚧、落叶松枯梢病、杨树花叶病毒病、红棕象甲、青杨脊虎天牛、冠瘿病、草坪草褐斑病、刺桐姬小蜂。

2. 划分疫区和保护区

疫区是指由官方划定、发现有检疫性有害生物危害并由官方控制的地区。保护区是指有证明未发现某种检疫性有害生物，并由官方维持的地区。疫区和保护区主要根据调查和信息资料，依据危险性病虫的分布和适生区进行划分，并经官方认定，由政府宣布。对疫区应严加控制，禁止检疫对象传出，并采取积极措施，加以消灭。对非疫区要严防检疫对象的传入，充分做好预防工作。

3. 植物及植物产品的检疫检验

植物检疫检验一般包括产地检验、关卡检验和隔离场圃检验等。产地检验是指在调运植物产品的生产基地实施的检验，一般是在危险性有害生物高发期前往生产基地，实地调查应检验有害生物的发生、危害和防治状况，通过综合分析做出决定。对于田间现场检测未发现检疫对象的可签发产地检疫证书；对于发现了检疫对象的必须经过有效的处理后，方可签发产地检疫证书；对于难以进行处理的，则应停止调运并控制使用。关卡检验是指货物进出境或过境时对调运或携带物品实施的检验，包括货物进出国境和国内地区间货物调运时的检验。关卡检验的实施通常包括现场直接检测和取样后的实验室检测。隔离场圃检验是指对可能潜伏有检疫对象的种苗实施的检验，对种类种苗应按审批机关确认的地点和措施进行隔离试种，一年生植物必须隔离试种一个生长周期，多年生植物至少两年以上，经省、自治区、直辖市植物检疫机构检疫，证明确实不带有检疫对象的，方可分散种植。

4. 疫情处理

疫情处理所采用的措施依情况而定。一般在产地隔离场圃发现有检疫性病虫，常由官方划定疫区，实施隔离和根除扑灭等控制措施。关卡检验发现检疫性病虫时，则通常采用退回或销毁货物、除害处理和异地转运等检疫措施。

除害处理是植物检疫处理常用的方法，主要有机械处理、温热处理、微波或射线处理等物理方法和药物熏蒸、浸泡或喷洒处理等化学方法。所采用的处理措施必须能彻底消灭危险性有害生物和完全阻止其传播和扩展，且安全可靠、不造成中毒事故、无残留、不污染环境等。

2.3.2 园林技术防治

园林技术防治是指利用园林栽培技术来防治有害生物的方法，即创造有利于园林植物生

长发育而不利于有害生物危害的条件，促使园林植物生长健壮，增强其抵抗有害生物危害的能力。它是综合治理的基础，其优点是防治措施结合在园林栽培过程中完成，不需要另外增加劳动力，可以降低成本，增加经济效益。缺点是见效慢，不能在短时间内控制暴发性发生的有害生物。

2.3.2.1　培育、选用无病虫种苗

园林植物上有许多有害生物是依靠种子、苗木和其他无性繁殖材料来传播的，因而通过一定的措施，培育无病虫的健壮种苗，可有效地控制该类病虫害的发生。

1. 选用无病虫繁殖材料

在选用种苗及繁殖材料时，尽量选用抗性强、不带有害生物、生长健壮的，以减少有害生物的危害。目前已经培育出多种抗性新品种，如菊花、香石竹、金鱼草等抗锈病品种，抗菊花叶线虫病的菊花品种等。若种苗带有某些有害生物，要用药剂预先进行处理。

2. 在无病株采种（芽）

园林植物的许多病害是通过种苗传播的，如仙客来病毒病、百日草白斑病是由种子传播的，菊花白锈病是由脚芽传播的。只有从健康母株上采种（芽），才能得到无病种苗，避免或减轻该类病害的发生。

3. 注意园圃卫生

选取土壤疏松、排水良好、通风透光及无病虫危害的场所为育苗苗圃。盆播育苗时应注意盆钵、基质的消毒。如菊花、香石竹等进行扦插育苗时，对基质及时进行消毒或更换新鲜基质，消毒剂一般可用50倍的甲醛稀释液，均匀洒布在土壤内，再用塑料薄膜覆盖，约2周后取走覆盖物，将土壤翻动耙松后进行播种或移植。用硫酸亚铁消毒，可在播种或扦插前以2%～3%硫酸亚铁水溶液浇盆土或床土，可有效抑制幼苗猝倒病的发生。

4. 组培脱毒育苗

园林植物中病毒病发生普遍而且严重，许多种苗都带有病毒，利用组培技术进行脱毒处理，对于防治病毒病十分有效，如脱毒香石竹苗、脱毒兰花苗应用已非常成功。

2.3.2.2　合理的栽培管理

1. 合理的栽培措施

根据苗木的生长特点进行合理密植以及合理配置花木等原则，从而避免或减轻某些有害生物的发生，增强抗病虫性能。有些花木种植过密，易引起某些有害生物的大发生，在花木的配置方面，除考虑观赏水平及经济效益外，还应避免种植有害生物的中间寄主植物。

2. 合理配施肥料

合理施肥能有效地提高植物的生长势，从而提高对有害生物的抵抗力。一是注意有机肥与无机肥合理配施。有机肥可改善土壤的理化性状，使土壤疏松，透气性良好。无机肥见效快，但对土壤的物理性状会产生不良影响，故两者以兼施为宜。二是注意大量元素（N、P、K）与微量元素（Ca、Me、Fe、Mo、Zn等）配施。过分强调大量元素，特别是偏施氮肥，会造成植物徒长，降低其抗病虫性。在植物生长期缺少某些微量元素，则可造成花、叶等器官的畸形、变色，降低观赏价值。三是施用充分腐熟的有机肥，因未腐熟的有机肥中往往带有大量的虫卵，容易引起地下害虫的暴发危害。

3. 合理浇水

园林植物的浇水方法、浇水量及时间等都会影响有害生物的发生，最好采用沟灌、滴灌或沿盆钵边缘浇水。浇水要适量，水分过大往往引起植物根部缺氧窒息，轻者植物生长不良，重则引起根部腐烂。浇水时间最好选择晴天的上午，以便及时降低叶片表面的湿度。

4. 清除病虫残体，改善环境条件

及时剪除病虫枝，及时清除枯枝落叶，及时除草，可以消灭大量的越冬病虫。对温室栽培植物，要经常通风透气，降低湿度，以减少花卉灰霉病等的发生发展。

2.3.3 物理机械防治

利用物理因素（如光、温度、热能、放射能等）以及工具来防治害虫的方法，称为物理机械防治。它具有措施简单，容易操作等特点，可以作为一种应急措施。特别对一些发生范围小的或化学农药难以解决的害虫时，往往是一种有效的防治手段。

2.3.3.1 物理防治法

1. 热处理法

害虫和病菌对高温的忍受力都较差，通过提高温度来杀死病菌或害虫的方法称为高温处理法，也称为热处理法。有病虫的苗木可用35～40℃热风处理1～4周，也可用40～50℃的温水浸泡10～30min，可以杀死多数害虫和病菌。种苗热处理的关键是温度和时间的控制，一般对休眠器官处理比较安全。作热处理时，要事先进行试验，而且升温要缓慢，使之有个适应温热的锻炼过程。对温室土壤也可以进行热处理，用90～100℃热蒸汽处理30min，可大幅度降低镰孢菌、枯萎病菌及地下害虫的发生程度。

2. 微波处理

用微波处理植物果实和种子，是防治病虫的一种先进的技术，其作用原理是微波使被处理的物体内外的害虫或病原物温度迅速上升，当达到害虫与病原物的致死温度时，即起到杀虫、灭菌的作用。实验表明，用微波处理检疫性林木籽实害虫，加热至60℃持续处理1～3min，即可将落叶松种子广肩小蜂和紫穗槐豆象的幼虫全部杀死，也可以杀死刺槐种子小蜂、柳杉大痔小蜂、柠条豆象、皂荚豆象的幼虫和蛹。微波、高频处理杀虫灭菌的优点是加热、升温快，杀虫效率高，快速、安全、无残毒，操作方便，处理费用低，在植物检疫中很适合于旅检和邮检。

3. 辐射处理

辐射处理是一种新的杀虫技术，如用放射性钴60产生的γ射线可以直接杀死害虫，也可以通过辐射引起害虫雄性不育，然后释放这种人工饲养的不育雄虫，将其与自然界的有生殖能力的雌虫交配，使之不能繁殖后代而达到灭除害虫的目的。此外，还可利用红外线、紫外线、X射线以及激光技术，进行害虫的辐射诱杀及检疫检验等。

2.3.3.2 机械防治法

1. 捕杀

利用人力或简单器械捕杀有群集性、假死性的害虫。例如用竹竿打树枝震落金龟子，摘除袋蛾的越冬虫囊，摘除卵块，清晨到苗圃捕捉地老虎以及利用简单器具钩杀天牛幼虫等，都是行之有效的措施。

2. 阻隔法

阻隔法即人为设置各种障碍，切断有害生物的侵害途径。对有上下树习性的害虫可在树干上涂毒环或涂胶环，从而杀死或阻隔幼虫。对于靠爬行转移的害虫，可在未受害植株周围挖沟阻止其危害；对于一些根部病害，也可以在受害植株周围挖沟，阻隔病原菌的蔓延。覆盖薄膜对病残体上越冬的叶部病害有效，早春覆膜可大幅度地减少叶病的发生。覆膜后土壤温度、湿度提高，加速病残体的腐烂，减少了侵染来源。

3. 诱杀

诱杀是利用动物的趋性将其诱集后杀死，常见的有灯光诱杀、毒饵诱杀、潜所诱杀、植物诱杀和饵木诱杀等。

灯光诱杀是利用害虫的趋光性，设置灯光来诱杀害虫。目前所用的有黑光灯、高压电网灭虫灯和振波杀虫灯。一般要将灯设置在空旷处，选择闷热、无风、无雨、无月光的夜晚开灯，以晚上9～10时诱杀最好。注意开灯时易造成灯下或灯的附近虫口密度增加，应注意及时消灭灯光周围的害虫。

潜所诱杀是利用某些害虫的越冬潜伏或活动隐蔽的习性，人工设置类似环境诱杀害虫，但注意诱集后一定要及时消灭。例如，有些害虫喜欢选择树皮缝、翘皮下等处越冬，可于害虫越冬前在树干上绑草把，引诱害虫前来越冬，将其集中消灭。

植物诱杀是利用害虫对某种植物的特殊嗜好，种植后诱集捕杀的一种方法。饵木诱杀是针对蛀干害虫喜欢在倒木上产卵繁殖的习性，在成虫发生期间适当设置一些木段，供害虫大量产卵后，及时进行剥皮处理，以消灭其中害虫。还有利用黄板诱杀蚜虫及美洲斑潜蝇成虫等。

2.3.4　生物防治

生物防治是利用生物及其代谢产物来控制有害生物的方法。从保护生态环境和可持续发展的角度讲，生物防治是最好的防治方法，它不仅可以改善生物种群的组成，而且能直接消灭大量的有害生物。生物防治对有害生物的控制作用是持久的，效果是显著的。一旦天敌在田间建立了自己的种群，它就可以长期持续地对害虫发挥控制作用，这是化学农药所无法达到的。城市具备开展生物防治的条件，一是城市园林植物种类丰富，适合天敌的生存和繁衍，我们应该加强对天敌的利用和保护，尽量减少使用化学农药，创造利于天敌群落发展的条件。二是城市建筑对园林植被的分割形成的“海岛生态”有利于释放天敌。但是，天敌应用也有其自身的局限性，如见效较慢、技术要求高等，目前还不能被广泛接受。但随着人们生活水平和生态意识的不断提高，人们将逐渐认识到生物防治的重要性，天敌的应用比例将逐年提高，用生物方法逐渐取代化学方法防治害虫是农林业发展的必然趋势。

2.3.4.1　以虫治虫

利用天敌昆虫防治害虫是生物防治中应用最广、最多的方法。天敌昆虫可分为捕食性天敌和寄生性天敌两大类。捕食性天敌昆虫在自然界大量存在，抑制害虫的作用也十分明显，例如，每头食蚜蝇每天能捕食107头蚜虫。这类天敌分属18个目，近200个科，如螳螂、澳洲瓢虫、草蛉等。寄生性天敌分属5个目，97个科，大多数种类属膜翅目、双翅目，如被广泛利用的寄生蜂和寄生蝇，可寄生于害虫的卵、幼虫及蛹内或体上，凡被寄生均不能完成发育而死亡。有些寄生性昆虫在自然界的寄生率较高，对害虫起到很好的控制作用。利用天敌昆虫来防治园林植物害虫，主要有以下三种途径：

1. 天敌昆虫的保护利用

天敌昆虫种类繁多，是各种害虫种群数量重要的控制因素，要充分利用以达到自然控制的目的。一是要选用对害虫选择性强的农药品种，尽量少用广谱性的农药。还要选择适当的施药时期和方法，或根据害虫发生的轻重，重点施药，缩小施药面积，尽量减少对天敌昆虫的伤害。二是保护越冬天敌，天敌昆虫常常由于冬天恶劣的环境条件而大量减少，因此采取措施使其安全越冬是非常必要的。例如瓢虫、螳螂等都是在解决了安全过冬的问题后才能发挥更大的作用。三是改善昆虫天敌的营养条件，一些研究发现，寄生蜂、寄生蝇在羽化后常需补充营养而取食花蜜，因此规划设计中注重增加生物多样性，改善园林生态环境，丰富园林植被，增加天敌寄主植物的栽植规模，为天敌提供繁衍栖息的环境。在园林系统中多种植蜜源植物，往往有助于提高姬蜂、茧蜂和一些小蜂的寄生率。

2. 天敌昆虫的繁殖和释放

在害虫发生前期，自然界的天敌昆虫数量少、对害虫的控制力很低时，可以在室内繁殖天敌昆虫，增加其数量。在害虫发生之初，大量释放于园内，可取得较显著的防治效果。在天敌越冬初期，可集中捕捉，为其提供合适的越冬条件，翌年利用有利时机进行释放。

世界上规模较大的天敌公司有 80 多家，商品化生产的天敌昆虫就有 130 多种，英国已有多种赤眼蜂作为商品登记注册。在我国，天敌的利用起步较晚，但近年发展迅速。在林业和园林领域，北京、天津、南京、青岛等地园林部门生物防治体系初步形成，如释放赤眼蜂防治松毛虫，释放瓢虫防治蚜虫。近年来还掌握了周氏啮小蜂、管氏肿腿蜂等天敌昆虫的规模繁育技术，并已经大面积推广应用，既控制了美国白蛾、天牛等害虫的危害蔓延，又大大减少了对环境和植物的损害，维护了自然生态平衡，保护了城市绿色景观，获得良好的经济效益、社会效益和生态效益。一般来说，天敌昆虫的大量繁殖应满足以下条件：一是要有合适、稳定的寄主来源或者能够提供天敌昆虫的成本低、易管理的人工饲料；二是天敌昆虫及其寄主，都能在短期内大量繁殖，满足释放的需要。三是在繁殖饲养过程中，天敌昆虫的生物学特性（寻找寄主的能力、对环境的抗逆性、遗传特性等）不会有重大的改变。

3. 天敌昆虫的引进

我国引进天敌昆虫来防治害虫，已有 80 多年的历史。在引进的天敌昆虫中，一般寄生性昆虫比捕食性昆虫成功的多。目前，我国已与美国、加拿大、墨西哥、日本、澳大利亚、德国等十多个国家进行了这方面的交流，引进各类天敌昆虫 100 多种，有的已发挥了较好的控制害虫的作用。例如，大红瓢虫 1953 年从浙江引入湖北防治吹绵蚧，之后又相继被四川、福建、广西等地引入，均获得成功；1955 年以来，广东、四川等省先后引入澳洲瓢虫，防治木麻黄的吹绵蚧和柑橘吹绵蚧，均取得了良好的防效；1978 年从英国引进丽蚜小蜂，并且解决了人工繁殖的关键技术，在一些省、市防治温室白粉虱，效果十分显著；对于新侵入的重大园林害虫，从其原产地寻找和输入优势种天敌昆虫。如广东省从日本引进花角蚜小蜂防治松突圆蚧，已初步肯定其对松突圆蚧具有很理想的控制潜能。

2.3.4.2　以菌治虫

以菌治虫是利用害虫的病原微生物及其产物来防治害虫，是目前园林害虫防治中最有推广应用价值的类型之一。它具有繁殖快、用量少、不受园林植物生长阶段的限制、持效期长等优点，但受环境因素和害虫的生长状况影响较大。昆虫的病原微生物种类很多，目前生产上应用较多的是细菌、真菌和病毒。

1. 病原细菌

目前用来控制害虫的细菌主要是苏芸金杆菌。它是一类芽孢杆菌，在生长过程中产生伴孢晶体，当害虫取食后，伴孢晶体可通过释放伴孢毒素破坏虫体细胞组织，导致害虫死亡。苏芸金杆菌对人、畜、植物、益虫及水生生物等无害，无残余毒性，有较好的稳定性，可与其他农药混用。它对湿度要求不严格，在较高温度下发病率高，对鳞翅目幼虫有很好的防治效果，因此成为目前应用最广的生物农药。

2. 病原真菌

能够引起昆虫致病的病原真菌很多，其中以白僵菌最为普遍，在我国广东、福建、广西等省（自治区），普遍用白僵菌来防治马尾松毛虫，取得了很好的防治效果。大多数真菌可以在人工培养基上生长，便于大规模生产应用。但由于真菌孢子的萌发和菌丝生长发育对气候条件有比较严格的要求，因此昆虫真菌性病害的自然流行和人工应用常常受到外界条件的限制，应用时机得当才能收到较好的防治效果。

3. 病原病毒

病毒的寄主专化性强，在自然情况下一种病原病毒往往只寄生一种或一类害虫，不存在污染与公害问题，而且在自然界中可长期保存，反复感染，有的还可遗传感染，从而造成害虫流行病。目前发现不少园林植物害虫，如在南方危害园林植物的槐尺蠖、丽绿刺蛾、榕树透翅毒蛾、竹斑蛾、棉古毒蛾、樟叶蜂、马尾松毛虫、大袋蛾等，均能在自然界中感染病毒，对这些害虫的猖獗发生起到了抑制作用。各类病毒制剂也正在研究推广之中，如上海使用大袋蛾核型多角体病毒防治大袋蛾取得了很好的效果。

2.3.4.3　以菌治病

利用微生物防治植物病害，是目前生物防治研究中的一个重要内容。它是在植物生态系中，起着调节植物的微生态环境，使其不利于病原物而有利于寄主，从而达到防治病害的目的。研究发现，病害的发生和流行不仅受大的环境条件的影响，同时以植株体为载体还存在着多种微生物的共生体系，即所谓的微生态系统。在这个系统中病原生物与其他许多微生物共同存在，相互作用，他们之间存在着复杂的关系，有不少是可以利用的。

1. 微生物的拮抗作用

一些真菌、细菌、放线菌等微生物，在它的新陈代谢过程中分泌抗生素，杀死或抑制病原物。如菌根菌可分泌萜烯类等物质，对许多根部病害有拮抗作用；哈茨木霉能分泌抗生素，杀死、抑制茉莉白绢病病菌，将培养好的木霉菌施入土壤中，或涂布于种子、块茎上，不但能减轻各种作物的立枯病、菌核病、白绢病、萎蔫病等，还能减少病原菌的密度。在生产上已经大量使用的 5406 抗生菌、增产菌等都是利用其拮抗作用的成功例子。

2. 竞争性抑制

有益微生物在空间、养料、水分、氧气等方面与病原物竞争，以优先占领之势抑制病原物的生长，从而起到减轻病害的作用。竞争性强的微生物大多数是腐生的，对植物一般无害，它适应性强，能迅速占领病原物赖以生存的部位，达到减少侵染或减少病原物数量的作用。例如，植物种子用有益细菌处理防治腐霉根腐病，就是由于有益细菌大量消耗了土壤中氮素和碳素营养而抑制了病原物的缘故。

3. 重寄生菌

研究发现，寡雄腐霉能寄生于立枯丝核菌，它以菌丝产生大量分枝而侵入寄主菌，侵入后部分菌丝在寄主菌的菌丝内扩展，部分菌丝会穿过寄主菌丝，使其原生质释放出来，受侵染的菌丝顶端停止伸长，最终萎缩死亡。可见该菌在防治疫霉菌和丝核菌引起的根部病害方面具有广阔的应用前景。此外对寄生于莴苣小菌核菌的细顶棍孢霉和寄生于大丽花轮枝菌的黄色黄丝曲霉等都有大量的报道，它们都是很有应用潜力的生防菌。

4. 生物诱导抗病性

采用不同接种技术以病原菌弱系预先处理植物，使其对强毒系产生诱导抗性，如用寄主的非病原菌为诱导剂，可产生对病原菌的免疫效果。病毒和类病毒的交叉保护已广泛用于果树如柑橘衰退病、核果和仁果病毒病以及花椰菜病毒病上；在真菌、细菌方面，用黄瓜炭疽刺盘孢菌诱导，使黄瓜整体获得对多种真菌病害的抗性，用瓜类枯萎病和苜蓿轮斑病孢子悬浮液播前处理西瓜种子诱导出对枯萎病的抗性。

5. 农用抗菌素

农用抗菌素已广泛使用于生产中，如春雷霉素用于防治稻瘟病有良好的效果，主要作用为抑制菌丝蛋白质的合成；多抗霉素具有广泛的抗真菌谱，可用于防治褐斑病、赤星病、灰霉病、霜霉病、黑斑病等多种病害；井冈霉素主要用于防治水稻纹枯病，近年将其作为草坪病害防治的重要药剂。

2.3.4.4 杂草生物防治

1. 以虫治草

以虫治草已有100多年历史，最早的记载是1836～1838年印度从巴西引进胭脂虫，成功地控制了仙人掌的危害。20世纪20年代，澳大利亚引进金绳桃叶甲和四重叶甲，对克拉马斯草起到控制作用。其后，美国、加拿大、南非等又从澳大利亚引进该天敌释放后，将这种草害密度控制在防治前的1%，并不再列为害草。夏威夷、新西兰从墨西哥引进的泽兰实蝇防治紫茎泽兰在比较干燥地区几乎全部控制了这种害草。20世纪60年代初期，美国从阿根廷引进空心莲子草叶甲，控制该草取得了成功，开辟了世界水生杂草生物防治成功的先例。我国也先后引进过空心莲子草叶甲等杂草天敌，在局部地区发挥了抑制杂草的作用。

2. 以菌治草

以菌治草就是利用真菌、放线菌、细菌和病毒等病原微生物或其代谢物来防除和控制杂草。目前世界范围内以菌治草取得成功的，大多是在当地发现的真菌类，但随着生物防治水平的提高，细菌和病毒在杂草生物防治中也将发挥一定的作用。国际上以菌治草最早取得成功的实例，是1963年我国山东省农科院植保所制成微生物制剂，取名“鲁保1号”，用于大豆菟丝子发生初期，施用9～15kg/hm^2，对菟丝子的防效达90%以上。

此外，我国有1000多种鸟类，其中捕食昆虫的约占半数，它们绝大多数以捕食害虫为主。如招引大山雀防治马尾松毛虫，招引率达60%，对抑制松毛虫的发生有一定的效果。蜘蛛、捕食螨、两栖动物及其他动物，对害虫也有一定的控制作用。例如，蜘蛛对于控制茶小绿叶蝉起着重要的作用；而捕食螨对酢浆草岩螨、柑橘红蜘蛛等螨类也有较强的控制力。

2.3.5 化学防治

2.3.5.1 化学防治的特点和作用

化学防治是指施用化学农药来防治有害生物的方法，最早可以追溯到几百年前用矿物防治害虫，但真正的人工合成农药是20世纪才出现的，几十年来得到了迅速发展，在有害生物的防治中占重要地位。

化学防治具有明显的优点：一是防治效果明显，收效快。可在有害生物发生之前作为预防性措施，以避免或减少危害，又可在有害生物发生之后作为急救措施，迅速消除危害，尤其是对暴发流行性的有害生物，若农药使用得当，可以收到立竿见影的效果。二是使用方便，受地区及季节限制小，可大面积使用，便于农业生产机械化。三是防治对象广，几乎所有的植物有害生物均可用化学药剂防治。四是农药可以工业化生产，远距离运输，长期保存。但是，由于长期、大量和不合理地使用化学农药，化学防治的缺点陆续表现出来，特别是世人瞩目的“三R问题”，即抗药性（Resistance）、再猖獗（Rampancy）、残留（Remnant）和“三致问题”，即致癌、致畸、致突变的广泛宣传，一时间使农药的地位骤然降低，化学防治也遭到质疑。在生产中它存在明显的缺陷：一是农药使用不当，会引起人、畜中毒事故。二是有害生物产生抗药性。三是由于病虫杂草抗药性的增强，使农药的使用量、使用浓度和使用次数增加，而防治效果往往很低，从而使化学防治的成本大幅度上升。四是因为长期不合理使用农药，大量杀伤有益生物，破坏了生态平衡，使一些原来不重要的有害生物上升为主要有害生物，又使一些原来已被控制的重要有害生物因抗药性的产生，重新抬头回升，出现再猖獗现象。五是由于长期大量使用农药，不但污染了大气、水域、土壤等生态环境，而且通过食物链进行生物富集，造成食品及人体中的农药残留，严重威胁着人类健康。

化学防治法是当前防治有害生物的一个重要手段，因此，更应该充分认识化学防治法的优缺点。在生产实践中，不能把化学防治视为唯一有效的防治方法，单纯依靠农药，滥用农药，而是要把化学防治与其他防治方法有机地结合起来，相互协调配合使用。同时也要肯定化学防治在综合防治体系中的地位，注意科学用药、安全用药。

2.3.5.2 合理用药，提高防治效果

化学防治的效果受多种因素的影响，只有合理利用相关因素，科学使用农药，才能充分发挥农药的效能。在生产实践中通常要注意以下几个方面：

1. 对症下药

农药的种类很多，各种药剂都有一定的防治范围，应根据防治的病虫种类、发生程度、发生规律、作物种类、发育期选择合适的药剂和剂型，做到对症下药，避免盲目用药。

2. 适期用药

要掌握有害生物的发生规律，把农药用到“火候上”。要做到这一点，必须了解有害生物的发生规律，做好预测预报工作，选择在有害生物最敏感的阶段或最薄弱的环节用药才能取得最好的防治效果。通常在有害生物发生的初期用药，防治效果较为理想。因为这时有害生物发生量少，自然抵抗力弱，药剂的毒效容易显现，有利于控制其蔓延危害。因此，掌握各种有害生物的施药关键期是十分重要的。

3. 适量用药

适量用药主要是指准确的控制药液浓度、单位面积用药量和用药次数，不宜任意加大或减少。使用农药的药量一定要称量准确，随意加大药量与喷药次数不仅浪费药剂，还可能出现药害，加重残留污染，杀伤天敌，甚至容易引起人、畜中毒事故；低于防治需要的用量标准，则达不到防治效果。此外，在用药前还应搞清农药的规格，即有效成分含量，然后再确定用药量。

4. 科学用药

采用正确的施药方法，能充分发挥农药的防治效果，还能减少对有益生物的杀伤和农药的残留，减轻作物的药害。病虫危害和传播的方式不同，施药方法也不一样。例如，防治地老虎、蛴螬、蝼蛄等地下害虫，应考虑采用撒施毒谷、毒饵、拌种等方法；防治气流传播的病害，就应考虑采用喷雾、撒粉或采用内吸剂拌种等方法；防治种子或土壤传播的病害，可考虑采用种子处理或土壤处理等方法。农药剂型不同，使用方法也不同，如粉剂不能用于喷雾，可湿性粉剂不宜用于喷粉，烟剂要在密闭条件下使用等。

5. 轮换用药

长期使用同一种农药防治某种害虫或病害，易使害虫或病菌产生抗药性，降低农药防治效果，增加防治难度。如棉蚜对某些拟除虫菊酯杀虫剂产生了抗药性，一些病原菌对内吸性杀菌剂的部分品种容易产生抗药性，如果增加用药量、浓度和次数，害虫或病原菌的抗药性会进一步增大。因此，应合理轮换使用不同作用机制的农药品种。

6. 混用农药

将两种或两种以上具有不同作用机制的农药混合使用，可以提高防治效果，甚至达到兼治的目的。混用不仅扩大了防治范围，降低了防治成本，还延缓害虫和病菌产生抗药性，延长农药品种使用年限。如灭多威与拟除虫菊酯混用，有机磷制剂与拟除虫菊酯混用，甲霜灵与代森锰锌混用等都可以达到增效和兼治的目的。农药之间能否混配，主要取决于农药本身的化学性质，要求混用后不会产生化学变化和物理变化，不能提高对人畜和其他有益生物的毒性和危害，要提高药效而不提高农药的残留量，应具有不同的防治作用和防治对象又不产生药害。

2.3.5.3　安全用药，保证人畜和环境的安全

1. 农药对人、畜的毒性及预防

目前使用的农药中绝大多数对人及哺乳动物是有毒的，如果使用不当会造成人、畜中毒。通常根据农药进入体内的途径分别称为吸入、经皮和经口毒性。又根据表现出中毒症状的时间分为急性毒性、亚急性毒性和慢性毒性。在研究农药毒性时，通常以白鼠进行试验，以致死中量（LD_{50}）来表示毒性的高低。LD_{50}是指将一群试验动物（白鼠）毒死一半所需的药量，其单位是动物每千克体重所需药剂的毫克数（mg/kg），吸入毒性则

以空气中每立方米含农药有效成分的克数（g/m^3）表示。致死中量值越小，说明这种药剂毒性越高。

急性毒性是指农药一次进入动物体内，迅速表现出中毒症状。如有机磷农药的急性中毒症状表现为恶心、头痛，继而出汗、流涎、呕吐、腹泻、瞳孔缩小、呼吸困难，最后昏迷甚至死亡。按照农药致死中量的大小，可将农药的急性毒性划分为三级：高毒、中毒、低毒，见表2-8。

表2-8　农药急性毒性分级暂行标准

给药途径	单　位	高　毒	中　毒	低　毒
大白鼠经口	mg/kg	<50	50～500	>500
大白鼠经皮24h	mg/kg	<200	200～1000	>1000
大白鼠吸入	g/m^3	<2	2～10	>10

亚急性毒性是在3个月以上较长时间内经常接触、吸入农药或食物带有农药，最后导致人、畜发生与急性中毒类似症状。

慢性毒性指长期服用或接触少量药剂后，逐渐引起内脏机能受损，阻碍正常生理代谢而表现出中毒症状，主要表现是致癌、致畸、致突变。有些化学性质稳定、脂溶性高的农药，如有机氯杀虫剂，通过食物链的相互转移，最后积累在人体内，造成慢性累积中毒。

在使用农药防治园林植物有害生物的同时，要做到对人、畜、天敌及其他有益生物的安全，就必须选择合适的药剂和准确的使用浓度。在人口稠密的地区、居民区等处施药时，要做好宣传、警示工作，尽量安排在人群活动少的时间，避免发生矛盾和出现意外事故。操作人员要严格按照《中华人民共和国农药管理条例》所规定的用药操作规程做好自我保护和规范施药。同时还要注意在城市园林植物禁用高毒农药，污染严重的化学农药也不能在城市中应用。在用药前还应搞清所用农药的毒性，做到心中有数，谨慎使用。应尽量选用高效、低毒或无毒、低残留、无污染的农药品种。

2. 农药的药害及其预防

农药使用不当时，对植物的生长发育产生异常甚至死亡的现象，称为药害。植物产生药害后一般会很快表现出明显的受害症状，但也有不立即显示受害症状，但使植物的生理功能受到影响。前者称为急性药害，后者称为慢性药害。

急性药害在施药后短期内表现出症状，通常在叶部表现有斑点、焦灼、失绿、畸形以及落叶；在果实上可产生果斑、锈果甚至落果；种子受药害后表现为发芽率降低或不出芽；根系发育不正常或形成黑根、鸡爪根等；全株受害表现生长迟缓、矮化、茎叶扭曲，严重的可使植株枯死。慢性药害常由于作物的生理代谢受到影响，引起营养不良，抑制生长，植株矮小，开花结果延迟等。慢性药害一旦发生通常是很难挽救的。

药害产生的原因是多方面的。一是植物或植物器官对某些农药敏感，如波尔多液、石硫合剂对多数草本花卉易产生药害；碧桃、寿桃、樱花等对敌敌畏敏感；桃、梅类对乐果敏感。各种植物的开花期是对农药最敏感的时期之一，用药应慎重。二是高温、雾重及相对湿度高时易产生药害。三是使用浓度高、用量大时易产生药害。此外，农药产品质量低劣，如乳油分层、湿润性变差、粉粒过粗等可能引起药害。施药技术差，如雾滴过大、喷粉分布不匀、混用农药不合理、稀释用水的质量不好等也能引起药害。

在使用农药前必须充分了解农药的性能，考察植物品种和生长情况、气象条件及有害生物种类、发育阶段，最后确定最有利的施药时机，采取安全有效的方法和用药量进行施药。对于已经出现药害的植物，根据用药方式的不同可采用清水冲根或叶面淋洗的办法去除残留毒物，同时还要加强肥水管理使之尽快恢复健康，消除或减轻药害造成的影响。

3. 农药对有益生物的影响及其控制

有不少广谱杀虫剂，使用初期收到较好的防治效果，但经过一定时期后，反而会引起防治对象或一些次要害虫大量发生，虫口密度有时比不喷药区更高，这种现象称为害虫再增猖獗。引起再增猖獗的原因多数是由于农药杀害了大量天敌，使害虫的发生失去自然控制力，特别是蚜虫、螨、介壳虫、叶蝉等繁殖快的害虫更为明显。自然天敌是控制有害生物大量发生的重要因素，如果用药不当，连续大量使用广谱性农药，杀伤了大量大敌，有害生物恢复速度远远超过天敌，很容易引起有害生物再增猖獗。另一种现象是原来占次要地位的有害生物，施用农药后由于大量杀伤天敌使自然控制力减弱，使其密度骤然增加而上升为重要有害生物。在化学防治中，农药对天敌的影响程度是有差异的，在不同种类的农药品种中，以杀虫剂对害虫天敌的影响较大，而杀菌剂与除草剂的影响相对较小，农药的选择性越强对天敌的影响越小。

克服农药对天敌不良影响要从多方面入手。一是应用选择性和内吸性农药，这些农药对害虫的毒力强，但对天敌较为安全。而广谱性的农药应尽量少用或慎用。二是采用适当的浓度，不应盲目加大浓度，把农药对天敌的影响控制到最低。三是选用对天敌和环境影响较小的施药方法，如拌种、涂茎比喷雾或喷粉法对天敌安全得多。四是选择适当的施药时期，如对天敌昆虫一般在天敌的蛹期施药较安全；对寄生蜂应避免在羽化盛期，而在寄生蜂尚在寄主体内时施药较为适宜；对蜘蛛类则应避开优势种的孵化和激增期施药。

蜜蜂和其他传粉昆虫同样对农药敏感，施药不当会引起大量死亡。为了避免或减轻农药对蜜蜂的毒害，在生产中可采用以下措施：一是选择低毒农药，如苏云金杆菌、敌百虫等杀虫剂，多数杀菌剂、除草剂对蜜蜂的毒性相对较低。有机合成杀虫剂中多数对蜜蜂的毒性较高，应该注意施药时期与施药剂量，避免直接与蜜蜂接触。二是避免在植物开花期施药，如必须施药，应在清晨、黄昏或夜晚蜜蜂未起飞时用药，以减少药剂直接接触，减轻毒害。三是选用适当的施药方法。一般来说，喷粉法比喷雾法对蜜蜂的危险性大，因粉剂易附着在蜜蜂体上携回巢中杀伤幼蜂与新孵化的工蜂，而施用颗粒剂以及土壤处理、拌种、涂茎对蜜蜂很安全。

鱼类对农药是非常敏感的，其生存、繁殖所需的水域受农药污染便会对鱼类产生毒害，若水中浮游生物及土体吸附有农药，也就会与食料一起进入鱼体内引起中毒。若农药使用不当，如在河里或池塘里洗刷喷药器具，把剩余药液倒入河内或池塘里，由于下大雨使河水外流，都会引起鱼类中毒死亡。防止农药对鱼类的毒害可以采取以下措施：一是避免使用对鱼类毒性强的农药。如鱼藤、克菌丹、百菌清等对鱼类高毒，使用后要避免进入水体。二是防止农药直接或间接流入河流和池塘，更不能在养鱼的水域洗涮喷

药器械及倾倒剩余药液。三是施药后的田块要管好排灌，防止含有农药的田水流入养鱼池或河流。

4. 控制农药残留和对环境的污染

在生态系统中，通过生物的食物链，将农药经过几次转移与浓缩，最后在生物体内可达到相当浓度的含量，这种现象称为生物浓缩或生物富集现象。例如在农田中喷洒有机氯农药毒杀芬后，部分被排入附近水域中，使水中含有0.001mg/kg浓度的毒杀芬，水中生长的藻类不断吸收含药的水分，藻体内含药量达0.1～0.3mg/kg，浓集了100～300倍。这些藻类又为小鱼所取食，使农药转移到鱼体内，并可检测到药剂浓度达3mg/kg，又提高10～30倍。当大鱼吞食小鱼后，大鱼体内的药剂浓度可提高到8mg/kg，以后测定这个水域里的一些食鱼性水鸟组织，发现其中毒杀芬残留量竟有39mg/kg，为藻类含量的数百倍，为水质中农药含量的数万倍。可见在环境中原始农药残留量是很低的，然而通过生物富集后，各类食品中农药的残留浓度剧增，人类食用污染食品后必将产生潜在的危害。农药除喷布在植物体上外，大部分落在土壤中，一小部分漂浮于空气中。空气中的农药又可由降雨而进入土壤和水域，而土壤中的农药有的可能被植物吸收，有的随雨水冲刷进入水域，这样不断在自然界中运转就污染了土壤、水域等自然环境。

农药残留的防止应从多方面着手，其中重要的是通过立法禁止使用高毒农药和控制其他农药的使用。我国从1983年禁止使用DDT等有机氯农药，2007年又对甲胺磷、对硫磷、甲基对硫磷、久效磷、磷胺等5种高毒有机磷农药禁止使用，并相继颁布法规，制订了多数农药的安全使用间隔期，即植物上最后一次施药离收获的间隔天数。从长远看，发展高效、低毒、低残留的农药是更为有效的办法，如吡虫啉、抗蚜威等以及昆虫几丁质合成抑制剂，生物制剂如苏云金杆菌等对环境的影响就小得多。

2.3.5.4 科学用药，克服和延缓有害生物抗药性的产生

在生产实践中，由于连续使用同一种农药常常出现药效降低，以致不得不增加用药量才能保持原来的效果，个别情况纵然把药量或用药浓度提高几倍至几十倍，仍然不能取得理想的效果，以至于不得不停用，其原因就是有害生物对这种农药产生了抗药性。

有害生物对农药的抗药性表现是多方面的，通常分为单一抗药性、复合抗药性和交互抗药性。单一抗药性是指有害生物对某种农药产生抗药性，当换用其他农药后仍然有效，这在生产上是大量存在也是比较容易解决的。复合抗药性又称为多种抗药性，是指一种有害生物对几种不同类型农药均产生了抗药性。具有复合抗药性的有害生物对农药资源的损耗是严重的。交互抗药性是指一种有害生物对某种农药产生抗药性后，对未曾使用过的另一些农药也有抗药性，例如对乐果有抗药性的桃蚜，对溴氰菊酯等就有交互抗药性。一般来说，凡是作用机制相似或接近的药剂，就容易产生交互抗药性。有时一种病虫对某种药剂产生抗药性后，对另一种药剂反而表现出特别敏感，这种现象称为负交互抗药性，如蚜虫对拟除虫菊酯类和灭多威具有负交互抗药性。

克服和控制有害生物产生抗药性要从多方面入手：首先要实行综合防治，克服单纯依靠农药的倾向，利用其他防治措施与药剂防治相配套，充分发挥其他措施的作用，以有效控制农药的使用量，减轻对病虫的选择压力。其次要交替用药和合理混合用药，选择作用机制不同的无交互抗药性的药剂进行交替使用或两种或多种农药混用，特别是作用机制或代谢途径不同的农药混用，避免长期连续使用一种农药，这是延缓抗药性产生的重要措施，也是目前

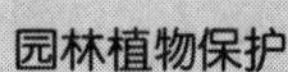

普遍采用的一种方法。第三是使用增效剂，增效剂是一种抑制解毒酶活性的化合物，它本身往往不具有毒效功能，但把他加入到农药中之后，就能使某些农药的防治效果提高几倍，增效剂不仅能起到增效作用，还能克服病虫抗药性的产生。

任务4　常见农药及使用技术

任务分析：该任务主要包括农药的类型、特点、防治对象和使用方法，重点为园林有害生物防治中常用的农药种类及使用过程中的注意事项。要完成该任务必须具备的化学、有害生物生理及毒理的基础知识。通过学习，了解常用农药的类型和特点，明确常用农药的防治对象，掌握常用农药的使用方法。

知识点：农药的类型及各类农药的基本特点，主要农药的防治对象和使用方法，园林常用农药在使用过程中的注意事项。

能力点：农药的稀释及使用方法，常用农药的配制及施药技术。

任务实施的相关专业知识

2.4.1　农药的类型及基本特性

2.4.1.1　农药及其分类

1. 农药的名称

农药是用于防治植物有害生物及调节植物生长的药剂。商品农药是一种成分复杂的混合物，它包括农药原药和辅助剂两部分。在化工厂通过化学合成方法制造出来而未经加工的农药，统称原药，其中呈固体状态的原药称为原粉，呈液体状态的原药称为原油。原药中具有杀虫、杀菌、杀草等作用的成分称为有效成分，其余无作用的部分为杂质。

- 商品农药
  - 原药
    - 有效成分
    - 杂质
  - 辅助剂（包括溶剂、填料、湿润剂、乳化剂、分散剂等）

商品农药的名称通常由三部分组成，第一部分是农药的有效成分含量，常用百分比浓度表示；第二部分是农药原药的名称；第三部分是剂型的名称。如1%苦参碱水剂、2.5%敌杀死乳油、70%甲基托布津可湿性粉剂等。

2. 农药的分类

农药的种类很多，其分类依据不同而出现不同的分类方法。一般是首先按照防治对象分为杀虫剂、杀菌剂、杀螨剂、杀线虫剂、杀鼠剂、杀软体动物剂、除草剂、植物生长调节剂等，见表2-9。进一步根据农药对有害生物的作用方式分类，如杀虫剂可分为触杀剂、胃毒剂、内吸剂、熏蒸剂等。在实际应用中，由于化学结构相似的具有其特性相似，所以也常根据其有效成分进一步分类，如有机磷杀虫剂、拟除虫菊酯杀虫剂等。实际上，杀虫剂的杀虫作用并不是单一的，多数杀虫剂往往兼具几种杀虫作用，如乐果有很强的内吸作用及触杀作用，敌敌畏具有触杀、胃毒、熏蒸三种作用。

表 2-9　农药按防治对象分类

农药类型			作用特点	举例
杀虫剂	触杀剂		药剂通过昆虫的体壁进入虫体内使害虫中毒死亡。对各种口器的害虫均适用，但对体被蜡质分泌物的介壳虫、粉虱等效果差	拟除虫菊酯类、多数有机磷类
	胃毒剂		药剂随着害虫取食植物一同进入害虫的消化系统，再通过消化吸收进入血腔中发挥杀虫作用。对咀嚼式口器的害虫有效	敌百虫、巴丹、BT 乳剂
	内吸剂		药剂容易被植物吸收、输导到植株各部分，在害虫取食时使其中毒死亡。适合于防治刺吸式口器的害虫	乐果、呋喃丹
	熏蒸剂		药剂转化为气体，通过昆虫呼吸系统进入虫体使害虫中毒死亡。应在密闭条件下使用	DDV、磷化铝
	特异性杀虫剂	驱避剂	昆虫直接或间接接触药剂后，产生忌避反应，从而达到防治目的	驱蚊油、樟脑
		拒食剂	昆虫取食药剂后，食欲减退以致破坏消化功能，不再取食，直至饿死。具有拒食作用的药剂叫拒食剂	拒食胺、苦楝素
		几丁质抑制剂	昆虫取食或接触药剂后，进入体内后影响几丁质合成，从而使昆虫不能正常蜕皮，不能完成生活史	灭幼脲、扑虱灵
		绝育剂	昆虫取食或接触后，药剂破坏了害虫的生殖功能，使它不能繁殖后代	噻替派、喜树碱
杀螨剂			能用来防治植食性螨类的药剂。有不少杀虫剂也具有兼治螨类的作用，如灭扫利等	尼索朗、三环锡
杀菌剂	保护剂		在病原物侵入以前，喷洒在植物表面或植物所处的环境，用来杀死或抑制植物体外的病原物，以保护植物免受侵染的药剂	波尔多液、代森锰锌
	治疗剂		植物感病后或病原物侵入植物前后，用药剂处理植物，以杀死或抑制植物体内的病原物，使植物恢复健康或减轻病害	甲基托布津、乙磷铝
	免疫剂		用于增强作物的抗病能力，避免或减轻病菌侵染的药剂	硫氰苯胺
杀线虫剂			用来防治植物病原线虫的药剂，目前生产上使用的杀线虫剂多数是毒性较高的，某些杀虫剂防治线虫的效果也很好	威百亩、除线磷
除草剂	选择性除草剂		除草剂在不同的植物间有选择性，即能够毒害或杀死某些植物，而对另外一些植物较安全，这类除草剂称为选择性除草剂	盖草能、阔叶净
	灭生性除草剂		对植物缺乏选择性或选择性较小，不论是草是苗，只要接触到这种药剂，都会被杀死	草甘磷、百草枯
杀鼠剂	速效性杀鼠剂		老鼠服药后短时间内即出现中毒症状，通常放药后24h 即可拾到死鼠	鼠甘氟、磷化锌
	慢性杀鼠剂		老鼠食药后短期内不出现中毒症状，多数是通过破坏凝血作用而杀鼠，又称抗凝血杀鼠剂	溴敌隆、大隆

（续）

农药类型	作用特点	举　例
植物生长调节剂	用以促进或抑制植物生长的药剂叫植物生长调节剂。这是一类调节植物按定向生长发育的药剂，通常分为促进型和抑制型	九二0、2.4—D、多效唑
杀软体动物剂	专用来防治软体动物的药剂	除蜗灵、密达

2.4.1.2　农药的剂型和标签

1. 农药的加工剂型

为了在防治时使用方便，一般农药原药需要加上辅助剂（如乳化剂、湿润剂、分散剂、稳定剂、增效剂等），经过加工制成一定形态才能使用，即加工成剂型。生产上常将农药加工成不同剂型。

（1）粉剂（DP）　将原药和惰性填充剂（如黏土、高岭土、滑石粉）混合，经机械磨为粉状即成。粉剂要求平均粒径为30μm，不溶于水，适合于喷粉、撒粉、拌种或用来制成毒饵，不能用来喷雾。

（2）可湿性粉剂（WP）　将原药加入一定量的湿润剂和填充剂，通过机械研磨或气流粉碎而成，平均粉粒直径为25μm。可湿性粉剂适于用水稀释后作喷雾用，附着力也比粉剂强，但易沉淀，应在使用前及时配制，并注意搅拌，使药液浓度一致，以保证药效及避免药害。

（3）可溶性粉剂（SG）　可溶性粉剂为水溶性固体原药、水溶性填料及少量吸收剂制成的可溶性粉状物。加水后可溶性粉剂溶解，可经过稀释后喷雾使用。

（4）颗粒剂（GR）　颗粒剂为原药加载体（黏土、玉米芯等）制成颗粒状的剂型。颗粒剂残效期长，用药量少，主要用于土壤处理。

（5）烟剂（FU）　烟剂由原药加燃烧剂、氧化剂、消燃剂制成，可以燃烧。点燃后，原药受热气化分散到空气中，再遇冷而凝结成飘浮状的微粒，适用于防治森林的病虫或温室中病虫。

（6）乳油（EC）　乳油是应用较广的剂型，它是用原药加入一定量的乳化剂和溶剂制成透明的油状剂型，如敌敌畏乳油、敌杀死乳油等。乳油可溶于水，经过加水稀释后，可以用来喷雾。使用乳油防治病虫的效果一般比其他剂型好，触杀效果高，残效期长。

（7）微乳剂（ME）　微乳剂又被称为水基乳油，是不溶于水的液体原药在辅助剂的作用下所得的液体分散于水中形成的一种农药制剂，乳状液粒径极小（0.01～0.1μm），它以水代替有机溶剂，减少了环境污染，对植物和病虫细胞有良好渗透性，不易燃，使生产、运输、储藏安全。

（8）悬浮剂（SC）　悬浮剂又称为胶悬剂。用不溶于水或难溶于水的固体原药、分散剂、湿润剂、载体（硅胶）、消泡剂和水，用砂磨机进行超微粉碎后制成，是一种具有黏稠性和流动性的糊状物。加水稀释便形成稳定的悬浮液，供喷雾使用。悬浮剂兼有可湿性粉剂和乳油两种剂型的优点。

（9）水分散粒剂（MG）　水分散粒剂是将可湿性粉剂或悬浮剂进行再造粒而形成粒径

更小的水分散性粒剂，主要包括有效成分、分散剂、湿润剂、粘结剂、崩解剂和填料等，粒径200μm～5mm，入水后能迅速崩解、分散，形成高悬浮分散体系。其关键技术是要防止粉粒在造粒过程中或成品储存期间重新絮结成粗粉粒。这种剂型具有含量高、无粉尘、流动性好、储运安全、性能稳定、悬浮率高、药效好的特点。

（10）微胶囊悬浮剂（CS） 微胶囊悬浮剂是利用天然或者合成的高分子材料形成的核—壳结构微小容器，将农药包覆其中，并悬浮在水中的农药剂型。它包括囊壁和囊芯两部分，囊芯是农药有效成分及溶剂，直径一般在3～30μm，囊壁是成膜的高分子材料。微胶囊悬浮剂急性毒性可比乳油降低3～10倍，而且残效期延长、减少有机溶剂用量。

（11）水剂（AS） 原药本身是水溶性而呈液体状态，如25%杀虫双水剂，使用时再加水稀释喷雾或灌根。水剂农药成本低，但若不经过一定的配制加工，则不耐储藏，长期储存易分解失效。

（12）胶悬剂（JG） 胶悬剂为用原药和分散剂（如氯化钙、糖蜜、纸浆废液、茶叶浸出液等）经过融化、分散、干燥等过程制成的粉状制剂。加水稀释可成为胶体溶液或悬浮液，如胶体硫即属于这一类。

（13）缓释剂（BR） 缓释剂是利用控制释放技术，通过物理及化学的加工方法，将农药原药储存于农药的加工品中，制成可使有效成分缓慢释放的制剂。缓释剂可使剧毒农药低毒化，短效农药变为长效农药。缓释剂制造简便、使用方便、效果较好。这项技术及加工品的出现，为更有效地使用农药、延长药效、减少流失和污染、降低使用成本等提供了新的途径。

（14）超低容量喷雾剂（ULV） 一般是含农药有效成分20%～50%的油剂，不需稀释直接使用，专门供超低容量喷雾。有时需要加入少量助溶剂，以提高对原药的溶解度，有的还加入一些化学稳定剂或降低对植物药害的物质等。目前国内用的超低容量杀虫剂有敌百虫、敌敌畏、马拉硫磷、辛硫磷、杀螟松、乐果等。

（15）热雾剂（RR） 用油溶性药剂（溶剂多为柴油、变压油或煤焦油中的蒽油），应用机械法或机械热力联合法，将油剂分散成烟雾状的细小点滴，适合防治园林及果园害虫。

（16）种衣剂（SD） 种衣剂是一种特殊的剂型，专用于处理种子。药剂在种子表面涂覆一层后，使之干燥即成为已经处理的种子，它包括成膜剂和有效成分，当种子吸水胀大后膜剂也随之伸长，将杀虫剂和杀菌剂混合制成种衣剂可兼治苗期病害和虫害。种衣剂直接用于处理作物种子，并且由于黏合剂对农药的固定和缓释作用，因而具有高效、经济、安全、持效期长的特点。

2. 农药标签

农药标签是指紧贴或印刷在农药包装上，介绍农药产品性能、使用方法、毒性、注意事项、生产厂家等内容的文字、图示或技术资料。根据我国农药登记管理部门的规定和要求，农药标签应包括以下内容：

（1）农药名称 农药名称指有效成分及商品的称谓，包括化学名称、代号、通用名称（中文通用名和国际通用名）和商品名称。其中化学名称和代号一般不出现在农药标签上。其中中文通用名是由我国国家质量技术监督局颁布，在中国境内通用的农药中文名称。在农药标签上要求，凡有中文通用名的，要以醒目大字表示，并在其前注明有效成分的含量，其后注明剂型，如40%乐果乳油。农药商品名是农药生产厂家为其产品在工商管理机构登记注册所用的名称或办理农药登记时批准的商品名称。同一种农药活性成分可以加工成多种制剂，可能具有不同的商品名。商品名称是受法律保护的，即使某厂产品的活性成分、含量、剂型与另一厂完全相同，也不能以另一厂产品的商品名称出售，否则即构成侵权行为。

(2) 农药三证号　农药三证号包括农药登记证号、生产许可证号（或生产批准文件号）、产品执行标准号。农药登记证号有临时登记证号、正式登记证号和分装登记证号。农药登记证是对在我国境内生产（包括原药生产、制剂加工和分装）和进口的农药产品的化学、毒理学、药效，残留、环境影响等方面进行综合评价后，对符合条件者颁发的一种证件。农药的生产许可证或生产批准文件是国务院化学工业行政管理部门批准同意某一生产企业生产某一农药产品的一种证件。产品执行标准号是生产该产品执行标准的代号。我国农药产品的标准有国家标准、行业标准、地方标准和企业标准四种。

(3) 净重或净容量　明示产品装量，供有关监督部门检查并作为用户与生产、经营者产生争议时的仲裁依据。通常采用 g 或 kg，mL 或 L 为剂量单位。

(4) 生产日期、批号和质量保证期　产品的生产日期、批号是确定产品生产时间，判断产品是否在质量保证期内和初步判定产品质量的一个重要标志。质量保证期是确保产品质量的期限，农药产品一般为两年。

(5) 生产厂名、地址、邮编、电话　农药生产企业必须在标签上标明生产企业名称、地址、邮政编码以及联系电话，更改企业名称必须取得上级主管部门同意，并报国务院农业行政主管部门和化学工业行政管理部门备案。

(6) 农药类别　按农药用途分为杀虫剂、杀菌剂、除草剂、杀鼠剂、植物生长调节剂、卫生杀虫剂等。

(7) 毒性标志　按照我国农药急性毒性分级标准，按原药的大白鼠急性毒性分为四级，按其口服致死中量分为 5（mg/kg）、5 ~ 50mg/kg、50 ~ 500mg/kg、500 ~ 5000mg/kg，分别记作剧毒、高毒、中毒和低毒。

(8) 使用说明　包括产品特点、批准登记作物及防治对象、施药时期、用药量（商品量）和施药方法等，以文字或图表形式写明。其中产品特点的介绍要依据事实、实事求是，不得擅自扩大批准登记作物和防治对象，对于因擅自扩大登记作物和防治对象造成严重后果的，要依法追究法律责任。

(9) 注意事项　主要介绍农药的限用范围、混配要求、安全间隔期、安全防护、中毒症状、急救解毒措施以及储存特殊要求等。为便于理解，还可附上的一些象形图。

(10) 标志带　为方便使用者直接、明白地判断所用农药的类别，我国农药登记部门还规定标签上必须至少有一条与底边平行的标志带颜色来直接判断农药的类别。标志带颜色红色为杀虫剂，绿色为除草剂，黑色为杀菌剂，蓝色为杀鼠剂，深黄色为植物生长调节剂。对于复配的农药产品，标签上有时会同时出现两条以上的标志带。

2.4.1.3　农药的浓度与稀释计算

在商品农药中，除了有效成分含量低的粉剂和颗粒剂可以直接施用外，一般有效成分含

量高的剂型，必须用稀释剂稀释后才能施用，以保证药效，并避免对植物产生药害。因此，正确掌握农药的稀释计算是十分重要的。生产上常用的药剂浓度表示法有倍数浓度、百分浓度（%）、波美浓度（°Be）等。

百分浓度是指100份药剂（或药液）中含有多少份有效成分，它又分为重量百分浓度和容量百分浓度。

倍数浓度是指添加稀释剂是原商品制剂的倍数，生产上往往忽略农药和水的比重差异，只以容量进行比较，一般稀释倍数越大误差越小。稀释倍数在100倍以下时用内比法，即稀释时要扣除原药剂所占的1份。如稀释10倍液，即用原制剂1份加水9份。稀释100以上时用外比法，计算稀释量时不扣除原药剂所占的1份。如稀释1000倍液，即可用药剂1份加水1000份。

波美度是一种比重浓度，它是用波美比重计直接测得，以°Be（Baume）表示。石硫合剂就是用波美度来表示浓度的。

1. 按倍数法计算

计算公式为：稀释倍数 = 稀释后药液重量（容量）/原药剂重量（容量）

【例2-1】 用40%乐果乳油100mg，配成2000倍稀释液，用水量是多少kg?

解： 已知原药剂重量为0.1kg，稀释倍数为2000倍，设x为稀释后药液重量，则用水量为x（kg），代入公式得：

$$x = 0.1 \times 2000\text{kg} = 200\text{kg}$$

即应兑水200kg。

2. 按有效成分计算

计算公式为：原药剂浓度 × 原药剂重量 = 稀释药剂浓度 × 稀释药剂重量

【例2-2】 用50%辛硫磷乳油拌草种，拌药后草种含辛硫磷有效成分为0.2%，问1kg乳油可拌草种多少kg?

解： 已知原药剂浓度为50%，原药剂重量为1kg，稀释（即拌草种）后的浓度为0.2%，代入公式得：$50\% \times 1 = 0.2\% \times x$

$$x = [(50\% \times 1)/0.2\%]\text{kg} = 250\text{kg}$$

即可拌草种250kg。

3. 波美度的稀释计算

计算公式为：

$$\text{加水倍数（按重量计）} = \frac{\text{母液（原液）波美度}}{\text{稀释后药剂波美度}} - 1$$

【例2-3】 将母液为24°Be石硫合剂稀释成0.3°Be药液，1kg母液应兑水多少?

$$\text{加水倍数（按重量计）} = \left(\frac{24}{0.3} - 1\right)\text{kg} = 79\text{kg}$$

即1kg母液应加水79kg。

2.4.1.4　农药的使用方法

选择最合适的施药方法不仅可获得最佳的防治效果，而且还可保护天敌，减少污染。在安全、有效、经济的前提下，应根据植物的形态、发育阶段、防治对象及其发生规律、农药的性质和剂型以及当时的环境条件等做全面具体的综合分析，确定相应采用的最佳施药方法。下面着重介绍我国常用的施药方法。

1. 喷粉、撒粉、撒粒

喷粉是利用喷粉机具将粉剂喷洒在植物体上，它的优点是功效高，使用方便，不受水源的限制，但喷粉用药量大，粉粒容易飘失，药效差，易污染环境，因此在园林有害生物防治中很少用。撒粉是用手工方法将药粉均匀撒施，其操作简单，但只宜在小范围内应用。撒粒是手工或利用机械将颗粒状药剂均匀撒施，这种方法针对性强，易于操作，对环境影响小，但附着性差，一般多用于地面施药。

2. 喷雾法

利用喷雾机具将药液均匀地喷布于防治对象及被保护的寄主植物上，是目前生产上应用最广泛的一种方法。根据喷液量的多少及其他特点，可分为常量喷雾、低容量喷雾和超低容量喷雾几种类型，他们的主要区别见表2-10。

表2-10　喷雾的容量级别表

容量级别	药液量/(l/h)	有效浓度(%)	雾滴直径/μm	施药方式	农药利用率(%)	特　点
常量喷雾	450	0.01～0.05	100～200	针对性	30～40	适宜剂型有可湿性粉剂、乳油、水剂、水溶剂、胶悬剂等。一般应使叶面充分湿润，以使药液从叶上滴下为度，对于在叶片背面危害的害虫，还应注意叶背喷药
低容量喷雾	15～150	1～5	50～100	飘移累积	60～70	用液量偏少，适宜剂型较多，喷洒速度快，省工，效果好，用于少水或丘陵地区
超低容量喷雾	<5	25～50	15～75	飘移累积	60～70	通过高能的雾化装置使药液雾化后经漂移沉降在作物上。施药效果受气流影响，不宜喷洒高毒农药。一般不用水作载体，用挥发性低，对作物、人、畜安全的油作载体

3. 土壤处理

常将药剂施于土壤中来防治土传病害和地下害虫的方法称为土壤处理，常用的有毒土法和土壤封闭法，在温室和苗圃应用较多。毒土法是将农药与细土拌匀，撒于地面或与种子混播，或撒于播种沟内的方法。一般撒于地面的毒土要湿润，用量为300～450kg/hm^2，与种子混播的毒土要松散干燥，用量为75～150kg/hm^2。通常将药剂撒于地面再翻入土壤耕作层内或用土壤注射器将药液注入土中称为土壤封闭法。土壤处理的具体方法要根据农药的剂型特点来决定，同时也要考虑到防治对象的特点。

4. 种苗处理法

种苗处理包括拌种、闷种、浸种和浸苗、种衣剂处理等。拌种是在播种前用一定量的药粉或药液与种子搅拌均匀，用以防治种子传播的病害和地下害虫。掌握好拌种药量是确保有效和安全用药的关键，一般用药量为种子重量的0.2%～0.5%。闷种是把药液喷

洒在种子上搅拌均匀后堆起覆盖熏闷的方法，一般经一昼夜后晾干即可。浸种和浸苗是指将种子或幼苗浸泡在一定浓度的药液里，用于消灭种子、幼苗所带的病菌或虫卵。浸种的药液用量以浸没种子为限，对幼苗有杀伤作用的药剂如用甲醛或升汞浸种后需用清水冲洗种子，以免发生药害。浸种温度一般应在 10～20℃之间，温度高时应适当降低药液浓度或缩短浸种时间。刚萌动的种子或幼苗对药剂很敏感，尤以根部反应最为明显，处理应慎重，以免造成药害。

5. 熏杀法

熏杀法是利用有毒气体杀死有害生物的方法，它要在密闭条件下进行。通常有熏蒸或熏烟，适用药剂为具有熏蒸作用的药剂如溴甲烷、敌敌畏、磷化铝等，主要用以防治仓库、温室害虫及土壤消毒等。其优点是防治隐蔽的害虫具有高效、速效的特点。熏烟法是利用烟剂点燃后发出的浓烟或用药剂直接加热发烟来防治病虫的方法。烟雾的雾粒极细，能较长时间地悬浮在空气中而不沉落，能在各种方向的物体上附着，并能穿透较狭窄的孔隙，对于防治隐敝在缝隙中的病虫也很有效。

6. 毒谷、毒饵

利用有害生物喜食的饵料与农药混合制成，可引诱其前来取食，产生胃毒作用将其杀死。如防治地下害虫常用麦麸、米糠、豆饼、花生饼、玉米芯、菜叶等饵料与敌百虫等胃毒剂混合，撒在害虫活动的场所。毒谷是用谷子、高粱、玉米等谷物作饵料，煮至半熟有一定香味时，取出晾干，拌上胃毒剂，然后与种子同播或撒施于地面。

7. 涂抹、毒笔、根区撒施

涂抹是利用具有内吸性农药在植物幼嫩部分直接涂药，或将树干刮去老皮露出韧皮部后涂药，让药液随植物体运输到各个部位，防治全株性的病虫害。如在石楠上涂 40% 氧乐果 5 倍液，用于防治绣线菊蚜，效果显著。毒笔是采用触杀性强的农药为主剂，与石膏、滑石粉等制成的粉笔状毒笔，用于防治具有上、下树习性的幼虫。如用 2.5% 溴氰菊酯乳油按 1∶99 与柴油混合，然后将粉笔在此油液中浸渍后晾干，药效可持续 20d 左右。根区施药是利用内吸性药剂埋于植物根系周围，通过根系吸收运输到树体全身，当害虫取食时使其中毒死亡。如用 3% 呋喃丹颗粒剂埋施于根部，可防治多种刺吸式口器的害虫。

8. 注射法、打孔法

用注射机或注射器将药剂注入树干内部，使其在树体内传导运输到其他部位而杀死害虫或病菌。一般将药剂稀释 2～3 倍，可用于防治天牛、木蠹蛾等。打孔法是用打孔注药机在树干基部向下打一个 45°角的孔，然后注入药液，再用泥封口。打孔个数及注入药量要根据树种及树干胸径而定，药液浓度一般以稀释 2～5 倍为宜。对一些树势衰弱的古树名木，也可用注射法给树体挂吊瓶，注入营养物质，以增强树势。

9. “外科”治疗法

外科治疗是针对树木的一些特殊病害，将其病部手术剔除后再涂上保护剂，使其形成愈伤组织而恢复生长，如树干腐烂病的防治、树洞的填补、劈枝的修复等。若基部腐烂太严重，还可以采用桥接的办法，即在老树周围种植同种植物苗，待成活后将其靠接在老树健康部位，以其供给养分使其继续生长。

2.4.2 杀虫剂和杀螨剂

2.4.2.1 有机磷杀虫剂

有机磷杀虫剂是一类以磷为中心元素的有机杀虫剂，它品种多，药效高，杀虫谱广，分解快，在自然界和生物体内残留少，被广泛用于防治各类害虫。但不少种类因毒性太高而被禁用，如甲胺磷等。

1. 敌敌畏（DDVP）

敌敌畏是一种常用的杀虫剂，对人畜毒性较高。它具有触杀、胃毒及强烈的熏蒸作用，温度越高挥发性越大，因而杀虫效力越高，但在水中会缓慢分解，特别是在碱性和高温条件下消解更快。其适用于防治园林、温室、茶园、果蔬等方面的害虫，也可在调运苗木时用来杀灭苗木中的害虫。常见的剂型有50%、80%乳油。用50%乳油稀释1000～1500倍液喷雾，可防治花卉上的蚜虫、蝶蛾类幼虫、叶蜂、网蝽、介壳虫、粉虱等，但李、梅、杏等植物对敌敌畏较敏感，使用时应注意。

2. 敌百虫

敌百虫是一种广谱性杀虫剂，胃毒作用强，兼有触杀作用，对人畜较安全，残效期短。室温下存放稳定，但易吸湿受潮，配成水溶液后逐渐分解失效。对双翅目、鳞翅目、膜翅目、鞘翅目等多种害虫均有很好的防治效果，但对一些刺吸式口器害虫，如蚧类、蚜虫类效果不佳。常用的剂型有90%敌百虫晶体，2.5%、10%敌百虫粉剂等。常用90%晶体敌百虫稀释800倍液喷雾。

3. 乐果（Rogor）

乐果是应用较早的高效、低毒、低残留的广谱性杀虫剂，有较强的内吸传导作用，也具有一定的胃毒、触杀作用。它不宜与碱性药剂混用，自然状态下也会逐渐分解，高温条件下分解更快，故储藏期不宜超过一年。常见的剂型为40%乳油。用40%的乐果乳油稀释1000～2000倍液喷雾，对蚜虫、木虱、叶蝉、粉虱、蓟马、蚧类、螨类等刺吸式口器害虫有特效。但对梅、李、杏敏感，浓度高时易产生药害。

4. 马拉硫磷（马拉松）

马拉硫磷是一种低毒广谱杀虫剂，以触杀作用为主，也具有一定的胃毒及熏蒸作用。其具有强烈的大蒜臭味，遇酸碱均分解，在水中或在潮湿空气中长期暴露也能缓慢消解。常见剂型有50%乳油及5%粉剂。用50%乳油稀释1000～1500倍液喷雾，对蚜虫、介壳虫、蓟马、网蝽、叶蝉以及鳞翅目幼虫均有良好的效果。

5. 辛硫磷（倍腈松）

辛硫磷为高效、低毒、低残留杀虫剂，具有触杀及胃毒作用。在阳光下易分解，阳光直射下残效期3d，阴天5～6d。常用剂型为50%乳油，施于土壤中可以有效地防治地下害虫及白蚁，残效期可达15d以上。用1000～2000倍液喷雾，对蚜虫、黑刺粉虱、蓟马、螨类、龟蜡蚧及鳞翅目幼虫均有良好的防治效果。

6. 甲基异柳磷

甲基异柳磷是一种高毒杀虫剂，生产中在一些特殊环境中应用。它具有触杀和胃毒作用，残效期为30d左右，主要用于防治地下害虫，如蝼蛄、蛴螬、地老虎及根结线虫等。常见剂型有40%乳油，用40%乳油1.5mL/m加麦麸7.5g配成毒饵或用药1.5mL/m加细土

150g配成毒土撒施。甲基异柳磷用于防治草坪上的地老虎、粘虫等，不能用于花卉、果树的喷雾。

7. 毒死蜱（乐斯本、杀死虫蓝珠）

毒死蜱属于高效、中毒杀虫剂，具有触杀、胃毒和熏蒸作用。在土壤中残留期长，可防治地下害虫。常见剂型为乐斯本48%乳油、毒死蜱40%乳油、14%颗粒剂。用40%乳油稀释1500～2000倍液喷雾，可防治各种害螨、鳞翅目害虫、蚜虫、潜叶蝇蚜虫、盲蝽等，在蔬菜上慎用。

2.4.2.2 有机氮杀虫剂

有机氮杀虫剂是在20世纪50年代开始研制生产的，主要有氨基甲酸酯类、沙蚕毒素类、脲类和脒类四类化合物，它们的杀虫机制各有不同。氨基甲酸酯类品种最多、杀虫谱广，通常带有“威”字，如抗蚜威、灭扑威等。沙蚕毒素类具胃毒、触杀作用，有的也有很强的内吸性，对害虫选择性强，主要对鳞翅目昆虫效果好，如巴丹、杀虫双等。脲类的品种不多，多数为特异性杀虫剂，如除虫脲为几丁质抑制剂。脒类多兼有杀螨作用，如杀虫脒、双甲脒等。

1. 西维因（甲奈威）

西维因属低毒广谱杀虫剂，具有触杀及胃毒作用，遇碱性物质则易分解。常见的剂型有25%、50%可湿性粉剂，可用于防治卷叶蛾、潜叶蛾、蓟马、叶蝉、蚜虫等害虫，还可用来防治对有机磷杀虫剂产生抗药性的一些害虫。常用25%可溶性粉剂稀释500～700倍液喷雾。西维因对蜜蜂高毒，花期不宜使用。

2. 呋喃丹（克百威、虫螨威）

呋喃丹是一种高毒、广谱性杀虫剂，兼有杀螨及杀线虫作用，具有内吸、胃毒、触杀及熏蒸作用，对鞘翅目、同翅目、半翅目、鳞翅目及螨类等有很好的防治效果。常见的剂型有2%、3%和5%颗粒剂。呋喃丹一般施于根际，由根部吸收传导而起杀虫作用。用根际施药法的优点是残效期长（可长达40d），对天敌无影响，并且可与肥料一起混合施用，也可用于防治盆花上的害虫及地栽树木的枝梢害虫。

3. 涕灭威（铁灭克）

涕灭威是高毒杀虫剂，具有内吸、触杀及胃毒作用。其一般用于根施，残效期45～60d，具有使用方便、杀虫效果好、药效期长、不污染空气、不杀伤天敌等优点。常见剂型为15%颗粒剂。防治盆栽花卉害虫如蚜虫、叶蝉、叶螨、蓟马及地下害虫时，每盆花用1～2g或1.5g/m^2进行根施或穴施，然后覆土浇水，15d后即可见明显效果。

4. 抗蚜威（辟蚜雾）

抗蚜威为高效、中毒、低残留的选择性杀虫剂，具有触杀、熏蒸和内吸作用。被植物根部吸收后可向上输导，但持效期不长。制剂为50%可湿性粉剂、50%可分散粒剂、10%大粒剂、浓乳剂、气雾剂等。用50%可湿性粉剂2500～3000倍液喷雾，可防治多种花木上的蚜虫。

5. 灭多威（万灵）

灭多威为高毒广谱杀虫剂，挥发性强，吸入毒性高，见效快，喷药后1h内即可见效。在自然界分解快，残毒低。灭多威具有较强触杀和胃毒作用，并有渗透和杀卵作用。常用剂型有90%可湿性粉剂、24%水溶剂和20%乳油。用24%水溶剂1000～2000倍液喷雾，对多

种鳞翅目害虫的卵和幼虫、蚜虫、叶甲等有良好的防效。能防治对有机磷、拟除虫菊酯类农药产生抗药性的害虫。

6. 巴丹（杀螟丹）

巴丹属于沙蚕毒素类杀虫剂，毒性中等，杀虫谱广，残效期长，胃毒作用强，同时具有触杀和一定拒食、杀卵作用。巴丹可用于防治鳞翅目、鞘翅目、半翅目、双翅目等多种害虫，对鳞翅目幼虫、半翅目害虫特别有效。制剂为50%可溶性粉剂、4%颗粒剂。用50%可溶性粉剂1000倍液，可防治食心虫、卷叶蛾、蓟马、蚜虫等。巴丹对家蚕毒性大，使用时避免污染桑叶。

7. 杀虫双

杀虫双属于沙蚕毒素类杀虫剂，毒性较低，在土壤中的吸附力很小，残毒低。其具有较强的触杀和胃毒作用，兼有熏蒸作用，有很强的内吸传导作用，特别是根部吸收力强。药效期一般只有7d左右，是一种较为安全的杀虫剂。常用剂型为25%水剂和3%颗粒剂。用25%水剂500~800倍液喷雾，可防治多种鳞翅目幼虫、蚜虫、叶蝉、叶甲及叶螨等。对家蚕毒性大，在蚕桑区使用要谨慎，以免污染桑叶。

2.4.2.3　拟除虫菊酯杀虫剂

除虫菊素具有高效、低毒和强烈的触杀作用，是比较理想的杀虫剂，但对光不稳定。拟除虫菊酯是人工合成的类似天然除虫菊素的合成除虫菊酯，它保持了天然除虫菊素的特点，而且在杀虫毒力及对日光的稳定性上都优于天然除虫菊素，可用于防治多种害虫，但连续使用易导致害虫产生抗药性。

1. 二氯苯醚菊酯（氯菊酯、除虫精）

二氯苯醚菊酯是一种广谱、高效、低毒和低残留的杀虫剂。在碱性介质中很快水解，对光较稳定，残效期4~7d。对人畜较安全，但对鱼类毒性较大。杀虫谱广，以触杀为主，兼有胃毒作用。对卷叶蛾、刺蛾、蚜虫、蓟马、叶蝉、芫菁、凤蝶、木虱等害虫有效，但对螨类、介壳虫等防治效果不理想。剂型为10%乳油，一般用2000~3000倍液喷雾。

2. 氰戊菊酯（杀灭菊酯、速灭杀丁）

氰戊菊酯对人畜毒性中等，在碱性溶液中易分解，有很强的触杀作用，还有胃毒和驱避作用，击倒力强，杀虫速度快，可用于防治多种农林及花卉害虫，如蚜虫、蓟马、黑刺粉虱、马尾松毛虫等。常见剂型有20%乳油，多用3000~4000倍液喷雾。

3. 溴氰菊酯（敌杀死）

溴氰菊酯是一种高效杀虫剂，对人畜毒性中等，对鱼和蜜蜂剧毒。在碱性介质中不稳定，在日光下稳定。以触杀作用为主，也有一定的驱避与拒食作用，杀虫谱广，击倒速度快，可用于防治鳞翅目、同翅目、半翅目、双翅目、鞘翅目、缨翅目和直翅目的多种害虫。但对螨类、介壳虫、盲蝽象等基本无效，还会刺激螨类繁殖。对松毛虫、杨柳毒蛾、榆蓝叶甲等害虫有很好的防治效果。常见剂型为2.5%乳油、2.5%可湿性粉剂。一般用2.5%乳油2000~3000倍液喷雾。

4. 氯氰菊酯（安绿宝、灭百可）

氯氰菊酯是一种高效、中毒、低残留农药，对害虫具有较强的触杀和胃毒作用，且有忌避和拒食作用。杀虫谱广，药效迅速。对鳞翅目食叶害虫及蚜虫、蚧虫、叶蝉类害虫高效。

常见的剂型有10%和20%乳油，常用10%乳油稀释5000～6000倍液喷雾。

5. 联苯菊酯（氟氯菊酯、天王星、虫螨灵）

联苯菊酯对人畜毒性中等，对天敌的杀伤力低于有机磷类但高于其他菊酯类杀虫剂。杀虫谱广，作用迅速，持效期长，对鳞翅目、鞘翅目、缨翅目及叶蝉、粉虱、瘿螨、叶螨等均有较好的防治效果。常见剂型为10%乳油、10%可湿性粉剂，使用方法为10%乳油稀释5000～6000倍液喷雾。

6. 甲氰菊酯（灭扫利）

甲氰菊酯是一种对人、畜毒性较高的杀虫剂，具有很强的触杀、驱避和胃毒作用，杀虫范围较广，对鳞翅目害虫、叶螨、粉虱、叶甲等均有较高的防治效果。其最大特点是对多种害螨有优良的防治效果，尤其在虫螨同时发生时，可收到两者兼治效果。常见剂型有10%、20%、30%乳油，常用20%乳油稀释2000～3000倍液喷雾。

7. 氟氯氰菊酯（百树得、功夫菊酯）

氟氯氰菊酯是一种高效、速效、低毒、持效期长和杀虫谱广的杀虫剂。对水生生物、蜜蜂、家蚕高毒。对鳞翅目害虫有特效，对抗药性害虫效果好。剂型有5.7%、10%乳油。常用5.7%百树得乳油稀释2000倍液喷雾，可防治食心虫、卷叶虫、蚜虫、木虱、潜叶蛾等害虫。

8. 氟胺氰菊酯（马扑立克）

氟胺氰菊酯是一种高效、广谱的杀虫、杀螨剂，对鱼虾、家蚕有高毒。可用于防治鳞翅目、半翅目、双翅目以及绿盲蝽、叶蝉、粉虱等多种害虫，并对螨有防效。剂型为10%、20%乳油。防治鳞翅目害虫时用20%乳油稀释3000～4000倍液喷雾，防治螨类则需用1000～2000倍液喷雾。

2.4.2.4　特异性杀虫剂

这类药剂不直接杀死害虫，而是引起昆虫生理上的某种特异反应，使昆虫的发育、繁殖、行动受到阻碍和抑制，从而达到控制害虫的目的。

1. 除虫脲（灭幼脲1号、敌灭灵）

除虫脲是较早开发的几丁质合成抑制剂，主要是胃毒和触杀作用，它不仅抑制几丁质的合成，同时对脂肪体、咽侧体等内分泌腺体有损伤破坏作用，从而妨碍昆虫顺利蜕皮变态。加工剂型为20%悬浮剂、25%可湿性粉剂、5%乳油。用20%悬浮剂稀释4000～6000倍液可防治松毛虫、天幕毛虫、尺蠖、美国白蛾、毒蛾等鳞翅目幼虫，也可防治木虱。

2. 定虫隆（抑太保）

定虫隆是高效、低毒的昆虫几丁质合成抑制剂，具有胃毒作用兼触杀作用。对鳞翅目幼虫有特效，一般施药后3～5d见效。常见的剂型有5%乳油，一般用5%乳油稀释1000～2000倍液喷雾。

3. 噻嗪酮（扑虱灵）

噻嗪酮是一种选择性昆虫生长调节剂，对同翅目害虫有特效，具有胃毒、触杀作用，主要通过抑制害虫几丁质合成，使若虫在脱皮过程中死亡。噻嗪酮具有药效高、残效期长、残留量低和对天敌较安全的特点，主要作用于若虫，具一定杀卵作用，对成虫效果差。制剂为25%乳油、25%可湿性粉剂、40%悬浮剂。用25%乳油稀释1000倍液喷雾，可防治飞虱、

叶蝉、粉虱和介壳虫等。

4. 氟虫脲（卡死克）

氟虫脲是一种低毒高效几丁质抑制剂，突出的特点是对多种螨类有效，残效期长，有触杀和胃毒作用，虽不能直接杀死成虫，但接触药剂的成虫所产卵的孵化成活率有明显的抑制作用。其适用于防治鳞翅目、鞘翅目、双翅目、半翅目害虫和多种害螨，尤其适合防治对常用农药已产生抗药性的害虫和害螨。剂型为5%乳油，一般用1000～1500倍液喷雾。施药后10d左右药效才明显上升，对鳞翅目害虫的药效期达15～20d，对螨可达1个月以上。

2.4.2.5 生物杀虫剂

生物杀虫剂包括植物、微生物杀虫剂，目前园林植物常用的微生物源杀虫剂，主要有苏云金杆菌、阿维菌素等。植物源杀虫剂有苦参碱、鱼藤酣、茶皂素、楝素等。但真正大量使用的是Bt和阿维菌素。

1. 苏云金杆菌（Bt乳剂、杀螟杆菌）

苏云金杆菌是类芽孢菌，在生长过程中产生芽孢并形成一种蛋白质毒素结晶，称为伴孢晶体。当害虫取食了伴孢晶体和芽孢之后，在害虫的肠内溶解，释放出有毒杀作用的内毒素，使害虫中毒。所以害虫取食Bt细菌后，要经过一个病程才能死亡。它可用于防治直翅目、鞘翅目、双翅目、膜翅目，特别是对鳞翅目害虫效果更好。通常加工成乳剂（含活芽孢100亿个/mL）、可湿性粉剂（含活芽孢100亿个/g）。使用时用500～800倍液喷雾，也可将苏云金杆菌致死发黑变烂的虫体收集起来，用纱布袋包好，在水中揉搓，每50g虫尸洗液加水50～100kg喷雾。

2. 阿维菌素（虫螨光、绿菜宝、阿巴丁、螨虫盖特、螨虱净）

阿维菌素是链霉菌产生的代谢产物，对昆虫和螨类具有触杀和胃毒作用，并有微弱的熏蒸作用。它对叶片有很强的渗透力，可杀死表皮下的害虫，且残效期长。原药毒性较高，制剂低毒，对鱼、蜜蜂高毒，在土壤中降解迅速。制剂为0.9%、1.0%、1.8%乳油，0.2%、0.5%微乳剂，1%、1.8%可湿性粉剂等。防治叶螨、锈螨，用1.8%阿维菌素乳油3000～5000倍液喷雾。防治松毛虫、美国白蛾、杨树舟蛾等食叶类害虫用1.8%阿维菌素乳油6000～8000倍液喷雾。

3. 白僵菌

白僵菌是一种真菌，靠孢子借风扩散或由感病的虫体相互接触传播，主要通过孢子接触到虫体后，在适宜的温湿度条件下萌发形成菌丝，菌丝可穿透虫体壁进入体内，进行繁殖，使昆虫血液内充满孢子以致死亡。感染虫体表现为食欲不振，行动迟缓，死虫体变僵硬，长满白色菌丝。幼虫感染后一般3～7d死亡，成虫稍晚些。一般加工成含孢子量50～70亿个/g的菌粉、菌液，防治松毛虫要求稀释液含有活孢子数1亿个/mL进行喷雾。白僵菌是家蚕的一种毁灭性病害，所以在养蚕区禁止使用。

2.4.2.6 其他杀虫剂

1. 吡虫啉（蚜虱净、大功臣、必林）

吡虫啉是新型烟碱型高效低毒的内吸性杀虫剂，并具较高的触杀和胃毒作用，具有速效、持效期长、对天敌安全等特点，是理想的选择性杀虫剂。剂型有10%、25%可湿性粉剂，70%拌种剂，12.5%可溶性液剂。用10%吡虫啉4000～6000倍液喷雾，对蚜虫、飞虱、

叶蝉、木虱、卷叶蛾、粉虱、斑潜蝇等有极好的防治效果。

2. 石油乳剂

石油乳剂是由石油（煤油、柴油）、乳化剂和水按比例制成的。主要具有触杀作用，石油乳剂能在虫体或卵壳上形成油膜，使昆虫及卵窒息死亡。该药剂最早使用的是杀卵剂，供杀卵用的含油量一般在 0.2% ~2%。一般来说，分子量越大的油，杀虫效力越高，对植物药害也越大。可防治多种蚧虫及昆虫的卵。

3. 磷化铝

磷化铝为灰绿色或褐色固体，无气味，干燥条件下稳定，易吸水分解出磷化氢气体。该品对人畜剧毒，除对仓库粉螨无效外，对其他多种害虫都有效。制剂有 56% 磷化铝片剂和粉剂。处理仓库害虫一般用片剂 6 ~ 9g/m^3，密闭熏蒸时间因气温而定，12 ~ 15℃时熏蒸 5d，16 ~ 20℃时熏蒸 4d，20℃以上时熏蒸 3d 即可。熏蒸结束后通风散气 5 ~ 6d 毒气即可消失。也可制成毒签防治多种天牛幼虫。

4. 甲维盐

甲维盐全称为甲胺基阿维菌素苯甲酸盐，是从发酵产品阿维菌素 B_1 开始合成的一种新型高效半合成抗生素杀虫剂，它具有高效、低毒、无残留、无公害等生物农药的特点，与阿维菌素比较杀虫活性大大提高，对鳞翅目昆虫的幼虫和其他许多害虫及螨类的活性极高，既有胃毒作用又兼触杀作用，在非常低的剂量（有效成分 0.084 ~ 2g/hm^2）下具有很好的效果。目前有 0.2% ~5.7% 多种剂型，但多为 1% 甲维盐乳油，用 1% 乳油 4000 ~ 6000 倍液，可防治鳞翅目、鞘翅目、蓟马害虫，用 5000 ~ 8000 倍液可防治蚜虫和螨类。

2.4.2.7　杀螨剂

杀螨剂是指专门用来防治害螨的一类有机化合物，这类药剂性质稳定，可与其他杀虫剂混用，药效期长，对人、畜、植物和天敌都较安全。

1. 克螨特（炔螨特、丙炔螨特）

克螨特为广谱性杀螨剂，对人畜毒性较低，对天敌无害。其具有胃毒和触杀作用，对成螨、若螨效果良好，杀卵效果较差。常见剂型有 73% 乳油。常用 73% 乳油稀释 3000 倍液喷雾。

2. 杀螨酯（螨卵酯）

杀螨酯对高等动物几乎无毒，对植物安全，主要具有触杀作用，对螨卵及幼螨效果极佳，但对成螨防治效果很差。残效期长达 3 ~ 4 周。剂型有 20% 可湿性粉剂，常用 20% 可湿性粉剂稀释 800 ~ 1000 倍液喷雾。可与各种农药混用。

3. 三环锡（普特丹）

三环锡对人畜低毒，对天敌毒性较低，杀螨范围广，对成螨、若螨、幼螨效果都好，但无杀卵作用。常见剂型为 50% 可湿性粉剂，常用 50% 可湿性粉剂稀释 4000 ~ 5000 倍液喷雾。

4. 尼索朗（噻螨酮）

尼索朗是一种新型杀螨剂，对多种害螨具有强烈的杀卵和杀幼、若螨的特性，对成螨无效，但接触药剂的雌成螨所产的卵不能孵化。残效期长，药效可保持 50d 左右。其主要用于防治叶螨，对锈螨、瘿螨防效较差。剂型为 5% 乳油和 5% 可湿性粉剂。常用 5% 乳油稀释

1500～2000 倍液喷雾。

5. 螨死净（阿波罗、四螨嗪）

螨死净是低毒杀螨剂，对人、畜、鱼、鸟、蜜蜂、天敌昆虫、捕食螨均安全。有强烈杀卵和杀若螨作用，对成螨几乎无效，但成螨接触药后，可导致产卵量降低，卵不孵化，即使孵化也很快死亡。一般施药后经 7～10d 方显药效，药效可保持 2 个月之久。制剂为 20%、50% 胶悬剂。常用 50% 胶悬剂稀释 5000～6000 倍液喷雾。

6. 溴螨酯（螨代治）

溴螨酯是一种杀螨谱广、持效期长、毒性低、对天敌和作物比较安全的杀螨剂。触杀性强，对成螨、若螨和卵均有一定的杀伤作用。其适用于各类作物防治多种害螨。制剂为 50% 乳油。防治叶螨常用 50% 乳油稀释 100～300 倍液喷雾。溴螨酯和三氯杀螨醇有交互抗药性，使用时要注意选择。

7. 哒螨灵（哒螨酮、速螨酮、牵牛星）

哒螨灵为广谱、触杀性杀螨剂，对人畜毒性中等，对螨的整个生长期即卵、幼螨、若螨和成螨都有很好的效果，速效性好，持效期长。该药不受温度变化的影响，无论早春或秋季使用，均可达到满意效果。制剂为 15% 乳油和 20% 可湿性粉剂。用 15% 乳油稀释 2000～4000 倍液防治叶螨，持效期可达 40d 以上，并对蚜虫、叶蝉有一定兼治作用。

8. 苯螨特（西斗星、杀螨特、西螨脱）

苯螨特是一种新型杀螨剂，低毒，触杀作用强，能作用于螨的各个发育阶段。该药具较强的速效性和较长的残效期，药后 5～30d 内能及时有效地控制虫口增长；同时该药能防治对其他杀螨剂产生抗药性的螨，对天敌和作物安全。制剂为 5%、10%、20% 乳油。该药主要用于防治柑橘红蜘蛛。

9. 浏阳霉素

浏阳霉素是灰色链霉素浏阳变种产生的大环内酯抗生素，是一种高效、低毒、无环境污染、对作物和天敌安全的杀螨剂。有良好的触杀作用，对螨卵也有抑制作用，孵出的幼螨大多不能存活。浏阳霉素可防治瘿螨、锈螨和叶螨等各种害螨，使用有效浓度为 0.008%～0.01%。

10. 双甲脒

双甲脒系广谱杀螨剂，主要是抑制单胺氧化酶的活性。其具有触杀、拒食、驱避作用，也有一定的内吸、熏蒸作用，用于各类作物的害螨。对同翅目害虫也有较好的防效。制剂为 20% 双甲脒乳油，用 1000～1500 倍液喷雾，可以防治茶树害螨、苹果叶螨、柑橘红蜘蛛、柑橘锈螨、木虱。

2.4.3 杀菌剂和杀线虫剂

2.4.3.1 保护性杀菌剂

1. 波尔多液

波尔多液是由硫酸铜和石灰乳配制而成的一种天蓝色的胶状悬液，杀菌的主要成分是碱性硫酸铜。波尔多液是一种保护剂，在病原菌侵入前使用才能发挥作用，能防治多种病害，如叶斑病、炭疽病等。波尔多液不耐储存，不耐雨水冲刷，要随配随用，喷药后遇雨必须重

喷。桃、李、杏、梅等对铜离子敏感，生长期间一般不能使用。通常用1∶1∶100（硫酸铜∶石灰∶水）的波尔多液喷雾，也可用1∶1∶50的波尔多浆涂杆。

2. 石硫合剂

石硫合剂是用生石灰、硫磺粉熬制成的红褐色透明液体，呈强碱性，有臭鸡蛋气味，遇酸易分解。杀菌的有效成分是多硫化钙（CaSn·Sx），其含量与药液比重呈正相关，以波美度（°Be）来表示其浓度。石硫合剂目前已经工厂化生产，常见剂型有29%水剂、20%膏剂、30%或40%固体及45%结晶。石硫合剂能防治多种有害生物，如白粉病、锈病、红蜘蛛、蚧壳虫等。花木休眠期一般使用浓度为3~5°Be，生长季节使用浓度为0.1~0.3°Be。多硫化钙溶于水，易被空气中的氧气、二氧化碳所分解，液面必须加油与空气隔离方能储存。石硫合剂一般不与其他农药混用，如与乳剂混用，不仅会增加石硫合剂对植物的药害，还会促进其他农药的分解。

3. 白涂剂

白涂剂可以减轻观赏树木因冻害或日灼而发生的损害，并能遮盖伤口，避免病菌侵入，减少天牛等害虫产卵的机会。白涂剂的配方较多，可根据用途选择，常用的有以下几种：

1）石灰硫磺白涂剂。生石灰∶硫磺粉∶食盐∶动植物油∶水=5∶1.5∶2.5∶0.2∶36。

2）石硫合剂白涂剂。生石灰∶石硫合剂∶食盐∶动植物油∶水=5∶0.5∶0.5∶0.1∶20。

3）石灰硫酸铜白涂剂。硫酸铜∶生石灰∶水=1∶20∶60~80。

配制时，石灰、食盐、硫磺粉、硫酸铜等分别用温水化开，然后将其混合并充分搅拌，加入其他部分，补足水即成。注意材料要保证质量，在混配前要充分化开，特别是硫磺粉要充分湿润。白涂剂的涂刷时间，防冻一般在10月下旬入冬前，防日灼一般在6月间。涂刷高度视树木大小而定，一般离地面1~1.5m。

4. 氢氧化铜（可杀得）

氢氧化铜是一种新型广谱杀菌剂。加工剂型有77%氢氧化铜可湿性粉剂和61.4%悬浮剂。它对环境、人畜安全，有较好的粘着性和扩散性，不易被雨水冲刷，残效期长。而且不易产生抗药性，是很好的保护剂。其适用于预防多种植物的真菌和细菌病害。用77%氢氧化铜可湿性粉剂稀释600~800倍液，可防治晚疫病、炭疽病、叶斑病、白粉病、软腐病等。氢氧化铜为预防性杀菌剂，所以必须在发病前施药。

5. 代森锰锌

代森锰锌为低毒保护性杀菌剂，对皮肤和粘膜有一定刺激性，对鱼有毒，对多种蔬菜、果树病害有效，与内吸性杀菌剂混配，可延缓抗药性的产生。剂型为70%可湿性粉剂。用70%可湿性粉剂稀释500~700倍液喷雾，可防治早疫病、灰霉病、蔬菜霜霉病、瓜类炭疽病等。

6. 福美双

福美双是一种保护性、广谱性杀菌剂，中等毒性，对皮肤和粘膜有刺激作用。它主要用于种子处理，防治禾谷类黑穗病和多种作物的苗期立枯病，也可用于喷洒防治一些果树、蔬菜病害。剂型为50%可湿性粉剂。用50%可湿性粉剂4~5g，加细土15kg混匀，播种时用该药土下垫上覆，可防治苗期病害。

7. 百菌清

百菌清是一种广谱性保护杀菌剂，稳定性好，毒性低，但对鱼类毒性较高。耐雨水冲刷，药效稳定，对大多数真菌病害有效。剂型为75%可湿性粉剂。用600～750倍液喷雾，可防治霜霉病、白粉病、炭疽病、斑点病等多种病害。

8. 五氯硝基苯

五氯硝基苯是保护性杀菌剂，毒性低，化学性质稳定，残效期长，在高温干燥条件下药效会降低。常用作土壤处理和种子消毒，对立枯病、紫纹羽病及白绢病等有效，但对镰刀菌无效。制剂为40%粉剂。土壤消毒时，每 m^3 苗圃土可用40%粉剂8～9g，拌12.5～15kg细土施于土内。注意不要粘在苗上，以免发生药害。

2.4.3.2 内吸性杀菌剂

1. 甲基托布津

甲基托布津是广谱性内吸性杀菌剂，对人、畜、鱼安全。不能与含铜制剂混用，需在阴凉、干燥的地方储存。对多种植物病害有预防和治疗作用。残效期5～7d。常见剂型有70%可湿性粉剂，常用浓度为1000～1500倍液。

2. 多菌灵

多菌灵是一种高效、低毒、广谱的内吸性杀菌剂。对温血动物、鱼、蜜蜂安全。常温下储存2年有效成分含量基本不变。多菌灵对酸、碱不稳定，应储存在阴凉、避光的地方，不能与铜制剂混用。该药剂容易被植物根系吸收，可向上运转，残效期长。常见剂型有50%、25%可湿性粉剂，40%悬浮剂。常用50%可湿性粉剂400～1000倍液喷雾。

3. 粉锈宁（三唑酮、百里通）

粉锈宁是一种高效内吸性杀菌剂，对鱼类、鸟类、蜜蜂和天敌安全。其具有杀菌谱广、残效期长、用量低的特点，能在植物体内传导，对锈病、白粉病具有预防、治疗作用。常见制剂有15%、25%可湿性粉剂，20%乳油。通常用25%可湿性粉剂700～1500倍液喷雾。

4. 乙磷铝（疫霉灵、霜疫灵）

乙磷铝是高效低毒、广谱的新型有机磷杀菌剂，易溶于水，在碱性介质中易分解。它具有强烈的内吸传导活性，在植物体内能上下传导，具有较好的保护和治疗作用，持效期长，一般为20～30d。对蜜蜂、鱼等动物安全。对霜霉病、疫霉病、炭疽病、白粉病等有较好防效。剂型为40%、80%可湿性粉剂、80%可溶性粉剂。一般用40%可湿性粉剂300～500倍液喷雾。

5. 甲霜灵（瑞毒霉、雷多米尔、甲霜安）

甲霜灵是一种上下传导的内吸性杀菌剂，可被根茎叶吸收，对许多真菌病害有较好的保护和治疗作用，防治霜霉病、晚疫病特别有效。一般应在发病前或发病初期施用。剂型有25%、50%可湿性粉剂，35%拌种剂，5%颗粒剂。叶面喷雾用25%可湿性粉剂1000～1500倍液，土壤处理时可用25%可湿性粉剂1.8～2kg/hm^2 兑水喷淋苗床。

6. 菌核利（农利灵）

菌核利属于低毒触杀性杀菌剂，具有干扰真菌细胞核功能，使细胞破裂，对菌核病、灰霉病有特效。对皮肤和粘膜有轻度的刺激作用，对鱼有轻微的毒性。对蜜蜂、鸟类无害。剂型为50%可湿性粉剂。在发病初期用50%可湿性粉剂500～800倍液喷雾，对菌核病、灰霉

病、褐斑病等有良好的防效。

2.4.3.3 抗菌素

1. 农用链霉素

链霉素是一种放线菌的产物，对人、畜低毒，可防治多种植物的细菌性病害，如细菌性茎腐病、细菌性根癌病、软腐病等。常见制剂是0.1%～8.5%粉剂，15%～20%可湿性粉剂。生产上常采用喷雾、注射、涂抹或灌根等方法施药。喷雾、注射浓度为0.1～0.4g/L，灌根常用浓度为1～2g/L。链霉素最好和其他抗菌素、杀菌剂、杀虫剂混合使用，以达到兼治或提高药效的目的，并可避免病菌抗药性的产生。

2. 抗霉菌素120（农抗120）

抗霉菌素120是一种广谱性抗菌素，通常为褐色液体，无臭味，遇碱易分解。它对许多植物病原菌有强烈的抑制作用，对花卉白粉病等防效较好。常见制剂为2%和4%水剂，常用2%水剂稀释200倍液喷雾。

3. 井岗霉素

井岗霉素是一种由放线菌产生的抗菌素，低毒，内吸性强，纯品为白色粉末，易溶于水和甲醇中，在酸性液中稳定。剂型有3%、5%水剂，2%、3%、5%、12%、15%水溶性粉剂。用5%水剂800～1000倍液喷雾或用500～800倍液浇根，可防治草坪褐斑病、叶斑病、枯萎病、叶枯病等。

4. 多氧霉素（多效霉素、多抗霉素、宝丽安）

多氧霉素为低毒广谱性抗生素杀菌剂，具有较好的内吸传导作用。作用机理是干扰病菌细胞壁几丁质的生物合成。纯品为无色针状结晶，易溶于水，不溶于有机溶剂，性质稳定。常见剂型为10%、3%、2%可湿性粉剂。用10%可湿性粉剂1.5～2.25kg/hm^2，在初花期开始施药，可防治灰霉病。

2.4.3.4 其他杀菌剂

1. 植物杀菌素

植物杀菌素是利用植物体内含有的对病菌有杀伤和抑制作用的化学物质，通常称为植物杀菌素。在生产中经常提到的生理抗病性，就是其体内含有抗菌物质，其他还有许多生物碱、糖、苷、多元酚等物质，都是有杀菌作用的。目前具有生产实践意义的是大蒜里含有的大蒜素，与大蒜相似的有石蒜所含的石蒜碱，对不少植物病害也有防效。

2. 增产菌（丰收菌）

增产菌是根据“植物体自然生态系”理论筛选得到的体表定殖菌，它通过生态竞争和颉抗作用控制植物病害，同时菌体还分泌激素调节植物生长。用固体菌剂0.3～0.4kg/hm^2，加适量的水稀释，用双层纱布过滤后，定容进行喷雾，也可用50g固体菌剂或50mL液体菌剂浸沾根苗，适量水稀释，将根苗上均匀地浸沾菌液，稍晾干即可扦插、栽植。

3. 木霉菌（生菌散、特立克）

该药属于生物农药，是半知菌类木霉属的真菌孢子。对人畜作物安全，对皮肤有轻度刺激性，主要用于防治霜霉病和灰霉病。剂型为1.5亿活孢子/g木霉菌可湿性粉剂。防治霜霉病用200～300倍液喷雾。防治灰霉病可用500～600倍液喷雾，常于发病初期开始喷药，每隔7d喷一次药，连续喷药3次。

4. 加瑞农

加瑞农是由春雷霉素和王铜混配成的杀菌剂，其中，春雷霉素是抗菌素，主要是影响蛋白质合成，抑制菌丝伸长和造成细胞颗粒化。有内吸和体内运转作用，王铜是无机铜保护性杀菌剂，在一定湿度条件下释放出铜离子起杀菌防病作用。常用制剂为47%可湿性粉剂，用750～1000倍液喷雾，可防治多种植物的叶斑病、炭疽病、白粉病、早疫病、软腐病、溃疡病。

2.4.3.5　杀线虫剂

1. 威百亩（维巴姆、保丰收、硫威钠）

威百亩是一种土壤消毒剂，毒性较低，但会刺激眼睛及粘膜。其用于播种前处理土壤，可防治线虫病，也具有防治真菌、杂草和害虫的效果。它在土壤中分解成异硫氰酸甲酯而起到熏蒸作用，但异硫氰酸甲酯对植物有药害，因此必须待药剂全部分解和消失后才能移植或播种。剂型有30%、33%、48%水剂。防治根线虫，用33%水剂5～7.5g/m^{2}稀释100倍液沟施，施后盖土，一周以后翻耕透气。

2. 线虫必克

线虫必克是一种新型线虫生防制剂，具有高效、无残留、无公害的特点。其主要成分为淡紫拟青霉菌，施入土壤后菌丝迅速繁殖将线虫卵囊包围，产生几丁质酶将线虫卵囊分解并侵染到线虫卵内。对根结线虫、胞囊线虫、金色线虫、异皮线虫等均有效。剂型为2.5亿个孢子/g菌粉。一般用量3g/m^{2}穴施或撒施，按1∶25与细土或有机肥混匀，穴施后覆土或均匀撒施整地作畦。

3. 克线磷（力螨库、苯线磷、苯胺磷）

克线磷为内吸性广谱杀线虫剂，对人、畜毒性高，对鱼毒性中等，对蜜蜂、家蚕、作物无害。药剂可从根部进入，在植物体内上下传导，还可随雨水或灌溉水进入作物根层，在土壤中半衰期为30d，对多种植物线虫有较好的防治效果。剂型为10%、5%颗粒剂。在播种前、种植时及作物生长期均可施用，穴施或沟施时，用10%颗粒剂5～7.5g/m^{2}均匀撒施于穴中或沟中，然后覆土，穴表可浇少量水。

4. 克线丹

克线丹为触杀性广谱杀线虫剂，无熏蒸作用。对根结线虫属和穿孔线虫属有很高的防治效果，对孢囊线虫属效率较低。剂型为10%颗粒剂。在播种时或作物生长期施药，可沟施穴施或撒施。用10%颗粒剂2.5～5g/m^2，或在种植时进行15～25cm宽混土带施。

2.4.4　除草剂

除草剂的种类多，发展特别快，使用越来越广泛。目前园林使用的多为灭生性除草剂，在草坪中使用部分选择性除草剂。

2.4.4.1　灭生性除草剂

1. 草甘膦（镇草宁、农达）

草甘膦是输导型灭生性除草剂，具有内吸传导作用。可通过杂草茎叶吸收后传导至整株，主要作用是干扰氨基酸生物合成和使细胞核染色体失常，使地下根、茎失去再生能力，直接进入土壤则分解失去活性。剂型为10%草甘膦水剂、41%农达水剂。其主要用于防除

果园、休闲地、林地、新开地的多年生深根性杂草，对一年生杂草也有良好效果，对空心莲子草具有特效。一般用有效成分为 0.07～0.14g/m^2，防除深根性的多年生杂草用 0.15～0.25g/m^2。

2. 克无踪（百草枯）

克无踪为灭生性广谱除草剂，中等毒性，对眼睛慢性刺激。能防除大多数一年生杂草和多年生杂草，对地下根茎无效。其主要破坏绿色植物组织部分，施药 2～3h 后杂草呈现反应，2～3d 内植物完全死亡，在强烈阳光下可加速杂草死亡。剂型为 20%、24% 水剂，可用于地面针对杂草茎叶喷雾，一般用有效成分 0.03～0.06g/m^2，草多草大用高剂量，反之用低剂量。施用时应避免药剂直接喷洒或飘移到其他植物上。

2.4.4.2　选择性除草剂

1. 阔叶净（巨星）

阔叶净为一种选择性的苗后茎叶处理除草剂，主要用于防除多种一年生阔叶杂草。阔叶净能被杂草的叶面及根部吸收，并迅速地转移到杂草体内，抑制杂草的缬氨酸和异亮氨酸两种氨基酸的生物合成，阻止杂草的细胞分裂，从而杀死杂草。对阔叶净敏感的杂草，施药后会立即停止生长，并在 1～3 周之内死亡。剂型为 75% 悬浮剂。用量为有效成分 1.2～4.6g/hm^2，兑水均匀喷雾杂草茎叶可取得较好的防效。

2. 绿黄隆（嗪磺隆）

绿黄隆是选择性输导型除草剂，它可通过杂草叶面或根部吸收而迅速输导至全株，杂草受害后，表现出停止生长、失绿、叶脉褪色，顶芽枯萎，最后缓慢死亡。剂型为 80% 可湿性粉剂，20%、75% 干式胶悬剂。可防除藜、蓼、苋、田旋花、猪殃殃等大多数阔叶杂草，对某些一年生禾本科杂草也有一定效果。绿黄隆用量较少，一般为 30～90g/hm^2 有效成分。阔叶植物特别是十字花科植物对绿黄隆敏感，施绿黄隆后，下茬不宜种植十字花科植物。

3. 盖草能（氧氟草除）

盖草能是一种苗后选择性除草剂，具有内吸传导性，茎叶处理后很快被杂草吸收输导到整个植株，因抑制根和茎的分生组织而导致杂草死亡。对禾本科杂草有很好的防效，对阔叶作物安全。剂型为 12.5% 乳油，可用于果园、苗圃、花卉圃防除看麦娘、牛筋草、马唐、稗草、狗尾草、千金子等一年生杂草和狗芽根、白茅等多年生杂草。在园区、苗圃应于杂草 3～6 叶期，用 0.75～1.2L/hm^2 喷雾。多年生杂草较多时，在 5 叶期至幼穗前用 0.13～0.16L/hm^2 喷雾。

4. 稳杀得（氟草除）

稳杀得是一种内吸传导型的选择性茎叶处理剂，对禾本科杂草杀伤力强，对阔叶植物安全。吸入植物体后水解成酸，在生长点干扰 ATP 的产生和传递，一般施药后 48h 即可出现中毒症状，在 15d 后枯死。稳杀得应用于防治多种禾本科杂草，剂型为 35% 乳油。果园、苗圃在杂草 4～6 叶期，用 1～1.5L/hm^2 喷雾。

5. 拿捕净（乙草定）

拿捕净是一种具有选择性输导型的苗后除草剂，具有较好的内吸传导作用，通过杂草的茎叶吸收，迅速传导到生长点和节间分生组织，抑制细胞分裂而使杂草死亡。对禾本科植物的杀伤力很强，对阔叶杂草及莎草科杂草无效，一般施药后 7～14d 后开始表现症状。剂型为20%乳油、12.5%机油乳剂。用20%乳油防除一年生禾本科杂草，在杂草2~3叶期用1~1.5L/hm² 喷雾，杂草4~5叶期用1.5~2L/hm² 喷雾。防除多年生禾本科杂草，在杂草3~6叶期用2~3L/hm² 喷雾。

2.4.5 植物生长调节剂

2.4.5.1 抑制型调节剂

1. 矮壮素（氯化胆碱）

矮壮素是一种生长抑制剂，可由茎叶吸收传导，具有抑制营养生长促进生殖生长的作用，使植株变矮，节间缩短，茎秆变粗，叶片增厚，叶色深绿，增强植株抗倒、抗旱、抗寒和抗病能力。剂型为95%原粉、50%乳油和50%、40%水剂。其可用于浸种、喷施，因植物种类和目的不同，使用方法和浓度各异，按有效成分计，如用0.2%~0.3%灌株，可促进一品红矮化，叶面喷洒0.2%~0.25%可促进杜鹃开花。

2. 多效唑

多效唑是内源赤霉素合成的抑制剂，可明显减弱顶端生长优势，促进侧芽滋生，使各器官细胞变小，层数增加，表现出矮壮多蘖，叶色浓绿，根系发达。可起到矮化作用，也可控梢促果。常用剂型为25%乳油，2000~2500倍液喷雾。

3. 比久（丁酰肼、B9）

比久是一种生长抑制剂，主要作用是抑制新枝徒长，缩短节间长度，增加叶片厚度及叶绿素含量，防止落花，促进坐果，诱导不定根形成，刺激根系生长。制剂为80%~97%的可溶性粉剂。用有效成分含量0.1%~0.2%液喷雾可抑梢、着色、防落果、延长储存等，用0.3%药液喷雾可促使菊花矮化花大，用0.1%~0.5%药液浸泡菊花、一品红、石竹、茶树等插条基部15~20s，能促进生根，提高扦插的成活率。

4. 2.4-D

2.4-D是常用的生长抑制剂，对人畜中毒，对蜜蜂较为敏感。可被植物根、茎、叶吸收，传导至生长旺盛的生长点和根尖等处。当浓度大于0.01%时可作为除草剂，能杀死植株或使植物生长受阻，丧失结果能力；而浓度在0.001%~0.002%时，则可刺激植物生长，促进发芽，抑制茎叶伸长，减少落花落果。剂型为80%钠盐水溶性粉剂、55%胺盐液剂。其适用于防止落花落果，或果品保鲜。2.4-D可与其他植物生长调节剂混用，如与吲哚丁酸混用可提高促根效能。

2.4.5.2 促进型调节剂

1. 赤霉素（920）

赤霉素是赤霉菌的代谢产物，又称为赤霉酸，是一种生长促进剂，有促进细胞伸长、加速生长、打破休眠的作用。目前生产的有粗制品和精制品，含量有很大差异，在使用时请注意阅读标签。可以用涂抹、拌种、蘸根等使用方法，若是用粉剂时，可先用少量的酒精或烧酒将其溶解后再用水稀释。按有效成分计，用0.002%~0.005%浸松树、苹果等种子12~60h，可增加种子萌发率，减少幼苗落叶。用0.05%~0.1%喷雾或涂抹花蕾，可打破休眠或度过春化阶段，促使牡丹、山茶等提前开花。用0.001%~0.01%溶液叶面喷洒，可代替长日照使天竺葵、大丽菊等在秋季提早开花。

2. 萘乙酸

萘乙酸是广谱型植物生长调节剂，能促进细胞分裂，诱导形成不定根，增加坐果，防止落果。可经叶片、树枝的嫩表皮、种子进入到植株内，随营养流输导到全株，是生根粉的主要成分。在园林植物栽培中用萘乙酸0.03%～0.05%药液浸泡扦插枝条基部（3～5cm）24h，可促进插条生根，提高成活率。

3. 吲哚乙酸（苗长素、生长素）

吲哚乙酸是一种植物内源生长素，低毒，不耐储存。其主要用于延长营养生长、促进不定根形成、提高坐果率等。用0.01%～0.11%液浸泡插枝的基部，可促进茶树、水杉等植株不定根的形成，加快营养繁殖速度。用0.03%～0.04%液喷洒菊花，可抑制花芽的出现，延迟开花，是配制生根粉的主要材料。

4. 乙稀利

乙稀利具有打破种子休眠，减少顶端优势，去雄催熟等作用。在酸性介质中稳定，在碱性介质中很快释放出乙稀。剂型为60%原粉、40%水剂。乙稀利作为催熟剂已在粮食作物、经济作物及果树、蔬菜上应用，但因种类、品种、气候条件以及使用目的不同，其施药时间和浓度也不相同，因此在当地初次使用前，一定要进行试验。在苹果、梨的自然成熟前3～4周，以40%水剂800～1000倍液处理果实，可以达到催熟、增色的目的。

5. 生根粉

生根粉是一类能刺激植物器官产生不定根、促进生根的生长调节剂，常以吲哚乙酸、吲哚丁酸、萘乙酸等作为主要成分，再添加适量的营养物质或填充剂，研制成各种生根粉。市场上供应的生根粉种类繁多，应根据不同的植物、不同的处理部位、不同的要求选用。目前以ABT生根粉应用较为广泛，它有十个系列：1号主要用于难以生根的珍贵植物的扦插育苗，2号用于易生根植物的扦插，3号用于移植苗和播种育苗，4号用于农作物、特种经济作物、蔬菜的种子或种苗，5号用于块茎、块根类植物。但它们都必须用酒精溶解。现在又开发出6～10号生根粉系列，可以直接在水中溶解。

2.4.6　其他农药

2.4.6.1　杀软体动物剂

1. 密达（蜗克）

密达是一种低毒的选择性强的杀螺剂，主要有效成分是四聚乙醛、甲萘威、饵料，有特殊香味，对软体动物有诱集作用，当螺取食或接触到药剂后，使螺体迅速脱水，大量体液的流失和细胞被破坏，导致螺体、蛞蝓等在短时间内中毒死亡。剂型为6%颗粒剂，用50～60粒/m^2均匀撒施，可防治蜗牛、蛞蝓、福寿螺等软体动物。

2. 杀螺胺（螺灭杀、百螺杀）

杀螺胺属于酰胺类低毒杀软体动物剂，具有胃毒作用，对螺卵、血吸虫尾蚴等有较强的杀灭作用，对人畜毒性低，对作物安全。剂型有50%、70%可湿性粉剂，25%乳油。用70%可湿性粉剂防治旱地蜗牛、蛞蝓用500～700倍液喷雾，防治田螺用0.4～0.6g/m^2喷雾或撒毒土，防治钉螺，春季在湖州、河滩上用1g/m^2兑水喷雾。当水源困难时，可采用细沙拌药撒粉灭螺。

3. 灭蜗佳

灭蜗佳是速灭威和硫酸铜的混配剂，适用于旱地防治蜗牛，驱避性强、药效期长，可以杀死成蜗牛。剂型为74%可湿性粉剂（速灭威0.1%、硫酸铜73.9%）。在5～6月繁殖高峰前，用74%灭蜗佳可湿性粉剂0.4～0.5g/m²，加水喷雾。晴天气温高时硫酸铜可能对植物造成药害，建议在阴天用药。

2.4.6.2 杀鼠剂

1. 溴敌隆（乐万通）

溴敌隆属于第二代抗凝血杀鼠剂，高毒、杀鼠谱广、适口性好，对第一代抗凝血杀鼠剂产生抗性的老鼠有效。毒饵使用浓度为0.005%。配制方法是：用净水5kg，加入少量食盐或糖，再倒入0.5%溴敌隆0.5kg混匀，使药水呈深红色。然后将药水缓慢倒入50kg干小麦中，边倒边搅拌，待药水完全被吸收，晾干备用。投放时室内每间房投放毒饵2～3堆，每堆3～5g。野外每堆毒饵5～10g，投放后不需补饵。

2. 鼠甘氟

鼠甘氟是速效性杀鼠剂，老鼠食后2～3h发病，24h内死亡。对人、畜高毒，但对鸡、鸭等家禽毒性较弱。制剂为80%原液。其主要用于野外，尤其适用于草原牧区。先用10～20倍水稀释原药，再放入燕麦、小麦等小粒粮作饵料，浸泡1～2d，使饵料充分吸收药液，配制成0.5%的毒饵。为了防止药液挥发，浸泡的容器应密封。使用时可在每个鼠洞投放毒饵0.5g。

相关技能训练

实训11　园林植物常用农药性状观察

一、实训目标

通过对农药外表包装观察识别，阅读农药标签和使用说明书，了解当地生产上常见主要农药剂型、理化性状特点及其简易的鉴别方法。

二、实训材料和用具

1. 材料

当地各种常用的杀虫剂、杀螨剂、杀菌剂、杀线虫剂、除草剂，及其他类型农药，尽可能包括所有剂型，以便于学生进行比较。

2. 用具

天平、牛角匙、试管、量筒、烧杯、玻璃棒、口罩、手套、记录本、铅笔等。

三、实训内容与方法

（一）观察并阅读农药标签和使用说明书

根据实训内容提供的农药，认真阅读包装上的标签和说明书，认真阅读其名称、农药三证、包装类型和规格、毒性和标志、农药种类标志带、保质期限、注意事项和使用说明等，仔细比较它们之间的差异，将观察结果选10种填入表2-11。

（二）农药理化性状的简易辨别方法

1. 常见农药物理性状的辨别

从给出的备选实训材料中，选择并辨别粉剂、可湿性粉剂、乳油、颗粒剂、水剂、悬浮剂等不同剂型的农药在颜色、形态等物理状态上的差异。

2. 粉剂、可湿性粉剂质量的简易鉴别

取少量药粉轻轻撒在水面上，长时间浮在水面的为粉剂，在1min内粉粒吸湿下沉，搅动时可产生大量泡沫的为可湿性粉剂。另取少量可湿性粉剂倒入盛有200mL水的量筒内，轻轻搅动放置30min，观察药液的悬浮情况，沉淀越少，可湿性药粉质量越高。如有3/4的粉剂颗粒沉淀，表示可湿性粉剂的质量较差。在上述药液中加入0.2～0.5g合成洗衣粉，充分搅拌，比较观察药液的悬浮性是否改善。

3. 乳油质量简易测定

将2～3滴乳油滴入盛有清水的试管中，轻轻震荡，观察油水融合是否良好，稀释液中有无油层漂浮或沉淀。稀释后油水融合良好，呈半透明或乳白色稳定的乳状液，表明乳油的乳化性能好；若出现少许油层，表明乳化性尚好；出现大量油层，乳油被破坏，则不能使用。

四、实训报告

1）列表比较10种农药的标签内容，见表2-11。

表2-11　10种农药标签比较

药剂名称	包装规格	三证号	毒性	出厂日期	防治范围	稀释浓度	注意事项

2）测定2～3种可湿性粉剂及乳油的悬浮性和乳化性，并详细记录其变化和结果。

实训12　波尔多液的配制与石硫合剂的熬制

一、实训目标

通过实训掌握波尔多液配制和石硫合剂熬制的方法、配制过程和关键步骤，了解原料质量和不同配制方法对波尔多液和石硫合剂质量的影响，从而理解波尔多液和石硫合剂的性质及其防治使用特点。

二、实训材料和用具

1. 材料

硫酸铜（$CuSO_4 \cdot 5H_2O$）、生石灰、硫磺粉、水。

2. 用具

试管、天平、量筒、烧杯、牛角匙、试管架、盛水容器、研钵、试管刷、小铁刀、PH试纸、铁丝、台秤、玻璃棒、铁锅、灶（电炉）、木棒、水桶和波美比重计等。

三、实训内容及方法

（一）波尔多液的配制

1. 波尔多液的配方

因寄主种类和防治对象不同，波尔多液的配合比例有多种，通常使用的配合量见表2-12。

表2-12　波尔多液配合量表

原　料	半量式	等量式	倍量式
硫酸铜/g	5	5	5
石灰/g	2.5	5	10
水/mL	500	500	500

注意原料的选择，硫酸铜应呈蓝色半透明结晶体，生石灰应为新鲜、洁白、质轻、烧透的块状体，最好用软水。

2. 波尔多液的配制步骤

1）两液同时注入法：用1/2水溶解硫酸铜，用另外1/2水消解生石灰，然后同时将两液注入第三个容器内，边倒边搅拌即成。

2）稀硫酸铜溶液注入浓石灰水法：用1/2水溶解硫酸铜，用另外1/2水消解生石灰，然后将硫酸铜液倒入生石灰水中，边倒边搅拌即成。

3）石灰水注入浓度相同的硫酸铜溶液法：用1/2水溶解硫酸铜，用另外1/2水消解生石灰，然后将生石灰水倒入硫酸铜液中，边倒边搅拌即成。

注意：少量配制波尔多液时，硫酸铜和生石灰要研细；如用块状石灰加水溶解时，一定要慢慢将水加入，使生石灰逐渐消解化开。

3. 波尔多液的质量鉴别

1）物态观察：观察比较不同方法配制的波尔多液的颜色和质地，其颜色质地是否相同。质量优良的波尔多液应为天蓝色胶态乳状液。

2）酸碱性测试：用pH试纸测定其酸碱性，以试纸慢慢变为蓝色（即碱性反应）为好。

3）铁丝反应：用磨亮的铁丝插入波尔多液片刻，观察铁丝上有无镀铜现象，以不产生镀铜现象为好。

4）滤液吹气：将波尔多液过滤后，取其滤液少许置于载玻片上，取滤液10～20mL置于三角瓶中，插入玻璃管吹气，滤液变浑浊为好。

5）沉淀测试：将制成的波尔多液分别同时倒入100mL的量筒中静置90min，按时记载

沉淀情况，沉淀越慢越好，过快者不可采用。将上述鉴定结果记入表2-13。

表2-13　波尔多液配制质量鉴定项目表

检查方法 / 配制方法	悬浮率（%）		颜色差异	酸碱测试（ph）	铁丝反应	滤液吹气	沉淀测试
	30min	60min					
1							
2							
3							

悬浮率计算公式：悬浮率 =（悬浮液柱的容量/波尔多液液柱的总容量）×100%

（二）石硫合剂的熬制

1. 石硫合剂的配方

石硫合剂的有效成分是多硫化钙，外观为红褐色或者琥珀色的透明液体，具有强烈的臭鸡蛋气味。石硫合剂的配比有不同的配方见表2-14，可在不同的实习组间实施。

表2-14　石硫合剂原料配比表

原　料	重量比例		
硫磺粉	2	2	1
生石灰	1	1	1
水	5	10	10
估计原液浓度（°Be）	32~34	26~28	18~21

2. 熬制方法

1）分别称取硫磺粉100g，生石灰50g，水1000mL。将称好的生石灰放入容器中，倒入适量的热水溶解成粉状，再加入少量的热水搅拌成石灰乳。

2）用适量热水将研细后硫磺粉调成糊状，剩余的水全部倒入石灰乳中。

3）把石灰乳烧开，将硫磺糊慢慢加入，边加热边搅拌（加完后记下水位线，熬制过程中蒸发的水量随时用热水补充）。加大火力，至沸腾时，继续熬煮45~60min，至溶液被熬成暗红褐色（老酱油色）时停火，静置待稍冷却后进行过滤，其溶液即为母（原）液。

4）观察原液色泽、气味和对石蕊试纸的反应。

3. 注意事项

1）熬制时火力要强而均匀，使药液保持沸腾而不外溢。

2）不能用铜锅或铝锅进行熬制，熬制时用铁锅或陶器或1000mL的烧杯。

3）应选用黄色粉末硫磺粉，生石灰要选用新烧制的，洁白手感轻，块状无杂质。

4）熬制过程中应事先将药液深度做出标志，不断被蒸发的水要随时用热水补充，切忌加冷水或一次加水过多，以免因降低温度而影响原液的质量，且在反应时间的最后15min以前补充完毕。也可在熬制时根据经验，事先将估计蒸发的水量一次性加足，中途不再加水，熬制过程中应不停的搅拌。也可结合生产实际，用大铁锅熬制，并进行喷洒。

4. 质量检测

1）色泽：优良的石硫合剂应为透明的红褐色溶液，残渣少。如果药液的颜色呈黄白色，说明熬制时间较短；呈黑色时说明熬制时间过长。

2）气味：有强烈的臭鸡蛋气味。

3）用石蕊试纸测试呈强碱性。

4）用波美比重计测定其浓度，读数越大，其质量越好。

5）沉淀鉴别：在熬制容器的旁边事先准备一盆清水，待药液熬至40～50min时，用木棒挑取1～2滴药液滴入清水中，若立即散开，说明煮好，即可停火，若下沉需继续熬制。

5. 原液浓度的测定

将冷却的原液倒入量筒，用波美比重计测量其浓度，注意药液的深度应大于比重计的长度，使比重计能漂浮在药液中。观察比重计的刻度时，应以下面的药液面所表明的度数为准。测出原液浓度后，根据需要，用公式或参考石硫合剂浓度稀释表计算稀释加水倍数。

稀释倍数的计算：重量稀释加水倍数=(原液波美度－稀释液波美度)/稀释液波美度。

四、实训报告

1）简述波尔多液配制的基本步骤及注意事项。

2）比较不同方法配制成的波尔多液的质量优劣，并列表记录下来。

3）阐述石硫合剂熬制的步骤、注意事项及其质量检查的具体措施。

实训13　农药的使用技术

一、实训目标

通过本实训，使学生能够根据具体情况正确选择农药的种类、剂型以及使用方法和合理的施药时期，准确计算农药的用量，正确使用各种农药器械进行施药。

二、实训材料和用具

材料：当地农药市场常见的各类杀虫剂、杀菌剂和除草剂。

用具：托盘天平、量筒（10mL、50mL）、烧杯（500mL、1000mL）、喷雾器械、玻璃棒、移液管（10mL、20mL）、镊子。

三、实训内容及方法

（一）实训内容

1）根据园林植物病虫害的种类、发生发展规律以及特点，从“安全、经济、有效、方便”的角度出发，正确选择农药的种类、剂型以及合理的施药时期。

2）根据所要施药的面积和农药使用说明书推荐使用的药量，计算农药制剂和稀释剂的用量，并进行稀释和配置。

3）园林常用农药实用技术训练。

（二）实训操作方法

1. 正确选择农药的种类、剂型以及合理的施药时期

1）根据园林植物病虫害的种类以及发生规律进行相关选择。比如：防治对象是病害还

是虫害，病害的病原是哪种，是叶部病害、枝干病害还是根部病害；害虫是咀嚼式口器还是刺吸式口器，其发生发展规律如何等，来准确选择农药的品种。

2）根据国家化学农药安全使用标准和规定来使用农药。在使用农药过程中，要考虑农药对植物、环境、天敌的影响，如石硫合剂在冬季休眠期时浓度可为3～5°Be，而在植物生长季节使用时则必须稀释至0.1～0.3°Be，否则容易造成要害。又如波尔多液在使用过程中则要考虑不同植物对铜离子和石灰的忍受程度（桃、李、梅等植物易受铜离子影响而产生药害）。如春季多数植物花期是多种天敌昆虫越冬后取食并补充营养、恢复体力的时期，应尽量避免施药或选择对天敌伤害小或无害的化学药剂。

3）合理选择最佳施药时期。杀虫剂依据其杀虫机制和效果的不同，可分为触杀剂、胃毒剂、昆虫生长调节剂等，合理的施药时期要根据园林植物病虫害的种类、生长情况、农药的物理化学性质和气象条件等因素来决定。某些有机磷及菊酯类杀虫剂的杀虫效果很高，在应用几个小时内就可控制害虫的危害，防治时机确定时会比较宽松，如确定在害虫的3龄期前防治即可；但对于某些昆虫生长调节剂，其杀虫机制是阻碍昆虫体壁的形成，杀虫作用十分缓慢，通常5～7d后才逐步控制害虫的危害，防治时机必须提前至害虫的卵盛期，才能收到较理想的防治效果。如食叶害虫则应该根据其幼虫具有群集性的特点而选择在此时进行防治，保护性杀菌剂则要在病害发生之前使用，而在大风、大雨等气象条件不佳的情况下禁止使用等。

2. 准确计算农药制剂原药剂和稀释的用量，并进行稀释配制

化学农药中除了粉剂、颗粒剂和超低容量喷雾乳油之外，大部分农药剂型都需要用稀释剂稀释后方可使用。在农药的使用过程中，通常要根据使用说明书推荐用量来计算农药制剂和稀释剂的用量。目前，我国商品农药说明书上推荐的农药用量有四种表示法分别计算农药制剂的用量。

3. 合理选择施药方法，提高用药质量

根据防治对象的特点，施药方法通常有喷雾法、喷粉法、撒施法、毒饵法、熏蒸法、打孔法、内吸剂涂毒环法、吊针输液法、种苗处理法、土壤处理法等。上述各种使用方法，要根据具体情况，因地制宜、因病制宜、因时制宜，采用适当的农药以及剂型和使用方法就可以达到控制病虫种群的目的。如防治地下害虫则采用土壤处理法，防治天牛应采用熏蒸法等。

4. 操作时要注意安全，遵守用药规则

在农药稀释配制过程中，要严格遵守操作规程和实验室规章制度，注意安全，切勿用手直接接触药品。事先要戴口罩和一次性塑胶手套，防止农药经口腔和皮肤进入人体内部而导致中毒事故。操作时切忌喝水和吃食物，操作完毕后和就餐前要用肥皂洗净手脸或洗澡，同时工作服也要洗涤干净。若一旦发生中毒事件，在采取紧急措施的同时要立即送往医院救治。

四、实训报告

1）结合防治对象，选择1～2种供试农药进行稀释配制并详细记录操作流程。

2）简述农药安全使用中应该注意的问题。

归纳总结

- 园林植物有害生物综合防治技术
  - 综合防治原理
    - 综合防治的概念、基本观点、发展历程及可持续治理
    - 综合防治的策略 — 从整体出发，自然控制，协调措施，明确防治指标和防治适期
    - 综合防治方案制订 — 摸清“家底”、掌握规律、加强测报，组合措施
  - 预测预报
    - 预测原理
      - 昆虫种群消长 — 种群、群落、生态系统，种群消长的因素
      - 病害发生流行 — 寄生性、致病性，抗病性，环境条件
    - 预测方法 — 发生量预测、发生期预测、为害损失预测、统计预测等
  - 综合防治方法
    - 植物检疫 — 检疫对象及疫区、保护区的确定，检验检测，疫情处理
    - 园林技术防治 — 健康种苗，苗圃选择，合理栽植、施肥、浇水，加强管理
    - 物理机械防治 — 热处理、微波处理、辐射处理，捕杀、诱杀、阻隔法
    - 生物防治 — 以虫治虫，以菌治虫，以菌治病，杂草生防及蜘蛛、螨类的应用
    - 化学防治
      - 优缺点 — 高效、速效、广谱，“3R”、“三致”问题
      - 合理用药 — 对症下药，适期、适量、科学、轮换、混用农药
      - 安全用药 — 降低毒性、预防药害、控制污染、延缓抗药性
  - 常见农药及使用技术
    - 农药应用基础 — 农药的分类、剂型和标签，农药的稀释技术、使用方法等
    - 杀虫（螨）剂 — 有机磷、有机氮、拟除虫菊酯、特异性杀虫剂及杀螨剂等
    - 杀菌（线虫）剂 — 保护性、内吸性杀菌剂，抗菌素、植物杀菌素及杀线虫剂
    - 除草剂 — 选择性除草剂、灭生性除草剂
    - 植物生长调节剂 — 促进型、抑制型和特殊用途调节剂
    - 其他农药 — 杀鼠剂、杀软体动物剂等

同步测试

一、比较释义

综合防治和IPM；原药和商品农药；疫区和保护区；残毒、毒性和药害；致死中量和击倒中量；抗药性和耐药性；经济阈值和防治指标；抗菌素和生物农药；

二、解释名词

有效积温法则、期距、物候预测法、侵染循环、潜育期、真菌的生活史、侵染程序、病害流行

三、填空题

1. 对昆虫的生长发育、分布及活动产生影响的环境因素主要包括(　　)、(　　)、(　　)、(　　)4个方面。

2. 天敌昆虫包括(　　)、(　　)两大类。

3. 昆虫的发生与危害调查根据内容可以分为(　　)、(　　)、(　　)、(　　)4类。

4. 园林害虫上常用的调查法是(　　)，获取样本应具有(　　)性和(　　)性，最常用的方法有(　　)、(　　)。

5. 常用昆虫发生率为标准确定其某虫态发生的时期，始盛期、高峰期和盛末期的发生率分别是(　　)、(　　)、(　　)。

6. 昆虫的预测预报通常根据其内容主要分为(　　)、(　　)、(　　)、(　　)4类。

7. 植物的抗虫性表现有(　　)、(　　)、(　　)。

8. 农药的使用方法通常有(　　)、(　　)、(　　)、(　　)、(　　)。

9. 诱杀法中常有(　　)、(　　)、(　　)、(　　)、(　　)。

10. 农药的剂型通常有(　　)、(　　)、(　　)、(　　)、(　　)、(　　)、(　　)。

11. 害虫生物防治的基本途径有(　　)、(　　)、(　　)。

12. 根据处理到表现症状的时间的长短，农药的毒性分为(　　)、(　　)、(　　)。

四、选择题

1. 大白鼠口服LD_{50}为300mg/kg，它是(　　)。

A. 高毒　　B. 中毒　　C. 低毒　　D. 无毒

2. 浏阳霉素是(　　)剂。

A. 杀虫　　B. 杀菌　　C. 杀线虫　　D. 杀螨剂

3. 甲维盐的作用方式是(　　)。

A. 内吸和熏蒸　　B. 内吸和触杀　　C. 触杀和胃毒　　D. 触杀和熏蒸

4. (　　)是一种防治霜霉病的内吸杀菌剂。

A. 福美双　　B. 三环唑　　C. 井冈霉素　　D. 乙磷铝

5. (　　)是适于防治草坪阔叶杂草的选择性除草剂。

A. 草甘膦　　B. 盖草能　　C. 巨星　　D. 稳杀得

五、判断题

1. 苏云金杆菌是一类昆虫病原真菌。(　　)

2. 合理用药的基本原则是经济、安全、有效。(　　)

3. 配好的波尔多液若长期存放应密闭。(　　)

4. LD_{50}的数值越小，则毒性越高。(　　)

5. 蜘蛛和赤眼蜂都是捕食性天敌。(　　)

六、简答题

1. 比较真菌病害、细菌病害和病毒病害在侵入途径、传播方式和越冬场所上的异同。

2. 了解病害的侵染循环对植物病害的防治有什么意义?

3. 害虫在田间的分布型与调查取样方法有什么关联?

4. 昆虫发生期预测的主要方法有哪些?

5. 农药为什么要加工?

6. 以瓢虫治蚜有哪些措施?

7. 怎样才能做到合理用药?

8. 为什么说农业防治是综合防治的基础?

9. 怎样才能做到安全用药?

七、计算题

1. 防治草坪病害需要0.01%的井岗霉素，若按0.75kg/m^2药液，现有3%的水剂出售，若要防治1000m^2草坪病害需买多少商品农药?稀释倍数是多少?

2. 某地有5000株行道树需要防治介壳虫，现用25%的噻嗪酮乳油，稀释1000倍液喷雾，预计每株需药液10kg，总共需要买多少商品农药?

项目3 城市不良环境的影响及控制措施

学习目标

通过本项目的学习，要求了解城市不良环境的类别及对园林植物的影响，熟悉由不良环境影响造成的园林植物非生物性病害的诊断，掌握消除或改善不良环境的方法，为完成园林植物保护任务打下坚实的基础。

任务1　不良环境因子及所致生理性病害

任务分析：该任务主要包括影响园林植物生长不良环境因子的种类、危害及该类生理性病害的诊断。要完成该任务必须运用植物生长与环境及园林植物栽培的相关知识，善于观察、分析、比较，学会“望、闻、问、切”，熟悉病害的科学诊断方法，掌握生理性病害的症状及病因，以便针对性地采取预防及控制措施。

知识点：引起园林植物生理性病害的病原；常见生理性病害的症状特点。

能力点：园林植物生理性病害的田间诊断技术，侵染性病害与生理性病害的区别。

任务实施的相关专业知识

传统的园林植物保护主要局限于防治由生物因素引起的病虫危害，但园林植物所面临的危害绝不只是有害生物的危害。城市绿化植物长势不好在很多时候是不良环境所致。营养失调、温湿度不适、水分不匀、环境污染，以及人类各种活动产生的对环境的改变和压力等使得绝大多数园林植物生长环境恶劣，导致其生长不良、叶黄枝枯，甚至死亡。这种现象称为生理性病害或非侵染性病害，也被称为“城市综合征”。

城市不良环境对园林植物的影响是巨大的，其复杂性、长期性、严重性、多变性是其他农林业植保所无法相比的。目前，这类园林植物病害正日趋增多，成为一类重要的非侵染性病害。

3.1.1 不良环境因素的种类及影响

3.1.1.1 营养失调对园林植物的影响

土壤是植物生存的载体，生命的根基，营养的源泉。土养根，根养树，“根深”才能“叶茂”。除部分浮生的水生植物外，绝大多数植物都植根于土壤之中。但现代城区内，园林植物的枯枝落叶大部分被运走或烧掉，使土壤不能像林区自然土壤那样落叶归根、养分循环。植物在这种土壤上生长，每年都要从有限的营养空间吸取养分，势必使城市土壤越来越贫瘠。

城市贫瘠的“薄”土，根本满足不了园林植物的营养需求。植物所必需的营养元素有氮、磷、钾、钙、镁和微量元素铁、硼、锰、锌、铜等十几种，任何一种缺素症都会影响花木的正常生长和观赏效果。常见的缺素症有以下几种：

1. 缺氮

氮是形成蛋白质的基本成分。花木一旦缺氮，植株生长缓慢，叶子变成淡绿或黄白，基部叶片发黄或呈浅褐色，枝细弱，顶梢新叶变小，严重时叶片脱落。如栀子缺氮，叶片普遍黄化，植株生长发育受阻；菊花缺氮，叶片变小，呈灰绿色，叶尖及叶缘呈淡绿色，下部老叶脱落，茎木质化，节间短，生长受抑；月季缺氮，叶片黄化，但不脱落，植株矮小，叶芽发育不良，花小、色淡。但土壤中氮肥含量过多时，常造成植物营养生长过旺，生育期延迟，植株抗病力下降。在酸性强、缺乏有机质的土壤中，常有氮素不足的现象。

2. 缺磷

磷是核蛋白及磷脂的组成成分，是植物高能磷酸键（ATP）的构成成分，对植物生长发育具有重要意义。植物缺磷时植物生长受抑，植株矮小，叶片初期变成深绿色，但灰暗无光泽，后渐呈紫色，早落；开花小而少，色淡，并易导致果实变小。磷素在植物体内可以从老熟组织中转移到幼嫩组织中重被利用，所以症状一般先从老叶上开始出现。如香石竹缺磷，基部叶片变成棕色而死亡，茎纤细柔弱，节间短，花较小；月季缺磷表现为老叶凋落，但不发黄，茎瘦弱，芽发育缓慢，根系较少，影响花的质量。

3. 缺钾

钾是植物营养三要素之一，在植物灰分中是含量较多的元素，是有机体进行代谢的基础。花木缺钾时首先表现在老叶上。双子叶植物缺钾时，植株下部老叶首先出现黄化或斑驳的缺绿区，然后沿着叶缘和叶尖产生坏死区，叶片卷曲，老叶叶缘卷曲呈黄色或火烧色并易脱落，茎杆纤细；单子叶植物缺钾时，叶片顶端和边缘细胞先坏死，以后向下发展，植株发育不良。

4. 缺铁

植物对铁的需求量虽不多，但它却是植物生长发育中不可缺少的元素，叶绿素的形成必须有铁的参与，而且，铁还是构成许多氧化酶的必要元素，具有调节呼吸的作用。植物缺铁时会引起黄化病。由于铁在植物体内不易转移，因此，由缺铁引起的黄化病先从幼叶开始发病，逐渐发展到老叶黄化，以后脉间部分会出现黄褐色枯斑，并自叶边缘起逐渐变黄褐色枯死。被害叶只有叶脉本身保持绿色，叶脉间和叶脉附近全部失绿，因而叶脉形成细的网状。严重缺铁时，较细的侧脉也会失绿。缺铁的症状与缺镁相似，所不同的是缺铁先从新叶的叶脉间出现黄化，叶脉仍为绿色，继而发展成整个叶片转黄或发白。如栀子花缺铁时幼叶开始

黄化，然后向下扩展到植株基部叶片，严重时全叶变白，由叶尖发展到叶缘，逐渐枯死，植株生长受抑。菊花、山茶花、海棠花等多种花木均发生相似症状。

碱性土壤可以抑制植物根系对铁的吸收。调查数据表明，南京多数香樟患有黄化病，包头大多数油松患有油松红针病。据研究分析，认为石灰、水泥、砖石是导致街道边土壤呈碱性的根源，而土壤碱性影响铁元素的吸收，使香樟或油松有效铁含量低，这是导致香樟黄化和油松红针的主要原因。

5. 缺镁

镁是叶绿素的重要组成成分，镁能调节原生质的理化性状，镁与钙有拮抗作用，过剩的钙有害时，只要加入镁即可消除。植物缺镁时先在老叶的叶脉间发生黄化，逐渐蔓延至上部新叶，叶肉呈黄色而叶脉仍为绿色，并在叶脉间出现各种色斑，后期叶常枯萎，叶小导致花朵偏小色淡、植株生长受抑，枝条细长且脆弱，根系长，但须根稀少。缺镁多出现在酸性土壤。缺镁症的症状与缺铁症相似，所不同的是缺镁症先从枝条下部的老叶开始发病，然后逐渐扩展到上部的叶片。如金鱼草缺镁时，基部叶片黄化，随后叶上出现白色斑点，叶缘向上卷曲，叶尖向下钩弯，叶柄及叶片皱缩、干焦，但垂挂在茎上不脱落，花色变白；栀子缺镁时出现叶片黄化，从叶缘开始向内坏死，从植株基部开始落叶，逐渐向上扩展；八仙花对镁元素的缺乏特别敏感，缺镁时，基部叶片的叶脉间黄化，不久即死亡；月季缺镁时，基部叶片变小，根变粗，侧根少，植株生长发育受阻，花较小。

6. 缺锰

锰是植物体内氧化酶的辅酶基，它与植物光合作用及氧化作用有着密切关系，锰可抑制过多的铁毒害，又能增加土壤中硝酸态氮的含量，在形成叶绿素及植物体内糖分积累和转运中也起着重要作用。植物缺锰的症状和缺铁基本相似，叶脉之间出现失绿斑点，并在叶片上形成小的坏死斑，幼叶和老叶都可发生，以后叶片迅速凋萎，植株生长变弱，花不能形成。缺锰一般发生在石灰性土壤上。

7. 缺锌

锌是植物细胞中碳酸酐酶的组成成分，它直接影响植物的呼吸作用，也是还原氧化过程中酶的催化剂，并影响植物生长刺激剂的合成。在一定程度上它又是维生素的活化剂，对光合作用有促进作用，植物缺锌时，体内生长素会受到破坏，植物生长受抑，并产生病害。缺锌时叶片变黄或变小，叶脉间出现黄斑，蔓延至新叶，幼叶硬而小，且黄白化。在枝条的顶端向上直立呈簇生状，植株节间明显萎缩僵化。“小叶病”是缺锌使生长素形成不足所致的典型症状。

8. 缺硫

硫是蛋白质的重要组成成分。植物缺硫时，也引起失绿，但它与缺镁和缺铁的症状有别，以幼叶表现更明显。缺硫时叶脉发黄，叶肉组织却仍然保持绿色，从叶片基部开始出现红色枯斑。通常植株顶端幼叶受害较早，叶坚厚，枝细长，呈木质化，植株矮小，叶尖黄化，开花推迟，根部明显伸长。如一品红缺硫时，叶呈淡暗绿色，后黄化，在叶片的基部产生枯死组织，并沿主脉向外扩展。八仙花缺硫时，幼叶呈淡绿色，植株生长缓慢，容易感染霉菌，生长严重受到抑制。

9. 缺钙

钙是细胞壁和细胞间层的组成成分，并能调节植物体内细胞液的酸碱反应，把草酸结合

成草酸钙，减少环境中过酸的毒害作用，加强植物对氮、磷的吸收，并能降低一价离子过多的毒性，同时在土壤中有一定的杀虫杀菌的作用。植物缺钙症状首先表现在新叶上，在枝叶生长点附近。典型症状是幼嫩叶片的叶尖和叶缘坏死，然后是叶芽坏死，嫩叶失绿、嫩叶扭曲或嫩芽枯死。根尖也会停止生长、变色和死亡。植株矮小。如栀子缺钙表现为植株瘦弱，顶芽及幼叶的尖端死亡，植株上部叶边缘及尖端产生明显的坏死斑，发黄皱缩，根部受损严重，植株生长明显受抑；月季缺钙，根系和植株顶部死亡，提早落叶；菊花缺钙顶芽及顶部的一部分叶片死亡，有的叶片失绿，根粗短，呈棕褐色，常腐烂。植物严重缺钙则不能开花。一般酸性土壤中易发生钙的缺乏。

此外，缺硼可引起嫩叶失绿，叶片肥厚皱缩，叶缘向上卷曲，根系不发达，顶芽和幼根生长点死亡，落花落果；缺铜可导致植物叶尖发白、幼叶萎缩，出现白色叶斑；缺钼的最初症状是老叶脉间缺绿和坏死，有时呈斑点状坏死等。

目前，各地园林植物营养失调症已呈普发和上升态势，但在某些情况下由于缺乏识别和检测手段而将它混同于传染性植物病害，用防治传染性病害的方法对付因环境而引发的植物营养失调症，因此不能收效。

土壤中某些营养元素含量过高也会影响植物生长发育，有时还会造成严重的伤害。如土壤中氮肥含量过多时，常造成植物营养生长过旺，生育期延迟，植株抗病力下降；土壤中硼过剩时，引起苗木下位叶缘黄化或脱落，植株矮化；锰过剩时，则使叶脉变褐，叶片早枯。而过量的钠会引起植物缺钙；过量的铜可使植物组织坏死。

除土壤自身的营养元素的缺乏或过剩会引发营养失调外，土壤的理化性质不适宜，如温度过低、水分含量低、pH 偏高或偏低等都会直接或间接影响植物对营养元素的正常吸收和利用。如低温会降低植株根的呼吸作用，直接影响根系对氮、磷、钾的吸收。土壤酸性太强，一些植物的生长发育受阻而显示出不良症状。酸度过大可增大矿物质的溶解性，从而使浓度提高，进而产生元素过量的毒害。

3.1.1.2 水分失调对园林植物的影响

植物的新陈代谢过程和各种生理活动，都必须有水分的参与才能进行，水分直接参与植物体内各种物质的转化和合成，溶解并吸收土壤中各种营养元素，并可调节植物体温，也是维持细胞膨压、平衡树体温度不可缺少的因素。水分在植物体内的含量可达 80% ~90% 以上，水分的缺乏或过多及供给失调都会对植物产生不良影响。植物所需要的水分主要来自土壤，而土壤水分主要来自大气降水和人工补水。土壤含水量多少与土壤渣砾含量、土壤密实状况、地面铺装和距地表水远近、地下水位高低等有关。

1. 水分不足

城市土壤密实度高，含有较多渣砾等夹杂物，加之路面和铺装的封闭，自然降水很难渗入土壤中，大部分排入下水道，致使自然降水量无法充分供给树木以满足其生长需要，而地下建筑又深入地下较深的地层，从而使树木根系很难接近和吸收地下水，因而土壤含水量低，使植物水分平衡经常处于负值，进而表现生长不良，植株萎蔫，叶片变色，叶缘枯焦，造成落叶、落花和落果，若长期得不到缓解，则进而诱发侵染性病害。

2. 水分过多

水分过多俗称涝害，会阻碍土温的升高和降低土壤的透气性，土壤中氧气含量降低，植物根系长时间进行无氧呼吸，引起根系腐烂，也会引起叶片变色、落花和落果，甚至全株死

亡。一般草本花卉容易受到涝害。植株在幼苗期对缺水也很敏感，木本植物中，悬铃木、合欢、女贞、青桐、板栗、核桃等树木易受涝害。女贞受水淹后，蒸腾作用立刻下降，12d后植株便死亡。而枫杨、杨树、柳树、乌桕等树木及火炬松、短叶松的幼苗对水涝有很强的耐力和抗性。

多种花木在土壤水分过多的情况下，通常容易发生叶色变黄、花色变浅、花香味减退，引起落叶、落花，严重时根系腐烂，甚至全株死亡。

3.1.1.3　温度不适对园林植物的影响

植物的生长发育都有它适宜的温度范围，温度过高或过低，超过了它的适应能力，植物代谢过程将受到阻碍，就可能发生病理变化而发病。

1. 低温的影响

低温对植物危害很大。轻者产生冷害，表现为植株生长减慢，组织变色、坏死，造成落花、落果和畸形果；0℃以下的低温可使植物细胞内含物结冰，细胞间隙脱水，原生质破坏，导致细胞及组织死亡。如秋季的早霜、春季的晚霜，常使植株的幼芽、新梢、花器、幼果等器官或组织受冻，造成幼芽枯死、花器脱落、不能结实或果实早落。而冬季的反常低温对一些长绿观赏植物即落叶花灌木等未充分木质化的嫩梢、叶片同样引起冻害。

低温还能引起苗木冻拔害，尤以新栽植的苗木易受其害，其原因是土壤中的水分结冰，冰柱体积不断增大，将表层土壤抬起，苗木则不能随之复位，如经数次冻拔，苗木则可被拔出而与土壤分离遭受损害。这在我国南北地势较高的山区都有发生。

2. 高温的影响

高温对植物的危害也很大。高温可植物使光合作用下降，呼吸作用上升，碳水化合物消耗加大，生长减慢，使植株矮化和提早成熟。干旱会加剧高温对植物的危害程度。

在自然条件下，高温常与强日照及干旱同时存在，可使花灌木及树木的茎、叶、果等组织产生灼伤，称为日灼病，表现为组织褪色变白呈革质状、硬化易被腐生菌侵染而引起腐烂。灼伤主要发生在植株的向阳面，如夏季高温时银杏苗木茎腐病严重。针叶树幼苗受土壤高温的灼伤，茎基部出现白斑，幼苗即行倒伏，很容易与侵染性的猝倒病混淆。在荫处，当气温超过32℃时，新移栽的铁杉、紫藤和绣球花等花木，也容易受到高温的伤害。此外，道路铺装在阳光直射下，夏季里地表土温高可达50℃以上，致使表层根系日灼，失去活力。

3. 环境温差的影响

在城市环境里，由于建筑物朝向的不同，引起土温差异而对植物生长产生影响。在北方地区的城市，楼北侧较楼南侧全年土温偏低，冬季结冻期长，树木在春秋季节里长势和物候期上，要比其他地点的树木有明显差异。春季气温逐渐转暖，地上营养器官开始活动，而地下根系仍处于冻土层之中，引起地上树木枝叶失水，出现抽条；秋季里由于气温和土温降低，引起树木提前落叶。

环境温差大，也能导致物理伤害。如毛白杨“破腹病”是所有栽培白杨树地区的常见病，但很多地方经常将它混同于杨柳树的“烂皮病”。受害树的皮纵向破裂深达木质部，裂缝中流出酱褐色树液，严重摧残杨树的生长势。发病的中后期也比较容易诱发传染性“烂皮病”。与“烂皮病”不同的是，“破腹病”的病原不是传染性的真菌类微生物，而是杨树立地环境气温骤变，温差过大形成的物理伤害。这也说明，生理性病害的发生也会导致侵染性病害的发生。

3.1.1.4 光照不适宜对园林植物的影响

阳光一般分为直射光和散射光。晴天阳光直接照射的光称为“直射光”，阴天的光或庇荫下的光称为“散射光”。光是一切植物赖以生存、生长和发育的最基本条件，大多数花卉都需要光线，只是不同种类的花卉对光照强度和日照长度的要求不同。光照的强度和时间的长短对花卉影响很大。例如，需要在阳光下生长的月季花、石榴、半支莲、荷花、睡莲等，如果把它们放在荫蔽的环境中，常出现枝条纤细，节间伸长，叶色发黄，还容易受病虫害袭击；喜阴花卉是指原来生长在山野阴坡地带或林下的花卉，在夏季高温季节需要给予不同程度的遮荫，同时，还要适当增加空气湿度，才能安全度夏，例如，兰花、龟背竹、万年青、玉簪等。

日照的长短，对一些花卉有很大的影响，有的花卉原产地是热带地区，只有在短日照（每日光照限制在8~10h内）条件下，才能孕蕾开花，例如一品红、叶子花等，若进行人工遮光处理，减少日照时间，可促使提早开花。

光照过弱可影响叶绿素的形成和光合作用的进行。受害植物叶色发黄，枝条细弱，花芽分化率低，易落花落果，并易受病原物侵染。特别是温室、温床栽培的植物更容易出现上述现象。

在园林植物中，可分为喜光植物、耐荫植物和中性植物，他们对光照有不同要求，因此，栽培上一定要根据植物的不同习性进行选择，才能使园林植物正常生长。

3.1.1.5 城市环境污染对园林植物的影响

1. 大气污染

自然界中存在的有毒气体、土壤和植物表面的尘埃、农药等有害物质，都可使植物中毒而发病。工厂排出的有害气体为硫化物、氟化物、氯化物、氮氧化物、臭氧、粉尘及带有各种金属元素的气体等，都可能对园林植物产生不良影响。大气污染物质对植物的危害是由多种因素决定的。首先取决于有害气体的浓度及持续的时间，同时也取决于污染物的种类、受害植物种类及不同发育时期、外界环境条件等。大气污染物除直接对植物生长产生不良影响外，同时还降低了植物的抗病力。

（1）氟化物危害　空气中伤害植物的氟化物以氟化氢、氟化硅为主。氟化物危害的典型症状，是受害植物叶片顶端和叶缘处出现灼烧现象，这种伤害的颜色因植物种类而异，在叶的受害组织与健康组织之间有一条明显的红棕色带。由于尚未成熟的叶片容易受氟化物危害，常可使植物枝梢顶端枯死。

悬铃木、加杨、银杏、松杉类树木及唐菖蒲等对氟化物较敏感，如唐菖蒲对氟化物受污染后首先是叶尖产生灼烧现象，然后逐渐向下延伸，黄花品种更为敏感，很小剂量即对花产生危害。因此，有些国家利用它作为环境监测的植物材料。玉簪受氟化物的危害，在叶尖和叶缘处产生半圆形浅棕褐色或乳黄色的坏死斑，受病组织与正常组织之间有一条棕褐色带，受害组织失水后即成一薄膜，并逐渐破裂脱落，使叶缘呈缺刻状。

桃、女贞、垂柳、刺槐、油茶、油杉、夹竹桃、白栎、苹果等则对氟化物抗性较强。

（2）硫化物污染　硫化物污染是我国大气污染中较为主要的污染物。植物对二氧化硫很敏感，当受到二氧化硫危害时，叶脉间出现不规则形失绿的坏死斑，但有时也呈红棕色或深褐色。二氧化硫的伤害一般是局部性的，多发生在叶缘、叶尖等部位的叶脉间，伤区周围的绿色组织仍可保持正常功能，若受害严重时，全叶枯死。有的植物对二氧化硫非常敏感，

如空气中含有及其微弱的硫时，美国白松顶梢就会发生轻微枯死，针叶表面出现褪绿斑点，针叶尖端起初变为暗色，后呈棕色至赭红色。阔叶树受害的典型病状是自叶缘开始沿着侧脉向中脉伸展，在叶脉之间形成褪绿的花斑。如果二氧化硫的浓度过高时，则褪色斑很快变为褐色坏死斑。如百日草在受到二氧化硫浓度1μg/mL 时，经6h 熏气，1 周后，叶片大部分坏死，花瓣前端边缘也产生坏死斑。针叶树受害，常从针叶尖端开始，逐渐向下发展，呈红棕色或褐色坏死。

酸雨是由大气中的 SO_2 和 NO_2 溶于雨水中转变成硫酸和硝酸提高了酸度而形成。酸雨可直接作用于植物，破坏植物表面蜡质层，使组织中钙、钾等元素淋溶而影响新陈代谢。可引起植物叶片产生污斑、卷曲、发黑、落叶等症状。

据观察，对二氧化硫气体特别敏感的植物有月季、云杉、落叶松、枫杨、加拿大杨等；而女贞、刺槐、垂柳、银桦、夹竹桃、桃、棕榈、法国梧桐、美人蕉、香石竹、仙人掌类、丁香、山茶以及桂花、广玉兰、松柏等对二氧化硫有较强抗性。

(3) 臭氧污染　臭氧污染对植物的危害普遍表现为植株褪绿和坏死。对臭氧特别敏感的植物有大叶女贞、丁香、葡萄、牡丹、皂荚等。植物栅栏组织层是臭氧危害最多的部位。对臭氧有抗性的植物有百日草、一品红、草莓和黑胡桃等植物。

(4) 氯化物污染　氯化氢对植物细胞杀伤力很强，能很快破坏叶绿素，使叶片产生褪色斑，严重时全叶漂白，枯卷，甚至脱落。伤斑多分布于叶脉间，但受害组织与正常组织间无明显界限。有些植物受氯化物危害后会出现其他颜色的伤斑，如枫杨和绣球呈棕褐色，广玉兰呈红棕色，女贞、杜仲呈深灰褐色。一般未充分伸展的幼叶不易受氯化物危害，而刚成熟已充分伸展的叶片最易受害，老叶次之。因此，植物受到氯化物危害后，枝条先端的幼叶仍然继续生长，这和氟化物的危害正相反。各种植物对氯化物的敏感性是有差异的，在园林植物中，水杉、枫杨、木棉、樟子松、紫椴等到对氯化物敏感；银杏、紫藤、刺槐、丁香、瓜子黄杨、无花果、蒲葵、山桃等抗性强。

植物受大气污染危害约有 3 种情况：即急性危害、慢性危害及不可见危害。急性危害时的受害叶片最初叶面呈水渍状，叶缘或叶脉间皱缩，随后叶片干枯。多数植物叶片褪绿为象牙色，但也有些植物叶片变为褐色或褐红色，受害严重时叶片逐渐枯萎脱落，造成植株死亡；慢性危害主要表现为叶片褪绿近乎白色，这主要是叶片细胞中的叶绿素受破坏而引起的；不可见的危害是在浓度较低的大气污染物影响下，植物受到轻度的危害，生理代谢受到干扰及抑制，如光合作用受到影响，合成作用下降，酶系统的活性下降，细胞液酸化，使植物体内组织变性，细胞产生质壁分离，色素下沉。

总之，大气污染物往往延迟植物发芽长叶，结实少而小，叶片失绿变白或有坏死斑，严重时大量落叶、落果，甚至导致植物死亡。

2. 土壤污染

土壤中的污染物超过植物的忍耐限度，会引起植物的吸收和代谢失调，一些污染物在植物体内残留，会影响植物的生长发育，甚至导致遗传变异。污染对植物的危害是长期的、隐蔽的，症状出现较慢。在城市的特殊环境里，造成土壤污染的原因很多。

(1) 重金属对园林植物的影响　土壤中残留的重金属如汞、铬、镉、铝、铜等，这些污染物往往使植物根系生长受到抑制，影响水分吸收，同时，叶片往往褪绿，影响生理代谢，导致植物死亡。

（2）化学制剂使用不当对园林植物的影响　硝酸盐、钾盐或酸性肥料、碱性肥料如果使用不当，常能产生类似病原菌引起的症状。如果天气干旱，使用过量的硝酸钠，植株顶叶会变褐，出现灼伤。除草剂使用不慎会使树木和灌木受到严重伤害，甚至死亡。阴凉潮湿的天气使用波尔多液和其他铜素杀菌剂时，有些植物叶面会发生灼伤或是出现斑点。栎、苹果和蔷薇属于最易产生药害的一类植物。温室生长的景天、长生草和某些多汁植物易受有机磷药物的危害。误用烟碱，会使百合叶出现灰色斑。喷施矮壮素、多效唑等植物生长调节剂浓度过高会严重抑制植物生长。农药在土壤中积累到一定浓度，也可使植物根系受到毒害，影响生长，甚至死亡。

北方近年来冬季大量使用除雪剂融化街道积雪，并将其堆入绿化带，土壤盐分渗透到植物根区，造成对植物生存的威胁，盐分能阻碍水分从土壤中向根内渗透和破坏原生质吸附离子的能力，引起原生质脱水，造成不可逆转的伤害。此外，氯化钠的积累还会削弱氨基酸和碳水化合物的代谢作用，阻碍根部对钙、镁、磷等基本养分的吸收，导致土壤板结，通气和供水状况恶化。树木摄取过多盐分，在尚未致死的情况下，盐分可以通过落叶部分转移，但又可随落叶回归土壤中。在土壤排水能力较好的情况下，充分的降水和过量的灌溉，可把盐分淋溶到根系以下更深的土层中而减轻危害。但当盐分过高时，在很短时间内，仍然可致树木于死地。城市树木受害后，一般阔叶树表现为叶片变小、叶缘和叶片有枯斑、呈棕色，严重时叶片干枯脱落；有的树木表现为多次萌发新梢及开花，芽干枯。针叶树针叶枯黄，严重时整枝或全株枯死。

植物的这种季节性伤害有地域局限性，在北方地区比较普遍。

（3）水质污染对园林绿化植物的影响　工厂未经处理的含有大量有毒物质的工业污水和居民区产生的大量生活污水，使园林植物生长所需的水质污染严重。地下水的污染可导致园林树种的成活率偏低，保存率下降，生长不良。

（4）人类活动对园林植物的影响　园林植物生长在人口稠密的城市，城市中往往绿化面积大的地方也是人群较为密集的地方，人为的干扰使得城市园林绿地系统难以维持稳定平衡的生态功能，人为践踏造成土壤板结通透性差，改变了土壤固、液、气三相组成和孔隙分布状态及土壤水、气、热、养分状况。

道路施工改造对园林植物正常生长的破坏最为严重。施工时造成树木大量断根，打破了树木原有的地上和地下的生态平衡，极大地影响了树木的正常生长，树下铺设电缆、地砖和池沿时，会切断一些横向生长的树根，根系轻度受损的树木生长缓慢，出现枯梢和枯枝；根系严重受损的树木死亡。

城市土壤由于路面的封闭和铺装大面积不透水、不透气的地砖，阻碍了气体交换，土壤密实，储气的非毛管孔隙减少，土壤含氧量少。由于土壤氧气供应不足，根呼吸作用减弱，对根系生长产生不良影响。据调查，如果土壤通气孔隙度减少到15%时，根系生长受阻，土壤通气孔隙度减少到9%以下时，根严重缺氧，进行无氧呼吸而产生酒精积累，引起根中毒死亡。同时，由于土壤氧气不足，土壤内微生物繁殖受到抑制，靠微生物分解释放养分减少，降低了土壤有效养分含量和植物对养分的利用，直接影响植物生长。

地下管网、线缆、下水道密集导致城市园林植物地下根系被严重挤压。土壤中建筑垃圾、生活垃圾充斥，不能分解、降解的废塑料使园林植物生长受阻。树木生长的地下空间缺水缺氧，生存条件严重恶化，导致树木呼吸困难，树势降低，甚至死亡。

非侵染性病害不但直接给园林植物造成严重的损失，削弱了植物对某些侵染性病害的抵抗力，同时也为许多病原生物开辟了侵入途径，容易诱发侵染性病害。如在氮肥过多、光照不足的条件下，月季常因组织嫩弱易发生白粉病。相反，侵染性病害也会削弱植物对外界环境的适应能力。如月季感染黑斑病后，由于叶片大量早落，影响了新抽嫩梢的木质化，致使冬季易受冻害，引起枯梢。

3.1.2　非侵染性病害的诊断

园林植物的侵染性病害与非侵染病害之间互为因果的复杂关系，有时给病害的诊断带来一些困难，使之不能及时确定病害的主要原因。因而必须对发病现场做深入细致的调查研究和分析，甚至通过试验手段来确诊。

非侵染性病害的病株在群体间发生比较集中，发病面积大而且均匀，没有由点到面的扩展过程，发病时间比较一致，发病部位大致相同。如日灼病都发生在果、枝干的向阳面，除日灼、药害是局部病害外，通常植株表现在全株性发病，如缺素病、旱害、涝害等。

3.1.2.1　症状观察

非侵染性病害的诊断是较为复杂的问题。首先要研究排除侵染性病害，然后再检查发病的症状，即发病部位、特征、危害程度等。对病株上发病部位，病部形态大小、颜色、气味、质地有无病症等外部症状，用肉眼和放大镜观察。非侵染性病害只有病状而无病症，必要时可切取病组织表面消毒后，置于保温（25～28℃）条件下诱发。如经24～48h仍无病症发生，可初步确定该病不是真菌或细菌引起的病害，而属于非侵染性病害或病毒病害。

3.1.2.2　显微镜检

在检查是否为非侵染性病害时，可用显微镜检查有无病原生物，或用电子显微镜结合生物测定，确定是否有病毒感染。将新鲜或剥离表皮的病组织切片并加以染色处理。显微镜下检查有无病原物及病毒所致的组织病变（包括内含体），也可以用组织化学方法进行分析，如果是侵染性病害，组织中菌丝则染成深褐色，其他组织呈淡褐色；如果是非侵染性病害，则无深褐色的菌丝存在。有时也用组织分离法来诊断，如果是非侵染性病害，在发病部位不能分离出病原物，但是对于病毒性病害则难分辨。有时在非侵染性病害的发病部位，可能有寄生或腐生性菌类的存在，在这种情况下，一般利用显微镜是难以确定的，因此，必须进行接种试验来检查，才能确定是否为非侵染性病害。

3.1.2.3　环境分析

非侵染性病害由不适宜环境引起，因此应分析发病因素，包括发病时间、气候条件、地形、土壤、肥料、水分等。注意病害发生与地势、土质、肥料及与当年气象条件的关系，栽培管理措施、排灌、喷药是否适当，城市工厂“三废”是否引起植物中毒等，都应作分析研究，才能在复杂的环境因素中找出主要的致病因素。例如晚霜之害多在春季冷空气过后晴朗无风的夜晚发生；永久性枯萎一般发生在长期干旱或水涝情况下；空气污染往往发生在强大污染源周围的园林植物种植区；日灼病常发生在温差变化很大的季节等。

3.1.2.4　病原鉴定

确定为非侵染性病害后，应进一步对非侵染性病害的病原进行鉴定。

1. 化学诊断

化学诊断主要用于缺素症与盐碱害等。通常是对病株组织或土壤进行化学分析，测定其成分、含量，并与正常值相比，查明过多或过少的成分，确定病原。

2. 人工诱发

根据初步分析的可疑原因，人为提供类似发病条件，诱发病害，观察表现的症状是否相同。此法适于温度、湿度不适宜，元素过多或过少，药物中毒等病害。

3. 指示植物鉴定

这种方法适用于鉴定缺素症病原。当提出可疑因子后，可选择最容易缺乏该种元素、症状表现明显、稳定的植物，种植在疑为缺乏该种元素园林植物附近，观察其症状反应，借以鉴定园林植物是否患有该元素缺乏症。

4. 排除病因

采取治疗措施排除病因。如缺素症可在土壤中增施所缺元素或对病株喷洒、注射、灌根治疗。根腐病若是由于土壤水分过多引起的，可以开沟排水，降低地下水位以促进植物根系生长。如降低苗床土壤温度，即可防止银杏茎腐病的发生；控制水肥用量，可以减轻月季白粉病的危害。如果病害减轻或恢复健康，说明病原诊断正确。

由城市不良环境引起的非侵染性病害有时也可能是由几种因素综合影响的结果，这种情况更为复杂，必须选择科学的试验分析方法，做好每个影响因素及综合因素的试验研究，方能得出正确结论，达到预期的目的。

任务2　不良环境因子的控制措施

任务分析： 该任务是在已经了解了不良环境对园林植物的不良影响并进行准确诊断后，采取各种措施，消除或降低这些不良因子的危害，促使园林植物健康生长。要完成该任务必须与园林规划设计、植物配置及栽培等相关知识相结合，采用科学方法，将植物保护措施贯穿于园林规划设计、园林施工及园林植物配置的各项工作中，才能达到控制或改善不良环境，确保园林植物健康生长的目的。

知识点： 植物保护知识及技能在园林规划设计、施工及养护中的重要作用。

能力点： 园林植物不良生长环境的改善及控制措施。

任务实施的相关专业知识

要控制城市不良环境对园林植物的影响，必须加大宣传力度，形成“领导重视绿化，社会关心绿化，人人维护绿化”的良好局面，减少人为损坏绿化成果的现象。严格执行城市绿化法规，对于各种损害道路绿化树木及相关绿化设施的行为依法进行处理。同时要加大资金投入，满足园林植物基本维护和养护的资金，保障园林植物对城市的绿化效果。

园林植物保护的实质是通过保护园林植物的正常生长，促进人与自然和谐，这是园林植保本质的内涵。因此，园林植物保护首先是对园林绿化过程的全覆盖，同时又是以确保植物健康生长为目的生态型的植保，这不仅是对有害生物及不良环境的控制，而是将植物保护的理念融入园林绿化的全过程。

3.2.1　构建合理的植物群落

稳定的生态结构是植物生长的基础，也是植物保护的基础，因此园林规划设计中，必须本着增强生物间的协调共存对园林植物进行合理配置，促成稳定的植物群落结构和合理的栽植密度，这些与园林植物的生长环境及有害生物发生轻重都有直接关系。因而，在园林设计过程中，要把植保因素放在设计的重要位置，以防患于未然。

3.2.1.1　推广应用乡土树种

城市园林是一个特殊的生态系统，受人为因素的高度干扰，在选择植物种类时，应坚持适地适树原则，重视乡土树种的推广应用。所谓乡土树种，是指原产于当地或通过长期驯化的树种，证明其已非常适合当地环境条件。乡土树种是长期演变中形成的地域性植物，具有较强的适应性和抗逆性，抗旱、抗寒、抗热、抗瘠薄、抗有害生物、抗污染，管理粗放，养护成本较低。同时，乡土树种还具有丰富的林相和季相变化，可以形成不同的地域特色景观。因此，乡土树种应成为园林绿化的首选树种。当前，部分城市在绿化建设过程中，忽视甚至避而不用乡土树种，转而追求一些不适应当地环境的外来树种，且不加论证盲目引种，虽然在园林景观上能够取得较好的效果，但新引进的植物往往不适应环境变化，表现出生长不良，对有害生物抗性较弱等性状，给后期的养护管理工作带来了很多问题。

3.2.1.2　丰富园林植物品种

根据生态学上“种类多样性导致群落稳定性”原理，要使城市园林生态稳定、协调发展，提高对有害生物的自我调控能力，维持城市的生态平衡，就要充分考虑植物相互间的生长速度、影响力、阴阳性、观赏性、树种间的连片与分隔的统一，丰富植物品种，体现物种多样性。物种多样性是群落多样性的基础，它能提高群落的观赏价值，增强群落的抗逆性和韧性，有利于保持群落的稳定，避免有害生物的入侵。只有多类物种才能形成丰富多彩的群落景观，满足人们不同的审美要求；也只有多样性的物种，才能构建不同生态功能的植物群落，更好地发挥植物群落的景观效果和生态效果。

园林设计配置植物时应尽量多选用一些植物种类，同时要兼顾各种植物品种类型，如增加地被植物种类，增加开花灌木等蜜源植物种类和数量，增加鸟嗜植物的种类和数量，这些植物会给有害生物的天敌提供良好的生存环境，能充分发挥生态调控作用，从而防止或减少病虫害的发生。将园林模拟成自然生态群落，还应充分考虑植物、动物、微生物之间的生态交互性，兼顾生态系统之间的物质循环和能量流动，尽量减少以人的暂时需求为中心，片面种植单一植物的现象，尽力避免因植物搭配不当而破坏生态系统的完整性。应因地制宜，适地适树，让各种类型的植物，各展风姿，互为补充，相得益彰。

3.2.1.3　构建复层植物群落

构建丰富的复层植物群落结构有助于生物多样性的实现。良好的复层结构植物群落能够最大限度地利用土地及空间，使植物能够充分利用光照、热量、水势、土肥等自然资源。乔木能改善群落内部环境，为中、下层植物的生长创造较好的小生态环境；小乔木或者大灌木等中层树可以充当低层屏障，既可挡风，又能增添视觉景观；下层灌木或地被可以丰富林下景致，保持水土，弥补地形不足。同时复层结构群落能形成多样的小生态环境，为动物、微生物提供良好的栖息和繁衍场所，配置的群落应可招引各种昆虫、鸟类和小兽类，形成完善的食物链，以保障生态系统中能量转换和物质循环的持续稳定发展。

根据植物的生物学特性和生态学特性，应因时因地制宜，乔、灌、藤、草、花并重，在空间上高低错落，在结构上协调有序，构建丰富多彩、层相繁杂的植物景观群落。这对改善生态环境、机械阻隔有害生物的孳生蔓延与传播扩散有着重要的作用，同时还有利于鸟类、蜘蛛等天敌动物及其他有益生物的生存繁衍，因此对植物有害生物可以起到很好的抑制作用。

3.2.1.4 合理配植植物品种

植物群落内各种植物之间的关系是极其复杂和矛盾的，其中有竞争，也有互助，即植物他感作用。植物他感作用是指植物通过向体外分泌代谢过程中的化学物质对其他植物产生直接或间接的影响，既包括互助有益的作用，也包括抑制和有害的作用。他感作用在高等植物界、微生物界互相之间均影响群落形成、发展和演化。在园林绿化过程中依然存在，故在园林绿化中应引起注意，利用植物间相生相克的关系科学安排绿化苗木品种的配搭和布局。科学利用植物间的相互关系，遵循生物共生、循环、竞争的原则，配置成有利于植物生长而不利于植物有害生物发生的种植结构，能减轻或限制有害生物的危害。因此，应掌握各种植物间的相互关系，合理利用植物间的这种关系。如兰科植物、云杉、栎、桦木、雪松、核桃、白蜡、落叶松、桑等植物与菌根菌具有共生关系；一些植物种的分泌物对另一些植物的生长发育是有利的，如百合与玫瑰栽种在一起，比单独种植长得更好。山茶花、茶梅和红花油茶等与山苍子摆放在一起，可明显减少煤污病的发生。皂荚同栲树，黑接骨木与云杉，黄栌与鞑靼槭，黑果红端木与白蜡槭，毛竹与金钱松等一起生长时，互相有显著的促进作用。但另一些植物的分泌物则对其他植物的生长不利，丁香、薄荷、刺槐、月桂等能分泌大量的芳香物质，影响相邻植物的伸长生长；榆树的分泌物能使栎树发育不良；松树同云杉、栎树、白桦间存在明显的抑制现象，应避免混交；栎树和榆树不能种植在一起；垂柳和桦树不能伴生；丁香与铃兰不能在一起，否则丁香花迅速萎蔫。

此外，还应避免混植病害转主寄生或有共同病虫害的植物。如龙柏、桧柏、侧柏等，是城市中优良的常绿树种，在园林绿化上使用广泛，但却是苹果锈病和梨锈病的转主寄生；油松、马尾松和黄山松等二针松不能和勺药、赤药等芍药科、玄参科、毛莨科、马鞭革科、龙胆科、凤仙花科、萝藦科、爵床科、旱金莲科等多种植物混栽，否则会诱发二针松疱锈病。因此在种植设计时，要全盘考虑，避免种植病害转主寄生植物。

园林生态环境中的蜜源植物，如早春开花的二月兰、紫花地丁、蒲公英、点地梅、女贞、金银木、丁香、锦带、接骨木、黄杨等植物能产生大量花粉和花蜜，为蛰伏后的姬蜂、食蚜蝇、草蛉等天敌补充营养，有利于天敌的成活、繁衍及捕食、寄生能力的提高。增加鸟嗜植物种类和数量，为鸟类提供栖息、筑巢等场所。如金银木、火棘、枸骨等果实是灰喜鹊、斑鸠、山雀、大山雀等鸟类的越冬食物。种植刺槐、国槐等能优化天敌生态环境的植物，以此来吸引天敌。这样，天敌生物的数量会逐渐增多，如螳螂、蜘蛛、猎蝽、瓢虫等捕食性昆虫将纷纷出现，这些不但可以控制害虫，也可进一步丰富城市园林景观。

3.2.2 科学施工

3.2.2.1 种植前场地清理

在城市土壤中大都遗留许多灰渣、沙石、砖头、碎木等建筑垃圾，且场地坑洼较多，影

响植物生长和绿化景观，因此，在种植园林植物时，应加强植物种植前场地清理工作，清除垃圾、填平坑洼等。

3.2.2.2 换土

由于建筑工程道路施工将土壤表层全部破坏，土壤表层大都是建筑垃圾、石块以及新土，养分缺乏、性能较差，需要进行换土。若是植物草坪或花坛就要进行全面换土，换土厚20～30cm。单种树木，则可用大穴换土，树穴换土厚度60～120cm。换土时应注意客土来源，土质及公共卫生情况，要选择结构良好，土质疏松，中性弱酸，富含有机质和土壤养分的壤土，同时适当加入山泥、泥炭土、腐叶土等有机肥料混合，使之符合绿化种植要求。

植树不是简单地挖坑栽植，对植树时间、树坑大小、植树方法及步骤等都有一定的技术要求，施工时，要严格按照设计要求进行。

3.2.2.3 合理密植

不适宜的栽植密度不但导致植物生长不良，而且也是导致有害生物发生的重要原因。当前，城市园林绿地中过多的设计模纹色块种植，这对于提高绿化质量和艺术造型是一种很好的绿化手法。但园林绿化设计中为了体现园林景观的即时效果或短期内的观赏效果，常出现苗木设计栽植密度过大的问题，这往往会造成绿地内植物的生长空间狭窄，互相之间出现争光、争水、争肥现象，直接影响苗木长势。同时，不通风、不透光、湿度大的环境也使植物抗性降低而容易滋生病虫害，如有的金叶女贞、小蜡、泡桐、石楠等苗木，由于密度过大已经出现了蚧壳虫、白粉病、叶蜂、小袋蛾等病虫害。

因此，要充分认识植物的生长速度、植株大小，按成年树木树冠的大小来确定种植距离，合理选择栽植密度，使植物能得到足够的光照，保证植株正常的生长发育。种植初期可以适当密植，以保证初期的景观效果，但几年后必须及时间苗，确保植物合理的生长空间，以提高树木生长势，增强树体抗性，减少生理性病害和传染病虫的危害，否则将达不到原设计意愿和理想的景观效果，反而有利于有害生物的发生。

3.2.3 选择抗污染植物

由于一些植物可以通过其茎、叶表面的气孔吸收并同化大气污染物，或通过根系、根际微生物的协同作用，清除大气干湿沉降进入土壤或水体中的大气污染物。因此，在城市园林植物栽培中，为了克服工厂等释放出的污染物，在园林植物的选择上，应根据污染源的不同，因地制宜选择种植抗污染植物。城市树种对大气污染的修复作用见表3-1。

表3-1 城市树种对大气污染的修复作用

主要污染物	修复能力	乔木	灌木、草木
物理性颗粒	较强	毛白杨、臭椿、悬铃木、雪松、广玉兰、女贞、泡桐、紫薇、核桃、板栗	丁香、大叶黄杨、榆叶梅、侧柏、紫丁香、大叶黄杨、月季
	中等	槐树、旱柳、白蜡、紫荆	
SO_2	强	女贞、棕榈、沙枣、苦楝、石榴、樟树、小叶榕、垂柳、臭椿、加拿大杨、花曲柳、旱柳、枣树、水曲柳、新疆杨、水榆	小叶黄杨、竹节草、绊根草、松叶牡丹、凤尾兰、夹竹桃、丁香、玫瑰、冬青卫茅

（续）

主要污染物	修复能力	乔　木	灌木、草木
SO_2	较强	桑树、合欢、榆树、朴树、紫藤、紫穗槐、梧桐、槐树、泡桐、白蜡、玉兰、广玉兰、栾树	竹子、榆时梅、竹节草
	敏感	复叶槭、梨、苹果、桃树、核桃、油松、黑松、沙松、雪松、白皮松、樟子松、落叶松、水杉、银杏、棕榈、槟榔、悬铃木、马尾松、赤杨、白杨、枫杨、梅花	向日葵、紫花苜蓿、月季、暴马丁香、连翘
Cl_2	强	棕榈、木槿、女贞、罗汉松、加拿大杨、紫薇、山杏、家榆、紫椴、水榆、白桦	小叶黄杨、夹竹桃、冬青卫茅、凤尾草、紫藤、竹节草、绊根草、松叶牡丹、暴马丁香、樱桃
	较强	臭椿、朴树、小叶妇贞、桑树、梧桐、玉兰、枫树、龙柏、花曲柳、桂香柳、皂角、枣树、枫杨	大叶黄杨、文冠果、连翘、石榴
	敏感	垂柳、银杏、水杉、银白杨、复叶槭、油松、悬铃木、雪松、柳杉、黑松、广玉兰、圆柏、茶条槭、沙松、旱柳、云杉、辽东栎、麻栎、赤杨	万寿菊、木棉、假连翘、向日葵、黄菠萝、丁香
HF	强	女贞、棕榈、小叶女贞、朴树、桑树、构树、梧桐、泡桐、白皮松、圆柏、侧柏、臭椿、银杏、枣树、山杏、大叶杨、白榆	小叶黄杨、冬青卫茅、凤尾兰、美人蕉、竹节草、绊根草、松叶牡丹、无花果
	较强	木槿、苦楝、合欢、白蜡、旱柳、广玉兰、刺槐、槐树、杜仲、臭椿、茶条槭、复叶槭、加拿大杨、皂角、紫椴、雪松、水杉、云杉、白皮松、沙松、落叶松、华山松、青杨、垂柳、香椿、胡桃、银白杨、银杏、桃树、核桃、悬铃木	小叶黄杨、石榴、丁香、紫丁香、卫矛、毛樱桃、接骨木
	敏感	葡萄、杏树、黄杉、稠李、樟子松、油松、山桃、梨树、钻天杨、泡桐	唐草蒲、小苍兰、郁金香、苔藓、烟草、芒果、四季海棠、榆叶梅
O_3	较强	洋白蜡树、颤杨、美国五针松、五角枫、臭椿、侧柏、银杏、圆柏、刺槐、槐树、钻天杨、红叶李	苜蓿、烟草、葡萄、紫穗槐
	敏感	美国白蜡	牵牛花、牡丹
气态汞	较强	瓜子黄杨、广玉兰、泡桐、蚊母、墨西哥落叶杉、棕榈	
菌类	较强	龙柏、芭蕉、圆柏、银杏、侧柏、松类、榆树、水杉、夹竹桃	

3.2.4　降低城市土壤对园林植物的不良影响

3.2.4.1　适地适树

根据不同的城市土壤类型所提供的植物生存条件，严格选择适宜和抗逆性强的树种。在紧实土壤或窄分车带上（带宽 <2m），要选择抗逆性强的树种栽植，绿地渣砾含量

30%左右的土壤，要植喜气树种而不要植喜水肥树种，在湖边等处地下水位高的绿地上，要选择喜湿树种栽植，在盐碱绿地上（含盐量 > 0.3% 或 pH > 8），要选择耐盐碱树种栽植，在楼北绿地上，要选耐阴树种栽植。绿化用地在绿化设计时，要力求做到适地适树。

3.2.4.2　改土适树

1. 改善土壤质地

为改善城市植物养分贫乏的状况，结合城市土壤改良，进行人工施肥，采取适用于城市植物的肥钉、肥棒、缓释肥等不同类型的肥料和相应的施肥器械及施肥方法，增加土壤有机质含量。施肥时间、深度、范围和施肥量等的确定，要以有利于植物根系吸收为宜。还可选栽具有固氮能力的植物以改善土壤的低氮状况。土壤中有机肥中的大量有机质，可使土壤疏松、通气透水，起到改善土壤的作用。而对于砾质土壤，施用腐殖质有机肥、富含腐殖质和养分的泥炭、饼肥及生物有机肥料可增加砾土有机质养分含量，改善土壤结构，增进土壤肥力，提高土壤生物活性和酶活性，从而促进植物较好的生长。将有机肥、生物肥以及多元素配方化肥进行科学组合施用，可以充分发挥有机肥保持或增加土壤长效养分，生物肥活化土壤的缓效养分，化肥满足植物对速效养分需要的各自特点、优势和作用，形成综合效能。园林植物苗圃，可实行冬耕、晒土，促进土壤风化，发挥土壤潜在肥力。

绿地土壤各种营养元素的含量差异很大，且肥力分布无规律可循。因此，在对园林土壤进行施肥前，应对土壤进行检测，根据检测结果制订施肥配方，提高肥料利用效率；也可根据症状表现，诊断缺何种元素，对症下药。如植物出现缺铁症时，增施有机肥料改良土壤性质，使土壤中的铁素变为可溶性的，有利于植物吸收。用1∶30的硫酸亚铁液作土壤打孔浇灌，防治多种观赏灌木树种的黄化病。另外，石灰是最常用的酸性土壤改良剂，在城市园林绿化工作中，由于养护需要，施用了大量的无机肥料，加上酸雨、酸雾及酸性飘尘的影响，城市绿化土壤特别是南方酸性土壤的酸性很严重，撒石灰可以中和土壤酸性，又有助于土壤团粒形成，同时还提供了充足的钙养分。

2. 改善土壤通气状况

为减少土壤密实对城市植物生长的不良影响，除选择一些抗逆性强的树种外，还可通过往土壤中掺入碎树枝和腐叶土等多孔性有机物或混入少量粗砂等，用于城市绿地的沙子一般为河沙，河沙主要为碳沙，以改善土壤通气状况。必要时，地下埋设通气管道、安装透气井等均有较好效果。对已种树木的地段，可在若干年内分期改良，在各项建设工程中应避免对绿化地段的机械碾压。对根系分布范围的地面应防止践踏。园林绿地人行道铺装，在条件可能的情况下改成透气铺装，促进土壤与大气的气体交换。

3. 调节土壤水分

根据土壤墒情，做到适时浇水，以满足园林植物对水分的需求。在浇水方法上可根据土壤类型确定。保水差的土壤浇水要少量多次，板结土壤浇水应在吸收根分布区内松土筑埂浇水，扩大城市地表水面积。减少地面铺装，增加地下水，提高土壤含水量。

4. 防止化雪盐危害

严格控制化雪盐的合理用量，及时消除融化雪水，严禁将带盐的雪堆放到树木根区。改善行道树土壤的透气性和水分供应，增施硝态氮、钾、磷、锰和硼等肥料，以利于淋溶和减少对氯化钠的吸收而减轻危害。改进现有路牙结构，并将路牙缝隙封严，阻止化雪盐水进入植物根区。

5. 严格控制和稀释土壤污染

城市工业化和经济发展对土壤的污染，不可能完全禁止，但应采取一些措施进行控制，特别对于城市工业污水，应实行污水资源化政策，严格控制污水排放标准；加强对土壤污染的监测、控制和治理。结合园林施工监理，加强对土壤的挖掘、堆放、运移过程的管理，防止建筑用料污染有限的土壤资源。在园林工程验收中，严格按照国家《城市绿化工程施工及验收规范》（GJJ/T82—1999）的要求进行种植土壤质量验收，验收不合格的土壤不准进入植物种植工序。

对污泥控制用量，需经高温、沼气发酵、分解有机物等方法处理后再作肥料，以消除或减少土壤污染。

在土壤中施加螯合剂，可以提高某些植物对重金属的吸收，更重要的是促进了重金属向地上部分转移，从而提高植物修复土壤污染的效率。

3.2.5 加强养护

植物生理性病害与植物侵染性病害是相互促进的，许多园林植物有害生物的发生都是与植物的生长势有着直接的关系。如双条杉天牛、小蠹、吉丁虫、树蜂、杨柳烂皮病、合欢腐烂病等的发生均是在相应寄主植物生长势高度弱化后被“诱发”或被“激活”的次生性病虫害。因此，要明确“三分种、七分养”的观点，加强对植物的养护。可适时对植物进行整形修剪，剪除病虫枝、过密枝，增加通风透光，增强植物免疫性和抗逆性，创造适宜植物生长而不利于病虫害发生的环境，增强植物的抗虫、抗病能力，减少病虫害的发生。

3.2.5.1 改变管理模式

长期以来，在城市绿化管理中，通常是将修剪下来枝叶以及植物自然落下的枯落物全部清出绿地，使土壤不能像天然林中落叶归根、养分循环，而植物生长在土壤中每年都要吸取养分，如此往复，土壤养分越来越少。因此，城市绿化管理应遵循生态学原理，发挥绿地群落与土壤的相互作用，利用绿地凋落物和绿肥等，进行再循环和再利用。将枯枝落叶及剪草、花坛修剪的碎叶洒在花坛或林下使其自然腐烂，对于死树及大枝条可将其粉碎后，通过一定措施，促进其分解，形成绿地自肥的良性循环，以增加有机肥料和养分归还量，提高土壤肥力。

3.2.5.2 改善园林植物生长环境

认真做好城市规划，合理安排地上、地下管线的位置及走向。地上管线要有利于保持树形完整及生长，地下管线要按有关规定，与树木及其他绿化设施保持距离。如挖沟时与大规格园林树木应距离1.8m以上；铺地砖时应使用透水透气的新型材料，预留合理的树木生长空间。为了避免路旁树木受伤，施工单位在施工时，应尽量与树木保持一定距离，尽可能避免挖断树根，同时不要将垃圾留在土壤中。每棵树周围都要保留有足够的“树池”，树池的长宽保持在1.5~1.8m。

南树北移、东西互移、山树城移等过程中，需要起苗、装卸、长距离的运输等工序，尽量减少树木表皮破损、失水、伤根等现象。树木栽植后，浇灌、追肥等工作必须跟上。对生

长势弱的园林树木增施营养液，对衰枯严重的树木可以采取根部浸施养分和茎部注射打吊瓶输营养液的办法，为树木输进养分等，均可收到良好效果。

秋冬季树干基部涂白，消灭越冬有害生物，提高树木抗性。

为减少城市建筑物对植物生长的不利影响，对植物有限营养面积内的土壤进行分期分段深翻改良和进行根系修剪，选浅根地被植物和改进植物配置，以减少共生矛盾，为改进城市街道园林植物生存空间过于狭小的状况，应合理设计道路及绿化带。

相关技能训练

实训14　园林植物不良生长环境调查

一、实训目标

通过对园林植物生长的环境调查分析，掌握影响当地园林植物正常生长的环境因子的种类，能因地制宜地制订相应的防控措施，以保障园林植物的正常生长。

二、实训材料和用具

长势差的园林植物生理性病害发病现场；手持扩大镜、记录本、标本夹、小手铲、小手锯、枝剪、图书、挂图、记录本等。

三、实训内容与方法

根据当地生产的实际，选取若干园林植物生长不良小区及苗圃的植物，组织学生到田间观察植物群体的发病情况，观察病害在园林植物中的分布、植株的发病部位、发病植物所处的小环境等，非侵染性病害的病株在群体间发生比较集中，发病面积大而且均匀，没有由点到面的扩展过程，发病时间比较一致，发病部位大致相同。如日灼病都发生在果、枝干的向阳面，除日灼、药害是局部病害外，通常植株表现在全株性发病，如缺素病、旱害、涝害等。病部没有病原物。仔细对比观察小区内的园林植物：

(1) 植物整株发病　发现植株整株发病时，可查询当地是否出现过极端天气，观察植物是否生长在通风不畅、阳光不足的地方、周围有没有高大建筑、是否有水分不足出现的萎蔫现象、是否有缺素的症状。根据症状表现，推断缺乏何种元素，必要时选用该元素配制成一定浓度的溶液，进行叶面喷洒，观察是否有恢复的迹象。

(2) 植株局部受损　植株出现灼烧、枯斑、枝梢顶端枯死、叶片失绿变白或有坏死斑，大量落叶、落果时，应观察周围有没有化工厂及其他污染物，有没有废水流经此地，询问周围居民，是否打过农药或施过化肥，他细观察周围的道路是否翻修过，植株是否根部受损、地面是否铺装、必要时挖开土壤，观察根系是否变色、腐烂。

根据望、闻、问、切，将调查情况进行对比、归纳、分析，得出结论。

四、实训报告

根据调查情况，写出调查报告。

归纳总结

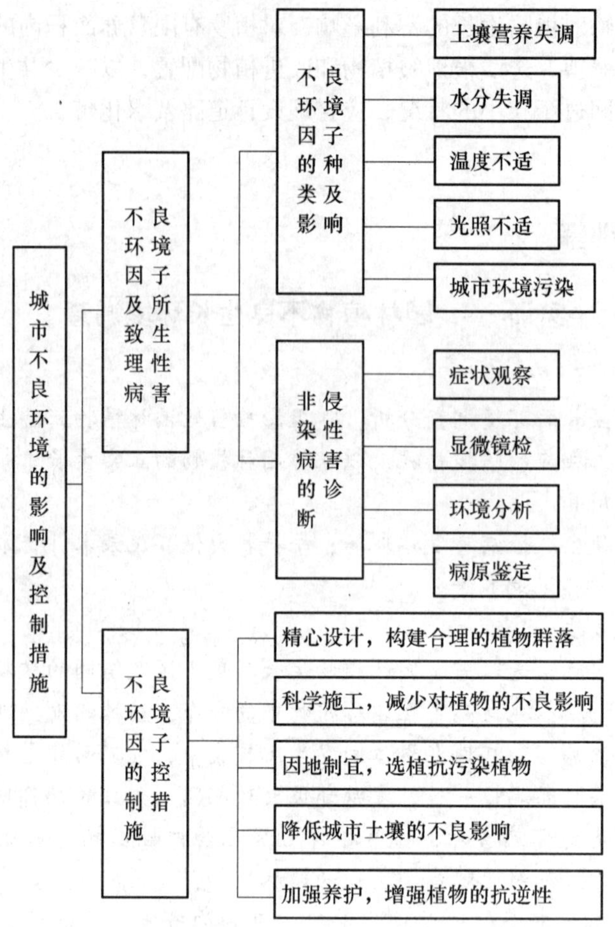

同步测试

一、填空题

1. 植物缺素症可分为（　　）、（　　）、（　　）、（　　）、（　　）、（　　）和（　　）等。

2. 大气对园林植物的污染可分为（　　）、（　　）、（　　）和（　　）等。

二、简答题

1. 侵染性病害与非侵染性病害在田间如何区别？
2. 简述非侵染性病害的诊断步骤。
3. 化学农药使用不当，会对园林植物产生什么影响？
4. 在园林植物绿化中，为什么要推广应用乡土树种？
5. 试述植物保护在园林规划设计中的重要作用。
6. 结合生产实际，谈谈如何控制城市不良环境对园林植物的影响。

项目4

园林植物害虫防治技术

学习目标

通过本项目的学习，要求掌握常见园林植物食叶害虫、吸汁害虫、钻蛀害虫和根部害虫的主要特征并能熟练识别；熟悉园林食叶害虫、吸汁害虫、钻蛀害虫和根部害虫的习性及发生规律；能熟练掌握园林食叶害虫、吸汁害虫、钻蛀害虫和根部害虫的防治技术。

任务1　园林植物食叶害虫的种类与防治技术

任务分析：该任务包括主要食叶害虫的形态和危害状的识别以及园林植物食叶害虫发生规律和防治技术等，是园林植物虫害防治的重要内容，要完成该任务必须具备昆虫形态、生理及生态方面的相关知识，掌握食叶害虫的危害状及识别方法，了解害虫的习性及发生规律，学会虫害的防治方法。

知识点：园林植物主要食叶害虫的形态特征；常见食叶害虫的危害状及发生规律。

能力点：园林植物主要食叶害虫的形态识别；主要食叶害虫的防治技术。

任务实施的相关专业知识

园林植物食叶害虫种类很多，主要有鳞翅目的刺蛾、袋蛾、舟蛾、毒蛾、天蛾、夜蛾、螟蛾、枯叶蛾、尺蛾、斑蛾及蝶类等；鞘翅目的叶甲等；膜翅目的叶蜂等。

这类害虫具有类似的发生特点：

1）具有咀嚼式口器，往往以幼虫或成虫幼虫共同危害健康植株，猖獗时能将叶片吃光，从而使植株生长衰弱，为天牛、小蠹等蛀干害虫提供适宜的条件。

2）大多营裸露生活，因此受环境因素影响较大，表现为虫口消长明显。

3）多数种类繁殖量大，产卵集中，易暴发成灾，且往往具有主动迁移，迅速扩大危害的能力。

4）某些害虫发生具周期性。

4.1.1 刺蛾类

刺蛾属于鳞翅目刺蛾科，分布很广，全国各省区都有发生。食性很杂，危害树木120种以上，主要有三角枫、乌桕、茶花、梅花、腊梅、石榴、樱花、海棠、紫薇、月季、紫荆、桂花、大叶黄杨等，是城市绿化、风景区、防护林、特种经济林及果树的重要害虫。

成虫中大型，密生厚的鳞毛。幼虫蛞蝓型，无胸足，腹足退化，常具有枝刺和毒毛。被蛹，蛹外常有光滑坚硬的茧。刺蛾幼虫及蜕皮均有毒毛，触及人体皮肤或吸入成虫的有毒鳞片，能引起皮肤和黏膜中毒，轻者红肿疼痛，重者皮肤溃疡，淋巴发炎，影响健康。

4.1.1.1 刺蛾类主要害虫

1. 形态特征

3种刺蛾形态特征见表4-1。

表4-1 3种刺蛾形态特征比较

虫态	黄刺蛾（图4-1）	褐边绿刺蛾（图4-2）	扁刺蛾（图4-3）
成虫	体长13～16mm，翅展30～34mm；触角丝状，头和胸部黄色，腹背黄褐色，前翅内半部为黄色，外半部为褐色，有两条暗褐色斜线，在翅尖上汇成一点，呈“∧”形	体长15mm，头、胸部粉绿色，前翅绿色，基部有暗褐色大斑，后翅灰黄色。前后翅缘毛浅褐色	体长13～18mm，翅展28～35mm；头、胸部灰褐色，前翅灰褐色稍带紫色，从前缘到后缘有1条褐色线，线内有浅色宽带
卵	扁椭圆形，长1.4mm，淡黄色，成薄膜状，卵膜上有龟状刻纹。散产或数粒产于叶背	扁椭圆形，初产白色，渐变为浅黄绿色，长约1.3mm，集中产于叶背，呈鱼鳞状排列	长1.1～1.4mm，长椭圆形。散产于叶背。初产黄绿色，后变成灰褐色
幼虫	老熟幼虫体长18～25mm，黄褐色，体背有1个大型前后宽、中间窄的“哑铃型”紫褐色斑。在亚背线上突起枝刺，以腹部第1节为最大	老熟幼虫体长24～27mm，背线黄绿色至浅蓝色，背面有2排黄色枝刺，腹部末端4个球状蓝黑色刺毛	体长22～26mm，翠绿色，体较扁平，背有白色线。体两侧各有10个瘤状突起，其上生有刺毛，每一体节的背面有2小丛刺毛，第四节背面两侧各有一红点
茧	茧灰白色，椭圆形，体长13～15mm，茧壳上有几道褐色长短不一的纵纹，形似雀蛋	椭圆形，暗褐色，坚硬，两端钝平，长约14～16mm	卵圆形，黑褐色。长14mm

2. 发生规律及习性

(1) 黄刺蛾　黄刺蛾在华北每年1代，华东2代。以老熟幼虫9月下旬在枝干上结茧越冬。

成虫羽化多在傍晚，成虫夜间活动，具趋光性。产卵于树叶近末端处背面，散产或数粒在一起，每只雌成虫产卵量为49～67粒。幼虫有7龄，初龄幼虫取食叶的下表皮及叶肉，成透明小斑；5龄后取食全叶，仅留叶脉。老熟幼虫吐丝结硬茧，茧上有褐色纵纹。其天敌有上海青蜂、刺蛾广肩小蜂、赤眼蜂、螳螂等。

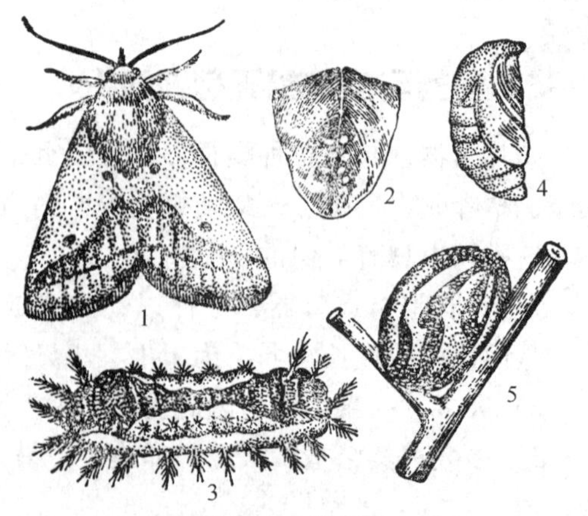

图4-1 黄刺蛾
1—成虫 2—卵 3—幼虫 4—蛹 5—茧

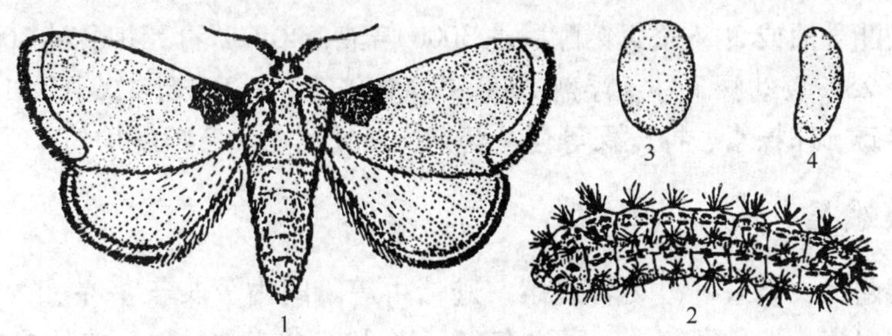

图4-2　褐边绿刺蛾

1—成虫　2—幼虫　3—茧（正面）　4—茧（侧面）

（2）褐边绿刺蛾（绿刺蛾、青刺蛾、四点刺蛾、曲纹刺蛾）　褐边绿刺蛾在东北及华北等地每年1代，在河南及长江中下游地区每年2代。均以老熟幼虫结茧越冬，结茧场所多在树冠下草丛浅土层内，还可在落叶下、主侧枝的树皮等部位。

成虫具有较强的趋光性。卵产于叶背，数十粒成块，呈鱼鳞状排列。每雌产卵150粒左右。初孵幼虫群集危害，形成明显透明枯斑，2～3龄以后渐分散危害。8月上旬至10月间幼虫老熟，陆续下树寻找适当场所，结茧越冬。

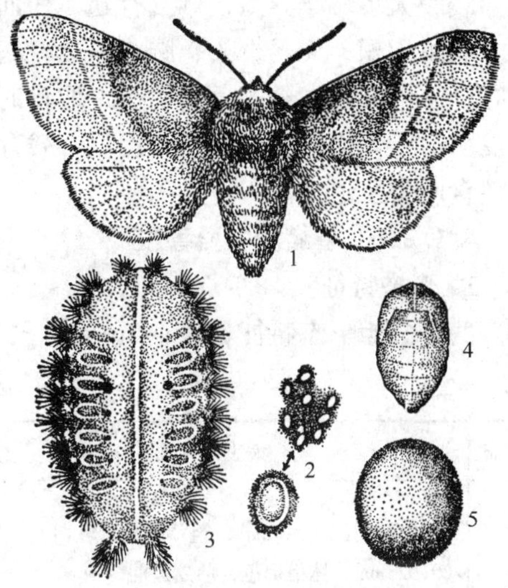

图4-3　扁刺蛾

1—成虫　2—卵　3—幼虫　4—蛹　5—茧

（3）扁刺蛾　扁刺蛾在华南、华东地区每年发生2代，以老熟幼虫在树干基部周围土中结茧越冬。次年4月中旬化蛹，5月中旬成虫开始羽化产卵。幼虫发生期分别在5月下旬至7月中旬、8月至第2年4月，初孵幼虫不取食，2龄幼虫开始取食叶肉，3龄后开始啃叶形成孔洞。

4.1.1.2　刺蛾类综合防治措施

1. 消灭虫茧

根据不同刺蛾结茧习性和部位，冬季在被害枝干上采茧或剪除虫茧，集中销毁。或结合松土翻地、施肥等措施，挖除地下虫茧，消灭其中幼虫。

2. 摘除虫叶

在小面积范围内，可以组织人力摘除虫叶，消灭幼虫。

3. 灯光诱杀成虫

在成虫羽化期利用黑光灯诱杀成虫。

4. 生物防治

用含孢量1×10^{11}/mL以上Bt乳剂500～800倍喷雾，或用大蓑蛾核型多角体病毒和青虫菌混合液喷雾。另外，保护上海青蜂等天敌。

5. 化学防治

一般在幼虫危害盛期，喷施90%晶体敌百虫800～1000倍液，50%辛硫磷乳油2000倍液，25%溴氰菊酯乳油或20%杀灭菊酯乳油3000倍液，40.7%毒死蜱乳油1000～2000倍液喷雾，也可选用25%灭幼脲3号悬浮剂1000～1500倍液，1.2%烟参碱乳油1000～20000倍液。或选用苦参碱、印楝素、抑太保等任一药剂交替使用，注意喷施均匀。

4.1.2 袋蛾类

袋蛾属于鳞翅目，袋蛾科，又名蓑蛾、避债虫等。国内分布于华东、中南、西南等地区，长江沿岸及以南各省危害较重。寄主有90多个科610多种植物，如月季、海棠、蔷薇、梅花、牡丹、芍药、菊花、唐菖蒲、美人蕉、山茶、栀子花、悬铃木、杜鹃、桂花、重阳木、柳、雪松、冬青、泡桐等园林植物。

袋蛾大多雌雄异型，雄虫有翅，翅面有稀疏的毛和不完全的鳞片，几乎无斑纹，口器退化。雌虫无翅，无足，头、胸节退化，终生不离开幼虫所织的护囊。卵集中产于护囊内，幼虫吐丝缀叶形成护囊，负袋而行，取食时多把虫体前部伸出袋外，取食树叶、嫩枝及幼果，大发生时，几天能将全树叶片食尽，残存秃枝光干，严重影响林木生长，是园林植物主要多食性食叶害虫之一。

4.1.2.1 袋蛾类主要害虫

1. 形态特征

两种袋蛾形态特征见表4-2。

表4-2 两种袋蛾形态特征比较

虫态	大袋蛾（图4-4）	茶袋蛾（图4-5）
成虫	雌虫体长25～30mm，粗壮肥胖，乳白色；雄虫体长20～23mm，体黑褐色，前翅近前缘有4～5个透明斑	雌虫长15～20mm，米黄色，腹部第4～7腹节周围有黄色绒毛。雄成虫长15～20mm，前翅有2个长方形透明斑，体具白色长毛
护囊	纺锤形，灰褐色，雄长52mm，雌长62mm，护囊上常缀附叶片和枝条，护囊丝质较疏松	纺锤形，枯枝色，长约30mm，以细碎叶与丝织成，外层缀结平行排列小枝梗
幼虫	共5龄，体长32～37mm，雌幼虫头部赤褐色，头顶有环状斑，前、中胸背板有4条纵向暗褐色带，后胸背板有5条黑褐色带	体长20～24mm，头黄褐色，胸部各节背面有4条褐色纵纹，正中的2条明显，腹节背面均有黑色小突起4个，列成“八”字形

2. 发生规律及习性

（1）大袋蛾（大蓑蛾、大皮虫） 大袋蛾在长江中下游地区每年1代，很少2代，第2代幼虫不能越冬，华南每年2代，以老熟幼虫在护囊内挂在枝干上越冬，第2年春不取食即化蛹。4～5月化蛹，5～7月成虫羽化、交尾、产卵，5月下旬至7月下旬幼虫孵化危害。

雄成虫有趋光性，雌蛾羽化后留在护囊内，产卵于囊底，产卵后，雌虫身体干瘪死亡。

初孵幼虫在护囊内滞留3～4d蜂拥而出，吐丝下垂，借风力扩散，吐丝缀叶造囊袋，此后囊袋随幼虫长大而增大，幼虫迁移时负囊活动。幼虫多聚集树枝梢顶和树冠危害。10月中旬起，老熟幼虫向枝梢顶部转移，将囊袋固定，袋口封闭越冬。

气温高，干旱有利于袋蛾生长，危害猖獗。

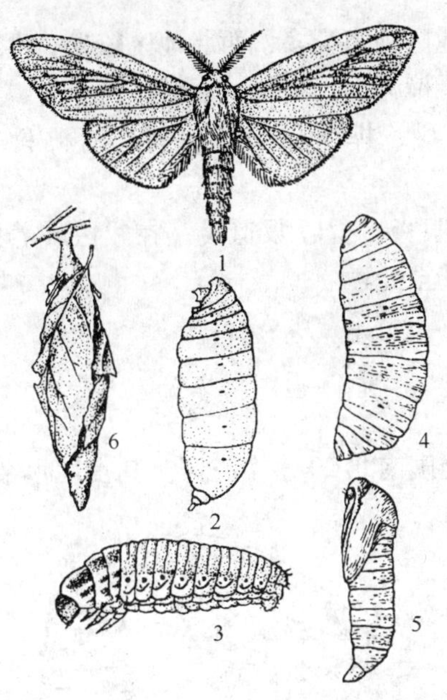

图4-4　大袋蛾
1—雄成虫　2—雌成虫　3—幼虫
4—雌蛹　5—雄蛹　6—护囊

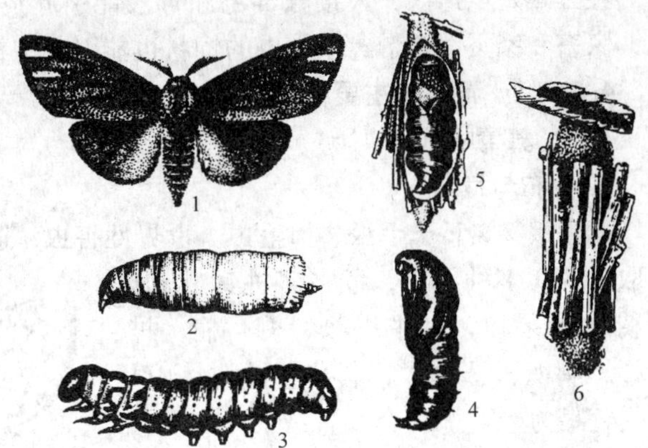

图4-5　茶袋蛾
1—雄成虫　2—雌成虫　3—幼虫　4—雄蛹
5—雌成虫产卵状　6—护囊

（2）茶袋蛾（小袋蛾、茶避债蛾、茶蓑蛾）　茶袋蛾每年发生1~3代，以3、4龄幼虫在护囊内越冬。次年4月下旬取食活动，5月上旬化蛹，下旬羽化为成虫。6月上旬至7月为第一代幼虫危害期，8月上旬化蛹，8月中下旬羽化产卵，8月下旬孵出第二代幼虫，至11月上旬进入越冬期。雌虫产卵于护囊内蛹壳中。初孵幼虫从囊口涌出后随风飘散，随即吐丝黏附各种碎屑营造护囊。护囊随虫体增大而增大，4龄后可咬食长短不一的短枝并列于囊外。

4.1.2.2　袋蛾类综合防治措施

1. 人工摘除护囊

结合整枝修剪，摘除虫囊，消灭越冬幼虫。但摘下的护囊要注意保护囊内天敌。

2. 生物防治

用含孢量1×10^{11}/mL以上苏云金杆菌500倍液喷雾；保护和利用寄生蝇、真菌及病毒等天敌。

3. 诱杀

结合防治其他害虫用黑光灯诱杀雄成虫或性外激素诱杀。

4. 化学防治

3龄前及时喷药防治，90%敌百虫，80%敌敌畏，75%辛硫磷，50%杀螟松1000~1500倍液，鱼藤肥皂水1∶1∶200倍，菊酯类农药5000~10000倍液。喷药时注意寻找“危害中心”，喷到树冠顶部，并要求喷湿护囊，以节省农药和人力，提高防效。

4.1.3　毒蛾类

毒蛾属于鳞翅目，毒蛾科。全球已知约2700种，我国约有360种，大多是园林植物的

大害虫。我国的多数种类分布在长江以南，西南和华南地区种类最多，西北地区较少。毒蛾的食性很杂，幼虫容易更换寄主植物。主要寄主有桑科、樟科、大戟科、豆科、壳斗科、山榄科、木棉科、桃金娘科、楝科以及温带地区的蔷薇科、桦木科、杨梅科、胡桃科等植物。

在毒蛾发生地区，人接触毒毛和毒液能引起皮炎、眼炎、上呼吸道炎；在牧区和养蚕区，家畜和家蚕误食带毒蛾幼虫的饲料也能引起中毒，甚至死亡。

4.1.3.1　毒蛾类主要害虫

（一）舞毒蛾（图4-6）

1. 分布与危害

舞毒蛾又名秋千毛虫、柿毛虫。世界性害虫，遍及全国南北20多个省区。其食性很杂，可取食500多种植物，危害多种针叶和阔叶树木和果树，其中以杨、柳、榆、桦、云杉、刺槐、悬铃木、紫藤、槭树、山楂等受害最为严重。

2. 形态特征

（1）成虫　雌雄异形。雌蛾体长28～30mm，翅展65～80mm，体污白色，前翅具4条锯齿形黑色横线，中室有1黑点，中室端部横脉中有“<”形黑褐色纹，前后翅缘毛黑白相间，腹部肥大，末端生棕黄色毛丛，后足胫节有2对距。雄蛾体长18～20mm，翅展41～54mm，体色深，似枯叶，腹末尖，前翅翅面有与雌蛾相似斑纹。

（2）卵　圆球形或卵圆形，两端略扁平，直径0.9～1.3mm，黄褐色，卵块形状不规则，直径2～4cm，每块有400～500粒，上覆盖黄褐色绒毛。

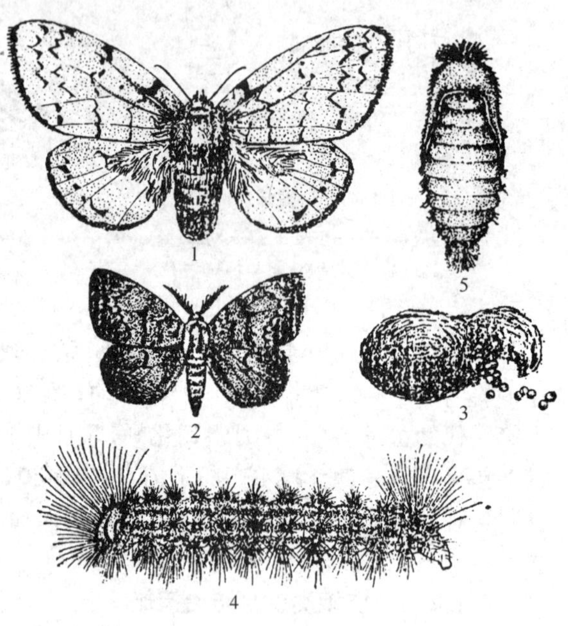

图4-6　舞毒蛾

1—雌成虫　2—雄成虫　3—卵　4—幼虫　5—蛹

（3）幼虫　1龄幼虫体黑褐色，体毛长，着生在毛瘤上，体毛中具泡状扩大的毛，称为“风帆”，能乘风远为传播；2龄后泡状毛消失，胴部出现两块黄色斑；3龄后，背面2列毛瘤具典型颜色，前5对蓝色，后7对红色，均具黑毛，两侧毛瘤灰色。老熟幼虫体50～70mm，头黄褐色，具“∧”形黑色粗纹。幼虫体色多变，黄、黑、灰，具暗色纵纹。

（4）蛹　纺锤形，暗褐色或黑褐色，18～37mm，头胸部、背面及腹部有不明显毛瘤，并着生锈黄色毛丛。无茧，仅有几根丝缚其蛹体与基物相连。

3. 发生规律及习性

舞毒蛾每年1代，以卵块在树皮上及土石缝、砖石、建筑物上越冬。第二年4月下旬或5月上旬幼虫孵化，孵化期与寄主的发芽期多吻合。初孵幼虫体轻毛长，群集停留在树上取食危害幼芽。1龄幼虫日夜生活群集叶片背面，白天静止，夜间取食，受惊吐丝下垂，并

借风传播。2龄后，白天匿居夜间上树取食，天亮又下树隐藏。幼虫迁移性强，后期幼虫能爬行迁移危害。幼虫6月中旬于枝叶间、树干裂缝处、石块下、树洞处化蛹。成虫6月下旬至7月羽化，雌蛾一生产卵400～1200粒。卵产在树干上部、粗枝上或树干基部，卵成块，上有雌蛾体毛。成虫有趋光性，雄蛾白天常在林间飞翔，做旋转状，故称为“舞毒蛾”。

其繁殖的有利条件是干燥、温暖、稀疏的树林，因此一般林缘、阳坡、林间道路两侧、林内民居附近，小气候条件合适，常大发生。在林层复杂、郁闭度大的林区很少大发生。

（二）黄尾毒蛾（图4-7）

1. 分布与危害

黄尾毒蛾又名桑毛虫、黄尾白毒蛾、盗毒蛾、桑毒蛾、金毛虫。国内分布于东北、华北、华中、华东、中南等地。除危害桑树外，还危害白杨、柳、枫杨、榆、重阳木、珊瑚树、悬铃木、泡桐、苹果、梨、梅花、月季、十姊妹、桃花等。幼虫体有毒毛，可随蜕皮飞散，结茧时毒毛可从体上脱落黏附在茧上。

2. 形态特征

（1）成虫　雌蛾体长18mm，翅展36mm，雄蛾体长12mm，翅展30mm。全体白色，复眼黑，触角双栉齿状，土黄色，前翅后缘近臀角处有2个浅黑色斑纹，雌蛾腹部末端有棕黄色绒毛1丛，雄蛾从第3节起有黄毛，末端毛丛短。

（2）幼虫　老熟幼虫体长26～40mm，头黑褐色，胴部黄色，背线及气门下线为红色，亚背线、气门上线和气门线黑褐色，均断续不相连。各体节上有红黑色毛瘤3对，上生黑色黄褐色长毛和松枝状白毛，第1、2、8腹节膨大，其背面各有一黑色成块毛丛，第6、7腹节背中央各有一盘状突起的红色翻缩腺。

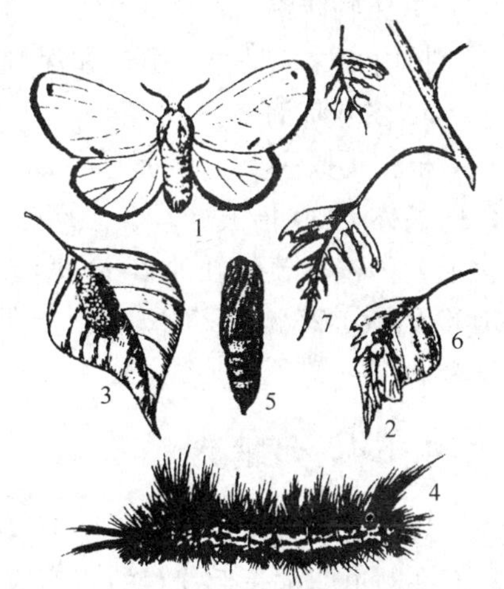

图4-7　黄尾毒蛾

1—成虫　2—乌桕叶上静伏成虫　3—卵块　4—幼虫　5—蛹　6—叶上的茧　7—被害状

（3）卵　扁圆形，灰黄色，直径0.6～0.7mm，卵块带状或不规则，覆黄棕色毛。

（4）蛹　圆筒形，长14～20mm，黄褐色，胸腹部有黄色刚毛，臀棘较长，成束。茧土黄色，长椭圆形，长11～13mm，茧薄，外附有幼虫脱落的毛。

3. 发生规律及习性

黄尾毒蛾在大兴安岭每年1代，辽宁、陕西每年2代，江苏、上海、浙江、四川每年3代，少数每年4代，广东6代。各地均以幼虫在树干粗皮裂缝内或枯叶里结茧越冬，越冬虫龄以3、4龄幼虫为主。第2年春温度上升到16℃以上时，越冬幼虫破茧而出，危害新芽和嫩叶。

成虫有趋光性，多在夜间产卵于叶背，产卵时将腹部末黄毛覆在卵块上，1～2代每雌平均产430粒。初孵幼虫群集危害，4龄后分散危害。幼虫老熟后在卷叶内、叶背面、树皮裂缝或寄主附近土面、杂草、篱笆处结茧。幼虫具有假死性。长江以南地区，幼虫在10月寻枝干裂缝、蛀孔或枯叶作茧越冬。天敌有桑毛虫黑卵蜂，桑毛虫绒茧蜂等。

4.1.3.2　毒蛾类综合防治措施

1. 消灭越冬幼虫

清洁田园，刮除老桩翘皮，摘除卵块和初孵集中的幼虫，同时挖出土石缝中的卵块和蛹，集中消灭。清扫枯枝落叶，冬季树干涂白或波尔多液。

2. 人工防治

结合园林护养，及时摘除低矮观赏植物上的卵块及初孵群集幼虫，集中消灭。也可利用趋光性进行灯光诱杀。

3. 阻止幼虫上下树

对于有上树、下树习性的幼虫，可用溴氰菊酯毒笔在树干上划 1 ~ 2 个闭合环（宽 1cm），可毒杀幼虫，残效期 8 ~ 10d。也可以绑毒绳等阻止幼虫上、下树。

4. 生物防治

招引和保护鸟类，引进和保护天敌昆虫。在害虫 1 ~ 3 龄时，可喷 BT 制剂。

5. 化学防治

根据不同种类，掌握越冬幼虫有 50% 活动时和各代幼虫 3 龄前群集时喷药。90% 敌百虫晶体 1000 倍液、20% 杀灭菊酯乳油 100 倍；150 倍液棉油皂或 10 ~ 15 倍液松脂合剂涂干，50% 辛硫磷乳油 2000 倍液、5% 定虫隆乳油 1000 ~ 2000 倍液、2.5% 溴氰菊酯乳油 4000 倍液、25% 灭幼脲 3 号胶悬剂 1500 倍液、40.7% 毒死蜱乳油 1000 ~ 2000 倍液等喷雾。

4.1.4　灯蛾类

灯蛾属于鳞翅目灯蛾科，为鳞翅目的一个大科，本科已知 6000 多种。灯蛾科的特点是它们在幼虫期都是毛茸茸的，而成虫大都带着鲜艳的颜色，因其成虫趋光性强，夜间扑灯得名。其中美国白蛾是著名的检疫害虫，将在项目 7 中作详细介绍。

4.1.4.1　灯蛾类主要害虫

两种灯蛾形态及习性见表 4-3。

表 4-3　两种灯蛾形态及习性

虫态	红缘灯蛾（图 4-8）	人纹污灯蛾（图 4-9）
成虫	体长 18 ~ 20mm，前足胫节末端具一弯形爪，后足胫节有端距和内距各一对。体及翅白色，前翅前缘鲜红色，后翅横脉有一黑斑，近外缘处有 1 ~ 3 个黑斑	体长 20mm，胸部和前翅白色至黄白色，腹部背面深红色至红色，前翅面有黑点 2 列，停栖时黑点合并成人字形
幼虫	老熟时体长 36 ~ 60mm，头部茶褐色，体黑色。有不规则赤褐色至黑色毛，胸足黑色，腹足及臀足红色	老熟时体长 40mm，体黄褐色，背部有暗绿色线纹，各节有突起，并有红褐色长毛
卵	半球形，卵壳表面有多边形刻纹	扁圆形，浅绿色
蛹	黑褐色	紫褐色，尾部有短刚毛
习性	1 年 1 ~ 3 代，以蛹在枯枝落叶下越冬。成虫有趋光性。卵产于叶背，块状。初孵幼虫群集取食叶肉，3 龄后分散危害，取食叶片，残留叶脉和叶柄	1 年 2 ~ 6 代，以蛹在土中越冬。成虫趋光性强。卵产于叶背，块状或成行。初孵幼虫群集取食叶肉，3 龄后分散危害，老熟幼虫有假死性

图4-8　红缘灯蛾成虫

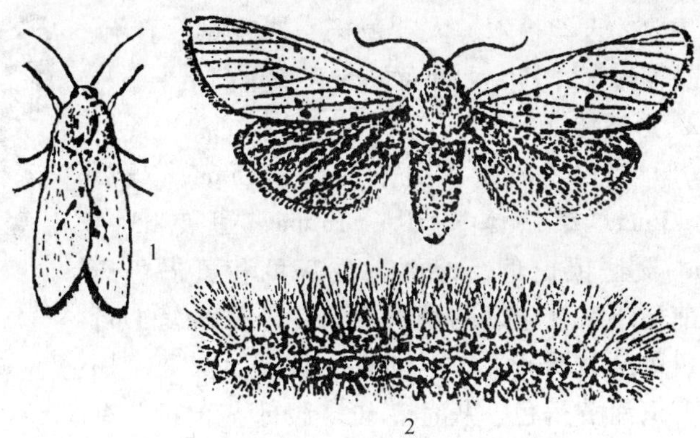

图4-9　人纹污灯蛾
1—成虫　2—幼虫

4.1.4.2　灯蛾类综合防治措施

1. 加强检疫

疫区苗木未经处理严禁外运，同时采取措施消灭疫区内虫口。

2. 人工防治

人工剪除网幕销毁，同时摘除卵块和群集幼虫的叶片，放入纱网中，待寄生性天敌飞出后消灭幼虫。老熟幼虫转移时，可在树干周围束草诱集化蛹，然后集中消灭。冬季翻耕土壤，消灭越冬蛹。

3. 灯光诱杀

成虫羽化盛期用频振灯和性诱剂诱杀。

4. 生物防治

保护和利用寄生性和捕食性天敌，如草蛉、胡蜂、蜘蛛、鸟类、核型多角体病毒、颗粒体病毒、白僵菌等。低龄幼虫期还可应用苏芸金杆菌和核型多角体病毒进行防治。

5. 化学防治

在低龄幼虫期，用25%灭幼脲3号胶悬剂1000～1500倍液，或1.2%烟参碱乳油1000～2000倍液，或用50%杀螟硫磷乳油800～1000倍液，或90%晶体敌百虫1200～1500倍液；也可用50%辛硫磷乳油450mL、20%速灭菊酯乳油300mL、40.7%乐斯本乳油900mL、50%西维因可湿性粉剂2250g，兑水900kg喷雾。

4.1.5　尺蛾类

尺蛾属于鳞翅目，尺蛾科。本科是鳞翅目中最大的科之一，已知种类至少有21000种。中国有2000种左右。尺蛾科成虫身体小至大形，前后翅面宽大，但翅较薄，静止时平展在身体两侧。尺蛾的幼虫又称为“尺蠖”，俗称“步曲虫”或“造桥虫”。其腹部只在第6节和末节上各有1对足，行动时身体一屈一伸，如同人用手量尺一样，尺蛾即由此而得名。休息时用腹足固定，身体前面部分伸直，与植物成一角度，拟态如植物的枝条。

4.1.5.1　尺蛾类主要害虫

（一）丝棉木金星尺蛾（图4-10）

1. 分布与危害

丝棉木金星尺蛾又名大叶黄杨尺蠖、卫矛尺蠖。华北、华南、西北及华东地区均有分布。主要危害丝棉木、大叶黄杨、扶芳藤、卫矛、女贞及榆树等，其中大叶黄杨受害最重。

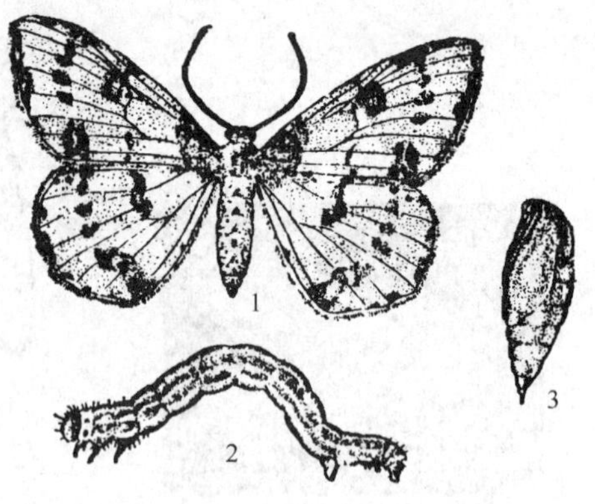

图4-10　丝绵木金星尺蛾
1—成虫　2—幼虫　3—蛹

2. 形态特征

(1) 成虫　雌蛾成虫体长13~15mm，翅展37~43mm，雄蛾体长10~13mm，翅展33~43mm。翅底银白色，翅面有浅灰色和黄褐色斑纹。前翅外缘有连续的淡灰色斑，外横线呈1行淡灰色斑，上端分叉，下端有1黄褐色大斑。翅基部有1深黄褐色、灰色花斑。腹部金黄色，有由黑点组成的条纹9行，雄蛾腹部斑纹7条，后足胫节内侧有黄色毛丛。

(2) 幼虫　老熟幼虫体长33mm左右，体黑色，前胸背板黄色，有5个近长方形的黑斑，足黑色。背线、亚背线、气门上线及亚腹线白色，气门线及腹线黄色。

(3) 卵　椭圆形，初产黄绿色，后黑色。表面有网纹。

(4) 蛹　棕褐色，纺锤形，长13~15mm。

3. 发生规律及习性

丝绵木金星尺蛾每年发生4代。以老熟幼虫在被害寄主下松土层中化蛹越冬。3月底成虫出现，5月上中旬第1代幼虫及7月上中旬第2代幼虫危害最重。成虫多在叶背、枝干、杂草上成块产卵，排列整齐。初孵幼虫常群集危害，啃食叶肉，3龄后吃成缺刻。3、4代幼虫在10月下旬及11月中旬吐丝下垂，入土化蛹越冬。成虫飞翔力不强，有趋光性。

(二) 国槐尺蛾(图4-11)

1. 分布与危害

国槐尺蛾又名槐尺蛾、吊死鬼。分布于华东、华北、中南等地区。其主要危害国槐、龙爪槐，食料不足时也危害刺槐，是我国庭院绿化、行道树种的主要食叶害虫，1999年曾在全国各分布区大发生。

2. 形态特征

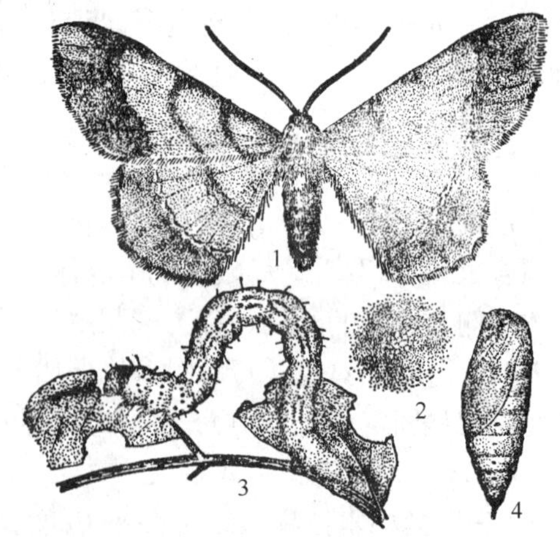

图4-11　槐尺蛾
1—成虫　2—卵　3—幼虫　4—蛹

(1) 成虫　成虫体长12~17mm，翅展30~45mm。全体褐色。触角丝状。前翅有3条明显的波状横线，外横线上端有1个三角形深斑，后翅具2条横线，中室外缘上有一黑色小点。雌雄区别不明显，雄蛾后足胫节最宽处较腿节约大1.5倍，雌蛾后足胫节与腿节大小约相等。

(2) 幼虫　幼虫初孵时黄褐色，取食后为绿色，老熟后紫红色。老熟幼虫体长30~40mm。幼虫分春型与秋型。春型幼虫体粉绿色，气门黑色，气门线以上密布黑色小点；秋型幼虫头及背线黑色，每节中央呈黑色“十”字形，亚背线与气门上线为间断的黑色纵条。

(3) 卵　钝椭圆形，长0.6~0.7mm，宽0.4~0.5mm，初产时绿色，孵化前灰黑色。卵壳上具蜂窝状花纹。

(4) 蛹　长13~17mm，初为粉绿色，渐变为紫褐色。臀棘具钩刺2枚，雄蛹两钩刺平行，雌蛹两钩刺向外呈分叉状。

3. 发生规律及习性

国槐尺蛾每年发生3~4代，以蛹在树下松土中越冬。次年4月中旬羽化为成虫。成虫有趋光性。白天静伏在墙壁、树干或灌木丛中，夜出取食、交尾、产卵。卵多产于叶片正面主脉上，每处1粒。每雌平均产卵420粒。5月中旬刺槐开花时，第1代幼虫危害；6月下旬至8月上旬，第2、3代幼虫危害。幼虫共6龄。幼虫有吐丝下垂习性。幼虫老熟后吐丝下垂或直接掉至地面，爬到树干基部及其周围松土中化蛹。

4.1.5.2　尺蛾类综合防治措施

1. 人工捕杀

结合园林抚育，整地换茬，在9月至次年4月底前进行冬耕灭蛹，以减轻第二年的危害。平时人工刮除树皮缝隙间的卵块，利用成虫假死习性，清晨人工捕杀成虫。频振灯诱集成虫，效果显著。

2. 化学防治

幼虫低龄阶段，用50%辛硫磷乳油1000倍液，20%速灭菊酯乳油3000倍液，25%灭幼脲3号悬浮剂1500倍液，5%抑太保乳油2000倍液，或选用苦参碱、农梦特、氯氰菊酯、溴氰菊酯等均可。

3. 生物防治

注意保护天敌，用药时注意错开寄生蜂繁殖高峰，成片的国槐林或公园内可以释放赤眼蜂，其寄生率为40%~77%。或每667m^{2}用核型多角体病毒（10亿个/g）可湿性粉剂100g兑水50kg，于1代幼虫1~2龄高峰期喷雾，或用Bt乳剂300~500倍液喷雾。

4.1.6　夜蛾类

夜蛾属于鳞翅目，夜蛾科，鳞翅目中最大的科之一，本科昆虫通称夜蛾。全世界已知约2万种，中国已知约1600种。夜蛾食性广，危害方式有食叶性、切根（茎）性及钻蛀性等。常见的有斜纹夜蛾、粘虫（将在项目6中详述）、银纹夜蛾、甘蓝夜蛾等。

4.1.6.1　夜蛾类主要害虫

以银纹夜蛾（图4-12）为例：

1. 分布与危害

银纹夜蛾又名黑点银纹夜蛾、大都造桥虫、豆步曲、豆尺蠖。全国各地都有发生。危害大丽花、菊花、美人蕉、一串红、海棠、槐、香石竹、翠菊等多种园林植物，也危害槐、泡桐等。

图4-12　银纹夜蛾
1—成虫　2—幼虫

2. 形态特征

(1) 成虫　体长15~17mm，翅展32~36mm，头部灰褐色或黑色，前翅深褐色，外线以内的翅褶后方和外区带金色基线，内线银色，亚基线自前缘脉处插入中室有2条银色线纹，翅中央有一“U”形银色斑纹和一三角形银斑，后翅暗褐色，有金属闪光。

（2）幼虫　老熟幼虫体长26~31mm，黄绿色，头小而圆，胴部渐粗，第1、2对腹足退化，行动时第1~3腹节常拱起如尺蠖状，背线和亚背线白色，其间有6条白色纵纹，气门线黑褐色，气门黄色，边缘黑褐色。

（3）卵　白色至淡黄绿色，馒头形，直径0.5mm左右，有纵走的格子形斑。

（4）蛹　瘦长，长约20mm，初为嫩绿色，后为淡褐色，近羽化时深褐色。第1~5腹节背面前缘灰黑色，腹部末端延伸为方形臀棘，上生钩刺6根，外包黄白色茧。

3. 生活史及习性

银纹夜蛾一般每年2~7代，以蛹在土中越冬。长江中下游地区4月中旬至5月中旬成虫羽化，第1代幼虫4月下旬发生，10月中下旬化蛹越冬。成虫昼伏夜出，傍晚开始活动，取食花蜜，趋光性强。卵散产于叶背，初孵幼虫能吐丝下垂，随风飘迁，在叶背取食叶肉，剩下表皮呈网膜状。3龄后吃成孔洞。幼虫受惊后有卷曲跌落习性。幼虫5龄，老熟后在叶背面结薄茧化蛹。在长江流域一带，6月、8月上旬和9月上旬是幼虫危害期。

4.1.6.2　夜蛾类综合防治措施

1. 人工防治

根据破残叶片、花蕾及虫粪，人工捕杀幼虫和虫茧，或初孵幼虫群集危害时除之。冬季结合养护管理翻耕消灭越冬蛹或幼虫，集中处理残茬落叶。

2. 诱杀成虫

利用频振式诱虫灯和趋化性，也可用杨柳枝把或糖醋液（糖∶酒∶水∶醋=2∶1∶2∶2加少量敌百虫）诱杀。

3. 生物防治

利用病毒、细菌等。可采用Bt乳剂或青虫菌六号液剂500~800倍液喷雾。

4. 化学防治

可用25%灭幼脲3号悬浮剂1500倍液，50%抑太保乳油或5%卡死克乳油3000倍液，2.5%溴氰菊酯乳油3000倍液，50%杀螟松乳油1000~1500倍液，50%杀螟腈乳油800~1200倍液，90%敌百虫晶体1000~1500倍液等喷雾。

4.1.7　舟蛾类

舟蛾属于鳞翅目，舟蛾科。舟蛾科已知3000多种，我国有370种以上。其中有些是重要的食叶害虫，主要危害果树、森林和行道树。幼虫大多背部有显著峰突，颜色鲜艳，尾足不发达或特化成可向外翻缩的枝形尾角，静止时只靠腹足固定，首尾上翘，似舟状，又称为舟形毛虫。

4.1.7.1　舟蛾类主要害虫

以杨扇舟蛾（图4-13）为例：

1. 形态特征

（1）成虫　体长13~20mm，翅展38~42mm，体灰褐色，前翅有灰白色横纹4条，顶角有1暗色扇形斑，斑下方有1黑色圆点，外横线外方有锈红色斑1排，翅面有灰白色波状

横纹4条，后翅灰褐色。

（2）幼虫　老熟幼虫体长32～40mm，头黑褐色，体背淡黄绿色，具白色细毛，腹部背面两侧有灰褐色宽带。体各带着生有环形排列的橙红色瘤8个，腹部第1节和第8节背面中央有较大的红黑色毛瘤。

（3）卵　扁圆，直径1mm，初产时橙红色，近孵化时暗灰色。

（4）蛹　体长13～18mm，褐色，尾端具有分叉的臀棘。茧椭圆形，灰白色。

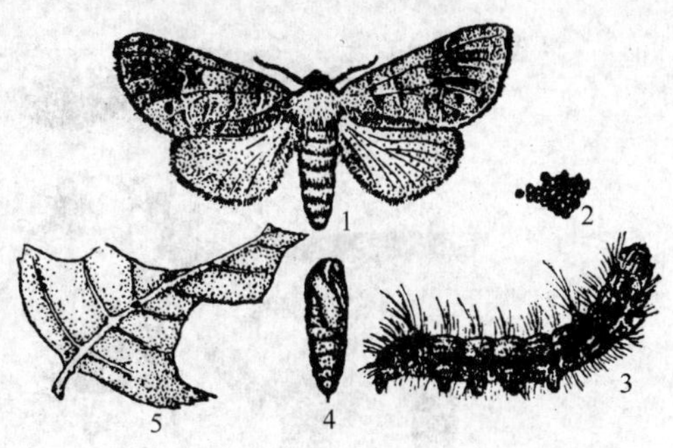

图4-13　杨扇舟蛾

1—成虫　2—卵　3—幼虫　4—蛹　5—被害叶

2. 生活史与习性

杨扇舟蛾发生代数因地而异，每年2～8代，均以蛹在落叶、枯卷叶、土块、墙缝、粗树皮下结薄茧越冬。成虫白天不活动，夜晚交尾产卵，越冬代成虫多产卵于枝干上，以后各代多产于叶片背面，成块，每雌可产卵100～600粒，成虫具趋光性。初孵幼虫在卵块附近的叶片群集啃食叶肉，静息时头朝一个方向，排列整齐。2龄后分散吐丝缀叶，形成虫苞，夜间或阴天出来取食，3龄后食量增大，食全叶，留叶柄。幼虫共5龄。幼虫老熟后作黄白色丝质茧化蛹越冬。

其他舟蛾类害虫发生概况见表4-4。

表4-4　两种舟蛾类害虫形态特征及习性

虫态	杨二尾舟蛾（杨双尾天社蛾、杨双尾舟蛾）（图4-14）	国槐羽舟蛾（槐天社蛾）（图4-15）
成虫	体长28～30mm，翅展75～80mm，全体灰白色。翅脉黑色或褐色，上有整齐的黑点和黑波纹。胸背有对称排列的8个或10个黑点。前翅基部有2个黑点。中室外有数排锯齿状黑色波纹，纹内有8个黑点。后翅白色，外缘有7个黑点	体长30mm，翅展56～80mm，体灰黄褐色。前翅后缘中间有1浅弧形缺刻，两侧各有1个大的毛丛；前翅近顶角处有微红褐色锯齿形的横纹。雄蛾后翅暗灰褐色，雌蛾色较淡，隐约可见1条灰黄色外横带
幼虫	体长50mm，灰褐色至灰绿色。前胸背板大而坚硬，后胸背面有角形肉瘤。1对臀足退化成长尾状，其上密生小刺，末端赤褐色	体长55mm，粉绿色，较光滑。体侧气门线呈橙黄色纵带，纵带边缘有1条蓝黑色细线。腹足有3个黑色环纹，胸足有5个黑点
卵	馒头形，直径3mm。初产时暗绿色，渐变为赤褐色	淡黄绿色，馒头形
蛹	赤褐色，长25mm，体有颗粒状凸起，尾端钝圆。茧灰黑色，椭圆形，坚实，上端有1胶质密封羽化孔	黑褐色，长约30mm，长圆形，臀棘4个。茧：灰黑色，较粗糙
习性	上海每年2代。以幼虫吐丝结茧化蛹越冬。每雌产卵为130～400粒。卵散产在叶面上。幼虫活泼，受惊时尾突翻出红色管状物，并左右摆动。老熟幼虫爬至树干基部，咬破树皮和木质部吐丝结成坚实硬茧，紧贴树干，其颜色与树皮相近。成虫有趋光性	每年发生2～3代。以老熟幼虫入土作茧化蛹越冬。卵产在叶上。9月下旬幼虫陆续入土化蛹越冬。各代幼虫化蛹场所有所不同：1代多在墙根、砖石块下及树蔸旁结茧化蛹，2代多入土化蛹

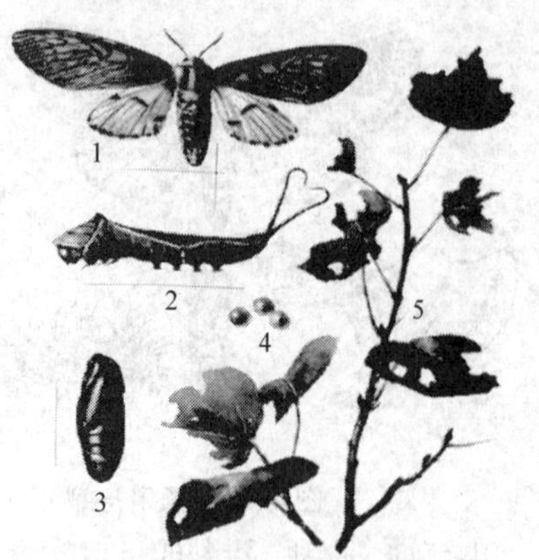

图 4-14　杨二尾舟蛾
1—成虫　2—幼虫　3—蛹　4—卵　5—危害状

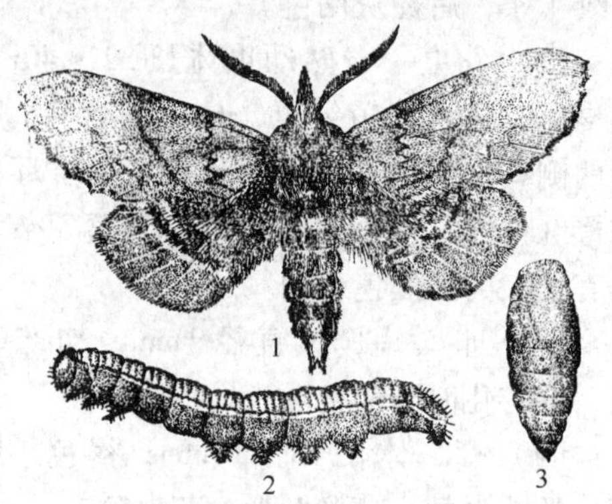

图 4-15　国槐羽舟蛾
1—成虫　2—幼虫　3—蛹

4.1.7.2　舟蛾类的综合防治措施

1. 人工防治

幼虫分散前，利用其群集性，人工摘除带虫苞的叶片或振落消灭。并结合养护管理，在根际周围掘土灭蛹。

2. 灯光诱杀

成虫盛发期，设置频振式诱虫灯进行诱杀。

3. 生物防治

保护天敌，如舟蛾赤眼蜂、黑卵蜂、小茧蜂、伞裙追寄蝇、颗粒病毒等。第 1 代幼虫发生期喷 Bt 乳剂 500 倍液，第 1、2 代卵发生期，每 hm^2 释放 30 ~ 50 万头赤眼蜂，傍晚或阴天喷洒白僵菌 100 倍液均可防治。

4. 化学防治

在幼虫低龄阶段及时喷药，药剂种类参照防治夜蛾类药剂。

4.1.8　卷叶蛾类

卷叶蛾属于鳞翅目、卷叶蛾科。中或小形，多为褐、黄、棕、灰等色，并有条、斑纹或云斑。前翅略呈长方形，肩区发达，前缘弯曲，有的种类雄虫前缘向反面褶叠。静止时，两前翅平叠在背上，合成钟状。除头部有竖立的鳞毛外，身上的鳞片平贴。幼虫常卷叶、缀叶及钻蛀嫩梢，是危害园林植物的常见害虫。

4.1.8.1　卷叶蛾类主要害虫

（一）苹果褐卷叶蛾（图 4-16）

1. 分布与危害

苹果褐卷叶蛾又名褐带卷叶蛾，分布于东北、华北、西北、华中、华东等地区，其中以东北、华北受害最为严重。其食性杂，危害杨、柳、栎、绣线菊、榆、椴、海棠、大丽花、月季、小叶女贞、七姐妹、万寿菊等花木，以及苹果、梨、桃、杏、樱桃等果树。

2. 形态特征

（1）成虫　体长8～11mm，翅展16～25mm，体及前翅褐色，前翅前缘稍呈弧形拱起，外缘较直，顶角不突出，雄蛾无前翅缘褶，翅面具网状细纹，基斑、中带和端纹均为深褐色；中带下半部增宽，其内侧中部呈角状突出，外侧略弯，后翅灰褐色，下唇须前伸，腹面光滑，第2节最长。

（2）幼虫　老熟幼虫体长18～22mm，头近方形，体绿色，头及前胸背板淡绿色，大多数个体前胸背板后缘两侧各有一黑斑。

（3）卵　扁椭圆，0.9mm×0.7mm，淡黄绿色，近孵化时褐色，数十粒呈鱼鳞状排列。

（4）蛹　体长9～11mm，头胸背面深褐色，腹面稍带绿色，腹部第2节背面有2横列分别靠近前后节间的刺突，各列刺突均较小。

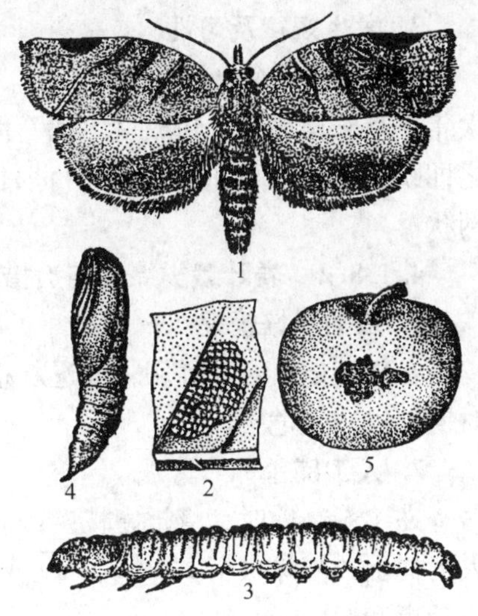

图4-16　苹果褐卷叶蛾
1—成虫　2—卵　3—幼虫
4—蛹　5—被害状

3. 发生规律及习性

苹果褐卷叶蛾每年发生2～3代，各代均以幼龄幼虫在树干粗皮裂缝、剪锯口以及翘皮内结茧越冬。成虫对糖醋有趋化性，并有弱的趋光性。白天隐藏在叶背或草丛中，夜间交尾、产卵。卵多产在叶面，初孵幼虫群集在叶上，食叶肉致使叶片呈筛孔状，幼虫成长后分散危害。幼虫活泼，遇惊动即吐丝下垂，用手轻触其头部即迅速后退，触其尾部即迅速向前爬行或跳动逃逸。

（二）茶长卷叶蛾（图4-17）

1. 分布与危害

茶长卷叶蛾又名东方卷叶蛾、后黄卷叶蛾。南方各省均有分布。危害多种阔叶树和针叶树，主要有女贞、山茶、牡丹、蔷薇、桃、樱花、石榴及紫藤、栎、樟、落叶松、冷杉、紫杉等。

2. 形态特征

（1）成虫　体长10～12mm，翅展22～32mm。唇须黄褐色，紧贴头部向上弯曲。前翅褐色，有褐斑。雄蛾前翅宽大，基斑退化，中带和端纹清楚，中带在前缘附近色泽变黑，然后断开，形成1个黑斑。雌蛾前翅的基斑、中带和端纹可以分辨，但不清楚，后翅淡杏黄色。

（2）卵　淡黄绿色，球形，直径1.2mm。卵块为鱼鳞状单层排列，不规则。

（3）幼虫　初孵黄褐色，2龄时淡黄色，3龄黄绿色，4龄后转为青绿色。老熟幼虫体长22～26mm。头部及前胸背板深褐色前胸背板浅黄绿色，腹足趾钩为双序全环。

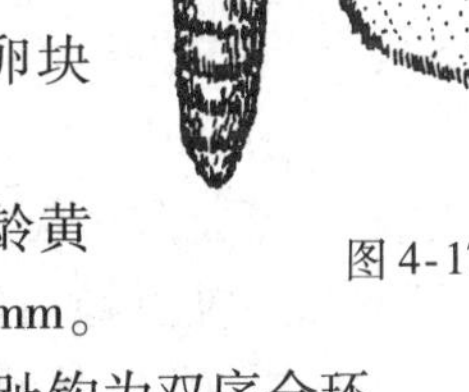

图4-17　茶长卷叶蛾

（4）蛹　纺锤形，淡褐色，长12～14mm。末端有臀棘8根，端部弯曲。

3. 发生规律及习性

茶长卷叶蛾每年发生 3～4 代。以幼虫在卷叶或枯枝落叶中越冬。春暖后可继续危害。次年 4 月底至 5 月上旬成虫出现，世代重叠。成虫晚间活动。卵产于叶表面。幼虫活动，触之即跳跃或吐丝下垂。7～8 月间幼虫数量大，多啃食下表皮叶肉，叶片呈白色透明状或网状。

4.1.8.2　卷叶蛾类综合防治措施

1. 加强栽培管理

在新梢期，合理施肥，促进新梢抽发整齐健壮，缩短适宜卷叶蛾成虫产卵、繁殖所需的时期，以减轻危害。

2. 人工捕杀

在冬春修剪时，将被害枝条彻底剪除，收集销毁。然后在越冬代成虫羽化前，进行一次人工捕捉，摘除虫梢 1～2 次，以减少第一代危害。在幼虫危害初期，摘除卷叶，消灭其中的幼虫和蛹。

3. 灯光诱杀

根据成虫趋光性，结合其他害虫的防治，进行灯光诱杀。

4. 化学防治

在新梢、花穗抽发期和在谢花至幼果期幼虫初孵至孵化盛期，及时用药 1～2 次。花蕾期可选用毒性较低的 Bt 乳剂 800 倍液，1.8% 害极灭 4000～5000 倍液，复方虫螨治可湿性粉剂 600 倍液。开花期、新梢期和幼果期可用 90% 晶体敌百虫 800～1000 倍液，或 2.5% 溴氰菊酯乳油或 5% 高效灭百可乳油，也可用其他菊酯类农药进行防治。

4.1.9　枯叶蛾类

枯叶蛾属于鳞翅目，枯叶蛾科。中型至大型，因不少种类静止时如枯叶状而得名。幼虫化蛹前先织成丝茧，故也有茧蛾之称。分布广泛，全世界已知约 2000 种，我国约有 200 种。体粗多厚毛。大多夜间活动。常雌雄异形。雌蛾笨拙，雄蛾活泼有强飞翔力。枯叶蛾的体色和翅斑变化较多，有褐、黄褐、火红、棕褐、金黄、绿等色。环境适宜时，常大量发生成灾。幼虫体多毛，俗称毛虫。幼虫绝大多数取食木本植物的叶子。

4.1.9.1　枯叶蛾类主要害虫

（一）马尾松毛虫（图 4-18）

1. 分布与危害

马尾松毛虫是我国松林最严重的历史性害虫，分布于秦岭淮河一线以南各省区，几乎遍及沿海岛屿，危害马尾松、湿地松、黑松、火炬松等。以马尾松受害最为严重，常间歇性猖獗成灾。松树一旦受害，轻则生长迟缓，严重时针叶被吃光，如同火烧，使成片的松林死亡。人体接触毒毛，引起皮炎，关节肿痛，手足奇痒。

2. 形态特征

（1）成虫　体色变化大，有灰白、灰褐色、黄褐色等。雌比雄色浅，雄体型较小。体长 20～32mm，翅展 36～56mm。雄虫触角羽状，前翅横线色深，明显，中室白斑显著，亚外缘线黑斑列内侧呈褐色，腹末尖削，休止时腹末鳞片外露。雌虫触角短，栉齿状，前翅中室白斑不明显，具 5 条深褐色横线，外横线略呈波纹状，亚外缘斑列 8～9 个，黑褐色，内侧衬以淡棕色斑，腹部粗壮，末端圆。

（2）幼虫　体色随龄期不同而不同。头部黄褐色，中、后胸背面有明显的蓝黑色毒毛带。腹部各节背面毛簇中有窄而扁平的片状毛，体侧着生许多白色长毛，并有一条连贯胸腹的纵带，自中胸至腹部第8节气门后上方，在纵带上各有一白斑。老熟幼虫体长38～88mm。

（3）卵　椭圆，光滑，长1.5mm，初产时粉红，也有淡紫色、淡绿色，近孵化时紫黑色。

（4）蛹　纺锤形，长22～37mm，棕褐色或栗色，臀棘细长，末端卷曲或卷成小圈，雌蛹肥大，触角基部较平滑，端部与前足等长；雄蛹瘦小，触角基部突出，端部长于前足。茧椭圆形，灰白色至黄褐色，茧外散生黑色短毒毛。

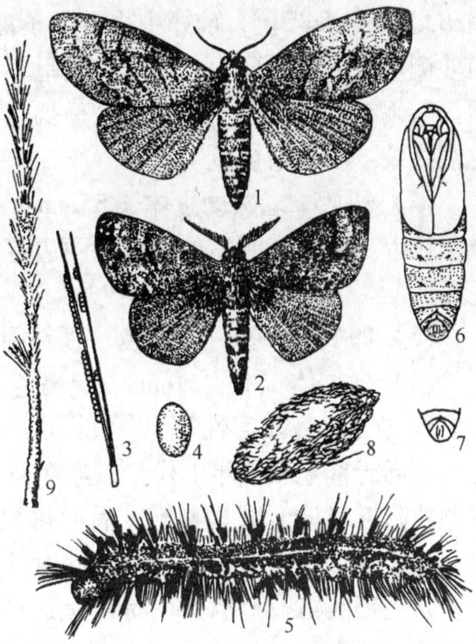

3. 发生规律及习性

图4-18　马尾松毛虫

1—雌成虫　2—雄成虫　3—松针上的卵　4—卵　5—幼虫　6—雌蛹　7—雄蛹腹部末端　8—茧　9—马尾松被害状

马尾松毛虫在长江流域各省每年2～3代，珠江流域每年3～4代。以幼虫在树皮裂缝、树下杂草丛内，石砾或针叶丛中越冬。成虫具趋光性，卵多产于生长良好的林缘松叶或小枝上，常排列成串珠状或堆成块。每雌产卵80～760粒不等。松树生长健壮，通风良好，卵块密度大，产卵部位多在树冠的中下部。

初孵幼虫群集取食，一般6龄。1～2龄幼虫受惊吓即吐丝下垂，啃食针叶边缘；3～4龄幼虫分散啃食整个松叶，受惊吓后弹跳坠落；5～6龄幼虫有迁移习性，在松树受害严重时，大量的老熟幼虫在地面爬行。受惊吓时即抓紧枝条，头胸抬起，以示抵抗。幼虫老熟后在针叶丛间或树皮裂缝中结茧化蛹，受害严重的松林，常在树下草丛或其他地被物上结茧化蛹。

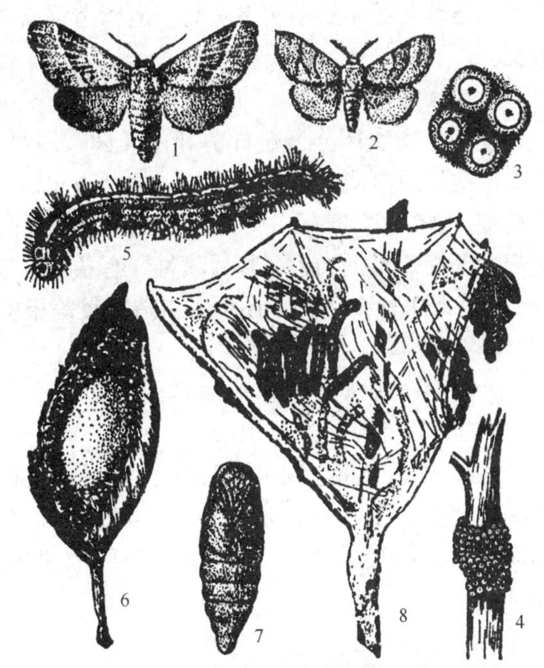

图4-19　黄褐天幕毛虫

1、2—成虫　3、4—卵及卵块　5—幼虫　6—茧　7—蛹　8—被害状

（二）黄褐天幕毛虫（图4-19）

1. 分布与危害

黄褐天幕毛虫又名天幕毛虫，主要分布于华北、东北、西北、华东、中南等地，危害樱花、海棠、柳、榆、槐、樟、刺槐、玫瑰、桃、梅、杏、梨、樱桃、山楂等植物。

2. 形态特征

（1）成虫　体长18～22mm，翅展24～

39mm。雄蛾黄褐色，前翅中央有2条深褐色横线纹，2线间颜色较深，呈褐色宽带，宽带内外侧均衬以淡色斑纹；后翅中间呈不明显的褐色横线。前、后翅缘毛均为褐色和灰白色相间。雌蛾与雄蛾显著不同，体翅呈褐色，腹部色较深，前翅中间的褐色宽带内外侧呈淡黄褐色横线纹。后翅淡褐色。

（2）幼虫　老熟幼虫体长55mm，头部蓝灰色，有黑斑两个，体侧有鲜艳蓝灰色、黄色或黑色带。体背有明显的白带，两边有橙黄色横线，气门黑色，体背各节具黑色长毛。腹面毛短。

（3）卵　椭圆形，灰白色，顶部中间凹陷，卵产在小枝上，呈指环状。

（4）蛹　体长13～20mm，黑褐色，有金黄色毛，茧灰白色。

3. 发生规律及习性

黄褐天幕毛虫1年1代，以卵在枝条上越冬，第二年春树木萌芽时孵化。幼龄幼虫群集在卵块附近小枝上取食嫩叶，后向树杈移动，吐丝结网，夜晚取食，白天群集潜伏在网巢内，呈天幕状，因而得名。近老熟时开始分散活动，白天往往群集于树干下部或树杈处静伏，晚上爬向树冠上取食，易暴食成灾。成虫有趋光性，卵多产在被害树当年生小枝梢端。每雌蛾产卵200～400粒。该虫幼虫常感染一种核型多角体病毒和一种天幕毛虫寄生蝇，寄生率很高，对该虫有一定控制作用。

4.1.9.2　枯叶蛾类综合防治措施

防治策略应以林业技术为基础，生物防治为主导，化学防治及其他方法相结合的综合防治措施，以促进生态平衡。

1. 园林技术措施

加强营林技术，植树造林时，应营造混交林，合理密植。以针叶树和阔叶成块状或带状混交。

2. 生物防治

使用生物农药苏云金杆菌和白僵菌，用每mL含0.5～0.7亿孢子的Bt乳剂，或每mL含1亿孢子的白僵菌对4～6龄幼虫喷雾。以上两种药剂使用时加入0.2%洗衣粉和适量的化学药剂（如0.05%～0.1%的敌百虫等）能提高杀虫效果。也可收集核型多角体病毒致死的虫尸，经捣碎粗提加水稀释后喷雾；有条件的地方可释放人工繁殖的松毛虫、赤眼蜂和黑卵蜂，75～150万头/hm^2；还可人工造鸟巢等招引益鸟。

3. 灯诱

使用频振式诱虫灯诱杀，最好常年坚持设灯，可大大降低虫口密度。

4. 化学防治

水源方便，树高5m以下的松林采用喷雾：用2.5%溴氰菊酯乳油4000～6000倍液，25%灭幼脲3号1000倍液，50%辛硫磷乳油1000倍液，50%巴丹可湿性粉剂500倍液。树体高大，郁闭度大的，可用烟剂：敌敌畏插管烟雾剂1kg/667m^2。面积大的，用飞机喷雾。

4.1.10　天蛾类

天蛾属于鳞翅目，天蛾科。世界性分布，全世界已知1000余种，我国已知约150种。体型较大，前翅大而狭长，翅顶角尖，具翅缰和翅缰钩，触角粗厚，端部成钩。喙发达，飞

翔力强，经常飞翔于花丛间取蜜。大多数种类夜间活动，少数日间活动。幼虫粗大，身体上有许多颗粒，体侧大多有一列斜纹，尾部背面有尾角。

4.1.10.1　天蛾类主要害虫

（一）霜天蛾（图4-20）

1. 分布与危害

霜天蛾又名泡桐灰天蛾，在我国分布于华北、华南、华东、华中、西南各地。在河北任丘等地主要危害白蜡、金叶女贞和泡桐，同时也危害丁香、悬铃木、柳、梧桐等多种园林植物。

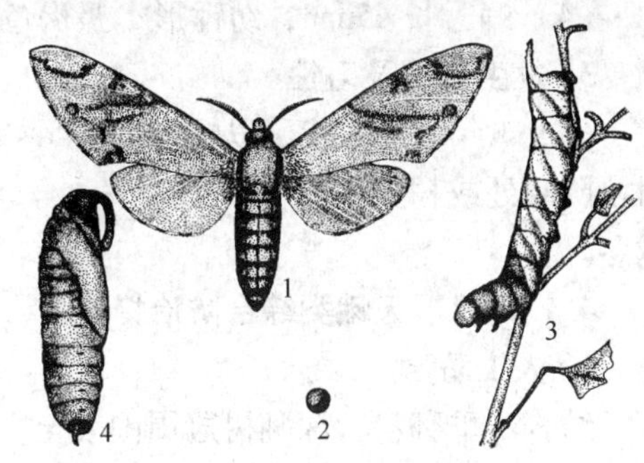

图4-20　霜天蛾

1—成虫　2—卵　3—幼虫及被害状　4—蛹

2. 形态特征

（1）成虫　头灰褐色，体长45~50mm，翅展90~130mm，体翅暗灰色，混杂霜状白粉。胸部背板有棕黑色似半圆形条纹，腹部背面中央及两侧各有一条灰黑色纵纹。前翅中部有2条棕黑色波状横线，中室下方有两条黑色纵纹。翅顶有1条黑色曲线。后翅棕黑色，前后翅外缘由黑白相间的小方斑连成。

（2）幼虫　绿色，老熟幼虫体长75~96mm，头部淡绿色，胸部绿色，背有横排列的白色颗粒8~9排；腹部黄绿色，体侧有白色斜带7条；尾角褐绿，上面有紫褐色颗粒，气门黑色，胸足黄褐色，腹足绿色。

（3）卵　球形，初产时绿色，渐变黄色。

（4）蛹　红褐色，体长50~60mm。

3. 发生规律及习性

霜天蛾1年发生3~4代，以蛹在土中越冬，次年4月下旬至5月羽化。成虫白天隐藏于树丛、枝叶、杂草、房屋等暗处，黄昏飞出活动，交尾、产卵在夜间进行。成虫的飞翔能力强，并具有较强的趋光性。卵多散产于叶背面，卵期10天。幼虫孵出后，多在清晨取食，白天潜伏在阴暗处。以六七月间危害严重，地面可见大量碎叶和深绿色大粒虫粪。10月后，老熟幼虫入土化蛹越冬。

（二）桃天蛾（图4-21）

1. 分布与危害

桃天蛾又名桃六点天蛾、枣天蛾、枣豆虫、桃雀蛾、独角龙。在我国各地均有分布。其主要危害桃、苹果、梨、杏、樱桃、枇杷、海棠、葡萄等树木。以幼虫啃食叶片，发生严重时，常吃光叶片，甚至将全树叶片取食殆尽。

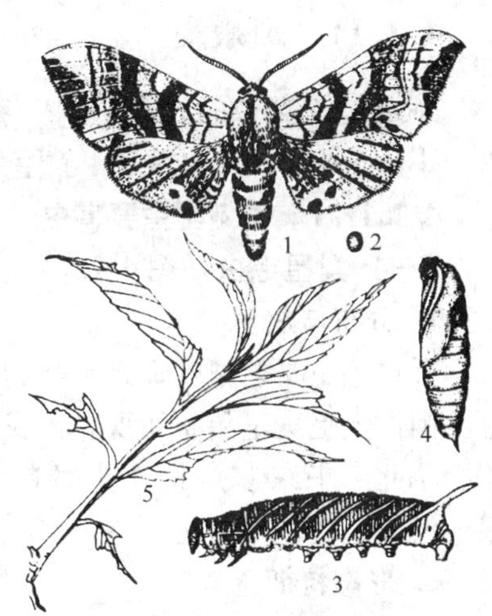

图4-21　桃天蛾

1—成虫　2—卵　3—幼虫

4—蛹　5—被害状

2. 形态特征

（1）成虫　体长36~46mm，翅展82~120mm，体肥大深褐色，头细小，触角栉齿状，米黄色，复眼紫黑色。前翅狭长，灰褐色，有暗色波状纹7条，后缘臀角

处有2块紫黑色斑纹，由断续的4小块组成，前翅下面具紫红色长鳞毛。后翅近三角形，上有红色长毛，后缘臀角处有2块紫黑色斑纹。腹部灰褐色，腹背中央有一条淡黑色纵线。

（2）幼虫　老熟幼虫体长80mm，黄绿色，体光滑，头部呈三角形，体上附生黄白色颗粒，第4节后每节气门上方有黄色斜条纹，有一个尾角。

（3）卵　扁圆形，绿色透明，似大谷粒，孵化前转为绿白色。

（4）蛹　长45mm，纺锤形，黑褐色，尾端有短刺。

3. 发生规律及习性

华北1年发生2代，以蛹在地下5~10cm深处的蛹室中越冬，成虫有趋光性。卵散产于树枝阴暗处或树干裂缝内，或叶片上。每雌蛾产卵量170~500粒。幼虫老熟后入地化蛹越冬。

4.1.10.2　天蛾类综合防治措施

1. 人工防治

结合冬季翻耕，深翻树冠周围表土，人工挖蛹。生长季节根据树下幼虫排泄的粪粒，在树上寻找幼虫捕杀。

2. 诱杀

利用频振式诱虫灯诱杀。

3. 化学防治

在幼虫发生初期抓紧喷药防治，药剂可用90%晶体敌百虫1500倍液，或20%杀灭菊酯乳油3000倍液，或75%辛硫磷乳剂2000倍液，或2.5%溴氰菊酯乳油2000~3000倍液喷雾。

4. 生物防治

天蛾天敌寄生率较高，如绒茧蜂、寄生菌等，应加以保护和利用。

4.1.11　斑蛾类

斑蛾属于鳞翅目，斑蛾科。我国已知140种以上。小型至中型，身体光滑，颜色常鲜艳夺目。

4.1.11.1　斑蛾类主要害虫

（一）梨星毛虫（图4-22）

1. 分布与危害

梨星毛虫又名梨叶斑蛾、梨狗子、饺子虫。梨星毛虫因体上毛疣呈星状而得名，我国广泛分布，在东北、华北、华东、西北等地都有发现。危害梨、苹果、海棠、樱桃等植物。

2. 形态特征

（1）成虫　体长9~13mm，翅展23~24mm，体翅烟黑色，翅半透明，翅缘浓黑，略生细毛。身体和翅均带暗青蓝色而有光泽。雌蛾触角锯齿状，雄蛾触

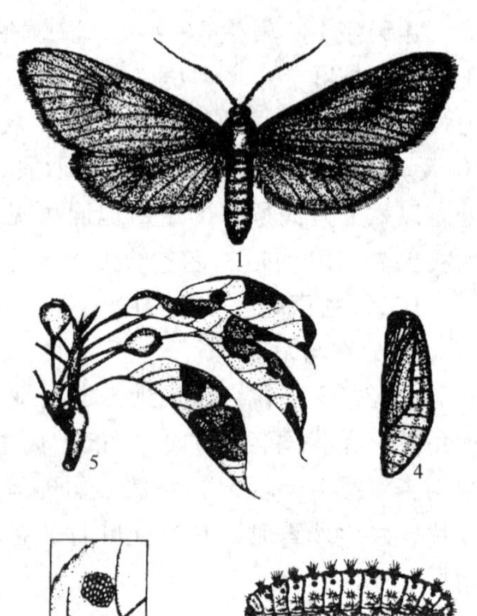

图4-22　梨星毛虫
1—成虫　2—卵　3—幼虫
4—蛹　5—被害状

角羽毛状。

（2）幼虫　体长10mm左右，初产幼虫淡紫色，老龄幼虫淡黄色，纺锤形。各体节背面有黑色斑1对，每一体节有6个星形毛丛，故名星毛虫。

（3）卵　椭圆形，0.7～0.9mm，初为白色，后渐为黄白色，孵化前紫褐色。

（4）蛹　体长12mm，初为黄白色，近孵化时黑色。

3. 发生规律及习性

梨星毛虫每年发生1代，有些地区发生2代，但均以2～3龄幼虫在树皮裂缝内、粗皮、老翘皮、土块缝隙内结茧过冬。梨花芽膨大期开始活动，后钻入花芽内蛀食花蕾或芽基，展叶期则卷叶危害，叶向正面卷成饺子状，啃食正面叶肉，幼果期幼虫在最后一片包叶内结茧化蛹。6月中旬出现成虫，傍晚活动，交尾产卵。

（二）大叶黄杨斑蛾（图4-23）

1. 分布与危害

大叶黄杨斑蛾又名大叶黄杨长毛斑蛾、冬青卫矛斑蛾。其分布于华北、华东、华南、西北等地，主要危害大叶黄杨、金边黄杨、丝棉木、金心冬青卫矛、大花卫矛、扶芳藤等树木。

2. 形态特征

（1）成虫　体长约7～12mm，翅展约25～30mm。前翅浅灰黑色，半透明，基部黄色。胸部两侧及腹部末端生有黄毛，其余部分生有黑褐色长毛。雄蛾触角羽毛状，雌蛾触角栉齿状，体型较大。

图4-23　大叶黄杨斑蛾幼虫

（2）幼虫　老熟幼虫体长15～18mm，体粗短，圆筒形。初孵幼虫淡黄色，老熟后黑色。胸腹部淡黄绿色，头部黑色，前胸背板中央有2个椭圆形黑斑，呈“八”形排列，在其两侧各有一圆点。体背上有7条平行的黑线，身体各节密被白色短毛。臀板中央有一“凸”字形黑斑，两侧各有一长圆形黑斑。

（3）卵　椭圆形，淡褐色，上被胶质和雌蛾脱落的腹毛。

（4）蛹　扁平，黄褐色，长9～11mm。体表仍保留有7条不明显的褐色纵纹。腹部各节前缘有一列排列整齐的小刺，末端具臀刺两枚。茧丝质，灰白色或黄褐色，扁平，呈瓜子状，周围有白色的丝质膜。

3. 发生规律及习性

大叶黄杨斑蛾1年1代，以卵在一年生枝梢上越冬，翌年3月越冬卵开始孵化并进行危害。初孵幼虫群集在芽上危害，将芽吃成网状；2龄幼虫群集在叶背取食；3龄后开始分散危害。5月中下旬幼虫老熟，吐丝下垂入2～3cm表土中结茧化蛹。9月中旬羽化出成虫，当天交配，无重复交尾现象。产卵时将腹末毛脱掉粘夹在外卵粒之间。

（三）重阳木锦斑蛾（图4-24）

1. 分布与危害

重阳木锦斑蛾又名重阳木斑蛾，分布于江苏、浙江、湖北、湖南、福建、台湾、广东、广西、云南、重庆等省市，主要危害重阳木等。

2. 形态特征

图4-24 重阳木锦斑蛾

1—幼虫 2—成虫

(1) 成虫 体长17~24mm，翅展47~70mm。头小，红色，有黑斑。触角双栉齿状，黑色。前胸背面褐色，前、后端中央红色。中胸背黑褐色，前端红色；近后端有2个红色斑纹，或连成"U"字形。前翅黑色，背面基部有蓝光。后翅也为黑色，自基部至翅室近端部蓝绿色。前后翅背面基斑红色。腹部红色，有黑斑5列。雄蛾腹末截钝，凹入；雌蛾腹末尖削，产卵器露出呈黑褐色。

(2) 卵 卵圆形，略扁，表面光滑。初为乳白色，后为黄色，近孵化时为浅灰色。卵长0.73~0.82mm，宽0.45~0.59mm。

(3) 幼虫 体肥厚而扁，老熟幼虫体长18.83~20.25mm，头部常缩在前胸内，腹足趾钩单序中带，体具枝刺。幼虫体浅黄色至淡褐色，老熟幼虫灰红色至暗红色。头部暗褐色。体背两侧各只有1条较宽的深褐色纵带纹，后端相接，呈长"U"字形。少数达8龄的幼虫体长24mm左右。幼虫中、后胸各具10个枝刺；第一至第八腹节皆具6个枝刺，第九腹节4个枝刺。位于腹部两侧的枝刺棕黄色，较长，体背面的枝刺较短。

(4) 蛹 体长15.5~20mm。初化蛹时全体黄色，腹部微带粉红色。随后头部变为暗红色，复眼、触角、胸部及足、翅黑色。腹部桃红色，第一至第七节背面有1个大黑斑，侧面每边具1个黑斑，腹面露出的第六、七节各有2个大黑斑并列。

3. 发生规律及习性

发生代数因地而异，以老熟幼虫在树皮裂缝、树皮及重叠的叶片中越冬。江浙地区1年发生3代。4月下旬可见越冬代成虫。3代幼虫危害期分别为6月下旬、7月上中旬、9月中下旬。成虫白天在重阳木树冠或其他植物丛上飞舞，吸食补充营养。卵产于叶背。幼虫取食叶片，严重时将叶片吃光，仅残留叶脉。低龄幼虫群集危害，高龄后分散危害。老熟幼虫部分吐丝坠地做茧，也有的在叶片上结薄茧。

4.1.11.2 斑蛾类综合防治措施

1. 人工防治

结合冬春季修剪，剪除虫卵。生长期人工捏死虫苞、摘除虫叶，集中销毁，捕捉成虫；以幼虫越冬的，可以在幼虫越冬前在树干基部束草诱杀。

2. 化学防治

幼虫期喷洒青虫菌500倍液，1%灭虫灵2000~3000倍液，2.5%溴氰菊酯乳油3000倍液，其余方式参考其他食叶害虫的化学防治。

4.1.12 螟蛾类

螟蛾属于鳞翅目、螟蛾科。为鳞翅目中的一个大科，全世界已记载约1万种，我国已知1000余种，许多种类为农林业上的重要害虫。成虫小形至中等大小，身体细长，脆弱，腹部末端尖削，下唇须伸出很长，如同鸟喙。

4.1.12.1　螟蛾类主要害虫

（一）黄杨绢野螟（图4-25）

1. 分布与危害

黄杨绢野螟主要分布在华东、华南等省市。其主要危害黄杨科植物，如瓜子黄杨、雀舌黄杨、大叶黄杨、小叶黄杨、朝鲜黄杨以及冬青、卫矛等植物，其中又以瓜子黄杨和雀舌黄杨受害最重。此虫具有突发性，近年随着瓜子黄杨、雀舌黄杨等黄杨类绿化树种的引进与普及，黄杨绢野螟在多地严重暴发。

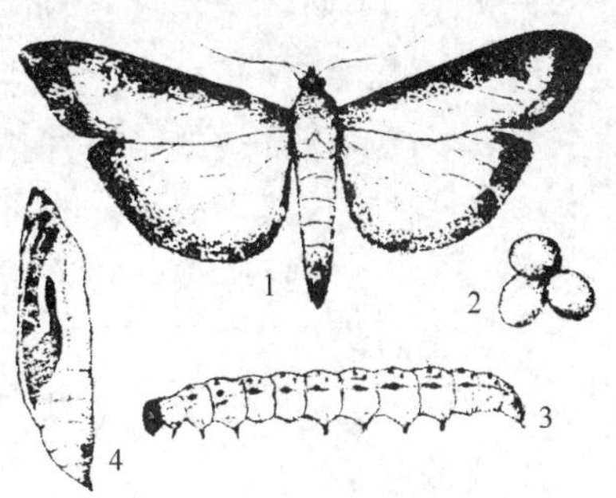

图4-25　黄杨绢野螟

1—成虫　2—卵　3—幼虫　4—蛹

2. 形态特征

（1）成虫　体长20~24mm，翅展42~50mm，体翅灰白色。前翅前缘、外缘、后缘，后翅外缘、后缘有紫褐色宽带，前缘紫褐色带上有两个白斑，鳞毛有光泽，紫红色闪光。有1个新月形白斑。前翅前缘宽带中，雄蛾腹部末端有黑褐色毛丛。

（2）幼虫　老熟幼虫体长35~42mm，头部黑色，胴部黄绿色。背线、亚背线及气门上线深绿色至墨绿色，气门线橙黄色。各体节亚背线及气门线上具有黑褐色毛瘤。腹足端部红褐色。

（3）卵　扁椭圆形，背面稍隆起，长1.5mm，初产淡绿色，排列整齐，不易发现。

（4）蛹　翠绿色至黄褐色，长18~20mm，腹部末端有先端卷曲的臀棘8根。

3. 发生规律及习性

黄杨绢野螟每年发生3代，以2~3龄幼虫在虫苞内结薄茧越冬。虫苞内带有一片枯叶。翌年3月陆续出蛰危害，5月上旬至6月上旬为第1代危害盛期。成虫昼伏夜出，有趋光性。卵成块产于叶背，成鱼鳞状排列。幼虫6龄前吐丝缀连嫩枝、叶片，取食叶肉，致使新梢叶残损枯萎，老熟后在被害枝叶间吐丝结虫苞化蛹。9月下旬以2~3龄幼虫结虫苞越冬。

（二）竹织叶野螟（图4-26）

1. 分布与危害

竹织叶野螟又名竹卷叶螟，分布于华南、华东、华中等地，危害毛竹、刚竹、淡竹、青皮竹、撑蒿竹等。

2. 形态特征

（1）成虫　体长9~13mm，翅展22~30mm，黄或黄褐色。触角丝状，复眼草绿色，前翅外缘有深褐色宽带，另有3条深褐色横线，中横线中央部分断裂，中横线后段与外横线前段有1纵线相连接，后翅中央有1弯曲褐色斑纹。

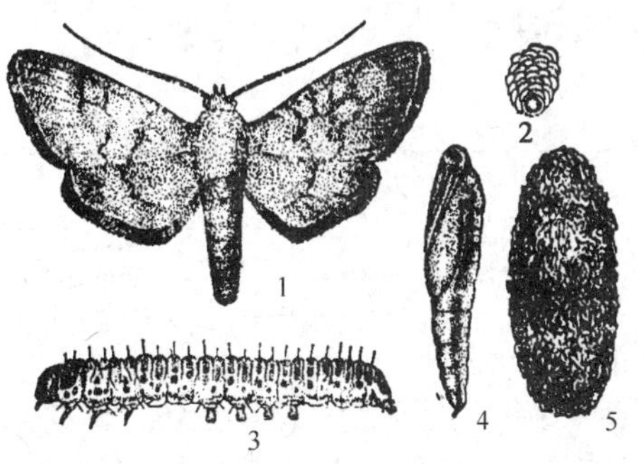

图4-26　竹织叶野螟

1—成虫　2—卵块　3—幼虫　4—蛹　5—茧

（2）幼虫　共6龄。体长16~24mm，头褐色，体表光滑，取食期间体呈绿色或淡黄色，老熟体色较浅呈灰白色，化蛹转为金黄色。

（3）卵　扁圆形，长0.8~1mm，淡黄色，略呈半透明。

（4）蛹　长12~14mm，橙黄色，腹部较细，末端有数根钩状臀棘。

3. 发生规律及习性

竹织叶野螟1年1~4代。一般以第1代危害最重。以老熟幼虫在土茧中越冬。成虫具较强趋光性。有吸收禾本科植物的花蜜和常群集水洼或潮湿的草丛中吸水习性。其产卵于光线充足的竹林，多产于当年生新生竹叶背处，每雌产卵1~3块，每块30~60粒不等。初孵幼虫一般多选尚未开放的第一片抽心叶做成虫苞。3龄后有转苞危害习性，6龄时每天转苞一次，对竹林造成极大威胁。

4.1.12.2　螟蛾类综合防治措施

1. 人工防治

人工摘除虫苞，减少越冬基数。秋季清理枯枝落叶及杂草，集中烧毁。

2. 生物防治

幼虫期有姬蜂、茧蜂和寄蝇等多种天敌，注意保护。

3. 化学防治

发生面积大时于低龄幼虫期喷药。用90%晶体敌百虫1000倍液，灭幼脲3号1000倍液，10%溴氰菊酯乳油2000~3000倍液等喷雾。

4.1.13　蝶类

蝶类属于鳞翅目，蝶亚目。通称为“蝴蝶”，全世界大约有14000余种，大部分分布在美洲，尤其在亚马逊河流域品种最多。在亚洲，我国台湾也以蝴蝶品种繁多著名。蝴蝶一般色彩鲜艳，翅和身体有各种花斑，头部有一对棒状触角。最大的蝴蝶展翅可达24cm，最小的只有1.6cm。有许多种类的蝴蝶是农业和果木的重要害虫。

4.1.13.1　蝶类主要害虫

（一）柑橘凤蝶和玉带凤蝶

1. 分布与危害

柑橘凤蝶又名花椒凤蝶。在国外主要分布在日本、朝鲜、马来西亚、菲律宾、印度、澳洲，国内主要柑橘产区均有分布。其危害柑橘、金橘、佛手、柚子、枸橘、樟、九里香、桤木、茜草、四季橘、黄柏、香缘、黄菠萝等。

2. 形态特征

两种凤蝶形态特征见表4-5。

表4-5　两种凤蝶形态特征比较

虫态	柑橘凤蝶（图4-27）	玉带凤蝶（图4-28）
成虫	雌体长21~24mm，翅展76~95mm；体背有纵行宽黑纹，两侧黄白色前翅黑，近外缘有8个半月形黄斑，近翅中央有1列黄色斑纹，近前缘的小，向后缘渐大。翅基部近前缘处有5条黄色纵纹，其外方又有2个黄斑，后翅黑色，并有黄斑纹，近外缘处有半月形黄斑，在臀角处有1橙黄色圆斑，斑内有1黑点	体长25~27mm，翅展95~100mm，全体黑色。雄前翅外缘有8个黄白色斑点，后翅中央有1横列黄白色斑纹8个。雌虫有两种：黄斑型和赤斑型。黄斑型与雄虫相似，但后翅斑为黄色。赤斑型前翅黑色，外缘有小黄白斑8个，翅中央有2~5个黄白色椭圆形斑，下面有4个赤褐色弯月形斑

（续）

虫态	柑橘凤蝶（图4-27）	玉带凤蝶（图4-28）
卵	球形，直径1.2～1.3mm，初产淡白色，后变深黄，孵化前紫黑色	球形，直径1.2mm，初黄绿色，后深黄，孵化前紫黑色
幼虫	老熟幼虫体长48mm；胸腹相接处稍膨大。3龄前暗褐色，似鸟粪，体上有肉刺状突起，老熟幼虫黄绿色，后胸背面两侧有蛇眼纹，左右相连似马蹄形，体侧有蓝黑色斜纹；臭腺橙黄色	老熟幼虫体长45mm；1龄幼虫淡褐色，头黑，体被白色刺毛。2～4龄呈鸟粪状。老熟幼虫深褐色，后胸前缘有1齿状黑线纹，中间有4个灰紫色斑点，体侧有灰黑色斜纹；臭腺紫红色
蛹	体长30mm，淡绿色稍带暗褐色，也有黄白色。体较瘦，头顶部有2突起呈“V”形，胸背面有1尖锐突起	体长30mm，体色有灰黄、灰褐及绿色等，体较肥胖，中部膨大，头顶部有2突起呈“V”形，胸背面突起不尖锐

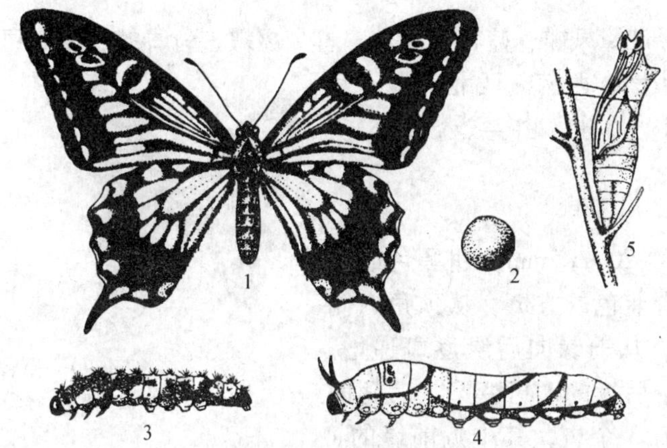

图4-27　柑橘凤蝶

1—成虫　2—卵　3—第3龄幼虫　4—第4龄幼虫　5—蛹

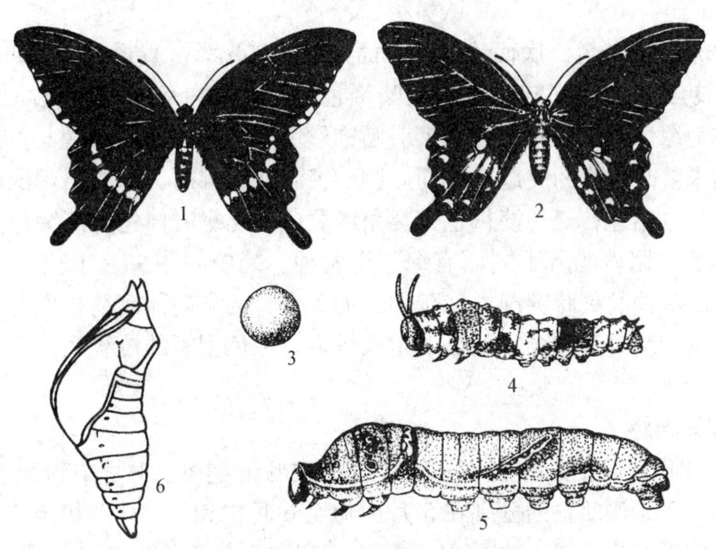

图4-28　玉带凤蝶

1—雄成虫　2—雌成虫　3—卵　4—第3龄幼虫　5—第5龄幼虫　6—蛹

3. 发生规律及习性

柑橘凤蝶：发生代数因地而异，浙江黄岩、四川成都、湖南均1年3代，福建漳州及台湾1年5~6代，广州1年6代。各地均以蛹附在叶背、枝干上及其他比较隐蔽场所越冬。

玉带凤蝶：浙江黄岩1年4代，四川成都、江西南昌1年4代，部分5代，福建福州和广州1年6代，均以蛹在树叶背面、枝干及邻近其他附着物上越冬。

两种凤蝶习性相似，田间常混合发生，成虫都是大型蝶类，日间活动，飞翔能力强，吸食花蜜，卵散产于枝梢嫩叶尖端，上午9~12时产卵最多。幼虫孵化后先取食卵壳，再取食嫩叶边缘，长大后嫩叶片常被吃光，老叶仅留叶主脉。3龄前幼虫似鸟粪，幼虫受惊吓后伸出臭丫腺，放出芳香气，蛹为缢蛹，蛹色常随化蛹环境而不同。天敌有黄金小蜂、广大腿小蜂等，对凤蝶的发生有一定的抑制作用。

（二）樟青凤蝶（图4-29）

1. 分布与危害

樟青凤蝶又名青带樟凤蝶、蓝带青凤蝶、青带凤蝶、竹青蝶，属于凤蝶科。国内主要分布于华东、华北、华南、西南、西北等地。其主要危害樟树、楠、月桂、白兰、含笑、阴香等。

图4-29　樟青凤蝶
1—成虫　2—幼虫

2. 形态特征

（1）成虫　翅展70~85mm，翅黑色或浅黑色。前翅有1列青蓝色的方斑，从顶角内侧开始斜向后缘中部，从前缘向后缘逐斑递增，近前缘的1斑最小，后缘的1斑变窄。后翅前缘中部到后缘中部有3个斑，其中近前缘的1个斑白色或淡青白色；外缘区有4~5个新月形青蓝色斑纹；外缘波状，无尾突。雄蝶后翅有内缘褶，其中密布灰白色的发香鳞。后翅反面的基部有1条红色短线，中后区有数条红色斑纹。

（2）卵　球形，乳黄色，底面浅凹。表面光滑，有光泽。直径约1.3mm。

（3）幼虫　初龄幼虫头部与身体均呈暗褐色，但末端白色。其后随幼虫成长而色彩渐淡，至4龄时转为绿色。胸部每节各有1对圆锥形突起，初龄时淡褐色；2龄时呈蓝黑色而有金属光泽；到末龄时中胸的突起变小而后胸的突起变为肉瘤，中央出现淡褐色纹，体上出现1条黄色横线与之相连；气门淡褐色；臭角淡黄色。化蛹时体色为淡绿色半透明。

（4）蛹　体色依附着场所不同而有绿、褐两种。蛹中胸中央有1前伸的剑状突起；背部有纵向棱线，由头顶的剑状突起向后延伸分为3支，两支向体侧呈弧形到达尾端，另1支向背中央伸至后胸前缘时又二分，呈弧形走向尾端。绿色型蛹的棱线呈黄色，使蛹体似樟树的叶片。

3. 发生规律及习性

1年发生2~3代，以蛹悬挂在寄主中、下部枝叶上越冬。4月中旬至5月下旬陆续羽化。越冬代及第1至3代幼虫期分别在5月中旬至6月中旬、7月上旬至8月中旬、8月下旬至9月下旬。成虫羽化后觅食花蜜补充营养。产卵1粒于嫩叶尖端，偶2粒。每雌产卵18~34粒。幼虫5龄，每头幼虫1d取食樟叶1~5片。幼虫老熟爬行隐蔽的小枝叶背后化

蛹。卵期一般4～6d，幼虫期约20d，越冬代蛹期90d左右。幼虫发育适宜温度为20～28℃。

4.1.13.2　蝶类综合防治措施

1. 人工防治

根据危害状，结合花木的修剪管理工作，人工清除越冬蛹，平时注意随时摘除虫卵、杀死幼虫和蛹，并保护寄生蜂。

2. 生物防治

可用Bt可湿性粉剂（100亿芽孢/g），1.2～1.5kg/hm^2，兑水900L喷雾，可加入0.1%茶籽饼汁或肥皂粉以提高药效；用菜青虫颗粒体病毒虫体3～5g（大约10～20头大龄病虫尸体），捣烂后兑水555～750L，即可防治1hm^2。保护利用金小蜂、广大腿小蜂、姬蜂等天敌。

3. 化学防治

幼虫多发期，喷25%灭幼脲3号悬浮剂1000～1500倍液，5%抑太保乳油1000～2000倍液，90%晶体敌百虫800～1000倍液、50%杀螟松乳油1000倍液；或2.5%溴氰菊酯、5%定虫隆乳油300～450mL兑水600L喷雾。

4.1.14　叶甲类

叶甲类属于鞘翅目，叶甲科，又名金花虫。成虫多有艳丽的金属光泽。成虫和幼虫均取食园林植物叶片，成虫具有假死性，幼虫蛃型。

4.1.14.1　叶甲类主要害虫

两种叶甲形态及习性见表4-6。

表4-6　两种叶甲形态及习性比较

虫态	白杨叶甲（白杨金花虫）（图4-30）	榆蓝叶甲（榆蓝金花虫、榆毛胸萤叶甲）（图4-31）
成虫	体长10～15mm，体近椭圆形，后半部略宽。鞘翅橙红色，密布刻点。前胸背板蓝紫色，有金属光泽，两侧各有1纵沟。纵沟间平滑，其两侧有粗大刻点。小盾片蓝黑色，三角形	体长7～8.5mm，近长椭圆形，黄褐色，鞘翅蓝绿色，有金属光泽，头部具一黑斑。前胸背板宽度为其长度的1倍，中央凹陷部有1倒葫芦形黑纹，两侧各有1黑纹。两鞘翅上各具明显隆起线2条
卵	长椭圆形，长2mm	黄色，长椭圆形，长1.1mm
幼虫	体长15～18mm，扁平。头黑色，胸、腹部近白色。前胸背板有“W”形黑纹，其余各节背面有黑点2列。第2、3节两侧各有1个黑色刺状突起，尾端黑色，具吸盘状尾足	体长11mm，微扁平，深黄色，中后胸及腹部背面漆黑色，头部、胸足及胴部所有毛瘤均漆黑色。头小，表面密生白色长毛。前胸背板近中央后方有1近长方形黑斑。臀板深黄色，上面疏生刚毛
蛹	长9～14mm。初为白色，近羽化时橙红色。蛹背上有成列黑点	长7.5mm，乌黄色，椭圆形，背面生有黑褐色刚毛
习性	每年1～2代，以成虫在落叶下、表土中越冬。林木发芽后，成虫危害嫩芽，并交尾产卵。卵竖立排列成块，通常40～120粒，附于叶背或嫩枝叶柄处。幼虫共4龄。老熟幼虫5月底在叶片、嫩枝上化蛹。日均温度高于25℃成虫潜入落叶、草丛及松土中越夏	华北1年2代，均以成虫在屋檐、墙缝、土内、砖石下、杂草间等处越冬。卵产于叶背，成两行，块产，每雌平均产卵800～900粒。幼虫初孵剥食叶肉。老熟幼虫6月中下旬开始爬至树洞、树杈、树皮缝等处群集化蛹。成虫有补充营养习性及假死性。越冬代成虫死亡率高，所以第1代危害不重

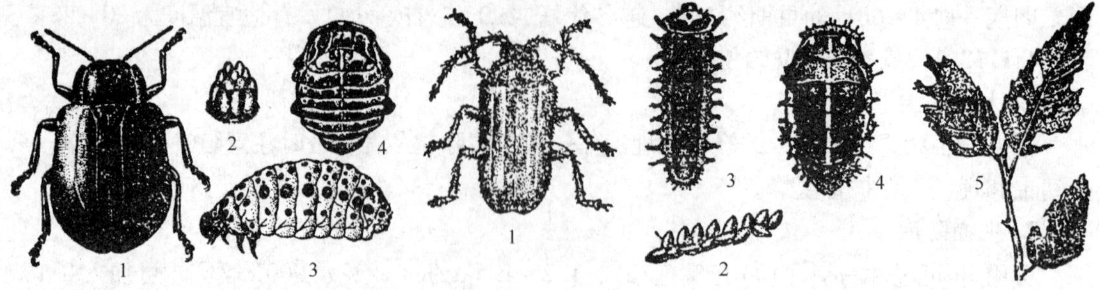

图4-30　白杨叶甲

1—成虫　2—卵　3—幼虫　4—蛹

图4-31　榆蓝叶甲

1—成虫　2—卵　3—幼虫　4—蛹　5—被害状

4.1.14.2　叶甲类综合防治措施

1. 人工防治

在早春越冬幼虫上树时，振落捕杀，或利用其越夏和假死性捕杀。

2. 园艺防治

清除园内杂草，减少潜伏隐藏场所。

3. 化学防治

早春成虫出蛰后和幼虫孵化盛期喷25%杀虫双水剂500倍液，10%氯氰菊酯乳油3000～5000倍液，或80%敌敌畏乳油1000倍液，90%晶体敌百虫1000～1500倍液，或苦参碱、印楝素、抑太保等任一药剂，可杀成虫、幼虫。同时针对下树越冬的成虫，在成虫出土前，可在树周围撒一圈3～4cm宽的药带进行防治。

4.1.15　叶蜂类

叶蜂属于膜翅目，叶蜂科。叶蜂科已知5000种以上，分属5亚科、250多属。全世界分布，我国已知336种。

4.1.15.1　叶蜂类主要害虫

（一）蔷薇三节叶蜂（图4-32）

1. 分布与危害

蔷薇三节叶蜂又名田舍三节叶蜂、月季叶蜂、黄腹虫，是月季上重要害虫。其分布在华北、华东各地，主要危害蔷薇、月季、玫瑰、十姊妹、黄刺玫等花卉。以幼虫取食叶片，大发生时每株多达数十头甚至上百头，经常将嫩叶吃光或仅剩枝条，严重影响寄主生长和其观赏价值。

2. 形态特征

（1）成虫　雌成虫体长7.5～8.6mm，翅展17～19mm，头胸黑色，有光泽，触角第3节向端部加粗，唇基黑褐色，其前缘中央呈弧形凹陷。胸部背面、

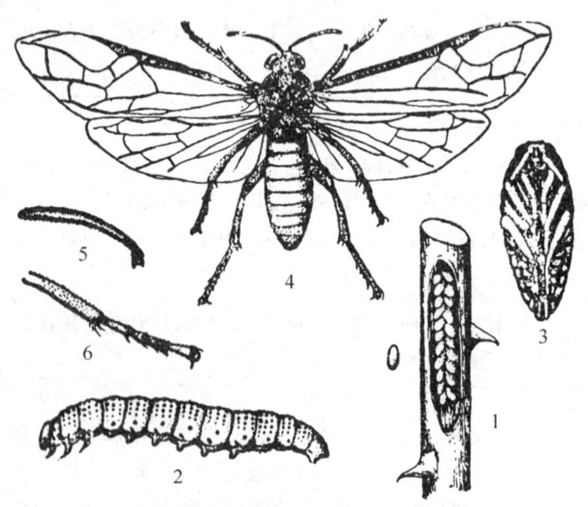

图4-32　蔷薇三节叶蜂

1—卵及卵粒排列　2—幼虫　3—蛹
4—雌成虫　5—触角放大　6—跗节放大

腹面及胸足均黑色，腹部橙黄色，腹部第1、2和4节背中央有褐色横纹。雄成虫略小，腹部第1、3和7节背中央有褐色横纹。翅黑色半透明。

(2) 卵　长1.1~1.3mm，金黄色，长椭圆形。初产淡橙黄色，孵化前绿色。

(3) 幼虫　体长18~19mm，多数5龄，少数6龄（雌虫）。1龄幼虫绿色，头、胸、足黑色，胸足3对，腹足6对，在第2~6节和10节上。老熟幼虫黄褐色，身体各节有3条横向黑点线，上生短毛。

(4) 蛹　6~10mm，浅黄色，复眼黑色，近孵化时除腹部外均黑色。

(5) 茧　椭圆形，淡黄色，丝质，分2层，内层薄丝质，外层网丝质。

3. 发生规律及习性

蔷薇三节叶蜂1年发生1~9代，以老熟幼虫于11月下旬在土中作茧越冬。次年4月化蛹，5、6月羽化，用产卵管在月季新梢上刺成纵向裂口，在其中产2列30粒左右卵，排列呈“八”字形。卵孵化后，新梢就完全破裂、变黑、倒折。幼虫在3龄前有较强的群聚性，主要取食嫩叶。幼虫老熟后落地入土结茧化蛹。成虫白天活动，活动时以有嫩梢的寄主植物为中心。可两性生殖或孤雌生殖，两性生殖子代为雌雄两性，孤雌生殖子代为雄性。

(二) 樟叶蜂（图4-33）

1. 分布与危害

樟叶蜂分布于安徽、江苏、浙江、四川等省，只危害樟树，是樟树的主要害虫。初孵幼虫群集取食樟树叶片，造成缺刻和孔洞，虫龄稍大后分散取食，严重时将叶片吃光，影响树木正常生长。

2. 形态特征

(1) 成虫　体长7~9mm，翅展18mm，体黑褐色，有光泽。翅透明，翅痣与翅脉黑褐色。前胸背板、中胸背板、盾片、小盾片、翅基片，中胸前侧片橘黄色。小盾侧片、后小盾片、中胸腹板黑褐色。

(2) 幼虫　体长9~17mm，初孵乳白色，头浅灰色，取食后体绿色，体表布满黑色斑点，全体多皱纹，腹部后半部弯曲。胸足3对，腹足7对。

(3) 卵　乳白色，肾形，长约1mm，近孵化时变卵圆形，并可见幼虫眼点。

(4) 蛹　浅黄色，复眼黑色，长6~10mm。

(5) 茧　黑褐色，椭圆形，丝质，长8~14mm。

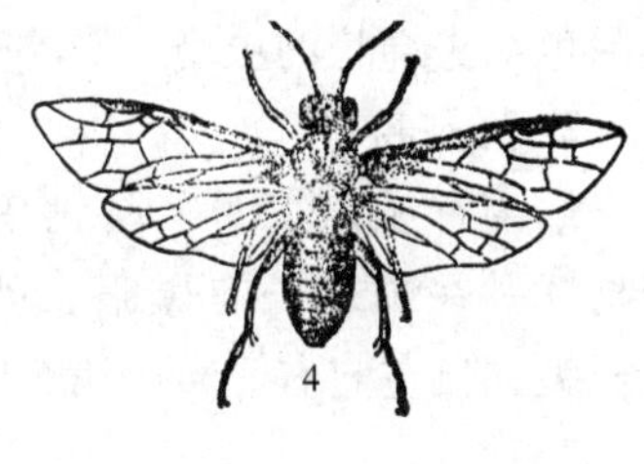

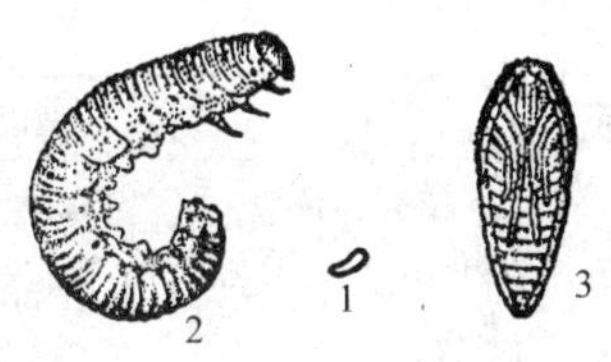

图4-33　樟叶蜂

1—卵　2—幼虫　3—蛹　4—成虫

3. 发生规律及习性

樟叶蜂1年发生2~3代，以老熟幼虫在土中结茧越冬。次年4月成虫开始羽化，卵单个散产于叶表皮内。幼虫取食嫩叶，初孵取食叶背表皮及叶肉，稍大将叶片吃成穿孔或缺刻。幼虫和蛹均有滞育现象，所以世代重叠严重。

4.1.15.2　叶蜂类综合防治措施

1. 人工防治

冬春季在被害寄主附近土壤中挖茧，消灭越冬虫源。在产卵期，产卵部位经3~5d自然开裂，卵粒外露，可人工杀卵。1~3龄幼虫有群聚性，可集中摘除。

2. 化学防治

幼虫危害期，用2.5%溴氰菊酯乳油3000倍液，25%灭幼脲3号胶悬剂2000倍液，90%晶体敌百虫1000倍液，20%杀虫净乳油2000倍液，10%氯氰菊酯乳油30000倍液等，死亡率达90%以上。

4.1.16 软体动物类

软体动物是动物界中的第二大门。危害园林植物的主要有蜗牛、蛞蝓等，均属于软体动物门，腹足纲，柄眼目。它们喜欢阴湿环境，常在温室大棚、阴雨高湿天气或种植密度大时发生严重。其啃食园林植物的花、芽、嫩茎及果实，造成叶片缺刻、孔洞以及幼苗倒伏、果实腐烂。

4.1.16.1 软体动物类主要种类

（一）灰巴蜗牛（图4-34）

1. 分布与危害

蜗牛全国均有分布，食性很杂，可危害蔬菜、果树、花卉等，以幼苗受害最重。蜗牛成贝、幼贝用齿舌刮食寄主的叶、茎、根和幼苗，造成孔洞或缺刻，严重时吃光叶片，咬断幼苗根茎，造成缺苗断垄，甚至毁种重播。蜗牛爬过的地方留下的白色发亮胶质及黑绿色细头蝇状的虫粪，影响光合作用。

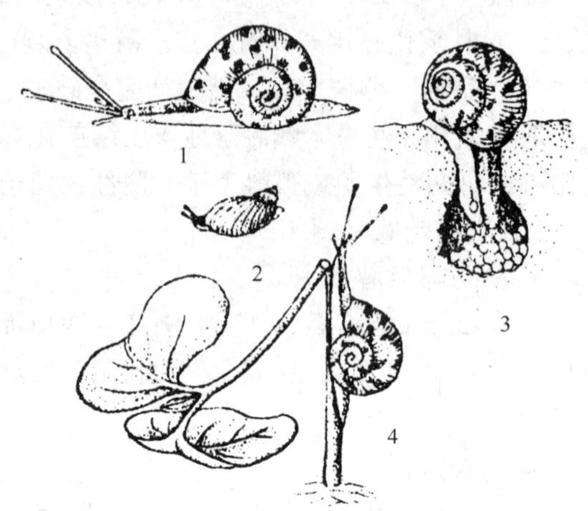

图4-34 灰巴蜗牛

1—成贝 2—幼贝 3—产卵状 4—危害状

2. 形态特征

蜗牛有触角2对，前触角较短，后触角较长，并在顶端长有黑眼。贝壳椭圆形，壳顶短尖，自左向右旋转，第5圈后突然扩大。同型巴蜗牛与灰巴蜗牛形态特征见表4-7。

表4-7 两种蜗牛形态特征比较

虫态	同型巴蜗牛	灰巴蜗牛
成贝	蜗壳扁球形，坚实而质厚，壳顶钝。壳面黄褐色到红褐色，壳口马蹄形，口缘锋利。脐孔小而深，呈洞穴状	蜗壳圆球形，较宽大，壳顶尖，壳高19mm，宽21mm；壳口椭圆形，脐孔狭小，呈缝隙状
幼贝	体形较小，形态和成贝相似，螺壳灰白色	与同型巴蜗牛形似
卵	圆球形，直径1～1.5mm，乳白色，有光泽，逐渐变成淡黄色，孵化前为土黄色，卵壳石灰质硬而脆	与同型巴蜗牛形似

3. 发生规律及习性

1年1代，寿命达1年以上，成贝与幼贝白天在砖块、花盆或叶下栖息，晚间活动取食，阴天可整天活动取食。成贝产卵于潮湿松土内。初孵幼贝群集危害，以后分散。

（二）蛞蝓（图4-35）

1. 分布与危害

蛞蝓又名鼻涕虫。经常发生的蛞蝓有野蛞蝓和黄蛞蝓，各地均有分布。蛞蝓食性极杂，

危害多种蔬菜、果树、花卉和杂草。成体、幼体均能危害，喜食寄主的叶、茎，嗜食含水量多、幼嫩的部位，刮食后形成不规则的缺刻和孔洞，尤其以幼苗、嫩叶受害严重，并残留粪便污染叶片，使叶片腐烂。危害严重时只剩下叶脉，造成缺苗断垄和成片吃光。

图4-35　蛞蝓

2. 形态特征

（1）野蛞蝓　成体纺锤形，长20～25mm，爬行时体长30～60mm。体表光滑，无外壳，暗灰色、黄白色或灰红色，少数有不明显的斑点或暗带。触角2对，暗黑色，眼在后触角端部。体背前端具有外套膜，为体长的1/3，边缘卷起，上有明显的同心圆生长线，黏液无色。卵为白色透明、胶质状椭圆形，聚集成块于卵囊内。

（2）黄蛞蝓　体长100mm，体表黄褐色或深橙色，上有零星的黄色斑点，靠近足的两侧色较淡，体背前端1/3处有椭圆形外套膜。卵与野蛞蝓相似。

3. 发生规律及习性

一般1年发生2～6代，喜温湿环境，畏光。白天隐藏，夜出活动取食和繁殖。雨后活动增强。空气及土壤干燥时可引起大量死亡。最适温度为12～20℃之间。温度高于25℃，潜入土缝隙、花盆和砖石中，30℃以上时大量死亡。

4.1.16.2　软体动物类综合防治措施

1. 园艺防治

清洁田园，铲除田边地头、沟边等处杂草，并及时沤肥；雨后中耕、松土、除草、排干积水，破坏蜗牛栖息地和产卵场所；秋季深翻土壤，造成部分越冬成、幼贝机械死亡，并暴露地表被天敌啄食或冻死，卵被日晒爆裂。

2. 堆草诱杀

用杂草、树叶或菜叶堆放田间，诱集蜗牛，再集中捕杀。

3. 石灰封锁

在沟边、渠边、地头苗床周围撒石灰封锁带，每公顷用生石灰75～110kg，保苗效果良好。

4. 药剂防治

用多聚乙醛（蜗牛敌）配成含有效成分为2.5%～6%的豆饼或玉米粉制成毒饵。或每hm^2用2%灭旱螺饵剂7.5kg，于傍晚在田间顺垄撒施或用8%灭蜗灵颗粒剂或6%四聚乙醛（蜜达）颗粒剂9kg、铲细土10kg，在种子发芽或苗期，危害初期撒施地表或于傍晚撒施。用蜗牛敌1份、豆饼（粉或玉米粉）10份、饴糖3份制成毒饵诱杀。或用20%硫丹乳剂300倍液喷洒。

相关技能训练

实训15　园林植物食叶害虫的识别与防治

一、实训目标

通过实训，识别当地常见园林植物食叶害虫，掌握其形态特征和危害状，了解各类食叶害虫的发生规律、学会制订科学合理的综合防治方案，并能组织实施。

二、实训材料和用具

场地与材料：园林植物食叶害虫危害现场；刺蛾类、袋蛾类、毒蛾类、灯蛾类、尺蛾类、夜蛾类、舟蛾类、卷叶蛾类、枯叶蛾类、天蛾类、斑蛾类、螟蛾类、蝶类、叶峰类、叶甲类、软体动物类等生活史标本及危害状标本或彩色图片。

用具：数码相机、枝剪、手持放大镜、体视显微镜、展翅板、瓷盘、镊子、挑针、昆虫针、记录本、铅笔、挂图等。

三、实训内容与方法

（一）现场害虫调查识别及防治

选取当地食叶害虫严重的园林绿地，仔细观察害虫危害状，并采集害虫标本，在教师的指导下，初步鉴定害虫的种类及虫态，拍摄相关照片。查询和收集当地园林植物主要食叶害虫的发生资料，了解近期的发生动态和气象因素，熟悉当地对园林植物食叶害虫的防治状况和有效方法。

（二）室内标本识别

将现场采集的害虫标本及标本室内害虫标本，对照教材上的形态描述或彩色图片，观察以下食叶害虫的形态特征及危害状。

1）比较观察四种刺蛾成、幼虫形态区别及危害状。

2）比较观察四种袋蛾护囊的大小和外形区别及危害状。

3）观察斜纹夜蛾和银纹夜蛾成、幼虫的形态区别及危害状。

4）观察美国白蛾与人纹污灯蛾、红缘灯蛾、舞毒蛾与黄尾毒蛾成、幼虫的形态特征及危害状。

5）比较观察玉带凤蝶和柑橘凤蝶成、幼虫的形态区别及危害状。

6）观察霜天蛾、桃天蛾、丝棉木金星尺蠖、赤蛱蝶、菜粉蝶、榆蓝叶甲、黄杨绢野螟、蔷薇三节叶蜂、黄褐天幕毛虫、杨扇舟蛾等成虫和幼虫的形态特征及危害状。

（三）防治方案制订与实施

选择一类当地主要食叶害虫，查阅相关资料，制订出综合防治方案并实施。

四、实训报告

1）列表记录：整理观察内容，描述园林植物食叶害虫各虫态（以成虫、幼虫为主）的形态特征及危害特点。

2）列表比较：区别同一科内各昆虫种类之间的形态及危害状等方面的异同。

3）制作标本：将采集的食叶害虫制作成标本，注明采集人姓名、采集时间、采集地点、害虫名称、寄主名称及受害部位等内容，作为技能实作作业。

4）图片记录：将现场调查拍摄的园林植物食叶害虫的危害状及寄主植物等照片，结合所收集的相关资料制作成PPT文件。

5）调查防治效果并写出报告。

任务2　园林植物吸汁害虫和害螨的识别与防治技术

任务分析：该任务主要包括吸汁害虫和螨类的识别、发生与防治技术，是园林植物虫害

防治的重要内容。要完成该任务必须具备有关吸汁害虫、螨类的基础知识和综合防治技术方面的知识，能运用体视显微镜或光学显微镜等仪器及显微制片技术进行形态特征观察和种类鉴定，掌握常规的综合防治措施所需器材的使用方法，能独立完成综合防治方案的制订和实施。

知识点：园林植物主要吸汁害虫和螨类的形态特征、危害状及发生规律。

能力点：吸汁害虫和螨类的现场识别技术、运用仪器室内鉴定技术、防治方案的制订和实施能力。

任务实施的相关专业知识

吸汁害虫是指以刺吸或锉吸式口器取食植物汁液的昆虫，是园林植物害虫中较大的类群。常见的有同翅目的蚜虫类、蚧虫类、木虱类、粉虱类、叶蝉类、蜡蝉类，半翅目的蝽类，缨翅目的蓟马类，多数为刺吸式口器。此外，节肢动物门、蛛形纲、蜱螨目的螨类因形态和生物学特性与吸汁害虫近似，故将其划入吸汁害虫部分进行介绍。

吸汁害虫的直接危害主要是争夺寄主植物的养分和水分，并且唾液中因含有某些水解酶，或者含有从寄主植物组织中吸收的生长激素和毒素，在吸汁过程中将唾液与这些物质注入寄主体内，造成植物出现畸形、缺乏营养和水分等症状，如缩叶、卷叶、虫瘿或肿瘤、黄化、枯斑、枯萎等，甚至整株枯死，危害部位主要有嫩梢、枝、叶、果，部分种类危害根部或花蕾。某些种类产卵前需划破叶或枝条而造成伤害。

吸汁害虫的间接危害主要体现在两方面：有些种类如蚜虫、蚧虫、木虱、粉虱排泄蜜露，诱发煤污病，污染叶、枝、果，影响植物的光合作用和观赏价值，损失甚至超过直接危害；还有的种类如叶蝉、蚜虫是植物病毒病害的重要传播媒介。

大部分吸汁害虫个体小，年世代数多，繁殖力强，虫口密度高，并能借风力扩散蔓延，危害初期比较隐蔽，易成灾，难控制。有些种类如棉蚜、蚧虫、木虱、粉虱能分泌大量蜡质匿身，增加了防治难度，是园林植物难以根治的一大类重要害虫。

4.2.1 蚜虫类

蚜虫主要分布在北温带和亚热带地区，热带分布很少。目前世界已知4700余种，我国约有1100种。蚜虫体小而软，除五倍子蚜是经济昆虫外，大多为害虫，阻碍植物生长，传播病毒，造成叶皱缩、虫瘿。蚜虫具有多型现象，成虫有无翅孤雌蚜、有翅孤雌蚜、有翅雄蚜等类型；生活史复杂，春、夏季主要以无翅蚜营孤雌生殖，秋季行两性生殖产卵越冬，温暖环境无明显越冬现象；有翅蚜对黄色具有正趋性，而对银灰色有负趋性。许多种类能排泄蜜露，诱发煤污病，有的能分泌蜡丝、蜡粉。

4.2.1.1 蚜虫类主要害虫

（一）桃蚜（图4-36）

1. 分布与危害

桃蚜又名桃赤蚜、烟蚜、菜蚜，属于同翅目蚜科。其分布于全国，可危害月季、海棠、桃、白菜等300多种花木、果树和蔬菜，冬寄主以蔷薇科果树为主，夏寄主有蔷薇科、菊科花木和茄科、十字花科蔬菜。以成虫和若虫聚集在嫩梢和叶背吸食汁液，造成叶卷缩、干枯脱落；其排泄物能诱发煤污病，还是多种植物病毒病传播的媒介。

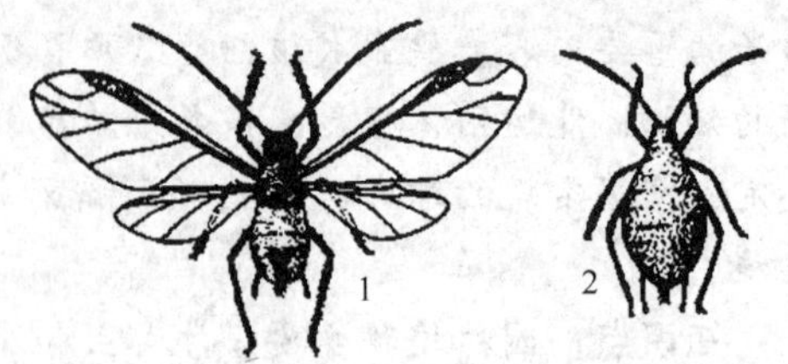

图4-36 桃蚜
1—有翅孤雌蚜 2—无翅孤雌蚜

2. 形态特征

（1）无翅孤雌蚜 体长1.7~2.2mm。体色多变，有绿色、粉红或赤褐色等。复眼红色，触角丝状。尾片圆锥形。

（2）有翅孤雌蚜 体长同无翅蚜。头胸部黑色；腹部淡绿色或赤褐色，背面有黑斑，第1节为1行零星小斑，第2、3节中央为较窄横带，第4~6节为1块大斑，且第2~6节边缘均具大斑。前翅翅痣淡黄或青黄色。

（3）若蚜 似无翅成蚜，较小，淡绿或淡红色。

（4）卵 椭圆形，初绿色，后变黑，有光泽。

3. 发生规律及习性

桃蚜1年发生的世代数由北至南10~40代，营转主寄生生活。其主要以卵在冬寄主的芽腋和花芽基部及树皮缝、小枝中越冬，或以无翅孤雌蚜在十字花科等作物上越冬。翌年3月开始孵化为干母，在冬寄主上孤雌胎生干雌数代，先群集芽上，后转移到叶上危害；5、6月份繁殖最盛，并陆续产生有翅蚜迁入十字花科植物和其他花木等夏寄主上，营孤雌胎生繁殖出数代无翅孤雌蚜，继续危害，10~11月产生有翅性母蚜迁回桃、李等树上，生出无翅卵生雌蚜和有翅雄蚜交配产卵越冬。越冬卵抗寒力很强，即使在北方高寒地区也能安全越冬。桃蚜的发生与温湿度关系密切，一般冬季温暖、早春雨水均匀的年份有利于发生，高温和高湿于其发生不利，适宜其发生的温度为24~28℃，春末夏初及秋季是其危害严重的季节。

（二）桃瘤蚜（图4-37）

1. 分布与危害

桃瘤蚜又名桃瘤头蚜、桃纵卷瘤蚜，属于同翅目蚜科。在我国南、北方均有发生，寄主有桃、碧桃、樱桃、梅、梨、菊科等植物。近年来，桃树受害十分严重，以成虫、若虫群集在嫩叶叶背吸食汁液，致使叶的边缘向背面纵卷，而内缘部分则向叶面纵卷、增厚，形成虫瘿，叶片皱缩不平，颜色由淡绿转为红色，后变黑；严重时大部分叶片卷成细绳状，最后干枯脱落。

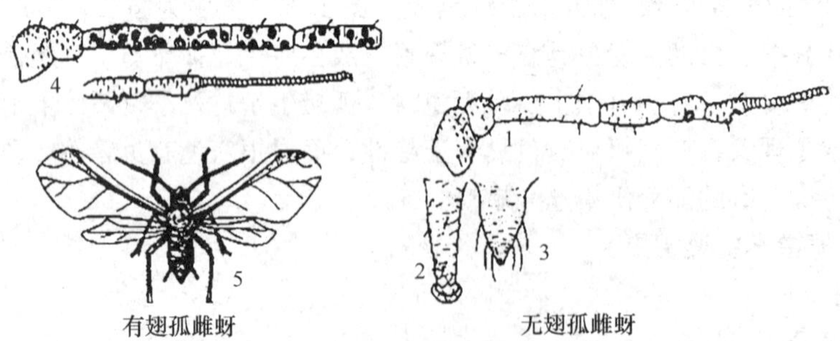

图4-37 桃瘤蚜
1—触角 2—腹管 3—尾片 4—触角 5—成虫

2. 形态特征

（1）无翅孤雌蚜　长2.0～2.1mm，长椭圆形，较肥胖。体色有深绿、黄绿、黄褐色等。头部黑色，额瘤显著，向内倾斜；触角6节，丝状，基部两节短而粗；复眼赤褐色。中胸两侧有瘤状突起。腹部背面有黑斑，尾片短小，末端尖。

（2）有翅孤雌蚜　长1.8mm，淡黄褐色，额瘤、触角似无翅蚜。翅脉黄色。腹管圆筒形，中部稍膨大；尾片圆锥形，中部缢缩。

（3）若虫　与无翅成蚜相似，体较小，翅芽淡黄或浅绿色，头和腹管深绿色。

（4）卵　椭圆形，黑色。

3. 发生规律及习性

桃瘤蚜1年发生10～30代，有世代重叠现象。以卵在桃、樱桃等果树的枝条、芽腋处越冬。次年越冬卵在寄主发芽后孵化为干母。群集在叶背面取食危害，大量成虫和若虫藏在虫瘿里危害，增加了防治难度。5～7月是桃瘤蚜的繁殖、危害盛期，然后产生有翅孤雌蚜迁飞到艾草等菊科植物上危害，晚秋10月份又迁回到桃、樱桃等果树上，产生性蚜，交尾后产卵越冬。

（三）绣线菊蚜（图4-38）

1. 分布与危害

绣线菊蚜又名苹果黄蚜，属于同翅目蚜科。其分布北起黑龙江、内蒙古，南至台湾、广东、广西。危害绣线菊、麻叶绣球、丁香、木瓜、石楠、榆叶梅、海棠、樱花、山楂、柑橘、枇杷、李、杏等。以成虫、若虫刺吸叶和枝梢的汁液，致使叶片向叶背横卷，叶尖向叶背、叶柄方向弯曲，影响新梢生长及树体发育。

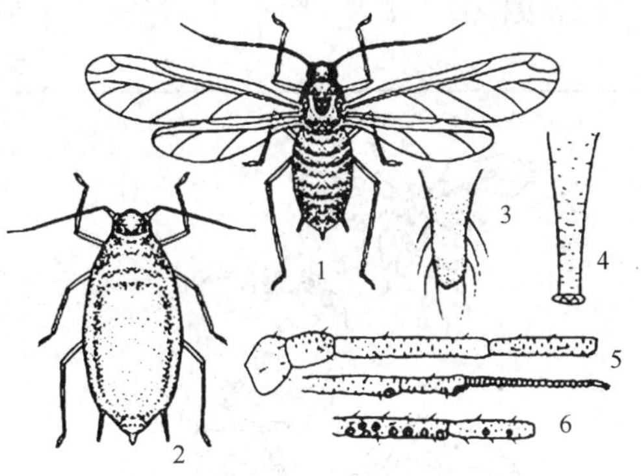

图4-38　绣线菊蚜
1—有翅孤雌蚜　2—无翅孤雌蚜
3—尾片　4—腹管　5、6—触角

2. 形态特征

（1）无翅孤雌蚜　体长1.7mm，长卵圆形，多为黄色，有的为绿色，体表具网纹。头浅黑色，口器、腹管、尾片黑色；足与触角淡黄至灰黑色。尾片端部圆；腹管长，基部较宽，有瓦纹。

（2）有翅孤雌蚜　体长1.5mm，纺锤形。复眼暗红色，头、胸、腹管、尾片黑色，腹部绿色或淡绿至黄绿色。第2～4腹节两侧具大黑斑，腹管后斑大于前斑，第1～8腹节具短横带。体表网纹不明显。

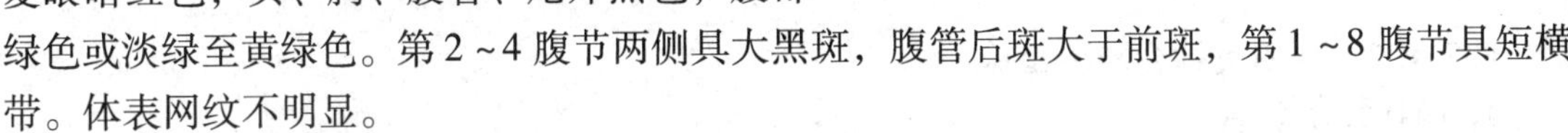

（3）若蚜　黄色，复眼、触角、足、腹管黑色。

（4）卵　椭圆形，初淡黄至黄褐色，后变漆黑色，具光泽。

3. 发生规律及习性

绣线菊蚜1年发生10余代，以卵在枝杈、芽缝及树皮缝内越冬。翌年3～4月间越冬卵孵化，危害芽、新生叶或嫩梢，4月下旬开始进行孤雌生殖直到秋末，10～11月产生有性蚜交配产卵越冬。危害前期因气温低，繁殖慢，多产生无翅蚜；5月下旬开始出现有翅蚜，并迁移扩散；6～7月繁殖最快，虫口迅速密布枝、叶，是危害盛期，8～9月雨季虫口密度下降；一般初霜前产下的卵均可安全越冬。

其他常见蚜虫类害虫的发生概况见表4-8。

表4-8　其他常见蚜虫类害虫的发生概况

种　类	分　类	寄　主	发生概况
月季长管蚜（图4-39）	蚜科	月季、蔷薇、七里香、梅花等	1年发生约10代。北方以卵在寄主芽间越冬；南方以成蚜、若蚜在寄主的梢上、叶芽、草丛、落叶层中越冬。3~4月开始危害嫩梢，5~6月、9~10月发生严重；秋季又迁回月季等冬寄主上危害与产卵。气温20℃、干旱少雨气候，发生重；盛夏阴雨连天及高温抑制其发生
蚊母瘤蚜（杭州新胸蚜）	扁蚜科	蚊母	在上海，每年11月侨蚜迁回蚊母上产生有性蚜，交配产卵于叶芽内越冬，翌年3~4月蚊母抽嫩梢时，卵孵化为干母，在嫩叶背危害，被害处向叶面凸起，逐渐将干母包埋，形成豆状或子弹形虫瘿；5月中旬至6月上旬，瘿瘤破裂，产生有翅蚜迁往越夏寄主。严重时叶片扭曲，叶面布满绿色、红褐色的疙瘩，影响蚊母的生长和景观
菊姬长管蚜（图4-40）（菊小长管蚜）	蚜科	菊科花卉	1年发生10多代（温室内终年可见）。以无翅雌蚜在留种菊花的叶腋和芽旁越冬。翌春始活动，胎生若虫。全年的发生高峰期为4~5月及9~10月。以成虫和若虫群集在嫩梢和叶柄上或叶背甚至花梗上危害，使叶片卷缩、新叶和嫩梢生长不良、开花质量差。严重危害时，植株矮化或死亡，还易诱发煤污病

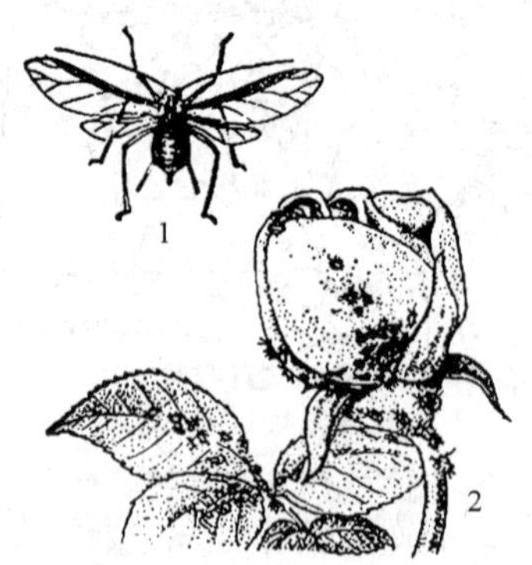

图4-39　月季长管蚜

1—有翅孤雌蚜　2—被害状

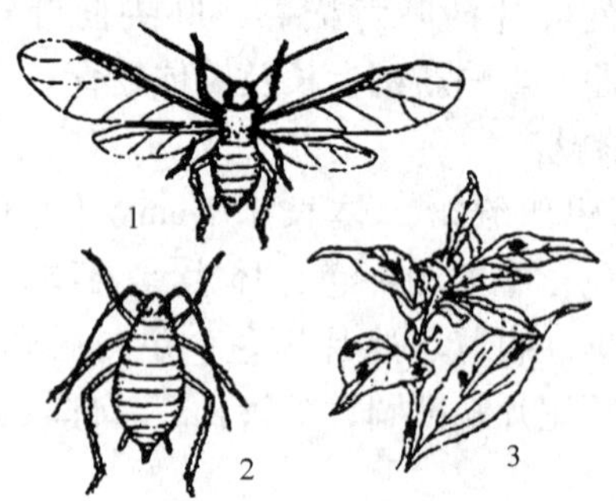

图4-40　菊姬长管蚜

1—有翅孤雌蚜　2—无翅孤雌蚜　3—危害状

4.2.1.2　蚜虫类综合防治措施

1. 园林技术防治

结合园林管理措施，剪除带虫密度高的嫩枝或叶片。对于有转主越冬习性的蚜虫，注意清除其越冬寄主或在其上加强防治，以降低越冬虫口。

2. 物理防治

在有翅蚜发生、迁移时期，温室及大棚内挂黄色板或设黄皿进行诱杀，畦间设置铝箔条或覆银灰色薄膜避蚜，降低虫口密度、阻止其蔓延。

3. 药剂防治

（1）寄主植物休眠期　在越冬寄主上喷洒3~5°Be的石硫合剂，特别是枝杈、芽腋及

树皮缝等部位。

（2）蚜虫发生危害期　加强预测预报工作，以第1代若虫为化学防治的关键时期。

1）喷雾法。选用1.8%阿维菌素乳油、10%吡虫啉或50%抗蚜威可湿性粉剂1000～1500倍液，白僵菌菌粉50～60倍液喷施。其他药剂有2.5%敌杀死乳油、2.5%天王星乳油、30%速杀灵乳油、40%敌敌畏乳油（不宜用于蔷薇科花木）、40%乐果乳油、40%速扑杀乳油、48%乐斯本乳油（与菊酯类杀虫剂混用效果极佳）、21%灭杀毙乳油、85%增效机油乳剂、鱼藤酮等。

2）熏蒸法。温室可用10%抗蚜威烟剂熏蒸，或用敌敌畏乳油在常温常压下熏杀。

3）埋施法。盆栽植物可在根部埋5%丙硫威颗粒剂、5%丁硫威颗粒剂或15%吡虫啉可湿性粉剂约2～4g，药量视盆和植株的大小而定，施药后覆土浇水。

4）打孔法。在受害树干基部斜向下45°角打孔5cm深，注入约5～10mL的杀虫剂2～5倍液，完毕用泥封口。药剂要有内吸性，如40%乐果乳油、15%丁硫克百威乳油等。

5）涂抹法。刮去枝条上的树皮，露出5～10cm宽的韧皮部，涂成药环；用毛笔在蚜虫密集的嫩梢上抹药剂。选用有内吸性的品种，如15%吡虫啉可湿性粉剂、40%乐果或氧化乐果乳油5～10倍液，草本、灌木植株上效果显著。

4. 生物防治

自然条件下，天敌种群数量大或寄生率高达50%时，不用或慎用药剂；人工饲养瓢虫、草蛉、蚜茧蜂等，适时释放以抑制虫口。

4.2.2　介壳虫类

介壳虫又称为蚧虫，是一类小型昆虫，种类很多，在花卉和果树上最常见。有性二型现象，营孤雌生殖，多固定生活，群集危害枝、叶、果，能诱发煤污病，危害极大。但有些种类却是医药、工业资源昆虫，如我国的特产种白蜡虫、紫胶虫。

4.2.2.1　介壳虫类主要害虫

（一）红蜡蚧（图4-41）

1. 分布与危害

红蜡蚧又名红龟蜡蚧，属同翅目蜡蚧科。寄主有桂花、栀子花、樱花、蔷薇、茶梅、月季、玫瑰、山茶、枸骨、白玉兰、苏铁、冬青、八角金盘、柑橘等，以成虫和若虫密集在植物的枝干和叶片上吮吸汁液，并能诱发煤污病，致使植株长势衰退，树冠萎缩，全株发黑，严重危害能造成植物整株枯死。

2. 形态特征

（1）雌成虫　虫体紫红色，椭圆形，背面隆起，触角6节，第3节最长。介壳较厚、近圆形，暗红色至紫红色，顶端中央凹陷呈脐状，边缘弯曲成帽缘状，有4条白色蜡带从腹面卷向背面。

（2）雄成虫　体暗红色。具1对前翅，白色、半透明。

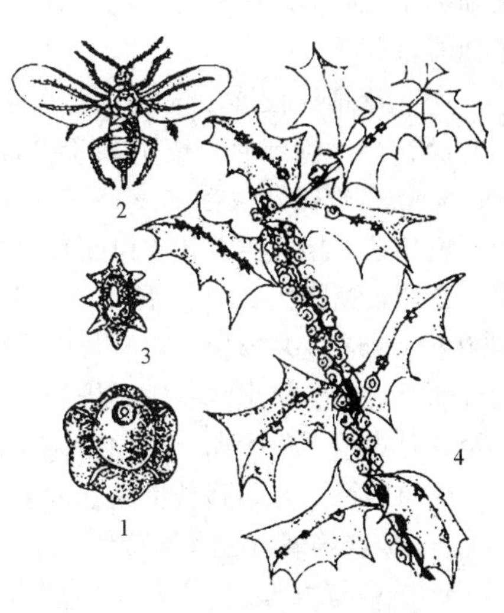

图4-41　红蜡蚧

1—雌成虫　2—雄成虫　3—若虫　4—危害状

(3) 若虫　初孵时扁平椭圆形，淡褐或暗红色，腹部末端有2根长毛；2龄若虫体呈椭圆形，暗红色，体表被白色蜡粉，周缘有白色角状突起呈海星状；3龄若虫介壳增厚，圆形或近圆形。

(4) 卵　椭圆形，两端稍细，淡红至淡红褐色，有光泽。

3. 发生规律及习性

红蜡蚧1年发生1代，以受精雌成虫在寄主枝干上越冬。卵孵化盛期在6月中旬，初孵若虫多在晴天中午爬离母体，如遇阴雨天会在母体介壳周围爬行半小时左右，后陆续固着在枝、叶上，雌虫多在植物枝干和叶脉上危害，雄虫多在叶柄和叶片上危害。

(二) 龟蜡蚧（图4-42）

1. 分布与危害

龟蜡蚧又名日本龟蜡蚧，属于同翅目蜡蚧科。其分布于华南、华北、华东、西南、华中地区，危害雪松、天竺桂、茶、山茶、芒果、桑、枣、柿、柑橘、石榴、栗、蔷薇科多种树木，寄主植物约150余种。若虫和雌成虫刺吸枝、叶的汁液，并常诱发煤污病，削弱树势，重者致树木整株枯死。

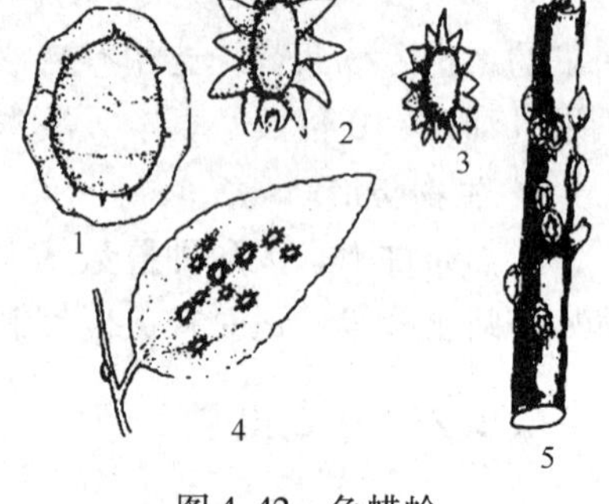

图4-42　龟蜡蚧
1—雌成虫　2—雄介壳
3—若虫　4、5—危害状

2. 形态特征

(1) 雌成虫　体背有较厚的白色介壳，椭圆形，长4~5mm，表面具龟甲状凹纹，中央隆起呈半球形，边缘蜡层厚而弯曲，内缘有8个弧状突出。虫体紫红色。

(2) 雄成虫　体长1~1.4mm，淡红至紫红色，眼黑色，触角丝状，有1对前翅且为半透明，其上具2条明显的脉纹。

(3) 若虫　初孵时体长约0.4mm，扁平椭圆形，淡红褐色，触角和足灰白色，腹末有1对长毛。固定1d后开始分泌蜡质，7~10d形成介壳，逐渐加厚。后期雌雄形态分化，雌若虫与雌成虫相似，雄蚧介壳长椭圆形，周缘有13个蜡角似海星状。

(4) 雄蛹　梭形，长约1mm，棕色。

(5) 卵　椭圆形，长0.2~0.3mm，初淡橙黄，后紫红色。

3. 发生规律及习性

龟蜡蚧1年发生1代，以受精雌虫主要在1~2年生枝上越冬。翌春寄主发芽时开始危害，虫体迅速膨大，成熟后产卵于腹下，产卵盛期为5月中旬，每雌产卵千余粒，多者3000粒，卵期10~24d。初孵若虫多爬到叶脉附近或嫩枝上固定取食，在阔叶植株如天竺桂的叶面上沿叶脉呈虚线状密集排列，清晰显出叶脉的纹路。8月初雌雄开始性分化，8月中旬至9月为雄虫化蛹期，羽化期为8月下旬至10月上旬，雄成虫寿命1~5d，交配后即死亡，雌虫陆续由叶转到枝上固着危害。

(三) 吹绵蚧（图4-43）

1. 分布与危害

吹绵蚧又名棉花虫、白条蚧，属于同翅目绵蚧科。国内分布广泛，南方发生较重，长江以北主要发生于温室内。寄主植物250余种，主要有桂花、山茶、牡丹、广玉兰、马尾松、

重阳木、芸香科的金橘、佛手、柠檬和蔷薇科的月季、玫瑰、海棠、碧桃等花木果树。若虫、成虫聚集在植物的嫩梢、枝条及叶背上危害，造成叶黄易落、枝梢枯死，甚至整株死亡。并排泄大量蜜露，诱发煤污病，加重寄主受害程度。

2. 形态特征

（1）雌成虫　体长5~7mm，橘红色。触角黑褐色。3对胸足发达，腹面平坦，背面隆起，呈龟甲状。体背被以白而微黄的蜡粉，边缘有白色蜡丝。腹部后方附白色的絮状蜡质卵囊，囊上有脊状隆起线14~16条，形似螺壳。

（2）雄成虫　体长3mm，橘红色，环毛状触角11节，胸部黑色，1对前翅紫黑色。腹部8节，末节有2个瘤状突起，其上各生有4根刚毛。

（3）若虫　初孵时卵圆形，橘红色，足、触角与体毛均发达，取食后体被淡黄色蜡粉；2龄后雌雄异型，雌若虫椭圆形、橙红色，背面隆起，散生黑色短毛，雄若虫体狭长，被薄蜡粉。

（4）卵　长椭圆形，初产时橙黄色，后转为橘红色。

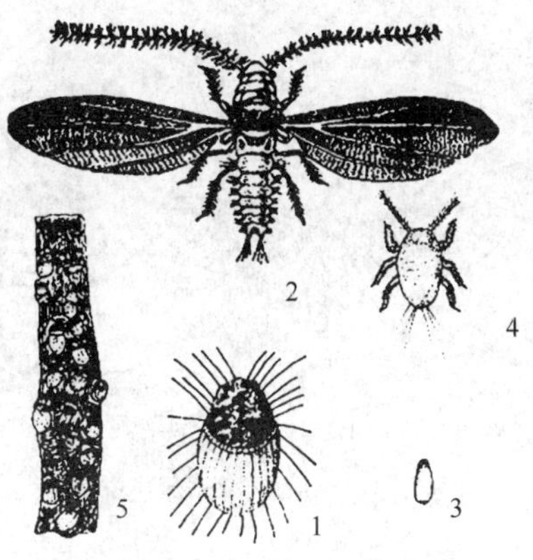

图4-43　吹绵蚧

1—雌成虫　2—雄成虫　3—卵

4—初孵若虫　5—危害状

3. 发生规律及习性

吹绵蚧1年发生2~5代，多以若虫过冬，北方温室内无越冬现象。第1代卵和若虫盛期为4~6月，第2代若虫盛期为8~9月。初孵若虫活跃，生活于新梢和叶背主脉两侧，2龄后转向枝干。自然条件下，雄虫极少，雌成虫喜群集于小枝的背阴面及分杈处，终生固定，多营孤雌生殖。世代重叠严重。

其他常见蚧类害虫的发生概况见表4-9。

表4-9　其他常见蚧类害虫的发生概况

种　类	分 类	寄　主	发生概况
草履蚧（图4-44）	绵蚧科	海棠、紫薇、月季、红叶李、红枫、柑橘、悬铃木、杨等	1年发生1代。多以卵囊在土中越夏和越冬，翌年2月上旬~3月上旬在土中开始孵化，若虫停留在卵囊内，活动迟缓，天气晴暖后陆续出土上树，爬至嫩枝、幼芽等处刺吸，主要危害期为3~5月，6月以后虫量减少。雌成虫交配后潜入土中产卵，分泌白色絮状蜡丝形成卵囊。成、若虫的虫口密度高时，常群体迁移
月季白轮蚧（图4-45）又名黑蜕白轮蚧	盾蚧科	月季、蔷薇、玫瑰、黄刺玫、苏铁	1年2~3代。主要以2龄若虫和少数受精雌成虫在枝干处越冬。翌年4月中旬开始活动，孵化盛期在5月上中旬和8月中下旬；至10月，部分雌成虫继续产卵，孵化发育为2龄若虫越冬。若虫爬至枝干上，蜕皮后固定危害。世代重叠。成、若虫群集于2年生以上枝干或皮层裂缝处危害，枝干覆满白色虫体，植株枯萎甚至枯死

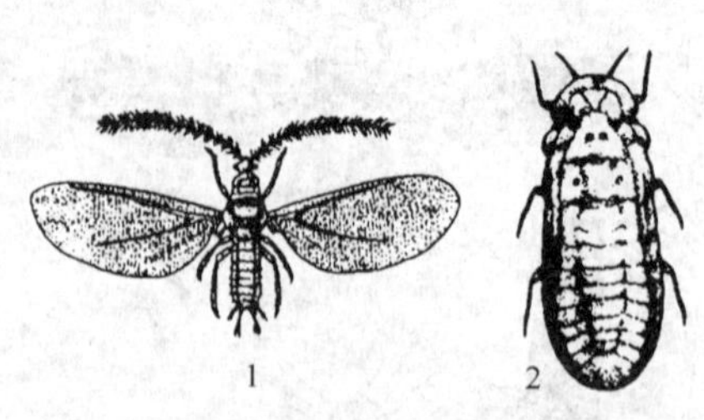

图 4-44 草履蚧
1—雄成虫 2—雌成虫

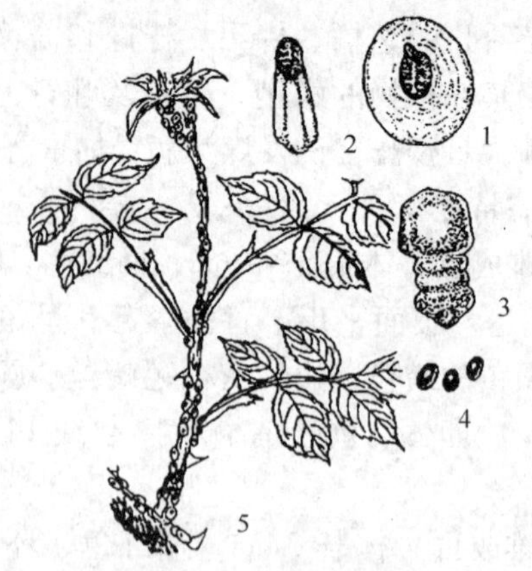

图 4-45 月季白轮蚧
1—雌虫介壳 2—雄幼虫介壳 3—雌成虫虫体
4—卵 5—危害状

4.2.2.2 介壳虫类综合防治措施

1. 加强检疫

对湿地松粉蚧、日本松干蚧、松突圆蚧等检疫性蚧虫发生的疫区，要做好苗木、接穗、果品等材料调运过程中的检疫工作。严禁从疫区引进带虫植物材料，严格检疫，一经发现应立即处理，处理合格后方可调运，否则就地销毁。

2. 园林技术防治

选育抗虫品种，培植混交林，合理密植。结合花木的日常管护，合理施肥，剪除虫枝或刷除虫体，清洁园圃，增强植株的抵抗力，降低虫口基数。

3. 生物防治

蚧虫的天敌种类多，主要是瓢甲类和小蜂类昆虫，是抑制其大发生的主要因素。保护、引进或人工饲养并适时释放天敌，可有效抑制蚧虫的发生。如美国引进澳洲瓢虫防治柑橘上的吹绵蚧、广东从日本引进花角蚜小蜂防治松突圆蚧均取得了良好效果。

4. 药剂防治

（1）寄主植物休眠期 落叶后至发芽前喷含油量5%的矿物油乳剂（与杀虫剂混用效果更好）；刮除枝干上的虫体后用白涂剂刷白；喷施3°~5°Be的石硫合剂。

（2）蚧虫发生危害期

1）若蚧期喷施0.5°~1°Be的石硫合剂，松脂合剂8~10倍液，85%增效机油乳剂100~300倍液，40%速扑杀乳油1500倍液，或其他杀虫剂马拉硫磷、扑虱灵等；还可用10%柴油与肥皂水混合、或矿物油加0.1%杀虫剂一种，喷洒或涂抹。

2）成蚧期喷施50%杀螟松乳油200~300倍液，40%速扑杀乳油800倍液；或用洗衣粉20%溶液、柴油1kg+洗衣粉2kg+水25kg喷淋或涂抹。也可在树干基部涂药、打孔注射或根部施药，具体方法可参照蚜虫类的防治。

（3）检疫处理 对疫区的带虫苗木、接穗，常用溴甲烷、磷化铝等熏蒸24h，用药量20~30g/m^3。也可用敌敌畏乳油熏杀若蚧，适当增温可提高杀灭效果。

4.2.3　木虱类

木虱为小型昆虫，成虫似缩小的蝉。全世界已知约2000种，以成、若虫危害幼嫩枝叶，许多种类分泌白色蜡丝、排泄蜜露，诱发煤污病，还能传播多种植物病毒。

4.2.3.1　木虱类主要害虫

以青桐木虱（图4-46）为例：

1. 分布与危害

青桐木虱又名梧桐木虱，是青桐树上的重要害虫，属于同翅目木虱科。以若虫和成虫群集在叶背和嫩枝上吸食危害，若虫分泌大量的白色絮状蜡丝，覆盖叶面，堵塞气孔，影响光合作用和呼吸作用，致使叶面呈苍白萎缩症状。严重时造成提前落叶、树皮粗糙、枝梢干枯，易被风折断，影响树木的生长发育。

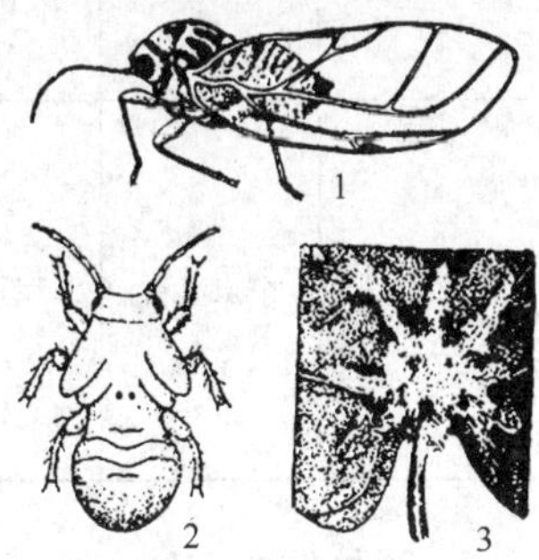

图4-46　青桐木虱

1—成虫　2—若虫　3—危害状

2. 形态特征

（1）成虫　体长4~5mm，黄绿色。头部横宽，顶部明显深裂凹陷，额突显著，复眼红褐色，呈半球形突出，单眼3个，呈倒“品”字形排列；触角10节，端部2节黑色，顶部有2根鬃毛。前胸背板弓形，前、后缘黑褐色；中胸背板具2条淡褐色纵纹，中央有1条浅沟；足淡黄色，爪黑色，后足基节有1对锥状突起；翅透明，翅脉茶黄色，前翅端部翅室有1个褐色翅痣，径脉于翅的端半部分叉。腹部背板浅黄色，各节前缘有褐色横带。腹部背板雌虫可见8节，雄虫可见7节。

（2）若虫　共3龄，1、2龄体较扁，略呈长方形；末龄近圆筒形，黄绿色，腹部蜡腺发达，体被白色长絮状蜡丝。触角10节，翅芽之间的体背上有1对圆形小黑斑，腹部末端有1对明显的椭圆形褐斑。

（3）卵　长约0.7mm，略呈纺锤形，一端稍尖。初产时为淡黄白或黄褐色，孵化前为深红褐色，并可见红色眼点。

3. 发生规律及习性

青桐木虱1年发生2代，世代重叠。以卵在枝干上越冬。翌年4月底越冬卵开始孵化，第1代若虫历期30多天，6月上旬羽化为第1代成虫，6月下旬为盛期；第2代成虫于8月上、中旬羽化。重庆地区于10月上旬仍可见成、若虫。成虫需继续吸汁危害以补充营养才能产卵，第1代成虫多将卵产于叶背；第2代成虫大都产卵于主枝背阴面、侧枝分叉处或表皮粗糙处。该虫为单食性害虫，仅危害梧桐。若虫和成虫均有群居性，常常十多头至数十头聚集在叶背等处。若虫潜居于蜡丝中，活动迅速；成虫飞翔力差，却很善跳跃。

其他常见木虱类害虫的发生概况见表4-10。

4.2.3.2　木虱类综合防治措施

1. 检疫防治

严禁从疫区外调或引进带虫苗木。

表 4-10 其他常见木虱类害虫的发生概况

种　类	分 类	寄 主	发 生 概 况
梨木虱	木虱科	梨	1 年 3 ~ 6 代，以成虫在树皮缝、落叶、杂草及土缝中越冬。年发生 4 ~ 5 代的地区，成虫在 3 月上中旬出蛰，4 月上旬为产卵盛期。4 月下旬至 5 月上旬为第 1 代若虫盛发期。9 月中下旬出现第 5 代成虫越冬。春季成、若虫常群集危害新梢、叶柄，夏秋季则多在叶背危害。受害叶片向叶面突起形成漆黑色的圆形虫瘿，扭曲皱缩，提早脱落。若虫分泌大量粘液，诱发煤污病，污染叶和果面
樟个木虱	个木虱科	香樟	华东地区 1 年 1 代，少数 2 代，以若虫在被害叶背处越冬。翌年 4 月成虫羽化，羽化后的成虫多群集在嫩梢或嫩叶上产卵。两代若虫孵化期分别在 4 月中下旬、6 月上旬。以若虫刺吸叶片汁液，受害后叶片出现黄绿色椭圆形小突起，随着虫龄增长，突起逐渐形成紫红色虫瘿，影响植株的正常光合作用，导致提早落叶

2. 园林技术防治

冬季剪除带虫枝、叶，清理翘裂的树皮，清除枯叶杂草，降低越冬虫口；成虫发生期及时清除着卵枝、叶；4 月中旬至 5 月，剪除有若虫的枝梢，集中烧毁。

3. 药剂防治

在成虫、若虫发生期喷洒 50% 乐果或 50% 马拉硫磷或 50% 杀螟松乳油 1000 倍液，20% 速灭杀丁乳油 3000 倍液，兼有杀卵效果。喷施 65% 肥皂石油乳剂 8 倍液可杀卵。

4.2.4 粉虱类

全世界约有 1100 多种粉虱，多分布于温暖地区。其为小型昆虫，成虫长约 1 ~ 3mm；1 龄若虫的足及触角发达，可短距离活动，2 龄若虫的足及触角退化，以后营固定生活，体变硬，像介壳虫，能排泄蜜露，诱发煤污病。雌雄成虫均具两对翅。

4.2.4.1 粉虱类主要害虫

（一）黑刺粉虱（图 4-47）

1. 分布与危害

黑刺粉虱又名桔刺粉虱、刺粉虱，属于同翅目粉虱科。分布于江苏、安徽、河南以南至台湾、广东、广西、云南。危害月季、白兰、榕树、樟树、山茶、柑橘、苹果、梨等。以成、若虫刺吸叶、果实和嫩枝的汁液，被害叶面出现失绿黄白斑点；排泄的蜜露可诱致煤污病发生，进而使枝叶发黑、枯死。

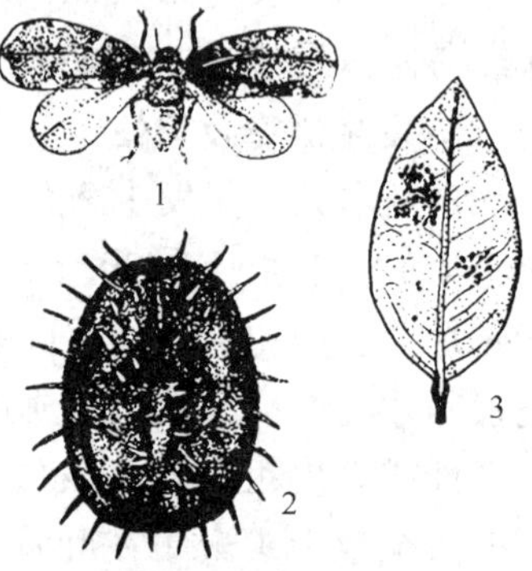

图 4-47 黑刺粉虱
1—成虫 2—蛹壳 3—危害状

2. 形态特征

（1）成虫 体长 1.0 ~ 1.3mm，橙黄色，被薄层白色蜡粉。复眼红色。前翅近矩形，深紫褐色，有 7 个明晰的白斑；后翅较小、椭圆形，淡紫褐色。

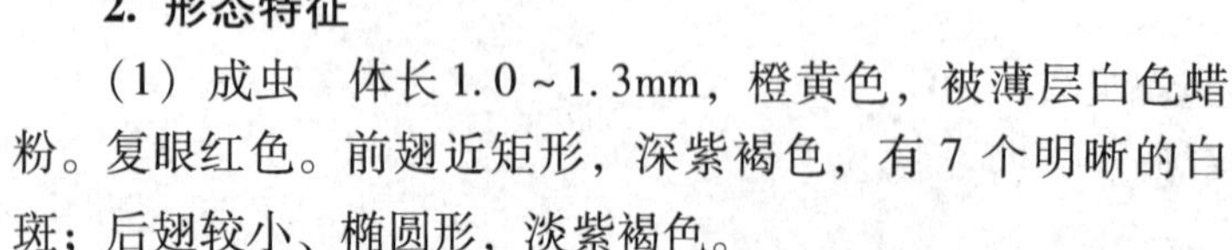

（2）若虫 共 3 龄。体长 0.7mm，黑色，背上具黑色蜡刺 14 对，体周缘有明显的白色

蜡圈。

（3）蛹　体椭圆形，初期乳黄色后渐变为黑色。蛹壳椭圆形，长0.7～1.1mm，漆黑有光泽，壳边锯齿状，周缘有较宽的白色蜡圈，背面显著隆起，胸部具9对黑色蜡刺，腹部有10对蜡刺，两侧边缘雌虫有蜡刺11对，雄虫有10对。

（4）卵　新月形，长0.25mm，基部钝圆，具1小柄，直立在叶上，初孵期乳白色后为淡黄，孵化前变灰黑色。

3. 发生规律及习性

黑刺粉虱1年4～5代，发生不整齐，世代重叠严重，营孤雌生殖。以2、3龄幼虫在叶背越冬。在重庆，越冬幼虫于3月上旬至4月上旬化蛹，3月下旬至4月上旬大量羽化为成虫，2～3d后便可交尾产卵，卵多产在叶背，散生或密集成圆弧形，老叶上的卵多于嫩叶。幼虫孵化后作短距离爬行，每次蜕的皮留在体背上，2～3龄时固定危害，各代幼虫盛发期为5月至6月、6月下旬至7月中旬、8月上旬至9月上旬、9月下旬至10月下旬，严重发生时煤污病也随之加重。成虫多在早晨露水未干时羽化，有趋光性，喜较荫蔽的环境，多在树冠内膛枝叶上以及白天活动，可借风力传播到远方。

（二）温室白粉虱（图4-48）

1. 分布与危害

温室白粉虱又称为温室粉虱、白粉虱、白蝇，俗称小白蛾，属于同翅目粉虱科。其分布几乎遍布全国，寄主植物广泛，有16科200余种的花卉、果树及蔬菜，危害杜鹃、牡丹、月季、金盏菊、瓜叶菊、茉莉、倒挂金钟、大丽花、夜来香等。以成虫和若虫吸食寄主汁液，被害叶片褪绿、变黄、萎蔫，甚至全株枯死。排泄大量蜜露引起煤污病大发生，严重污染叶片和果实，影响植物观赏价值，是园林、园艺植物上常见而重要的露地和温室害虫。

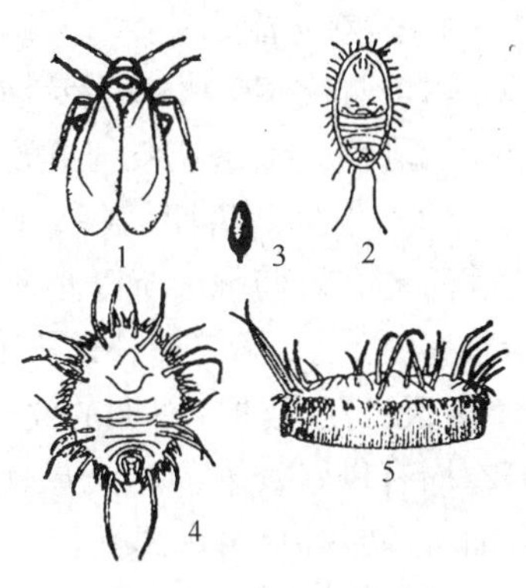

图4-48　温室白粉虱
1—成虫　2—幼虫　3—卵
4—蛹正面　5—蛹侧面

2. 形态特征

（1）成虫　体长1～1.5mm，淡黄色。触角短丝状。翅白色，不透明，合拢时平覆如蛾类，前翅端部半圆形，有一长一短2条翅脉自肩角处分叉，后翅有1条脉。体、翅覆盖白色蜡粉。

（2）若虫　共4龄。长椭圆形，1～3龄淡绿色或黄绿色，长0.29～0.5mm，足和触角退化，体缘及体背具数十根长短不一的蜡丝，尾部的2根稍长。

（3）拟蛹　实为4龄若虫，椭圆形，体长0.7mm，初期介壳扁平，后逐渐增厚，侧面呈蛋糕状，中央略高，黄褐色，体背的蜡丝长短不齐，体侧有刺。

（4）卵　长约0.2mm，长椭圆形，基部有短柄。初产时淡绿色，覆有蜡粉，后渐变为褐色，孵化前呈黑色。

3. 发生规律及习性

温室白粉虱在温室内1年可发生10余代，完成1代约1个月。以各虫态在温室越冬并继续危害。成虫羽化后1～3d可交配产卵，也可营孤雌生殖，其后代为雄性。卵在光滑叶片上排列成半圆或圆形，在多毛叶片上分散，因卵柄从叶背气孔插入叶片组织中，保持了水分

充足，卵极不易脱落。若虫孵化后3d内在叶背做短距离游走，取食后就开始营固着生活。成虫具有趋光性、趋黄性、产卵趋嫩绿性。冬季温室苗木上的白粉虱，是露地花木的虫源，通过温室开窗通风或随苗木移植迁入露地。因此，白粉虱的蔓延，人为因素起着重要作用。白粉虱的种群数量，由春季至秋季持续发展，夏季高温多雨条件的抑制作用不明显，到秋季数量可达高峰。

4.2.4.2 粉虱类综合防治措施

1. 加强检疫

严格检查进入大棚或温室的花木，重点查看叶背有无虫体，尽可能避免人为协助传播。

2. 园林技术防治

加强养护管理，合理施肥，特别是受害较重的花木要补足养分以增强抵抗力；合理修剪有虫枝，清除杂草，可减轻粉虱类害虫的发生与危害。

3. 培育“无虫苗”

苗房与温室分开，育苗前彻底熏杀残余虫口，清理杂草和残株，以及在通风口密封尼龙纱，控制外来虫源。

4. 药剂防治

(1) 越冬期　早春发芽前结合蚧虫、蚜虫、红蜘蛛等的防治，喷洒5%的柴油乳剂或黏土柴油乳剂，毒杀越冬若虫效果较好。

(2) 发生危害期　1~2龄若虫期施药防效好。由于粉虱各虫态混合发生，而当前没有能兼治的有效药剂，所以必须连续用药数次，依防治效果而定。选用10%扑虱灵乳油（对粉虱有特效）、40%速扑杀乳油或5%锐劲特悬浮剂1500倍液，20%灭扫利乳油2000倍液，2.5%天王星乳油（对卵的效果不明显）3000倍液，或25%阿克泰水分散粒剂4000倍液喷雾，均有较好效果，其他有效药剂有1.8%集琦虫螨克乳油、1.8%爱福丁乳油、40%乐果乳油、20%吡虫啉可湿性粉剂等；保护地还可用22%敌敌畏烟剂熏杀，结合灌水或喷水进行，确保土壤湿润。2龄以后单用化学药剂防效不佳，最好用含油量0.4%~0.5%的矿物油乳剂混合上述药剂，可提高杀虫效果。

5. 生物防治

注意保护和引放粉虱类害虫的天敌，如红点唇瓢虫、草蛉、黄盾捕虱蚜小蜂等。可人工培养释放寄生蜂类，如释放丽蚜小蜂成蜂15头/株，每2周1次，共3次，在温室内可有效地控制白粉虱危害。

6. 物理防治

利用粉虱的强趋黄性，可在植株间或温室内设置黄板诱杀成虫。每667m^2设置32~34块于行间，可与植株高度相同。当粉虱粘满板面时，需及时补涂粘油，一般7~10d 1次，注意避免油滴在植物上造成烧伤。黄板诱杀与释放丽蚜小蜂可协调运用，并配合生产“无虫苗”。

4.2.5 叶蝉类

全世界约有叶蝉10000余种，我国已发现1000余种。除刺吸寄主的汁液外，还产卵于幼嫩枝条使枝叶萎蔫、枯死，有的种类传播植物病毒病。

4.2.5.1 叶蝉类主要害虫

(一) 大青叶蝉(图4-49)

1. 分布与危害

大青叶蝉又称为青叶跳蝉、青叶蝉、大绿浮尘子、菜蚱蜢、青头虫等，属于同翅目叶蝉科。其分布于东北、华北、中南、西南、西北、华东各地，危害圆柏、桧柏、扁柏、丁香、白蜡、海棠、梅、樱花、苹果、桃、梨、木芙蓉、梧桐、杜鹃、月季、杨、柳、核桃、柑橘等160多种植物。以成虫和若虫刺吸危害叶片，造成褪色、畸形、卷缩，甚至全叶枯死；雌成虫划破寄主表皮产卵，形成伤口，可导致枝梢枯死。此外，还可传播病毒病。

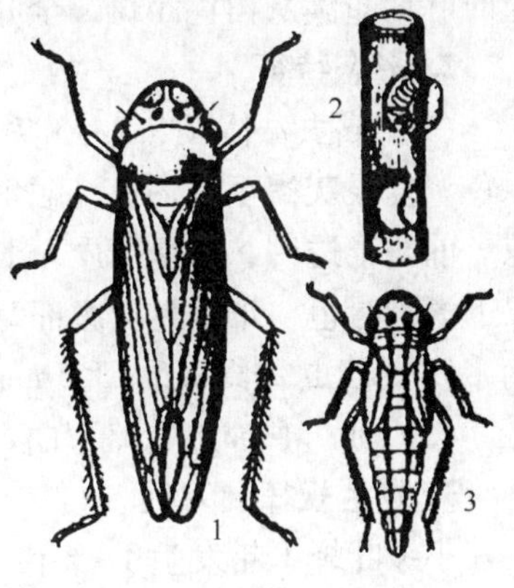

图4-49 大青叶蝉

1—成虫 2—卵块 3—若虫

2. 形态特征

(1) 成虫 体长7~10mm，雄较雌略小，刚羽化时体色较淡，不久转为青绿色。头顶黄绿色，颊区微青，在近唇基缝处左右各有1小黑斑；两红色单眼之间有1对多角形黑斑，复眼绿色，触角刚毛状。前翅革质，翅面绿色微带青蓝，前缘淡白，端部半透明，翅脉为青黄色；前翅背面蓝黑色后翅灰黑色，半透明。腹部背面蓝黑色，腹部两侧和腹面、胸和足均橙黄色。雌成虫的产卵器为锯齿状。

(2) 若虫 共5龄。头宽，腹末尖削。复眼红色。初孵时白色，微带黄绿；数小时后变为淡黄、浅灰或灰黑色。3龄后出现翅芽。老熟时长6~7mm，头部有2个黑斑，胸背及两侧有4条褐色纵纹直达腹末。

(3) 卵 长约1.6mm，光滑。长卵圆形，中间微弯，一端较尖，乳白至黄白色。

3. 发生规律及习性

大青叶蝉1年发生3~5代，各地的世代数有差异，如在吉林、甘肃、新疆、内蒙古为2代，江西为5代，发生期从4月下旬至11月中旬，各代成虫期为第1代5月下旬，第2代7月，第3代9月。在长江以北，一般以卵在果树、柳树、白杨等树枝表皮内越冬；在长江以南，则多以卵在禾本科杂草茎秆内越冬；在广东，冬季各种虫态都有，无明显的越冬现象。越冬卵于翌年的3~4月孵化，近孵化时，卵的顶端常露在产卵痕外。初孵若虫有群集性，后逐渐分散。成虫补充营养1个多月后才繁殖，雌成虫以产卵器将植物的叶柄、主脉、枝条等处表皮刺破，产数粒卵整齐排列于其中，产卵痕月牙形、凸起，10月下旬为产卵盛期，直至秋后，以卵越冬。成虫、若虫均善跳跃，受惊后向叶背横行或跳跃而逃。在早晚气温低时多潜伏不动，午间气温高时较为活跃。一般在6~8月发生较严重。夏季成虫趋光性强，晚秋不明显。

(二) 小绿叶蝉(图4-50)

1. 分布与危害

小绿叶蝉又名桃叶蝉、桃小绿叶蝉、桃小浮尘子，属于同翅目叶蝉科。其分布全国各地，寄主有水稻、棉花、菜豆、十字花科蔬菜、茄科蔬菜、蔷薇科花木、葡萄、山楂、猕猴桃、禾本科草坪草等。以成、若虫吸汁液，被害叶初现黄白色斑点，后扩展成片，严

图4-50 小绿叶蝉

重时叶面布满灰白色小斑，全叶苍白无光泽、易早落。

2. 形态特征

（1）成虫　体长3.3～3.7mm，淡黄绿至绿色。头背面略短，向前突，喙淡褐色，基部绿色。复眼灰褐至深褐色。触角刚毛状，末端黑色。前胸背板、小盾片淡绿色，常具白色斑点。前翅半透明，略呈革质，淡黄白色，周缘具淡绿色细边。后翅透明膜质，各足胫节端部以下淡青绿色，爪褐色。腹部背板色较腹板深，末端淡青绿色。

（2）若虫　长2.5～3.5mm，形态似成虫。

（3）卵　长卵形，略弯曲，长0.6mm，乳白色。

3. 发生规律及习性

小绿叶蝉1年发生4～6代，发生期不整齐，世代重叠明显。以成虫在落叶、杂草或低矮绿色植物中越冬。翌春桃、李、杏发芽后到树上刺吸汁液，取食后交尾繁殖，卵多产在新梢或叶片主脉里。卵期5～20d，若虫期10～20d，非越冬成虫寿命30d，完成1个世代40～50d。6月虫口数量增加，8～9月最多且危害加重。秋后以末代成虫越冬。成、若虫喜白天活动，在叶背刺吸汁液或栖息。成虫善跳，有趋光性，可借风力扩散，均温15～25℃适其生长发育，28℃以上及连阴雨天气虫口密度下降。

4.2.5.2　叶蝉类综合防治措施

1. 园林技术防治

冬、春季铲除杂草，清理落叶；结合修剪，剪除有卵枝叶或刮除卵块，并集中烧毁。

2. 物理防治

成虫期用黑光灯诱杀，效果很好，可降低下一代虫口发生的基数。

3. 药剂防治

各代若虫盛发期是化学防治的关键时期。可喷施20%叶蝉散乳油400～500倍液，40%乐果乳油1000倍液，35%赛丹或20%速灭杀丁或40%乐斯本乳油1500～2000倍液，25%阿克泰水分散粒剂4000倍液等。周边的杂草和草坪也要注意喷药兼治。

4. 生物防治

保护和利用天敌，如蜘蛛、华姬猎蝽、寄生蜂、小枕异绒螨等。

4.2.6　蜡蝉类

蜡蝉分布在热带和亚热带地区。成、若虫吸汁危害，若虫分泌蜜露诱发煤污病，成虫将卵产于寄主植物上，伤害枝条。有的为重要的药用资源昆虫，如斑衣蜡蝉。

4.2.6.1　蜡蝉类主要害虫

（一）斑衣蜡蝉（图4-51）

1. 分布与危害

斑衣蜡蝉又名椿皮蜡蝉、斑蜡蝉、樗鸡，俗称“花姑娘”，属于同翅目蜡蝉科。其分布于华北、华东、西北、西南、华南以及台湾等地区，危害刺槐、苦楝、黄杨、青桐、悬铃木、女贞、樱、珍珠梅、海棠、桃、葡萄、石榴、香椿等花木，最喜臭椿。以成虫、若虫群集在叶背、

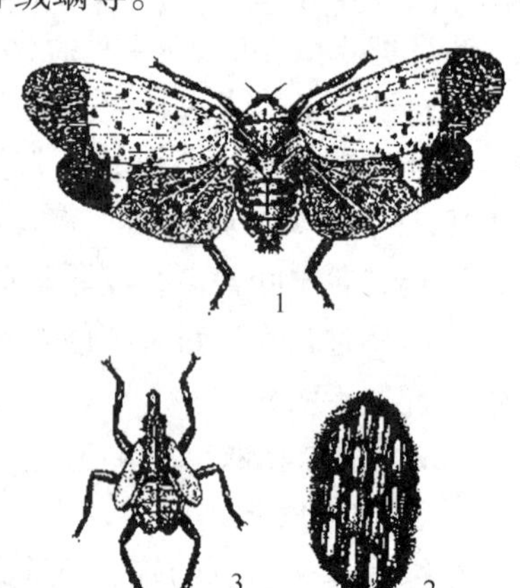

图4-51　斑衣蜡蝉

1—成虫　2—卵块　3—若虫

嫩梢上刺吸危害，造成嫩叶穿孔，嫩梢畸形萎缩，并诱发煤污病，严重影响植株的生长和发育。

2. 形态特征

(1) 成虫 体灰褐色，长14~20mm，翅展40~50mm，额向前呈短喙状突起。前翅革质，长椭圆形，基部约2/3为淡褐色并有20余个黑斑，端部约1/3为深褐色、无斑，翅脉短而直，呈网状，脉纹白色；后翅膜质，脉纹黑色，基部鲜红色并具有7~8个黑斑，端部黑色，中部白色区呈倒三角形，展开时很鲜艳似蝶类的翅。体、翅表面均覆有白色蜡粉。

(2) 若虫 共4龄。体色变化大，初孵时粉红色，渐变为黑色，1~3龄体背有许多小白斑；4龄体背呈红色，具有黑白相间的斑点，额突、复眼黑色。翅芽黑红相间。

(3) 卵 长约3mm，长圆形，被褐色蜡粉。

3. 发生规律与生活习性

斑衣蜡蝉1年发生1代。以卵在树干或附近建筑物上越冬。翌年的4月中、下旬孵化，5月上旬为盛孵期；若虫有时数十头群集栖息在新梢上，排列成一条直线，头部上翘，稍有惊动即跳跃而去；若虫经3次蜕皮，6月中旬至7月上旬羽化为成虫，8月中旬至10月开始交尾产卵，卵多集中产在树干的向阳面或树枝分叉处，卵块排列整齐，覆盖白色蜡粉，一般40~50粒/块，多时可达百余粒。成、若虫均具有群集性、假死性，善于跳跃，成虫飞翔力较弱。秋季干旱少雨时易大发生。

(二) 柿广翅蜡蝉(图4-52)

1. 分布与危害

柿广翅蜡蝉属于同翅目广翅蜡蝉科，是我国特有的虫种。其分布于黑龙江、山东、重庆、湖北、江苏、福建、广东、台湾等地，寄主有柑橘、葡萄、苹果、梨、桃、柿、石榴、女贞、杜英、罗汉松、月季、蔷薇、玉兰、桂花、石楠等百余种花木、果树。以成、若虫刺吸汁液，成虫产卵时划伤枝条对寄主造成双重破坏，导致植物生长缓慢，枝叶枯萎易折断。其危害呈现加重的趋势。

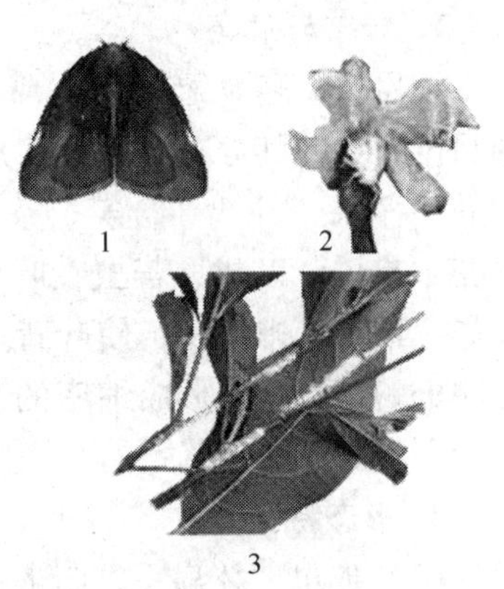

图4-52 柿广翅蜡蝉

1—成虫 2—若虫 3—产卵枝

2. 形态特征

(1) 成虫 体长约7~10mm，翅展约22mm；全体褐色至黑褐色，前翅宽大，外缘近顶角1/3处有一黄白色三角形斑，后翅褐色，半透明。

(2) 若虫 体胖，钝菱形，腹末有4束尾端弯曲的蜡丝，呈扇形竖立或覆于体背。初孵若虫体被白色蜡粉而呈淡绿色，以后虫体变为黄褐色，可见翅芽。

(3) 卵 长椭圆形，初产时白色透明，近孵化时色泽暗淡。

3. 发生规律及习性

柿广翅蜡蝉1年发生2代，以卵在当年生枝条内越冬。越冬代的卵一般从4月上旬开始孵化，4月中旬至6月上旬为若虫盛发期，6月下旬至8月上旬为成虫发生期，产卵期为7月中旬至8月中旬。当年的第一代若虫盛发期在9月上旬至10月中旬，羽化以后的成虫继续危害，交配后用产卵器纵向刺破枝条的组织产卵于其内，外面覆盖白色的蜡丝。成虫、若虫白天活动，善跳跃。

4.2.6.2 蜡蝉类综合防治措施

1. 园林技术防治

冬季寄主植物休眠至春季萌芽前，清除杂草和枯枝落叶，剪除如广翅蜡蝉类害虫越冬的产卵枝，集中烧毁，以降低越冬虫卵。

2. 人工物理防治

成虫发生期，设置黑光灯诱杀，或人工捕杀；刮除卵块；捕捉杀灭群集的初孵若虫。

3. 药剂防治

若虫孵化盛期可喷20%叶蝉散乳油800倍液，20%扑虱灵乳油或40%乐果乳油1000倍液，10%吡虫啉可湿性粉剂2500倍液，或拟除虫菊酯类药剂2000～3000倍液。在药液中添加0.3%～0.4%柴油乳剂，可提高防治效果。

4.2.7 蝽类

我国已知蝽类约500种。多数种类具有臭腺，能分泌臭液，挥发成臭气，俗称“放屁虫”、“臭大姐”，以成、若虫吸汁危害。少数种类是肉食性的益虫；有的种类可食用或药用，如俗名为“九香虫”的瓜黑蝽、负子蝽科的田鳖。

4.2.7.1 蝽类主要害虫

（一）梨网蝽（图4-53）

1. 分布与危害

梨网蝽又名梨冠网蝽、梨花网蝽、梨军配虫，属于半翅目网蝽科。其分布广，危害月季、桃、梨、海棠、梅花、樱花、苹果、杜鹃、含笑、茶花、茉莉、腊梅、桑、泡桐等花木果树。以成、若虫在叶背吸食汁液，产生褐色污斑和黑色油点状排泄物，使叶背呈锈黄色，并混杂许多扁平透明的蜕皮，叶面形成细密的灰白色小斑，叶色苍白无光泽，严重时叶片早落。

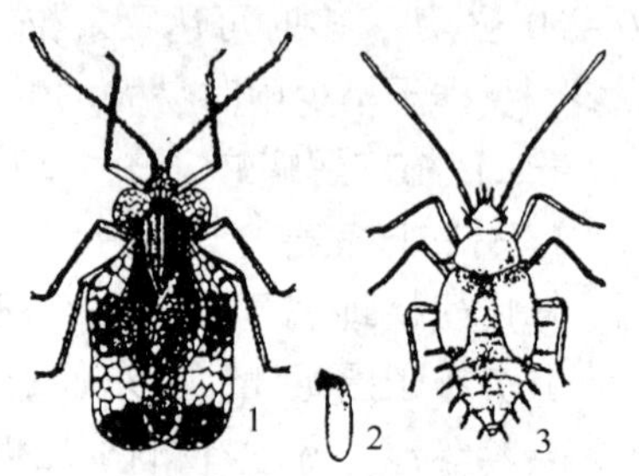

图4-53　梨网蝽
1—成虫　2—卵　3—若虫

2. 形态特征

（1）成虫　体扁平，暗褐色，长3.3～3.5mm。复眼深黑色，触角4节，丝状，第3节最长。前胸背板菱形，中央隆起，向前后延伸盖住头部和小盾片，两侧向外弧形扩展呈翼状。前翅略呈长方形，具黑褐色的“C”字形斑纹，两翅平叠时呈现为“X”形斑纹。侧翼与前翅均半透明，布满褐色网纹。后翅膜质，翅脉黑褐色。虫体胸腹面黑褐色，足黄褐色。

（2）若虫　共5龄。体长约1.9mm，初孵时乳白色，渐变为暗褐色，外形似成虫，前、中胸和腹部第3～8节两侧均有刺突。3龄时翅芽明显。

（3）卵　长约0.6mm，香蕉形，顶端呈袋口状，末端稍弯。初为淡绿色后变淡黄色。

3. 发生规律及习性

梨网蝽的年世代数因地而异，华北1年3～4代，黄河故道4～5代，华东、华南5～6代。以成虫在枯枝落叶、翘皮缝、杂草及土石缝中越冬。翌年4月上旬寄主展叶时成虫开始活动，4月下旬开始产卵，9月中旬至10月中旬末代成虫越冬。成虫产卵于叶背上叶脉两侧的组织内，卵上附有黑褐色胶状物，卵期约15d。初孵若虫群集不活跃，2龄后逐渐分散，喜聚在叶背主脉两侧危害。7～8月高温少雨时危害最重，有世代重叠现象。

（二）杜鹃冠网蝽（图4-54）

1. 分布与危害

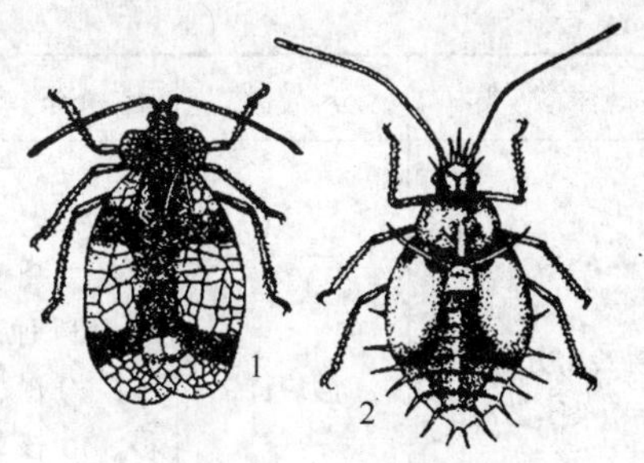

图4-54 杜鹃冠网蝽
1—成虫 2—若虫

杜鹃冠网蝽又名拟梨冠网蝽，属于半翅目网蝽科。其分布于四川、重庆、辽宁、吉林、广东、广西、江苏、浙江、福建、台湾等地，危害杜鹃、马醉木、羊踯躅等花木。以成虫、若虫在叶背吮吸汁液，叶面形成细密的小白斑，在叶背出现锈黄色污斑和蜕皮，也可见黑色油点状排泄物。受害植株树势衰弱，提早落叶，严重影响生长和开花。

2. 形态特征

（1）成虫 体长3.0～3.4mm，小而扁平。头部黑褐色，头刺5枚，灰黄色。丝状触角4节，浅黄褐色。前胸背板黄褐色，菱形，中央隆起，向前后延伸盖住头部和小盾片，密布刻点，三角突则不具刻点，两侧向外弧形扩展呈翼状。前翅略呈长椭圆形，具黑褐色的“C”字形斑纹，两翅平叠时呈现为“X”形斑纹。侧翼与前翅均半透明，布满褐色网纹。腹部金黄色，有黑色斑纹，雌成虫腹部圆钝，雄成虫腹部长卵形。

（2）若虫 共5龄。长2mm，初孵若虫和刚蜕皮的若虫乳白色，渐变为暗褐色。复眼红色，旁边各有1根笋状刺，头顶有3根成等腰三角形排列的笋状刺。翅芽明显。腹部两侧各有1对刺突，第2、4、5和7腹节背面各有1根刺突。

（3）卵 乳白色，长约0.52mm，香蕉形，顶端呈袋口状，末端稍弯。

3. 发生规律及习性

杜鹃冠网蝽一般每年发生4代，在广州可发生10代。以成虫和若虫在落叶下、枝干翘皮内的缝隙中越冬，在广州无明显的越冬现象。成虫多将卵产于叶背上主脉两侧的组织中；卵上覆盖有黄褐色胶质物，卵期12～20d；若虫期20d左右，喜群集在叶背危害。高温干燥、通风的环境容易引起该虫大量繁殖、严重危害。

其他常见蝽类害虫的发生概况见表4-11。

表4-11 其他常见蝽类害虫的发生概况

种类	分类	寄主	发生概况
黄斑蝽又名麻皮蝽（图4-55）	蝽科	榆、樟、悬铃木、柑橘、山楂、枣、柿、紫荆、桑等	1年1代，以成虫在墙缝、树皮裂缝、石块下越冬。翌年3月下旬出蛰活动，4月下旬至5月中旬卵聚产于叶背。初孵若虫群集，2～3龄后分散。以5～7月危害最重。成虫于8月底至10月中旬羽化，喜在较高的枝叶、嫩果上栖息。10月上旬至11月中旬陆续群集越冬。成虫有弱趋光性
樟脊网蝽（图4-56）	网蝽科	香樟、油梨	1年4代，世代重叠明显。以卵越冬。卵产于叶背主脉和第1分脉两侧的组织内，卵盖外露，上覆灰褐色胶质或褐色排泄物。翌年4月下旬孵化。6月第1代成虫出现。成、若虫性喜荫蔽，不甚活泼，主要群集于中下部叶片的叶背危害。9月下旬始出现越冬卵，末代成虫见于11月中旬

（续）

种　类	分　类	寄　主	发生概况
悬铃木方翅网蝽（图4-57）	网蝽科	主要寄主：悬铃木属树种；其他寄主：构树、杜鹃花科、山核桃属、白蜡树	原产北美，目前美国、韩国、日本等10多个国家均有发生。我国西南、华南、华中及华北的大部分地区均为其适生区。1年2~5代，1代历期约30d，世代重叠严重。以成虫在寄主树皮下或裂缝内越冬。成虫和若虫主要在叶背刺吸汁液，导致树冠叶片枯黄、提前掉落，5~7月发生严重。该虫繁殖能力强、耐寒冷。还能传播悬铃木溃疡病和法国梧桐炭疽病

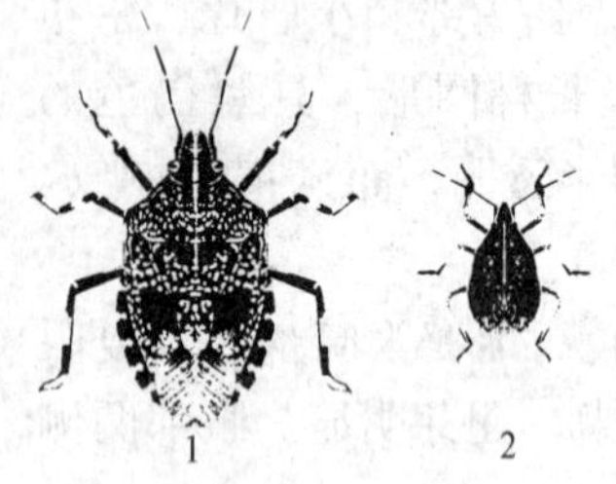

图4-55　黄斑蝽
1—成虫　2—若虫

图4-56　樟脊网椿及为害状

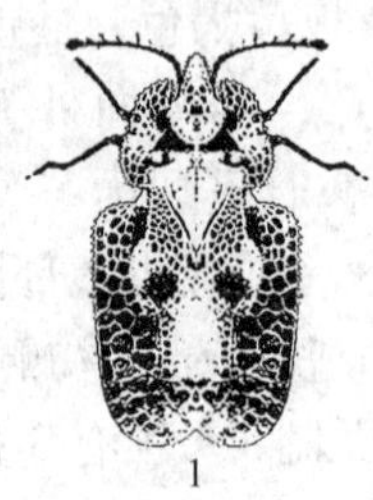

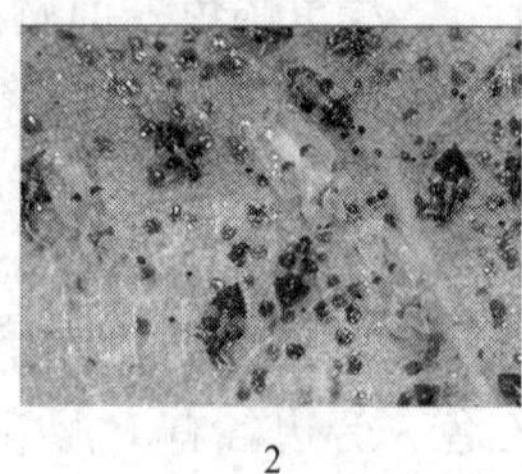

图4-57　悬铃木方翅网蝽
1—成虫　2—成、若虫危害状

4.2.7.2　蝽类综合防治措施

1. 园林技术防治

冬季清除落叶、杂草，并进行冬耕冬翻，减少越冬虫源。

2. 人工物理防治

摘除蝽科害虫的卵块，捕捉、杀灭群集的初孵若虫；秋冬季对树皮较粗糙的植株茎干涂白。

3. 药剂防治

在成、若虫发生盛期可喷43%新百灵乳油1500倍液，拟除虫菊酯类乳油1000~2000倍液，或20%灭多威乳油2000倍液；其他药剂有10%吡虫啉可湿性粉剂、25%广克威乳油等。每隔10~15d1次，连续喷2~3次。

4. 生物防治

保护和利用天敌如寄生蜂、草蛉、蜘蛛等。

4.2.8　蓟马类

蓟马多数为植食性种类，其中许多是园林植物的重要害虫。成、若虫以锉吸式口器刮破植物表皮，口针插入组织内吸食汁液，造成坏死、畸形症状，还传播病毒病。

4.2.8.1　蓟马类主要害虫

（一）榕管蓟马（图4-58）

1. 分布与危害

榕管蓟马又名榕母管蓟马、古巴月桂雌蓟马，属于缨翅目管蓟马科。其分布于华北、华东、华南、西南及北方温室中，主要危害小叶榕、垂叶榕这两种榕树，还可危害无花果、人面子、龙船花、杜鹃等，以成虫和若虫刮破嫩叶、幼芽的上表皮，吸食汁液，受害的嫩叶沿中脉向叶面纵卷、折叠成饺子状的虫瘿，叶背密布紫褐色、不穿孔的坏死斑，叶质硬化变脆直至焦枯，造成花木生长不良，降低观赏价值，以幼苗受害较重，尤其是盆景。榕管蓟马是我国南方地区榕树类植物上常见的重要害虫，在北方主要危害温室内的盆景，成为榕树苗木栽培和盆景生产上的一个难题。

图4-58　榕管蓟马
1—成虫　2—危害状

2. 形态特征

（1）成虫　体长2.3～2.8mm，梭形，黑褐色，有光泽。触角8节，第1、2节棕黑色，第3～5节和第6节基部黄色，第6节端部和第7～8节色较暗。前翅狭长、透明，具银白色光泽；前、后翅缘有排列均匀的缨毛，平覆于体背。前足腿节黄色。胸部较宽，腹部逐渐变窄，末端尖细；雌成虫腹部末节长管状。

（2）若虫　共4龄。形似成虫，体光滑。初孵若虫无色透明，体小如针尖，不易为肉眼所见。随虫龄增大，腹部末端数节变为红褐色，有光泽。3龄若虫形成大而明显的白色翅芽。

（3）拟蛹　实为4龄若虫，初期白色，很快变为淡黄色，后为暗红色，翅芽黑色。

（4）卵　肾形，乳白色。

3. 发生规律及习性

榕管蓟马1年发生9～15代，世代重叠严重。在广州、思茅等地越冬现象不明显，几乎常年都可见到各个虫态。每代历期依季节而异，第1代在1月出现，由于气温较低而生长发育缓慢，约需50d。成虫多集中产卵于虫瘿内，有的将卵产于树皮裂缝内。成虫、若虫皆善跳跃，腹部有向上翘动的习性，并具有群集性，虫瘿内常有几十头虫活动、栖息。在酷热天气或叶片渐老后，成虫会转移危害。3龄若虫行动迟缓，不取食。4龄若虫转入表土层或在枝叶缝隙内化蛹。相对湿度达50%～70%、气温在20～25℃的范围适宜其生长发育，在高温、干旱无雨的季节或地区，有利于发生，易猖獗成灾，以5～6月及9～10月为发生盛期。在冬季和气温持续达30℃以上时，能显著地抑制其繁殖力并提高死亡率，暴雨也能明显地降低虫口密度，减轻危害。

（二）花蓟马（图4-59）

1. 分布与危害

花蓟马又名台湾蓟马，属于缨翅目蓟马科。其分布于江苏、浙江、湖北、湖南等地，主要危害菊花、兰花、唐昌蒲、

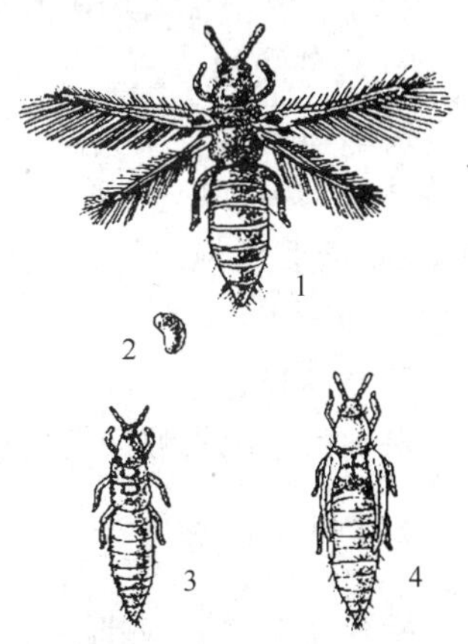

图4-59　花蓟马
1—成虫　2—卵　3—若虫　4—蛹

月季、牡丹、茉莉等50余种花木，还可危害棉花、甘蔗、稻、豆类等农作物。以成、若虫群集在花内、叶上取食，受害部位呈现细密的银白色条斑，花器、花瓣经日晒后变为黑褐色，严重的引起叶片枯焦、花瓣卷缩萎蔫。

2. 形态特征

（1）成虫　体长1.4mm，雌虫黄褐色，雄虫黄白色，较雌虫小。触角8节，较粗，第1、2和第6~8节褐色，3~5节黄色，第5节端半部褐色。前翅微黄色。前胸背板前缘有长鬃4根，中间2根稍短，后缘有长鬃6根。腹部1~7背板前缘线为暗褐色。

（2）若虫　体长约1~1.4mm，橙黄色；复眼红色；触角7节，第3、4节最长，第3节有覆瓦状环纹，第4节有环状排列的微鬃；胸、腹部背面体鬃尖端微圆钝；第9腹节后缘有1圈清楚的微齿。

（3）卵　长0.2mm，肾形。乳白色，孵化前可见红色眼点。

3. 发生规律及习性

花蓟马的年世代数因地而异，南方1年11~14代，华北、西北地区6~8代，世代重叠严重。以成虫在枯枝落叶层、土壤表层中越冬。翌年4月中、下旬出现第1代，10月下旬至11月上旬产生越冬代。10月中旬成虫数量明显减少。成虫寿命春季为35d左右，夏季为20~28d，秋季为40~73d，雄成虫寿命较雌成虫短。雌雄比为10∶3~5，部分或全部营孤雌生殖。成虫羽化后2~3d开始交配，卵单产于花瓣组织表皮下，每雌可产卵77~248粒，产卵历期长达20~50d。成、若虫有明显的避光习性，喜藏匿于花内危害。每年6~7月、8~9月下旬是危害盛期。多雨季节不利于发生。

4.2.8.2　蓟马类综合防治措施

1. 检疫防治

严格实施西花蓟马等检疫性种类的检疫工作。

2. 园林技术防治

春季彻底清除杂草，可有效降低蓟马的危害。

3. 物理防治

悬挂蓝色粘虫板诱杀蓟马成虫。

4. 药剂防治

盛发初期，选用化学药剂40%七星保乳油600~800倍液，40%乐果乳油或95%巴丹可溶性粉剂1000~1500倍液，2.5%保得乳油2000~2500倍液，或10%吡虫啉可湿性粉剂2500倍液喷施。用生物性药剂1.8%齐螨素乳油、2.5%菜喜胶悬剂等喷雾，对天敌安全。

5. 生物防治

保护和利用天敌如巴氏钝绥螨、小花蝽、横纹蓟马、华野姬猎蝽等。

4.2.9　螨类

螨类属于蛛形纲蜱螨目，主要有叶螨科和瘿螨科，体型微小，种类很多，分布广，是园林植物上重要的有害生物类群之一。多数以成螨、若螨吸食汁液，造成萎蔫、变色、畸形等症状，可危害叶、果及球根；少数为捕食性益螨，如植绥螨。

4.2.9.1 螨类主要害螨

(一)朱砂叶螨(图4-60)

1. 分布与危害

朱砂叶螨又名棉红蜘蛛,属于叶螨科。其广泛分布于我国各地,是一种世界性害螨。寄主植物有32科100余种,可危害牡丹、月季、山楂、海棠、碧桃、羊蹄甲、金银花、木槿、无花果、观赏椒、丁香等。以成、若螨在叶背吸取汁液,叶面出现灰白色小点或黄色细斑,严重时全叶苍白或枯黄易脱落。

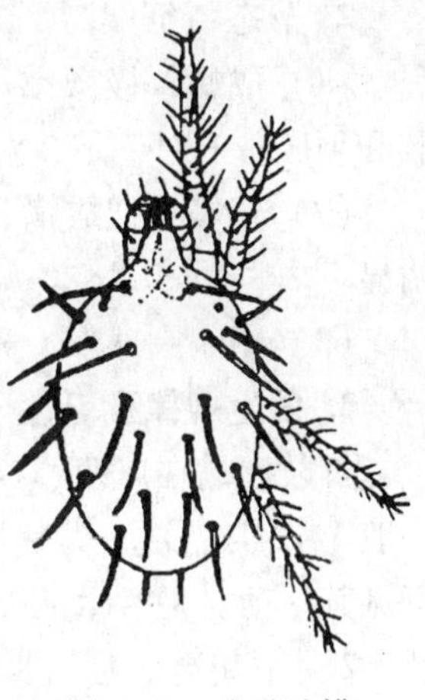

图4-60 朱砂叶螨

2. 形态特征

(1)雌成螨 体长0.28~0.32mm,椭圆形,体红色至锈红色,有的为黑色。身体两侧各具1个倒“山”字形黑斑,体末端圆钝。

(2)雄成螨 体色常为绿色或橙黄色,较雌螨略小,体后部尖削。

(3)幼、若螨 1龄幼螨近圆形,3对足,半透明,取食后呈暗绿色;蜕皮后的若螨椭圆形,4对足,体色较深,体背两侧有褐斑。

(4)卵 圆形,初产乳白色,后期呈乳黄色。

3. 发生规律及习性

朱砂叶螨的年世代数因地而异,1年可发生12~20代,世代重叠。以受精的雌成螨在土块下、杂草根际、落叶层中越冬,翌年3月下旬出蛰。先在杂草上生活并繁殖1~2代,再陆续迁往花木、蔬菜寄主上危害。其有吐丝结网习性,成螨产卵于丝网上,每雌产50~110粒,受精卵发育为雌螨,未受精卵发育为雄螨。卵期2~4d;幼、若螨历期5~11d,成螨寿命19~29d。高温干旱时,繁殖快,易暴发成灾,7月中下旬至8月上旬为猖獗期,危害一般由下部叶逐渐向上蔓延。8月中、下旬种群数量很快下降,危害减轻,并一直维持至秋季,又陆续迁往杂草上生活,于11月上旬开始越冬。

(二)荔枝瘿螨(图4-61)

1. 分布与危害

荔枝瘿螨又名毛壁虱,俗称“毛蜘蛛”,属于蛛形纲,蜱螨目,瘿螨科。我国荔枝、龙眼产区都有分布,成、若螨刺吸新梢嫩叶、嫩芽、花穗和幼果汁液。嫩芽外周受刺激长出白色绒毛;幼叶的叶背先出现黄绿色的凹陷斑块,凹处长出稀疏无色透明的小绒毛,渐变成乳白色,随着危害发展,受害部的绒毛增多、浓密,呈黄褐色,最后变成深褐色,似“毛毡”,故称为“毛毡病”,被害叶扭曲如“狗耳”,严重时,受害叶干枯凋落,影响树势。花器受害后不开花结果,萼片膨大呈倒钟形,花瓣和柱头发育不全,形似小绒球易脱落。幼果受害,果面和果柄同样长出白色绒毛,引起大量落果,成果前期受害,果面出现褐色毛毡状斑块,影响果实着色和品质。

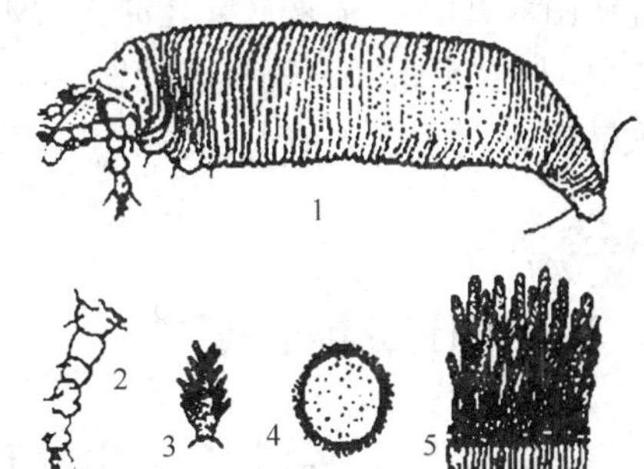

图4-61 荔枝瘿螨

1—成螨 2—前足 3—成螨足部的爪 4—卵 5—被害叶横切面

2. 形态特征

（1）成螨　极微小，长0.15～0.2mm，胡萝卜形。淡黄至橙黄色。前体段光滑，有螯肢和须肢各1对，足2对；后体段渐粗且密生环纹，末端尖削，具长尾毛1对。

（2）若螨　似成螨，更微小，初孵时灰白色，半透明，渐变为淡黄色，后体段环纹不明显。

（3）卵　圆球形，光滑半透明，乳白色至淡黄色。

3. 发生规律及习性

荔枝瘿螨在广西、广东全年可见，1年发生10代以上，世代重叠，无明显越冬现象；一般1～2月，成、若螨在树冠内膛的晚秋梢或冬梢被害叶的毛毡基部过冬，但气温稍暖仍可见其活动。平时生活、繁殖在虫瘿绒毛间，不活跃，一旦受阳光照射或雨水淋湿后则较活跃。2月下旬至3月，当荔枝新梢芽体刚萌动至幼叶展开时，螨体从老虫瘿绒毛间逐渐转移至新芽上，潜入未伸展的嫩叶基部空隙取食、繁殖，4月上旬以后繁殖量逐渐增大，5～6月螨口密度最大。入侵危害5～7d开始出现症状。毛瘿形成30～60d时呈红褐色，密度最高，超过120d的旧斑为黑褐色，几乎找不到螨体。此螨主要靠风、雨滴、苗木调运、农具器械和自身爬行等途径传播蔓延。其具喜荫畏光的习性，故树冠下层和内膛树叶易受害，大树受害较重，苗木和幼树受害较轻。

4.2.9.2　螨类综合防治措施

1. 园林技术防治

冬季清除杂草和枯枝落叶，刮除粗糙、翘裂的树皮，剪除受害枝条和叶片，降低越冬基数。

2. 人工物理防治

秋季在树干束草，诱集雌螨越冬，翌春收集灭杀。

3. 药剂防治

（1）寄主休眠期　早春花木发芽前，喷施晶体石硫合剂50～100倍液，杀灭越冬的卵或螨体。

（2）螨类发生期　喷施杀螨剂25%灭螨猛乳油1000倍液，10%浏阳霉素乳油（抑制卵）2000倍液，1.8%集琦虫螨克乳油2000～3000倍液，21%灭杀毙乳油4000倍液；或交替使用杀虫剂30%速杀灵乳油、40%乐果乳油、85%增效机油乳剂。世代重叠严重时，可选5%尼索朗或40%螨克乳油兼治各虫态，受螨害的球根储藏前用该药1000倍液浸泡2min，效果较好。危害较重时，每隔10d喷施1次，连续2～3次。

相关技能训练

实训16　园林植物吸汁害虫和害螨的识别与防治

一、目的要求

通过实训，识别当地常见园林植物吸汁害虫和害螨的形态特征和危害状，了解各类吸汁害虫和害螨的发生规律、危害情况，掌握正确的调查方法，为预测预报工作打下基础，学会

制订科学合理的综合防治方案，并能组织实施。

二、实训材料和用具

1. 观察材料

各类吸汁害虫和害螨各个虫态的标本及危害状标本：

(1) 蚜虫类　如桃蚜、桃瘤蚜、月季长管蚜、菊姬长管蚜、蚊母瘤蚜等种类。

(2) 介壳虫类　如红蜡蚧、龟蜡蚧、桃球坚蚧、吹绵蚧、康氏粉蚧、草履蚧、桑盾蚧、月季白轮蚧、考氏白盾蚧、矢尖蚧、糠片蚧、褐圆蚧等种类。

(3) 木虱类　如梨木虱、樟木虱、榕木虱、梧桐木虱等种类。

(4) 粉虱类　如黑刺粉虱、白粉虱等种类。

(5) 叶蝉类　如大青叶蝉、小绿叶蝉、棉叶蝉等种类。

(6) 蜡蝉类　如斑衣蜡蝉、广翅蜡蝉、白蛾蜡蝉、碧蛾蜡蝉、龙眼蜡蝉等种类。

(7) 蝽类　如梨网蝽、杜鹃冠网蝽、樟脊网蝽、绿盲蝽、黄斑蝽等种类。

(8) 蓟马类　如榕管蓟马、花蓟马、烟蓟马等种类。

(9) 螨类　如朱砂叶螨、酢浆草岩螨、柑橘叶螨、荔枝瘿螨、柑橘锈螨等种类。

2. 实训用具

体视解剖镜、手持放大镜、光学显微镜、数码相机、多媒体、载玻片、盖玻片、镊子、枝剪、挑针、养虫瓶、昆虫针、泡沫板、瓷盘、挂图及图片、记录本、笔等。

三、实训方法及内容

1. 实训方法

采用观察鲜采及干制、玻片标本，结合图片及教材中的形态描述进行比对，观看多媒体资料以及实地调查等实训方式，以当地园林植物吸汁害虫和害螨为主要观察对象进行形态特征及危害状的识别。

2. 实训内容

1) 采集、制作当地园林植物吸汁害虫和害螨的标本，观察、识别、比较形态特征及危害状。

2) 调查记录当地园林植物主要吸汁害虫和害螨的种类、发生及危害情况，并拍摄相关照片。

3) 查询和收集当地园林植物主要吸汁害虫和害螨发生的资料，了解近期的发生动态和环境因素。

4) 了解当地对园林植物吸汁害虫和害螨的防治状况和有效方法。

5) 查阅相关资料，对当地园林植物主要吸汁害虫和害螨制订综合防治方案并实施。

四、实训报告

1. 列表记录

整理观察内容，描述园林植物吸汁害虫和害螨各虫态（以成虫、若虫为主）的形态特征及危害特点。

2. 列表比较

区别同一科内各种类之间的形态及危害状等方面的异同。

3. 制作标本

将采集的吸汁害虫或害螨制作成标本，注明采集人姓名、采集时间、采集地点、害虫名称及虫态、寄主名称及受害部位等内容，作为技能实作作业。

4. 图片记录

将现场调查拍摄的园林植物吸汁害虫和害螨的危害状及寄主植物等照片，结合所收集的相关资料制作成 PPT 文件。

5. 调查防治效果并写出报告。

任务3　园林植物钻蛀性害虫的识别与防治技术

任务分析：该任务主要包括钻蛀性害虫的识别、发生与防治技术，是园林植物虫害防治的主要内容，要完成该任务必须具备钻蛀性害虫的基础知识和综合防治技术方面的 知识，能进行形态特征识别和种类鉴定，掌握昆虫饲养和常规的综合防治措施所需器材的使用方法，能独立完成综合防治方案的制订和实施。

知识点：园林植物钻蛀性害虫的常见种类、危害特点、形态及生物学特征。

能力点：钻蛀性害虫的现场诊断识别技术、标本的采集制作技术、运用仪器室内鉴定技术、综合防治技术。

任务实施的相关专业知识

钻蛀性害虫是指在植物的枝干、茎、嫩梢及果实、种子内蛀食的昆虫，以幼虫或成虫匿居其中钻蛀危害。常见的种类有鞘翅目的天牛类、吉丁甲类、小蠹类、象甲类；鳞翅目的木蠹蛾类、透翅蛾类、螟蛾类；膜翅目的茎蜂类；双翅目的瘿蚊类、潜蝇类等。

钻蛀性害虫除在成虫期取食补充营养、觅偶、产卵时易被发现外，大部分时期藏匿在植物体内生活，危害隐蔽。多数枝干害虫为“次期性害虫”，危害树势衰弱或濒临死亡的植物，以幼虫钻蛀树干，被称为“心腹之患”。当寄主植物表现出萎蔫、枯黄、瘿瘤等症状时，整株或局部常接近死亡，难以恢复生机，是最具毁灭性的一类林木害虫。

4.3.1　天牛类

天牛是园林植物枝干上重要的钻蛀性害虫，分布于全球，以热带最多，全世界约有 25000 种，我国已知的有 2000 余种。其主要以幼虫在寄主根部及枝干的韧皮部和木质部蛀食，成虫羽化也需钻孔而出，这种钻木习性对观赏花木的破坏极大。

4.3.1.1　天牛类主要害虫

（一）星天牛（图 4-62）

1. 分布与危害

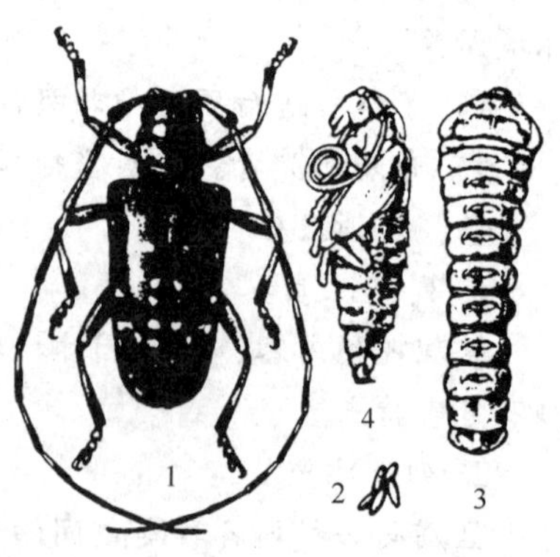

图 4-62　星天牛

1—成虫　2—卵　3—幼虫　4— 蛹

星天牛又名柑橘星天牛、白星天牛、围头虫、盘根虫等，属于鞘翅目天牛科，是中国、日本及韩国特有的一种天牛。其在国内分布广泛，寄主植物广泛，可危害

厚朴、悬铃木、梧桐、枇杷、无花果、茶树、核桃、桑、木麻黄、楸、柽柳、桃、李、杨、柳、相思树、枳壳、佛手、柑橘等植物。成虫啃食嫩枝，形成枯梢，食叶成缺刻。幼虫在树干基部和根部蛀食皮层和木质部，导致枝干枯死、易被风折，树势衰弱；若于皮下蛀食环绕树干一圈后常使整株枯死。

2. 形态特征

（1）成虫　长27～40mm，壮硕。体和前翅漆黑色具光泽，每个鞘翅上散生大小白斑约20个，基部有黑色小颗粒。触角黑色，雄虫触角倍长于体，雌虫触角稍长于体。触角各鞭节基部及胸足跗节被有淡蓝色绒毛。前胸背板瘤突明显，侧刺突粗大尖锐。

（2）幼虫　老熟幼虫长38～60mm，乳白色至淡黄色。头部褐色。前胸背板黄褐色，骨化区呈“凸”字形，左右各有1个黄褐色飞鸟形斑纹。气门9对，深褐色。

（3）蛹　纺锤形，长30～38mm。初为淡黄色，羽化前逐渐变为黄褐色至黑色。翅芽超过腹部第3节后缘。

（4）卵　长椭圆形，长5～6mm。初产时白色，后渐变为浅黄白色。

3. 发生规律及习性

南方1年发生1代，北方2～3年发生1代。以幼虫在树干基部或主根蛀道内越冬。在多数地区于翌年4月化蛹，成虫于5月上旬至7月羽化出孔，盛期为6月中旬，咬食嫩叶和嫩枝皮层以补充营养。5～8月上旬产卵，盛期为7月上旬。卵多产于离地10cm以下的树干基部，成虫先咬一个“T”或“八”字形刻槽，再在刻槽缝隙中产卵，然后分泌胶质物封口，一般每处产1粒。6月中旬孵化，7月中、下旬为孵化高峰。1龄幼虫从产卵处蛀入，先在韧皮部和木质部间横向蛀食，1～2个月以后3龄幼虫才蛀入木质部，达2～3cm深度便向上移动，并开有通气孔。9月下旬绝大部分幼虫顺蛀道转头向下，至蛀入孔后，再开辟新虫道向下部蛀进，并在其中危害和越冬，虫道长35～57cm，整个幼虫期长达10个月，10月中旬～11月上旬开始越冬。

（二）桑天牛（图4-63）

1. 分布与危害

桑天牛又名褐天牛、粒肩天牛，属于鞘翅目天牛科。我国华北、华东、华南、华中及西南地区的多数省市皆有分布。其寄主有桑、构、无花果、白杨、柳、榆、苹果、沙果、樱桃、梨、野海棠、刺槐、树豆、枫杨、枇杷、泡桐、花红、柑橘等。成虫啃食叶和嫩枝树皮；幼虫在枝干的木质部内蛀食，轻则削弱树势，重则枝干枯死。

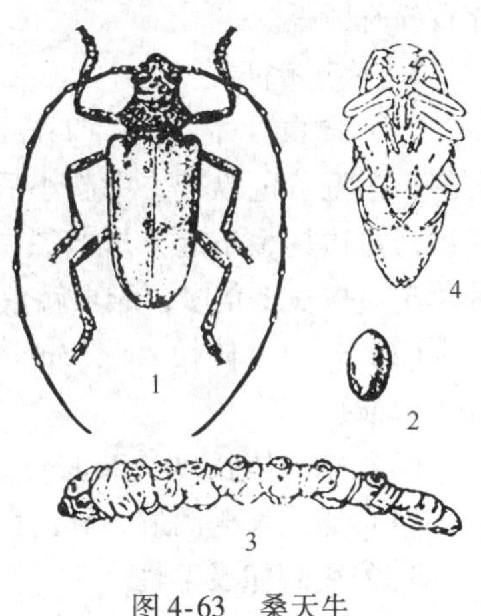

图4-63　桑天牛
1—成虫　2—卵
3—幼虫　4—蛹

2. 形态特征

（1）成虫　体长36～46mm。体与鞘翅黑褐色，被黄褐色细密绒毛；触角第1、2节黑色，其余各节灰白色，端部黑色；鞘翅中缝及侧缘、端缘通常有一条青灰色狭边，基部密布黑色光亮的瘤状颗粒，占翅的1/4～1/3区域，肩角、顶角各有1个小黑刺。前胸背板有隆起的横纹，两侧各具1个刺突。

（2）幼虫　老龄体长60mm，乳白色，头部黄褐色，第1胸节发达，背板后半部密生黄

褐色短毛和赤褐色小点粒，隐约可见“小”字形凹纹。

（3）蛹　体初为淡黄色，后变为黄褐色。

（4）卵　长椭圆形，5～7mm。稍扁平、弯曲，乳白或黄白色。

3. 发生规律及习性

北方2～3年发生1代，江、浙等省2年1代，福建、台湾1年1代。以幼虫在枝干内越冬，翌年春随寄主萌动恢复活动，于当年或第二、三年6月上旬化蛹，蛹期15～25d。羽化后在蛹室内停5～7d再咬孔钻出，7～8月间为成虫发生期，啃食新枝树皮、嫩叶及嫩芽以补充营养，产卵于直径10～30mm粗的枝上，树皮被咬成“U”字形伤痕，卵期10～15d。初孵幼虫于枝条韧皮部和木质部之间先向上蛀食约10mm，再回头向下蛀食可达根际，横向深入髓部，每隔一段距离向外咬一通气排粪孔，孔间距和孔径自上而下逐渐增大，蛀道直而干净，长达1～2m。幼虫老熟后上移至1～3个蛀孔处，先咬羽化孔的雏形达树皮边缘，造成树皮臃肿或破裂、流汁，此后返回蛀道以木屑填塞上、下两端作蛹室化蛹。低龄幼虫的粪便为红褐色、细绳状，高龄幼虫的粪便为锯屑状。成虫有假死性，白天取食，夜间产卵，喜食桑、构、无花果、苹果等树种，在自然条件下，成虫一般不取食杨树嫩皮，室内饲养只少量啃食，且发育不完全；幼虫则喜欢取食危害杨树等。

（三）松天牛（图4-64）

1. 分布与危害

松天牛又名松墨天牛、松褐天牛，属于鞘翅目天牛科。其分布于安徽、江苏、浙江、江西、湖北、湖南、四川、贵州、云南、福建、广东、台湾等省，主要危害马尾松，其次是冷杉、云杉、雪松、落叶松、刺柏等树种的衰弱木或新伐倒木，幼虫蛀食树干。同时，松天牛又是林区内松材线虫病的主要传播媒介，松树一旦感染此病，基本上无法挽救，可导致松林毁灭。

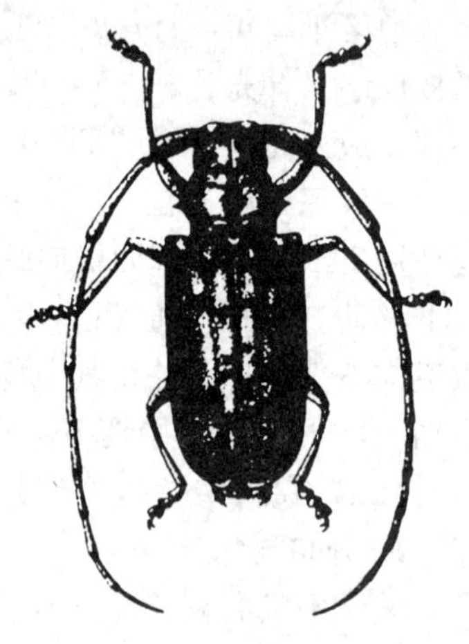

图4-64　松天牛

2. 形态特征

（1）成虫　体长15～23mm，棕褐或赤褐色。前胸背板上有2条橙黄色纵带，中胸小盾片密被橙黄色绒毛。鞘翅棕红色，每边具5条近方形的黑白相间、带绒毛的纵纹。雄虫触角超过体长1倍多，雌虫触角超出体长约1/3。

（2）幼虫　体长25～33mm，扁圆筒形，乳白色。头部黑褐色，前胸背板褐色，中央有波浪形横纹。

（3）蛹　体长20～26mm，圆筒形，乳白色。

（4）卵　长椭圆形，乳白色。

3. 发生规律及习性

1年发生1代。以老熟幼虫在木质部蛀道中越冬。在四川、湖南分别于翌年3月下旬和4月，越冬幼虫在虫道末端作蛹室化蛹。在湖南，5月为羽化盛期，成虫咬破羽化孔飞出，啃食嫩枝、树皮补充营养，性成熟后，在树干基部或粗枝条的树皮上浅咬一眼状刻槽，将卵产于其下缝隙中。幼虫孵化后蛀入韧皮部、木质部与边材，蛀成不规则的坑道，蛀屑大部分被推出堆积在树皮下。成虫具弱趋光性。

其他常见天牛类害虫发生概况见表4-12。

表4-12　其他常见天牛类害虫的发生概况

种　类	寄　主	发生概况
光肩星天牛（图4-65）	杨、柳、榆、元宝枫、栾树、槭树等	1年1代，以幼虫在蛀道中越冬。翌年3月开始活动。6月中、下旬化蛹。成虫于7月上、中旬羽化，取食嫩枝皮补充营养，喜在4～10cm粗的枝干上产卵，飞翔力弱。8月为孵化盛期
菊天牛（图4-66）	桑、构、无花果、白杨、柳、榆、刺槐、枫杨花红等	1年发生1代。以幼虫在寄主根部越冬，蛹或成虫也可以越冬。翌年5～6月可见成虫，产卵前在茎梢上咬破皮层，咬口较整齐呈半环状，边缘发黑，在其下方产1粒卵，上部茎梢枯萎。5月上旬至8月下旬进入幼虫危害期
青杨天牛（图4-67）	毛白杨、银白杨、加杨等各种杨树	1年1代，以老熟幼虫在虫瘿内越冬，4月中旬出现成虫，5月上旬在幼树主干或大树侧枝上作呈马蹄刻槽产卵，幼虫蛀入后形成椭圆形肿瘤。10月间幼虫先后老熟，在蛀道内越冬
云斑白条天牛（图4-68）	冬青、女贞、悬铃木、榆、柳、枫杨、乌桕、柑橘等	2～3年1代，以成虫或幼虫在蛀道中越冬。越冬成虫于第3年5～6月间咬羽化孔钻出树干，卵多产在距地面2m内的枝干上，一般周长15～20cm粗枝均可落卵，6月中旬为孵化盛期。翌年8～9月老熟幼虫在蛹室里化蛹，蛹期20～30d
双斑锦天牛（图4-69）	大叶黄杨、冬青等	1年1代，以幼虫在被害树木根部蛀道中越冬。翌年4月化蛹。5月上旬羽化，成虫取食嫩皮补充营养，产卵于离地面20cm以下的较粗茎干上。6月下旬至7月中旬为孵化盛期。11月中旬幼虫逐渐停止取食，陆续越冬

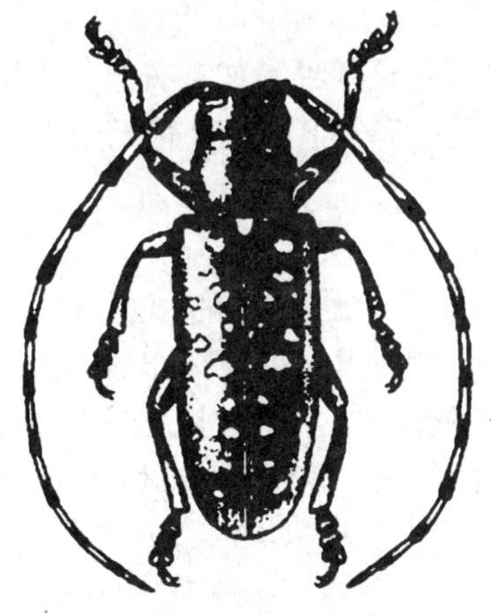

图4-65　光肩星天牛

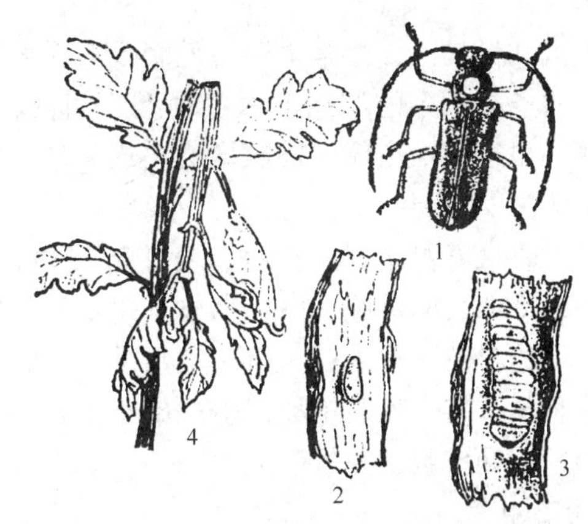

图4-66　菊天牛

1—成虫　2—卵　3—幼虫　4—危害状

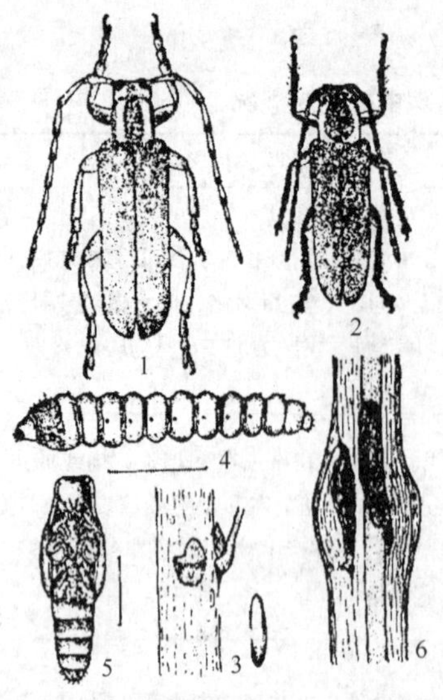

图 4-67　青杨天牛

1、2—成虫　3—卵及产卵痕迹　4—幼虫　5—蛹　6—危害状

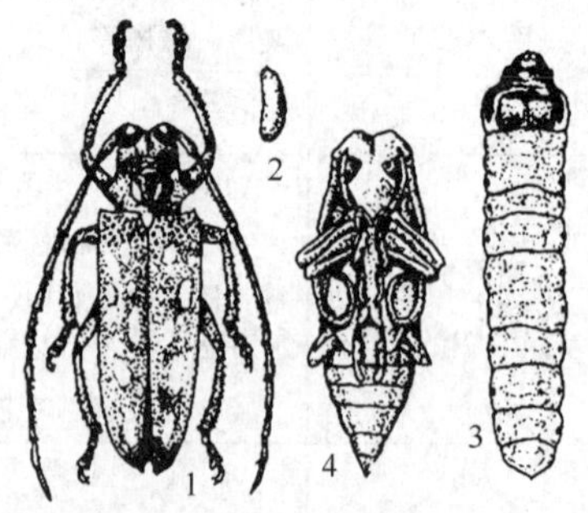

图 4-68　云斑白条天牛

1—成虫　2—卵　3—幼虫　4—蛹

图 4-69　双斑锦天牛

4.3.1.2　天牛类害虫综合防治措施

1. 检疫防治

在疫区和保护区，严格执行检疫制度。对可能携带有危险性种类如黄斑星天牛、锈色粒肩天牛、双条杉天牛的调运苗木、种条、幼树、原木等实行检疫。查看有无天牛的卵、孔洞、虫瘿、虫道和活虫体，按照检疫法规处理。

2. 园林技术防治

因地制宜选择栽培抗虫树种，营造混交林，合理布局；加强幼林的肥水管理，增强树势；实施夏季修枝的措施，以提高枝干树皮的温度，降低相对湿度，破坏卵的孵化条件，提高初孵幼虫的自然死亡率；栽植一定数量天牛嗜食的树种作为饵木诱虫并及时清除，可减轻对主栽树种的危害。如栽植桑树引诱桑天牛，栽植核桃、白蜡、蔷薇科树木引诱云斑天牛，栽植糖槭、羽叶槭引诱光肩星天牛。

3. 人工物理防治

（1）杀幼虫　用小刀挑开寄主的表皮层杀死初孵幼虫；用带钩的细铁丝钩杀幼虫；及时剪除被害枝条或伐除有虫害木。

（2）成虫防治　用振落法人工捕捉成虫；在树干2m以下段涂白、绑草绳并定时清除树干上萌发的嫩枝叶，保持树干光滑，可防止成虫产卵。

（3）灭卵　用硬物击打产卵痕以杀卵；剔除卵粒；设置饵木引诱成虫产卵，再集中杀灭，如将新伐侧柏截成20cm长的木段5根一堆立于地面引诱双条杉天牛产卵。

4. 药剂防治

（1）喷雾法　在成虫羽化盛期喷洒杀螟松1000倍液，效果良好；在成虫产卵期、幼虫危害韧皮部期间，选用20%灭蛀灵乳油、40%乐果乳油、50%杀螟松乳油或50%敌敌畏乳油100～200倍液喷树干，连续2～4次，1次/周。

（2）熏蒸法　寻找新鲜虫孔，用注射器将40%乐果乳油或50%杀螟松乳油或50%敌敌畏乳油200倍液注入虫道，或将56%磷化铝片剂塞入虫道内薰杀木质部的幼虫，再用泥封住虫孔；在成虫出孔期用25%阿克泰水分散粒剂4000倍液封杀成虫和灭卵。

5. 生物防治

利用招引益鸟、释放寄生蜂等措施。天敌生物有啄木鸟、管氏肿腿蜂、白僵菌、绿僵菌、线虫等。

4.3.2　吉丁虫类

吉丁虫种类很多。幼虫体扁而长，乳白色，大多蛀食树木枝干皮层，被害处有流胶，蛀道大多宽而扁，严重时能使树皮爆裂，故名“爆皮虫”、“溜皮虫”，也有潜叶的，为林木、果树的重要害虫。成虫形状因种类而异，小的不足1cm，大的超过8cm，头、触角及足较短小，体色一般很美，具多种色彩的金属光泽，常被用作装饰品，还可作为药用昆虫资源。

4.3.2.1　吉丁虫类主要害虫

（一）金缘吉丁虫（图4-70）

1. 分布与危害

金缘吉丁虫又名梨吉丁虫，俗称串皮虫、板头虫，属于鞘翅目吉丁甲科。其分布于长江流域、黄河故道和山西、河北、陕西、甘肃等省，危害梨、苹果、沙果、桃、杏、山楂等。幼虫在木质部与韧皮部之间迂回蛀食，输导组织遭到破坏，树皮变褐至黑褐色，内部组织颜色变深，被害枝常有汁液渗出，树势衰弱；后期常形成纵裂的伤痕，甚至树皮与木质部分离以至干枯，重则整株枯死。

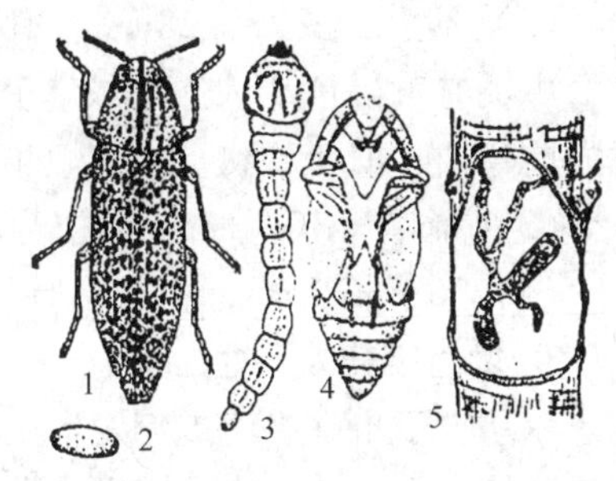

图4-70　金缘吉丁虫
1—成虫　2—卵　3—幼虫
4—蛹　5—危害状

2. 形态特征

（1）成虫　体长13～16mm，扁平，密布刻点，翠绿色，有金属光泽。前胸背板前窄后宽，近梯形，上有5条蓝黑色纵条纹，翅鞘上有10多条由黑色小斑组成的条纹，两侧有金红色带纹。

（2）幼虫　扁平，老熟幼虫长约30 mm，由乳白色变为黄白色。头小，黑褐色。前胸显著膨大，貌似一硕大的头部，上有黄褐色的“人”字纹。腹部因各节间缢缩而呈串珠状。

（3）蛹　长15～20mm，初乳白色，后变黄白色至紫绿色，有光泽。

（4）卵　长约2 mm，椭圆形，初乳白色，后渐变黄褐色。

3. 发生规律及习性

2年发生1代，以幼虫在受害枝干外皮层的蛀道内越冬。3月下旬开始，老熟幼虫在木

质部蛹室内化蛹。4月下旬成虫羽化，出孔后取食树叶补充营养，5月中、下旬为产卵盛期，喜在树势衰弱的主干及主枝翘皮裂缝内产卵。6月上旬为孵化盛期，初孵幼虫先在绿色皮层蛀食，3龄后蛀入形成层处危害。长期于木质部与韧皮部之间纵横蛀食，两者被食的深度近等。蛀道初期多呈片状，稍大便蛀成长形弯曲的隧道，有的行螺旋形蛀食，蛀道边缘整齐，蛀道内充满细而硬的褐色粪屑。幼虫危害部位较广，从地下部茎基至粗皮的枝均可危害，蛀食方向不规则。8月幼虫陆续蛀进木质部越冬。老熟时蛀一船底形蛹室，并从头端向外将木质部咬一羽化孔，蛹室后端以粪屑封闭。成虫有假死性。

（二）六星吉丁虫（图4-71）

1. 分布与危害

六星吉丁虫又名柑橘吉丁虫、六斑吉丁虫，俗称溜皮虫，属于鞘翅目吉丁甲科。其是国内检疫对象，分布于我国西北、华东及华中的部分省市，危害柑橘、重阳木、悬铃木、枫杨、垂丝海棠、樱桃、苹果、梅、杏、核桃、梨、柿和枣等。幼虫围绕树干串食皮层，韧皮部遭破坏，被害部位外表不易看出。花木生长不良，树皮常自行脱离掉落，甚至全株死亡。

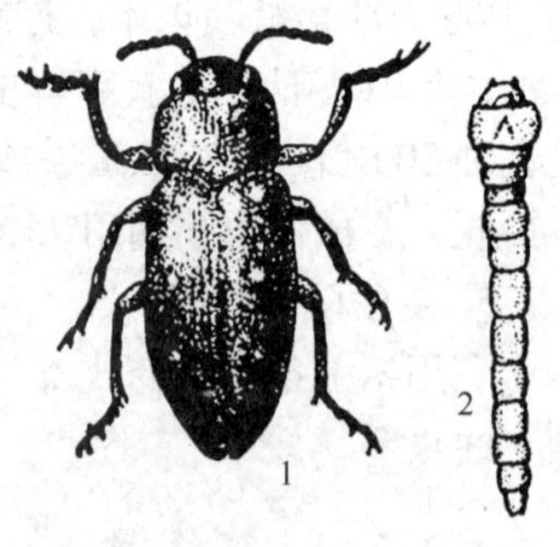

图4-71　六星吉丁虫

1—成虫　2—幼虫

2. 形态特征

（1）成虫　长10~12mm，茶褐至墨绿色，有金属光泽。腹面中间亮绿色，两边古铜色。触角锯齿状。前胸背板近矩形。鞘翅不光滑，两边各有3个稍凹陷的金绿或白色小圆斑，排成较整齐的一列。

（2）幼虫　长18~28mm，扁平，体形如丁字，胴部白色。头小，前胸特别膨大，较扁平，中央有黄褐色“人”形纹。其余各节圆筒形，念珠状，从头到尾逐节变细。腹末几节常向前弯曲，似鱼钩状。末节短小圆锥形，末端无钳状物。

（3）蛹　长10~13mm，初为乳白色，后为赭褐色。多为裸蛹，少数有白色薄茧。

（4）卵　长1mm，扁椭圆形。初为乳白色后转为橙黄色。

3. 发生规律及习性

六星吉丁虫在上海1年发生1代，以幼虫在蛀道内越冬。翌春越冬幼虫继续危害，5月下旬陆续老熟，深入木质部做室化蛹，蛹室侧面略呈长肾状形，正面似蚕豆形。6~7月成虫为羽化盛期，取食嫩皮幼叶为补充营养，有坠地假死习性，喜光，厌阴冷。卵多产在树干下部皮层缝隙处，卵期约15d。幼虫孵化后串食花木皮层、韧皮部，造成不规则弯曲的虫道。红褐色块状粪屑不排出树外，充满于虫道内。危害景象与爆皮虫近似，但蛀道远比爆皮虫宽大、光滑，深度较浅，被害处外表不易看出。10月份前后幼虫越冬。

4.3.2.2　吉丁虫类害虫综合防治

1. 园林技术防治

加强栽培管理。栽植混交林，栽种抗虫树种；改进肥水条件，增加土壤肥力，增强树势，提高抗虫能力；并尽量避免伤口，以减轻受害；伐除并烧毁受害严重的树木、枯枝，减少虫源。

2. 人工物理防治

刮除树皮中的卵、幼虫；成虫发生期，于清晨震树捕杀；5月于成虫产卵盛期前，对树

干涂白，阻止产卵或杀卵。

3. 药剂防治

成虫羽化期前后，选用90%晶体敌百虫600倍液，20%菊杀乳油800~1000倍液，10%吡虫啉可湿性粉剂3000倍液喷洒树干，封杀成虫出孔。

4.3.3 小蠹类

小蠹为小型甲虫，全世界已知有2000多种，我国记载的有500余种，危害园林树木的主要种类有10余种。大多数种类的幼、成虫侵害树木皮层，有的危害木质部，蛀道有繁殖坑道和营养坑道两种。北方小蠹多喜干旱，高温少雨往往导致大发生。

4.3.3.1 小蠹类主要害虫

（一）松纵坑切梢小蠹（图4-72）

1. 分布与危害

松纵坑切梢小蠹属于鞘翅目小蠹科，遍布我国南北各省区，主要危害马尾松、赤松、华山松、油松、樟子松、黑松等松属树木。以成虫和幼虫蛀害松树嫩梢、枝干或伐倒木。凡被害梢头，易被风折断，如同被削掉一样。

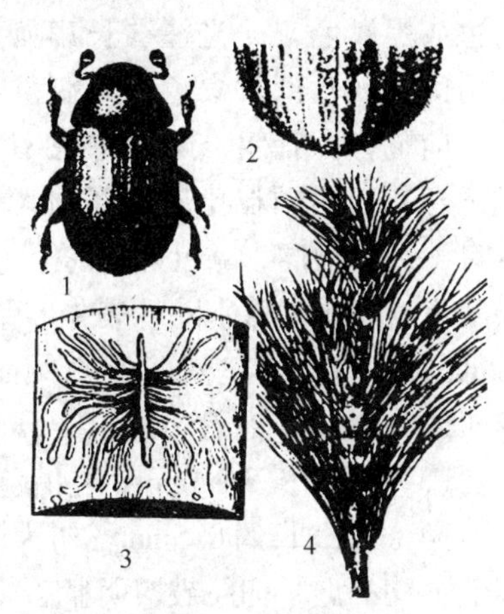

图4-72 松纵坑切梢小蠹

1—成虫 2—成虫鞘翅末端

3—树干内的蛀道 4—树梢被害状

2. 形态特征

（1）成虫 长3.5~4.5mm，椭圆形，全体黑褐或黑色，具光泽密布刻点和灰黄色茸毛。头部半球形，黑褐色，额中央有一隆起的纵线；触角黄褐色，端部膨大呈锤状。前胸背板近梯形，前狭后宽。鞘翅棕褐色，基部与端部的宽度相似，翅长约为宽的3倍，其上有由刻点组成的6条明显纵列，斜面上第一与第二列间凹陷，小瘤和茸毛消失，雄虫较雌虫显著。

（2）幼虫 长5~6mm，乳白色，肥胖、多皱纹，微弯曲。

（3）蛹 长约4.5 mm，白色。

（4）卵 椭圆形，浅白色。

3. 发生规律及习性

1年发生1代，以成虫越冬，但南北方的越冬场所不同，在北方，大多数成虫从被害梢转移至离树干基部0~10cm处的树皮内凿坑，越冬坑不易发现，少数在落叶层中越冬；在南方，则在被害枝梢内越冬。北方的越冬成虫于翌年3月下旬到4月中旬飞上树冠，侵入去年生的松枝梢头髓部补充营养，以后在健康的树梢、衰弱树或采伐后的枝干内筑繁殖坑道，雌成虫先行咬孔侵入，雄成虫尾随其后交配，然后雌成虫蛀食出一条长5~6cm的纵向母坑，卵产于两侧。4月中旬，幼虫孵出后即在树皮下层蛀食危害，微触及边材，在母道两侧形成子坑道，与母坑道垂直，长而弯曲。幼虫期约1个月。5月中旬化蛹，蛹室位于子坑道的末端。5月下旬到6月上旬出现新成虫，再侵入新梢补充营养，自下向上逐渐深入髓部，成虫在枝梢上蛀入一定距离后随即退出，另蛀新孔，在一条枝梢上侵入孔可多达14个。10月上、中旬成虫转移至树干基部，向上蛀食一浅坑越冬，外面可见蛀屑，常被枯草覆盖而不易发觉。

（二）柏肤小蠹（图4-73）

1. 分布与危害

柏肤小蠹又名柏树小蠹、柏木合场肤小蠹，属于鞘翅目小蠹科。我国华北、西北、华中、华东、华南均有分布。其主要危害侧柏、圆柏、桧柏、杉树等。以成虫和幼虫蛀害衰弱寄主的枝干树皮和木质部表面，破坏树木水分和养分的输导，易造成整枝或整株枯死。柏树枝梢常被蛀空，遇大风即折断。

图4-73 柏肤小蠹
1—成虫 2、3—树枝、树干被害状

2. 形态特征

（1）成虫 长2.5~3.5mm，初为淡黄色至黄褐色，后为赤褐色或黑褐色，无光泽，长扁圆形。体密被刻点及黄色细毛。触角锤状，基部黄褐色，末端色暗呈椭圆形。头小，藏于前胸下。前胸背板有粗点刻，中央有一条隆起线。前翅上有颗粒，靠近翅基部的颗粒比翅端部的大，翅端部弯曲成斜面，沟间部各有1纵列颗瘤，靠近翅缝的第1、3沟间部的颗瘤比其他的大，鞘翅上各有9条纵纹并有栉状齿。雌雄的区别除外表体形雌大雄小外，主要是雌虫颌面短阔较平突，颗粒较多，鞘翅端部斜面的栉状齿较小。雄虫颌面狭长凹陷，光滑，鞘翅斜面的栉状齿较大。

（2）幼虫 老熟幼虫体长5mm，体乳白色，有许多皱褶。头淡褐色。

（3）蛹 长3~4mm，乳白色，尾端有2个小尖刺。

（4）卵 长约0.5mm，初为椭圆形，白色透明，表面很光滑。后期卵粒一端出现1个黄色下陷的点，卵粒皱褶明显。

3. 发生规律及习性

1年发生1~3代，因地而异，河南1年发生1代，湖北1年发生2代，广东1年发生3代，以幼虫及成虫越冬。越冬成虫于翌年4月上旬飞出活动，越冬幼虫也相继发育为成虫，5月中旬为越冬代成虫侵入盛期，雌成虫取食衰弱的侧柏、桧柏立木和新伐倒木及健康立木的枯死枝叉部，在树皮上咬圆形侵入孔，蛀入皮下和木质部表层，雄虫跟踪进入，共同筑坑，交配后雌成虫向上蛀一纵形母坑道，并沿坑道两侧蛀成卵室，每室产卵1粒，雄成虫将母坑道的粪屑推出蛀入孔外。幼虫孵出后又向两侧不断蛀食，形成弯弯曲曲相互交错的子坑道。6月中旬、8月上旬分别出现第1代、第2代成虫，待翅变硬即飞向健康的柏树冠上部、边缘的枝梢上，蛀侵入孔并向下蛀食以补充营养；9月下旬前羽化的第2代成虫可以产出第3代卵，并发育为成虫，10月下旬羽化结束，此代成虫大多数不再侵害新寄主，并连同第2、3代幼虫进入越冬期。世代重叠现象严重。

4.3.3.2 小蠹类害虫综合防治

1. 园林技术防治

保持林地的清洁，改善立地条件，促进林木健康成长；及时剪除被害枝梢、死梢；成虫补充营养期间造成枝梢枯萎时，应及时剪除并烧毁；加强抚育管理，采伐后的原木及枝梢头，应及时运出林外。

2. 物理防治

根据小蠹类的成虫喜将卵产于衰弱木、濒死木或新伐倒木段上的习性，在越冬成虫出蛰前7~15d，截下带枝条的原木作为饵木引诱、捕杀成虫或灭卵。

3. 药剂防治

成虫侵入新梢之前，选用80%敌敌畏乳油1000倍液，2.5%敌杀死或20%速灭杀丁乳油2000～3000倍液喷洒树冠。

4. 生物防治

保护和利用天敌。如异色郭公虫能很好地控制柏肤小蠹的种群数量。

4.3.4　透翅蛾类

透翅蛾有近700种，中国已知40余种，为世界性分布，多见于温带和热带林区。透翅蛾体黑瘦，有明亮的红黄色斑，足细长；翅常被稀疏鳞片，透明，前后翅由一列弯刺钩在一起，形似胡蜂。幼虫喜蛀食树木枝干的木质髓部，引起树液溢出，某些种类也蛀食树根或瓜果。

4.3.4.1　透翅蛾类主要害虫

以白杨透翅蛾（图4-74）为例：

1. 分布与危害

白杨透翅蛾又名杨透翅蛾，属于鳞翅目透翅蛾科。其分布于河北、河南、陕西、内蒙古、江苏、浙江等地，可危害银白杨、毛白杨、加拿大杨、小叶杨、青杨、美国白杨等，是杨树的大害虫。幼虫蛀食茎干、枝条，形成瘿瘤，造成树苗枯萎与秃梢，风吹后易于折断死亡。

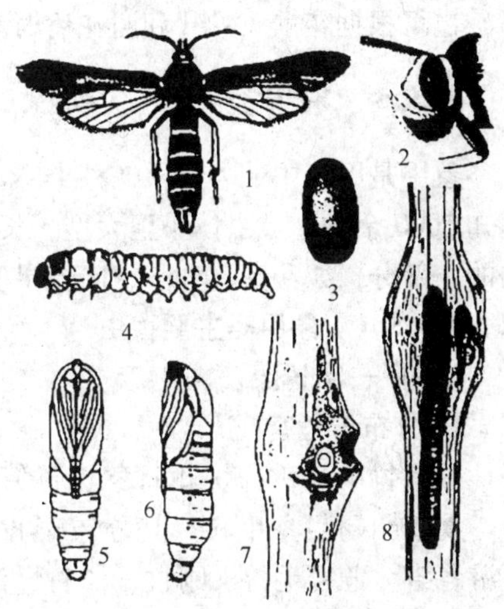

图4-74　白杨透翅蛾

1、2—成虫及头部侧面　3—卵　4—幼虫　5、6—蛹及其侧面　7、8—受害状

2. 形态特征

（1）成虫　长11～21mm，翅展为23～39mm，外形似胡蜂。头和胸部之间有橙黄色鳞片围绕，头顶有米黄色鳞片。前翅狭长，翅面有赭色鳞片覆盖，中室与后缘略透明；后翅透明，缘毛灰褐色。腹部黑色，圆筒形，可见5条橙黄色的横带。

（2）幼虫　共8龄，老熟时体长30mm，圆筒形。初龄为淡红色，老熟时黄白色。胸足3对，腹足、臀足退化，仅留趾钩。

（3）蛹　长12～23mm，褐色，纺锤形。腹部第2～7节背面各有2排横列的倒刺，第9～10节各具1排倒刺。腹末周围具14个大小不等的臀棘。

（4）卵　椭圆形，黑色，上有灰白色不规则多角形刻纹。

3. 发生规律及习性

在华北地区多为1年1代，少数1年2代。以幼虫在枝干隧道内越冬。翌年3月下旬至4月初取食危害，幼虫危害苗圃1～2年生的各种杨树，蛀食树木枝干，侧枝的顶梢和嫩芽。4月下旬化蛹，成虫5月上旬开始羽化，盛期在6月中旬至7月上旬。5月中旬交配，卵多产于叶腋、叶柄、伤口处及有绒毛的幼嫩枝条上。初龄幼虫取食韧皮部，4龄以后蛀入木质部危害，通常不再转移。9月底，幼虫停止取食，以木屑将隧道封闭，吐丝做薄茧越冬。少部分孵化早的幼虫，若环境适合，当年8月中旬还可化蛹、羽化为成虫并产卵，发生第2代。成虫飞翔力强而迅速，夜间静伏，白天活动。

4.3.4.2 透翅蛾类害虫综合防治

1. 检疫防治

严格检验调运的杨树苗木、枝条，及时剪除虫瘿，防止杨干透翅蛾被人为传播。

2. 园林技术防治

在秋季整枝、6～7月检查时，发现虫枝剪掉并烧毁。

3. 人工物理防治

（1）杀幼虫　当发现有虫蔓时，剥开虫瘿杀幼虫；或将虫孔剥开，掏净虫粪，塞入浸有100倍敌敌畏药液的棉球或1/4片磷化铝，用塑料膜包扎好以杀死幼虫。

（2）诱杀成虫　设置黑光灯诱集成虫。

4. 药剂防治

成虫期，及时喷洒20%速灭杀丁乳油2000～3000倍液，80%敌敌畏或50%等，效果均好。也可根据花前3～4d和谢花后时段喷药，各喷1次。

4.3.5 象甲类

象甲是甲虫中最大的科，种类丰富，全世界已记载40000种以上，分布遍及全球，我国已知1000余种。成虫体小至大型，长2～70mm，取食范围较广；幼虫多数肥胖，只取食植物的一部分，如花头、种子、肉质果实、茎或根，多数只危害一种或近缘种植物。

4.3.5.1 象甲类主要害虫

（一）一字竹象（图4-75）

1. 分布与危害

一字竹象又称为杭州竹象、竹笋象甲，俗称笋子虫、笋蛆，属于鞘翅目象甲科。其分布于我国陕西省以南、长江中下游各省，危害毛竹、刚竹、桂竹、淡竹、红壳竹、篌竹等，是竹类的主要害虫。以幼虫蛀食笋肉或1m多高的嫩竹，雌成虫取食竹笋，将笋啄成许多小洞，使竹笋腐烂，造成嫩竹节间缩短、纵裂成沟及成竹顶端小枝丛生等畸形现象，竹材硬脆，易被风折成断头竹，并对下一轮笋的产量有严重影响。

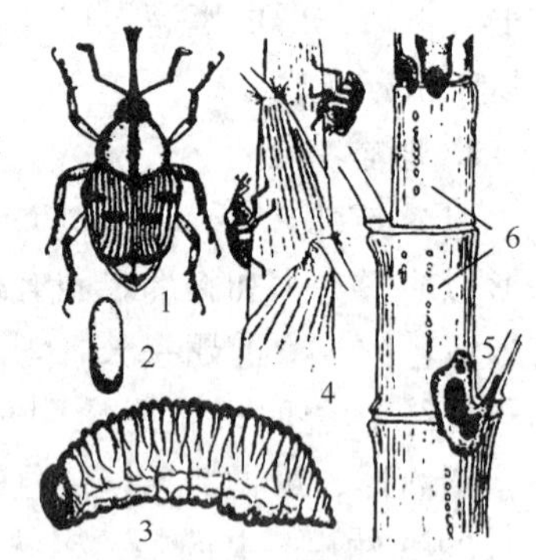

图4-75　一字竹象

1—成虫　2—卵　3—幼虫
4—成虫产卵状　5—幼虫危害状
6—成虫危害状

2. 形态特征

（1）成虫　体梭形，雌虫长17mm，乳白至淡黄色；雄虫长15mm，红褐色。喙顶端较宽直，长5～8mm。前胸背板中间有一字形黑斑，鞘翅上各具由刻点组成的纵沟9条，中间各有2个黑斑。腹部没有被完全遮住，腹末几节外露。

（2）幼虫　共5龄。老熟时长20mm，米黄色，头赤褐色，口器黑色，体多皱纹。

（3）蛹　淡黄色，长15mm，尾部有2个突起。

（4）卵　长约3mm，长椭圆形，白色，光滑。

3. 发生规律及习性

一字竹象在小竹林1年发生1代，大小年分明的毛竹林2年发生1代，以成虫在8～15mm深的土室内越冬。翌年4月底成虫出土，在竹梢和笋梢上交尾，雌虫啄食嫩笋补充营养，产卵时先用喙在笋上啄孔再产于其中，1穴1粒，卵多产于最下一盘枝节到笋梢之间，卵期3~5d。幼虫向笋内蛀食，3龄幼虫食量大增，老熟时咬破笋壳入土做茧，经15d左右化蛹，蛹期15d，6月底至7月底羽化为成虫留在土茧内越夏、越冬。危害高峰期在4月中、下旬至5月上旬之间。成虫白天活动，行动迟缓，有假死性。

（二）臭椿沟眶象（图4-76）

1. 分布与危害

臭椿沟眶象又名椿小象，属于鞘翅目象甲科。我国东北、华北、西北、华中、华东等地均有发生。其主要以幼虫蛀食臭椿和千头椿枝干的树皮和木质部，成虫以嫩梢、叶片、叶柄为食，受害枝干上可见灰白色的流胶和虫粪木屑，造成树木折枝、伤叶、皮层损坏，树势衰弱甚至死亡。

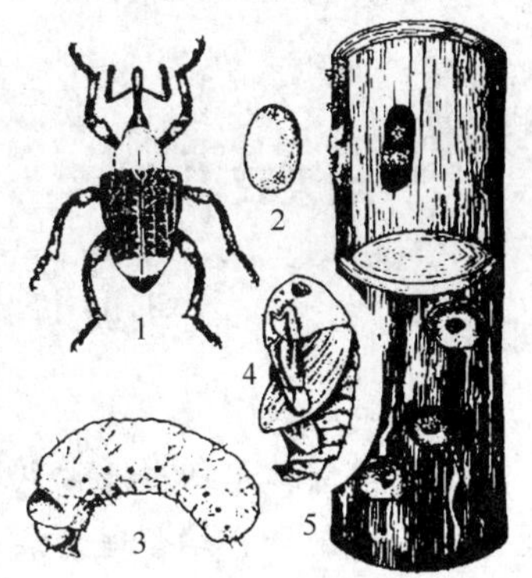

图4-76 臭椿沟眶象
1—成虫 2—卵 3—幼虫 4—蛹 5—危害状

2. 形态特征

（1）成虫 长约11.5mm，体黑色或灰黑色。额部窄，中间无凹窝；头部有小刻点；前胸背板和鞘翅上密布粗大刻点；前胸前窄后宽。前胸背板、鞘翅肩部及端部密被雪白鳞片，形成几个白色大斑，掺杂红黄色鳞片。

（2）幼虫 长10~15mm，头部黄褐色，胸、腹部乳白色，每节背面两侧多皱纹。

（3）蛹 长11mm左右，黄白色。

（4）卵 长圆形，黄白色。

3. 发生规律及习性

1年发生1代，以幼虫和成虫在根部或树干周围2~20cm深的土层中越冬。以幼虫越冬的，次年5月化蛹，7月为羽化盛期；以成虫在土中越冬的，4月下旬开始活动。5月上、中旬为越冬代成虫盛发期，7月底至8月中旬为第1代成虫盛发期。成虫有假死性，产卵前需补充营养，危害1个月左右，便开始产卵于树干上，卵期约8d。5月底幼虫开始孵化，8月下旬幼虫第2次孵化，虫态很不整齐。初孵幼虫先咬食皮层，导致被害处薄薄的树皮下面形成小块凹陷，幼虫稍大后即钻入木质部危害，蛀孔圆形，老熟后在坑道内化蛹，蛹期10~15d。

4.3.5.2 象甲类害虫综合防治

1. 检疫防治

疫区严禁调运带有杨干象类检疫性象甲的苗木。

2. 园林技术防治

中耕松土，破坏越冬土茧，可使越冬成虫大量死亡；及时清除枯死枝干，剪除被害枝或挖除虫害笋，减少虫源。

3. 人工防治

利用成虫行动迟缓和有假死的习性，清晨捕杀成虫；苗圃地用椿树根诱集成虫。

4. 药剂防治

（1）成虫期 早春越冬成虫出土前，浅锄树下土壤，用75%辛硫磷与细沙按1∶50拌匀、撒施；羽化期喷1~2次50%辛硫磷乳油或40%氧化乐果乳油1000倍液，2.5%敌杀死乳油2000~2500倍液等。

（2）幼虫期 向树体注射氧化乐果乳油的10倍液15~20mL；或用氧化乐果微胶囊、灭

幼脲缓释膏油剂点涂排泄孔，毒杀幼虫。

5. 生物防治

保护和利用天敌如啄木鸟、蟾蜍、寄生蝇类等。

相关技能训练

实训17　园林植物钻蛀类害虫的识别与防治

一、目的要求

通过实训，识别当地常见园林植物钻蛀类害虫，掌握其形态特征和危害状，了解其发生规律，学会制订科学合理的综合防治方案，并能组织实施。

二、实训材料和用具

场地与材料：园林植物钻蛀类害虫危害现场；天牛类、吉丁虫类、小蠹甲类、透翅蛾类、象甲类等当地常见种类的生活史标本及危害状标本或彩色图片。

用具：小刀、钢丝、手持放大镜、数码相机、镊子、枝剪、挑针、体视解剖镜、泡沫板、昆虫针、瓷盘、挂图、记录本及铅笔等。

三、实训内容与方法

（一）现场害虫调查

选取当地枝干害虫严重的园林绿地，仔细观察害虫危害状，用小刀或钢丝剥查害虫并采集害虫标本，鉴定害虫的种类，拍摄相关照片。查询和收集当地园林植物主要钻蛀害虫发生的资料，熟悉当地对园林植物枝干害虫的防治状况和有效方法。

（二）室内标本识别

将现场采集的害虫标本及室内害虫标本，对照教材上的形态描述或彩色图片，观察比较以下钻蛀类害虫的形态特征及危害状：

（1）天牛类　如星天牛、桑天牛、桃红颈天牛、云斑白条天牛、菊天牛等种类。

（2）吉丁虫类　如金缘吉丁、六星吉丁、杨十斑吉丁等种类。

（3）小蠹甲类　如松纵坑切梢小蠹、柏肤小蠹等种类。

（4）透翅蛾类　如葡萄透翅蛾、白杨透翅蛾、咖啡透翅蛾等种类。

（5）象甲类　如一字竹象、竹大象甲、小竹象甲、梨象甲、杨干象等种类。

（三）防治方案制订与实施

选择一类当地主要钻蛀类害虫，查阅相关资料，制订出综合防治方案并实施。

四、实训报告

1）列表记录：整理观察内容，描述园林植物钻蛀类害虫各虫态（以成虫、幼虫为主）的形态特征及危害特点。

2）制作标本：将采集的钻蛀类害虫制作成标本，注明采集人姓名、采集时间、采集地点、害虫名称、寄主名称及受害部位等内容，作为技能实作作业。

3）图片记录：将调查拍摄的园林植物钻蛀害虫图片，结合文字资料制成PPT文件。

4）调查防治效果并写出报告。

任务4　园林植物根部害虫的识别与防治技术

任务分析： 该任务主要包括园林植物根部害虫的形态和危害症状的识别以及园林植物根部害虫的发生规律和防治技术等，该任务是园林植物虫害的重要内容，要完成该任务必须具备昆虫形态及昆虫生态学的相关知识，掌握根部害虫的危害症状及昆虫形态，了解昆虫的发生发展规律，能制订害虫的防治方案并实施。

知识点： 园林植物根部主要害虫的特点；常见根部害虫的危害症状及发生规律。

能力点： 园林植物根部主要害虫的形态识别；根部主要害虫的防治技术。

任务实施的相关专业知识

地下害虫也称为根部害虫，是指活动危害期或主要危害虫态生活在土中危害花木种子、幼苗地下部分或近表土的主茎的害虫。我国已经记载的地下害虫种类很多，有320多种，隶属8目38科，主要有蝼蛄、蛴螬、金针虫、地老虎、根蛆、根蝽、根蚜、拟地甲、蟋蟀、根蚧、根叶甲、根天牛、根象甲和白蚁等，在我国各地均有分布。发生种类因地而异，一般以旱作地区普遍发生，尤以蝼蛄、蛴螬、金针虫、地老虎最为重要。植物受害后轻者萎蔫，生长迟缓，重的干枯而死，造成缺苗断垄，以致减产。有的种类以幼虫危害，有的种类成虫、幼（若）虫均可危害。危害方式可分为3类：长期生活在土内危害植物的地下部分；昼伏夜出在近土面处危害；地上地下均可危害。

地下害虫的发生具有以下特点：

1）地下害虫适宜发生于北方旱作地区，多数种类的生活周期和危害期很长。

2）寄主的种类复杂，且多在春秋两季危害。

3）主要危害植物的种子、地下部及近地面的根茎部。

4）发生与土壤环境和耕作栽培制度的关系极为密切。

5）化学防治主要采用药剂拌种、土壤处理、毒饵和毒水浇灌等方法。

4.4.1　蛴螬类

蛴螬是金龟甲幼虫的统称，属于鞘翅目，金龟甲科。蛴螬俗称土白蚕、地狗子等。成虫、幼虫均取食危害，成虫取食作物和林木的叶片，蛴螬主要取食地下部分，尤其是喜欢柔嫩多汁的根茎及果树、林木的幼苗，咬断幼苗的根茎，造成死亡。

4.4.1.1　蛴螬类主要害虫

（一）铜绿丽金龟（图4-77）

1. 分布与危害

铜绿丽金龟在全国普遍分布。其危害杨、柳、榆、海棠、山楂、梅、桃、柏、松、月季、樱花、女贞、槭、枫、刺槐、蔷薇、杏、喜树、梓、香椿、日本晚樱、香樟、樱桃、茶花、夹竹桃、栎、蝴蝶果、油橄榄、柑橘、水蒲桃、桉树、吊钟花、扶桑等。

2. 形态特征

（1）成虫　体长15~18mm，宽8~10mm，头与前胸背板、小盾片及鞘翅呈铜绿色并闪

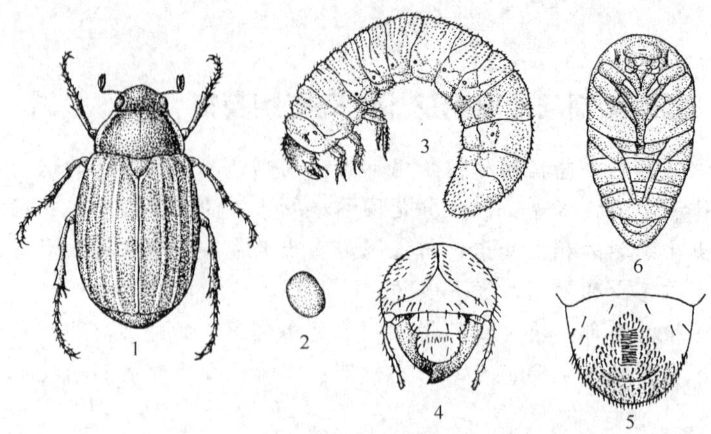

图4-77　铜绿丽金龟

1—成虫　2—卵　3—幼虫　4—幼虫头部正面　5—幼虫臀节腹面　6—蛹

光，但头、前胸背板较深，呈红褐色，而前胸背板两侧缘、鞘翅的侧缘、胸及腹部的腹面和3对足的基、转、腿节色较浅，均为褐色和黄褐色。鞘翅的两侧具4条纵肋，肩部具瘤突。

（2）卵　初产时椭圆形，乳白色，长1.65~1.93mm，宽1.30~1.45mm，孵化前呈圆形，长2.37~2.62mm，宽2.06~2.28mm，淡黄色，表面光滑。

（3）幼虫　体长30~40mm，头部暗黄色，前顶刚毛每侧6~8根，成一纵列。肛腹片后部覆毛区中间的刺毛组成两列，每侧14~18根。

（4）蛹　长椭圆形，土黄色，体长18~22mm，体稍弯曲。

3. 发生规律及习性

铜绿丽金龟1年发生1代，以3龄幼虫在土中越冬。幼虫危害主要是8~9月，11月开始越冬。成虫昼伏夜出，一般日落出土交配，然后取食，黎明前潜回土中，白天隐蔽的场所多在3~6cm表土层，且喜在草根下。成虫食性杂，食量大，常将叶片全部吃光。成虫活动适宜温度在25℃以上，相对湿度70%~80%，低温阴雨很少活动。成虫趋光性高，灯诱量大，有较强的假死性。每雌产卵一般40粒，深度主要集中在3~10cm的土下，以林木土壤和作物根系最多。幼虫主要危害林木以及一些农作物的根系。幼虫3龄后，食量大，危害重。随土温的变化，幼虫有垂直迁移的习性。幼虫老熟后，在土下20~30cm深作成土室，经预蛹后化蛹。

（二）黑绒鳃金龟（图4-78）

1. 分布与危害

黑绒鳃金龟又名天鹅绒金龟子、东方金龟子。其分布于东北、华北、华东、西北、华南等地，食性杂，可危害近150多种植物，主要危害杨、柳、榆、桑、月季、菊花、牡丹等。

2. 形态特征

（1）成虫　体长7~89mm，卵圆形，前狭后宽。初羽化时为褐色，以后逐渐变为黑褐色或黑色，体表具丝绒状光泽。触角10节，赤褐色。前胸背板宽为长的2倍，上密布

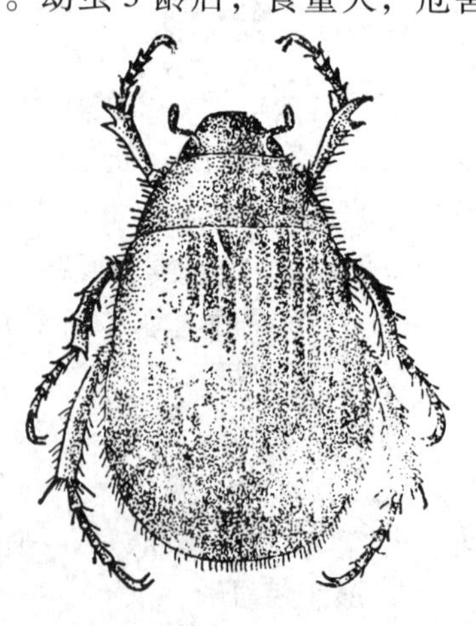

图4-78　黑绒鳃金龟

细小刻点，前缘角呈锐角状向前突出。鞘翅上各有9条浅纵沟纹，刻点细小而密。

（2）卵 椭圆形，长1.2mm，乳白色，光滑有光泽。

（3）幼虫 体长14～16mm。头部黄褐色，胴部乳白色。多皱褶，被有黄褐色细毛。肛腹片上约有28根刺，横向排列长单行弧形。

（4）蛹 长8mm，黄褐色，复眼朱红色。

3. 发生规律及习性

黑绒鳃金龟1年发生1代，一般以成虫在土中越冬。次年4月中旬出土活动，有雨后集中出土的习性。6月末虫量减少。成虫活动适温为20～25℃。成虫有夜出性，飞翔能力强，傍晚多围绕树冠飞翔。成虫具较强的趋光性和假死性。雌虫产卵于10～20cm深的土中，散产或10多粒集中在一起。幼虫共3龄，幼虫以腐殖质及少量嫩根为食，危害不大。老熟幼虫在20～30cm深的土层中化蛹。当年羽化的成虫大部分不出土即蛰伏越冬。

4.4.1.2 蛴螬类综合防治措施

1. 园艺防治

秋末深翻土地，可将成虫、幼虫翻到地表，使其冻死、风干或被天敌捕食、机械杀伤等，消灭部分越冬的幼虫和成虫。施用充分腐熟的有机肥，用塑料薄膜覆盖、堆闷，高温杀死肥料中的害虫。在11月前后进行冬灌，或于5月上旬生长期间适时浇灌大量水，可杀灭蛴螬，减轻危害。

2. 人工捕杀

在施肥前筛捡有机肥中的幼虫。在成虫盛发期，利用金龟子的假死性和趋光性，进行人工捕捉，振落捕杀，或用频振灯诱杀。有些金龟子嗜食蓖麻叶，饱食后会麻痹中毒，甚至死亡。可在金龟子发生区，种植蓖麻作为诱杀带，有一定的效果。但其中毒后会苏醒，应将其及时处死。用蓖麻叶0.5kg，捣碎后加清水5kg，浸泡2h，过滤后喷雾，3d内有效。酸菜汤对铜绿丽金龟，杨树叶对黑绒鳃金龟有诱集作用，可加农药诱杀。

3. 化学防治

（1）蛴螬防治 每hm^2用3%米乐尔颗粒剂45～75.5kg或5%辛硫磷颗粒剂30kg，拌细土300～750kg，制成毒土，在播种或定植时均匀撒施在播种沟或定植穴内，上覆土后播种或定植，或均匀撒在地面耕翻耙耘。育苗时用50%辛硫磷乳油拌种，按1∶50稀释，然后与500份种子混匀，闷3～4h，待种子干后播种。在苗木生长期，幼虫发生多，危害重的田块，每hm^2用50%辛硫磷乳油1200～1500mL，或用90%晶体敌百虫，50%西维因可湿性粉剂1200～1500g，加水1200～2000kg灌根，每株灌药液150～200g，可杀死根际附近的幼虫。

（2）成虫防治 在成虫盛发期，对害虫集中的植物上，每hm^2用50%辛硫磷乳油1000～1500mL或90%晶体敌百虫1200～1500g，加水1500～2000kg；20%氰戊菊酯乳油500mL，加水1200～1500kg，于18时后喷雾。也可以用20%灭扫利、50%杀螟松、80%敌敌畏乳油、40%氧化乐果等任一种喷雾。

4.4.2 蝼蛄类

蝼蛄属于直翅目，蝼蛄科，俗称土狗子、地狗子、拉拉蛄等，全世界约40种，我国有6种，常见的有华北蝼蛄、东方蝼蛄（非洲蝼蛄）和台湾蝼蛄。华北蝼蛄多分布于北纬32°以北地区，即近似于秦岭淮河以北，主要在盐碱地、砂壤土发生多。而非洲蝼蛄遍及全国，主要在低湿和较黏的土壤发生多。台湾蝼蛄仅分布于台湾、广东、广西等地。蝼蛄为典型的地下害虫，终生生活在土中，以成、若虫咬食根部及靠近地面的幼茎，使之呈不整齐的丝状残缺；也食刚播种的种子和幼苗。其在表土层活动时，挖掘纵横交错的隧道，使幼苗根须和土壤分离而干枯死亡，造成缺苗断垄。蝼蛄是幼树和苗木根部的重要害虫，食性杂，主要危害杨、柳、松柏、海棠、悬铃木等幼苗根部及香石竹等花卉。

4.4.2.1 蝼蛄类主要害虫

1. 形态特征

两种蝼蛄形态特征见表4-13。

表4-13 两种蝼蛄形态特征比较

虫态	项目	东方蝼蛄（图4-79）	华北蝼蛄（图4-80）
成虫	体长	雄30~32mm，雌31~35mm，近纺锤形	雄39~45mm，雌45~50mm，近圆筒形
	体色	灰褐色，全身密生细毛	黄褐色，全身密生细毛
	前胸	背板中央1暗红色心脏形小斑，凹陷明显	背面“M”形斑，凹陷不明显
	腹部	末端近纺锤形，前翅超过腹部末端	末端近圆筒形，前翅覆盖腹部不到1/3
	前足	腿节端部下方缺刻成钝角	腿节端部下方缺刻成直角
	后足	胫节背面内侧有距3~4个	胫节背面内侧有距1个或消失
若虫	体色	初孵乳白色，后灰黑色	初孵乳白色，后渐为黄褐色
	腹部	近纺锤形	近圆筒形
	后足	5~6龄以上同成虫，胫节棘3~4个	2~3龄以上同成虫，胫节棘0~2个
卵	大小	(2.0~2.4)mm×(1.4~1.6)mm	(1.6~1.8)mm×(1.1~1.3)mm
	形状	椭圆	椭圆
	颜色	黄白色→黄褐色→暗紫色	乳白色→黄褐色→暗灰色

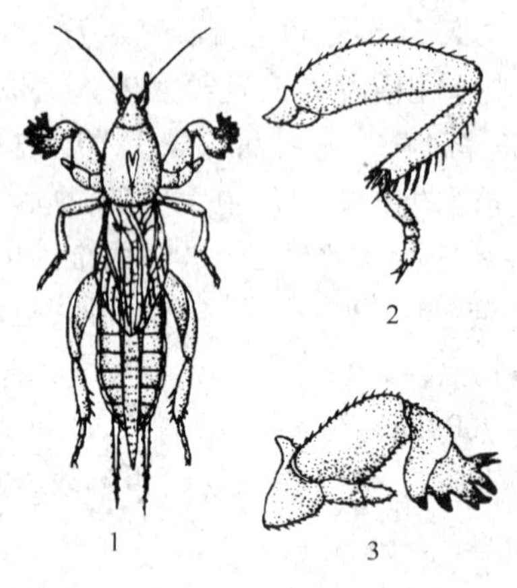

图4-79 东方蝼蛄

1—成虫 2—后足 3—前足

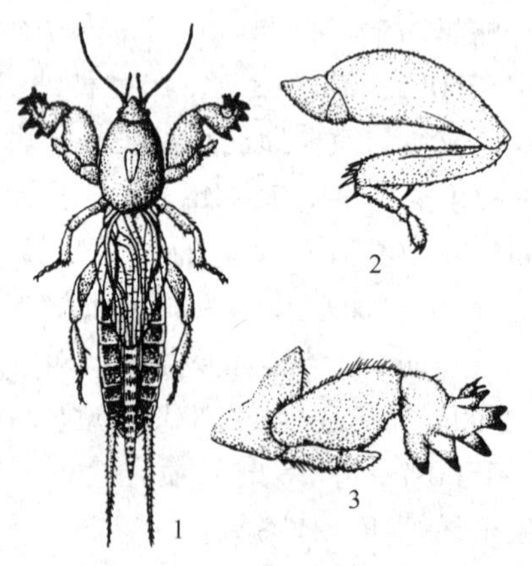

图4-80 华北蝼蛄

1—成虫 2—后足 3—前足

2. 发生规律及习性

东方蝼蛄在黄淮海地区每2年1代，华北、西北、东北也是2年1代。南方为1年1

代，华北蝼蛄3年1代，均以成、若虫在土壤下30～100cm深处越冬。从2月上旬（立春）开始上升，到3月上旬（惊蛰）开始危害，4月上旬（清明）至5月上旬（小满），成、若虫越冬后危害严重。6～8月是东方蝼蛄的产卵盛期，8月（立秋）后，对秋季幼苗危害重，至11月上旬开始越冬。东方蝼蛄在潮湿地方产卵，华北蝼蛄喜在盐碱地内、干燥向阳、靠近地埂或松软油渍状土壤内产卵。两种蝼蛄均有强烈趋光性、趋化性，对未腐熟的马粪、未腐熟的厩肥具趋性。喜好在潮湿的土壤表土层内活动，俗语"蝼蛄跑湿不跑干"。东方蝼蛄栖息于沿河两岸，灌渠旁边，水位高的低湿处，华北蝼蛄在盐碱地的低湿处。两种蝼蛄均昼伏夜出，晚9时至早3时为活动取食高峰。随气温和土温的上升，蝼蛄也上升至土表，夏季再潜入较深层土中。因此春秋是危害猖獗时期。在北方，盐碱地华北蝼蛄密度大，壤土次之，黏土最少；对于东方蝼蛄，喜湿尤其突出，水浇地，平川低洼湿处发生多。所以东方蝼蛄南方重，华北蝼蛄北方重。

4.4.2.2 蝼蛄类综合防治措施

1. 园艺防治

改变蝼蛄生态环境条件，减轻其危害。如深翻土地，适时中耕，清除杂草，平整土地，不施未腐熟的有机肥，以破坏蝼蛄滋生繁殖场所。

2. 灯光诱杀

利用蝼蛄的趋光性强的习性，通过频振灯等诱杀成虫。

3. 挖洞毁卵杀虫

夏季于其产卵高峰，结合翻地，发现卵洞口时，向下挖10～20cm，找到卵室，集中处理蝼蛄和卵。

4. 毒饵诱杀

发生期用粉碎煮至半熟的或炒香的麦麸、豆饼50份拌入90%敌百虫1份，洒上清水拌匀，做成毒饵，于傍晚均匀撒在苗床上或苗圃步道间；或每隔20m挖一规格为（30～40）cm×20cm×6cm的小坑，然后将马粪或带水的鲜草放入坑内诱集，加上毒饵更好，次日清晨坑内集中捕杀。

5. 生物防治

在苗圃周围栽植杨、刺槐等防风林，招引戴胜、喜鹊、红尾伯劳、红脚隼、黑枕黄鹂等食虫益鸟栖息繁殖，控制蝼蛄危害。

6. 化学防治

根据其周年活动规律，一般认为以谷雨至夏至是防治的最有利的时间。每667m^2用50%辛硫磷乳油250～300mL，结合灌水施于土中；或每667m^2用辛硫磷乳油200～250g，加细土25～30kg（将药液用10倍水稀释，喷于细土中），雨前施下，效果最好。每667m^2用20%甲基异柳磷粉剂2～3kg，加入细土25～30kg，顺垄撒施，然后覆土或浅锄。或40%甲基异柳磷乳油250g，加水750～1000kg，淋于苗木根部，然后覆土，防治成虫。

4.4.3 金针虫类

金针虫属于鞘翅目，叩头甲科，是叩头虫的幼虫，又名铁丝虫。其种类较多，园林植物最常见的是沟金针虫和细胸金针虫两种。沟金针虫的分布极广泛，自内蒙古、辽宁，直至长江沿岸江苏，西至陕、甘均有分布，主要发生在旱地平原地区。细胸金针虫分布包括从黑龙

江至淮河，西至陕、甘地区，主要发生在水湿地和低洼地，主要危害丁香、海棠、元宝枫、青桐、悬铃木、刺槐、松、柏类等。常危害刚出芽的种子或幼芽嫩茎，还有一、二年生的球根花卉，是主要地下害虫之一。

4.4.3.1 金针虫类主要害虫

1. 形态特征

两种金针虫形态特征见表4-14。

表4-14 两种金针虫形态特征比较

虫态	沟金针虫（图4-81）	细胸金针虫（图4-82）
成虫	体长14～18mm，宽3～5mm。深栗色，密被金黄色细毛。足浅褐色，头扁，前方有三角形凹陷，密布明显点刻。前胸近半球形，隆起较高，宽大于长，密布点刻，上有微细纵沟，翅长为前胸长度的4倍	体长8～9mm，宽2～5mm，黑褐色，有光泽及灰色短毛。足赤褐色。头胸部黑褐色，前胸背板略呈圆形，长大于宽；鞘翅暗褐色密披灰色短毛，有9条纵列点刻，翅长为前胸长度的2倍
卵	近椭圆形，乳白色	圆形，乳白色
幼虫	金黄色，体较宽，扁平，腹部每节背面有一纵沟，尾节深褐色，末端二分叉，各叉内侧有一小齿	浅金黄色，体长圆筒形，尾节圆锥形，近基部两侧各有一褐色圆斑，并有4条褐色纵纹
蛹	雌蛹16～22mm，雄蛹15～19mm	长8～9mm

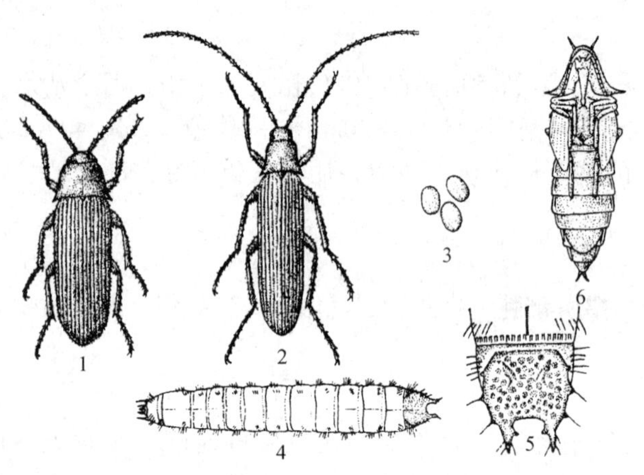

图4-81 沟金针虫

1—雌成虫 2—雄成虫 3—卵 4—幼虫 5—幼虫腹部末端 6—蛹

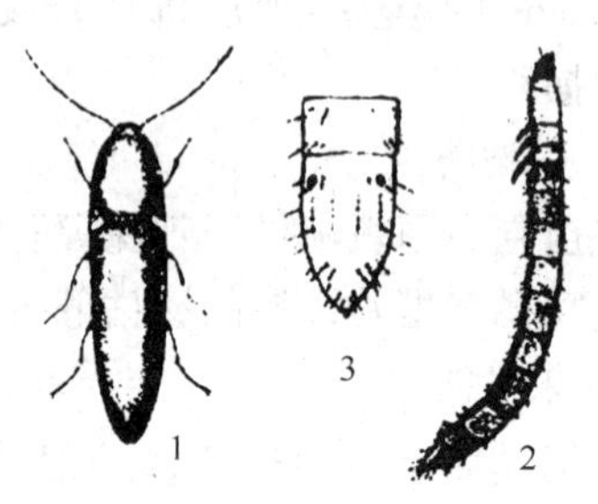

图4-82 细胸金针虫

1—成虫 2—幼虫 3—幼虫腹部末节

2. 发生规律及习性

（1）沟金针虫 2～3年完成1代，一般以幼虫或成虫在土中越冬。入土深度一般为30cm，也有的深达100～130cm，成虫长期在土中生活，地面很少出现。雄成虫善飞，有趋光性，雌虫无飞翔能力。次年春3月开始活动，4月最盛，交配产卵后死亡。卵散产在地下根部附近，每雌可产卵200粒。幼虫喜生活在适当的温度和相对湿度的

土壤中，老熟幼虫入土在深20cm左右筑土室化蛹。羽化后因气温低，渐进入土中越冬，次年春活动。沟金针虫在土中受温湿度影响很大。当10cm土温6℃时即上升活动，当达到10~20℃时危害种子和幼苗。春季多雨、土壤墒情好可加重危害；春季干旱可减轻危害。

（2）细胸金针虫 在东北约3年1代，以幼虫和成虫在土壤中越冬，次年5~6月成虫出现，6月下旬至7月下旬产卵，卵散产在3~9cm深的土中，最深的21cm。

4.4.3.2 金针虫类综合防治措施

1. 食物诱杀

利用其喜食甘薯、土豆、萝卜的习性，在发生较多地方，隔一段挖一小坑，将上述食物切成细丝放入，上覆草屑，可大量诱集，然后每天或隔天捕杀。

2. 翻耕

结合翻耕，捡除成虫、幼虫。在播种前深耕多耙，产卵及化蛹期中耕除草，将卵翻至土表晒死或机械杀死蛹，将直根系植物和须根系植物轮作，也可以减轻危害。

3. 药剂防治

（1）药剂拌种 用种子重量1%的辛硫磷微胶囊缓释剂拌种，或50%二嗪农乳油按种子重的0.2%~0.4%用药；或用甲基硫环磷乳油按种子重量的0.8%~1%用药，拌匀后闷数小时，晒干播种。

（2）土壤处理 播种或移栽前，用3%米乐尔颗粒剂45~75.5kg/hm^{2}或5%辛硫磷颗粒剂30~45kg/hm^{2}拌细土300~750kg，或每hm^{2}用50%辛硫磷乳油或80%敌敌畏乳油或40%甲基异柳磷乳油200mL，拌细土25~30kg，均匀撒于地面或沟施、穴施。

（3）毒饵诱杀 用豆饼渣、麦麸16份，拌90%敌百虫1份，制成毒饵，15~25kg/hm^2。

（4）药液灌根 每hm^{2}用50%辛硫磷乳油或40%甲基异柳磷乳油或40%乐果乳油或2.5%溴氰菊酯乳油100~150mL，兑水100~200kg，向寄主植物根部浇灌。

4.4.4 地老虎类

地老虎属于鳞翅目，夜蛾科，又名地蚕、土蚕、根结虫、夜盗蛾等。我国已发现170多种，在我国常见的有20余种，危害苗圃较严重的有小地老虎、大地老虎、黄地老虎3种。小地老虎危害最广，属于世界性害虫，从北纬62°至南纬52°都有分布，我国以长江流域和东南沿海各省，以及北方的地势低洼、地下水位较高的地区危害严重。黄地老虎主要分布在淮河以北，主要危害陇、青、新、蒙及东北地区。大地老虎只局部危害，主要发生在长江中下游地区。地老虎类食性广、杂，以幼虫危害幼苗，从地面截断植株或咬食未出土幼苗，也能咬食作物生长点，严重影响植株的正常生长。其主要危害松、杉、罗汉松、菊花、一串红、万寿菊、孔雀草、百日草、鸡冠花、香石竹、金盏菊、羽衣甘蓝等。

4.4.4.1 地老虎类主要害虫

1. 形态特征

3种地老虎形态特征见表4-15。

表 4-15　3 种地老虎形态特征比较

虫态		小地老虎（图 4-83）	大地老虎（图 4-84）	黄地老虎（图 4-85）
成虫	体长	16～23mm，翅展 42～54mm	20～30mm，翅展 42～52mm	14～19mm，翅展 32～43mm
	前翅	暗褐色，肾状纹外有一长楔形斑，亚缘线上也有 2 个尖端向里楔形斑，3 斑相对为主要特征	暗褐色，肾状纹、环状纹明显，无楔形纹，内外横线多为双曲线	黄褐色，前翅各横线为双曲线，肾状纹、环状纹明显，具黑褐色边
	后翅	灰白，翅脉及边缘黑褐色，缘毛灰白色	淡黄色，外缘具黑色宽边，缘毛淡色	灰白色，翅脉及边缘呈黄褐色
	触角	双栉齿状，分枝仅达 1/2 处，其余丝状	双栉齿状，分枝逐渐短小，几达末端	双栉齿状，分枝达 2/3 处，其余丝状
幼虫	体长	37～50mm，黄褐色至黑褐色	41～60mm，黄褐色	33～34mm，灰黄褐色
	唇基	底边 = 斜边，不达颅顶	底边 > 斜边，不达颅顶	底边 > 斜边，直达颅顶
	毛片	各节背面的 2 对毛片，前 1 对小于后 1 对	各节背面的 2 对毛片，大小相当	各节背面的 2 对毛片，大小相当
	气门	菱形	椭圆形	椭圆形
	臀板	黄褐，有深色纵线 2 条	深褐色，表面密布龟裂状皱纹	黄褐色，有 2 块黄褐色斑
卵		半球形，直径 0.6mm，表面有纵横隆起线，初乳白，后黄褐	半球形，直径 1.8mm，初产浅黄色，孵化前近灰褐	半球，直径 0.5mm，卵壳表面有纵横脊纹
蛹		18～24mm，赤褐，有光泽，腹部第 4～7 节背面前缘中央深褐色，具粗大刻点，第 5～7 节腹面也有细小刻点。腹末具臀棘 1 对，呈分叉状	23～29mm，腹部第 3～5 节明显比中胸及第 1、2 节粗，第 4～7 节前缘气门之间密布刻点，腹末臀棘 1 对	15～20mm，第 4 腹节背面有稀小不明显的刻点，第 5～7 节刻点小而多

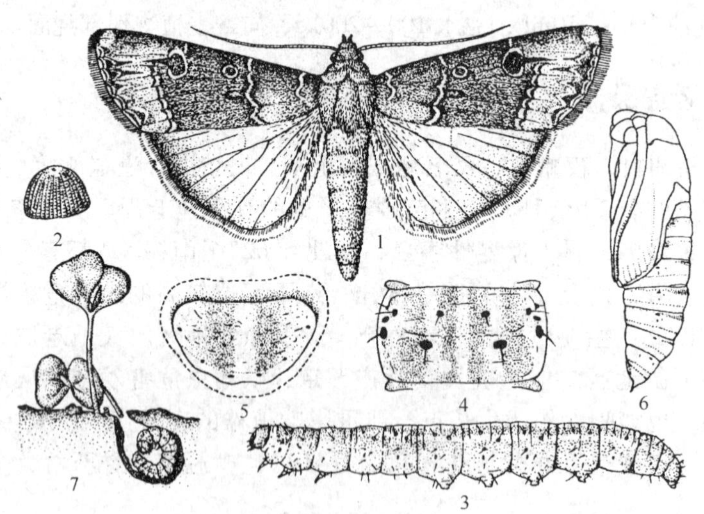

图 4-83　小地老虎

1—成虫　2—卵　3—幼虫　4—幼虫第 4 腹节背面　5—幼虫末节背板（刚毛略）　6—蛹　7—幼苗被害状

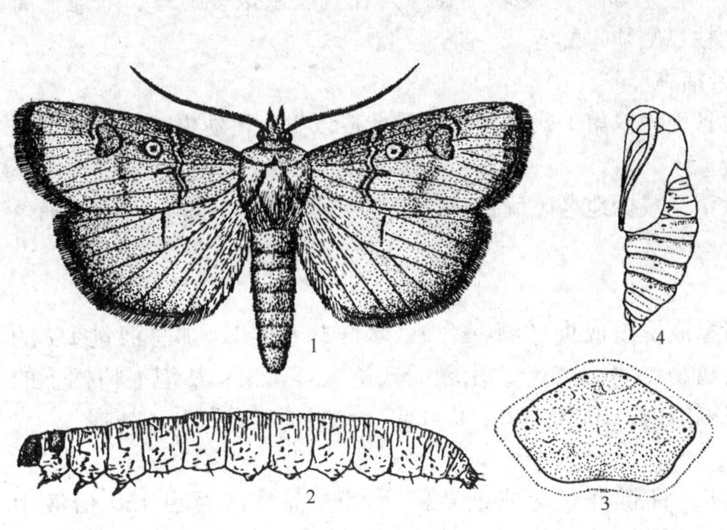

图4-84 大地老虎

1—成虫 2—幼虫 3—幼虫末节背板（刚毛略） 4—蛹

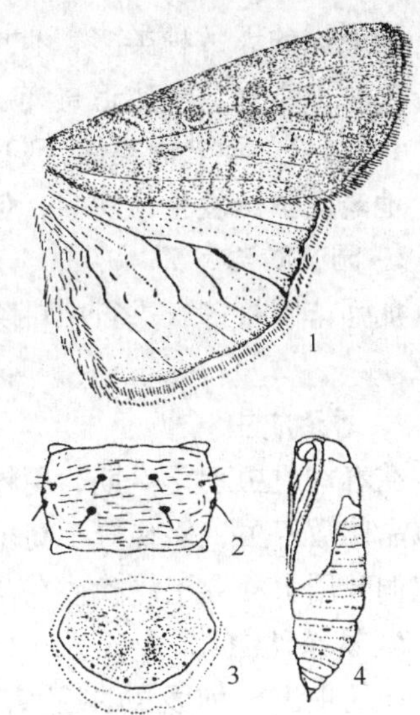

图4-85 黄地老虎

1—成虫翅 2—幼虫第4腹节背面 3—幼虫末节背板（刚毛略） 4—蛹

2. 发生规律及习性

以小地老虎为例。小地老虎在我国发生的世代数因各地地势、地貌和气候而不同，每年2~7代不等。大致分4个发生区，即长城以北2~3代区，黄河以北3~4代，长江两岸4~5代，长江以南6~7代。小地老虎以第一代危害最重，江浙一带危害盛期是4月上旬至5月上中旬。

由于小地老虎各虫态均无滞育现象，所以温度适宜地区可以终年繁殖危害。当温度低于8℃时，生长缓慢，发育延迟，幼虫、蛹或成虫都可以越冬。但寒冷地区不可越冬，当地虫源是外地迁飞而来。

小地老虎成虫的羽化、取食、飞翔、交配、产卵多在夜晚进行。成虫白天栖息在阴暗处或枯叶杂草等处。在春季傍晚气温达8℃时开始活动，温度越高，活动越多，有风雨晚上活动减少。成虫有明显的趋光性和趋化性，对香甜等物质特别嗜好，可用糖醋液诱杀。卵散产或数粒在一起，多选择粗糙的物体或多毛子叶的反面或土块上。在寄主植物丰盛时，卵多产于植株上，主产于刺儿菜、小旋花、灰灰菜等杂草或3cm以下的幼苗上。每雌产卵千粒左右，多的达2000粒。

卵孵化以中午为盛。幼虫孵化时咬破卵壳，并能吞噬部分卵壳。幼虫6龄，少数7龄。1~2龄呈明显的正趋光性，常栖息表土和寄主的叶背昼夜活动，3龄以后潜入土下，夜间出来活动危害，常咬断幼苗，并将断苗拖入穴中。其具有一定的耐饥饿能力，饥饿和种群数量过大时有自相残杀的现象。幼虫具假死性，一遇惊动，常缩成环状。幼虫老熟后，多在苗木或杂草的根际附近7~10cm深的土中筑室化蛹，越冬蛹多在田埂、田边杂草根部附近或蔬菜根部附近。幼虫预蛹期2~4d。

小地老虎喜温暖、潮湿，土壤含水量15%~20%最为适宜，怕高温，地势低洼、杂草丛生的圃地发生重，沙土地，重黏土地发生少，沙壤土、壤土、黏壤土发生多。

地老虎的天敌种类多，有中华广肩步甲、夜蛾瘿姬蜂、甘蓝夜蛾拟瘦姬蜂、双斑撒寄蝇、夜蛾土寄蝇、伞裙追寄蝇、粘虫侧须寄蝇等。

4.4.4.2 地老虎类综合防治措施

地老虎虽然发生代次多，但各地均以第1代危害重，因此应以第1代幼虫防治为重点。

1. 园艺防治

加强苗圃管理，进行中耕除草，减少地老虎危害；清晨巡视铺地，发现断苗时刨土捕杀幼虫。

2. 诱杀成虫

在春季成虫羽化盛期，用糖醋液诱杀成虫（糖: 醋: 酒: 水 =3: 4: 2: 1，加总液量1%的90%晶体敌百虫，傍晚置于高出植物约30cm处）；用频振式诱虫灯诱集；从泡桐树摘下的老泡桐叶用水浸湿于傍晚放在苗圃地内，1000～1200片/hm^2，每日清晨掀开叶片捕捉。

3. 诱杀幼虫

在幼虫出土前及幼虫危害期，将新鲜菜叶或杂草浸入90%晶体敌百虫150倍液中10min，于傍晚撒布地面，可诱杀3龄以上幼虫。

4. 化学防治

（1）喷药液　2.5%溴氰菊酯乳油2000倍液，20%速灭菊酯乳油3000倍液，50%辛硫磷乳油1000倍液，90%晶体敌百虫800～1000倍液进行地面喷洒，也可用2.5%敌百虫粉每667$m^2$1.5～2kg。

（2）撒施毒土毒砂　50%辛硫磷乳油0.5kg加水适量，喷拌在125～175kg细土上，也可用1份20%速灭菊酯乳油拌2000份细砂，或用3%米乐尔颗粒剂7.5kg/hm^2拌毒土撒施，防效显著。

（3）毒饵诱杀　用90%晶体敌百虫0.5kg加水2.5～5kg，喷在50kg碾碎炒香的棉子饼或麦麸上，50%辛硫磷乳油750g/hm^2，拌棉子饼75kg或用铡碎的鲜草撒施。毒饵在傍晚撒到幼苗根基附近，每隔一定的距离一小堆，125～300kg/hm^2。

4.4.5 白蚁类

白蚁属于等翅目，类似蚂蚁营社会性生活，有木栖性白蚁、土栖性白蚁和土木两栖性三类，其“社会性”型态为蚁后、蚁王、兵蚁、工蚁。白蚁种类很多，全球估计有2000种，我国约有300多种，主要分布在北京以南各省，尤其是长江以南及西南各省，危害更重。白蚁的危害很广，凡房屋建筑、铁道枕木、桥梁电杆、车辆船舶、农林产品、水利堤坝、文书织物都受影响，还危害园林景观等。

4.4.5.1 白蚁类主要害虫

（一）家白蚁（图4-86）

1. 分布与危害

家白蚁属于鼻白蚁科，分布于苏、皖、浙、闽、赣、两广、两湖、川等省区，其北界大致在淮河以南，越向南越严重。其主要危害房屋建筑、桥梁及绿化树种，多从根部蛀入，延伸到茎干，树表面危害迹象表现较少，是一种危害性很大的土木两栖白蚁。

2. 形态特征

（1）有翅成虫　体长13.5～15mm，翅展20～25mm，头褐色，近圆形，胸腹背面褐色，

腹面黄色，翅微具淡黄色，前翅鳞明显大于后翅鳞，翅面密生细小短毛。

(2) 兵蚁 体长5.3~5.9mm，头浅黄色，卵圆形，上颚黑褐色，镰刀形，向内弯曲，腹部乳白色，头部最宽在头中段。额腺孔(囱)近圆形，大而显著。左上颚基部有一深凹刻，其前另有4个小突起。颚面的其他部分光滑无齿，前胸背板平坦，较头狭窄，前缘及后缘中央有缺刻。

(3) 工蚁 体长4.5~6mm，头圆，无额腺孔(囱)，胸腹乳白色。

(4) 卵 椭圆，乳白色，0.6mm左右。

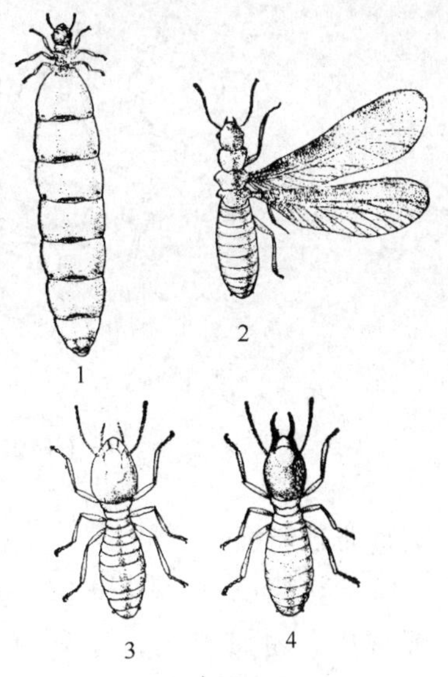

图4-86 家白蚁
1—蚁后 2—有翅繁殖蚁
3—工蚁 4—兵蚁

3. 发生规律及习性

家白蚁营群体生活，喜温怕冷，好湿怕水，喜阴暗怕阳光。常栖居在通风不良和木材集中处，耐旱性差，常在构树、樟、乌桕、银桦、垂柳、银杏、枫杨、桧柏、雪松、合欢、重阳木、柳杉、槐树等树干内筑巢，或筑巢在夹墙内、屋梁上，有室内巢和室外巢，地下巢和地上巢之分。在树上筑巢的，常位于树干基部或主枝分叉附近。香樟、枫杨、悬铃木、梧桐多在树干内，白杨、雪松、桧柏多在树根下。一般树根越老，树干越粗，筑巢的可能性越大。树根附近因人工操作造成疏松、多空隙和伤口，为其侵入和筑巢创造了条件，巢位多在离地面以上1m以内，而平时修建造成伤口的枫杨、悬铃木等以离地面2m以上的主叉附近为多。

白蚁群体分为生殖型和非生殖型两大类。群飞是家白蚁群体扩散繁殖的主要形式。白蚁群体发展到一定阶段，就会产生有翅繁殖蚁，一般在4~6月群飞，群飞时间多在天气闷热、气压低的傍晚。不同食料对幼龄群体内的幼蚁和成虫的成活有明显影响。其危害马尾松、湿地松的成活率高，死亡迟；危害苦楝、福建柏的成活率低，死亡快。

家白蚁主要取食木材，及其加工品和树干，在木材上顺木纹穿行，呈平行排列的沟纹。通常沿墙角、门框边缘蔓延。蚁道标志是：墙上有水湿痕迹，木材上油漆变色，沿途有针尖大小的透气孔，或木材表面有泥被。一般找到透气孔即已接近蚁巢。巢有主、副之分，主巢体积大，为蚁王、蚁后所居，一个庞大的巢群可包括几十万头白蚁个体。

其天敌多，有蝙蝠、青蛙、壁虎、蚂蚁等，南方还有寄生螨、真菌、细菌等。

(二) 黑翅土白蚁(图4-87)

1. 分布与危害

黑翅土白蚁又名黑翅大白蚁，属白蚁科。其分布于华南、华中和华东地区，危害园林植物90余种，如樱花、梅花、桂花、桃花、广玉兰、红叶李、月季、栀子花、海棠、蔷薇、腊梅、麻叶绣球、杉木、马尾松、桉树、樟树、侧柏、枫杨、油茶、柳、木荷等，是树桩盆景的主要害虫。此虫营土居生活，是一种土栖性害虫。主要以工蚁危害树皮及浅木质层，以及根部，造成被害树干外形成大块蚁路，长势衰退。当侵入木质部后，则树干枯萎；尤其对幼苗，极易造成死亡。采食危害时做泥被和泥线，严重时泥被环绕整个干体周围而形成泥套，其特征很明显。

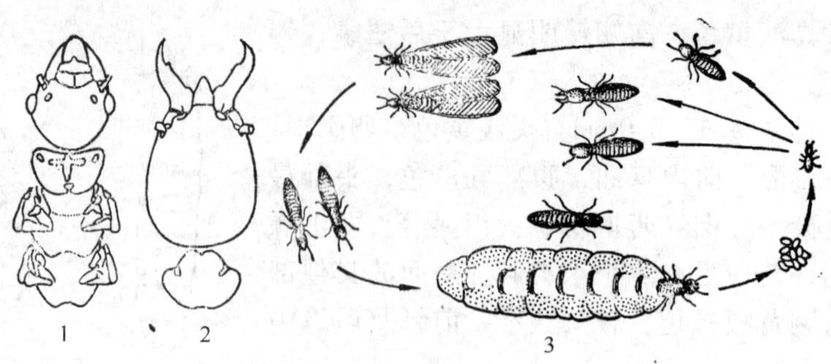

图4-87　黑翅土白蚁

1—有翅成虫头、胸部　2—兵蚁头部　3—生活史示意图

2. 形态特征

（1）有翅成虫　体长12～14mm，翅展45～50mm，头、胸、腹背面黑褐色，腹面为棕黄色。翅黑褐色，全身覆盖浓密的毛，触角19节。前胸背板略狭于头，前宽后狭，前缘中央无明显缺刻，后缘中部向前凹入，前胸背板中央有1淡色的“十”字形纹，纹的两侧前方各有1椭圆形淡色点，纹的后方中央有带分支淡色点。前翅鳞大于后翅鳞。

（2）蚁王　头呈淡红色，全身色泽较深，胸部残留翅鳞。

（3）蚁后　无翅，腹部特别膨大。

（4）兵蚁　体长5～6mm，头暗深黄色，被稀毛。胸腹部淡黄色至灰白色，有较密集毛。头部背面为卵形，长大于宽，最宽处在头中段，向前端略狭窄。上颚镰刀形，左上颚中点的前方有一显著的齿，右上颚内缘的相当部位有一微齿，极小不明显。

（5）工蚁　体长4.6～5mm，头黄色，胸腹部灰白色。

（6）卵　长椭圆形，0.8mm左右，白色。

3. 发生规律及习性

黑翅土白蚁为“社会性”多形态昆虫。每一巢内有蚁王、蚁后，及为数众多的工蚁和兵蚁。蚁王、蚁后一般只有1对。蚁王、蚁后专司繁殖后代。王和后只生活在菌圃下，有菌圃把它们盖着。有翅成虫一般称为繁殖蚁，是巢群中除王和后外能进行生殖交配的个体，但在原巢内是不可交配产卵的，一定要在分群、脱翅求偶、兴建新巢后进行。工蚁数量最多，巢内一切工作，如筑巢、修路、抚育幼蚁、寻找食物等均由工蚁承担。工蚁在采食时，在食料上做泥被或泥线，如在树木上取食，泥被和泥线可由地面高达数米，有时泥被环绕整个树干，形成泥壳。兵蚁数量仅次于工蚁，为巢中的保卫者，保障蚁群不为其他昆虫入侵，每遇外敌，即以强大上颚进攻，并分泌一种黄褐色液体，以御外敌。

黑翅土白蚁的活动有强烈的季节性。在闽、赣、湘等省，11月下旬开始转入地下活动，12月除少数工蚁或兵蚁仍在地下活动外，其余全集中在主巢。次年3月初，出土危害。这时，刚出巢的白蚁活动力弱，泥被、泥线大多出现在蚁巢附近。连续晴天，才远距离取食。5～6月形成第1个危害高峰期，被害较轻的幼树根和韧皮部被啃，树叶呈枯黄状，有时幼树树皮被吃光，幼树渐枯死。

4.4.5.2　白蚁类综合防治措施

1. 加强检疫

迁移树桩盆景或树木时，加强检疫，避免传播。

2. 园艺防治

白蚁通常危害生长衰弱的植株，因此应严格按造林技术规程进行栽培管理。栽植后加强园林管理措施，促进苗木生长，增强抵抗力。栽植白蚁不喜欢的树种，如苦楝、红椿等含有对多种昆虫具驱避、拒食及抑制生长发育的有效成分，具有强烈的抗蚁蛀蚀作用。采用多树种或多种园林植物混栽，尽量避免营造纯林。平时注意保护树木和盆景，尽量减少伤口，已成的伤口涂保护剂。

3. 诱杀

在4～6月，有翅蚁群飞期，利用趋光性进行诱杀。苗圃中若有白蚁危害，可在被害处附近挖一深30cm、长40cm、宽20cm的诱集坑，然后把桉树皮、甘蔗渣、松木片、盲基骨等捆成小束，埋入坑内作诱饵上洒稀薄红糖水或米汤，上覆盖一层草。或采用松木片、甘蔗渣桉树皮中任一种，加食糖、灭蚁灵粉按照4:1:1比例拌匀后，在白蚁活动路线和分飞孔上投放。也可在工蚁取食活动的主路上喷粉，多点施药，使工蚁沾染药剂，并通过工蚁哺育从而杀死白蚁群体。或毒饵诱杀，毒饵的配制是将0.1g的灭蚁灵粉、2g红糖、2g松花粉、水适量，按重量称好，搅拌成糊状，用纸包好，或直接涂在纸上揉成团即可。将包有灭蚁灵毒饵的纸塞入白蚁活动处，半月后可检查药效；气温低时1月后检查药效。

4. 挖巢灭蚁

根据泥被、蚁路、地形、分群孔等特征寻找蚁巢集中灭杀。

5. 药剂防治

播种时用50%氯丹乳剂400倍液浸种，或用0.3～0.4kg氯丹乳剂兑水肥浇于圃地。苗木生长期受害，可用75%辛硫磷800～1000倍液灌根保苗。对于能找到白蚁活动的场所，如蚁路、泥被、泥线等，在危害部位直接喷施灭蚁灵。种植经济价值较高的林木、药材、果树时，为了防治白蚁危害，可考虑在种植坑内和填土上撒施5%毒杀酚粉剂或3%呋喃丹颗粒剂，并可兼治其他地下害虫，有效期长达3～5个月。也可喷粉灭蚁，常用的有灭蚁灵、砷素剂等。在蚁巢上戳3个品字形的孔，打孔后见有兵蚁来守卫才喷药。每巢用药5g左右。施药要动作迅速，施药后要用废纸或棉花塞住孔口，然后用力敲打附近木板，使白蚁发生混乱，增加白蚁与药剂接触的机会，提高防治效果。

6. 磷化铝熏蒸

在找到白蚁隧道后，将孔口稍加大，然后取一端有节的竹筒，其中装磷化铝6～10片，从开口一端压入孔道口，并迅速用泥封住。在气温高于24℃时，2～3d可以熏蒸完毕，如低于15℃，相对湿度较低时，则需5～6d。

7. 压烟灭蚁

找到主道口，将压烟管的出烟管插入主道，用泥封闭主道口，以防烟雾外溢，再把杀虫烟剂（敌敌畏插管烟剂或621烟剂1.5kg）放入筒内点燃，扭紧上盖，烟便自然沿蚁道压入蚁巢，效果很好。

相关技能训练

实训18　园林植物根部害虫的识别与防治

一、目的要求

通过实训，识别当地常见园林植物根部害虫，掌握其形态特征和危害状，了解各类根部害虫的发生规律及与环境的关系，学会制订科学合理的综合防治方案，并能组织实施。

二、实训材料和用具

场地与材料：园林植物根部害虫危害现场；蛴螬类、蝼蛄类、金针虫类、地老虎类、白蚁类等生活史标本及危害状标本或彩色图片。

用具：锄头、手持放大镜、瓷盘、镊子、挑针、数码相机、体视解剖镜、记录本、铅笔等。

三、实训内容与方法

（一）现场害虫调查识别及防治

选取当地地下害虫严重的园林绿地，用锄头等工具挖开被害植物根部土表，仔细观察地下害虫危害状，并采集害虫标本，鉴定害虫的种类及虫态，拍摄相关照片。分析地下害虫发生与周围环境之间的关系，查询和收集当地园林植物主要地下害虫发生的资料，了解当地地下害虫的防治状况和有效方法。

（二）室内标本识别

将现场采集的害虫标本及室内害虫标本，对照教材上的形态描述或彩色图片，观察比较以下地下害虫的形态特征及危害状。

1）观察蛴螬类各虫态的形态特征及危害症状，识别其幼虫危害苗木根系、成虫危害叶片后的症状特点，并比较不同蛴螬类成虫和幼虫之间的区别。

2）观察蝼蛄类各虫态的形态特征及危害症状，并比较华北蝼蛄和东方蝼蛄的区别。

3）观察金针虫类各虫态的形态特征及危害症状，识别其幼虫危害苗木根系的症状特点，并比较细胸金针虫和沟金针虫的区别。

4）观察地老虎类各虫态的形态特征及危害症状，识别其幼虫危害幼苗的症状特点，并比较大地老虎、小地老虎和黄地老虎的区别。

5）观察白蚁类各虫态的形态特征及危害症状。

（三）防治方案制订与实施

选择一类当地主要地下害虫，查阅相关资料，制订出综合防治方案并实施。

四、实训报告

1）列表记录：整理观察内容，描述所观察园林植物根部害虫成虫、幼虫（若虫）的形态识别特征及其危害状特点。

2）列表比较：区别同一科内各种类害虫之间的形态及危害状等方面的异同。

3）制作标本：将采集的根部害虫或害螨制作成标本，注明采集人姓名、采集时间、采集地点、害虫名称及虫态、寄主名称及受害部位等内容，作为技能实作作业。

4）图片记录：将现场调查拍摄的园林植物根部害虫的危害状及寄主植物等照片，结合所收集的相关资料制作成PPT文件。

5）调查防治效果并写出报告。

归纳总结

园林植物害虫防治技术		
食叶害虫	种类	刺蛾、袋蛾、毒蛾、灯蛾、尺蛾、夜蛾、舟蛾、卷叶蛾、枯叶蛾、天蛾、斑蛾、螟蛾、蝶类、叶甲、叶蜂、软体动物
	发生特点	具有咀嚼式口器，往往以幼虫或成虫危害；大多营裸露生活，受环境影响大；多数繁殖量大；某些害虫发生具周期性
	防治措施	及时预报虫情，重视产卵期和孵化初期的化学防治；尽可能使用生物调控技术防治；利用害虫习性进行人工防治
吸汁害虫	种类	蚜虫、蚧虫、木虱、粉虱、叶蝉、蜡蝉、广翅蜡蝉、蛾蜡蝉、蝽、蓟马、瘿蚊等害虫及螨类
	发生特点	多数群集为害，繁殖力强，世代重叠严重；受气候影响大，易成灾；有的分泌蜡质或蜜露，能匿身或诱发煤污病；有的能传播病毒
	防治措施	加强虫情监测和检疫；以冬春季清园和初孵若虫期化学防治为主要措施，园林管理技术为辅；利用趋性诱杀；提倡和推广生物调控技术
钻蛀害虫	种类	天牛、吉丁虫、蠹甲、透翅蛾、木蠹蛾、螟蛾、象甲、茎蜂、潜叶蝇、潜叶甲等
	发生特点	幼虫期为害隐蔽，早期不易发现，具有毁灭性；多数为次期性害虫；产卵于寄主组织内，损伤枝叶；成虫有趋光性或假死性
	防治措施	以园林措施和幼虫期用药剂定株熏蒸、触杀为主，提高植物抵抗力，清除虫源；结合人工物理防治，根据习性诱杀。提倡生物防治
根部害虫	种类	蛴螬类、蝼蛄类、金针虫类、地老虎类、白蚁类
	发生特点	营隐蔽生活，受土壤的质地、含水量影响较大；在土层中的分布随季节有明显变化；多在夜间活动
	防治措施	及时预测预报；人工捕杀，灯光诱杀，毒饵诱杀；加强圃地管理；药剂防治以土壤处理为主

同步测试

一、填空题

1. 黄刺蛾属于（　　）目（　　）科。该虫在华北等地 1 年发生（　　）代，以（　　）在枝杈及树干上结茧越冬。

2. 大袋蛾俗称（　　），其幼虫共（　　）龄，有喜光性，故多聚集于（　　）危害。

3. 舞毒蛾 1 年发生（　　）代，以（　　）在卵内越冬。

4. 尺蛾幼虫有（　　）对腹足，着生于第 6 和第 10 节上，因此爬行时常（　　），屈曲前进，犹如量地。

5. 黄杨绢野螟每年发生（　　）代，以（　　）在（　　）越冬。

6. 叶蜂类幼虫为多足型，除具有 3 对胸足外，通常有（　　）对腹足。

7. 蚜虫、蚧虫危害时，常排泄（　　），诱发枝叶发生（　　），影响光合作用，削弱树势，还能传播（　　）。其危害包括（　　）和（　　）两个方面。

8. 蚧虫的初孵若虫可借（　　）、（　　）作短距离传播。

9. 红蜡蚧的雌虫多在寄主植物的（　　）上危害，雄虫多在（　　）上吸汁危害。

10. 生物防治吹绵蚧最成功的例子是引进天敌（　　）进行防治。

11. 温室白粉虱的分布及寄主范围为（　　），成虫具有（　　）、（　　）、（　　）等趋性。（　　）是露地花木的虫源地。

12. 大青叶蝉在长江以北，一般以卵在（　　）越冬；在长江以南，则多以卵在（　　）越冬。而小绿叶蝉则以（　　）在（　　）越冬。

13. 斑衣蜡蝉俗称（　　），以（　　）越冬，龙眼蜡蝉俗称（　　），以（　　）越冬。两种虫一年都发生（　　）代。

14. 蚊母瘤蚜危害蚊母叶片形成的虫瘿形状是（　　），榕管蓟马危害小叶榕叶片形成的虫瘿形状是（　　），桃瘤蚜危害桃叶形成的虫瘿形状是（　　），荔枝瘿螨危害荔枝叶片形成的虫瘿形状是（　　）。

15. 朱砂叶螨的寄主范围为（　　），常引起叶片（　　）和（　　）。年世代数为（　　），一年中的（　　）月期间，当气候（　　）时危害猖獗。

16. 盘根虫是（　　）的别称，幼虫在（　　）和（　　）蛀食皮层和木质部，导致树势衰弱。其成虫在树皮上咬的（　　）形刻槽中产卵，在北方（　　）年发生一代。

17. 在林区内（　　）是松材线虫病的主要传播媒介，主要危害（　　），其次是云杉、雪松等树种的（　　）或（　　）部位。

18. 吉丁虫类又称为（　　）或（　　），可造成树皮翘裂或脱落，露出蛀道。

19. 松纵坑切梢小蠹属于（　　）目（　　）科，主要危害（　　）类树木。

20. 白杨透翅蛾是（　　）上的大害虫，以幼虫蛀食（　　）和（　　）部位，形成（　　）症状。

21. 金龟甲类的幼虫通称（　　），危害植物幼苗的根茎部分。

22. 小地老虎在黄河以北一年发生（　　）代，长江流域（　　）代，华南和西南

（　　）代。其成虫有明显的（　　）性和（　　）性。

23. 白蚁属于（　　）目昆虫，分（　　）栖、（　　）栖和（　　）栖三大类。

24. 黑绒金龟甲又名（　　），以（　　）越冬，成虫产卵于（　　）中。

25. 沟金针虫以（　　）在（　　）越冬，翌年（　　）开始活动，成虫有（　　）习性。

二、简答题

1. 食叶害虫发生特点如何？
2. 如何识别大袋蛾、茶袋蛾的护囊特征，并说明袋蛾类的防治方法。
3. 以丝绵木金星尺蛾为例说明尺蛾类危害特点及防治方法。
4. 针对本地区常发生的舟蛾、天蛾、夜蛾、毒蛾、螟蛾、卷蛾等生活史及习性，谈如何开展防治工作。
5. 结合本地区常发生的叶甲虫类及危害特点，说明叶甲类害虫的防治方法。
6. 以樟叶蜂为例说明叶蜂类害虫的危害特点及防治方法。
7. 简述软体动物的发生特点及防治方法。
8. 桃蚜与桃瘤蚜危害桃叶产生的症状区别是什么？
9. 针对蚧虫的发生及危害特点设计一个综合防治方案。
10. 怎样对粉虱类害虫实施物理防治措施？
11. 为什么说枝干害虫是植物的“心腹之患”？
12. 如何对天牛类害虫进行综合防治？
13. 简述一字竹象的危害方式和症状。
14. 根部害虫的发生有什么特点？
15. 如何防治蛴螬？

项目5 园林植物侵染性病害防治技术

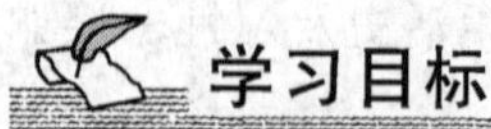

学习目标

通过对本项目知识的学习，要求学生了解园林植物侵染性病害的重要性，熟悉各类病害的症状特点及病原菌的特性，明确病害发生发展规律，掌握各类病害的诊断与防治技术。

任务1 园林植物叶花果病害诊断与防治

任务分析：该任务包括园林植物叶花果病害的危害、症状诊断、病原，叶花果病害的发生发展规律和防治技术等，是园林植物病害防治的重要内容，要完成该任务必须具备植物病理、病原菌识别及病害防治方面的相关知识，掌握叶花果病害的症状及诊断方法，了解病害的病原及发生规律，学会病害的防治方法。

知识点：园林植物主要叶花果病害的症状特点；常见叶花果病害的发病原因分析及发生发展规律。

能力点：园林植物主要叶花果病害的田间诊断；病原物的显微观察识别及主要叶花果病害的防治技术。

任务实施的相关专业知识

叶花果类病害是指发生植物病害的部位以叶、花、果实为主，表现的症状也都主要在叶、花、果实上。这类病害种类很多，它的危害主要在于影响园林植物的光合作用，同时，也降低了园林树木及花卉的观赏价值。常见的叶花果类病害有：白粉病、锈病、炭疽病、灰霉病、叶斑病、叶畸形及病毒病等。

园林植物叶花果类病害发生的特点包括：

1）症状多表现为变色、叶斑、叶枯、早期落叶、落花、落果及叶花果畸形等，在发病部位多产生霉状物、粉状物、粒状物，有时也可出现菌脓。

2）初侵染主要来源于病残体内的菌丝与其表面的休眠体及子实体，再侵染来源于初侵

染和上次再侵染的病原物，发病周期一般较短，7～15d左右，再侵染频繁，病原物的传播方式主要是自然传播如风、雨、昆虫等，也可借助人为及其他传播。侵入途径可以直接侵入、自然孔口侵入和伤口侵入。

3）防治时以园林养护防治，清除发病植株，清除枯枝落叶，减少病残体，及其他农业栽培措施为主，结合喷洒化学药剂防治等。

5.1.1　白粉病类

白粉病是观赏植物发生既普遍又严重的重要病害。白粉病主要危害叶片、叶柄、嫩茎、芽和花瓣等植物的幼嫩部位。被害部位产生近圆形或不规则形粉斑，当病斑联合时在叶片上布满白色粉状物，即病菌的菌丝体、分生孢子梗和分生孢子。后期白粉变成灰白色，并产生黑色的小粒点，即病菌的闭囊壳。病叶枯黄皱缩，幼叶常卷曲、干枯。

5.1.1.1　白粉病类主要病害

（一）月季白粉病（图5-1）

1. 分布与危害

月季白粉病普遍发生于世界各地，是温室内切花月季生产中最为严重的病害之一。除危害月季外，还危害玫瑰、蔷薇和凤仙花等花卉植物。

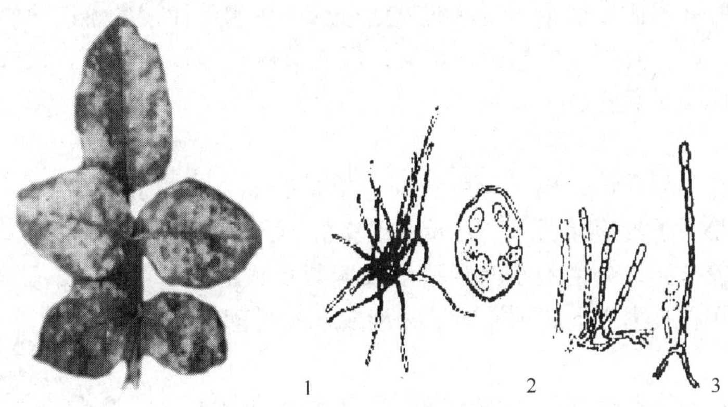

图5-1　月季白粉病

1—症状　2—闭囊壳及子囊　3—分生孢子

2. 症状识别

白粉病危害月季的叶片、嫩梢、花蕾及花梗等部位。受害部位产生近圆形或不规则形粉斑，之后表面布满白色粉层，这是白粉病的典型特征。嫩叶感病后，叶片皱缩、卷曲呈畸形，有时变成紫红色，老叶感病后，叶面出现近圆形、水渍状褪绿的黄斑，严重受害时，叶片枯萎脱落。嫩梢及花梗受害部位略膨大，其顶部向下弯曲。花蕾感病，轻者花朵畸形，重者枯萎，丧失观赏价值。

3. 病原

月季白粉病是由蔷薇单丝壳菌引起的。此菌属于真菌子囊菌亚门、单丝壳属。叶片上白粉为无性时期的分生孢子梗及分生孢子，分生孢子单胞，无色、椭圆形、串生；后期上边产生黑色颗粒为有性时期闭囊壳，其上有菌丝状附属丝，闭囊壳内仅有一个子囊。

4. 发病规律

病菌在病芽、病叶或病枝上越冬，有些地区以闭囊壳在落叶上越冬。翌年春天，以随病芽开放产生的分生孢子或闭囊中形成的子囊孢子进行初侵染。病菌孢子随风或借空气流动而传播，直接穿透角质层和表皮细胞，侵入寄主危害。在月季生长期病菌的分生孢子可不断进行再侵染。施氮肥多、通风不良、管理差易感病。光叶、蔓生、多花色品种较抗病。

（二）凤仙花白粉病（图 5-2）

1. 分布与危害

此病在我国北京、天津、上海、河北、河南、山东、吉林、四川、江苏、安徽、浙江、福建、广东等省市均有发生。除危害凤仙花外，还可以侵染玫瑰、蔷薇、木芙蓉、大丽花、向日葵等多种观赏植物。

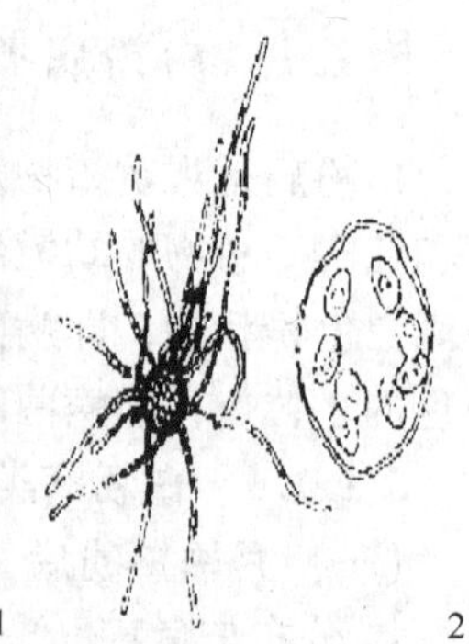

图 5-2　凤仙花白粉病

1—症状　2—病菌子囊壳及子囊

2. 症状识别

叶面出现零星的不定形白色霉斑，随着霉斑的增多和向四周扩展相互连合成片，终致整个叶面布满白色至灰白色的粉状霉层，仿佛叶面被撒上一薄层面粉，故称为白粉病。霉斑相对应的叶背面，可见初呈黄斑，后转黄褐色至褐色枯斑。秋末，病部产生黑褐色小粒点，即病原菌子囊壳。

3. 病原

病原为凤仙花单囊壳菌，属子囊菌亚门，单丝壳属。闭囊壳具 5 ~ 10 根附属丝，菌丝状，褐色，有隔膜。子囊短椭圆形，有 8 个子囊孢子，子囊孢子椭圆形，无色透明。无性时期为半知菌亚门粉孢属，分生孢子椭圆形至长椭圆形，单胞无色，内含很多颗粒，串生，从顶端向下逐渐成熟或脱落。

4. 发病规律

病菌在凤仙花的病残体和种子内越冬，翌年发病期散发子囊孢子进行初次侵染，以后产生分生孢子进行重复侵染，借风雨传播。8 ~ 9 月为发病盛期，气温高、湿度大、种植过密、通风不良发病重。

（三）紫薇白粉病（图 5-3）

1. 分布与危害

紫薇白粉病在我国云南、四川、湖北、浙江、江苏、山东、上海、北京、湖南、贵州、河南、福建、台湾等省市均有发生。白粉病使紫薇叶片枯黄，引起早落叶，影响树势和观赏。

2. 症状识别

紫薇白粉病主要侵害紫薇的叶片，嫩叶比老叶易感病。嫩梢和花蕾也能受侵染。叶片展开即可受侵染。发病初期，叶片上出现白色小粉斑，扩大后为圆形病斑，白粉斑可相互连接成片，有时白粉层覆盖整个叶片。叶片扭曲变形，枯黄早落。发

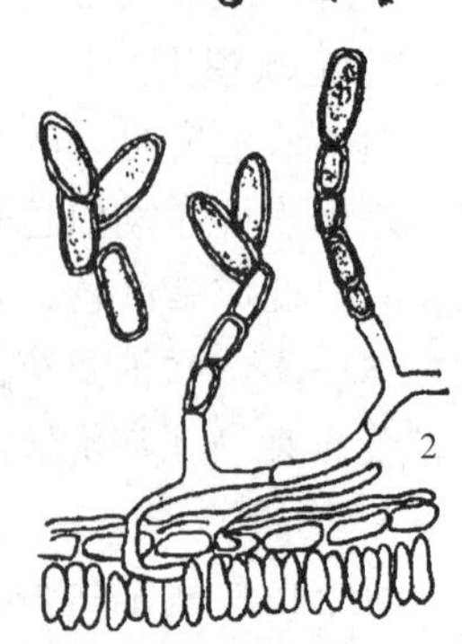

图 5-3　紫薇白粉病

1—白粉病症状　2—白粉菌分生孢子

病后期白粉层上出现小粒点即病菌闭囊壳。

3. 病原

病原菌是南方小钩丝壳菌，属子囊菌亚门钩丝壳属。闭囊壳球形，表面附属丝呈钩状，里边含有多个子囊，子囊孢子椭圆形。无性时期属于半知菌粉孢属，产生无色、椭圆形串生的分生孢子。

4. 发病规律

紫薇白粉病是以菌丝体在病芽、病枝条或落叶上越冬，翌年春天温度适合时越冬菌丝开始生长发育，产生大量的分生孢子，并借助气流进行传播和侵染。病害一般在4月份开始发生，6月份趋于严重，7~8月份会因为天气燥热而趋缓或停止，但9~10月份又可能再度重发。白粉病在雨季或相对湿度较高的条件下发生严重，偏施氮肥、植株栽植过密或通风透光不良均有利于发病。

(四) 黄栌白粉病（图5-4）

1. 分布与危害

黄栌白粉病是危害黄栌的主要病害之一，该病主要发生在北京、山东、河北、河南、陕西、四川等地，其中北京、西安的黄栌发病最严重。受白粉病危害可导致叶片干枯或提早脱落；有的被白粉覆盖后影响光合作用，致使叶色不正，不但使树势生长衰弱，而且导致秋季红叶不红，变为灰黄色或污白色，严重影响红叶的观赏效果。

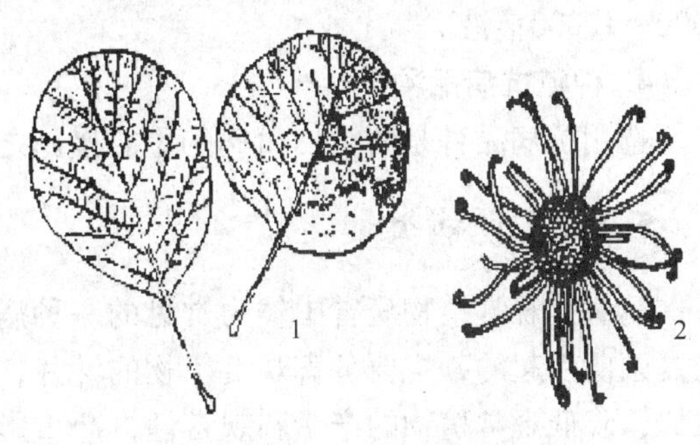

图5-4 黄栌白粉病
1—症状 2—闭囊壳及附属丝

2. 症状识别

初期叶片出现针头状白色粉点，逐渐扩大成污白色圆形斑，病斑周围呈放射状，至后期病斑连成片，严重时整叶布满厚厚一层白粉，全树大多数叶片为白粉覆盖。秋末正常叶片变为红色时，被白粉覆盖的病叶仍为暗绿色或黄色，并在白粉层上出现黑色小粒点。受白粉病危害的叶片组织褪绿，影响叶片的光合作用，使病叶提早脱落，不仅影响树势，还严重影响观赏。病害还侵染嫩梢。8月底9月初，在叶片的白粉中出现小颗粒状物，初为黄色，颜色逐渐加深，最后变为黑褐色，为病菌的闭囊壳。

3. 病原

病原为漆树钩丝壳菌侵染所致，闭囊壳球形，黑褐色，附属丝顶端卷曲如钩状；子囊卵形至椭圆形，内生子囊孢子5~8个；子囊孢子卵形至长圆形。分生孢子串生，柱形至桶形，无色，单胞。

4. 发病规律

病菌以闭囊壳在病落叶和病枝上越冬，或以菌丝在病枝上越冬。翌年夏初闭囊壳吸水开裂放出子囊孢子，菌丝体直接产生分生孢子进行初侵染，生长季节以分生孢子进行再侵染。一般5~6月降雨早，发病也早，反之则延迟。7~8月降雨量的多少，决定当年病害的轻重，黄栌白粉病多从植株下部叶片开始发病，之后逐渐向上蔓延。发病初期至8月上旬，病情发展缓慢，8月中旬至9月上、中旬，病情发展迅速。在北京，6月底至7月初发病，8~9月份，为发病盛期；一般树冠下部叶片以及地面根际萌蘖小枝先发病，树势衰弱时病重。

山沟处发病重，山脊处发病轻；阴坡处重，阳坡处轻；纯林病重，混交林病轻。阴雨多、湿度大时发病重。

5.1.1.2 白粉病类综合防治措施

1. 清除病残体

秋冬季结合修剪，剪除病弱枝，清除枯枝落叶，减少初侵染来源。

2. 加强栽培管理

栽植切勿过密，适当稀植，以利于通风。合理施肥，氮肥不宜过多，生长期发现病叶及时摘除、烧毁。

3. 化学防治

发芽前喷石硫合剂 3 ~ 4°Be，发病初期喷 15% 三唑酮（粉锈宁）可湿性粉剂 1500 ~ 2000 倍液，25% 丙环唑（敌力脱）乳油 2500 ~ 5000 倍液，40% 氟硅唑（福星）乳油 8000 ~ 10000倍液。

4. 种植抗病品种

选用抗病品种是防治白粉病的重要措施之一。

5.1.2 锈病类

锈病是观赏植物病害中较为常见的一种病害，该类病害是由担子菌亚门冬孢菌纲锈菌目的真菌所引起的，主要危害观赏植物的叶片，引起叶枯和叶片早落、果实畸形，削弱植株的长势，降低观赏植物的产量和观赏性，严重影响植物的生长。据全国园林植物病害普查资料统计，花木上有 80 余种锈病，有些锈病危害严重，如玫瑰锈病和美人蕉锈病等。

5.1.2.1 锈病类主要病害

（一）海棠锈病（图 5-5）

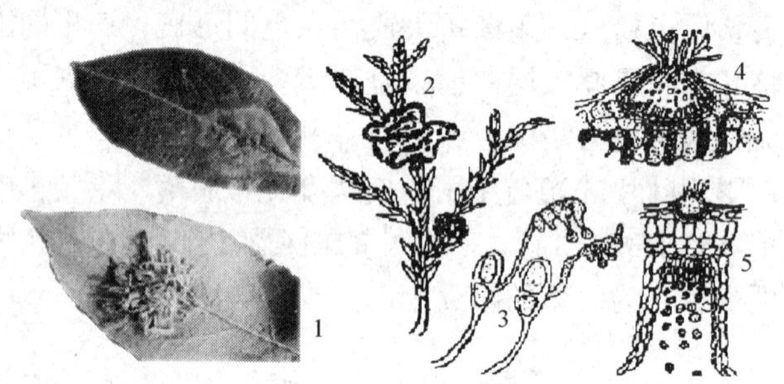

图 5-5 海棠锈病

1—叶片正面与背面症状 2—松柏上的孢子角 3—冬孢子萌发 4—性孢子器 5—锈孢子器

1. 分布与危害

海棠锈病是各种海棠的常见病害，危害贴梗海棠、垂丝海棠、西府海棠以及梨、木瓜等植物。在我国各个省市均有发生，发病严重时，海棠叶片上病斑密布，致使叶片枯黄早落。该病同时还会危害桧柏、侧柏、龙柏、铺地柏等观赏树木，引起针叶及小枝枯死，影响园林景观。

2. 症状识别

锈病主要危害海棠叶片，也能危害叶柄、嫩枝和果实。叶面最初出现黄绿色小点，扩大

后呈橙黄色或橙红色有光泽的圆形小病斑，边缘有黄绿色晕圈。病斑上着生针头大小橙黄色的小粒点，后期变为黑色。病组织肥厚，略向叶背隆起，其上有许多黄白色毛状物，最后病斑变成黑褐色，枯死。叶柄、果实上的病斑明显隆起，果实畸形，多呈纺锤形；嫩梢感病时病斑凹陷，易从病部折断。

3. 病原

海棠锈病的病菌为山田胶锈菌与梨胶锈菌，属于担子菌亚门胶锈菌属。锈孢子单胞，椭圆形，冬孢子双胞，有长柄，遇水胶化。

4. 发病规律

冬孢子发生于桧柏上；性孢子、锈孢子着生在海棠上。菌丝在桧柏等小枝上越冬。菌丝可多年生。冬孢子角在2月下旬至3月下旬陆续出现和成熟。3月下旬，冬孢子角遇雨水即膨大成胶质黄花状。冬孢子萌发产生大量孢子，即黄粉状物。冬孢子从萌发产生小孢子，到小孢子萌芽侵入贴梗海棠，只要1d。小孢子从发芽到侵入只需几小时。侵入后经过7～12d出现症状，产生性孢子器，再经过20～30d形成锈子腔。锈子腔形成后10d左右，开始释放锈孢子。9月份锈孢子传播到松柏上侵入新梢。小孢子萌发的适宜湿度为15～23℃，锈孢子萌发的适宜湿度为27℃。全年只发生一次，没有再次侵染，但小孢子和锈孢子侵染期相当长，对贴梗海棠和桧柏等危害较重。

（二）毛白杨锈病（图5-6）

1. 分布与危害

毛白杨锈病主要分布于河北、河南、山东、山西、陕西、北京等地。该病主要危害幼苗及幼树，大树上也有发生，但并不造成严重危害。除毛白杨外，其他白杨派的杨树也会发病，但以毛白杨受害最重。

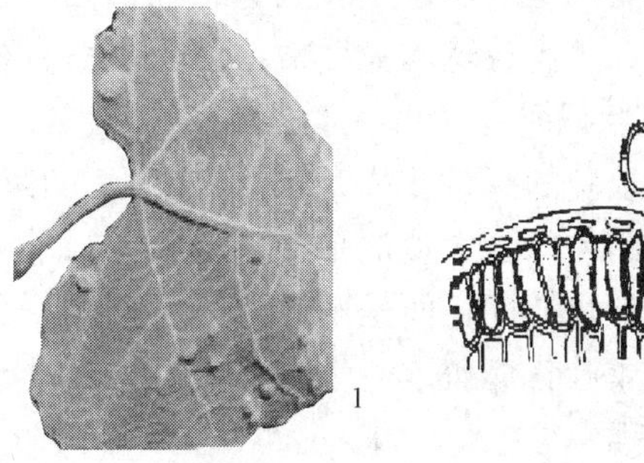

图5-6 毛白杨锈病

1—症状 2—夏孢子与冬孢子

2. 症状识别

春天杨树展叶期，即可看到树上满布黄色粉堆，形成一束黄色绣球花的畸形病芽。不久病芽干枯，叶片受侵染后，形成黄色小斑点，以后在叶背面布满黄粉，即病菌的夏孢子堆，且叶背病部隆起。受侵叶片提早落叶，严重时形成大型枯斑，甚至叶片枯死。在较冷地区，早春可在病落叶上见到红褐色，近圆形或多角形的疱状物，即为病菌的冬孢子堆。病菌也危害嫩梢，形成溃疡斑。

3. 病原

引起毛白杨锈病的病菌在我国有马格栅锈菌、杨栅锈菌均为担子菌亚门，栅锈菌属。病菌夏孢子单胞，圆球形，橙黄色，表面有小刺；冬孢子单胞，长椭圆形，排成栅栏状。

4. 发病规律

病菌以菌丝的状态在冬芽中越冬。春季在病冬芽上形成夏孢子堆，作为田间初侵染的中心。在自然条件下形成数量有限的冬孢子的作用不大。病害在5～6月和9月为两个发病高峰，以5～6月最重。7～8月由于气温较高，不利于夏孢子的萌发侵染，故病害进入平缓期。1～4年生苗木与9～10年生以上的树木对病菌感染程度有明显差异。幼树叶片受感染后不但潜育期短，而且发病严重。这种抗性差异认为与叶片的组织结构及一些与抗病性有关

的生化物质有关。该菌只侵染白杨派树种，但树种间抗病性差异在田间十分明显，毛白杨和新疆杨发病重。

（三）玫瑰锈病（图5-7）

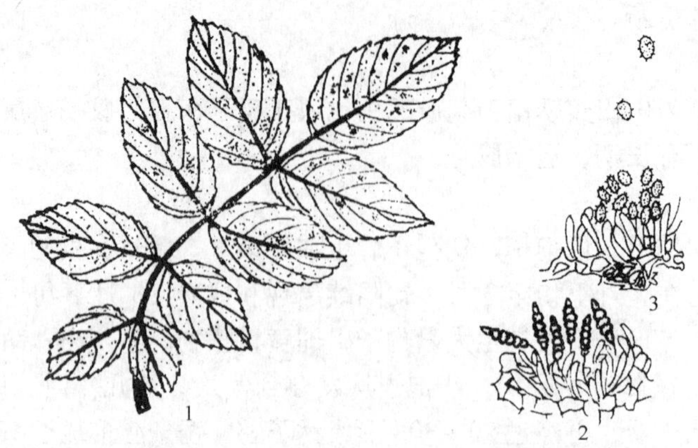

图5-7　玫瑰锈病

1—症状　2—冬孢子堆　3—夏孢子堆和夏孢子

1. 分布与危害

玫瑰锈病是玫瑰的主要病害，在西南各地发生普遍，四季温暖、多雨多雾地区发病较重，白花、紫花玫瑰均受侵染，引起叶片脱落，影响生长和开花，还危害蔷薇属多种植物。

2. 症状识别

危害玫瑰的芽、叶片、叶柄、花托、花柄、嫩枝等，春季发病，芽初期呈淡黄色，基部膨大，芽鳞内外含大量的橘黄色孢子粉，病芽不能正常生长，弯曲呈畸形，病芽会陆续枯死。发病叶片初期正面是不规则黄色病斑，叶背面产生橘黄色夏孢子堆，严重时，斑点布满叶面，秋季叶背病斑上产生黑褐色粉状物即冬孢子堆，叶片提前脱落。

3. 病原

玫瑰锈病的病原菌为短尖多孢锈菌，属于担子菌亚门，多孢锈菌属。冬孢子长椭圆形，多胞，有长柄。

4. 发病规律

病菌以菌丝体在玫瑰休眠芽内潜伏越冬，次年玫瑰发芽时，菌丝体在芽基部产生大量淡黄色锈孢子。病芽是叶片的主要侵染源。4月下旬叶片开始发病，发病率高低主要取决于春季雨水的多少。叶片发病后，叶背出现夏孢子堆及冬孢子。孢子随风、雨水传播，进行多次再侵染，使病害流行蔓延。6月下旬至7月下旬，8月下旬至9月下旬为叶片发病盛期。孢子萌发适宜温度为22~26℃。降雨量及空气湿度是造成病害流行的主要因素，雨水多而又分布均匀年份发病严重。水浇田、地势低洼或密度较大、枝叶郁闭、通风较差的玫瑰园发病较严重。

5.1.2.2　锈病类综合防治措施

1. 养护管理

选择抗锈病品种和无病母株。对转主寄生的病菌如桧柏—海棠锈病病菌等，尽量不要把两种寄主栽植在一起或距离太近。在城市中距离不应小于3.5km。不要使土壤过于潮湿。遇降雨天气，清除积水，以免病菌随水飞溅传播。轮作，忌连作，盆栽要换土。选高燥地、肥沃砂壤土种植。避免密植，保持通风良好，光线充足。肥料要充分腐熟，促使植株生长

健壮。

2. 清除菌源

清除病叶、病株及残体，秋季结合修剪，剪除病残株，集中烧毁。

3. 药剂防治

发病初期喷洒12.5%特普唑可湿性粉剂1500倍液，15%粉锈宁可湿性粉剂1000倍液。发病期间喷洒10%世高水分散粒剂6000倍液；25%凯润乳油2000倍液；10%宝丽安可湿性粉剂1500倍液；40%福星可湿性粉剂1500倍液；或25%粉锈宁可湿性粉剂1500倍液；或25%甲霜灵可湿性粉剂800倍液；75%百菌清可湿性粉剂500倍液。每7～10d喷1次，交替使用，连喷3～4次，可收到良好防治效果。

5.1.3　炭疽病类

炭疽病是观赏植物当中最为普遍发生的一大类病害。该病主要危害叶片、果实，也可以危害花和枝梢等部位，引起的病状有叶斑、叶枯、腐烂、梢枯等。该病主要有以下三个特点：第一，病部易产生黑色小点，且往往呈轮纹状排列；第二，在潮湿的环境条件下，病斑上产生有粉红色的黏液状孢子团；第三，具有潜伏侵染特点，若危害切花，在储运过程中，可影响切花造成大量腐烂。由于炭疽病喜欢在高温高湿环境条件下生长和繁殖，因此，该病在热带观赏植物发生极为普遍。

5.1.3.1　炭疽病类主要病害

（一）君子兰炭疽病（图5-8）

1. 分布与危害

君子兰炭疽病是家庭种植君子兰常见的一种病害，君子兰栽培地区都有发生。该病主要危害叶片，使叶片产生坏死斑，严重影响君子兰的观赏特性。

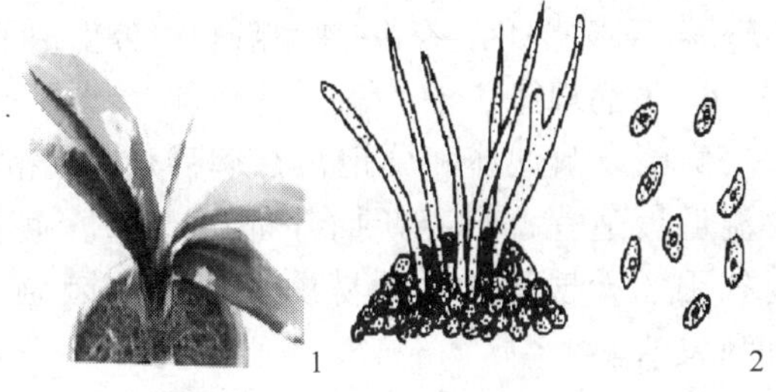

图5-8　君子兰炭疽病
1—症状　2—分生孢子盘

2. 症状识别

发病初期，感病叶片上产生淡褐色小斑，病斑以后逐渐扩大成圆形、椭圆形或半圆形，具轮纹。发病后期，病斑上产生许多小黑点，为病原菌的分生孢子盘。当环境潮湿时，涌出粉红色粘液，为病原菌的分生孢子堆。

3. 病原

君子兰炭疽病的病菌是一种炭疽菌，属于半知菌亚门，刺盘孢属（炭疽菌属）。分生孢子盘深褐色，盘四周散生刚毛。刚毛刺状，深褐色，2～4隔膜。分生孢子圆柱形，两端圆，单胞无色。

4. 发病规律

病原菌以菌丝体在病组织中越冬，第二年产生分生孢子进行侵染危害。该病在高温多雨、潮湿的季节发生严重。盆土过湿、盆距过密、氮肥过量也易发病。

（二）茶花炭疽病（图5-9）

1. 分布与危害

茶花炭疽病是庭园及盆栽茶花上普遍发生的重要病害。该病分布很广，美、英、日本等

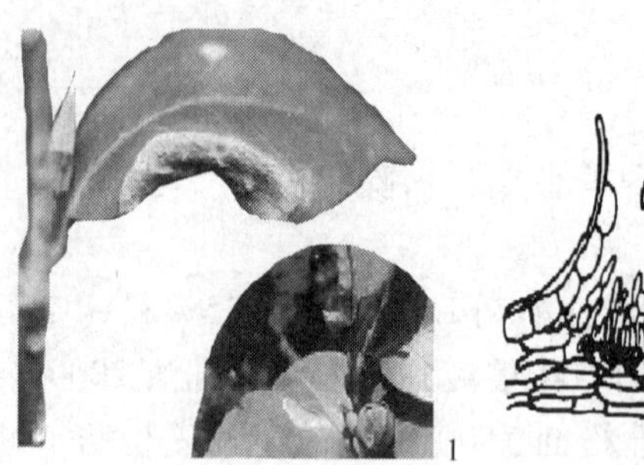

图 5-9　茶花炭疽病

1—症状　2—分生孢子盘、分生孢子及刚毛

国均有报道。我国四川、江苏、湖南、云南、广州、天津、北京、上海等省市均有发生，其中福州、昆明等市该病发生严重。炭疽病常引起早落叶、落蕾、落花、落果和枝条的回枯，削弱树势，减少切花产量。

2. 症状识别

茶花炭疽病主要危害叶片，多在叶尖、叶缘处开始发病。病斑半圆形、近圆形或不定形，边缘暗褐色，分界明显，中部灰褐色至灰白色，斑面有时出现明显或不甚明显的轮纹或波状云纹，其上散生小黑点或朱红色小液点。

3. 病原

病原菌是胶孢炭疽菌引起病害，属于半知菌亚门，刺盘孢属分生孢子盘初埋生于表皮下，后外露，刚毛黑色，有 1 ~4 个隔膜，分生孢子长椭圆形，两端钝，单胞无色，具有一油球。

4. 发病规律

病菌以菌丝体和分孢盘在病残体上存活越冬，以分生孢子借雨水溅射传播侵染。只要温湿度适宜，早春新抽叶都可感病。通常以高温多雨的年份和季节发病为重，如忽晴忽雨、天气闷热时更易诱发病害。园圃土质粘重、通风不良，或植株偏施氮肥，皆有利发病。

（三）米兰炭疽病（图 5-10）

1. 分布与危害

米兰炭疽病主要发生在我国南方地区，但由于潜伏侵染以及南兰北调，在北方地区发生日趋严重。

2. 症状识别

图 5-10　米兰炭疽病

1—症状　2—分生孢子盘、分生孢子及刚毛

病害主要出现在叶片上，在发病较重的时候也可以在叶柄、嫩枝及茎秆上发生。病菌一般从叶尖、叶缘侵入，形成圆形、半圆形或不规则形的病斑。病斑初期为黄褐色，后逐渐变为灰白色，病斑边缘环绕一圈稍凸起的红褐色环；后期病斑中部产生稀疏的小黑点。在适合条件下，病斑发展较快可以达到叶面的 1/2；叶柄受害时变褐，并沿主脉、支脉向叶片发展，沿叶柄、小枝向茎秆发展，病部变褐坏死。植株在发病过程中，叶片和小叶柄不断脱落，最后叶片全

部落光，全株干枯死亡。

3. 病原

米兰炭疽病的病菌为胶孢炭疽菌，属于半知菌亚门，刺盘孢属。分生孢子盘褐色或黑色，刚毛少，分生孢子圆筒形，单胞，无色。

4. 发病规律

病菌以菌丝或分生孢子在叶片或病残体内越冬，3月开始发病，在温湿度适宜条件下，潜伏的菌丝很快产生分生孢子盘和分生孢子，孢子萌发形成附着孢，后形成侵染丝直接侵入寄主，在细胞间生长，潜育期为7d。分生孢子在生长季节引起多次再侵染。病菌借雨滴（或淋水）、风或昆虫传播，远距离靠苗木传播。气温25～30℃的高湿条件下，利用病害发生发展。

（四）兰花炭疽病（图5-11）

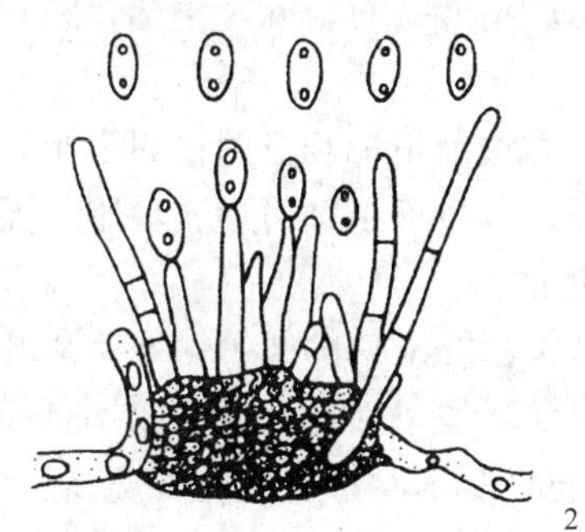

图5-11 兰花炭疽病

1—症状 2—分生孢子盘、分生孢子及刚毛

1. 分布与危害

兰花炭疽病是华南地区兰花栽培的主要病害之一，在国内发生较普遍，除兰花外，还危害一品红、茉莉、女贞、佛手、朱槿等。

2. 症状识别

发病初期，叶面上出现褐色斑点，后不断扩大成椭圆形或半圆形稍凹陷的轮纹状斑块，中心淡褐色或灰白色，边缘暗褐色。病斑干枯后散出孢子，病斑大小不一，影响兰花的观赏价值。茎、果受害出现不规则形或长条状黑褐色病斑。

3. 病原

该病病原为兰花炭疽病，属半知菌亚门，刺盘孢属。分生孢子盘扁球形，黑色，刚毛有或无；分生孢子梗短细，不分枝，无色；分生孢子圆筒形，单胞，无色，有1～2个油球。

4. 发病规律

病菌以菌丝体及分生孢子盘在病落叶或植株病叶上越冬。翌年春末形成孢子借风雨传播。病菌主要从伤口侵入，在幼嫩叶片也可直接侵入，潜育期为14～20d。此病在每年3～11月均可发生，以4～6月为高峰期，夏秋酷热，病害消退。高湿闷热、天气忽晴忽雨、通风不良、花盆积水、株丛过密、摩擦损伤、蚧虫严重等因素均会加重病情的发生蔓延。几乎所有兰花品种都不同程度遭受兰花炭疽菌危害。但品种间的抗病性有差异。墨兰，建兰中的“铁梗素”、“蒲兰”等比较抗病；春兰、寒兰、蕙兰、风寒兰，建兰中的“大头素”易感病，且春兰中的“大富贵”、“十月”严重感病。

（五）梅花炭疽病（图5-12）

1. 分布与危害

梅花炭疽病是我国梅花上的重要病害，发生普遍。梅花炭疽病在四川、北京、上海等地均有发生。

2. 症状识别

该病主要发生在梅花的叶片和嫩梢上。叶片病斑为圆形或椭圆形褐色小斑，发生在叶片边缘的病斑呈半圆形或不规则形，后期病斑逐渐扩大，呈灰褐色或灰白色，边缘为红褐色或暗紫色，上生黑色小点，呈轮纹状排列。病斑直径3~7mm，嫩梢被侵染后形成枯死斑。梅树严重发病时，叶片早落，枝梢枯死。

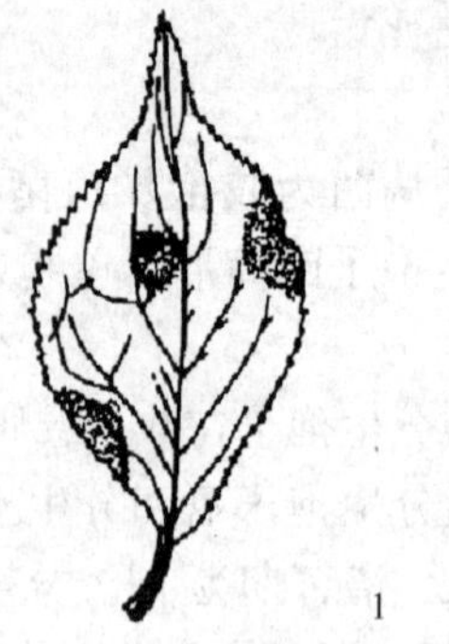

图5-12　梅花炭疽病
1—症状　2—分生孢子盘、分生孢子及刚毛

3. 病原

梅花炭疽病病菌是梅刺盘菌，属于半知菌亚门，刺盘孢属。分生孢子盘褐色；盘内刚毛黑色，有分隔，分生孢子圆筒形，单胞，无色。

4. 发病规律

病菌在被害植株嫩梢的组织内及病落叶上越冬。翌年气温升高时，借风雨传播。在梅花生长季节，只要环境条件适宜，可以不断发病，一般自5月初开始发病，7~8月危害最严重，至10月病害基本停止发展。气温高、多雨、湿度大，发病严重。管理粗放、土壤贫瘠以及栽植于风口树荫处的梅花，一般发病早，危害也较严重。不同品种的梅花，发病程度也有差异。以红梅和游龙梅类较易染病，而绿梅抗病力较强。

5.1.3.2　炭疽病类综合防治措施

1. 精心养护

按花木生物学特性科学合理施肥和浇水，增强花木抗病性，可减少该病发生。

2. 选用抗炭疽病的花木品种

如兰花中的春兰、寒兰、风寒兰、报春兰、大富贵等易感病；惠兰、十元抗病中等；秋兰、墨兰中的蒲兰、台兰、建兰中的铁梗素较抗病。

3. 种子苗木消毒

种子、苗木带菌时，可用50℃温水浸种20min或55℃温水浸10 min，捞出晾干后播种。也可用50%多菌灵可湿性粉剂500倍液浸种1h，消灭种子表面的病菌。

4. 药剂防治

花木发病后，喷洒43%好力克悬浮剂5000倍液；10%世高水分散粒剂1500倍液；80%炭疽福美600倍液；25%炭特灵可湿性粉剂500倍液，或50%苯菌灵可湿性粉剂1000倍液，50%施保功可湿性粉剂1000倍液。盆栽花木发生炭疽病时，可摘除病叶、病枝或涂抹医用达克宁软膏均有效。

5.1.4　灰霉病类

灰霉病是世界性病害，主要危害草本观赏植物，尤其是温室栽培的草本观赏植物发病极为普遍。在露地栽培的条件下，如果遇上潮湿条件或多雨季节，尤其受到低温使观赏植物衰弱，花瓣受害后引起腐烂，降低观赏性。

5.1.4.1　灰霉病类主要病害

（一）仙客来灰霉病（图5-13）

1. 分布与危害

仙客来灰霉病是温室中的常见病害，严重时病株率可达30%左右。特别是当温室内温度达20℃左右，相对湿度大，通风不好时，更易发生。在我国各地普遍发生。

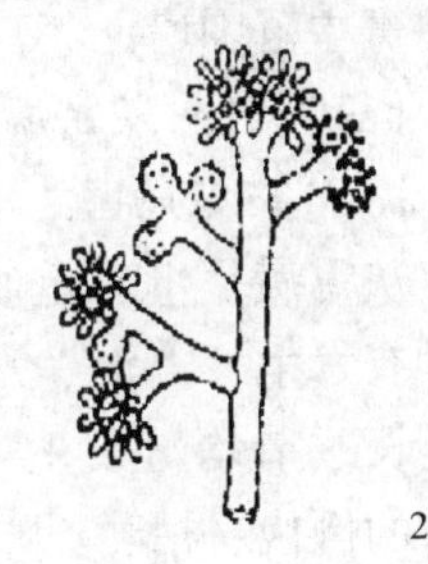

图5-13　仙客来灰霉病

1—症状　2—分生孢子梗与分生孢子

2. 症状识别

该病主要发生在叶片、叶柄上，也侵染花梗和花瓣。染病部位呈渍水状斑点，病部逐渐扩大腐败，但无臭味，病部表面密生白色至灰褐色霉状物，危害严重时整株枯死。叶片染病后，先出现病斑，最后全叶腐烂。叶柄或花梗感病后，发生褐色软腐，直至干枯。花瓣受害将导致最终腐烂。

3. 病原

病原为灰葡萄孢菌，隶属半知菌亚门、葡萄孢属真菌。孢子梗近直角分枝，分生孢子椭圆形，聚集成葡萄穗状。

4. 发病规律

病菌在病株残体或随患病残体在土中越冬。翌年春气温在20℃左右，湿度较高时产生分生孢子，借气流传播以伤口侵入植株为主，植株健壮则不易被侵染。病菌对花器及叶片致病力较强。该病在气温22℃左右，易于发生。空气湿度大时，病害发展迅速；空气干燥，发展缓慢，灰霉少；花盆放置过密，通风不良的温室中发生严重；氮肥过多，植株组织嫩弱，则发病重。

（二）大丽花灰霉病（图5-14）

1. 分布与危害

大丽花灰霉病主要发生在栽培地苗圃、庭院及盆栽花，危害大丽花、杜鹃花等。发病严重时，导致花瓣变褐、凋落或染病部位腐烂。

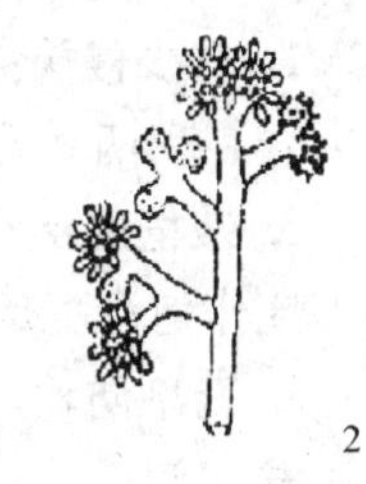

图5-14　大丽花灰霉病

1—症状　2—分生孢子梗及分生孢子

2. 症状识别

花部易受侵害变褐、软腐，重者花蕾不能开放，上生灰色霉状物。因此，灰霉病也称为花腐病。叶上发病，则发生近圆形至不规则形大病斑，病斑常发生于叶缘，淡褐色至褐色，有时显轮纹，水渍状，湿度大时长出灰霉。茎部病斑与叶部相似，呈不规则状，严重时茎软化而折倒，为大丽花的主要病害。

3. 病原

该病病原为灰葡萄孢，属半知菌亚门，葡萄孢属，分生孢子梗直立淡褐色，有隔膜，分生孢子聚生于分生孢子梗顶端，淡褐色，单胞，卵形或椭圆形。

4. 发病规律

病菌主要以菌核随病株残体越冬。菌核在适宜条件下长出分生孢子梗，产生分生孢子，引起初侵染。病斑上产生的分生孢子梗，产生分生孢子，引起再侵染。多雨季节危害严重，病菌寄主范围广泛。

（三）牡丹灰霉病（图5-15）

1. 分布与危害

灰霉病是世界上牡丹的重要病害之一，在我国也时有发生，上海、郑州等地较严重。该病在牡丹的生长季节均可发生，对幼嫩植株危害严重，引起幼苗的倒伏、枯萎。

图5-15　牡丹灰霉病

1—症状　2—分生孢子梗及分生孢子

2. 症状识别

植株的叶片、叶柄、花芽、茎部都可受害。幼苗被害时茎基部呈水浸状，并变褐、腐烂，造成幼苗倒伏；叶片受害时，在叶尖、叶缘形成圆形、半圆形的褐色病斑，具有不规则的轮纹；花芽受害时变黑或花瓣凋萎、腐烂变褐；病部被覆灰色霉状物。如茎基受害，植株容易倒伏。在病茎上有时可以看到球形、小而光滑的黑色菌核。

3. 病原

牡丹灰霉病的致病菌为葡萄孢属真菌，隶属半知菌亚门，葡萄孢属。分生孢子梗直立，浅褐色，有隔膜。分生孢子聚集成头状，卵圆形至椭圆形；无色至浅褐色，单胞。菌核黑色，大小为1～1.5mm。

4. 发病规律

病菌以菌核和分生孢子在病残体上越冬，第二年春天菌核萌发，产生分生孢子进行初次侵染。分生孢子借风雨传播。牡丹的整个生长期都可发病，分生孢子可重复侵染危害。花后、雨季发病更为严重。幼嫩的植株最易感病。花圃连作发病重。该病多发生于春、冬季及低温潮湿的温室、花房中。

5.1.4.2　灰霉病类综合防治措施

1. 减少侵染来源

春、秋两季及时清除病株、枯枝落叶，并集中销毁。

2. 栽植区实行轮作

连作地深翻后才可种植。注意通风透光，栽植不宜过密。

3. 药剂防治

发病初期，可施用65%代森锌可湿性粉剂500倍液、75%百菌清可湿性粉剂600倍液、50%扑海因（异菌脲）可湿性粉剂1000～1500倍液及65%抗菌威可湿性粉剂1000～1500倍液、50%速克灵可湿性粉剂1000～1500倍液、50%施美特可湿性粉剂1000倍液、40%施佳乐悬浮剂600～800倍液、绿亨5号600～800倍液。每隔10～15d喷1次，喷2～3次。

5.1.5　叶斑病类

观赏植物叶斑病是指叶片组织受到局部性侵染，造成侵染部位最终坏死，在叶片上产生各种斑点病的总称。叶斑病的种类繁多，可因病斑颜色、大小、形状、质地、有无轮纹的形成等方面，又可将叶斑病分为黑斑病、褐斑病、圆斑病、角斑病、斑枯病、轮斑病、叶枯病等种类。叶斑病在其发病部位往往着生点粒或霉层，或经过保湿后，即可在发病部位产生点

粒或霉层。叶斑病不仅能降低观赏价值，而且有些叶斑病给观赏植物造成巨大的经济损失，如非洲菊褐斑病、鸡冠花褐斑病、月季黑斑病、短穗鱼尾葵灰斑病、山茶灰斑病等。引起叶斑病的病原种类很多，病原包括真菌、原核生物中的细菌少数线虫等。其中由真菌引起的叶斑病种类最多，病原主要集中在鞭毛菌亚门、子囊菌亚门、半知菌亚门等。

5.1.5.1　叶斑病类主要病害

（一）月季黑斑病（图5-16）

1. 分布与危害

月季黑斑病是世界性病害，1815 年瑞士首次报导；1910 年我国报道了蔷薇属植物上的这一病害，目前我国几乎所有栽植月季的地区均有此病发生。该病发生严重时，使叶片枯黄脱落呈“光杆”状，成为月季生产重要病害。

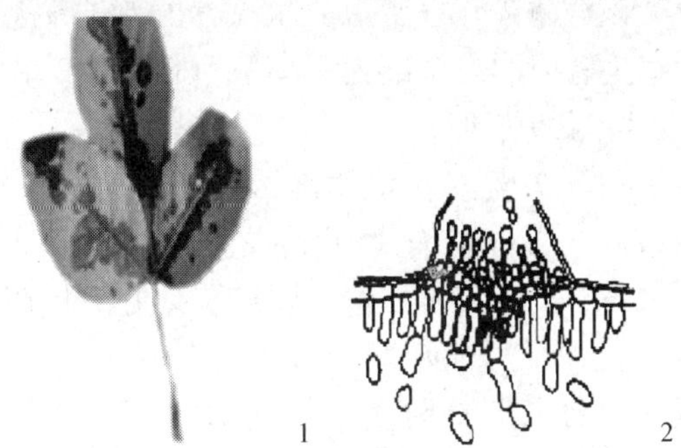

图5-16　月季黑斑病
1—症状　2—分生孢子盘

2. 症状识别

叶片受侵染后，叶面出现圆形紫黑色病斑，或不规则斑，病斑边缘呈红褐色或紫褐色，放射状。逐渐病斑连在一起，形成大斑，周围叶肉大面积变黄。病叶易于脱落，严重时整个植株下部叶片全部脱落，变为光杆状。

3. 病原

该病病原为蔷薇放射孢菌属于半知菌亚门，放线孢属的真菌。分生孢子盘呈垫状，分生孢子梗短，不明显，无色；分生孢子长卵形至椭圆形，双胞无色，大小不一，分隔处略缢缩，多数一端细胞较狭小，直或稍弯。

4. 发病规律

病菌以菌丝在病枝、病叶或病落叶上越冬，翌年早春，形成分生孢子盘，产生分生孢子传播危害。分生孢子也是初侵染来源。分生孢子借风雨、飞溅水滴传播危害，因而多雨、多雾、多露时易于发病。据试验，叶上有滞留水分时，孢子6h内即可萌芽侵入。萌发侵入的适宜温度为20～25℃、pH值为7～8，潜育期10～11d，老叶潜育期略长，为13d，病菌可多次重复侵染，整个生长季节均可发病。一般梅雨季节和台风季节发病重，炎热夏季高温干旱季节病害扩展缓慢。植株衰弱时容易感病。品种间抗病性存在差异，但无免疫品种。

（二）鸡冠花褐斑病（灰斑病、叶斑病）（图5-17）

1. 分布与危害

鸡冠花褐斑病是鸡冠花主要病害之一，全国各地常有发生。此病由真菌引起，大部分下层叶片发病形成褐斑，在夏秋期间，病斑相连使大半个叶片或整个叶片干枯下垂，严重影响观赏和生长。

图5-17　鸡冠花褐斑病
1—症状　2—分生孢子梗与分生孢子

2. 症状识别

发病初期，主要侵染叶片、茎及叶柄等。叶片出现黄或浅红褐色小斑，扩展成圆形、不规则病斑，边缘紫褐色，中间色较浅。老病斑中央组织变为灰褐色，轮纹明显。后期，病斑背面着生有粉红色的霉层。病斑连片可使叶片枯黄、早落，单个病斑干枯脱落则形成穿孔，近地面的茎部发病，病斑呈长条状、褐色；根茎处易发病，病斑褐色，长条形，植株易倒伏。

3. 病原

该病菌为硫色镰孢菌和鸡冠花砖红镰孢菌，属于半知菌亚门，镰孢属。分生孢子二型，大型为镰刀形，多细胞；小型为椭圆形，单细胞；分生孢子梗为扫帚状。

4. 发病规律

一般在南方（广州地区）6 月上旬开始发病，7 ~ 8 月发病最为严重，10 月底基本结束。高温潮湿有助于其发生与蔓延，土壤透水性差，排水不良，植株长势衰弱，也容易发病。由于病菌在病残体及土壤中越冬，厚垣孢子可存活多年，分生孢子由水流传播，种子可能带菌及侵染植株。北方地区（北京地区）8 月初发病，8 ~ 9 月为发病盛期。台风期暴雨多，发病重，蔓延传播快。病残体多，连作，土壤湿度大等皆可加重病害的发生。

（三）杜鹃褐斑病（角斑病、叶斑病）（图 5-18）

1. 分布与危害

杜鹃褐斑病又名杜鹃灰斑病、叶枯病。其主要危害杜鹃花的叶片，致病叶早期脱落，使植株生长明显减弱，直至死亡，是杜鹃的重要病害之一。

图 5-18　杜鹃褐斑病
1—症状　2—分生孢子梗与分生孢子

2. 症状识别

杜鹃褐斑病菌危害杜鹃叶片，造成大量落叶，幼苗期甚至整株死亡。感病叶片初期生红紫至红褐色小点，逐渐扩展成近圆形，或受叶脉限制为多角形不规则病斑，直径 1 ~ 5mm，后期病斑黑褐色，中央有时灰白色，边缘不甚明显。病斑叶片正面色深而背面色浅，叶缘的病斑可以相互联结，潮湿时多在病斑表面生灰黑色小霉点。

3. 病原

杜鹃褐斑病病原是杜鹃尾孢菌，属于半知菌亚门尾孢属。分生孢子梗单生或丛生，分生孢子鞭状或线状，具有分隔。

4. 发病规律

杜鹃褐斑病菌以菌丝体在病叶或植株病残体中越冬，第二年温度、湿度适宜时产生分生孢子，借风雨传播，露地栽培的杜鹃 3 ~ 12 月均可发病，但以 4 ~ 7 月上旬和 10 ~ 11 月为高峰期。盆栽杜鹃冬季移入温室后，病害仍可继续蔓延。褐斑病的流行往往是在阴雨连绵、台风暴雨或秋雨季节。一般来说，盆栽杜鹃较田间生长的发病重，温室内或荫棚下的较露地的发病重。土壤粘重，种植过密，缺铁黄化，生长不良，均有利于病害的发生。杜鹃不同品种间感病程度不同，西洋鹃比小叶春鹃易感病。西洋鹃中“天惠”、“锦风”最易感病，“白御

幸锦”，“贺之祝”抗性中等，“南极”较抗病。

（四）菊花褐斑病（图5-19）

1. 分布与危害

菊花褐斑病又称为黑斑病、斑枯病，是菊花病害之一，全国各地均有发生。

2. 症状识别

图5-19　菊花褐斑病
1—症状　2—分生孢子器

菊花褐斑病初期叶片上出现褐色小点，后扩展为椭圆或不规则形病斑。深褐色至黑色，病健交界明显。后期病斑中心变为灰色，并产生小黑点。严重时病斑连接成大斑，叶片变黑枯死，大部分病叶不脱落，悬挂在茎秆上，只有顶部几张叶片脱落。

3. 病原

病原菌为菊壳针孢菌，属于半知菌亚门，壳针孢属真菌。分生孢子器易破裂，产生线状或针状透明的分生孢子。

4. 发病规律

病菌多在病残体上或土壤中越冬，只要环境适宜，在整个菊花生长期内均可发生病害，以8～9月发生严重；病菌借助风雨传播危害。高温多湿、栽植过密、老根留种时，发病严重。

（五）芍药褐斑病（轮斑病、白星病）（图5-20）

1. 分布与危害

芍药褐斑病又称为芍药红斑病、芍药及牡丹轮斑病，是芍药栽培品种上最常见的重要病害。河南洛阳等地经常发生。该病使芍药叶片早枯，连年发生削弱植株的生长势，植株矮小，花少而小，以致全株枯死，严重影响了切花产量和“白芍”的产量。牡丹也受侵染。

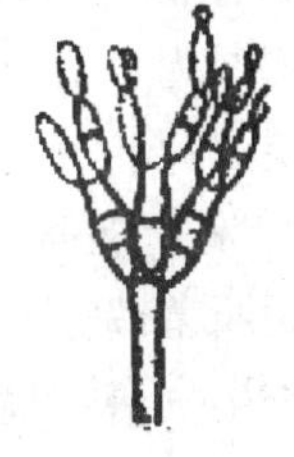

图5-20　芍药褐斑病
1—症状　2—分生孢子梗与分生孢子

2. 症状识别

芍药褐斑病主要危害叶片，也侵染枝条、花、果壳等。早春叶片展开即可受到侵染，叶背出现针尖大小的凹陷斑点，逐渐扩大成近圆形或不规则形的病斑，直径约5～24mm，叶边缘的病斑多为半圆形。叶片正面病斑上有淡褐色的轮纹，不太明显。病斑相互连接成片，使整个叶片皱缩、枯焦，叶片常破碎。幼茎及枝条上的病斑长椭圆形，红褐色，病斑长3～13mm；叶柄基部或枝干分叉处发病呈黑褐色的溃疡斑，病部容易折断。叶柄上的病斑和茎上的相似；萼片、花瓣上的病斑均为紫红色小斑点。

3. 病原

褐斑病的病原菌是牡丹枝孢霉，属于半知菌亚门，枝孢菌属。分生孢子单生或呈短链，黑褐色，单胞、双胞或多胞，形态变化很大。

4. 发生规律

病原菌主要以菌丝体在病叶、病枝条、果壳等残体上越冬；在南京地区，由于叶片的腐烂，病原菌不能在叶片上越冬。病原菌自伤口侵入或直接侵入，但伤口侵入发病率更高。在自然界，下雨时泥浆的反溅使茎基部产生微伤口，也有利于该病原菌的侵入，叶片等处茸毛的脱落，也可以造成微伤口。潜育期短，一般6d左右，但病斑上子实层的形成时间则很长，大约病斑出现1.5~2个月左右才产生子实层，因此再侵染次数极少。在生长季节该病均可发生。在南京地区，3月下旬开始发病，6~7月为发病盛期；在北京地区，则4月底至5月初才开始发病，7~8月为发病盛期。

（六）百日草白星病（图5-21）

1. 分布与危害

白星病是百日草上发生普遍的一种病害。我国北京、上海、广东、吉林、四川、云南等地均有发生，日本等国也有报道。该病危害叶片，影响植株的生长，降低其观赏价值。

2. 症状识别

白星病危害叶片。发病初期，叶片上出现针尖大小的白色小点，以后逐渐扩大形成圆形、椭圆形，或不规则的病斑，直径为0.4~5mm；病斑中央组织为白色或灰色，边缘红褐色至紫红色，稍隆起。发病后期，感病叶片正面的病斑上密生着许多黑色霉层，即病原菌的分生孢子及分生孢子梗。发病严重时病斑背面也有少量的霉层。最后病组织脱落，可形成穿孔。

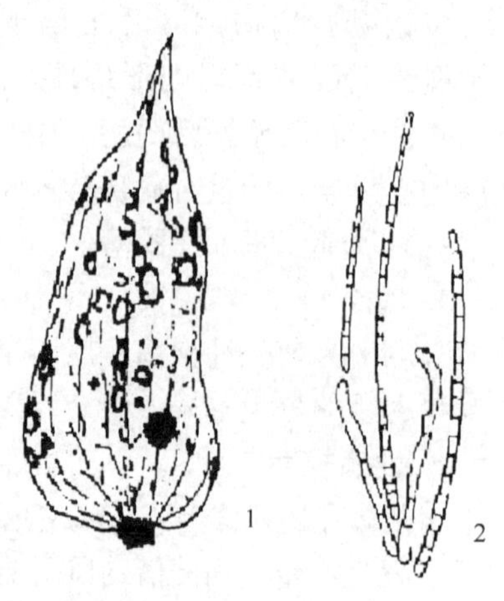

图5-21 百日草白星病

1—症状 2—分子孢子梗及分生孢子

3. 病原

病原为百日草白星尾孢霉，隶属半知菌亚门，尾孢属真菌。分生孢子梗簇生，2~20根，淡褐色；分生孢子无色，有3~20个隔膜。

4. 发病规律

病原菌以菌丝体或分生孢子在种子内或在病残体上越冬，第二年春季形成分生孢子。分生孢子由气流传播，生长季节有多次再侵染。该病一般发生在5~10月，7~9月是发病盛期，即开花期发病比较严重。夏季多雨，圃地排水不良，均有利于病害的发生。

（七）香石竹叶斑病（图5-22）

1. 分布与危害

香石竹叶斑病又名茎腐病、斑点病，为世界性病害。很多栽植石竹的地方都有发生。20世纪80年代初，上海一些花圃种植的香石竹因此病大批致死，几乎无花可收，损失惨重。上海、深圳、广州、昆明、贵阳、北京、成都、乌鲁木齐发生此病都较为严重。

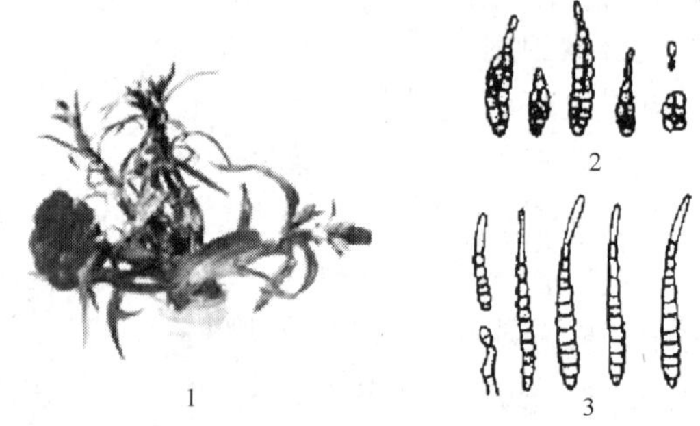

图5-22 香石竹叶斑病

1—症状 2—香石竹链格孢 3—香石竹生链格孢

2. 症状识别

病害在叶、茎、蕾和花上都可发生，以叶部最常见。发病多从下部叶片开始，产生淡绿色水渍状的小圆斑，后变为紫色，随着病斑扩大，中央变灰白色，边缘褐色，直径为4~5mm。一些石竹品种的病斑外缘有紫色圈。病斑相互连接形成不规则的大斑块，使叶变黄、

扭曲干枯，倒挂茎干上不脱落。潮湿天气时，病部产生黑色霉层，即病菌的分生孢子梗和分生孢子。茎部大多在茎节及枝条的病斑为条状，当病部环绕茎干一周时，病斑以上部位枝叶枯死呈褐色干腐。茎干上黑色霉层可保留很久。花蕾上病斑圆形，黄褐色水渍状，花瓣上也可见黑褐色病斑和霉层。

3. 病原

香石竹叶斑病是由链格孢属的香石竹链格孢与香石竹生链格孢侵染引起的，均属于半知菌亚门，链格孢属。分生孢子呈棒状，具有横纵分隔，串生。后者分生孢子细长只有横向分隔。

4. 发病规律

病菌以菌丝体和分生孢子在土壤中的病残体上越冬，可存活1年左右。温度适宜时产生分生孢子，由气流和雨水传播，主要从寄主气孔、伤口侵入，也可从幼嫩组织直接侵入。潜育期为10～60d。温室栽培的香石竹全年发病，露地栽培的发病期为3～11月，但以3～4月梅雨天气和7～9月台风季节为发病盛期，露地栽培比温室栽培发病严重。组培苗比扦插苗抗病。大花、宽叶、草体柔软的品种比花小、叶细长、草体挺硬的品种发病重。

（八）丁香叶斑病（图5-23）

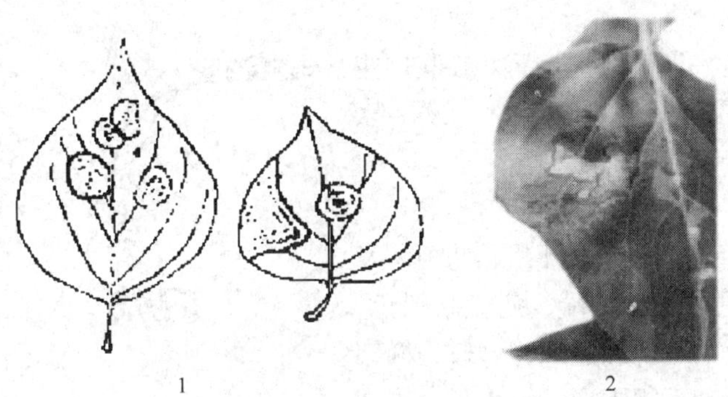

图5-23　丁香叶斑病
1—丁香黑斑病　2—丁香褐斑病

1. 分布与危害

丁香叶片上有多种叶斑病，常见的有丁香黑斑病、褐斑病、斑枯病。我国的南京、杭州、青岛、济南、南昌、丹东、大连、武汉、长春、北京等地均有发生。叶斑病使丁香叶片枯死、早落，植株生长不良。

2. 症状识别

（1）丁香黑斑病　发病初期，叶片上有褪绿斑，后逐渐扩大成圆形或近圆形病斑，褐色或暗褐色，有轮纹但不明显。最后变成灰褐色，病斑上密生黑色霉点，即病菌的分生孢子梗和分生孢子。

（2）丁香褐斑病　叶片上病斑常为不规则多角形，褐色，后期病斑中央变成灰褐色，边缘深褐色。病斑背面着生暗灰色霉层，即病菌的分生孢子梗和分生孢子。发病严重时病斑上也有少量霉层。

（3）丁香斑枯病　发病初期，叶片两面散生近圆形、多角形或不规则形的病斑，病斑边缘色较深，中央色浅。后期病斑中央产生少量黑色小点，即病菌的分生孢子器。

3. 病原

(1) 丁香黑斑病　病原菌是链格孢属的真菌。分生孢子梗散生或数根集生，褐色；分生孢子褐色。

(2) 丁香褐斑病　病原菌为丁香尾孢菌，属于半知菌亚门，丝孢纲，丝梗孢目，尾孢菌属。子座球形，暗褐色；分生孢子梗数根束生，直立不分枝；分生孢子线形或细棍棒形，无色或近无色，有多个分隔，基部细胞钝圆或近平截。

(3) 丁香斑枯病　病菌为丁香针孢菌，属于半知菌亚门，腔孢菌纲，球壳孢目，壳针孢属。分生孢子器近球形或扁球形；分生孢子细长，针状或蠕虫状，无色，有1~4个横隔。

4. 发病规律

(1) 丁香黑斑病　病菌以菌丝体或分生孢子在病落叶上越冬，由风雨传播。该病害在苗木上发病重。

(2) 丁香褐斑病　病菌以子座或菌丝体在病落叶上越冬，由风雨传播。发病期为7~9月，雨水多、露水重、种植密度大、通风不良有利于病害的发生。一般下部叶片最先发病。

(3) 丁香斑枯病　病菌以分生孢子器在病落叶上越冬，由风雨传播。

(九) 水仙大褐斑病 (图5-24)

1. 分布与危害

水仙大褐斑病是一种世界性病害。在我国主要水仙生产地，如福建、浙江、上海、江苏、安徽、云南、四川等省市均有发生。

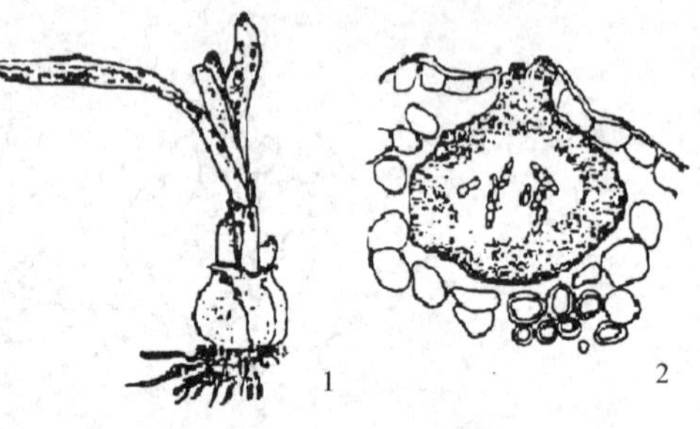

图5-24　水仙大褐斑病
1—症状　2—分生孢子器

2. 症状识别

水仙大褐斑病菌危害水仙的叶片和花梗。发病初期，病斑多出现在叶片尖端，病斑暗褐色，逐渐向下扩展到叶片的中部和边缘，病斑为椭圆形、纺锤形、半圆形和不规则形，红褐色，周围有黄色晕圈，可相互连接成大病斑。发生于叶缘时，叶片扭曲变形，后期病部破裂。花梗上的病斑与叶片相似，花梗常弯曲畸形。潮湿时感病部位密生黑褐色小点，即病菌的分生孢子器。

3. 病原

该病病原为水仙壳多胞菌，属于半知菌亚门壳多孢属，其分生孢子长椭圆形或圆筒形，无色。病菌生长最适温度为20~25℃，3℃以下和35℃以上病菌均不能生长。此病菌除侵染水仙外，还能侵染朱顶红、文殊兰等。

4. 发病规律

病菌主要以菌丝体在病叶、鳞茎的膜质鳞片叶内越冬或越夏，也可能在朱顶红、文殊兰叶片上越夏。该病一般在2月下旬开始发病，4~5月为发病盛期。气温偏高、雨水过多，发病就严重。连作发病重，未连作的发病较轻。种植过密、施肥过多、植株生长嫩弱，发病严重。此外，一般种植三年生水仙花鳞茎的地块比种植一年生子鳞茎的地块发病重。水仙附近有孤莛花、文殊兰等植物栽培时，由于病害可相互传播，也增加了感病机会。

5.1.5.2　叶斑病类综合防治措施

1. 加强栽培管理

温室栽培时，注意通风降低室内湿度，增施磷钾肥，保证充足的氮素营养，提高植株抗病力。发现病叶病果及时摘除销毁或深埋。

2. 培育和选用抗病品种

培育一些花形好、颜色艳丽、抗病能力强的兼抗品种。

3. 药剂防治

在发病初期可用下列药剂：70%代森锰锌可湿性粉剂700倍液，75%百菌清可湿性粉剂600倍液，50%异菌脲（扑海因）可湿性粉剂1000倍液，64%恶霜灵锰锌（杀毒矾）M8可湿性粉剂400～500倍液。每7d 1次，共施2～3次。也可施用烟剂，即保护地每1000m^2用硫磺粉250 g、锯末500g混合后，点燃，密闭一夜。或用46%百菌清烟剂250g/667m^2熏蒸；还可以用丰收5型或10型喷粉器施粉尘剂，用5%百菌清粉尘剂1kg/667m^2。，7～8d 1次，施2～3次。

5.1.6　叶畸形类

叶畸形病害种类较少，多发生在木本观赏植物上，寄主有杜鹃花科、山茶花科、樟科、鸭石草科和虎耳草科等植物，以寄生在杜鹃花科植物上最为常见。其主要危害植物的幼嫩组织，危害叶片可引起叶片畸形，严重时植株叶片提早脱落；危害果实后可加速果实的脱落；危害花瓣时，造成花瓣肉质状肥厚；危害枝条时，引起枝条顶端形成瘤状物，严重可引起枝条枯死，造成树势衰弱。叶畸形病类主要是由担子菌亚门外担菌属病菌引起，发病后症状较为明显。一般情况下，病菌侵入寄主后刺激寄主组织增生，使叶片肿大、加厚、皱缩，果实肿大等症状。

5.1.6.1　叶畸形类主要病害

（一）桃缩叶病（图5-25）

1. 分布与危害

桃缩叶病在我国南北方桃产区均有发生，以湖南、湖北、江苏、浙江等省发生较重。病害流行年份引起春梢叶片大量早落，削弱树势，不仅影响当年产量，对第二年的产量也有不良影响，严重的甚至导致植株过早衰亡。该病还会危害梅、李等果树。

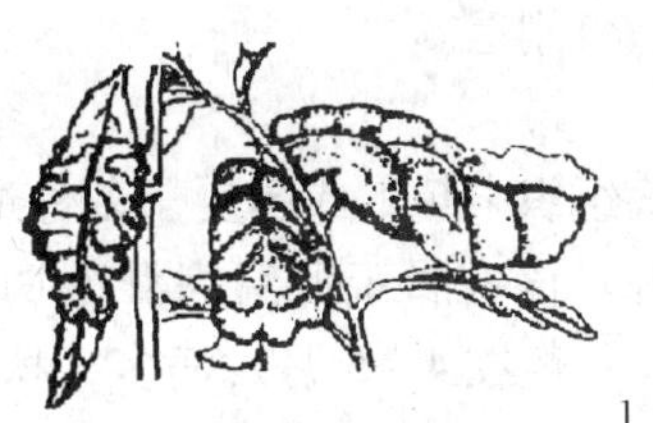

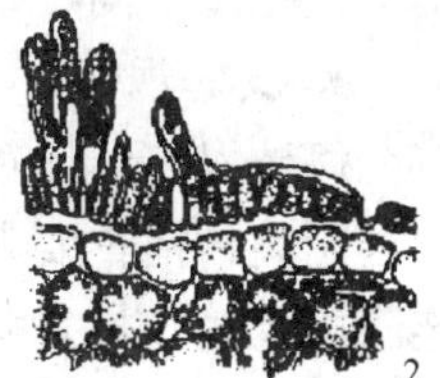

图5-25　桃缩叶病

1—症状　2—子囊

2. 症状识别

桃缩叶病主要危害幼嫩组织，其中以嫩叶为主，嫩梢、花和幼果也可受害。春季嫩叶刚从受侵芽鳞抽出即可受害，表现为病叶变厚肿胀，卷曲变形，颜色发红。随叶片逐渐展开，卷曲程度也随之加重，病叶明显肿大肥厚，皱缩扭曲，质地变脆，呈红褐色，上生一层灰白色粉状物（即病菌的子囊层），以后病叶变褐、枯焦、脱落。落叶后，腋芽萌发抽出的新叶不再受害，但常引起夏芽生长，严重时病稍扭曲、生长停滞，最后整枝枯死。花及幼果受害，花瓣肥大变长，大多脱落；病果畸形，表面龟裂，容易早落。

3. 病原

病原为畸形外囊菌，属于子囊菌亚门，外囊菌属。子囊裸露，成排着生于寄主表皮下。

4. 发病规律

病菌以芽孢子在芽鳞缝内或皮上越冬，翌春桃芽萌发时遇降雨，芽孢子产生芽管，直接穿透表皮或自气孔侵入嫩叶。侵入叶肉组织的菌丝大量繁殖，使寄主细胞异常分裂和特别肥大，结果导致叶肉变厚，叶质变脆。当年病叶产生的子囊孢子及芽生孢子于春末夏初成熟，4～5 月桃树刚展叶时叶片幼嫩，易被病菌感染，发生严重。病菌借风力传播，一年只侵染一次，随着气温升高，停止发展，气温超过 30℃不发病。春季低温多雨时利于该病发生，江河沿岸、湖畔、低洼地也多发此病。

（二）杜鹃饼病（图 5-26）

1. 分布与危害

杜鹃饼病又名杜鹃叶肿病。该病是杜鹃上的一种常见病害，常造成杜鹃叶、果和梢畸形，降低观赏价值。同时，该病也危害茶、山茶及石楠科等植物。

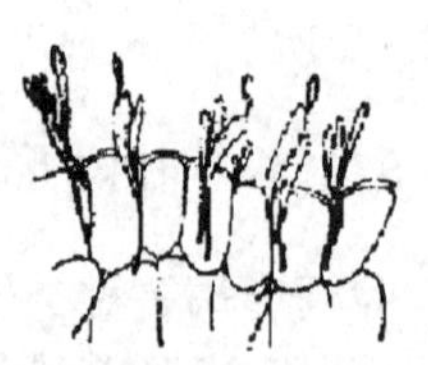

图 5-26　杜鹃饼病
1—症状　2—担子、担孢子、刚毛

2. 症状识别

杜鹃饼病又称为瘿瘤病、叶肿病，主要危害嫩叶、新梢及花。叶片染病产生浅绿色馒头状肉质疱斑，上被有灰白色粘性粉层，后期疱斑干枯成褐色饼状枯斑，致叶片扭曲畸形。新梢染病形成肥厚的叶丛而干枯。花染病也变肥厚，形成瘿瘤状畸形花，表面布有灰白色粉状物。

3. 病原

该病病原为杜鹃外担菌，属于担子菌亚门，外担菌属真菌。成排的担子上产生圆形的担孢子，担子之间产生黑色刚毛。

4. 发病规律

病菌以菌丝体在病组织中越冬或越夏，条件适宜时产生担孢子借风雨传播，带菌苗木成为远距离传播重要来源。该病属于低温高湿型病害，气温 15～20℃、相对湿度高于 80%、连阴雨天气多易发病，一般在 4～5 月发病多，秋季花芽形成期也有发生。

5.1.6.2　叶畸形类病害综合防治措施

1. 减少菌源

秋末或早春及时剪除带病枝叶，清除病残体，及早将染病器官摘除并集中深埋，以减少病原。

2. 田园管理

合理栽植，改善通风透光条件，科学施肥，发病重的苗木应及时增施肥料，恢复树势。

3. 药剂防治

早春树木发芽前喷洒 2～4°Be 石硫合剂或 0.1% 硫酸铜溶液，70% 代森锰锌可湿性粉剂 500 倍液，施药要均匀。展叶后一般不要再喷药。在发病初期可喷洒 47% 加瑞农可湿性粉剂 600～800 倍液或 40% 福星乳油 8000～10000 倍液。

5.1.7　病毒病类

病毒病是仅次于真菌的第二大类的植物病害，而且危害严重。在观赏花卉生产中，较为

广泛使用无性繁殖方法，如果不注意，极易传播蔓延，给花卉生产造成重大损失。在自然界，一种观赏花卉常受几种、几十种病毒的侵染。病毒发生后，使寄主叶色、花色异常、器官畸形、植株矮化；重病则不能开花，甚至毁种。病毒的传播方式较多，主要有介体昆虫、汁液摩擦、人为因素等方式传播，种子在传播花卉病毒中也占有一定比例。病毒病的防治较为困难，主要措施有：加强植物检疫，繁殖无病苗木，有病种苗热处理，消灭传播介体，选育抗病品种等方法。

5.1.7.1 病毒病类主要病害

（一）郁金香碎锦病（图5-27）

1. 分布与危害

郁金香碎锦病又叫郁金香碎叶病，是古老而闻名的世界性病毒病，1576年已记述过该病的症状，郁金香栽植区都有该病的发生。我国上海、北京、厦门、福州、成都等市均有该病发生。郁金香碎锦病引起鳞茎的退化，花变小，纯一的花色变成杂色。发病严重时有毁种的危险。

图5-27 郁金香碎锦病

2. 症状识别

碎锦病侵害郁金香的叶片及花冠。发病初期，叶片上出现淡绿色或灰白色的条斑；花瓣畸形，由于病毒侵染影响花青素的形成，色彩纯一的花瓣上出现淡黄色、白色条纹，或不规则的斑点，称为“碎锦”。症状因品种及病毒株系、发病时间、环境条件的变化而不同。白色花品系的花冠多数不变色，少数白色花变成粉红色或红色；粉色和浅红色品系的花冠色泽变化不大；黑色品系的郁金香花冠由黑色变成灰黑色。病鳞茎退化变小，植株生长不良、矮化；花变小或不开花。麝香百合品种受侵染后产生花叶症状或隐症现象。

3. 病原

病原是郁金香碎色病毒，病毒粒体线状，稍弯曲，内含体为束状或线圈状。钝化温度为65～70℃；稀释终点为10^{-5}；体外保毒期：18℃时为4～6d。该病毒有强毒株和弱毒株2个株系，强毒株导致叶片和花梗上出现褪色斑驳。

4. 发病规律

郁金香碎锦病毒在病鳞茎内越冬，成为次年的初侵染源。该病毒由桃蚜和其他蚜虫做非持久性的传播。郁金香碎锦病毒寄主范围广，有福斯特氏郁金香、锐尖郁金香、山丹、卷丹、威尔逊氏百合、朝鲜百合、好望角万年青等多种花卉寄主。

（二）香石竹病毒病（图5-28）

1. 分布与危害

香石竹病毒病在世界各地香石竹栽植区广泛发生，常引起香石竹生长衰弱、花朵变小、花瓣出现杂色、花苞开裂等症状，降低观赏价值。

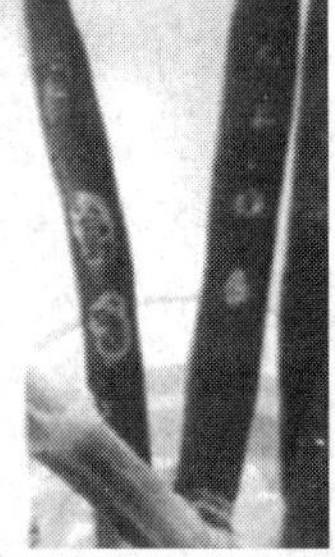

图5-28 香石竹病毒病

2. 症状识别

（1）香石竹斑驳病毒病　香石竹被该病毒侵染，

香石竹表现叶斑驳和花碎色。病毒通过汁液传播，在云南省各香石竹栽培基地均有发生，发病率高达60%~70%。

（2）香石竹叶脉斑驳病　香石竹被该病毒侵染，中国石竹和美国石竹均产生系统性花叶症状，冬季老叶常出现隐症现象。花瓣上出现变色斑点，在红色大花品种上症状特别明显，发病率达20%~30%。

（3）香石竹潜隐病毒病　香石竹被该病毒侵染后一般不表现症状，或有轻微的花叶症状。但香石竹潜隐病毒与香石竹叶脉斑驳病毒复合侵染时产生花叶症状。

（4）香石竹坏死斑病　香石竹被香石竹坏死斑病病毒侵染后，香石竹植株中部的叶片上有灰白色、淡黄色坏死斑驳，或不规则的条斑及条纹。植株下部叶片症状和中部的一样，但坏死斑为紫红色。发病严重时整个叶片枯萎坏死。

（5）香石竹蚀环病　香石竹蚀环病主要侵害香石竹的叶片。在大花香石竹品种的叶片上产生轮纹状、环状或宽条状坏死斑。当香石竹蚀环病毒和香石竹叶脉斑驳病毒进行复合侵染时，这些症状更加明显。香石竹苗期症状明显，高温季节有隐症现象。发病严重时，许多灰白色轮纹斑相互汇合变成大病斑，叶片卷曲、畸形。

3. 病原

1）香石竹斑驳病毒病的病原是香石竹斑驳病毒，致死温度为95℃，稀释终点为10^{-6}，体外保毒期70d，可机械传播。

2）香石竹叶脉斑驳病的病原是香石竹叶脉斑驳病毒，致死温度为50~55℃，稀释终点10^{-2}~10^{-5}，可以蚜虫传播，也可以汁液传播。

3）香石竹潜隐病毒病的病原是香石竹潜隐病毒，致死温度为60~65℃，稀释终点为10^{-3}~10^{-4}，以蚜虫传播。

4）香石竹坏死斑病的病原是香石竹坏死斑病毒，致死温度为40~45℃，稀释终点为10^{-4}，以蚜虫传播，也可以汁液传播。

5）香石竹蚀环病的病原是香石竹蚀环病毒，致死温度为80~85℃，稀释终点为10^{-3}~10^{-4}，以蚜虫传播，汁液传播，也可以嫁接传播。

4. 发病规律

种苗连年无性繁殖，病毒持续积累，带毒种苗是最主要的初侵染源，病毒病害随着种苗的调运不断扩散，成为远距离传播的主要途径。在农事操作过程中，病毒可以通过工具、手传播，导致病害在田间扩散传播。并且一些病毒可以同介体蚜虫在田间不断传播，是香石竹病毒病近距离传播的重要途径。蚜虫发生高峰期往往香石竹病毒病也进入发病盛期。

（三）仙客来病毒病（图5-29）

1. 分布与危害

仙客来病毒病为世界性病害，在我国十分普遍，仙客来的栽培品种几乎无一幸免。病毒病使仙客来种质退化，叶片变小、皱缩，花少、花小，严重降低其观赏价值。

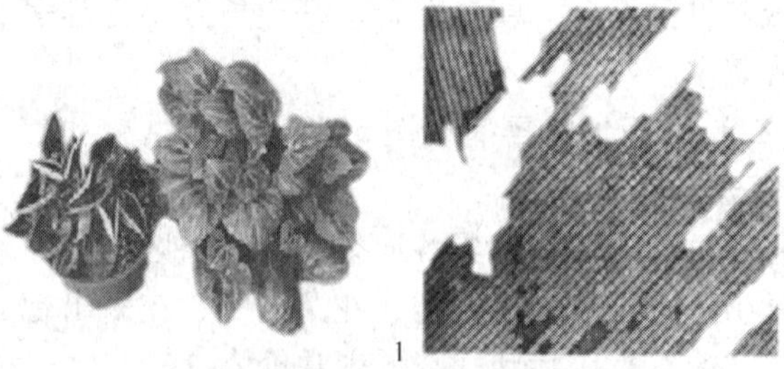

1　　2

图5-29　仙客来病毒病

1—症状　2—烟草花叶病毒

2. 症状识别

苗期、成株均常发病。病株叶片皱缩不平或有斑驳，叶缘向下或向上卷曲，叶片小且厚，质脆，易折断。叶柄短，丛生状，有时叶脉出现棱形突起物或叶面上产生疣状物。花瓣上产生条纹或斑点，花畸形或退化，病株矮小退化。北京地区的症状主要是卷叶。

3. 病原

经测定，病原大多是黄瓜花叶病毒。另外，也有人发现烟草花叶病毒也能危害仙客来，或者是黄瓜花叶病毒和烟草花叶病毒的复合感染。黄瓜花叶病毒致死温度60～65℃，烟草花叶病毒致死温度88～93℃。

4. 发病规律

黄瓜花叶病毒可经汁液摩擦传播，棉蚜等昆虫也能传毒，蚜虫发生数量大发病重。土壤和种子不传播；带毒种球是传播仙客来病毒的主要途径。

(四) 唐菖蒲花叶病（图5-30）

图5-30　唐菖蒲花叶病

1—症状　2—黄瓜花叶病毒

1. 分布与危害

唐菖蒲花叶病是世界性病害，凡是种植唐菖蒲的地方均有该病发生。据调查，我国沈阳、北京、上海、广州、昆明等地均有发生。该病引起唐菖蒲球茎的退化、植株矮小、花穗短小、花少花小，严重影响切花的产量和质量，是我国唐菖蒲切花打入国际市场的主要障碍。

2. 症状识别

该病主要侵染叶片，也侵染花器等部位。发病初期，叶片上出现褪绿角斑与圆斑，因病斑扩展受叶脉限制多呈多角形，最后变为褐色。病叶黄化、扭曲。有些品种的花瓣变色，呈碎锦状，如粉红色花品系。唐菖蒲叶片上也有深绿和浅绿相间的块状斑驳或线纹。初夏时，新叶上的症状特别明显，盛夏时症状不明显，有隐症现象。

3. 病原

我国主要有2种病毒致病，即菜豆黄花叶病毒和黄瓜花叶病毒。菜豆黄花叶病毒属于马铃薯Y病毒，病毒粒体为线条状，长750nm，内含体风轮状、束状，钝化温度为55～60℃，稀释终点为10^{-4}，体外存活期为2～3d。黄瓜花叶病毒属于黄瓜花叶病毒，病毒粒体球形，直径为28～30nm，钝化温度为70℃，稀释终点为10^{-4}，体外存活期为3～6d。

4. 发病规律

两种病毒均在病球茎及病植株体内越冬，成为第二年初侵染源。菜豆黄花叶病毒由汁液、蚜虫传播，黄瓜花叶病毒由蚜虫以及汁液传播。两种病毒均以带毒球茎作远距离传播。两种病毒均自微伤口侵入，寄主范围都较广。菜豆黄花叶病毒除侵染唐菖蒲之外，还侵染美人蕉、菜豆、蚕豆、黄瓜、曼陀罗、心叶烟、克利芙兰烟等植物。黄瓜花叶病毒能侵染40～50种花卉，如大花美人蕉、美人蕉、粉叶美人蕉、金盏菊、百日草、萱草、福禄考、香石竹、兰花、鸢尾、小苍兰、水仙、百合等花卉。很多蔬菜和杂草都是该病毒的毒源植物。

（五）水仙黄条斑病（图5-31）

1. 分布与危害

水仙黄条斑病是目前水仙上最重要的病毒病害。黄条斑病分布很广，欧洲各国、美国、日本等国均有报道。我国上海、厦门、广州、成都、福州、漳州等地区发病普遍，其中漳州等地发病比较严重。黄条斑病严重地抑制了水仙的生长，花小、花箭少；鳞茎生产量锐减，给生产造成巨大的损失。

图5-31　水仙黄条斑病

2. 症状识别

水仙的叶片沿叶脉产生黄色条斑是水仙黄条斑病的典型症状，嫩叶及新抽出的花梗上黄条斑更明显，有时叶片上出现淡绿色与深绿色相间明显的花叶或不明显的斑驳病状。感病部位粗糙不平，有近似球状突起。大多水仙黄色花品种叶片和花梗出现褪绿、透明条纹，花为杂色。由于水仙品种的不同，以及同时为其他病毒的复合侵染，使黄条斑症状复杂化，叶片上常有白色条斑、银灰色条斑、紫色条斑等。

3. 病原

水仙黄条病是由马铃薯Y病毒组的水仙黄条斑病毒侵染引起的，病毒粒体线条形，病毒内含体为风轮状，钝化温度为70～75℃，稀释终点为10^{-2}～10^{-3}，体外保毒时间随温度而变化，21～24℃时为3d，18℃时为84d，0～4℃时为252d。

4. 发病规律

黄条斑病毒在鳞茎内越冬，成为次年的初侵染源。水仙黄条斑病毒是由桃蚜等多种蚜虫作非持久性传播，汁液也可以传毒。无蚜虫的田间和温室栽培，病害不易发生与蔓延。推迟鳞茎收获期或两年以上的连作，都会延长蚜虫在叶簇上的生存期，增加病毒病的传播机会。带毒鳞茎作繁殖材料，将成为田间植株感染的潜在毒源，病害的传播率与带毒鳞茎的数量成正比，如将有10%、20%或50%感病的鳞茎分别种入小块田中，3年后无毒鳞茎的感染率分别相应为16%、46%和90%。感染黄条斑病毒的水仙主要有明星水仙、红水仙、黄水仙和淡黄水仙等。

（六）美人蕉花叶病（图5-32）

1. 分布与危害

世界很多国家如日本、美国以及东欧等国家都有报道。上海、北京、南宁、南昌、杭州等地均有发现。该病是美人蕉一种主要病害，被侵染的美人蕉植株矮化，花少、花小，叶片着色不均匀，失去观赏价值。

图5-32　美人蕉花叶病

2. 症状识别

患病美人蕉叶片上发病初期为褪绿小点或花叶；严重时叶片畸形、卷曲、黄化，甚至枯萎，植株矮小；特别是普通美人蕉、大花美人蕉和粉叶美人蕉等品种，其症状尤其严重；红花美人蕉比较抗病，花瓣上形成碎锦。北京种植的美人蕉表现为黄绿或深浅绿相间条纹，植株矮小。

3. 病原

病原是黄瓜花叶病毒，病毒粒体为20面体，直径为28～30nm，汁液的致死温度约70℃，稀释终点为10^{-4}，体外保毒期在20℃以下为3～6d。另外，我国有关部门还从花叶病病株内分离出美人蕉矮化类病毒，初步鉴定为黄化类型症状的病原物。

4. 发病规律

美人蕉花叶病发生极为普遍，由于采用营养分根繁殖，使病毒代代相传，逐年加重。美人蕉花叶病毒传播的途径主要是蚜虫和汁液接触传染，特别是棉蚜、玉米蚜等作非持久性传毒。其易于汁液接种，如采用摩擦接种法，可在烟草、黄瓜、曼陀罗、藜、千日红、豇豆和蚕豆等植物上产生病毒病症状。美人蕉不同品种间抗病性有一定差异，普通美人蕉、大花美人蕉、粉叶美人蕉发病严重，红花美人蕉抗病力强。

（七）菊花矮化病（图5-33）

1. 分布与危害

该病危害大丽花、瓜叶菊、百日草，是世界性病害，我国的上海、广东都曾发现。

图5-33　菊花矮化病症状

2. 症状识别

该病为全株性病害，植株矮化明显，花少、花小或不能开花，完全丧失商品价值。该病在不同的菊花品种上症状表现不一。常见的症状为叶色苍白，新叶有些直立生长；成株矮，只是健株的1/2～1/3高；花少、花小或不开花，或提前开花；有的腋芽抽枝，节间短，叶片重叠在一起；有的只表现为植株矮化；有的叶片小，畸形等。

3. 病原

该病为类病毒病害，由菊花矮化类病毒引起。其属于类病毒，是低分子量的核糖核酸，比病毒还小，具有高度的稳定性和侵染性，钝化温度为96～100℃，稀释终点10^{-5}～10^{-4}，在干燥叶片中可存活2年以上。

4. 发病规律

此类病毒在有病植株内越冬。病残体是一种侵染来源。传播途径较多：在修剪、取条、采花、装箱等过程中由手和工具传播，也可以通过汁液、菟丝子等传播。其潜育期为3～4

个月。

5.1.7.2 病毒病类综合防治措施

1. 严格检疫

引种时要防止人为传播病株到无病区。

2. 采用无病繁殖材料

有条件的采用茎尖组织培养进行脱毒。

3. 加强管理

分株繁殖时的工具和手指均应用肥皂水洗涤，盆土、盆钵等要进行消毒。带毒的盆栽花卉可置于36℃条件下处理21~28d，能脱毒。生产上经过热处理的花卉，病毒已被钝化，可用来作繁殖材料。发现病株要及时隔离，防止传染。发现传毒蚜虫，及时喷洒50%抗蚜威可湿性粉剂2000倍液。

4. 药剂防治

发病初期，可选喷5%菌毒清可湿性粉剂400倍液，7.5%毒灵水剂700~800倍液，3.85%病毒必克可湿性粉剂700倍液等，隔10d喷1次，防治2~3次。

相关技能训练

实训19 园林植物叶花果病害的症状观察

一、实训目标

通过对园林植物叶花果病害标本的观察，结合挂图、影视教材、CAI教学课件，了解白粉病、锈病、灰霉病、炭疽病、叶斑病、叶畸形病以及病毒病的症状和病原的形态，掌握上述病害的典型症状，并熟悉其病原的形态，为生产实践中识别和防治病害打下基础。

二、实训材料和用具

材料：白粉病、锈病、灰霉病、炭疽病、叶斑病、叶畸形病及病毒病等的标本。

用具：有关挂图及照片、影视教材、CAI教学课件、显微镜、放大镜、镊子、挑针、蒸馏水、载玻片、盖玻片、滴瓶等。

三、实训内容与方法

先用肉眼观察标本的症状及病征，再借助显微镜观察其病原。

1. 白粉病

白粉病的共同特点是在受害部位会产生白色的粉状斑，在粉斑上会产生小黑点，即病原菌的闭囊壳。子囊及子囊孢子有差异，附属丝也有差别。观察月季白粉病、大叶黄杨白粉病、黄栌白粉病、紫薇白粉病、紫玉兰白粉病、凤仙花白粉病等病害的危害症状，同时分别挑取白粉和小黑点，制成临时玻片，在显微镜下观察其分生孢子、闭囊壳、附属丝等形态特征。然后，轻轻挤压盖玻片，使子囊壳破裂，并观察压出的子囊及子囊孢子。

2. 锈病

该类病害的共同特征是在叶花果上产生橘黄色至铁锈色夏孢子堆及冬孢子堆，观察桧柏—梨锈病、海棠锈病、毛白杨锈病、玫瑰锈病、竹叶锈病等的症状。切片或挑片镜检锈病的夏孢子堆及冬孢子堆，注意观察其形态。

3. 霜霉病（含疫病）

该类病害的共同特征是在叶片正面形成多角形或不规则形的褐色坏死斑，在叶片背面产生白色疏松的霜状霉层。观察月季霜霉病、紫罗兰霜霉病、虞美人霜霉病、百合疫病等病害的症状特点。挑取霉层镜检，识别病原菌孢囊梗及孢子囊的形态。

4. 叶斑病（含炭疽病）

该类病害的共同特点是在叶面上产生圆形、不规则形褐色至黑褐色的坏死斑，后期病部中央颜色变浅，并且在病斑上产生大量的小黑点或霉层，即病原菌的分生孢子盘、分生孢子器或分生孢子梗。观察君子兰炭疽病、山茶炭疽病、广玉兰炭疽病、瓜叶菊叶斑病、大丽花褐斑病、苏铁斑点病、菊花灰斑病、鸡冠花褐斑病、杜鹃褐斑病、一串红叶斑病等的症状及病征，并在显微镜下观察其病原。

5. 灰霉病

该类病害的共同特点是在植株受害部位产生大量疏松的灰黑色霉层。观察月季灰霉病、大丽花灰霉病、仙客来灰霉病、瓜叶菊灰霉病、牡丹灰霉病、一品红灰霉病等病害的症状及病征，并在显微镜下观察其病原菌的形态特征。

6. 叶畸形病

该类病害的特点是受害叶片肿大、加厚皱缩，果实肿大，中空呈囊果状物。观察桃缩叶病、杜鹃饼病等病害的症状特点，并刮取霉层镜检，注意识别其病原形态。

7. 病毒病

该类病害的症状特点表现为花叶、斑驳、皱缩，无病征现象。观察郁金香碎锦病、菊花番茄斑萎病、美人蕉花叶病、菊花矮化病等的症状特点。

四、实训报告

1）列表比较所观察的病害的症状特点、发病部位及病原类型。

2）绘制所观察的病原形态，并说明该病原所引起的病害名称。

任务2　园林植物枝干病害诊断与防治

任务分析：该任务包括园林植物枝干病害的危害、症状诊断、病原，枝干病害的发生发展规律和防治技术等，是园林植物病害防治的重要内容，要完成该任务必须具备植物病理、病原菌识别及病害防治方面的相关知识，掌握枝干病害的症状及诊断方法，了解病害的病原及发生规律，学会病害的防治方法。

知识点：园林植物主要枝干病害的症状特点；常见枝干病害的发病原因分析及发生发展规律。

能力点：园林植物主要枝干病害的田间诊断；病原物的显微观察识别及主要枝干病害的防治技术。

任务实施的相关专业知识

这类病害的发病部位主要集中于枝干上，或由于枝干发病病害扩展到其他部位或整个植株。枝干类病害对园林植物危害大，花木的枝条、主干受害后常引起枝枯或全株枯死，对一些名贵花卉和古树名木有时能造成不可挽回的经济损失。枝干类病害种类很多，如腐烂溃疡病类、细菌性软腐病类、枯萎病类、丛枝病类等。

枝干类病害的发生特点如下：

1）枝干类病害常在枝干上产生病斑，严重时造成腐烂，形成枯枝或全株枯死等现象，在发病部位经常产生粒状物、霉状物，有时也可产生菌核及菌脓等。

2）枝干类病害发病周期大多较长，病菌多从伤口侵入，也可从自然孔口侵入或直接侵入，潜育期长，病菌侵入后很难发现，一旦发现就到了发病后期，故枝干类病害很难防治。

3）枝干类病害的防治也是以园林养护管理防治为主，剪除病残枝，刮除病斑，树干涂白，树干捆绑稻草及缠绕草绳防冻等，必要时也可施用化学药剂，施药经常采用涂抹、涂环，也可采用喷雾，滴灌（打吊瓶）等。

5.2.1 腐烂、溃疡病类

5.2.1.1 腐烂、溃疡病类主要病害

（一）杨树水泡型溃疡病（图 5-34）

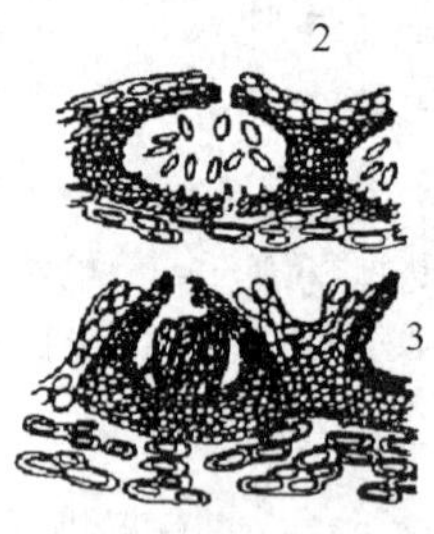

图 5-34 杨树水泡型溃疡病

1—症状 2—子分生孢子器 3—子囊壳

1. 分布与危害

杨树水泡型溃疡病，在北京、山东发生普遍，危害严重。一般发病株率为 20% ~30%，北京平均发病株率 57%，严重的路段和片林病株率在 80% 以上，并出现了树木死亡现象。该病发生的主要原因是春季长期干旱缺水、树势严重衰弱所致。

2. 症状识别

幼树受害，溃疡病斑主要发生于树干的中、下部；大树受害，枝条上也出现病斑；感病树干上形成近圆形溃疡病斑；小枝受害往往枯死。水泡型：这是最具有特征的病斑，即在皮层表面形成一个约 1cm 大小的圆形水泡，泡内充满树液，破后有褐色带腥臭味的树液流出，水泡失水干瘪后，形成一个圆形下陷枯斑，灰褐色；枯斑型：先是树皮上出现小的水浸状圆斑，稍隆起，手压有柔软感，后干缩成微陷的圆斑，黑褐色。发病后期，病斑上产生小黑

点，为病菌的分生孢子器。

3. 病原

病原为茶藨子葡萄座腔菌，隶属子囊菌亚门，葡萄座腔菌属。子座黑色近圆形，子囊双层壁，子囊孢子单胞，无色，椭圆形。无性型为聚生小穴壳菌，隶属半知菌亚门，小穴壳菌属。分生孢子器生于寄主表皮下，球形，后期突破表皮。分生孢子无色，单胞，梭形。

4. 发病规律

病菌可在树干、枝条的病斑和病残体中越冬。在不表现症状的树皮内，病菌以潜伏状态存在。春季是杨树水泡型溃疡病最主要的发生时期，尤其在幼苗移栽后发病率最高；夏季杨树生长旺盛，病害发展缓慢；秋季又可出现第二次发病高峰。杨树栽培管理不善，水分、肥力不足、养分失调，导致生长衰弱等，均易引起发病。树体内含水量与发病关系非常密切，树皮膨胀度低于60%时发病重，高于80%时抗病性增强。

（二）杨树烂皮型溃疡病（图5-35）

1. 分布与危害

杨树烂皮型溃疡病又称杨树腐烂病、烂皮病、臭皮病、出诊子，危害杨树干枝，引起皮层腐烂，导致造林失败和林木大量枯死。其主要分布在我国东北、西北和华北地区，大部分杨树品种都可受到侵染，除危害杨树外，也危害柳树、榆树、槐树等其他树种。其病因是由于树苗携带的或林间病株上病原真菌的传播，与施用叶面肥、化肥、杀虫剂等无关。

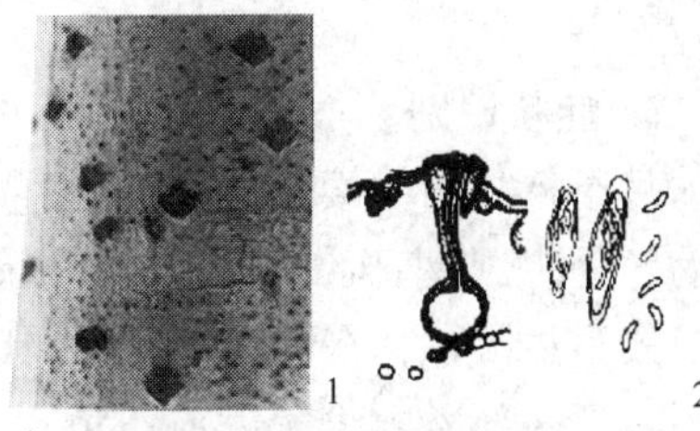

图5-35 杨树烂皮型溃疡病
1—症状 2—子囊壳、子囊、子囊孢子

2. 症状识别

杨树烂皮型溃疡病发生在主干和侧枝上，表现为干腐和枝枯两种类型。

（1）干腐型 主要发生于主干、大枝及分叉处。发病初期呈暗褐色水渍病斑，略肿胀，皮层组织腐烂变软，以手压之有水渗出，后失水下陷，有时病部树皮龟裂，并有酒糟味，甚至变为丝状。病斑有明显的黑褐色边缘，无固定形状，病斑在粗皮树种上表现不明显。后期在病斑上长出许多黑色小突起，此即病菌分生孢子器。在条件适宜时，病斑扩展速度很快，纵向扩展比横向扩展速度快。当病斑包围树干1周时，其上部即枯死。病部皮层变暗褐色腐烂，纤维素互相分离如麻状，易与木质部剥离，有时腐烂达木质部。

（2）枝枯型 主要发生在苗木、幼树及大树枝条上。发病初期呈暗灰色，病部迅速扩展，环绕1周后，上部枝条枯死。

3. 病原

该病由子囊菌亚门的污黑腐皮壳侵染所致。有性时期为子囊菌亚门黑腐皮壳属，多个子囊壳埋生于子座内，子囊壳为烧瓶状。子囊孢子为辣肠形，有油珠。无性时期产生分生孢子器为不整形，也埋生于子座内，分生孢子与子囊孢子相似。

4. 发病规律

病菌以菌丝和分生孢子器及子囊壳在病组织内越冬。翌年春天，孢子借雨水和风传播，从伤口及死亡组织侵入寄主，潜育期为6～10d。病害每年3～4月开始发生，6月为发病盛

期，病斑扩展很快，7月后病势渐缓，秋季又复发，10月基本停止发展。病菌分生孢子器4月开始形成，5~6月大量产生，以后减少。子囊壳于11~12月在枯枝或病死组织上可以见到。病菌在4~35℃范围内均可生长，但以25℃生长最适宜。菌丝生长最适宜的pH值为4。分生孢子和子囊孢子萌发的适温为25~30℃。

杨树烂皮型溃疡病的发生和流行与气候条件、树龄、树势、树皮含水量、栽培管理措施等有密切的关系。病菌只能危害生长衰弱的树木或濒临死亡的树皮组织。一般认为，小叶杨、加杨、美国白杨较抗腐烂病，而小青杨、北京杨、毛白杨较易感病。当年移植的幼树和6~8年生幼树发病重。

（三）月季枝枯病（图5-36）

1. 分布与危害

月季枝枯病又名月季普通茎溃疡病或梢枯病等，在世界各地月季种植区发生普遍，危害严重造成较大损失。除月季外，还危害玫瑰等蔷薇属花卉。

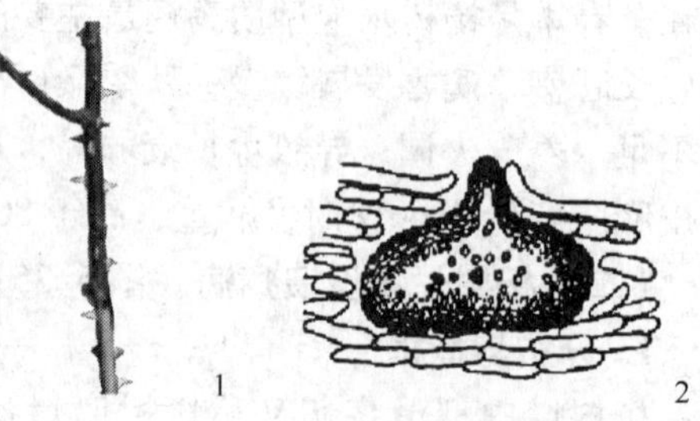

图5-36　月季枝枯病

1—症状　2—分生孢子器

2. 症状识别

月季枝枯病主要发生在植株茎部，受害部初生褐色不规则小斑，呈水渍状，逐渐干枯下陷，后中央为浅褐色，有紫红色边缘，后期病部散生黑色小粒点，即病菌的分生孢子器。在潮湿的环境下病部溢出浅黄色孢子角。一般发生在修剪枝条伤口及嫁接处茎上。染病花蕾出现“眼斑”，花瓣变褐枯萎，不能正常开花。

3. 病原

病原为蔷薇盾壳霉或伏克盾壳霉，属于半知菌亚门，盾壳霉属。有性态为盾壳霉小球腔菌，属于子囊菌亚门真菌。该病另一病原为温氏盾壳霉，分生孢子器为扁球形，里边产生无色椭圆形的分生孢子。

4. 发病规律

病菌以菌丝体、分生孢子器或子囊壳在病残体上越冬，翌年春天，分生孢子或子囊孢子借风雨传播，多从伤口侵入，在病部产生孢子进行再侵染。在广州6~9月发病重。管理粗放、湿度较大、受害受涝、伤口多的园中发生严重。

（四）一串红茎腐病（图5-37）

1. 分布与危害

一串红茎腐病也叫一串红疫病，该病主要侵害一串红的茎和枝条，是一种常见的毁灭性病害，一般损失可达20%~30%，严重时死亡率达50%左右。

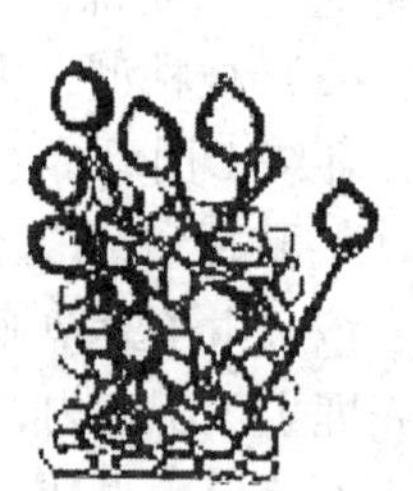

图5-37　一串红茎腐病

1—症状　2—孢囊梗与孢子囊

2. 症状识别

该病多发生在距地面1~2cm的茎节或分杈处。病部为暗绿色、水渍状不规则斑块，病斑向上扩展快，可达茎中上部，病部变黑并使病部以

上枝叶变黄、枯萎。叶片受害：叶缘、叶基部形成近圆形或不规则形的水渍斑。潮湿条件下，发病部位有稀疏的白色霉层。

3. 病原

该病是真菌病害，由寄生疫霉引起，属于鞭毛菌亚门，疫霉属。孢囊梗无色，单生或2～3根丛生孢子囊顶生或侧生，卵圆形或球形，具有明显的乳突起。

4. 发病规律

病菌以卵孢子在土中病残体上越冬，可存活多年；该菌繁殖体由风雨传播，潜育期短，发病时有明显的发病中心株。高温（28℃以上）、高湿（90%以上）最易发病。当发病中心株出现后，旬降雨量在100mm以上，且有大暴雨时病害会大发生。地势低洼，排水不良，种植密度大，太阳直射及喷淋式浇水，均会加重病害发生。

（五）银杏茎腐病（图5-38）

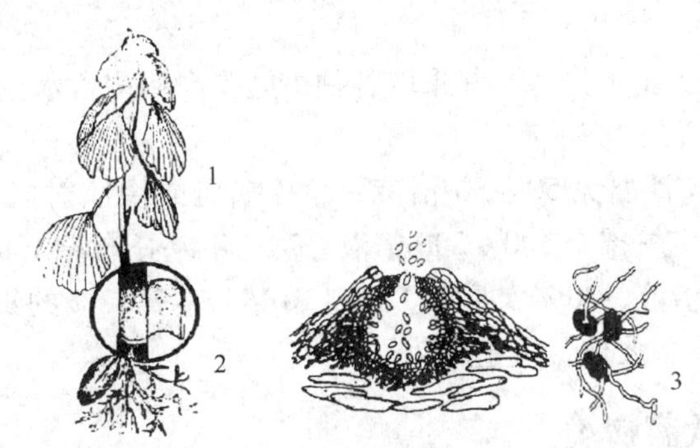

图5-38 银杏茎腐病

1—病苗症状 2—病部放大示皮层下的菌核 3—分生孢子器及菌菌核

1. 分布与危害

此病在各银杏育苗区均普遍发生，多出现于1～2年生的银杏实生苗木，尤以一年生苗木更为严重，常造成幼苗大量死亡。

2. 症状识别

发病初期幼苗基部变褐，叶片失去正常绿色，并稍向下垂，但不脱落。感病部位迅速向上扩展，以至全株枯死。病苗基部皮层出现皱缩，皮内组织腐烂呈海绵状或粉末状，灰白色，并夹有许多细小黑色的菌核。此病病菌也能侵入幼苗木质部，因而褐色中空的髓部有时也见小菌核产生。此后病菌逐渐扩展至根，使根部皮层腐烂。如用手拔病苗，只能拔出木质部，根部皮层则留于土壤之中。银杏扦插苗在高温或低温的条件下，茎腐病也能发生，可使插穗表皮呈筒状套在木质部上，韧皮部薄壁组织则全部发黑腐烂。

3. 病原

银杏茎腐病的病原菌为菜豆球壳孢菌，属于半知菌亚门，球壳孢目，壳球孢属。菌核以扁球形至椭圆形，分生孢子梗细长，不分枝，无色。分生孢子单胞，无色，长椭圆形。

4. 发病规律

茎腐病菌通常在土壤中营腐生生活，属于弱寄生真菌。在适宜条件下自苗木伤口处侵入。因此，病害发生与寄主和立地环境条件有关。苗木受害的根本原因是由于地表温度过高，苗木基部受高温灼伤后造成病菌侵入。苗木木质化程度越低，此病的发病率越高。在苗床低洼积水时，发病率也明显增加。银杏扦插苗，在6~8月份当苗床高温达30℃以上时，插后10~15d即开始发病，严重时大面积接穗发黑死亡。试验证明，拮抗性放线菌能有效地抑制该病病菌的蔓延扩散。

5.2.1.2 腐烂、溃疡病类综合防治措施

1. 加强检疫

把好苗木质量关。禁用重病苗木造林或截干后定植，加强抚育管理，促使林木生长旺盛；育抗病树种，适地适树，选用适应当地土质和气候条件的树种，发挥自身抗病能力。随起苗随栽，少伤根，避免长途运输。

2. 早春防病

病菌侵入以前，行道树或庭园绿化树，树干涂刷白涂剂，或石硫合剂，或波尔多液（硫酸铜0.5kg，生石灰1.5kg，水7.5kg，加少量植物油），可以防病。病树可先刮除病斑再刷。

3. 育林管理

育林过程中尽量减少苗木失水，并采取各种措施提高树皮含水量。

4. 药剂防治

病高峰期前，用1%溃腐灵50~80倍液，涂抹病斑或用注射器直接注射病斑处；或用溃疡灵50~100倍液、多氧霉素100~200倍液、70%甲基托布津100倍液、50%多菌灵100倍液、50%退菌特100倍液、20%农抗120水剂10倍液、2.12%的843康复剂100倍液、菌毒清80倍液，喷洒主干和大枝，阻止病菌侵入。

5.2.2 细菌性软腐病类

5.2.2.1 细菌性软腐病类主要病害

（一）仙客来细菌性软腐病（图5-39）

1. 分布与危害

仙客来为报春花科，仙客来属，半耐寒性球根植物。因其花形别致，色泽艳丽，花期长，盛花期又正值春节而深受人们的喜爱，且被看做花、叶、茎整体协调的高级花。近年已占据盆花的首位，国内外市场需求量日益增多，但是由于仙客来细菌性软腐病的发生与危害，常常使之整株死亡，造成很大损失。仙客来细菌性软腐病在天津、上海、合肥、青岛、西安等地均有发生。

图5-39 仙客来细菌性软腐病
1—症状 2—细菌菌体

2. 症状识别

初期症状为近地表处的叶柄花和花梗水渍状，向上下组织蔓延，侵入叶柄、花梗和球茎，引起叶柄、花梗迅速萎蔫和塌陷，容易脱离球茎，进而变褐色软腐，导致整株萎蔫枯死。剖开病部，可见维管束变褐或变黑，球茎内部腐败，产生发白的糊状液，有恶臭味；感病轻微时，球茎外观正常，似进入休眠期。入冬以后，有些球茎有裂纹，在裂纹上可以观察到乳白色的菌脓流出。

3. 病原

病原为细菌，胡萝卜软腐欧文氏杆菌和海芋欧文氏杆菌，属于欧氏杆菌属，具有多根周生鞭毛，革兰氏染色为阴性，菌落为白色。

4. 发病规律

病菌随病残体在土壤中越冬，翌年，借雨水、灌溉水和昆虫传播，由伤口侵入。阴雨天或浇水未干时整理叶片或虫害多发时发病严重。病菌寄主广泛，危害十字花科和茄科及其他蔬菜，危害许多花卉。病菌存活在病株、田间病残株，未腐熟的肥料中。通过水、昆虫和工具传播，从伤口侵入。高温、积水有利病害发展。每年6~9月为发病高峰，温室内早春即可发病，温室中盆栽植株全年都可发病。

（二）君子兰细菌性软腐病（图5-40）

1. 分布与危害

该病俗称烂头病，是君子兰上危害最严重的叶斑病。我国长春、南京、北京、天津、杭州、银川、合肥、唐山、重庆等地均有发生。该病病斑面积大，叶基部发病时全叶腐烂，假鳞茎发病导致全株腐烂、死亡，经济损失严重。

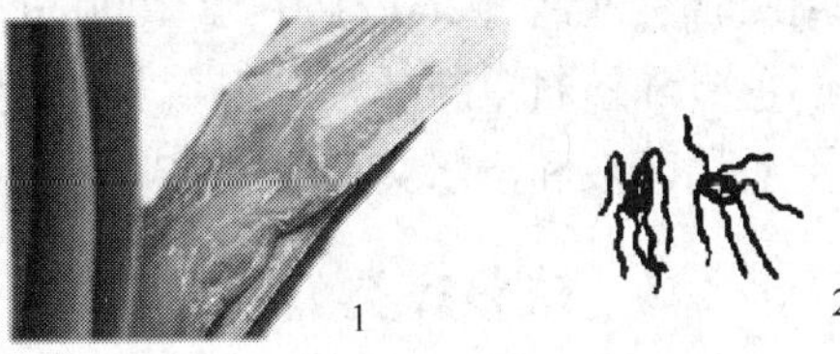

图5-40　君子兰细菌性软腐病
1—症状　2—细菌菌体

2. 症状识别

茎基和叶片都可发病；茎基部先产生水渍状小斑，逐渐变成浅褐色斑，迅速扩大向上下蔓延，组织腐烂，导致伞株倒伏死亡，叶片易脱离；叶片还可直接感病，初为水渍状，暗绿色，逐渐扩大，病组织腐烂呈半透明状，病斑有黄色晕圈，晕圈呈宽带状。在温湿度适宜的条件下病斑扩展快，全叶腐烂解体呈湿腐。

3. 病原

我国报道的软腐病病原细菌有2种：菊欧文氏杆菌，属于欧文氏杆菌属；软腐欧文氏杆菌黑茎病变种，分类地位同菊欧文氏杆菌。

4. 发病规律

病原细菌在土壤中的病残体或土壤内越冬，在土壤中能存活几个月。细菌由雨水及灌溉水传播，也可以通过病叶及健叶的互相接触，或操作工具等物传播。细菌由伤口侵入，潜育期短，一般为2~3d。生长季节有多次再侵染。6~11月该病均可发生，但6~7月最适宜发病。高温、高湿条件有利于发病，其中高湿是影响发病的主要因素。夏季，君子兰茎心部分淋雨，或喷水不慎灌入茎心内，都是软腐病发生的主要诱因。多施氮肥也加重病害的发生。除君子兰外，菊欧文氏杆菌还侵染菊花、大丽花、麝香石竹、银胶菊、花叶万年青、秋海棠、喜林芋等观赏花木。

5.2.2.2　细菌性软腐病类综合防治措施

1. 种苗消毒

首先清水洗净，剪去枯叶枯鞘和残根，然后用0.05%~0.1%高锰酸钾溶液浸泡5min，拿出来后放几分钟，再用清水冲净残药。其次减少伤口，用可杀得2000倍液、波尔多液等保护剂农药抹在伤口上，或用烟灰、柴灰代替保护剂也很有效。最后晾干，上盆。

2. 盆和用具消毒

老盆重新使用，或倒盆时一般都应消毒，塑料盆可用高锰酸钾0.1%溶液浸泡30min。土盆和紫砂盆可用高锰酸钾0.1%溶液泼浇，30min后用清水冲净。工具可用高锰酸钾0.1%溶液浸泡，铁器还可用高温蒸和火灼烧。

3. 加强栽法管理

浇水过多，盆钵透气性不好，浇水后长期渍水，通风不好，造成湿度过大，这些都为细菌繁殖创造了条件，所以要特别注意水分管理。植料要消毒，植料带菌也是细菌性软腐病发生的一个原因。植料消毒最好的方法就是蒸，一般蒸汽通过20min就可以，然后自然冷却，这种方法杀菌最为彻底。减少人为接触叶片，病草要隔离、枯残叶要带出处理掉。

4. 药物预防

如果得了细菌软腐病，首先从盆中倒出花草，剪掉病苗，可能的话扩大切除的范围。其次用氯霉素两瓶（2mL/瓶）兑1000mL水浸泡20min；伤口仍用保护剂处理、晾干。换消过毒的盆具和植料重新栽种。用氯霉素两瓶（2mL/瓶）兑1000mL水的药液当定根水浇。盆土干后用药液和清水交替浇2~3次，注意通风。

5.2.3 枯萎病类

5.2.3.1 枯萎病类主要病害

（一）菊花枯萎病（图5-41）

1. 分布与危害

枯萎病是菊花的重要病害之一。我国许多地区都有发生，该病虽然发病率不高，但危害性极大，植株一旦染病，如果防治措施不及时，将会导致植株迅速枯死。

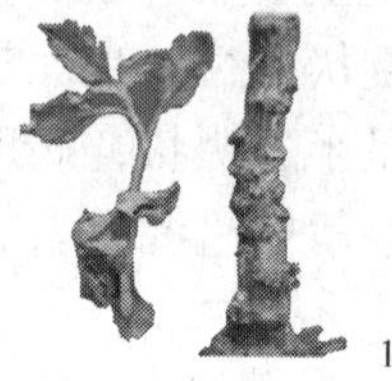

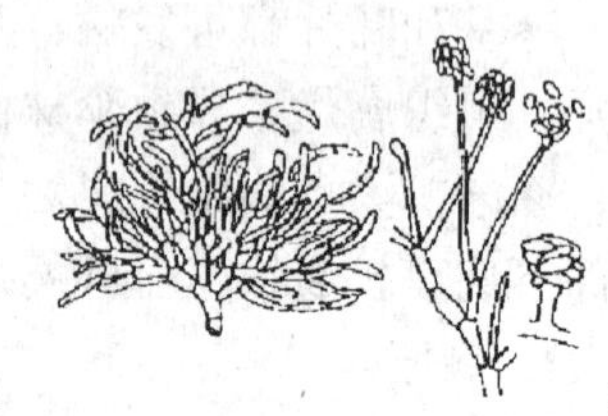

图5-41 菊花枯萎病
1—症状 2—分生孢子梗及分生孢子

2. 症状识别

该病菌感染植株时，最初表现为下部叶片失绿发黄，失去光泽，一般不易觉察。接着植株叶片开始萎蔫下垂、变褐、枯死，尤其是下部叶片也开始脱落。因此在植株刚开始出现症状时，一定不要轻易认为是缺水，而延误防治。要仔细观察植株基部茎秆是否微肿变褐，表皮粗糙，其间有裂缝，湿度大时可见白色霉状物。茎秆横切或纵切，可见维管束变褐色或黑褐色，也可将植株脱盆，可以看到被病菌侵染的根部变黑腐烂。

3. 病原

病原菌为菊花尖镰孢菌，属于半知菌亚门、镰孢属。小型分生孢子数量多假头状聚生。大型分生孢子3~5个隔膜。厚垣孢子近球形，顶生，间生，单生或串生。

4. 发病规律

菊花尖镰孢菌是一种土壤寄生菌，为一种土传病害。发病最适宜的温度为27~32℃，在21℃时病害趋向缓和，到15℃以下时则不再发病。近年尤其在一些要控制花期而进行遮光处理的菊花，因为棚内气温高，不通风，较易诱发此病。

（二）香石竹枯萎病（图5-42）

1. 分布与危害

枯萎病是香石竹发生普遍而严重的病害，我国上海、天津、广州、杭州、重庆等市均有发生。该病危害香石竹、石竹、美国石竹等石竹属植物多种，

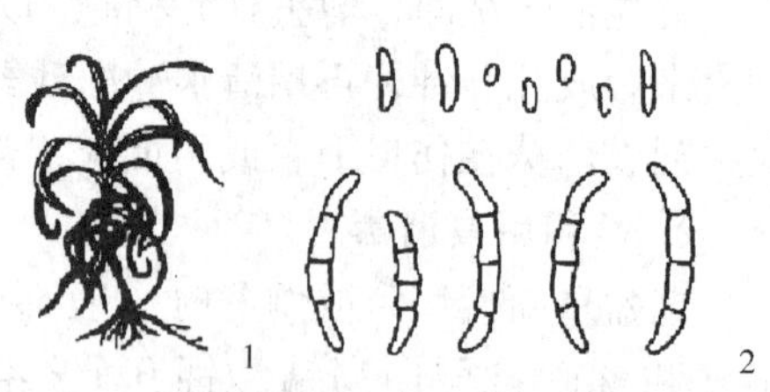

图5-42 香石竹枯萎病
1—症状 2—分生孢子梗及分生孢子

引起植株枯萎死亡。

2. 症状识别

植株在生长发育的任何时期都可受害。首先是植株下部叶片及枝条变色、萎蔫，并迅速向上蔓延，叶片由正常的深绿色变为淡绿色，最终呈苍白的稻草色。植株枯萎，有时植株一侧或个别叶片的一半受到侵染，则表现为一侧枝叶或叶片一半明显地枯萎；嫩枝生长扭曲、畸形和生长停滞；幼株受侵染导致迅速死亡，纵切病茎，可看到维管束中有暗褐色条纹，从横断面可见到明显的暗褐色环纹，根部受侵染后迅速向茎部蔓延，植株最终枯萎死亡。

3. 病原

枯萎病的病原为石竹尖镰孢菌，属于半知菌亚门镰刀菌属，子座白色至紫红色。大型分生孢子镰刀形，稍弯曲，具有3～5个隔，无色。小型分生孢子单细胞，无色，卵圆形、椭圆形。厚垣孢子球形，顶生或间生。

4. 发病规律

病原菌在病株残体或土壤中存活，病株根或茎的腐烂处在潮湿环境中产生子实体、孢子借气流或雨水、灌溉水的溅泼传播；通过根和茎基部或插条的伤口侵入危害，病菌进入维管束系统并逐渐向上蔓延扩展。病菌可能定殖在维管束系统而无症状表现。对寄主体内病菌扩展的研究表明，在症状出现以前，维管束内病菌扩展是不快的，但从感病母株上获得的部分繁殖材料可能有隐匿寄生。因此，繁殖材料是病害传播的重要来源，被污染的土壤也是传播来源之一。一般在春夏季节，若土壤温度较高，阴雨连绵，土壤积水的条件下，病害发生则严重。栽培中氮肥施用过多，以及偏酸性的土壤，均有利于病菌的生长和侵染，促进病害的发生和流行。广州地区枯萎病常于4～6月发生。

5.2.3.2 枯萎病类综合防治措施

1. 选用抗病品种

香石竹不同品种对枯萎病抗性不同，应因地制宜选用抗病品种，并从无病植株上采集枝条繁殖。

2. 土壤消毒

定期用杀菌剂进行土壤杀菌处理。

3. 控制土壤含水量

宜选用排水良好的基质，合理密植，便于通风。

4. 药剂防治

用50%多菌灵200～400倍液，25%苯来特粉剂200～400倍液，或50%代森铵乳剂800倍液，浇灌植株根部，并喷洒全株。第一天、第二天连续2次，第四天1次，第六天1次，一般情况下，用4～5次药即可恢复。对重病植株，应拔除烧掉。

5.2.4 丛枝病类

5.2.4.1 丛枝病类主要病害

（一）泡桐丛枝病（图5-43）

1. 分布与危害

泡桐丛枝病是一种发生普遍，严重危害泡桐生长的病害，分布极广，一般发病率为

20%～40%，严重地区达80%以上。感病的幼苗、幼枝常于当年枯死；大树感病后，常引起树势衰退，材积生长量大幅度下降，甚至造成死亡。

图5-43 泡桐丛枝病
1—丛枝型症状 2—花变枝叶型症状

2. 症状识别

（1）丛枝型 发病开始时，个别枝条上大量萌发腋芽和不定芽，抽生很多的小枝，小枝上又抽生小枝，抽生的小枝细弱，节间变短，叶序混乱，病叶黄化，至秋季簇生成团，呈扫帚状。冬季小枝不脱落，发病的当年或第二年小枝枯死，若大部分枝条枯死会引起全株枯死。

（2）花变枝叶型 花瓣变成小叶状，花蕊形成小枝，小枝腋芽继续抽生形成丛枝，花萼明显变薄，色淡无毛，花托分裂，花蕾变形，有越冬开花现象。

3. 病原

引起此病害的病原物是由一种比病毒大的微生物——类菌原体。其形状多样，多为圆形或椭圆形、直径为200～820nm。

4. 发病规律

可借嫁接、病根繁殖、病苗的调运、昆虫取食（如烟草盲蝽、茶翅蝽）等传毒。病原侵入泡桐植株后引起一系列生理病态化，导致病态。不同地理、立地条件和生态环境对丛枝病的发生蔓延有一定关系，发病有一定的地域性，高海拔地区往往较轻。用种子育苗的苗期和幼树未见发病。实生苗根育苗代数越多发病越重。根繁苗、平茬苗发病率显著增高。泡桐不同品种类型发病差异大。一般兰考泡桐、楸叶泡桐、绒毛泡桐发病率较高，白花泡桐、川泡桐较抗病。

（二）竹丛枝病（图5-44）

1. 分布与危害

竹丛枝病又称为雀巢病、扫帚病。其分布在河南、江苏、浙江、湖南、贵州等省，但以华东地区为常见，寄主有淡竹、箬竹、刺竹、刚竹、哺鸡竹、苦竹、短穗竹。病竹生长衰弱，发笋减少，重病株逐渐枯死，在发病的竹林中，常造成整个竹林衰败。

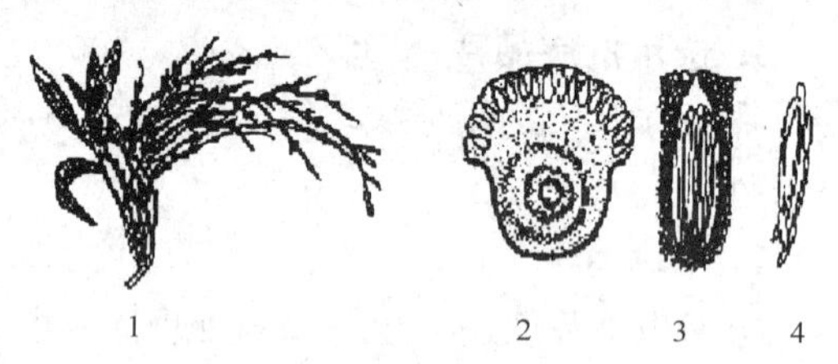

图5-44 竹丛枝病
1—症状 2—子座切面 3—子囊壳与子囊 4—子囊孢子

2. 症状识别

发病初时，个别细弱枝条节间缩短，叶退化呈小鳞片形。病枝在春秋季不断长出侧枝，形似扫帚，严重时侧枝密集成丛，形如雀巢。4～5月，病枝梢端、叶鞘内产生白色米粒状物，为病菌菌丝和寄主组织形成的假子座。雨后或潮湿的天气，子座上可见乳状的液汁或白色卷须状的分生孢子角。6月间，子座的一侧又长出1层淡紫色或紫褐色的疣状有性子座。9～10月，新长的丛枝梢端叶梢内，也可产生白色米粒状物，但不见有性子座产生。病竹从个别枝条丛枝发展到全部枝条发生丛枝，致使整株枯死。

3. 病原

该病原属于子囊菌亚门瘤座菌属的竹瘤座菌，病菌产生头状子座，上边排列很多子囊壳，子囊孢子线形。

4. 发病规律

病菌以菌丝体在竹的病枝内越冬。翌年春天在病枝新梢上产生分生孢子，成为初侵染源。病害的发生是由个别竹枝发展至其他竹枝，由点扩展至片。有时从多年生的竹鞭上长出矮小而细弱的嫩竹。本病在老竹林及管理不良，生长细弱的竹子容易发病。4 年生以上的竹子，或日照强的地方的竹子，均易发病。

5.2.4.2 丛枝病类综合防治措施

1. 培育无病苗木

严格选用无病母树供采种和采根用。注意从实生苗根部采根。采根后用 40 ~ 50℃温水浸根 30min，或 50℃温水加土霉素浸根 20min，有较好防病效果。不用留根苗或平茬苗造林，发病严重的地方最好实行种子育苗。

2. 及时检查苗圃和幼林地

发现病株及时刨除烧毁。

3. 修除病枝或环状剥皮

由于病原物在寄主体内随寄主同化产物运行，可在春季泡桐展叶前，在病枝基部将韧皮部环状剥除，一般为 5 ~ 10cm，以不能愈合为度。用利刀或锯把病枝从基部切除，伤口要求光滑不留茬，切口处涂 1:9 土霉素碱、凡士林药膏。

4. 注射药剂

泡桐发病后，及早用 10000 单位/mL 的土霉素碱或四环素溶液，用树干注射机髓心注射或根吸治疗。1 ~ 2 年生幼苗或幼树髓心松软，可直接用针管将药液注入髓部；大树可于树干基部病枝一侧上下钻两个洞，深至髓心，之后将药液慢慢注入其中。根吸治疗：即在距树干基部 50cm 处挖开土壤，在暴露的根中选 1cm 粗细的根截断，将药液装入瓶内把根插入，瓶口用塑料布盖严。

5. 叶面喷药

在苗木生长期间用 200 单位的土霉素溶液喷洒 1 ~ 2 次，可收到较好的效果。对于竹丛枝病，在 4 ~ 6 月用 25% 粉锈宁 300 倍液或 50% 多菌灵 500 倍液喷洒 2 ~ 3 次。5 ~ 6 月对传病媒介昆虫及时进行药剂防治。

相关技能训练

实训 20 园林植物枝干病害的症状观察

一、实训目标

通过对园林植物枝干病害的观察，熟悉主要园林植物枝干病害的症状、病原及发病规律，为生产实践中对园林植物病害的防治打下基础。

二、实训材料和用具

材料：枯萎病、腐烂病、溃疡病、枝枯病、丛枝病、寄生性种子植物等园林植物病害的鲜标本、干标本及病原菌的玻片标本。

用具：有关挂图及照片、显微镜、放大镜、镊子、挑针、蒸馏水、载玻片、盖玻片、滴

瓶等。

三、实训内容与方法

先用肉眼观察标本的症状及病征，其次借助显微镜观察其病原。

1. 枯萎病

观察香石竹枯萎病、郁金香基腐病、水仙基腐病、冬珊瑚疫病、君子兰软腐病、大丽菊青枯病、翠菊枯萎病、合欢枯萎病、银杏茎腐病等病害标本的症状，并在显微镜下观察其病原形态特征。

2. 腐烂、溃疡病

观察国槐腐烂病、杨树腐烂病、杨树溃疡病、松烂皮病等病害标本的症状，并在显微镜下观察其病原的形态特征。

3. 枝枯病

观察月季枝枯病、毛竹梢枯病等病害标本的症状，并在显微镜下观察其病原的形态特征。

4. 丛枝病

观察泡桐丛枝病、竹丛枝病、枫杨丛枝病等病害标本的症状特征。

5. 寄生性种子植物

观察中国菟丝子及桑寄生标本。

四、实训报告

列表比较所观察的病害的症状特点、发病部位及病原类型。

任务3　园林植物根部病害诊断与防治

任务分析：该任务包括根部病害的危害、症状识别、病原、根部病害的发生发展规律和防治技术等，是园林植物病害防治的重要内容，要完成该任务必须具备植物病理、病原菌识别及病害防治方面的相关知识，掌握根部病害的症状及诊断方法，了解病害的病原及发生规律，学会根部病害的防治方法。

知识点：园林植物主要根部病害的症状特点；常见根部病害的发病原因分析及发生发展规律。

能力点：园林植物主要根部病害的田间诊断；病原物的显微观察识别及主要根部病害的防治技术。

任务实施的相关专业知识

根部病害不同于其他病害，它的发病部位主要集中于根部，逐渐向其他部位蔓延。根部病害的种类较少但危害性很大，根部病害的发生可影响水分和营养成分的吸收，常造成植株地上部分发黄，须根及主根腐烂，甚至整株枯死。在发病部位时常出现白色菌丝、菌核、菌索，以及线虫引起的根结等。根部病害的类型主要有立枯病及猝倒病、白绢病、根癌病、线虫病及紫纹羽病等。

根部病害的发生特点如下：

1）根部病害常发生根变褐出现立枯、猝倒、根部腐烂、根瘤、根结等现象，在发病部位常有白色或粉红色霉状物，有的可见菌索与线虫等。

2）根部病害往往是由于管理较差、机械伤根、通风不良、湿度过大、排水不畅等造成，根部病害危害性也特别大，常可造成整株死亡。

3）根部病害的防治主要通过园林养护管理进行，如改良土壤，换床土或盆土等，操作时减少伤根。必要时也可采用化学药剂防治，主要采用药剂拌土或灌根等施药方式。

5.3.1　幼苗立枯和猝倒病类

5.3.1.1　立枯和猝倒病类主要病害

1. 分布与危害

猝倒病和立枯病（图5-45）是草本花卉育苗期的主要病害，鸡冠花、一串红、万寿菊、平顶凤仙及其他园林苗木均易感染此病。其症状相似，但二者病原菌不同，猝倒病病原主要是瓜果腐霉菌，立枯病病原主要是立枯丝核菌，但二者的防治方法相似。

2. 症状识别

猝倒病是草本花卉种于发芽的幼苗阶段的主要病害，幼苗发病时地表或地表下的茎基部呈水渍状病斑，接着病部变褐，继续绕茎扩展，组织坏死，幼苗倒伏。湿度不大时，病株附近长出白色棉絮状菌丝。

立枯病从幼苗到定植都可以受害，茎基部产生暗褐色病斑，逐渐凹陷，病部缢缩，当病部扩展至绕茎一周时，植株直立着枯死，一般不倒伏。

3. 病原

猝倒病病原为瓜果腐霉菌，属于鞭毛菌亚门，腐霉属，孢子囊棒状、球状、姜瓣状，不脱落。萌发时先形成泡囊，在泡囊中产生游动孢子。立枯病病原为立枯丝核菌，属于半知菌亚门，丝核菌属，菌丝茶褐色，近直角分枝，有分隔；该病害也可由镰刀菌引起，属于半知菌亚门，镰孢属。

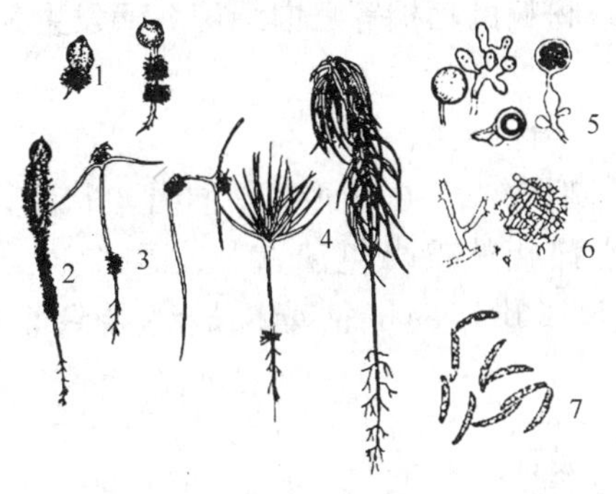

图5-45　立枯病与猝倒病

1—种芽腐烂　2—茎叶腐烂　3—幼苗猝倒　4—苗木立枯　5—腐霉菌　6—丝核菌　7—镰刀菌

4. 发病规律

引起该病害的病菌是瓜果腐霉、立枯丝核菌和镰刀菌，都属于土壤习居真菌。病菌在土壤内或病残株体上长期存活，借灌溉水和雨水传播，也可由未腐熟透的堆肥和种子等传播，由于该病菌寄主范围很广，侵染多种一、二年生的花卉，如万寿菊、鸡冠花、金鱼草、一串红、凤仙、三色堇、彩叶草、百日草、紫罗兰、马蹄莲、矮牵牛等，还侵染蔬菜、园林苗木等。因此，用连续耕种的熟土育苗因带菌率高而易发病。苗床和育苗浅盆内浇水不当、土壤湿度过大、播种过密、温度不适、幼苗生长瘦弱等因素均有利于该病的发生。

5.3.1.2 立枯和猝倒病类综合防治措施

1. 选用适合的苗床土和进行土壤消毒处理

一般最好选用蛭石、珍珠岩、河沙、火烧草皮泥或部分新土配成苗床土进行育苗，尽量避免和减少使用带病的旧花土和旧苗床土。对于带菌苗床土可进行药剂消毒。可选用40%根腐宁或40%五氯硝基苯或60%宝宁或50%福美双6～8g/m^2，先配成药土，部分用于播前垫底，另一部分用于覆盖种子，也可以使用蒸汽高温消毒土壤或用福尔马林（40%甲醛）熏蒸苗床。

2. 改善育苗措施

苗床要排水良好，通气干爽；施用的有机底肥要充分腐熟；浇水要适量，不要造成土壤过湿和骤干骤湿；播种不宜过密，及时间苗和保持小苗之间通透性好。注意避免偏施过多氮肥，适量配合磷钾和微肥的施用，提高幼苗的抵抗力。

3. 药剂防治

发病初期及时喷洒杀菌剂控制病害流行，猝倒病发病初期喷15%恶霉灵水剂450倍液；立枯病喷20%甲基立枯磷（立克菌）1000倍液。猝倒病与立枯病同时发生的情况下喷72.2%普力克水剂800倍液加50%福美双可湿性粉剂800倍液。

5.3.2 白绢病类

5.3.2.1 白绢病类主要病害

1. 分布与危害

白绢病又称为白丝病、菌核病，广泛分布于我国长江以南各省。园林植物上常见的寄主有水仙、郁金香、香石竹、菊、芍药、牡丹、凤仙花、吊兰、美人蕉、福禄考、一品红、油桐、泡桐、茶、柑橘、葡萄、松树的乌桕等。白绢病一般发生在苗木上，植物受害后轻者生长衰弱，重者死亡。

2. 症状识别

根茎部皮层变褐坏死，潮湿时，在表面生白色绢丝状物，在根际土表及根须部分扇形扩散，此后在上面产生菜籽状的茶褐色菌核，皮层上也有小菌核。根部腐烂，水分和养分的输送被阻断，地上部叶片变黄枯萎，最终导致整株枯死。兰花白绢病如图5-46所示。

1

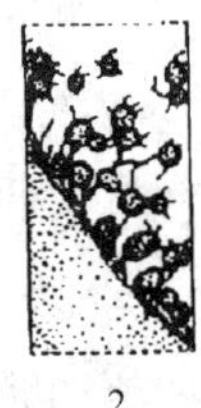
2

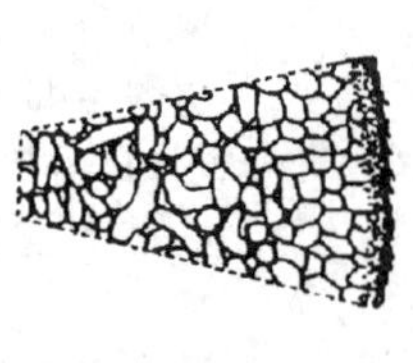
3

图5－46　兰花白绢病

1—症状　2—菌核　3—菌核剖面

3. 病原

兰花白绢病病原为齐整小核菌，属于半知菌亚门，小核菌属真菌。病原菌不产生无性孢子，也很少产生有性孢子，菌核球形或不规则形，表面黑色或褐色。

4. 发病规律

白绢病菌在土壤中植物残体上存活，形成的菌核在土壤中可存活5～6年，在低温干燥条件下存活的时间更长。该病菌喜高温高湿，在南方6～9月为发病期，7～8月为发病盛期。在北方的温室中高温、高湿、通风透光差很容易发生此病，特别是连续种植易感病，土壤中积累了大量病菌，土壤贫瘠缺肥、排水不良，苗木生长不好，很容易发生此病。

5.3.2.2　白绢病类综合防治措施

1. 改善栽培环境

病床应松土、开沟排水、除草、增施有机肥等。重病区与其他抗病植物轮作，轮作时间在5年以上。

2. 刮除病斑

用刀彻底刮除病斑并用401抗菌素50倍液，或1%硫酸铜溶液消毒，然后覆新土。

3. 土壤处理

每公顷用70%的五氯硝基苯15kg加细土225kg，拌匀撒在播种区内或树穴内。

4. 药液灌根

刚发病时用1%硫酸铜溶液浇灌土壤，严重时拔除病株，并将穴内土挖除换上新土。

5.3.3　线虫病类

5.3.3.1　线虫病类主要病害

1. 分布与危害

线虫病在我国发生普遍，严重时可造成全株枯死，给生产造成很大损失。本病寄主范围很广，在华南植物园六棱柱根结线虫病发生严重，杭州植物园在桂花上也有发生。此外，根结线虫病还可危害海棠、仙人掌、菊、大理菊、石竹、大戟、倒挂金钟、栀子、非洲菊、唐菖蒲、木槿、绣球花、鸢尾、香豌豆、天竺葵、矮牵牛、蔷薇、凤尾兰、旱金莲、堇菜、百日草、紫菀、凤仙花、马蹄莲、金盏花等。

2. 症状识别

以仙客来根结线虫病为例：仙客来根结线虫病侵害仙客来球茎及根系，在球茎上形成大的瘤状物，直径可达1～2cm，根上的瘤较小，发病部位为淡黄色，表皮光滑，以后变成褐色，表皮粗糙。切开根瘤，在切片上可见有发亮的白色点粒，为线虫雌虫体。地上植株矮小，叶色发黄，严重时叶片枯死。仙客来线虫病如图5-47所示。

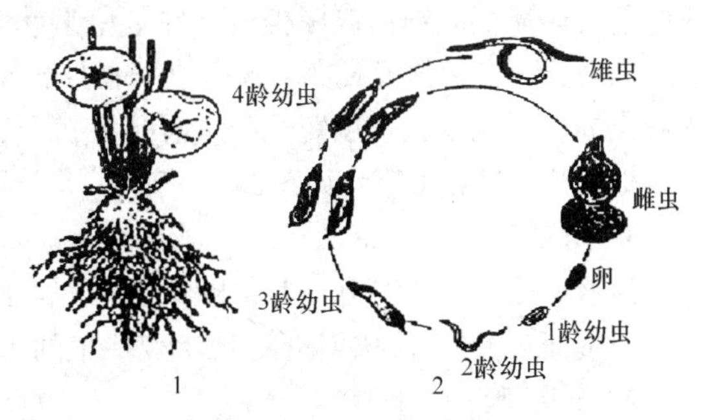

图5-47　仙客来线虫病

1—症状　2—根结线虫生活史

3. 病原

仙客来根结线虫病的病原是根结线虫，属于

线虫纲，根结线虫属，雌虫梨形大小为（0.5～0.7）mm×（0.3～0.4）mm，雄虫线形，长1.2～2.0mm。

4. 发病规律

仙客来根结线虫的传染途径是以土内越冬的2龄幼虫直接侵入寄主的幼根，刺激寄主形成巨型细胞，并形成根结。幼虫几经蜕皮发育为成虫，雌雄交配产卵或孤雌生殖产卵。完成1代约需30～50d，1年可发生多代。通过流水、肥料、种苗传播。土壤内幼虫如3周遇不到寄主，死亡率可达90%。

5.3.3.2 线虫病类综合防治措施

1. 加强检疫

及时对苗木及其周围土壤进行检查，防止病株传病，对重病株应立即拔除并烧毁，病土用甲醛水消毒后再用。

2. 盆土处理

可采用曝晒法，于夏季气温达30℃以上时进行。在光照充足的室外或居室阳台水泥地上，把土堆成8～10cm的薄层，利用日光曝晒20～30d，每天要翻动数次，使其充分受热干燥。

3. 选用无病苗木和球茎处理

应选用无病壮苗上盆栽植，球茎处理可用45℃温水浸泡30min进行消毒。

4. 药剂防治

土壤处理可选用80%二溴氯丙烷乳剂或40%克线磷乳剂等。

5.3.4 根癌病类

5.3.4.1 根癌病类主要病害

1. 分布与危害

以樱花根癌病为例：该病主要分布于南京、杭州、济南、郑州、武汉、成都等地，是一种世界性病害，日本十分普遍。除樱花外，梅、李、桃、丁香、杨、柳、大丽花等多种园林植物也受侵害。染病植株发育不良，叶色不正常，影响观赏。

2. 症状识别

病害主要发生于植株茎基部及侧根上，多为嫁接伤口处，有时也发生于主干基部。感病部位通常产生大小不等的肿瘤。肿瘤圆球形，表面粗糙，凹凸不平。初期灰白色或肉色，逐渐变成褐色或深褐色，并呈龟裂状开裂。根系感病后发育不良，须根极少。感病植株地上部分生长缓慢，树势衰弱，开花少，花期短，严重时叶片黄化，早落，甚至全株枯死。樱花根癌病如图5-48所示。

图5-48　樱花根癌病

1—症状　2—菌体

3. 病原

该病病原是一种细菌，为癌肿野杆菌，属于野杆菌属，菌体为短杆状，具有周生鞭毛，鞭毛仅一根的为侧生。

4. 发病规律

病菌在被感病寄主肿瘤表面和土壤中存活并越冬。在土壤中可存活几个月到1年左右。病菌主要借雨水和灌溉水传播，也可通过工具或地下害虫传播。病害远距离传播靠苗木及植

株的调运。病原菌通过各种伤口侵入寄主，侵入后刺激细胞加速分裂，产生大量分生组织，从而形成肿瘤。从病菌侵入到症状出现，少则几周，多则1年以上。土壤潮湿、积水，有机质丰富时发病严重。碱性土壤利于病害发生。

5.3.4.2　根癌病类综合防治措施

1. 严格选用健株

忌用病株栽植，对可疑苗木将根部用1%的硫酸铜溶液浸泡5min，冲洗后栽植。栽植时用硫酸亚铁混合土壤，改变土壤的酸度。

2. 销毁病株

发现病株，应立即销毁。挖除病根后，周围的土壤用硫磺粉混入土中进行消毒，用药量为50~100g/m^2。对可疑的苗木，栽种前用1%硫酸铜溶液浸泡5min，再用水洗净，然后栽植。

3. 苗圃选择

苗圃应设在无根癌病的地区，对病区可作2年以上的轮作。

5.3.5　紫纹羽病类

5.3.5.1　紫纹羽病类发生特点

1. 分布与危害

紫纹羽病又称为紫色根腐病，如图5-49所示。该病可以危害多种果树、林木、花卉、蔬菜及大田作物，寄主范围包括51科90属128种以上的植物。苗木或成株受害，是经济树种比较主要的根部病害之一。

2. 症状识别

紫纹羽病先从细支根开始发病，逐渐扩展到侧根、主根、茎基部甚至主干基部。病部有紫红色厚绒毛状菌丝膜，后期膜上产生紫红色半球形菌核。病部皮层腐烂，木质部朽枯，栓皮呈鞘状套于根外。病组织有蘑菇味。随着烂根数量的增加，地上部由衰弱渐至枯死。

3. 病原

此病病原为桑卷担菌，属于担子菌亚门，桑卷担菌属，病菌产生有隔担子侧生担孢子。

4. 发病规律

紫纹羽病以菌丝、菌核、菌索在病株、残体及土壤中越冬，直接或伤口侵入寄主，可随带菌苗木远距离传播。旧林地育苗或建园时发病较重。

5.3.5.2　紫纹羽病类综合防治措施

1. 不在旧林地育苗或建园

育苗或建园应选择在地势良好、土壤肥沃的新林地。

2. 严格检验调运苗木

对出圃苗木要严格检疫与检查，带病苗木要立即销毁。

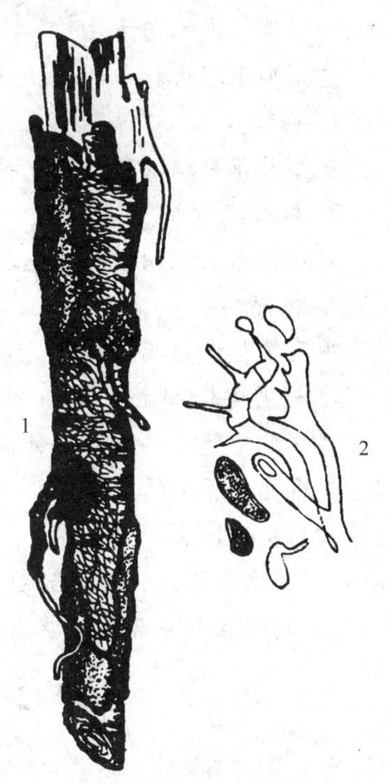

图5-49　紫纹羽病

1—症状　2—担子及担孢子

栽植前将苗木根部在70%甲基托布津500倍液中浸10～30min，进行消毒处理。

3. 病株处理

挖开根区土层，清除病根，并将除去的病残体带出园外集中彻底销毁，然后外涂保护剂如843康复剂原液、45%晶体石硫合剂30～50倍液等；或灌50%代森铵500～600倍液等药剂进行消毒。对重病树嫁接新根，增施肥水，叶面喷肥，促使树势恢复健壮。

相关技能训练

实训21　园林植物根部病害的症状观察

一、实训目标

通过对园林植物根部病害的观察，熟悉主要园林植物根部病害的症状、病原及发病规律，为生产实践中对园林植物病害的防治打下基础。

二、实训材料和用具

材料：白绢病、根结线虫病、根癌病、幼苗猝倒病和立枯病等园林植物病害的鲜标本、干标本及病原菌的玻片标本。

用具：有关挂图及照片、显微镜、放大镜、镊子、挑针、蒸馏水、载玻片、盖玻片、滴瓶等。

三、实训内容与方法

先用肉眼观察标本的症状及病征，其次借助显微镜观察其病原。

1. 白绢病

观察兰花白绢病的症状，并在显微镜下观察其病原形态特征。

2. 根结线虫病

观察仙客来根结线虫的症状，并在显微镜下观察其病原形态特征。

3. 根癌病

观察樱花根癌病的症状，并在显微镜下观察其病原细菌的喷菌现象。

4. 幼苗猝倒和立枯病

观察瓜叶菊、一串红、秋海棠、香石竹、泡桐、刺槐等园林植物苗期的猝倒病和立枯病，观察其病原菌的形态。

四、实训报告

1）仙客来根结线虫病的典型特征是什么？并且绘出其症状图。

2）苗木立枯病和猝倒病有何区别？并且绘出以上两种病害的病原图。

实训22　园林植物有害生物防治综合实训

一、实训目标

通过对当地园林植物有害生物的实地调查，了解当地园林植物有害生物的主要种类和发生特点，分析主要有害生物的发生规律和严重发生的原因，掌握园林植物有害生

物的调查方法和防治技术，因地制宜地制订综合防治方案，并组织实施有效地防治措施，使学生达到对主要园林有害生物会诊断识别、会分析预测、会制订方案、会组织实施的目标。

二、实训材料和用具

标本采集制作工具、图书资料、常用药械、各类农药、调查用表等。

三、实训内容与方法

（一）园林植物病虫种类及发生情况调查

根据当地园林植物生长情况，选不同类型园林3~5个，按照普查的方法调查有害生物种类和发生情况，有条件的可在不同生长季节调查3~4次，根据调查资料分析总结不同季节的有害生物发生优势种群，为拟定防治方案提供依据。调查可以采取抽样调查、诱集、网捕及踏查等方法相结合，内容包括病虫种类、发生数量、危害程度、防治水平以及天敌数量等，将调查情况记入调查表5-1。

表5-1　园林植物有害生物发生情况调查表

调查人：　　　　　　　　　　　　　　　　　　　　　调查日期：

序号	病虫名称	受害植物	发生地点	调查总数	发生程度	危害程度	危害状	已采用的防治方法	备　注

注：调查总数以株或面积计，发生程度以虫口密度（头/株或头/m^2）或发病率统计，危害程度分为轻、中、重。

（二）园林植物有害生物药效试验

1. 药效试验的类型

田间药效试验是农药推广应用的必须环节，它通常分为小区试验、大区试验和大面积示范试验。小区试验是较小的面积内进行的多种药剂及多种处理方法的试验，其处理的内容较多，但单个处理面积小，通常一个处理只需几个平方米。大区试验是在小区试验的基础上，选择少数有效的药剂或剂型进一步试验，其处理面积一般为500~1500m^2，可不设重复或只重复1次。大区试验一般误差较小，试验结果可作为推广的依据。对于一些活动性较强的，不易搞小区试验的害虫，可直接做大区试验，但应设标准药剂（当地常用的药剂）做对照。大面积示范试验是为了确认在药效和经济效益符合要求的农药后，便可做大面积多点示范试验，然后推广使用。

2. 药效试验的设计

田间药效试验方法的设计，可根据需要分别设小区试验、大区试验和大面积示范试验。通常在小区试验设计中必须注意以下问题：

（1）试验要设置对照和重复　对照是为了计算和比较药效，可分为空白对照、溶剂对照和标准药剂对照，通常对照当做一个处理。重复是为了减少其他环境因素影响药效，同一个处理在试验中重复次数越多越准确，一般需重复3次。

（2）处理项目的多少决定于试验的目的和需要　农药新品种的比较试验，因种类较多，处理项目自然就多些，而剂型、药量、浓度等比较试验的项目就少些。为了提高试验的准确性，处理项目不宜太多。比较试验又可分为单因子试验和多因子试验。单因子试验只比较一个因素，处理项目较少，小区面积可稍大。多因子试验是在一个因素的比较上再附加另一个因素的比较，如在农药品种的比较上再加浓度比较，这样，处理项目较多，小区面积可适当缩小。

（3）小区排列直接影响到试验的准确性　就一般而言，不同处理小区在试验地内应呈随机分布，以消除病虫分布不均和立地条件不同而引起的误差。常用的排列方法有对比排列法（表5-2）和随机排列法（表5-3）。在随机排列中，在同一横、竖行中不能有相同的处理出现，这个做法又称为局部控制法。

表5-2　对比排列法

A	对照	B	C	对照	D
C	对照	D	A	对照	B
B	对照	C	D	对照	A

表5-3　随机排列法

A	C	D	B	对照
D	B	对照	C	A
对照	A	B	D	C

3. 药效试验的实施

1）试验地应选择有代表性、有害生物危害较重的绿地，自然条件也要求一致。为确保居民安全、管理方便，保证试验数据的准确性，应控制试验农药范围并立警示牌，有条件的地区应设试验基地，在试验基地内进行。

2）处理小区的面积和形状因试验内容不同而不同，在比较规范的试验田中，小区一般设为长方形，长宽比例可根据地形、株行距大小而定，面积一般为几平方、数十或上百平方米不等。较高大的树木也可以株数为单位，在带状种植的花卉、苗木及绿篱等，也可以一定长度为单位。

3）在一些扩散力较强的害虫或传播迅速的病害试验中，在处理小区间应设置一定的隔离区，可减少处理之间的影响和排除外界因素的干扰，以保证试验的准确性。为防止不同处理项目相互间的影响，小区之间应设隔离区。

4）试验地的管理措施要始终保持一致，并按计划记录试验情况、数据。

4. 田间药效试验的检查方法和统计分析

药效检查方法是否正确，直接关系到试验结果的准确性。检查方法因有害生物种类、树种、害虫生活习性和病害侵染方式不同而采取相应的调查方法。调查时应事先设计好调查项目和调查表，对每个处理逐个进行调查。田间药效试验调查表见表5-4。

表5-4 田间药效试验调查表

检查日期： 取样方法： 调查人：

处理号	样点号	取样数（总虫数）	受害数						合计（死虫数）	被害率（死亡率）	病指
			1级	2级	3级	4级	5级	……			

调查得到的数据要进行计算整理、统计分析才能得出科学的结论。害虫防治效果的计算有三种情况，一是施药前调查了基数而不设对照的，用死亡率表达；二是设对照而施药前没有调查基数的用相对防效表达；三是既设对照又调查基数的用实际防效表达。

$$\text{虫口减退率（死亡率）(\%)} = \frac{\text{药前虫口数} - \text{药后活虫数}}{\text{药前虫口数}} \times 100\%$$

$$\text{相对防效（\%）} = \frac{\text{对照区虫口数} - \text{处理区虫口数}}{\text{对照区虫口数}} \times 100\%$$

$$\text{实际防效（\%）} = \frac{\text{防治区虫口减退率} - \text{对照区虫口减退率}}{100\% - \text{对照区虫口减退率}} \times 100\%$$

植物病害的防治效果也有两种情况，一是相对防效，二是实际防效，其计算公式如下：

$$\text{相对防效（\%）} = \frac{\text{对照区发病率（病指）} - \text{处理区发病率（病指）}}{\text{对照区发病率（病指）}} \times 100\%$$

$$\text{病情指数增长率（\%）} = \frac{\text{试验后的病指} - \text{施药前的病指}}{100\% - \text{施药前的病指}} \times 100\%$$

$$\text{实际防效（\%）} = \frac{\text{对照区病指增长率} - \text{处理区病指增长率}}{\text{对照区病指增长率}} \times 100\%$$

（三）园林植物有害生物防治方案的设计

1. 准备调查资料

1）调查当地某一检疫性有害生物的危害情况，并分析其侵入途径。

2）调查当地某一种植物的不同品种对同一种病害的感染程度。

3）调查组织培养苗与非组织培养苗病毒病害的感病率，说明苗木组织培养的优点。

4）调查当地的某一种植物在不同的栽培管理条件下某种有害生物的发生情况。

5）结合园林植物修剪，调查修剪前后植株上某种越冬昆虫的数量。

6）设黑光灯或高压电网诱虫，调查所诱的昆虫的种类、数量、食性等。

7）在食叶害虫下树前，树干基部绑草帘诱集下树害虫，分别调查草帘内和树冠下土壤中该虫的数量，并与未绑草帘的树比较，说明潜所诱杀在防治害虫方面的作用。

8）自制黄板诱集蚜虫或糖醋液诱地老虎，统计所诱蚜虫、地老虎数量，说明在什么情况下设黄板、糖醋液效果好。

9）识别常见捕食性、寄生性天敌昆虫。调查相隔一定距离的2个绿化区内捕食性、寄生性天敌昆虫的种类、数量及害虫种类、数量，说明天敌昆虫在控制害虫方面的

作用。

10）用白僵菌菌粉（或苏云金杆菌乳油）、敌百虫（或其他有机杀虫剂）防治食叶害虫，比较防治效果，说明两者防治害虫的优缺点。

11）药效实验：如前所述。

2. 制订防治计划

有害生物防治是和有害生物作斗争的群众性工作。要把这一工作做好，必须贯彻“预防为主、综合治理”的方针。根据预测预报资料，结合当地具体情况，制订严格的防治计划，以便组织人力，准备药剂药械，单独或结合其他园林植物栽培措施，及时地防治，把病虫危害所造成的损失控制在最低的经济指标之下。

由于各地区的具体情况不同，防治计划的内容和形式也不一致，可按年度计划、季节计划和阶段计划等方式安排到生产计划中去，计划的基本内容应包括以下几点：

（1）确定防治对象，选择防治方法　根据有害生物调查和预测预报资料，历年来病虫发生情况和防治经验，确定有哪些主要的有害生物，在何时发生最多，何时最易防治，用什么办法防治，多少时间可以完成，摸清情况后，确定防治指标，采取最经济有效措施进行防治。

（2）建立机构，组织力量　对园林有害生物防治工作，特别是大型的灭虫、治病活动应建立机构。说明需用劳力数量和来源，便于组织力量。

（3）准备药剂、药械及其他物资　事先应确定药剂种类和药械型号，准确估计数量，并与农资供销部门订立供应合同，以免临时无法采购，影响防治工作。新购买的药剂，应进行效果鉴定，以防失效，对已有的药械应进行检查和维修。

（4）技术培训　采取短期培训与蹲点指导相结合的办法，对参加防治人员介绍防治技术，开展学习与宣传活动。

（5）做出预算，拟定经费计划（表5-5）

表5-5　有害生物防治经费计划表

单位：　　　　　　　　　　　　　　　　　　　　　　　　　年　　月　　日

防治时间	防治对象	防治地点	防治面积	防治方法	用药量					用工量				其他费用			经费总计	备注
					药剂名称	亩用量	总用量	金额		劳力		工资		药械购置	药械维修	运输		
								单价	合计	亩用工量	总用工量	平均工资	合计					

四、实训报告

1）设计一种园林植物常见有害生物的防治试验方案。

2）制订校园内一种园林植物有害生物的防治方案。

归纳总结

园林植物病害防治技术

- 叶花果类病害
  - 种类：白粉病、锈病、炭疽病、灰霉病、叶斑病、叶畸形、病毒病
  - 发生特点：发病部位主要在叶片、花、果等部位，常造成叶斑、叶枯、叶畸形、花腐、果腐等症状，再侵染频繁
  - 防治措施：防治时以清除病残体，地上部喷洒化学药剂为主，结合其他农业、物理及生物等防治方法
- 枝干类病害
  - 种类：腐烂、溃疡病、细菌性软腐病、枯萎病、丛枝病
  - 发生特点：发病主要集中枝干，表现为病斑、枝枯、烂皮、及丛枝等症状，发病周期较长，难防治
  - 防治措施：此类病害以防为主，主要采用清除病残体、剪枝、刮除病斑、涂白、涂药等保护治疗方法
- 根部病害
  - 种类：立枯、猝倒病、白绢病、线虫病、根癌病、紫纹羽病
  - 发生特点：发病部位于根部，表现为立枯、猝倒、根变褐、变黑、产生白霉、产生癌瘤等，危害重，难防治
  - 防治措施：主要采用深翻、换土、清除病残体、药液灌根、拌种、拌土、嫁接等防治措施，再结合其他方法

同步测试

一、填空题

1. 园林植物病害根据发病部位分为（　　）病害、（　　）病害和（　　）病害。

2. 叶花果类的病害常见的有（　　）、（　　）、（　　）、（　　）及（　　）等病害。

3. 叶花果类病害症状多表现为（　　）、（　　）、（　　）、（　　）、（　　）、（　　）、（　　）等。

4. 叶花果类病害在发病部位多出现（　　）（　　）、（　　）有时也可出现（　　）。

5. 海棠锈病菌在它的生活史当中可以产生（　　）、（　　）、（　　）、（　　）四种孢子。

6. 炭疽病是一类常见的叶斑病可以在（　　）、（　　）、（　　）等木本花卉上发生，也常在（　　）、（　　）等草本花卉上发病。

7. 枝干类病害发病周期较（　　），病菌多从（　　）、（　　）侵入，也可以（　　）侵入。潜育期（　　），一旦发现很难防治。

8. 枝干类病害的防治以（　　）为主，如（　　）、（　　）、（　　）（　　）等。药剂防治常采用（　　）、（　　）、（　　）、（　　）等施药方式。

9. 根部病害主要包括（　　）、（　　）、（　　）、（　　）等类型的病害。

10. 根部病害往往是由于（　　）、（　　）、（　　）、（　　）、（　　）等原因造成的，危害也（　　），常造成（　　）。

二、选择题

1. 月季白粉病是由（　　）菌属病菌引起的病害。

A. 白粉菌属　B. 钩丝壳属　C. 叉丝壳属　D. 单丝壳属

2. 海棠锈病是由（　　）菌属病菌引起的病害。

A. 白锈菌属　B. 胶锈菌属　C. 多孢锈菌属　D. 柄锈菌属

3. 月季枝枯病是由（　　）菌属引起的病害。

A. 枝孢属　B. 葡萄孢属　C. 盾壳霉属　D. 镰刀菌属

4. 仙客来细菌软腐病是由（　　）菌属引起的病害。

A. 欧文氏杆菌属　B. 腐霉属　C. 野杆菌属　D. 黄单胞杆菌属

5. 唐菖蒲花叶病是由（　　）引起的病害。

A. 真菌　B. 细菌　C. 线虫　D. 病毒

6. 凤仙花白粉病叶上的白粉是病菌（　　）。

A. 孢囊梗及孢子囊　B. 芽孢子　C. 闭囊壳　D. 分生孢子

7. 玫瑰锈病病斑上产生的黑色病菌是锈菌的（　　）。

A. 冬孢子　B. 夏孢子　C. 锈孢子　D. 担孢子

8. 根部发生猝倒病的原因可能是（　　）。

A. 浇水过少　B. 浇水过多　C. 根霉属真菌侵染　D. 施肥不足

9. 防治君子兰细菌软腐病最适合药剂是（　　）。

A. 农用链霉素　　B. 多菌灵　　C. 波尔多液　　D. 普力克

10. 防治白绢病适合药剂是（　　）。

A. 瑞毒霉　　B. 石硫合剂　　C. 硫酸铜　　D. 病毒灵

三、简答题

1. 什么是白粉病？白粉病有哪些特点与种类？

2. 归纳锈病的防治方法。

3. 试完整说出海棠锈病病菌生活史。

4. 诊断根部病害要注意哪些事项？

5. 从哪几个方面对果树根癌病加以认定？

6. 概述诊断根部线虫病要经过哪几个步骤？并说出注意事项。

7. 园林植物病害防治工作要达到什么程度？

8. 选择一地区，调查其城市园林植物病害发生及防治情况，分析园林植物保护的发展前景，并写出一份可行性报告。

9. 一位单位领导对厂区的绿化树木病害感到担忧，但又对植物病害的防治工作存有疑虑，对于用药量及防治费用也不很清楚，周围人对园林植物病害防治技术懂得又很少，这位领导就要放弃这批树木，假设你是一位园林技术专家，怎样解释这些问题？

项目6

草坪主要病虫草害防治技术

学习目标

通过本项目的学习，要求掌握草坪病虫草害的生理及生态特征；熟悉主要病害、虫害、杂草的形态特征、危害特点、发生规律及生活习性，并能根据田间危害特征，诊断病虫害的类型，理论联系实际，制订出科学、合理的防治方案。

任务1　草坪主要害虫及防治技术

任务分析：该任务主要包括草坪害虫形态特征及危害特点的识别、害虫生活习性与发生规律的了解，防治方法和药剂的选择等，要完成该任务必须具备昆虫形态、生态及农药等方面的相关知识，掌握草坪草受害状与昆虫习性的关系，根据害虫生活习性及发生规律，制订出防治方案。

知识点：草坪常见主要害虫形态特征、发生规律及危害特点。

能力点：草坪常见害虫的形态识别及害虫防治方案的制订。

任务实施的相关专业知识

草坪是指多年生低矮草本植物在天然形成或人工建植后经养护管理而形成的相对均匀、平整的草地植被。随着人们生活水平的提高和生态环境意识的增强，草坪已经成为城市生态景观的重要组成部分，其建植数量和管理质量也作为衡量一个城市园林绿化和环境质量的重要标准。

草坪在生长的过程中，与周围环境的各种因子发生直接或间接的关系。其生命活动离不开阳光、空气、水分和养分，它们是草坪生长发育所需的物质和能量来源，同时也会受到病原菌、有害动物、杂草及其他不良环境因素的侵害，影响草坪的品质与质量，降低草坪的观赏性和利用价值。

在有害动物中绝大部分是昆虫，还有少数螨类、软体动物、线虫和鼠类。草坪害虫的种类多，分布广，适应性强，只有正确识别害虫，掌握它们的危害特点和发生规律，才能制订

出科学的、有针对性的防治方案，达到预期的防治效果。

草坪害虫根据其危害方式不同，可分为三种类型：一是以咀嚼式口器蚕食草坪植物的组织，如叶片、嫩枝、嫩茎或潜食叶肉，形成缺刻、孔洞，甚至全部吃光。二是以刺吸式口器刺吸草坪植物的汁液，使受害部位退绿、发黄，叶片卷曲、枯萎，甚至整株死亡；同时还能传播病原物，影响草坪正常生长发育，降低草坪的观赏性和使用价值。第三种类型是地下害虫，其生活在土壤中，取食草坪植物的根、茎、幼芽，造成死苗、断根、枯萎、死亡。

6.1.1　螟蛾类

螟蛾类属于鳞翅目螟蛾科。全世界已有1万种以上，我国记录有1000余种，粮食、果树、蔬菜、林木、草坪、花卉及中药材、面粉、干果等多种贮藏物都可受到螟蛾危害，其中危害草坪的主要有草地螟、庭园网螟、二化螟、大草螟等。螟蛾类以幼虫取食植物叶片，造成叶片缺刻、孔洞，甚至植株光杆，草坪斑秃等危害状。

6.1.1.1　螟蛾类主要害虫

以草地螟（图6-1）为例：

1. 分布与危害

草地螟主要分布在我国东北、华北和西北地区。其食性广泛，寄主有200余种，嗜食甜菜和豆科植物，对麻类、玉米、高粱等也能造成危害。其主要危害早熟禾、细羊茅、剪股颖、黑麦草等冷季型草坪草。

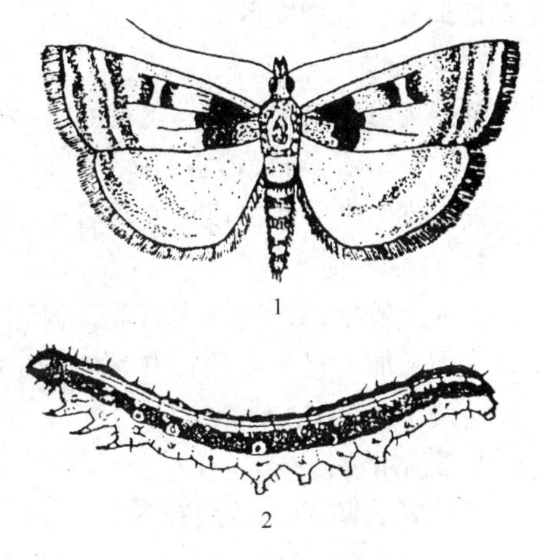

图6-1　草地螟
1—成虫　2—幼虫

2. 形态特征

（1）成虫　体细长，8~12mm，灰褐色。头部颜面突起呈圆锥形，下唇须向上翘起，触角丝状。前翅灰褐色，中央近前缘处有一个近长方形淡黄褐色斑，外缘黄白色，有一串淡黄色小点组成的条纹。后翅黄褐色或灰色，沿外缘有两条平行的黑色波状纹。

（2）卵　椭圆形，初产时乳白色，有光泽，长约0.9mm，宽0.5mm，顶部稍凸起，底部平，卵单产或2~12粒，呈覆瓦状排列在植物表面。

（3）幼虫　老熟幼虫体长17~23mm，体灰绿色，头部黑色有白斑。前胸盾板黑色，有三条黄色纵纹。胸腹部黄绿或灰绿色，有暗色纵带间黄绿色波状纹。腹部各节有毛瘤，毛瘤上疏生刚毛，刚毛基部黑色，外围有2个同心黄白色环。

（4）蛹　长约8~15mm，黄褐色。常藏身于丝质袋状茧内。茧的上端有孔，以丝状物封盖，直立于土壤表层以下。

3. 发生规律及习性

草地螟在我国北方1年发生2~4代，陕西关中地区1年发生3~4代。以老熟幼虫在土壤表层内结丝质茧越冬。第二年春季，温度达14~15℃时越冬幼虫开始化蛹羽化，5月下旬至6月上旬是羽化盛期，6月中旬为产卵期，6月中下旬至7月中旬以幼虫危害草坪。初孵幼虫集中于幼嫩叶片上结网潜藏，取食叶肉，残留表皮，3龄以后的食量大增，取食叶片呈缺刻和孔洞，仅留网状叶脉，甚至光秃。在被害草坪上常出现连片的萎蔫小斑块，斑块颜色逐渐变褐，草坪周围有虫粪。

成虫有群集性和强烈的趋光性，黄昏后微风或地表温度出现逆增时，可大量聚集迁飞。成虫昼伏夜出，低温、阴雨或有风天多潜伏，一般潜伏在草丛内，受惊动时能做短距离低空飞行。根据此习性可以进行步测和网捕。夜晚 21：00 ~23：00 时为成虫交尾、产卵盛期，卵多数产在植物光滑的叶面上，呈覆瓦状排列。初孵幼虫营群集生活，有吐丝结网的习性，随着虫龄增长，常单独结网栖息，分散危害。幼虫老熟后停止取食，钻入土中吐丝做茧化蛹。成虫卵前期 4 ~8d，卵期 4 ~6d，幼虫期 13 ~25d，蛹期 13 ~14d。

气象因素可影响成虫产卵活动。气温偏高时，成虫常选择凉爽处产卵；气温偏低时，则选择背风向阳处产卵；气候适宜时，多选择小气候较湿润的地方，幼嫩多汁、耐盐碱的杂草上产卵。成虫羽化后需要补充营养，多取食夏至草、白花荠菜、丁香、洋槐等蜜源植物。

6.1.1.2　螟蛾类综合防治措施

1. 草坪监测

早期监测草坪草地螟是预防螟蛾类的重要措施。黄昏时分，大量的草地螟在草坪上空飞舞，聚集在室外的灯光周围，这就意味着草地螟将要大发生。大量的鸟类在草坪上取食也表明有草地螟在草坪上危害。

2. 人工防治

利用成虫受惊动做低空飞行的习性，用拉网法捕捉。用纱网做成拉网，网口宽 3m，高 1m，深 4 ~5m，网底和网口用白布制成。网的上下两边穿上竹竿，迎风贴地拉网，成虫即可被捕入网内。一般在成虫羽化后 5 ~7d 第一次拉网，以后每隔 5d 拉网 1 次。

3. 物理防治

在成虫发生期，选择无月光、风速小、温暖的夜晚，设置黑光灯，灯下放置盛水的大盆，水面上加入机油或敌百虫等触杀性强的杀虫剂，每 $3hm^2$ 草地安装 20W 黑光灯一支，将灯置于约 1m 高处，诱杀成虫。

4. 药剂防治

草地螟的防治，必须在幼虫 3 龄以前进行。用 5% 马拉硫磷乳油或 50% 辛硫磷乳油 1000 ~1500倍液、25% 鱼藤精乳油 800 倍液、含 100 亿/g 活孢子的杀螟杆菌菌粉或青虫菌菌粉 2000 ~3000 倍液喷雾。推广使用苏云金杆菌、白僵菌和阿维菌素等生物农药，保护和利用自然天敌，如蚂蚁、步行虫等，控制草地螟的危害。

6.1.2　夜蛾类

夜蛾类属于鳞翅目夜蛾科。其种类很多，国内记载有 1200 余种，是一类重要害虫。危害草坪草的种类主要有：粘虫、斜纹夜蛾、淡剑袭夜蛾、劳氏粘虫等。以幼虫取食草坪植物叶片、茎秆及根部等，造成缺刻、孔洞、光杆，甚至死苗、断根等危害状，严重破坏草坪景观。

6.1.2.1　夜蛾类主要害虫

（一）粘虫（图 6-2）

1. 分布与危害

粘虫是世界性的害虫，在我国分布比较广泛。粘虫是一种暴食性、迁飞性的食叶害虫，大发生年份，常将植物叶片全部吃光，使禾本科草坪失去观赏和利用价值。除危害麦类、水稻、玉米、高粱、谷子外，大发生时，也危害豆类、棉花等作物，草坪草中以狗牙根、早熟

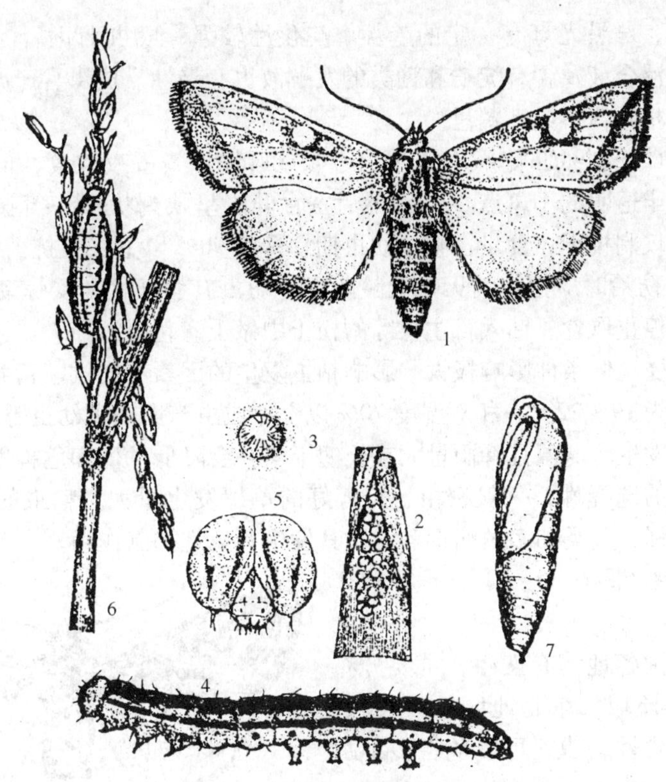

图6-2　粘虫

1—成虫　2—卵块　3—卵粒（放大）　4—幼虫　5—幼虫头部　6—危害状　7—蛹

禾、黑麦草、剪股颖、结缕草、高羊茅等为主要取食危害对象。

2. 形态特征

（1）成虫　体长15~17mm，头胸部灰褐色，腹部暗褐色。触角丝状。前翅黄色至黄褐色，中央近前缘处有2个淡黄色圆形斑纹，在外侧斑下方有1个小白点，白点两侧各有1个小黑斑；由翅尖向斜后方有1条黑色斜线，外缘有7个小黑点。后翅暗褐色，向基部颜色逐渐变淡。雄蛾腹部较细，手指轻捏腹部，腹端伸出1对抱握器。雌蛾腹部较粗，手捏时伸出管状产卵器。

（2）卵　直径0.5mm，半球形，表面有网状纹，初产时白色，孵化前为黄褐色。

（3）幼虫　共6龄，老熟幼虫体长38mm，黄褐至黑褐色。头部红褐色，沿蜕裂线有1“八”字形黑褐色纹。背中线白色，边缘有细黑线，亚背线和气门上线红褐色。腹面污黄色，腹足外侧有黑褐色斑纹。

（4）蛹　长19~23mm；红褐色，长圆锥形。腹部5~7节背面近前缘处有横列马蹄形刻点，中央刻点大而密，两侧渐稀。尾端有刺6根，中央1对粗大，两侧的2对细短弯曲。

3. 发生规律及习性

粘虫1年发生代数因地而异，东北、内蒙古1年2~3代，华北、西北南部3~4代，淮河流域4~5代，长江以南5~6代，华南6~8代。在我国广东、福建南部无越冬滞育现象，常年可以繁殖危害，在北纬27°~33°之间以蛹和幼虫越冬，北纬33°以北地区不能越冬。成虫具有远距离季节性迁飞习性，春季由我国南方向北迁飞，秋季又由北方向南方迁飞。

成虫昼伏夜出，白天隐藏，夜晚出来取食、交配、产卵，一般傍晚日落后和黎明前活动

最盛。趋光性较弱，对黑光灯有一定的趋性。趋化性较强，成虫羽化后需取食花蜜补充营养，对糖、醋、酒混合液及含有淀粉和糖类的发酵液也有趋性。成虫喜产卵于寄主叶片尖端或枯心苗、病株的枯叶缝中或叶鞘里。

幼虫共6龄，1~2龄幼虫隐藏在寄主的心叶或叶鞘内，昼夜取食，但食量很小。啃食叶肉，留下表皮呈半透明的小斑点。3~4龄后蚕食叶缘呈缺刻状，5~6龄进入暴食期，可将植株叶片吃光，仅剩枝干，食量占整个幼虫期食量的90%以上，且抗药性比2~3龄约大10倍左右。因此，防治时应把其消灭在低龄阶段。幼虫有假死性，受惊动时常蜷缩滚落地面。幼虫老熟后，停止取食，钻入寄主根际的松土中做土室化蛹。

粘虫发生数量受气候条件影响极大，影响粘虫发生的因素有气候、营养、天敌等。黏虫发生的最适宜温度为19~22℃，相对湿度70%以上。成虫产卵期和幼虫孵化期，气温偏高，阴雨天多，有利于发生。低温且降雨量大或长期干旱，会降低发生和危害程度。粘虫对栖息的寄主环境有一定的选择性，一般密植、长势好的草坪发生量大。粘虫的天敌有蛙类、线虫、寄生蜂、寄生蝇、菌类和多角病毒等，对其发生有一定抑制作用。

（二）斜纹夜蛾（图6-3）

1. 分布与危害

斜纹夜蛾在我国各地均有发生，主要分布在长江流域及黄河流域，东北地区危害较轻，是一种暴食性、杂食性害虫，可以危害多种蔬菜作物及草坪植物。以幼虫取食寄主叶片，并产生大量虫粪，污染草坪。

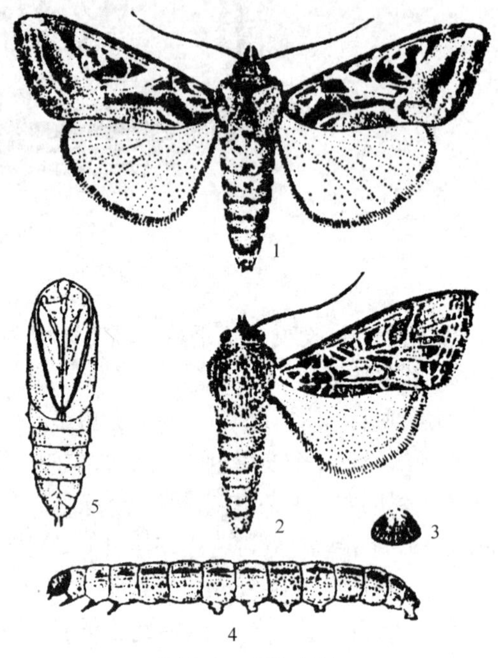

图6-3　斜纹夜蛾

1—雄成虫　2—雌成虫　3—卵　4—幼虫　5—蛹

2. 形态特征

（1）成虫　体长14~20mm，灰褐色，胸部背面有白色丛毛。前翅黄褐至淡黑褐色，多斑纹，前缘近中部至后缘有3条灰白色斜纹。后翅银白色半透明，翅脉及缘线褐色。

（2）卵　半球状，直径0.5mm，表面有纵横脊纹，黄白色，孵化时暗灰色，卵块外面覆盖黄白色绒毛。

（3）幼虫　老熟幼虫体长38~50mm，灰黄色、褐色、黑褐色或暗绿色。背线及亚背线橙黄色，中胸至第9腹节在亚背线内侧有1对半月形或三角形黑斑。

（4）蛹　长约18mm，赤褐色。

3. 发生规律及习性

斜纹夜蛾1年发生4~8代，东北、华北4~5代，华南7~8代，多数以蛹越冬，少数以幼虫在土中越冬，也有在杂草间越冬。成虫昼伏夜出，取食花蜜补充营养，有较强的趋光性和趋化性。喜在生长茂盛、叶色浓绿的叶片背面产卵，每头雌虫能产卵800粒左右。卵期为7d，初孵幼虫群集在卵块附近叶片背面，取食叶肉，2龄后分散危害，白天躲藏，傍晚活动，取食叶肉仅留表皮和叶脉呈纱窗状，4~5龄为暴食期，严重时植株被吃成光杆。幼虫期为12~

27d，老熟后入土1~2cm化蛹，蛹期为9~13d。

6.1.2.2　夜蛾类综合防治措施

1. 人工防治

根据其喜欢选择枯枝叶产卵的习性，在成虫产卵期，用干稻草或小谷草等，扎成60~70cm长的小把，倒挂在木棍上，插入田间，每60~70m^{2}插10把，每天清晨用塑料袋套住草把，将蛾子抖落在袋内杀死。夏季摘除卵块或对群集初孵幼虫的叶片进行处理，或在成虫产卵盛期，人工摘除卵块。

2. 物理防治

用频振式杀虫灯、杨树枝把或糖醋液诱杀成虫。成虫大发生时，草把每7~10d换一次。糖醋液的配制是：糖3份、酒1份、醋4份、水2份，调匀后加1份2.5%敌百虫粉剂。白天将盆盖好，傍晚打开盆盖，5~7d换一次糖醋液诱剂，连续16~20d。

3. 药剂防治

在幼虫3龄以前，1~2龄幼虫盛期，用50%辛硫磷乳油1000~2000倍液、40.7%毒死蜱乳油1000~2000倍液、2.5%溴氰菊酯2500~3000倍液喷雾，或用5%氟啶脲乳油1000~2000倍液、20%灭幼脲3号胶悬剂4000~6000倍液、含菌量在60~100亿/g的苏云金杆菌粉30~50倍液喷雾。

4. 生物防治

人工繁殖或助迁天敌到草坪中，控制夜蛾类危害。

6.1.3　蝗虫类

蝗虫类属于直翅目蝗总科，在我国北方分布较广，是一种杂食性的茎叶害虫，能取食许多不同科的植物，危害禾本科草坪草的主要种类有：中华蚱蜢、短额负蝗、黄颈小车蝗、中华稻蝗和东亚飞蝗等。以成虫或若虫蚕食植物叶片和嫩茎，大发生时可把寄主食成光秆或全部吃光，严重影响草坪观赏性。

6.1.3.1　蝗虫类主要害虫

（一）东亚飞蝗（图6-4）

1. 分布与危害

东亚飞蝗分布于我国北纬42°以南至南海、云南，西起甘肃南部和四川，东至海滨及台湾，其中以黄淮海平原为主要蝗区。东亚飞蝗除取食危害小麦、玉米、高粱、粟、水稻等禾本科作物外，草坪植物中主要危害早熟禾、羊茅、黑麦草、剪股颖、狗牙根、结缕草、假俭草、雀稗等禾本科草坪植物。

2. 形态特征

（1）成虫　体形较大，雌虫体长38.6~52.8mm，雄虫体长32.4~48.1mm。体色一般为绿色或黄褐色，常因环境不同有变异。头顶与颜面形成圆弧形，颜面垂直，触角丝状，淡黄色，上颚青蓝色。前胸背板中隆线发达，略呈弧状隆起或较平直，两侧有棕色纵纹。前翅发达，常超过后足胫节的中部，淡褐色透明，有暗色斑纹。后翅略短于前翅，本色透明。后足腿节发达，胫节红色，外缘具刺10~11个。

（2）卵　卵粒排列整齐，微斜，成4行。卵块黄褐色或淡褐色，长圆筒形，中间略弯。

(3) 若虫（蝗蝻）老熟蝗蝻体长25.7～39mm，共5龄。体色多变，一般为灰褐色、黑褐色、灰色、绿色，虫口密度大时为黑色，有光泽，前胸背面平直，两侧有黑斑，体形较小。虫口密度小时多为绿色或黄褐色，无光泽，前胸背板中央隆起较高，两侧无黑斑，体形稍大。

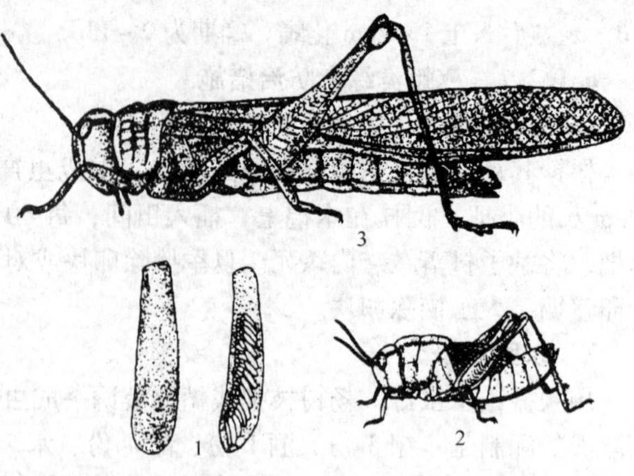

图6-4　东亚飞蝗

1—卵囊及其剖面　2—若虫　3—成虫

3. 发生规律及习性

东亚飞蝗1年发生1～4代，北纬23°以北地区1年2代，北纬23°以南地区1年3～4代，以卵在土层中的卵囊内越冬。第二年4月底至5月中旬越冬卵孵化，5月中下旬为孵化盛期，6月下旬至7月上旬若虫羽化为成虫。

夏季日出后取食，中午温度最高时停止取食，午后至日落前是取食的高峰。在17～36℃范围内，温度越高取食量越大。阴雨天取食少或不取食。4龄蝗蝻食量大增，日取食量可达体重20余倍。

蝗蝻有群集习性，1～2龄蝗蝻常集中在植株上部，2龄以上喜在疏浅草地群集，龄期越大，群集与活动力越强。群集活动与温度和光照有密切关系，地面温度在28～37℃时最适宜群集和扩散，一天中有两个群集活动高峰。

成虫有迁飞习性。群居性蝗蝻羽化后，成虫可做远距离迁飞。11：00～14：00时开始迁飞，可持续飞行1～3d，需要饮水、取食时，即可降落地面。降雨或暴雨可迫使蝗群降落。

成虫羽化后1～2周交尾，7～10d后产卵，一般将卵产在土质较坚实、微碱性、地势向阳、植被稀疏的场所。每头雌蝗一生可产卵300～400粒左右。

(二) 短额负蝗（图6-5）

1. 分布与危害

短额负蝗分布于东北、华北、西北、华中、华南、西南以及台湾等地。其主要危害水稻、小麦、玉米、棉花、甘薯、白菜、萝卜等各种蔬菜及农作物，也危害早熟禾、剪股颖、羊茅、黑麦草、狗牙根、结缕草等草坪植物。

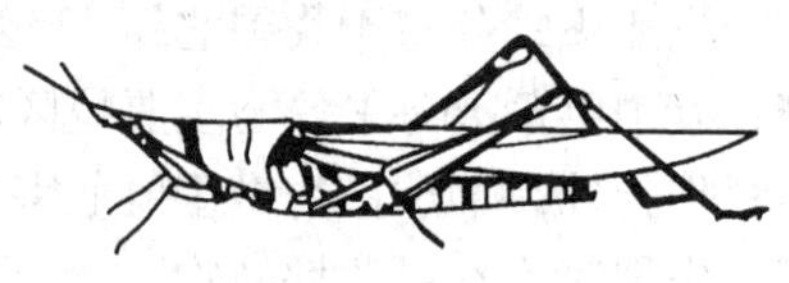

图6-5　短额负蝗

2. 形态特征

(1) 成虫　体瘦，长约21～32mm，淡绿色、褐色或浅黄色，并杂有黑色小点。头尖削，向前突出呈锥形。前翅绿色，长度超过后足腿节端部约1/3。后翅基部红色，端部淡绿色，钝圆长圆筒形。后足发达为跳跃足。

(2) 卵　长2.9～3.8mm，长椭圆形，中间稍凹陷，一端较粗，黄褐色至深黄色，卵壳表面呈鱼鳞状花纹。

(3) 若虫　共5龄，体淡绿色，散布有白色小点，体形与成虫近似，无翅，有翅芽。

触角末节膨大，颜色比其他各节深。复眼黄色。前足、中足有紫红色斑点。

3. 发生规律及习性

短额负蝗1年发生1~2代，以卵在土中越冬。第二年5月下旬至6月上旬越冬卵孵化，6月上旬为孵化盛期；7月上旬第一代成虫开始产卵，7月中下旬为产卵盛期；第二代若虫从7月下旬开始孵化，8月上中旬为孵化盛期；9月中下旬至10月上旬，第二代成虫开始产卵，10下旬至11月上旬为产卵盛期，以卵越冬。初孵若虫有群集危害习性，2龄后分散危害。其常栖息于地面植被多、湿度大、双子叶植物茂密的环境，取食危害植物叶片、茎秆。

（三）黄颈小车蝗（图6-6）

1. 分布与危害

黄颈小车蝗主要分布在华北低山丘陵春播及夏播作物区，除危害玉米、高粱、谷子、水稻、小麦、大豆等作物外，还危害草地早熟禾、剪股颖、羊茅、多年生黑麦草、苜蓿等。

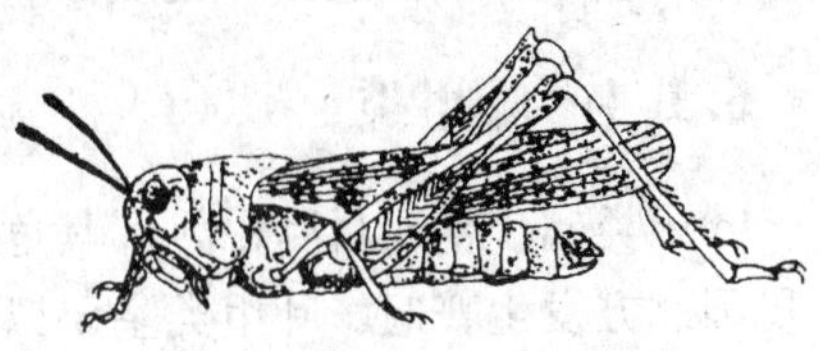

图6-6　黄颈小车蝗

2. 形态特征

（1）成虫　雄虫体长20~26mm，雌虫体长29~35.5mm，暗褐色或绿褐色，头顶宽短，颜面垂直，触角丝状，达前胸背板后缘。前胸背板中部略收缩，前缘略呈圆弧形，后缘锐三角形或直角形。前翅发达，超过后足腿节顶端，端部半透明，散布暗褐色斑块，基部斑纹大而密；后翅略短于前翅，基部淡黄色，顶端颜色较暗。后足腿节粗壮，具3个黑斑，胫节内侧具刺12个，外缘有11~12个。肛上板三角形。雄虫下生殖板短锥形，雌虫产卵瓣粗壮。

（2）卵　卵囊细长，弯曲，无卵囊盖，内有4行整齐排列的卵粒，卵粒28~29个。

（3）若虫　共有5个龄期。

3. 发生规律及习性

黄胫小车蝗1年发生1~2代，以卵在土壤中越冬。一代区越冬卵6月上中旬孵化，蝗蝻盛发期在6月下旬至7月上旬，成虫盛发期在8月中旬，9月上中旬为产卵盛期，10月中下旬陆续死亡。二代区越冬卵5月中旬孵化，7月上中旬羽化出第一代成虫，7月中下旬产卵，7月下旬至8月上旬陆续孵化出第二代蝗蝻，9月中下旬羽化出第二代成虫，产卵后10月下旬至11月上旬死亡。在16~37℃范围内，温度越高，取食量越大。黄颈小车蝗具群居性并有短距离迁移能力。春季蝗蝻在杂草及草坪上取食，后迁到农田危害，夏季小麦或早春作物收获后，迁到其他禾本科作物田危害，秋季迁回草地栖息，直至霜降前后死亡。一般土质比较坚实偏粘，微带碱性，植被稀疏，土壤含水量为8%~22%之间的环境适宜产卵。成虫及若虫发育的适宜温度为25~40℃。在蝗卵孵化期雨水偏多或雨量集中，不利于卵孵化，低温多雨发育迟缓且死亡率高。在高温干旱年份，蝗虫发育快，存活率高，发生程度比较严重。

6.1.3.2　蝗虫类综合防治措施

1. 人工捕捉

在初孵若虫集中危害时，用捕虫网捕捉，可减轻危害和降低虫口基数。

2. 毒饵防治

用麦麸100份、水100份、1.5%敌百虫粉剂2份混合拌匀，每公顷撒施22.5kg；也可

用鲜草100份切碎与水30份拌入上述药量，每公顷撒施112.5kg。随配随撒，不宜过夜。阴雨、大风和温度过高或过低时不适宜使用。

3. 药剂防治

在若虫或成虫盛发期，当虫叶率大于5%时，用50%杀螟松乳剂1000倍液，或50%马拉硫磷乳油1000~1500倍液，或5%稻腾悬浮剂1000~2000倍液喷雾。或每公顷施用含孢量达到1.5×10^8~3×10^8个/g的微孢子虫麦麸饵料1.5~2.25kg。

4. 生物防治

蝗虫的天敌有鸟类、蛙类、螨类、病原微生物等。创造有利于天敌生存的环境，增加天敌数量，利用天敌控制虫口密度。

6.1.4 叶甲类

叶甲类属于鞘翅目叶甲科。其危害草坪的主要有粟茎跳甲、麦茎跳甲、黄曲条跳甲等，在我国北方发生普遍。叶甲类主要以成虫取食草坪草的叶片，使叶片呈现孔洞、缺刻和白色条斑，严重的可将叶片吃光。其次幼虫还可危害根部，形成不规则条状虫道，影响根系对水肥的吸收。

6.1.4.1 叶甲类主要害虫

以粟茎跳甲（图6-7）为例：

1. 分布与危害

粟茎跳甲在国内主要分布于东北、华北、西北、华东等地。其危害谷子、糜子、玉米、高粱、小麦等禾本科作物以及早熟禾、狗牙根、雀稗等草坪草。

2. 形态特征

（1）成虫　体长2.6~3mm，椭圆形，蓝绿色有金属光泽。触角11节，近基部4节黄色，第5~11节褐色。头胸部背面刻点的直径比两刻点间的距离约大1倍。鞘翅背面的刻点粗大，排列成纵行，小盾片处的三短行与小盾片斜边平行。各足基节及后足腿节黑褐色，其余各节黄色，后足腿节发达，善跳跃。腹部金褐色，散生粗刻点。

（2）卵　长椭圆形，淡黄色至深黄色，长0.75mm。

（3）幼虫　体长6mm，圆筒形，由中间向头部和尾部两端逐渐变细。头部黑色，胴部污白色，身体表面有大小不等的褐色斑，胸足褐色。

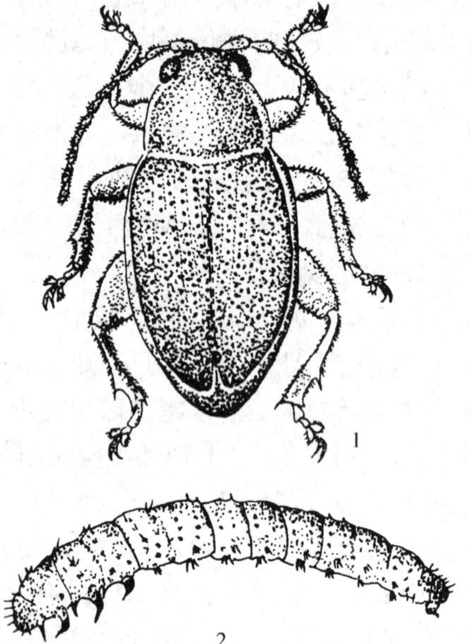

图6-7　粟茎跳甲
1—成虫　2—幼虫

（4）蛹　长约3mm，乳白色，逐渐变为黄褐色。腹末有刺2根。

3. 发生规律及习性

在北方地区，粟茎跳甲1年发生1~3代，以成虫在寄主根际或土块下越冬。第二年春季当温度达到17℃时开始活动，潜入株高3~4cm的寄主心叶中取食，使心叶枯萎。成虫能跳会飞，有假死性。中午前后最活跃，中午烈日或阴雨天，多潜伏在背阴处。清晨或傍晚交

尾，午后产卵，卵散产或2~3粒产在寄主根际表土层1~2cm深处，卵期7~11d。幼虫孵化后，由近地面的茎部钻蛀取食，造成寄主枯心。幼虫有转株危害习性，1头幼虫可危害3~4株苗。幼虫老熟后入土化蛹，蛹期为8~12d。

6.1.4.2 叶甲类综合防治措施

1. 农业防治

及时清理修剪留下的残草和枯草，减少越冬虫量。春秋防止草坪积水。

2. 药剂防治

药剂防治跳甲成虫应大面积同时进行，先由草坪的四周喷起，以免成虫逃跑。常用50%辛硫磷乳油1500倍液、25%乐斯本乳油1500倍液、25%杀虫双水剂1000倍液、20%氰戊菊酯乳油3000倍液、50%巴丹可湿性粉剂1000~1500倍液喷雾。

6.1.5 蚜虫类

蚜虫类属于同翅目蚜科。蚜虫种类多，分布极广，食性杂。其危害草坪的主要种类有麦长管蚜、麦二叉蚜、禾谷缢管蚜与无网长管蚜。以成虫和若虫刺吸禾本科植物的汁液，影响寄主正常生长发育，严重时致寄主生长停滞、枯萎。同时，蚜虫还能传播植物病毒病。

6.1.5.1 蚜虫类主要害虫

1. 分布及危害（表6-1）

表6-1 3种蚜虫的分布及危害

种　类	分　布	危　害
麦长管蚜	全国各地，主要是北京、天津、河北、山西、内蒙古、辽宁、陕西、甘肃、青海、宁夏、山东、河南、湖北、湖南、江西、江苏、安徽、四川、浙江、上海	草地早熟禾、紫羊茅、鸭嘴草、鹅冠草、郁金香、唐菖蒲、木香、牛繁缕、茅莓、兰草、麦冬
麦二叉蚜	全国各地	鹅冠草、苏丹草、冰草、赖草、披碱草、雀麦、看麦娘、白羊茅、狗尾草、莎草
禾谷缢管蚜	北京、天津、河北、山西、内蒙古、辽宁、陕西、甘肃、青海、宁夏、山东、河南、湖北、湖南、江西、江苏、安徽、四川、浙江、上海	草地早熟禾、结缕草、多年生黑麦草、高羊茅、匍匐翦股颖、野牛草、狗牙根

2. 形态特征（表6-2）

表6-2 3种蚜虫形态特征比较

形态特征	麦长管蚜（图6-8）	麦二叉蚜（图6-9）	禾谷缢管蚜（图6-10）
体形体色	长卵形，草绿色至橘红色	卵圆形，淡绿色，有深绿色背中线	宽卵形，绿色至墨绿色，后端有黑色纹
额瘤	明显、外倾	不明显	略显著
触角/体长	触角与体等长或稍长	触角全长超过体长的一半	触角为体长的三分之二
触角末节/基部	5~6倍	3倍	4倍

（续）

形态特征	麦长管蚜（图6-8）	麦二叉蚜（图6-9）	禾谷缢管蚜（图6-10）
腹管	黑色，长圆筒形，基部有复瓦纹，端部有网状纹，为尾片的2倍	淡绿色，顶端黑色，短圆筒形，末端缢缩向内倾斜，为尾片的1.8倍	黑色，短圆筒形，端部缢缩呈瓶口状，有瓦纹，为尾片的1.7倍
前翅中脉	3分叉，分叉小	2分叉	3分叉，分叉小
尾片	长圆锥形，毛7~8根	长圆锥形，毛4根	长锥形，毛7~8根

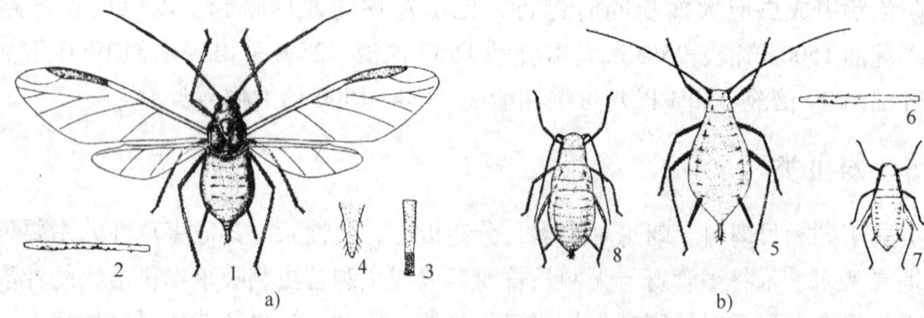

图6-8 麦长管蚜

a）有翅胎生雌蚜 b）无翅胎生雌蚜

1—成虫 2—触角第三节 3—腹管 4—尾片 5—成虫 6—触角第三节 7—初孵若虫 8—若虫

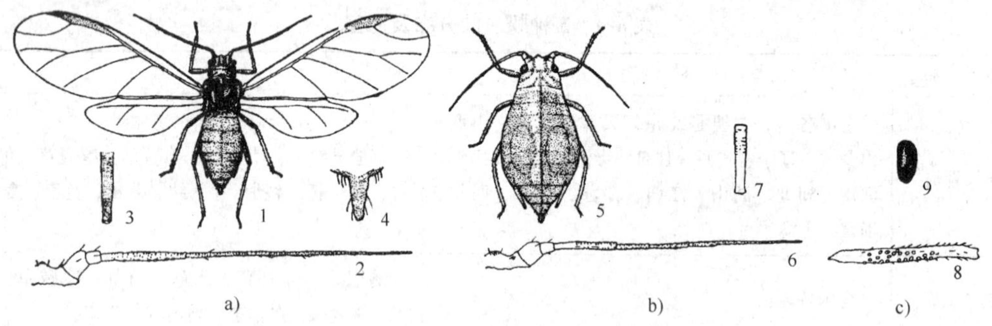

图6-9 麦二叉蚜

a）有翅胎生雌蚜 b）无翅胎生雌蚜 c）无翅有性雌蚜

1—成虫 2—触角 3—腹管 4—尾片 5—成虫 6—触角 7—腹管 8—成虫后足胫节 9—卵

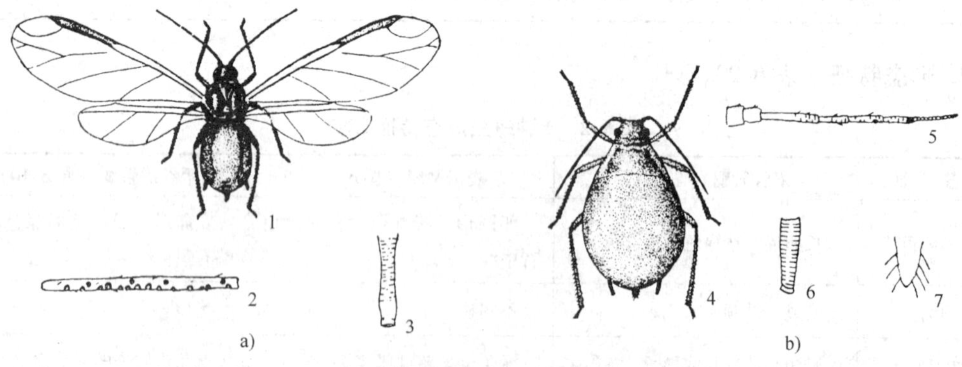

图6-10 禾谷缢管蚜

a）有翅胎生雌蚜 b）无翅胎生雌蚜

1—成虫 2—触角第三节 3—腹管 4—成虫 5—触角 6—腹管 7—尾片

3. 发生规律及习性

(1) 麦长管蚜　1年发生20~30代，具体代数因地而异。华北、西北地区以卵越冬。3月中上旬越冬卵孵化后，在越冬寄主上危害，4月中旬产生有翅蚜向外扩散，6月中旬越夏，9月初迁回或在扩散地危害。9月底出现性蚜，10月中旬产生越冬卵。中南部地区，全年营孤雌生殖。以孤雌成蚜、若蚜在禾本科植物上越冬。每年春季和秋季出现蚜量高峰，危害严重，11月下旬开始越冬。春季当气温达到6℃时，越冬虫态开始活动，温度达15℃以上时，蚜量快速上升，气温超过22℃时，产生有翅蚜向外迁飞或越夏。麦长管蚜繁殖的适宜温度为14.8~20.4℃，最适温度为15℃左右。麦长管蚜喜光照，多在植株上部叶片正面危害。

(2) 麦二叉蚜　1年发生20~30代。黄、淮海平原地区以成蚜、若蚜在寄主心叶、叶鞘内侧、茎基部和土缝中越冬，黄淮以北地区主要以卵在寄主的根茎部及根部周围的残叶处越冬。第二年3月上中旬越冬卵孵化，在草坪上危害繁殖，4月中旬和5月上中旬大量繁殖，是一个危害高峰期。9~10月又是一个危害高峰期。麦二叉蚜繁殖的适温区为14.8~28℃，最适温度为23℃左右。麦二叉蚜喜干旱怕光照，常在植株下部和叶片背面危害。

(3) 禾谷缢管蚜　1年可发生30代左右。以卵在核果类果树等李属植物上越冬。第二年5月产生有翅蚜迁飞至黑麦草、羊茅、狗牙根及其他寄主上危害，6、7月间迁飞到越夏寄主玉米、高粱上危害。春秋季发生数量多，危害重。繁殖的适宜温度为14.8~29.9℃，最适温度为28℃左右。禾谷缢管蚜怕光喜湿，一般潮湿、遮阳的禾本科草坪上发生严重。

6.1.5.2　蚜虫类综合防治措施

1. 人工防治

在有翅蚜发生高峰期，利用蚜虫对黄色有较强的趋性，用黄色粘胶板，可诱杀大量有翅蚜，减轻危害及繁殖。

2. 农业防治

农业防治主要用于早期预防，如坪床整理、清除杂草等均能减少虫源。冬灌可降低地面温度，恶化蚜虫越冬环境，杀死大量蚜虫，减少越冬虫量。早春适时镇压、耙耱草坪和灌水，对蚜虫具有机械杀伤作用，可杀死多数无翅蚜，减轻危害。喷灌可抑制蚜虫的繁殖和扩散。

3. 药剂防治

用3%啶虫脒乳油2000~2500倍液、10%吡虫啉可湿性粉剂2000~3000倍液、0.26%苦参碱水剂1500~2000倍液、50%抗蚜威可湿性粉剂3500~4000倍液、40%毒死蜱乳剂1000倍液、2.5%扑虱蚜可湿性粉剂2000~2500倍液、50%马拉硫磷乳油1000倍液、鱼藤精（含鱼藤酮2.5%）600~800倍液喷雾。

4. 生物防治

可采取人工繁殖或助迁的方式，释放天敌，如瓢虫、草蛉、食蚜蝇、蚜小蜂等控制蚜虫危害。

6.1.6　叶蝉类

叶蝉类属于同翅目叶蝉科。危害草坪的叶蝉主要有大青叶蝉、小绿叶蝉、二点叶蝉、黑尾叶蝉等。以成虫、若虫群集叶片背面及茎秆上，刺吸植物汁液，使寄主生长发育不良，叶片受害后，常褪色呈畸形卷缩状，甚至全叶枯死。此外，叶蝉还能传播植物病毒病。

6.1.6.1 叶蝉类主要害虫

1. 分布与危害（表6-3）

表6-3 3种叶蝉的分布及危害

种类	分布	危害
大青叶蝉	全国各地，主要是河南、河北、山东、山西、江苏（北部）、宁夏、甘肃、内蒙古	一年生早熟禾、结缕草、紫羊茅、草地早熟禾、多年生黑麦草、匍匐剪股颖、野牛草
小绿叶蝉	河北、陕西、江西、江苏、安徽、湖南、四川、贵州、云南、浙江、福建	一年生早熟禾、红顶草、细弱剪股颖、草地早熟禾、冰草、雀麦、羊茅、猫尾草
黑尾叶蝉	江西、江苏、安徽、浙江、湖南、湖北、福建、广东、广西、四川、贵州	多花黑麦草、天堂草、结缕草、细叶结缕草、假俭草、雀稗、马蹄金

2. 形态特征（表6-4）

表6-4 3种叶蝉形态特征比较

虫态	大青叶蝉（图6-11）	小绿叶蝉（图6-12）	黑尾叶蝉（图6-13）
成虫	体长7~10mm，青绿色。头橙黄色，顶部有1对小黑点。单眼红色。前胸背板前缘黄褐色，其余深青绿色。前翅蓝绿色，端部灰白色，半透明，前翅反面、后翅及腹部背面烟熏色，腹部两侧、腹面及腹足橙黄色	体长3.3~3.7mm，黄绿色至绿色。头近三角形，头顶中央有一小黑点，复眼灰褐色，无单眼。前胸背板、小盾片浅绿色，具白色斑点。前翅淡绿色，半透明，后翅无色透明	体长4.5~5.5mm，黄绿色。复眼黑色。前胸背板黄绿色，小盾片黄绿色，中央有1细横沟。前翅鲜绿色，雄虫翅端1/3处为黑色，雌虫翅端部淡褐色
卵	长卵圆形，略弯曲，一端较尖，乳白色至黄白色	新月形，长0.8mm，初产时乳白色，孵化前淡绿色	长椭圆形，茄子状。初产时白色，后为黄色，孵化前有一对红色眼点
若虫	共5龄，初孵时灰白色，后变绿色，胸腹背面有4条褐色纵纹，出现翅芽	草绿色，体长2.2mm，有翅芽	共5龄，黄绿色，中、后胸背面各有1倒“八”字形褐斑，2~8腹节背面有1对小褐点，隐见翅芽

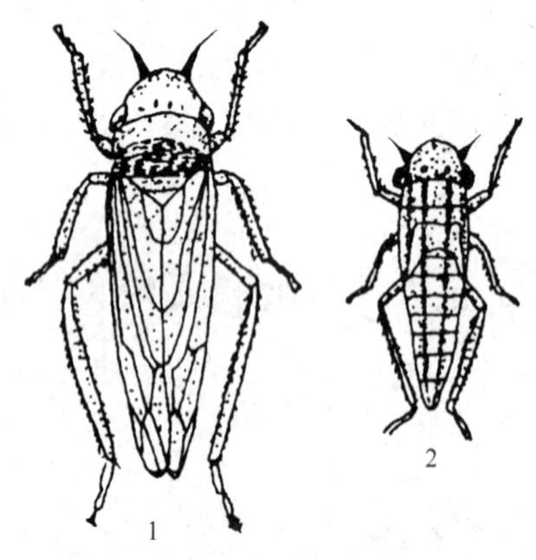

图6-11 大青叶蝉

1—成虫 2—若虫

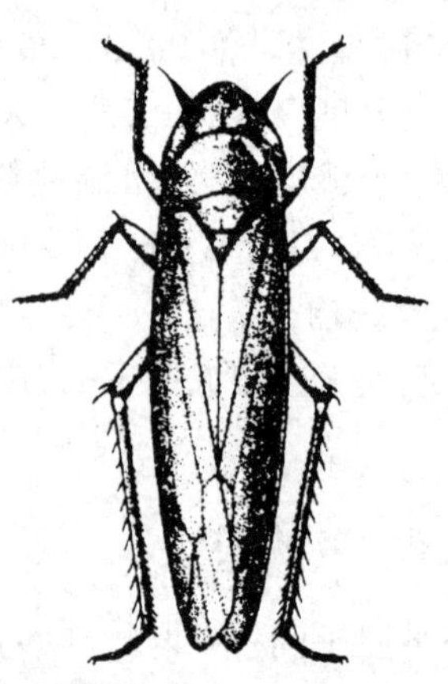

图6-12 小绿叶蝉

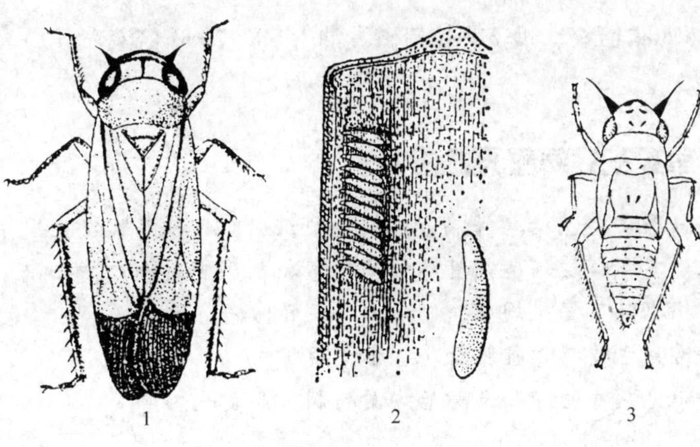

图6-13 黑尾叶蝉

1—成虫 2—卵 3—若虫

3. 发生规律及习性

(1) 大青叶蝉 长江以北1年2~3代，以卵在树木枝条的皮层下越冬，长江以南5~6代，以卵在禾本科草坪草及杂草茎秆内越冬。翌春4月越冬卵孵化，初孵若虫常群集枝叶取食，后分散并迁移到禾本科植物上危害。成虫趋光性强，飞行能力弱。中午气温高时活跃，早晨黄昏气温低时多潜伏。夏季多在禾本科植物的茎秆和叶鞘上产卵，越冬卵多产于树木幼嫩光滑的枝条及主干表皮下，以产卵器刺破表皮呈月牙形伤口，产卵处植物表皮呈肾形凸起。

(2) 小绿叶蝉 发生代数因地而异。黄河流域1年4~6代，江苏、浙江9~11代，江西10~11代，福建11~12代，广东12~13代，以成虫在杂草、低矮绿色植物或树皮缝中越冬。第二年春季当气温高于10℃时，越冬成虫开始活动，3月下旬至4月上旬为产卵盛期，卵多散产于新梢或叶片主脉里，卵期为5~20d。初孵幼虫在叶片背面危害，活动范围不大。3龄长出翅芽，善爬跳，喜横走。成虫无趋光性，飞翔能力不强，盛夏中午活动减弱。当旬平均气温在15~25℃时，发生量增大，气温过高或降雨增多，则虫口密度下降。

(3) 黑尾叶蝉 华东1年4~5代，华中5~6代，华南6~7代。因第3、4、5代重叠发生，7月中旬至8月中旬是危害高峰期。以成虫和若虫在草地、绿肥田、冬作物地和杂草上越冬。成虫白天栖息在植株下部，早、晚在叶片上活动危害。成虫在高温、微风的晴天活跃。成虫有趋嫩性和较强的趋光性，卵多产在寄主叶鞘内，11~20粒单行排列，卵期为5~24d。若虫有群集性，多栖息在植株基部。

6.1.6.2 叶蝉类综合防治措施

1. 灯光诱杀

在成虫发生初期，利用黑光灯进行诱杀，黑光灯的设置方法同粘虫。

2. 人工防治

冬季、早春清除草坪及其周围杂草，减少越冬虫源。用捕虫网或拖网捕杀成虫。

3. 药剂防治

若虫盛发期和危害严重时，用48%毒死蜱乳油1500倍液、10%稻腾悬浮剂2000倍液、25%噻嗪酮可湿性粉剂1000~1500倍液、10%吡虫啉可湿性粉剂2000~2500倍液、5%西

维因可湿粉剂500~800倍液、50%马拉硫磷乳油1500~2000倍液喷雾。

任务2 草坪主要病害及防治技术

任务分析：该任务主要包括草坪病害症状类型识别、各种病害发生规律、防治技术和使用药剂等基本知识。要完成该任务须具备植物病害和农药使用等相关知识。掌握草坪病害症状与病原的特征，根据病害发生规律，制订出合理的防治方案。

知识点：草坪常见主要病害症状特征、发生规律。

能力点：草坪常见病害的诊断及防治方案的制订及实施。

任务实施的相关专业知识

草坪病害是指草坪草受到病原生物侵染或不良环境的作用，发生一系列生理生化、组织结构和外部形态的变化，其正常的生理功能偏离到不能或难以调解复原的程度，生长发育受阻甚至死亡，最终破坏景观效果和造成经济损失的现象。

草坪病害可以分成两大类。一类是非侵染性病害，另一类是侵染性病害。侵染性病害按病害症状可分为腐烂型病害、斑点或坏死型病害、花叶或变色型病害、萎蔫型病害等。

6.2.1 叶枯病类

叶枯病是草坪草重要病害之一，常造成草坪草叶片大面积变色、枯死，极大影响草坪的观赏价值。叶枯病常见的有德氏霉叶枯病、离蠕孢叶枯病、弯孢霉叶枯病和雪霉叶枯病。

6.2.1.1 叶枯病类主要病害

(一) 德氏霉叶枯病（图6-14）

1. 分布及危害

德氏霉叶枯病是由德氏霉属真菌引起的病害，世界各地均有分布。其寄主主要有早熟禾、紫羊茅、黑麦草和狗牙根等，其中早熟禾叶斑病危害最大。一般引起叶斑和叶枯，严重时可致根腐和茎基腐，使草坪早衰、斑秃，严重影响草坪景观。

2. 症状识别

由于寄主与病原菌之间的专化性，引起病害种类很多，有早熟禾叶斑病、羊茅和黑麦草网斑病、黑麦草大斑病、翦股颖赤斑病和狗牙根环斑病。不同种类所表现的症状不同。

(1) 早熟禾叶斑病　早熟禾叶斑病主要侵染草地早熟禾，病叶鞘上先出现很多椭圆形、水渍状斑点，后变红褐色至紫黑色病斑，周围有黄色晕圈。后病斑沿叶轴方向伸长，中央坏死，多数病斑愈合成大的坏死斑。当整个叶片或叶鞘受害时，维管束系统被环割，整个叶子或分蘖死亡。通常在春、秋两季，或温暖干燥时期，或寒冷过后马上出现干旱时期，叶斑发生以后还可发生枯焦和根、根状茎和冠部腐烂。

(2) 羊茅和黑麦草网斑病　羊茅和黑麦草网斑病主要危害多年黑麦草、细叶羊茅、高羊茅等草坪草。开始出现细小、红褐色、不规则状斑点，后病斑愈合，病叶从顶尖向

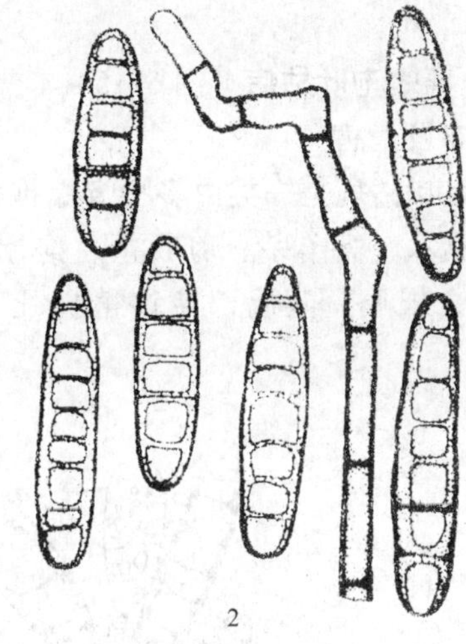

1　　2

图6-14　德氏霉叶枯病

1—症状　2—分生孢子梗及分生孢子

下枯死，使草坪上出现很多枯草斑。在高羊茅和多年生黑麦草上，引起网纹状的褐色条纹。随着病情发展，网斑汇合形成深褐色的病斑，病叶枯死，草坪早衰、黄化，变为黄褐色或褐色。

(3) 黑麦草大斑病　草坪上出现大量卵圆形、褐色小型病斑。随病斑增大，中央变成浅褐色或白色，边缘深褐色。出现类似干旱胁迫的景象，即使土壤水分充足也会如此。

(4) 翦股颖赤斑病　翦股颖赤斑病主要危害匍匐翦股颖、细弱翦股颖、红顶草、普通翦股颖，常发生在高温湿润天气下。叶片上病斑细小，褐色至红褐色，环形至卵圆形，扩大后中心黄褐色至枯黄色。多个病斑愈合使草坪呈现红色。病情严重时，病叶被环割，萎蔫死亡。

(5) 狗牙根环斑病　叶片出现褐色小斑点，后扩展成长圆形或长椭圆形，中央浅黄褐色。病斑迅速扩展，病组织上形成浅色和褐色交错的同心环斑，又称为轮纹斑病。严重时病叶干枯死亡，草坪稀疏早衰。

3. 发病规律

病种子和病土壤是德氏霉叶枯病的主要初侵染源。病菌以分生孢子和休眠菌丝体，在植物病组织和病残体中度过不良环境。在适宜的温度和湿度条件下，病菌开始侵染、发病，产生分生孢子。分生孢子通过风、雨水、灌溉水、机械、人或动物的活动进行传播。分生孢子萌发的最适宜温度为20℃。分生孢子萌发和侵入所必须的条件是叶面水滴。分生孢子萌发，产生芽管侵入叶片，形成叶斑或叶枯。条件适宜时，在病组织上再形成孢子，不断进行再侵染，造成病害流行。因此，春秋季的温度、降雨、结露及其时间长短就成了病害流行程度的重要限制因素。

影响病害流行的因素很多。阴雨或多雾的天气，叶面长期有水膜的存在；午后或晚上灌水；草坪周围遮荫、郁蔽；地势低洼、排水不良等造成的湿度过高；光照不足；氮肥过多，磷、钾肥缺乏，植株生长柔弱，抗病性降低；草坪管理粗放，修剪不及时，剪草过低，枯草层过厚，积累枯、病叶和修剪的残叶没有及时清理等，都有助于菌量积累，加重病害的发生。

（二）离蠕孢叶枯病（图6-15）

1. 分布及危害

离蠕孢叶枯病是一类由多种离蠕孢病原真菌引起的病害总称。世界各地均有分布，主要危害早熟禾、高羊茅、剪股颖、狗牙根和结缕草的叶、叶鞘、根和茎基等部位，造成严重叶斑、根腐、茎腐，导致植株死亡，草坪上出现枯草斑或枯草区，使草坪稀疏、早衰。

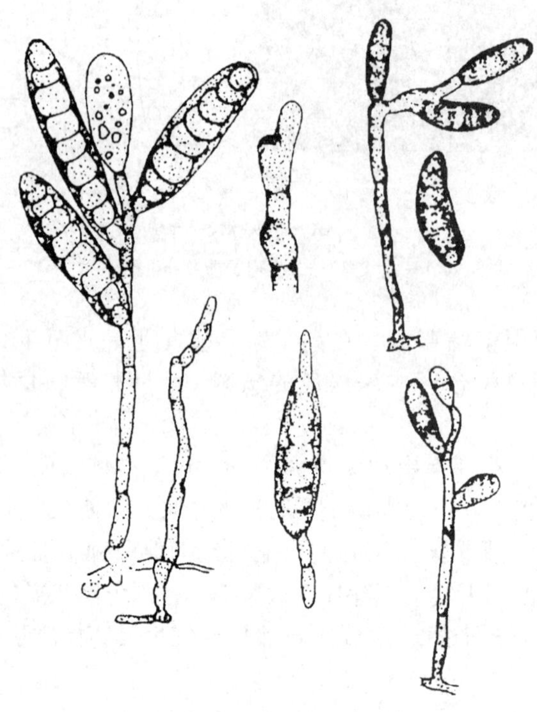

图6-15　离蠕孢叶枯病分生孢子梗及分生孢子

2. 症状识别

离蠕孢叶枯病的病原菌有几种，分别是禾草离蠕孢，主要侵染早熟禾、剪股颖及紫羊茅；狗牙根离蠕孢，主要侵染狗牙根；四胞离蠕孢，主要侵染狗牙根和结缕草。虽然不同种的离蠕孢菌所致叶枯病症状不同，但它们共有的典型症状是叶片上出现不同形状的病斑，中心浅棕褐色，外缘有黄色晕。潮湿条件下有黑色霉状物。温度超过30℃时，病斑消失，整个叶片变干并呈稻草色。天气凉爽时病害仅局限于叶片，形成叶斑或叶枯。高温高湿天气下，叶鞘、茎、根部都受侵染，短时间就会造成叶枯、根腐、茎腐，导致植株死亡、草坪稀疏、早衰，形成枯草斑或枯草区。

3. 发病规律

带菌种子和土壤中的病原体是初侵染源，引起幼苗地下部分和茎叶发病。分生孢子依靠气流和雨水继续传播，进行年复一年的再侵染。禾草离蠕孢多在夏季湿热条件下，侵染冷季型草坪草，在20～35℃之间，随气温升高而发病加重，当气温升至20℃左右时，只发生叶斑，23～25℃以上有轻度叶枯，当气温升至29℃以上且高湿条件下，表现严重叶枯并出现茎

腐、茎基腐和根腐，造成病害流行。其他离蠕孢病菌侵染引起的茎叶病害，适温都在15～20℃之间，超过27℃以上病害受到抑制，因此，在冷凉、多湿的春季和秋季发病较重。狗牙根和结缕草等暖季型草坪草茎叶部病害，多在冷凉多湿的春秋季流行，根部和茎基则在较干旱高温的夏季发病较重。

播种建植草坪时，播种量过大、种子带菌率高、播期选择不当或覆土过厚；草坪养护管理中肥水不当，高湿郁蔽，修剪不及时，病残体和杂草多等因素，都有利病害的发生。另外，冻害和虫伤，也会加重病害。

（三）弯孢霉叶枯病（图6-16）

1. 分布及危害

弯孢霉叶枯病又称为凋萎病，是草坪上普遍发生的病害，各地均有分布。管理不良，生长较弱的草坪发病尤重。弯孢霉叶枯病除侵染画眉草亚科的禾草外，主要侵染早熟禾亚科的早熟禾、草地早熟禾、匍匐翦股颖、细叶羊茅、加拿大早熟禾、黑麦草等草坪草。

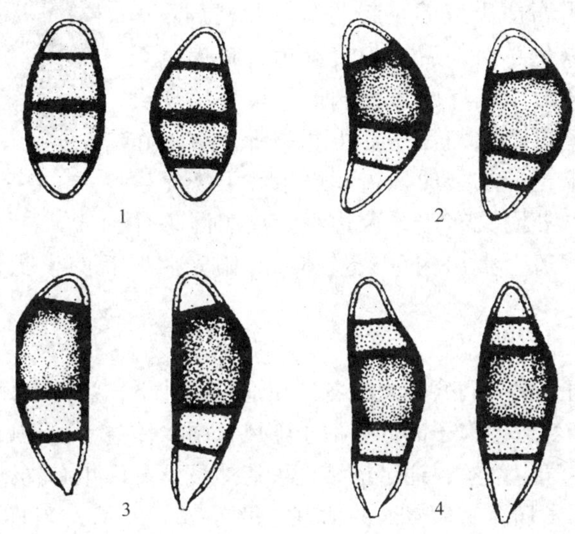

图6-16　弯孢霉叶枯病的分生孢子

1—画眉草弯孢霉　2—新月弯孢霉　3—车轴草弯孢霉　4—管突弯孢霉

2. 症状识别

弯孢霉叶枯病菌属于半知菌亚门弯孢霉属真菌。发病草坪衰弱、稀薄、有不规则形枯草斑，枯草斑内草株矮小，呈灰白色枯死。在草地早熟禾和细叶羊茅上，病叶是从叶尖向叶基退绿变黄，逐渐由黄变为棕色，直到最后整个叶片皱缩凋萎枯死，有时还能看到中心棕褐色，边缘红色至棕色的叶斑。匍匐翦股颖病叶从黄色变到棕褐色，最后凋落。在潮湿条件下，病斑上生成黑色霉状物，有时出现灰白色气生菌丝。不同种的病菌所致症状也有所不同，如新月弯孢侵染草地早熟禾，病叶上生椭圆形、梭形病斑，病斑中部灰白色，周边褐色，外缘有明显黄色晕圈，数个病斑汇合造成叶片枯死；不等弯孢所致的病株茎基部叶片变褐、腐烂，病叶上生褐色病斑，中部青灰色，有黄色晕。

3. 发病规律

弯孢霉菌以菌丝体或分生孢子在寄主上越冬，春季随温度升高，迅速侵染发病，大量产

孢，分生孢子随风雨传播，频繁再侵染，夏秋季持续发生。该病主要发生在30℃左右的高温和高湿条件下，侵染正在经历高温逆境或高温生长停止的寄主植物。可侵染多种禾谷类作物和禾本科杂草，遭受高温和干旱逆境的一年生早熟禾最易感病。生长不良，管理不善，长势衰弱的草坪发病较重。潮湿和过量施用氮肥对病害发生有促进作用。

（四）雪霉叶枯病（图6-17）

1. 分布及危害

雪霉叶枯病主要发生在冷凉多湿地区，寄生在适于冷凉地区的禾本科作物及杂草上。在我国新疆、内蒙古、黑龙江等省、自治区发病较多。一年生早熟禾、剪股颖、黑麦草等易受害，尤以狗牙根、结缕草最为敏感。大多数禾本科作物也可受害。

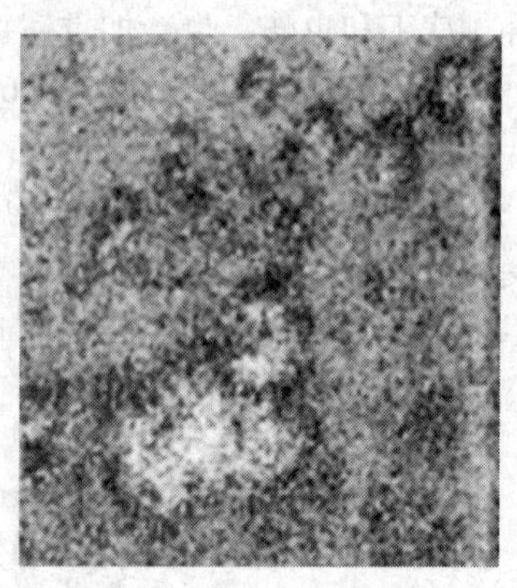

图6-17　雪霉叶枯病

2. 症状识别

雪霉叶枯病是由雪腐捷氏霉菌引起的草坪叶枯病。病叶最初产生水渍状暗绿色小斑，后变为砖红色、暗褐色至灰绿色，逐渐扩大为椭圆形或近圆形大病斑，草坪出现直径小于5cm的圆形枯草斑，扩大后直径可达20cm。该病在剪草高度较低的草坪上迅速扩展时，枯草斑中心可恢复生长，形成环形枯草斑，外圈具有暗绿色边缘。在潮湿条件下或积雪覆盖下，枯草斑上生出白色菌丝体，经阳光照射后产生大量粉红色或砖红色霉状物。

3. 发病规律

病菌在病种子、病土壤和病残体上越冬。在适合条件下，病菌萌发侵染幼芽、幼根和其他部位造成发病，并产生分生孢子。分生孢子随风、雨水传播，由伤口或气孔侵入，不断引起再侵染。高湿时产生气生菌丝，通过搭结也可传播蔓延。一年有春秋两个发病高峰，潮湿多雨和冷凉的环境有利发病。病菌侵入的适宜温度为18～22℃，当日平均温度在15℃以上时，遇连续阴雨天气，病害就可能流行。偏施氮肥、排水不良、低洼积水、草坪郁蔽、枯草层过厚等因素都可促进病害发生。

6.2.1.2　叶枯类病害综合防治措施

1. 把好播种关

草坪建植时，改善草坪立地条件，避免低洼积水，降低草坪湿度。加强种子检疫。选育、种植抗病和耐病品种，提倡不同草种或品种混合种植。播种无病种子，做好药剂拌种、种子包衣。适时播种，适度覆土，加强苗期管理以减少幼芽和幼苗发病。

2. 加强养护管理

均衡施肥，增施磷、钾肥，叶面定期喷施1%～2%的磷酸二氢钾溶液，提高植株抗病性。加强水分管理，应在早晨浇水，要灌深、灌透，避免频繁浅灌，防止草坪积水。及时修剪，保持植株适宜高度。及时清除病残体和枯草层，减少田间菌量。

3. 化学防治

（1）药剂拌种　播种时用种子重量0.2%～0.3%的25%三唑酮可湿性粉剂或50%福美双可湿性粉剂拌种，可降低病害发生。

（2）喷药防治　早春、初秋多雨季节，在草坪发病期及时叶面喷洒15%三唑酮可湿性粉剂1000～2000倍液，或70%代森锰锌可湿性粉剂800倍液，70%甲基托布津可湿性粉剂1500倍液，每隔7～10d防治1次，每次发病高峰期防治2～3次，效果很好。

6.2.2　枯萎病类

草坪枯萎病是严重损害草坪生长发育，影响草坪景观的病害。常见的有褐斑病、镰孢枯萎病、腐霉枯萎病、夏季斑枯病等。

6.2.2.1　枯萎病类主要病害

（一）褐斑病（图6-18）

1. 分布及危害

褐斑病是分布最广、危害严重的草坪病害之一。可侵染草地早熟禾、高羊茅、多年生黑麦草、细弱剪股颖、狗牙根、结缕草等250余种草坪草。以冷季型草坪草受害较重。根部和茎部变褐腐烂，造成草坪植株死亡，草坪大面积斑秃。

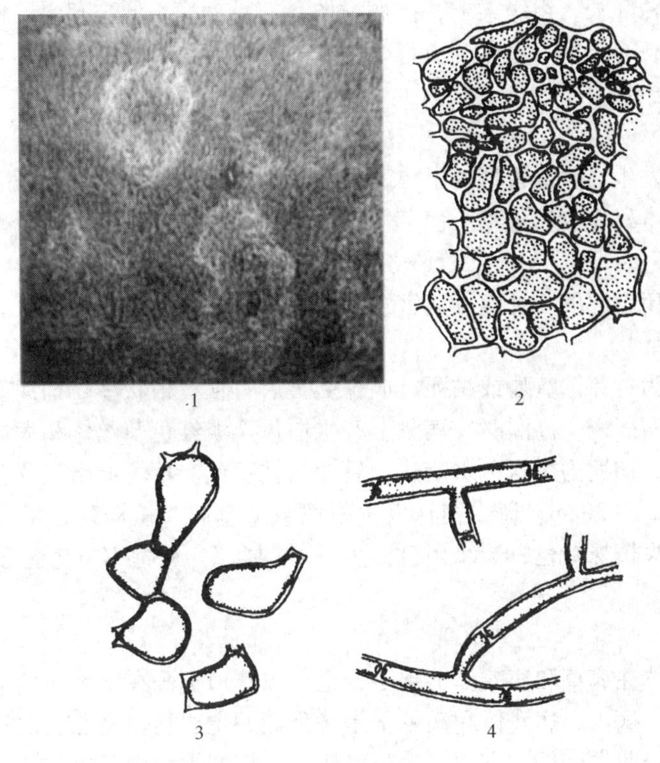

图6-18　褐斑病

1—症状　2—菌核切面　3—菌核细胞　4—菌丝

2. 症状识别

褐斑病是由立枯丝核菌引起的一种真菌病害，主要危害叶片、叶鞘和茎秆，引起苗枯、叶腐、根腐、茎基腐。危害严重时，根部和茎基部变褐腐烂。受害初期，叶片或叶鞘上出现梭形、长条形或不规则形病斑，病斑内部青灰色水渍状，边缘红褐色，后期病斑变为褐色水渍状腐烂。严重时，病菌侵入茎秆，病斑绕茎秆一周，造成茎秆及茎基部变褐腐烂枯死。

在潮湿条件下，叶鞘和叶片病变部位产生稀疏的褐色菌丝；干燥时，病鞘、病茎基部有黑褐色菌核形成，容易脱落。草坪受害后出现大小不等的近圆形枯草圈，条件适合时，枯草圈直径可从几厘米很快扩展到2m左右。由于中心的病株不断恢复，呈现出中间绿、外边枯的“蛙眼”状环形枯草圈。在清晨有露水或高湿时，枯草圈外缘（健枯交界处）有由萎蔫的新病株和病菌的菌丝形成的暗绿色至黑褐色的浸润圈，即“烟圈”，当叶片干枯时烟圈消失。

3. 发病规律

病原菌以菌核或菌丝体在土壤中或病残体上度过不良环境，也可以在枯草层上营腐生生活。菌核耐高温、低温的能力较强，萌发的温度范围为8～40℃，最适宜侵染和发病的温度为21～32℃。春季土壤温度上升到15～20℃时，菌核大量萌发，菌丝开始生长，从寄主叶、叶鞘或根部伤口侵入。当低温、草坪长势良好时，只轻微发病，不会造成严重损害。当高温高湿且草坪生长停止时，有利于病菌的侵染和病害的发展。

该病的病原菌为土壤习居菌，主要靠土壤传播。枯草层较厚的草坪，菌源量大，发病严重。偏施氮肥，植株旺长，组织柔弱，抗病力弱，容易染病。低洼潮湿，排水不良，田间郁蔽，小气候湿度高，有利病害发生与流行。

（二）镰孢枯萎病

1. 分布与危害

世界各地均有发生，除危害草地早熟禾、多年生黑麦草、匍匐翦股颖、高羊茅等草坪草外，还侵染多种禾本科作物和植物。使草坪草根系腐烂，植株枯死，严重破坏草坪景观。

2. 症状识别

该病是由镰刀菌引起的一种真菌病害，可造成根腐、茎基腐、匍匐茎和根状茎腐烂、叶斑、叶枯及苗枯等症状。

幼苗受害表现为烂芽、黄瘦或枯死。成株受害后，根、根状茎、匍匐茎等部位出现褐色或红褐色椭圆形干腐病斑，高湿时，病斑上产生白色至淡红色菌丝体和大量分生孢子团。老叶及叶鞘上的病斑，初期为墨绿色水渍状，后变为枯黄色。草坪上出现黄色圆形或不规则形枯草斑，直径约为20～30cm，斑内植株发生根腐或茎基腐，植株死亡呈直立状。湿度过高或过低时，草斑中央植株绿色，边缘褐色，呈“蛙眼状”。镰孢霉分生孢子梗及分生孢子如图6-19所示。

3. 发病规律

病原菌以菌丝体在病草和病残体上越冬，也可以厚垣孢子在土壤和枯草层中越冬，种子带菌率较高。因此，病土、病残体和病种子是镰孢菌的主要初侵染源。适宜条件下，菌丝体恢复生长或厚垣孢子萌发，侵入寄主，引起发病，病斑产生大量分生孢子，随气流传播，不断进行再侵染，导致植株茎基腐烂及根系腐烂。

高温干旱、长期温暖潮湿、氮肥施用不平衡、土壤偏碱或偏酸、草坪修剪过高或过低、枯草层太厚及土壤含水量过高或过低等均有利于病害发生。

（三）腐霉枯萎病（图6-20）

1. 分布及危害

腐霉枯萎病是世界性草坪病害，可以侵染几乎所有的草坪草。以剪股颖、多年生黑麦草、早熟禾、高羊茅等冷季型草坪草为主，狗牙根、红顶草等暖季型草坪草也可受害。其引

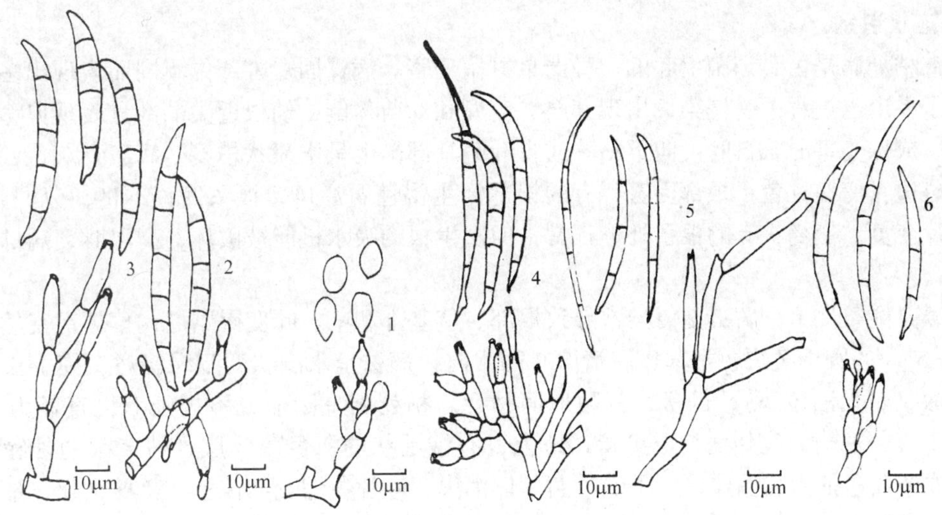

图6-19　镰孢霉分生孢子梗及分生孢子

1—梨孢镰孢霉　2—禾谷镰孢霉　3—黄色镰孢霉　4—木贼镰孢霉　5—燕麦镰孢霉　6—异孢镰孢霉

起草坪草根腐、茎基腐及地上部分全部腐烂，形成枯草斑。

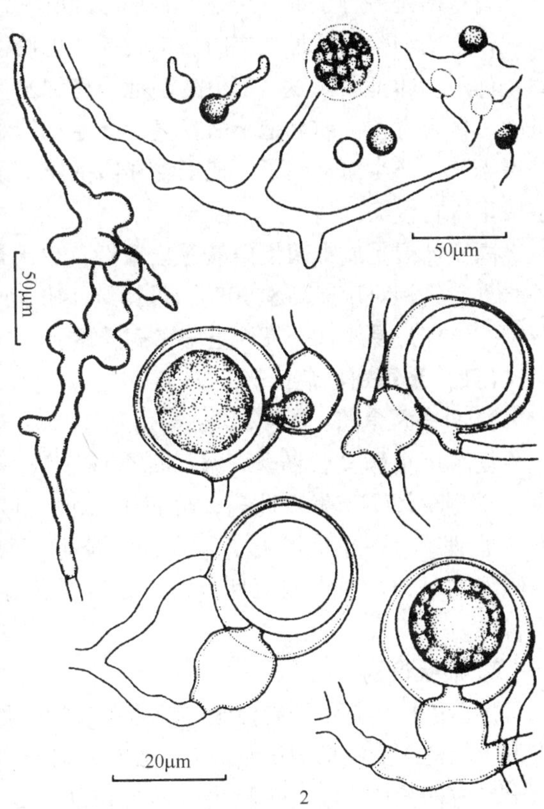

1　　2

图6-20　腐霉枯萎病

1—症状　2—病原菌

2. 症状识别

腐霉枯萎病是由腐霉菌引起的一种严重真菌病害。病株因受害部位不同而表现出多种症状。种子在出土过程中受侵染，出现芽腐、苗腐和幼苗猝倒，幼根近尖端部分表现典型的褐色湿腐。成株受害时，自叶尖向下枯萎或自叶鞘基部向上呈水渍状枯萎，病斑青灰色，后期有的病斑边缘变棕红色。根部受害，有的根部产生褐色腐烂斑，根系发育不良，分蘖减少，下部叶片变黄、变褐；有的根系外形正常，但次生根的吸水机能被破坏，高温时，病株失水死亡。

高温高湿条件下，腐霉菌侵染常导致根部、茎基部和茎、叶变褐腐烂，草坪上突然出现直径 2～5cm 的圆形黄褐色枯草斑。清晨有露水时，病株呈水浸状变暗绿腐烂，摸上去有油腻感（故又名为油斑病），倒伏，紧贴地面枯死，枯死圈呈圆形或不规则形，直径为 10～50cm。湿度很高时，腐烂病株成簇爬在地上，有绒毛状的白色菌丝层，枯草区的外缘能看到白色或紫灰色的絮状菌丝体。干燥时菌丝体消失，叶片萎缩变红棕色，整株枯死，最后变成稻草色枯死圈。

修剪较高的草坪发生枯草斑初期很难发觉，发现时一般较大；修剪低的草坪，枯草斑初期较小，随后迅速扩大。持续高温时，多个病斑很快连接，24h 之内就能毁坏大片草坪。

3. 发病规律

腐霉菌是一种土壤习居菌，有很强的腐生性，通常存在于病残枯草上和土壤中。土壤和病残体上的卵孢子是最重要的初侵染源，也可以菌丝体在存活的病株或病残体上越冬。在适宜条件下，卵孢子萌发，产生游动孢子囊和游动孢子，后形成休止孢子，萌发产生芽管和侵染丝，侵入寄主。或卵孢子萌发直接产生芽管和侵染丝，侵入寄主，以菌丝体在寄主细胞间扩展繁殖，产生游动孢子、孢子囊和卵孢子，通过土壤表面水分、工具、人或动物的传播，造成多次再侵染。

高温高湿是腐霉菌侵染最适宜条件，白天最高温度在 30℃以上，夜间最低温度不低于 20℃，空气相对湿度高于 90%，且持续 14h 以上，腐霉病就可以大发生。偏施氮肥、生长茂密的草坪最易感病，碱性土壤发病严重。

（四）夏季斑枯病（图 6-21）

1. 分布及危害

夏季斑枯病又名夏季斑病、夏季环斑病。国外很早就有报道，我国于 1998 年，在北京冷季型草坪草上发现此病，分布于河北、北京等地。其主要侵染草地早熟禾、高羊茅、匍匐剪股颖、多年生黑麦草等多种冷季型草坪草，以草地早熟禾受害最重，造成草坪不规则形枯斑，严重影响草坪景观，是夏季高温高湿时发生在冷季型草坪的一种严重根部病害。

2. 症状识别

夏季斑枯病是由子囊菌亚门病菌引起的一种真菌病害。该病的症状主要是草坪上出现大小不等的枯斑。在草地早熟禾上，夏初草坪出现环形、生长较慢、瘦弱的小斑块，以后草株褪绿变成枯黄色，或出现枯萎的圆形斑块，直径为 3～8cm，斑块继续扩大至直径为 40～80cm 不等的圆形。多个枯草斑块可相互连结，形成大面积不规则形枯草斑。受害草株的根部、根冠部和根状茎呈黑褐色，后期维管束也变为褐色，外皮层腐烂，整株死亡。将病草根部冲洗干净，直接放在显微镜下观察，可见平行于根部生长的暗褐色匍匐状外生菌丝，有时

1

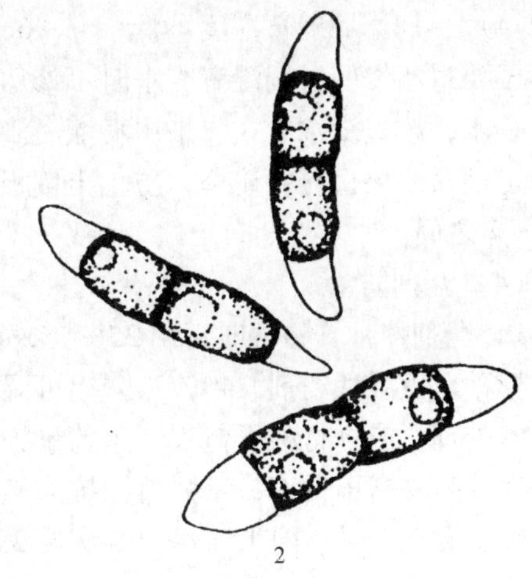
2

图6-21　夏季斑枯病
1—症状　2—病原菌的子囊孢子

可见黑褐色不规则聚合体结构。

3. 发病规律

病原菌以菌丝体在植物的病残体和多年生的寄主组织中越冬，春末5cm土层温度稳定在18～20℃时，病菌开始侵染根的外皮层细胞。随着温度的回升，病菌可沿着植株根部、根冠和匍匐茎的生长在植株间蔓延，并在寄主根部定植，抑制根部生长。在炎热多雨的天气，大量降雨或暴雨之后又遇高温，症状开始显现，并很快扩展蔓延，造成草坪出现大小不等的枯斑。枯斑不断扩大，一直持续到初秋，斑内枯草不能恢复，在下一个生长季节枯斑依然明显。病害还可通过草皮移植、剪草机械等传播。

该病在高温、潮湿的年份和排水不良、土壤紧实的草坪发病较重，其中高温在病害发生过程中起着重要作用。使用砷酸盐除草剂、速效氮肥和某些传导性杀菌剂，可以加快症状的出现。较低的修剪高度（<5cm）、频繁的浅层灌溉等养护措施，使草坪发病更为严重。过高、过低的土壤pH值通过影响草坪草的生长而对病害的发生起促进作用。

6.2.2.2　枯萎病类综合防治措施

（1）建立良好的立地条件　在建植草坪前要注意平整土地，床面整成龟背形，使排水畅通，防止草坪积水；草坪面积过大时，应设置排水管，尽量减少地表积水，防止草坪受涝。草坪要有20～30cm深的优质土层，为种子萌发提供足够的营养。对黏重土壤和沙性土壤进行改良，并使土壤保持弱酸性。

（2）选择草种和播种方式　不同草种的抗病性有差异，种植抗病草种或混合种植，是防治病害最经济有效的方法之一。对褐斑病而言，其抗性由高到低的顺序：剪股颖>草地早熟禾>高羊茅。对夏季枯斑病不同草种间的抗病性差异为：多年生黑麦草>高羊茅>匍匐剪股颖>硬羊茅>草地早熟禾。建植草坪时，提倡不同草种混合播种，提高草坪抗病性。

（3）加强草坪管理　及时修剪，改善草坪通风透光条件和小气候环境，降低田间湿度。清除枯草层和病残体，减少菌源量，保持草坪清洁卫生。在高温高湿天气来临之前或期间，平衡施用氮、磷、钾肥，适时增施磷、钾肥，少施或不施氮肥，有利于控制病情；适时适度

修剪草坪，病草坪剪草高度不低于4～6cm。及时清理枯草层，使其厚度不超过2cm。高温季节不要过频修剪，潮湿有露水时不修剪，避免传播病害；避免大水漫灌和傍晚灌水，防止草坪积水；改进浇水方式，采用喷灌、滴灌，减少根层土壤含水量，降低草坪小气候相对湿度。定期对草坪打孔、梳草，防止土壤板结，提高浇水后土壤的保水能力。控制土壤pH值在6～7之间。

（4）药剂防治

1）药剂拌种　播种时，用25%三唑酮可湿性粉剂、15%三唑醇可湿性粉剂、50%灭霉灵、拌种双可湿性粉剂、40%乙膦铝可湿性粉剂、灭霉威、杀毒矾、甲基托布津等拌种或进行土壤处理，或进行种子包衣，用药量为种子量的0.2%～0.3%。可防止烂种和幼苗猝倒，促进发芽和提高出苗率，增强植株抗病性。用种子重量的0.2%～0.3%的灭霉灵、乙膦铝、杀毒矾、绿亨1号、阿米西达、草病灵2号、3号、4号、代森锰锌、甲基硫菌灵等杀菌剂，进行拌种、种子包衣和土壤处理，对防治夏季斑枯病有较好的效果。

2）喷药防治　早期防治，控制初期病情是药剂防治的关键。5月上旬至8月下旬，当夜间温度达到19～21℃时，用25%丙环唑乳油1000倍液、12.5%烯唑醇超微可湿性粉剂3000～4000倍液、50%灭霉灵可湿性粉剂500～800倍液喷雾，预防褐斑病。白天温度高于28℃、夜间温度也较高且空气湿度较大时，喷药的间隔期为5～7d；发病条件非常合适或已经发病，喷药间隔时间为3d；夜间温度低于18℃，喷药间隔时间为7～10d。或在症状开始表现时，在干燥的草坪上喷洒熟石灰4.9kg/hm^2，间隔24h后浇水，每3个星期喷洒一次。

在镰孢枯萎病发生的高温、高湿季节可选用内吸性杀菌剂如草病灵2号、3号、4号药剂或甲霜灵、乙膦铝、甲霜灵锰锌等药剂进行喷雾防治。使用浓度、次数和间隔期视病情而定，一般使用浓度500～1000倍液，间隔10～14d，2～3次，提倡药剂的混合使用或交替使用。

在腐霉枯萎病根腐、茎腐症状发生初期，用70%甲基托布津可湿性粉剂800～1000倍液喷雾，每隔7～10d喷1次，共2～3次。或在草坪发病前或发病初期使用必菌鲨超微制剂1500～2000倍液，叶面喷雾，以喷湿为度，喷雾全面周到，每7～10d喷药1次，连续喷施2～3次。

对夏季枯斑病，成坪草坪应于暮春、夏初5cm土层温度达18～20℃时开始用药，可选用64%杀毒矾可湿性粉剂、95%绿亨1号、70%代森锰锌可湿性粉剂、50%灭霉灵可湿性粉剂、50%乙膦铝可湿性粉剂、70%甲基硫菌灵可湿性粉剂等500～1000倍液喷雾或灌根，尽量将药液喷到植株茎基部，间隔15d左右，用药2～3次。

6.2.3　锈病类

锈病是由锈菌引起草坪草上的一类重要病害，主要危害狗牙根、结缕草、高羊茅、早熟禾和多年生黑麦草等。在感病植株的叶片、叶鞘和茎秆上形成黄色或黄褐色粉状孢子堆，使寄主的生理机能受到破坏，抗逆性降低，叶片变黄枯死、稀疏，草坪景观受到破坏。

6.2.3.1　锈病主要病害

1. 分布及种类

草坪锈病分布遍及世界各地，且危害严重。在我国，以北方草坪受害较重。常见的严重危害草坪的锈病有秆锈病、条锈病、叶锈病和冠锈病，几种不同锈病可依据其夏孢子堆和冬孢子堆的形状、颜色、大小和着生特点等症状加以区分诊断。

2. 症状识别

锈病是由锈菌引起的草坪草的一类重要病害，如图6-22所示。草坪锈病症状的共同特点是病斑主要出现在叶片、叶鞘或茎秆上。发病初期，叶片上下表皮出现疱状小点，逐渐扩展形成圆形或长条状的退绿病斑，很快变成鲜黄色或黄褐色的夏孢子堆。夏孢子堆稍隆起，被寄主表皮覆盖，成熟后突破表皮裸露，呈粉堆状，橙黄色，即病原菌的夏孢子。后期发病部位形成暗黑色至深褐色的疱斑，称为冬孢子堆，内藏黑色冬孢子。病斑周围叶肉组织失绿变为浅黄色，发病严重时整个叶片枯黄，卷曲干枯。

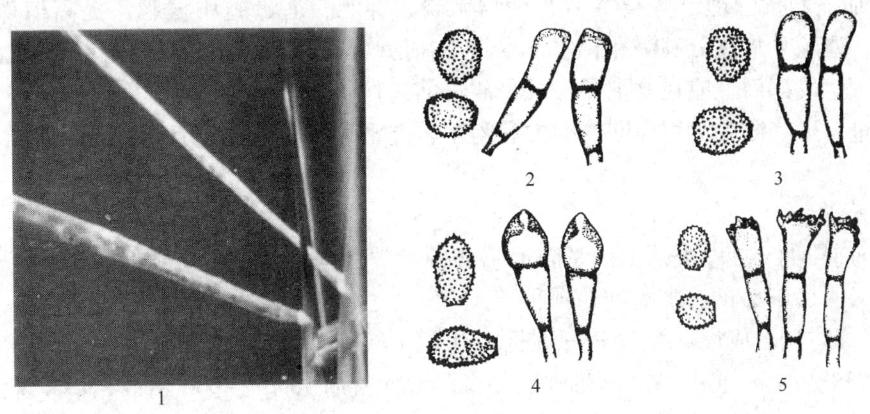

图6-22　锈病

1—症状　2—条形柄锈菌　3—隐匿柄锈菌　4—禾柄锈菌　5—禾冠柄锈菌

3. 发病规律

草坪锈病是由担子菌亚门锈菌目柄锈菌属的病菌引起的真菌性病害。锈菌是严格的专性寄生菌，夏孢子离开寄主几乎不能存活，主要锈菌都是以夏孢子反复侵染的方式在禾本科杂草上存活，在侵染循环中其他孢子阶段作用不大。在草坪禾草茎叶周年存活的地区，锈菌以菌丝体和夏孢子在病部越冬；在禾草周年不能存活的地区，锈菌不能越冬，次年春季发病是由越冬地区随气流传播而来的夏孢子引起的。夏季禾草正常生长的地区，除条锈菌不耐高温，不能越夏外，其他锈菌都能越夏，秋季发生的条锈病也是由外来菌源引起的。

锈菌夏孢子主要随气流远距离传播，还可以通过雨水飞溅、人畜活动及机械器具携带等途径在草坪内和草坪间传播。在温度适宜且叶面有水膜的条件下，夏孢子萌发，由气孔或直接穿透表皮侵入，适宜条件下，6～12d后显症，10～14d后产生夏孢子，继续再侵染。

影响锈病发病的因素很多，有品种的抗病性、温度、湿度、水肥、修剪和郁蔽度等，主要是温度和湿度。秆锈病流行需要较高的温度和湿度，发病的适宜温度为20～25℃，条件适宜时潜育期为5～8d。夜间气温15.6～21.2℃，且植株表面有液态水膜时最适合夏孢子萌发和侵染，故气温较高且灌溉频繁或降雨结露的草地易流行。条锈病发生适温较低，一般为9～16℃，条件适宜时潜育期为6～8d。多在早春和晚秋寒冷潮湿天气下发生。叶锈病的夏孢子萌发和侵入的适宜温度为15～22℃，相对湿度为100%，且必须有液态水膜存在。条件适宜时潜育期为8~12d。

6.2.3.2 锈病类综合防治措施

（1）种植抗病品种　这是防治锈病最有效、最经济的方法。每种草种对不同的锈病抗性水平不同，必须根据当地流行的锈病种类选择有针对性的抗锈病草种。

（2）选用多草种或品种建植混播草坪　合理混播是防治锈病的关键。由于锈菌生理小种的分化，如果一个草坪群体是由单个基因型的草种组成，那么对这种基因型专化的某小种就可能造成病害流行，破坏整个草坪。若采取几个不同基因型的草种混合种植就可以避免优势小种的形成，从而不会使整个草坪受到破坏，即使发生锈病，也是部分植株染病，减轻了病害的流行程度及对草坪的破坏程度。

（3）加强养护管理　生长季节合理增施磷、钾肥，适量施用氮肥，提高植株抗病力；合理灌水，避免草坪过分潮湿和积水，尽量不在傍晚浇水；适时修剪草坪，避免在潮湿情况下修剪草坪；发病后，应在夏孢子形成释放之前进行修剪，及时清理修剪掉的病残叶，减少病菌残留量；适当减少草坪周围的树木和灌木；过密草坪适当打孔疏草，通风透光，降低田间湿度。

（4）药剂防治

1）药剂拌种。三唑类杀菌剂是防治锈病的特效药剂。新建植草坪播种时，每100kg种子用0.02%~0.03%的三唑类纯药拌种。

2）喷雾防治。成坪草坪在发病初期，用25%三唑酮可湿性粉剂1000~2500倍液喷雾，防效可达93%以上。或用12.5%烯唑醇超微可湿性粉剂3000~4000倍液、10%苯醚甲环唑水分散粒剂6000~8000倍液、25%丙环唑乳油2500~5000倍液、40%氟硅唑乳油8000~10000倍液喷雾，30d后再喷1次，效果较好。

6.2.4 线虫病类

6.2.4.1 线虫病类主要病害

线虫是一类特殊的病原生物。其危害方式更接近于地下害虫，但由于个体太小且受害寄主有明显的病理变化过程，因此线虫病是一类性质比较特别的病害。据资料记载，寄生危害草坪植物的线虫种类很多，大约有70余种，主要危害狗牙根、剪股颖等草坪草。

1. 分布及危害

植物线虫分布广、危害重。不同地域，草坪病原线虫的种类有差别。亚热带、温暖地区的种类多而复杂，主要有刺线虫属、锥线虫属和毛刺线虫属等。在冷凉地区，重要的线虫有螺旋线虫属、矮化线虫属、短体线虫属和根结线虫属等。以幼虫、成虫危害草坪根部，以发达的口器穿透植物表皮组织，吸取寄主营养物质，致使植株发育不良，黄化矮小。同时，将酶和毒素注入寄主体内，破坏植物的生理机能，干扰其新陈代谢，使植株畸形、坏死或腐烂。另外，线虫所造成的伤口有利于土壤病原菌的侵染，导致复合感染。

2. 症状识别

草坪受到线虫危害后，常表现为根系生长受到抑制，根短、毛根多或根上有坏死斑、肿大或结节。由于根部受害，地上部分长势变差，表现为植株生长减慢，植株矮小、瘦弱，在一定范围内，草坪上均匀地出现叶片褪色变黄，近似严重缺肥缺水状，甚至全株萎蔫、死亡。被害后草坪上形成环形或不规则形状的枯草斑，小的直径5~6cm，大的直径可达150~

160cm。

3. 发病规律

线虫分为卵、幼虫和成虫3个阶段。少数线虫营孤雌生殖。绝大多数线虫要经两性交尾后，雌虫产卵，卵孵化出幼虫。幼虫共4龄，每代历期因线虫种类、环境条件而异。条件适宜时，线虫3～4周即可完成1代，大多数线虫在一个生长季里可以发生多代，有的只发生1代，而有的几年才完成1代。线虫主要以卵、幼虫和成虫直接在土中，或随病株残体在土中越冬，可存活1～3年，也可以成虫在植物繁殖材料、田间病株或杂草寄主内越冬，次年条件适宜时幼虫孵化或越冬幼虫、成虫侵染寄主组织。线虫在有水或水膜的条件下，在土壤内做短距离主动移动，也可随雨水、灌溉水、风、昆虫、带病有机肥、病草皮、病土等在草坪间做远距离传播。

土壤因素对线虫影响较大。疏松、通气良好，排水力强的湿润土壤最适于线虫生存。土壤过度干旱、粘重或长期淹水、透气性差都会抑制线虫发生。瘠薄的砂质土线虫病较重，壤土次之，黏土、有机质含量多的土壤线虫病较轻。土壤含盐量低线虫多。

6.2.4.2　线虫病综合防治措施

（1）种子选择　建植新草坪时，使用无线虫的种子、无性繁殖材料（草皮、匍匐茎或小枝）、土壤（包括覆盖的表土）等。

（2）土壤处理　繁殖草皮和建植新草坪前，用溴化钾、三氯硝基甲烷及二氯丁二烯等熏蒸剂对土壤进行处理，为草坪生长创造良好的环境条件。

（3）养护管理　合理施肥，增施磷、钾肥，增强植株抗病力。多次、少量灌水能较好地控制线虫危害。适时松土，及时清除枯草层，增强草坪草抗虫能力。

（4）药剂防治　对线虫危害严重的草坪，每公顷穴施10%克线丹颗粒剂3.75～4.5kg或80%灭线虫乳油。或每间隔30cm挖穴，穴深15cm，每穴注入克线磷药液2～3mL，在施药之前，对板结的土壤应松土，并清除枯草层，杀除线虫的效果更显著。

相关技能训练

实训23　草坪主要病虫害的田间诊断识别

一、实训目标

了解草坪病虫害常见种类，识别草坪病害的症状特征、害虫形态特征和危害状，为正确识别、防治草坪病虫害奠定基础。

二、实训材料和用具

材料：螟蛾类、夜蛾类、蝗虫类、蚜虫类等生活史标本、危害状标本、彩色图片；草坪植物叶枯病类、枯萎病类、锈病类等的新鲜和干制标本、挂图等；草坪现场。

用具：标本夹、剪刀、镊子、铲子、放大镜、挑针、捕虫网、毒瓶等。

三、实训内容与方法

（一）草坪主要虫害类型识别

利用所给标本、图片，对照教材上的形态描述，观察以下害虫的形态特征及危害状，正确识别各种不同害虫。

1. 螟蛾类

观察螟蛾类各虫态的形态特征及危害状，识别其幼虫危害叶片后的症状特点。

2. 夜蛾类

观察夜蛾类各虫态的形态特征及危害状，识别其幼虫危害叶片后的症状特点，观察比较不同种之间的区别。

3. 蝗虫类

观察蝗虫类各虫态的形态特征及危害状，识别其危害叶片后的症状特点，比较不同蝗虫之间的区别。

4. 叶甲类

观察叶甲类各虫态的形态特征及危害状，识别其危害后的症状特点，比较不同叶甲类成虫和幼虫之间的区别。

5. 蚜虫类

观察蚜虫类各虫态的形态特征及危害状，识别其危害叶片后的症状特点，比较不同蚜虫之间的区别。

6. 叶蝉类

观察叶蝉类的形态特征及危害状，识别草坪被害特点。

（二）草坪主要病害类型识别

利用所给标本、图片，对照教材上的症状描述，观察以下病害症状特征，正确辨别病害的类型及种类。

1. 叶枯病

观察各种叶枯病的症状特点，识别叶枯病的共同特征及各自具体特点，结合现场观察，比较不同叶枯病之间的区别。

2. 枯萎病

观察各种枯萎病的症状特点，识别枯萎病的共同特征及各自具体特点，结合现场观察，比较不同枯萎病之间的区别。

3. 锈病

观察几种锈病的症状特点，识别锈病的共同特征，通过孢子堆的观察判断是哪种锈病。

4. 线虫病

观察线虫病的症状特点，比较线虫病与真菌病害不同之处。

四、实训报告

列表描述所观察害虫成虫、幼虫（若虫）的形态特征、危害状及病害的症状特征。

任务3　草坪及园圃主要杂草的识别与防除技术

任务分析：该任务主要包括识别当地草坪、园圃常见杂草，了解常见杂草所属的类别及生物学特性，熟悉不同类型除草剂的特性及使用方法等。要完成该任务必须具备植物及植物生理、农药使用等方面的知识，根据不同草坪杂草群落组成制订合理的综合防治方案。

知识点： 常见杂草的类别及生物学特性；除草剂的特性及使用技术。

能力点： 草坪常见杂草的识别，合理选择除草剂，并正确使用综合措施防除草坪杂草。

任务实施的相关专业知识

草坪杂草是草坪上除栽培的草坪植物以外的其他植物。杂草作为农田生态系统的一部分，在长期的自然选择过程中，形成了对环境条件的广泛适应性，对人类的防除措施不断产生抗性，从而形成很强的竞争力，影响目的植物的生长。一般情况下，杂草较草坪草具有更强的生长竞争能力，妨碍草坪草的正常生长，使草坪的覆盖度下降，导致草坪退化，降低草坪质量。杂草对草坪的危害表现在以下几个方面：

1. 侵占生长空间，影响草坪生长

阳光是植物进行光合作用的源泉。生长茂盛的杂草，侵占草坪地上空间，遮蔽光线，影响草坪草的光合作用。在低温季节，杂草的蔓延、遮蔽，会降低土温，延缓草坪草的生命活动，直接妨碍草坪草的生长。杂草为了自身的生存繁衍，进化形成庞大的根系，从土壤中大量的吸收水分和养分，使草坪草得不到足够的养分而生长不利，对草坪草构成极大威胁。

2. 滋生病虫

许多草坪杂草是一些病虫害的寄生地，病虫害利用杂草越冬、繁殖，成为草坪病虫害的初侵染源，草坪生长季节被感染后，致使草坪草生长缓慢或死亡。

3. 破坏草坪景观

草坪需要一个整洁、优美的环境，供人们游憩和观赏。如果草坪上杂草丛生，植株高低不齐，特别是阔叶杂草，其外观与草坪差异极大，破坏了草坪的均一性，严重降低草坪的观赏价值。另外有一些杂草侵染性极强，占领草地后招引病虫，随后自灭，造成草坪光秃退化。

因此，防除杂草是草坪建植中的必要措施，也是提高草坪质量的重要环节。

6.3.1　杂草主要种类识别

6.3.1.1　禾草类

危害草坪的禾草类杂草主要有马唐、稗草、牛筋草、野燕麦、雀麦、狗尾草、画眉草、一年生早熟禾、白茅、双穗雀稗、狗牙根、狼尾草、鼠尾粟等。

1. 稗草（图6-23）

稗草别名稗子、稗、野稗、水稗子。稗草属禾本科一年生杂草。秆丛生，高40～100cm，扁平，光滑，基部斜升或膝曲，上部直立。叶片条形，叶片与叶鞘光滑无毛，近等长，无叶舌。圆锥花序直立或下垂，绿色；小穗密集于穗轴的一侧，长约5mm，有硬疣毛；颖具3～5脉；第一外稃具5～7脉，有长5～30mm的芒；第二外稃顶端具有小尖头、边缘卷抱内稃。颖果椭圆形，光滑，有光泽。

2. 马唐（图6-24）

马唐别名万根草、鸡爪草。马唐属一年生禾本科杂草。茎秆从秆基开始倾斜，着地后节

处易生根，光滑无毛，株高40~100cm。叶片披针形条状，两面疏生柔毛或无毛。叶鞘较节间短，叶鞘基部及鞘口疏生柔毛，叶舌钝圆膜质。总状花序3~10枚，呈指状排列于秆顶。小穗孪生，均有柄，一柄长，一柄短，排列于穗轴的一侧；颖果椭圆形，透明。

图6-23　稗草
1—植株　2—小穗　3—花序　4—颖果

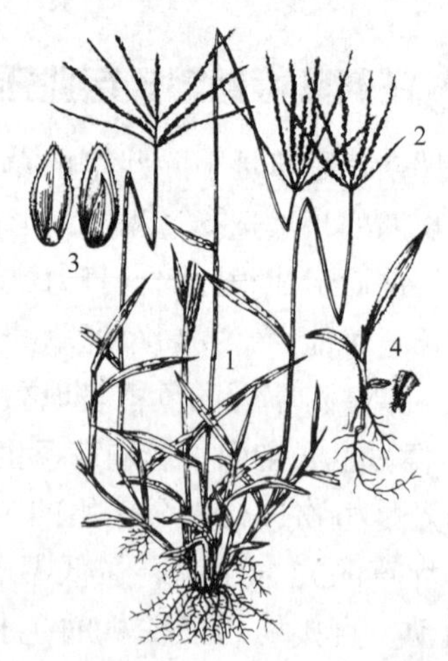

图6-24　马唐
1—植株　2—花序　3—颖果　4—幼苗

3. 牛筋草（图6-25）

牛筋草别名蟋蟀草，禾本科一年生杂草。须根深而长，茎扁形，丛生，直立或基部膝曲，高15~90cm，叶鞘扁，鞘口具柔毛；叶片条形，无毛或表面具疣毛。穗状花序2~7枚，呈指状排列于秆顶；小穗成双行密集于穗轴的一侧，小穗具3~6朵小花；颖和稃均无芒；种子卵形，表面有波状皱纹。

图6-25　牛筋草
1—植株　2—小穗　3—花序
4—果实　5—幼苗

4. 早熟禾（图6-26）

早熟禾别名稍草、小青草、小鸡草、冷草、绒球草。早熟禾为一年生或多年生禾本科杂草。秆丛生，直立或稍倾斜，高8~30cm，分2~3节。叶鞘质软，中部以上闭合，短于节间，光滑无毛；叶舌膜质，长1~2mm，顶端钝圆；叶片扁平，光滑柔软，顶端呈船形，边缘粗糙。圆锥花序开展，呈金字塔形；小穗绿色，具3~5朵小花；颖质薄，顶端钝，边缘膜质；外稃椭圆形，顶端钝，边缘及顶端膜质，5脉明显；内稃与外稃近等长或稍短，脊上具长丝状毛；花药淡黄色。颖果黄褐色，纺锤形。

5. 狗牙根（图6-27）

狗牙根别名绊根草、爬根草、感沙草、铁线草。狗牙根为禾本科狗牙根属多年生草本植物，具有根状茎和匍匐枝，须根细而坚韧。匍匐茎平铺地面或埋入土中，长10~110cm，光滑坚硬，节处向下生根，株高10~30cm。叶片平展，披针形或线形，前端渐尖，边缘有细齿，叶色浓绿。穗状花序3~6枚，呈指状排列于茎顶，小穗排列于穗轴一侧，有时略带紫

色，含小花1个，花药不开裂，大部分不能结籽，主要以根茎进行无性繁殖。种子卵圆形，成熟易脱落，可自播。

图6-26　早熟禾

图6-27　狗牙根

6. 狗尾草（图6-28）

狗尾草别名绿狗尾草、谷莠子、狗尾巴草、狗毛草。狗尾草为禾本科一年生草本植物。秆疏丛生，直立或基部膝曲上升，株高30~200cm。叶片条状披针形；叶鞘松弛、光滑，鞘口有毛；叶舌毛状。圆锥花序紧密呈圆柱状，直立或稍弯垂，刚毛绿色或变紫色；小穗椭圆形，2至数枚簇生密集呈球状，成熟后与刚毛分离而脱落；第一颖卵形，长约为小穗的1/3；第二颖与小穗近等长；第一外稃与小穗等长，具5~7脉，内稃狭窄。谷粒长圆形，顶端钝，具细点状皱纹。颖果椭圆形、扁平，表面浅灰绿色或黄绿色，具点状突起排列成的细条纹。

图6-28　狗尾草

1—植株　2—小穗　3—叶舌　4—幼苗

7. 看麦娘（图6-29）

看麦娘别名牛头猛、山高粱、道旁谷、麦娘娘。看麦娘属禾本科越年生或一年生禾本科杂草。秆少数丛生，直立或基部稍倾斜，株高15~45cm；叶鞘光滑，短于节间；叶舌膜质透明；叶片扁平，光滑或表面稍粗糙；圆锥花序呈圆柱形，灰绿色，小穗椭圆形或卵状椭圆形，小穗含1花，密集于穗轴之上。内、外稃近等长。花药橙黄色，颖果卵状至长圆形，腹面有纵沟，浅棕色，长2mm左右。

8. 白茅（图6-30）

白茅别名茅针、茅根等。禾本科白茅属多年生草本植物，株高25~80cm；长的匍匐根状茎平卧地下，黄白色，节上具鳞片和不定根，不定根须状；叶片条形或披针形，主脉明显突出于背面，叶鞘边缘与鞘口有纤毛；圆锥花序分枝紧缩成穗状；小穗基部密生银丝状长柔毛，颖果成熟后，自柄上脱落，随风传播。

图6-29　看麦娘
1—植株　2—小穗　3—小花　4—颖果　5—幼苗

图6-30　白茅
1—植株　2—花序　3—小花

9. 画眉草

画眉草别名星星草、蚊子草、绣花草。画眉草属一年生禾本科画眉草属杂草，秆丛生，叶鞘光滑或鞘口生长柔毛，叶鞘有脊；叶舌为一圈纤毛；叶片狭条形。圆锥花序略向外开展，枝腋间具长柔毛；小穗长圆形，暗绿或略带紫色，含3~4朵小花。颖果长圆形，黄棕色。

6.3.1.2　莎草类

危害草坪的莎草类杂草主要有香附子、黄香附、碎米莎草、异型莎草、荆三棱等。

1. 香附子（图6-31）

香附子又称莎草、梭梭草、胡子草、香胡子、香附、回头青。香附子是一种多年生莎草科杂草，具细长匍匐根状茎或块根。秆散生，直立，高20~95cm，锐三棱形。叶鞘基部棕色；叶片丛生于茎基部，窄线形，短于秆或与秆等长；花序复穗状，3~6个在茎顶排成伞状，基部有叶片状的总苞2~4片，与花序近等长或长于花序；小穗线状披针形，有6~26个花；雄蕊3枚，花药线形；花柱短，柱头3个，丝状。小坚果三棱状长圆形，暗褐色，表面具微突起的细点。

图6-31　香附子

2. 异型莎草（图6-32）

异型莎草别名碱草、三角草、球花莎草、球穗莎草、黄棵头等。异型莎草属莎草科一年生草本植物。秆丛生，高2~65cm，扁三棱形。叶基生，线形，短于秆；叶鞘褐色；苞片2~3枚，叶状，长于花序；长侧枝聚伞形花序，有3~9条长短不等的辐射枝，顶生多数小穗组成头状花序，具花2~28朵，小穗披针形或线形；鳞片近扁圆形，背部有淡黄色的龙骨状突起，两侧深红色或栗色，有3脉；小坚果倒卵形或椭圆形，有三棱，浅黄色，有极小的突起。

3. 碎米莎草

碎米莎草别名三方草、三棱草。碎米莎草属莎草科一年生草本植物。秆丛生，直立，株高20~85cm，扁三棱状。叶基生，线形，较秆短，叶鞘棕褐色。苞片3~5片，叶状，下部

2～3片较花序长；长侧枝聚伞花序复出，有4～9条长短不一的辐射枝，每枝具5～10个穗状花序，个别3个，穗状花序长卵形，有小穗5～12个；小穗长圆形扁平，黄色或黄褐色，有5～22朵花；鳞片宽倒卵形，顶端微缺，有短尖，背部有绿色龙骨状突起，两侧黄色；雄蕊、柱头各3个。小坚果三棱状倒卵形，黑褐色。

4. 荆三棱

荆三棱别名泡三棱、三棱草。荆三棱为多年生草本。根状茎横走，单一或有分枝，节膨大，末端具黑褐色块茎。秆高大粗壮，约高70～150cm，锐三棱形，直立，光滑。叶互生，线形，先端渐尖，基部鞘状抱茎，绿色而光滑无毛。苞片叶状，2～4枚，长侧枝聚伞花序，具5～8个辐射枝，辐射枝顶端具1～3个小穗；小穗椭圆形，锈褐色；颖片膜质芒状；雄蕊3，线形或长圆形；雌蕊花柱长，柱头2裂。瘦果三角状倒卵形，褐色。

6.3.1.3　阔叶杂草

危害草坪的阔叶杂草主要有藜、马齿苋、反枝苋、空心莲子草、地锦、小旋花、刺儿菜、荠菜、苦菜、苣荬菜、蒲公英、车前、繁缕、独行菜等。

1. 藜（图6-33）

藜别名灰藜、灰菜、灰条。藜属一年生草本，高70～80cm。茎直立，光滑，有棱，带绿色或紫红色的条纹；多分枝，叶互生，有长叶柄，叶片卵形、菱形或披针形，先端尖，基部宽楔形，边缘常有不整齐的锯齿，下面生粉粒，灰绿色。花两性，数个集成团伞花簇，多数花簇排成腋生或顶生的圆锥状花序；雄蕊5个；柱头2个。胞果扁圆形，完全包于花被内或顶端稍露，果皮薄，和种子紧贴；种子横生，肾形，黑色，表面光亮有不明显的沟纹及点洼。

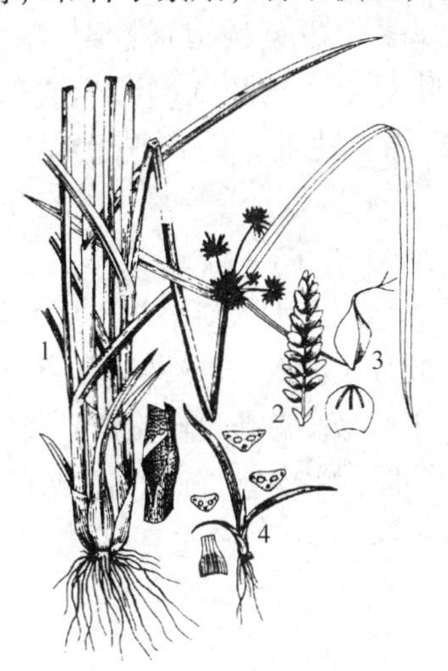

图6-32　异型莎草

图6-33　藜

2. 马齿苋（图6-34）

马齿苋别名马苋、长寿菜、马齿菜、马生菜。该草为一年生马齿苋科杂草。全株无毛。茎淡绿色或带暗红色，圆柱形，由基部四散分枝，匍匐于地。叶互生，叶片扁平，肥厚，倒卵形，似马齿状，顶端圆钝或平截，基部楔形，全缘，上面暗绿色，下面淡绿色或带暗红色，中脉微隆起；叶柄粗短。花黄色，无梗，常3～5朵簇生枝端，蒴果卵球形，盖裂；种子体小，量多，卵形，黑褐色，有光泽，具小疣状凸起。

3. 反枝苋（图 6-35）

反枝苋别名苋菜、野苋菜。反枝苋为一年生苋科杂草。茎直立，粗壮，高 20 ~ 80cm，有分枝，淡绿色，有时具带紫色条纹，稍具钝棱，密生短柔毛。叶互生，有长柄，叶片菱状卵形或椭圆状卵形，先端钝尖基部楔形，有柔毛，叶脉明显隆起。圆锥花序顶生及腋生，由多数穗状花序形成，顶生花穗较侧生者长；胞果扁，卵形，环状横裂，淡绿色。种子倒卵圆形，棕色或黑色，表面光滑，有光泽。

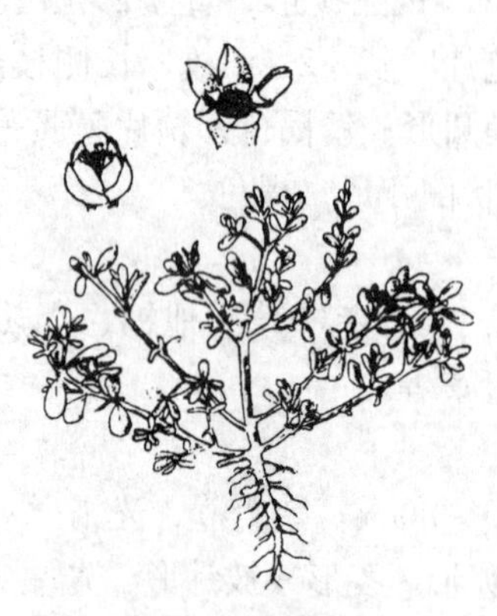

图 6-34　马齿苋

图 6-35　反枝苋

4. 空心莲子草（图 6-36）

空心莲子草别名水花生、空心苋等。空心莲子草属多年生苋科宿根性杂草。茎基部匍匐、上部伸展，中空，有分枝，节腋处疏生细柔毛。叶对生，长圆状倒卵形或倒卵状披针形，先端圆钝，有芒尖，基部渐狭，表面有贴生毛，边缘有睫毛。头状花序单生于叶腋处，花白色，具 5 片花被。

5. 地锦（图 6-37）

地锦别名血见愁、奶疳草、奶浆草、红丝草、红茎草。地锦属大戟科一年生夏季杂草。茎纤细，多叉状分枝，带紫红色，无毛。叶对生，叶柄极短，叶片长卵形，先端钝圆，基部偏狭，全缘或有细齿，无毛，绿色或淡红色。杯状聚伞花序，单生于叶腋。总苞倒圆锥形，浅红色，顶端 4 裂，裂片长三角形；蒴果三棱状球形，光滑无毛；种子卵形，黑褐色，外被白色蜡粉。

图 6-36　空心莲子草

图 6-37　地锦

6. 小旋花（图6-38）

小旋花别名打碗花、面根藤、狗儿蔓。小旋花属旋花科多年生藤本杂草。主根较粗长，横走。茎蔓生，匍匐或攀缘，有白色乳汁；叶互生，有柄，叶片戟形或卵形，先端钝圆，基部常具4个对生叉状的侧裂片；花腋生，具长梗，花萼外有2片大苞片，卵圆形；花冠漏斗形（喇叭状），口近圆形微呈五角形，粉红色，喉部近白色。蒴果卵形，黄褐色。种子光滑，卵圆形，黑褐色。

7. 刺儿菜（图6-39）

刺儿菜别名小蓟、刺刺芽、刺蓟。刺儿菜属菊科多年生草本植物。根状茎长，茎直立，高20～50cm，茎无毛或被蛛丝状毛。叶互生，无柄，叶片椭圆形或椭圆状披针形，先端短尖或钝，基部楔形或圆形部楔形，全缘或具齿裂，有刺，两面被蛛丝状毛。头状花序单生于茎端，雌雄异株；雄株花序小于雌株，总苞片多层，顶端长尖，具刺；花浅红色或紫红色管状。瘦果椭圆或长卵形，略扁平，冠毛羽状。

图6-38　小旋花

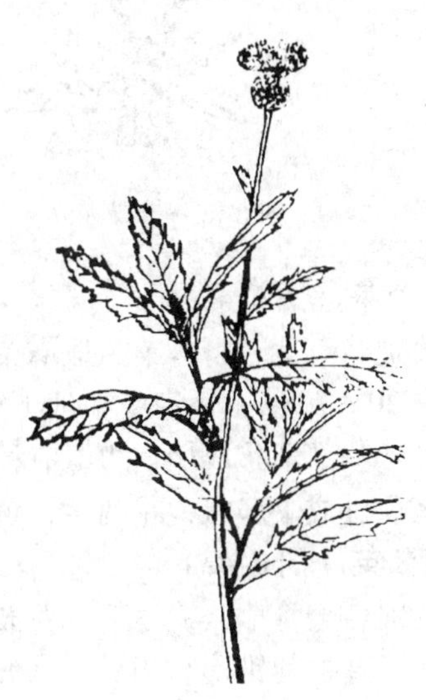

图6-39　刺儿菜

8. 荠菜（图6-40）

荠菜别名荠、靡草、花花菜。荠菜属十字花科一年或二年生草本植物。根白色，茎直立，单一或基部分枝，开花时茎高20～50cm；基生叶丛生，莲座状，叶大羽状分裂，不整齐，顶生裂片较大，侧生裂片较小，叶片有柄；茎生叶无柄，狭披针形或披针形，基部箭形抱茎，边缘有缺刻或锯齿；总状花序顶生和腋生，花白色，匙形或卵形，有长梗；短角果呈倒三角形，扁平，先端微凹；种子2行，长椭圆形，浅褐色，表面有细微的疣状突起。

9. 苦菜（图6-41）

苦菜别名苦丁菜、苦麻菜、苦苣菜。苦菜属菊科一年至二年生草本植物，高50～100cm。茎直立，中空，具乳汁；基部无毛，顶端及中上部或具有稀疏的腺毛。叶互生；长椭圆状广披针形，羽状全裂或羽状半裂，边缘具不整齐的刺状尖齿；基部叶有短柄，茎上叶无柄、呈耳廓状抱茎。头状花序数枚，顶生，排列成稀疏的伞房状的圆锥花丛，花黄色或白色。瘦果倒卵状椭圆形，扁平，有明显的纵纹和横纹，成熟后红褐色，冠毛白色，细软。

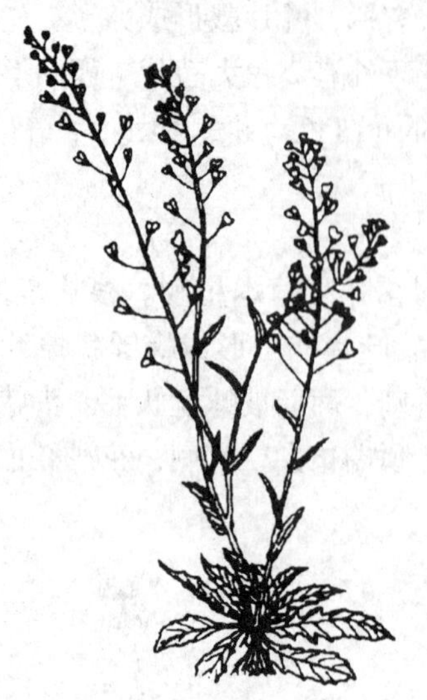

图6-40 荠菜

图6-41 苦菜

10. 苣荬菜（图6-42）

苣荬菜别名荬菜、野苦菜、取麻菜。苣荬菜属菊科苦苣菜，多年生草本植物，全草有白色乳汁，高20～70cm，匍匐茎在地下横走，白色；地上茎直立。单叶互生，叶片长圆状披针形；基生叶基部渐狭成柄，边缘有稀疏的缺刻和浅羽裂；茎生叶无柄，基部耳状抱茎。头状花序于茎顶排成伞房状，花两性，黄色舌状。瘦果长圆形，冠毛白色。

11. 蒲公英（图6-43）

蒲公英别名金簪草、婆婆丁、白鼓丁。蒲公英属菊科多年生草本植物，株高10～25cm，含白色乳汁。直根圆锥形，粗壮，表皮黄棕色。叶基生，呈莲座状，长圆状倒披针形或匙形，边缘羽状浅裂或齿裂，先端稍钝或尖，基部渐狭成短叶柄。头状花序单生于茎顶，花舌状，鲜黄色；瘦果倒披针形，褐色，有6～8mm长的喙，顶生白色冠毛，可随风飞扬。

图6-42 苣荬菜

图6-43 蒲公英

12. 车前（图6-44）

车前别名车轮菜、猪耳草、轱辘菜。车前为车前科多年生宿根草本植物。茎高10～40cm，根丛生，须状。叶根生，卵形或椭圆形，先端尖或钝，全缘或呈不规则波状浅齿，有5～7条弧形脉。花茎数个，自叶丛中抽出，高12～50cm，具棱角；穗状花序为花茎的2/5～1/2；花淡白色，许多小花密集于穗轴上部呈长穗状。蒴果卵状圆锥形，成熟后周裂。种子4～8枚，近椭圆形，黑褐色。

图6-44 车前

13. 繁缕（图6-45）

繁缕别名繁蒌、滋草、鹅肠菜、五爪龙、狗蚤菜等。石竹科一年生矮生杂草。株高10～30cm。茎细，直立或平卧，节上生出多数直立枝，枝圆柱形，肉质多汁而脆，折断中空，茎表一侧有一行短柔毛，其余部分无毛。叶对生，茎上部叶无柄，茎下部叶有柄；叶片卵圆形或卵形，先端急尖或短尖，基部近截形或浅心形，全缘或呈波状，两面均光滑无毛。花单生枝腋或顶生的聚伞花序，花梗细长，一侧有毛；花瓣白色，蒴果卵形，种子黑褐色，表面密生疣状小突点。

14. 独行菜（图6-46）

独行菜别名辣辣根，属十字花科越年生或一年生草本植物。茎直立，株高10～13cm，基部多分枝，具头状腺毛。基生叶丛生，有长柄，叶针形，有羽状浅裂或深裂；茎生叶互生，无柄或具短柄，叶片条形，全缘或具疏齿。总状花序顶生，有4片花瓣，白色或稍带绿色，花很小，匙形，白色，长约0.3mm，有时退化成丝状或无花瓣。短角果椭圆形至近圆形，扁平，先端略缺，上部具狭翅。种子棕红色，呈倒卵状椭圆形。

图6-45 繁缕

图6-46 独行菜

6.3.2 草坪及园圃杂草的综合防除

杂草的治理必须从生态学的角度，综合、协调采取不同措施，促进草坪草的生长，增强其与杂草的竞争能力，抑制杂草生长，又不污染环境，达到预防为主，综合治理的目的。根据作用原理，草坪杂草的综合治理措施可分为预防措施、栽培措施、生物防治、物理防治、化学防治等。

6.3.2.1 预防措施

1. 严格杂草检疫制度

当前，我国冷季型草坪种子的90%是从国外引进，外来种源带有很多杂草种子，有些在我国并没有分布，如长叶车前等杂草都是从国外引进牧草时传入的；有些属检疫性杂草，如假高粱、豚草、毒麦等是世界性恶性杂草，传入后会造成严重危害。因此，严格杂草检疫制度，加强种子检疫工作，是防止外来杂草及危险性杂草传入、蔓延、危害的重要保障。

2. 选用无杂草的草坪种子

草坪草种子与很多杂草种子形态相似。在制种过程中管理不善，有杂草发生，则草坪种子中会混杂一些杂草种子。因此，购买草坪草种子时，应选有质量检测证书、无杂草的草坪种子。

3. 场地清理

清除路边荒地杂草，以防止杂草种子、地下根茎向草坪地扩散；草坪播种前清除地面植被及其地下根茎，有条件的可用熏蒸剂作土壤消毒，既可消灭杂草，又可除虫、防病。

4. 诱杀杂草

在草坪播种前灌水，促使杂草萌发，待杂草出苗齐后，喷施灭生性除草剂将其杀灭，可消灭土壤中大部分杂草。

6.3.2.2 栽培措施

利用栽培措施，在草坪养护管理中创造有利于草坪草生长、不利于杂草生长的环境，是一项经济有效的杂草防除措施。

1. 适时播种

春、夏季播种禾本科草坪草时，如果土壤中有大量杂草种子，禾本科杂草发生量大，且出苗比草坪草早，很容易出现草荒。如改为秋播，草坪苗期禾本科杂草的发生量极少，主要是阔叶杂草，喷施阔叶草除草剂能防止杂草的危害。

2. 加大播种量

新建植草坪时，适当增加草种播种量，形成草坪草优势种群，使草坪草快速郁闭成坪，从而抑制杂草生长，减少杂草发生量。但播种量太大，对草坪后期生长不利，应在保证草坪能很好生长的前提下，适当提高播种量。

3. 混配先锋草种，抑制杂草生长

在冷季型草坪草的播种中，常应用混播技术，即在主播草种中混入一定比例（10%～20%）的能快速出苗的草种，使之迅速出苗、生长，起到抑制杂草生长的作用。如多年生黑麦草、高羊茅，一般6～7d即可出苗，且出苗后生长迅速，能抑制杂草的萌发、生长。

4. 合理水肥管理

水肥管理对草坪和杂草的生长均有影响。因此，灌水、施肥最好在杂草防除后进行，采取叶面施肥等方法，对草坪草集中施肥，促进草坪草快速生长、郁闭成坪，达到抑制杂草的

目的。

5. 加强病虫害防治

无病虫危害的草坪，生长旺盛，保持高度的地面覆盖率，没有杂草萌发的条件；发生病虫害，使草坪草枯死，造成草坪斑秃，为杂草大量发生提供了条件。加强病虫害防治对抑制杂草危害尤为重要。

6. 及时补种

由于各种原因造成局部草坪草死亡，如不及时补种，杂草就会萌发、生长，最终影响周围草坪草的生长，应及时对斑秃进行补种，不给杂草提供生存空间。

6.3.2.3 物理防治

1. 人工拔除

人工拔除劳动强度大，费工、费时，但见效快。对零星少量发生的杂草或一些难防除的杂草，可采用人工拔除。

2. 机械剪割

合理修剪可促进草坪草的生长，调节草坪的绿期，减轻病虫害的发生危害。大多数草坪草分蘖能力很强，耐强修剪，而大多数杂草，尤其是阔叶杂草再生能力差，不耐修剪。因此，用人力或机动剪草机定期修剪草坪，可以抑制杂草生长，阻止杂草产生大量种子，减弱其竞争力，达到防除杂草的目的。

6.3.2.4 化学防治

化学防治是使用化学除草剂使杂草生理异常，导致死亡，以达到杀草目的。化学防治的关键是除草剂的选择，要根据草坪类型、杂草种类、除草剂的特性和草坪环境条件等综合因素选择除草剂，并选择适当的用药时间和方法。最好预先进行小面积药效试验，测定在当地条件下所使用的除草剂及使用剂量对草坪的安全性。

1. 播种或移栽前杂草的防治

对新建植的草坪，一般可在播种或移栽前、杂草萌发后用草甘膦、百草枯等灭生性除草剂，防除建植地的杂草，特别是多年生杂草，可极大地减少杂草种子源。

2. 播种后苗前杂草防治

在播种后，杂草和草坪草发芽前，常用苗前土壤处理剂处理，防止杂草发生。常用的除草剂有环草隆（防除马唐、狗尾草和稗等一年生禾本科杂草，但环草隆不能用于狗牙根和剪股颖草坪）、地散磷（不能用于早熟禾草坪）、恶草灵（不能用于羊茅和剪股颖草坪）等。在豆科草坪播种后出苗前，一般用二甲戊乐灵、甲草胺、异丙甲草胺等除草剂来防除一年生禾草和小粒种子阔叶草。

播后苗前施用除草剂的风险性大，极易出现药害。选用的除草剂应根据草坪的种类和环境条件来确定。在大面积施用前应先做药效试验，取得成功后再大面积应用。

3. 播种后苗期杂草防治

草坪草幼苗对除草剂很敏感，最好在新草坪修剪2~3次后再施用。如果杂草发生严重，必须施药时，可选用对幼苗安全的选择性除草剂，如用2、4—D类、2甲4氯等在禾草类的草坪上，防除猪殃殃、繁缕、小旋花、蓼、苋、空心莲子草等阔叶杂草。

4. 成熟草坪杂草防治

成熟草坪的杂草与草坪草同时存在，有的还极为相似，防除也比较困难。必须根据草坪类型选择除草剂。

（1）一年生禾本科杂草的防治　应抓住每年5~6月、7~8月这2个杂草发生高峰期，在杂草种子发芽前，适时选用芽期除草剂进行土壤处理，把杂草消灭在萌芽之中。常用除草剂有：丁草胺、异丙甲草胺、杀草丹、甲草胺、恶草灵、氟草胺等。

（2）多年生禾本科杂草防治　多年生禾草与草坪草极为相似，杂草防治除采用芽前土壤处理法外，主要以非选择性除草剂进行播种前处理和草坪休眠期处理；生长期则采用内吸性除草剂以定向涂抹处理茎叶为主，或灭生性除草剂（如草甘膦）定向喷雾来防除，同时结合补种，防止杂草再发生。常用除草剂有：稀禾定、吡氟禾草灵等。

（3）阔叶杂草的防治　阔叶杂草的防治多选用2、4—D丁酯类、苯达松、麦草畏等。

在商品化的除草剂中大约只有10%的品种可用于草坪除草。特定草坪，可选用的除草剂更为有限。同一除草剂对一些草坪安全而对另一些草坪则不安全。同一种草坪的不同品种对某种除草剂的敏感性也可能不一样。另外，环境条件、施药时草坪的生长状况等也会影响到草坪对除草剂的敏感性，因此，在草坪杂草的化学防除过程中，必须遵守先试验、后推广应用的原则，以避免发生药害。

相关技能训练

实训24　草坪及园圃主要杂草种类识别

一、实训目标

了解草坪及园圃杂草的主要种类、危害程度及防治情况，识别草坪常见杂草的形态特征，为正确防治草坪杂草奠定基础。

二、实训材料和用具

材料：禾本科杂草、莎草科杂草、阔叶杂草的新鲜、干制标本、挂图等。园圃栽培现场、草坪栽培现场等。

用具：标本夹、剪刀、镊子、铲子、放大镜及相关材料等。

三、实训内容与方法

（一）草坪杂草的室内识别

利用所给标本或图片，对照教材上的形态描述，观察以下杂草的形态特征。

1. 禾本科杂草

观察几种禾本科杂草的形态特征，识别禾本科杂草的共同特征及各自具体特征，比较不同杂草之间的区别。

2. 莎草科杂草

观察几种莎草科杂草的形态特征，识别莎草科杂草的共同特征及各自具体特征，比较不同杂草之间的区别。

3. 阔叶杂草

观察几种阔叶杂草的形态特征，识别阔叶杂草的共同特征及各自的具体特征。

（二）草坪杂草的现场识别

通过现场调查，了解当地草坪杂草常见种类和主要种类，观察其形态特征，并采集杂草标本30份，系上标签，填写采集记录卡。

四、实训报告

列表描述所观察杂草的形态特征，及所调查区域杂草的种类、发生程度。

实训25　草坪及园圃杂草的防除技术

一、实训目标

通过草坪及园圃杂草防治方案的实施，比较不同方案的优缺点，熟悉并掌握各方案实施的条件、过程及注意事项。为以后根据生产实际制订草坪及园圃杂草综合防除的最佳方案奠定基础。

二、实训材料和用具

材料：各种除草剂如骠马、2、4—D丁酯、苯达松、莠去津、施田补或本地常见除草剂；各种冷季型或暖季型草坪草种子如黑麦草、早熟禾、高羊茅、结缕草坪等。

用具：各种剪草机械、人工除草用的铲子、小锄等工具、喷雾器、量杯、天平、水桶铅笔、笔记本、皮尺等。

三、实训内容与方法

（一）人工除草

组织学生到已成坪的老草坪或新建植的草坪现场，用小锄、铲子等进行人工除草，比较不同草坪类型及杂草种类的除草难易，总结该方案的优缺点及适合状态。

（二）修剪除草

结合草坪修剪，利用各种剪草机械进行杂草剪除。通过观察、比较，总结出适合用该方案铲除的杂草种类及适宜的季节。

（三）利用生物拮抗作用抑制杂草

通过加大草坪草的播种量、混配先锋草种、对目标草种强化施肥等措施，促进草坪草生长，抑制杂草生长。通过设置不同的对比试验，总结出不同状况下对杂草的抑制差异。

（四）化学除草

1. 施用芽前除草剂

在杂草萌芽前，通过施用莠去津、地散磷、施田补、西玛津、敌草胺等除草剂，进行除草试验，验证该类除草剂的除草特点，掌握该类除草剂的使用方法及注意事项。

2. 施用芽后除草剂

在杂草萌芽后，通过施用骠马、灭草灵、2、4—D丁酯、克阔乐、灭草松等除草剂，进行除草试验，验证该类除草剂的除草特点，掌握该类除草剂的使用方法及注意事项。

四、实训报告

根据具体情况，写出不同防治方案实施后的阶段性总结，并进行汇总比较。

归纳总结

- 草坪病虫害草害防治技术
  - 草坪主要虫害
    - 食茎叶根害虫
      - 种　类：螟蛾类、夜蛾类、蝗虫类、叶甲类、地老虎类、金针虫类、蝼蛄类等
      - 发生特点：咀嚼式口器；以幼虫危害为主；受环境因素影响大；繁殖量大等
      - 防治措施：做好测报；抓住幼虫期，利用害虫习性，采取人工、物理、化学措施防治
    - 吸汁害虫
      - 种　类：蚜虫类、叶蝉类、蝽类、盲蝽类、蓟马类、螨类等
      - 发生特点：虫体小，繁殖率高，扩散蔓延快，危害严重；传播病毒病，天敌多等
      - 防治措施：搞好测报，利用物理、化学措施相结合，注意生物天敌控制危害等
  - 草坪主要病害
    - 叶枯病
      - 种　类：德氏霉叶枯病、离蠕孢叶枯病、弯孢霉叶枯病、雪霉叶枯病等
      - 发生特点：叶斑、叶枯影响光合作用，使草坪早衰，斑秃；气候环境因素是诱因等
      - 防治措施：选用抗病品种；清洁草坪；合理施肥、灌水；药剂防治等
    - 枯萎病
      - 种　类：褐斑病、镰孢枯萎病、腐霉枯萎病、夏季斑枯病、全蚀病等
      - 发生特点：根腐、茎腐、茎基腐，影响水肥的吸收和传导，草坪枯萎等
      - 防治措施：选用抗病品种；改善草坪立地条件；加强管理；拌种、喷雾防治等
    - 锈病
      - 种　类：条锈病、秆锈病、叶锈病、冠锈病等
      - 发生特点：叶绿素被破坏，光合作用降低，叶片枯死；品种和温湿度是主要影响因素等
      - 防治措施：选择抗病品种；合理施肥、灌水；清洁草坪；药剂防治等
  - 草坪主要杂草
    - 一年生杂草
      - 种　类：早熟禾、马唐、碎米莎草、藜、马齿苋、地锦、小旋花、反枝苋等
      - 发生特点：在一个生长季节里完成生长发育，以种子繁殖，繁殖量大，易防除
      - 防治措施：人工拔除、机械修剪、除草剂土壤处理和茎叶处理等
    - 多年生杂草
      - 种　类：香附子、匍匐翦股颖、白茅、狗牙根、刺儿菜、苦菜、蒲公英等
      - 发生特点：生长期长，既可以种子繁殖，又能以根茎繁殖，耐药性强，难根除等
      - 防治措施：种子检疫、人工拔除、植物拮抗、除草剂处理等

同步测试

一、填空题

1. 根据害虫危害部位不同，草坪害虫可分为（　　）和（　　）两大类。

2. 在我国北方，对草坪危害最严重的螟蛾科昆虫是（　　）。夜蛾科和螟蛾科昆虫主要危害虫态是（　　）。黑光灯诱杀成虫是利用它的（　　）。

3. 蚜虫又叫（　　），属（　　）目（　　）科昆虫，我国危害草坪的主要种类有（　　）、（　　）、（　　）和（　　）。

4. 我国常造成大面积危害的蝗虫是（　　），它有（　　）和（　　）的习性。

5. 草坪病害的发生必须具备（　　）、（　　）和（　　）三个条件。

6. 常见的草坪病害有（　　）、（　　）、（　　）和（　　）几种类型。（　　）和（　　）是以侵染寄主叶片和茎秆为主的，（　　）和（　　）是以侵染植物根部为主的。

7. 按植物形态划分，草坪杂草有（　　）、（　　）和（　　）三种类型。

二、简答题

1. 夜蛾类害虫为什么必须在幼虫3龄以前进行防治？如何防治？

2. 怎样区别麦长管蚜、麦二叉蚜、禾谷缢管蚜？简述它们的危害特点。

3. 草坪锈病有什么共同特点？应采取哪些措施综合防治草坪锈病？

4. 草坪叶枯病有哪些类型？如何防治草坪叶枯病？

5. 结合生产实际，怎样综合防除草坪杂草？

项目7

外来有害生物及防治措施

学习目标

通过本项目的学习，要求掌握常见外来有害生物的形态特征并能熟练识别；熟悉有害生物的分布与危害特点并掌握其生活习性，能够采取综合防治措施最大限度地减少或控制外来有害生物的入侵，以维护经济、生态和社会效益。

任务1　外来有害生物入侵的形势及危害

任务分析：随着全球经济一体化进程的加快，我国遭受外来有害生物入侵的现象越来越普遍，影响我们的生物安全、生态安全和经济发展，所造成的危害也越加严重。因此必须设法杜绝有害的外来生物入侵，要完成该任务就必须对外物入侵的相关知识有一个基本的了解和掌握，并运用到具体的防治实践中。

知识点：外来有害生物及其入侵的基本概念；外来有害生物入侵的现状及造成的危害；外来有害生物入侵的主要途径及其疫情传播特点。

能力点：外来有害生物的鉴别、预防和控制技术。

任务实施的相关专业知识

7.1.1　外来有害生物及生物入侵

7.1.1.1　外来有害生物

外来有害生物是指从自然分布地区（可以是本国的其他地区或其他国家）通过有意或无意的人类活动而被引入，在当地的自然或半自然的生态系统或生境中建立种群，形成了自我再生能力，给当地生态系统或景观造成明显的损害或影响的物种。

世界自然保护同盟2002年2月在瑞士通过的《防止因生物入侵而造成的生物多样性损失》中指出："千万年来，海洋、山脉、河流和沙漠为珍稀物种和生态系统的演变提供了隔离性天然屏障。在近几百年间，这些屏障受到全球变化的影响已变得无效，外来入侵物种远

涉重洋到达新的生境和栖息地，并成为外来入侵物种。”

7.1.1.2　生物入侵

生物入侵是指由于人为的或自然的因素，使原产于外地的生物物种进入本地生态系统，并在本地快速生长繁衍，种群不断增大、分布区不断扩展，对当地的生物多样性和生态环境造成严重危害，引发本土生态灾难并造成巨大的经济损失的现象。

生态系统是经过长期进化形成的，系统中的物种经过上百年、上千年的竞争、排斥、适应和互利互助，才形成了现在相互依赖又互相制约的密切关系。外来生物在其原产地有许多防止其种群恶性膨胀的限制因子，其中捕食和寄生性天敌的作用十分关键，它们能将其种群密度控制在一定数量之下。因此，那些外来生物物种在其原产地通常并不造成较大的危害。但是一旦它们侵入新的地区，失去了原有天敌的控制，其种群密度则会迅速增长并蔓延成灾。而自然界里生态环境中存在着食物链，天敌之间相互制约，一旦某种生物人为绝灭和人为引入，都会产生一系列难以想象的后果。

目前在我国存在的松突圆蚧、美国白蛾、松材线虫、蔗扁蛾、美洲斑潜蝇、椰心叶甲、薇甘菊和紫茎泽兰等都是典型的外来生物入侵物种。

7.1.2　外来有害生物入侵的形势

我国的外来入侵物种几乎无处不在，主要表现在以下四个方面：

1）入侵涉及面广：全国34个省、自治区、直辖市无一例外，均发现入侵物种，除少数偏僻的保护区外，或多或少都能找到入侵物种。

2）涉及的生态系统多：几乎所有的生态系统，包括森林、农业生产区、水域、湿地、草地、城市居民区等都可以见到，其中以低海拔地区及热带岛屿生态系统的受损程度最为严重。

3）入侵物种的类型多：从脊椎动物（哺乳类、鸟类、两栖爬行类、鱼类等），无脊椎动物（昆虫、甲壳类、软体动物），高、低等植物，小到细菌、微生物、病毒都能够找到例证。我国与100多个国家有贸易往来，对外一类口岸253个，海、陆、空、港入境口岸580多个，每年都截获大量入侵生物。截获的种类由20世纪80年代几百种上升到2003年近2000种，截获的次数由每年上千次上升到年5万多批次，涉及的有害生物物种类型多。

4）入侵途径隐蔽：随着科学技术发展，各国竞争加剧，生物入侵更加隐蔽。如转基因生物的研究增加了有害生物传播的潜在危险，难以发现；外来人员偷渡入境，使动植物及有害生物转向非法入境，难以截获；恐怖分子实施生物恐怖将有害生物隐蔽带入国内，难以防范。

我国是世界上物种多样性特别丰富的国家之一。已知有陆生脊椎动物2554种，鱼类3862种，高等植物30000种，包括昆虫在内的无脊椎动物、低等植物和真菌、细菌、放线菌种类更为繁多。在我国如此丰富的生物种类中，究竟有多少属于外来入侵物种，有多少已建立种群并带来危害，目前还没有具体的报道。自20世纪80年代以来，随着外来入侵动植物的危害日益猖獗，我国加紧了防治工作。对外来害虫如松材线虫、松突圆蚧、美国白蛾、稻水象甲和美洲斑潜蝇以及外来有害植物如水葫芦、水花生、豚草和紫茎泽兰采取了一系列有效的防治方法并取得了不同程度的效果。但由于目前国家针对外来入侵物种的预防、控制和管理等具体措施还不尽完善，现在只有防止有害生物无意传入的检疫方面的法律法规，缺

乏加强针对有意引进的外来物种管理的法律法规；各地在防治这些入侵物种时缺乏必要的技术指导和协调，虽然投入了大量的人力和资金，但有的防治效果并不理想；生态意识淡薄，盲目引进外来物种，对引进的外来物种未进行风险评估；缺乏科学知识与信息；有法不依，执法不严等。导致已经传入的入侵物种继续扩散蔓延，新的危害性入侵物种不断出现并构成潜在威胁。

为摸清外来入侵物种在我国的底数，我国从 2001 年 12 月开始，在国家环境保护总局南京环境科学研究所的组织协调下，我国历史上首次外来入侵物种调查在全国展开。调查范围涵盖陆生、水生和海洋三大生态系统。本次调查共查明外来入侵物种 283 种，包括微生物 19 种，水生植物 18 种，陆生植物 170 种，水生无脊椎动物 25 种，陆生无脊椎动物 33 种，两栖爬行类 3 种，鱼类 10 种，哺乳类 5 种；其中一半以上是陆生植物，其次是陆生无脊椎动物、水生无脊椎动物和微生物，外来入侵水生植物位居第五。

外来入侵植物危害较大的有紫荆泽兰、小花假泽兰（薇甘菊）、空心莲子草（水花生）、豚草、毒麦、互花米草、飞机草、凤眼莲（水葫芦）、假高粱、少花蒺藜草。初步确定为外来入侵动物中危害较大的有蔗扁蛾、湿地松粉蚧、强大小蠹、美国白蛾、非洲大蜗牛、福寿螺、牛蛙等。据统计，外来入侵微生物有 15 种，如柑橘黄龙病、柑橘溃疡病、鳞球茎线虫、菊花白锈病、杨树花叶病毒病等。

外来入侵物种已经造成我国当地物种的减少甚至灭绝，导致生态系统功能的丧失，同时给农业、林业、城市园林带来了严重经济损失。据保守估计，外来入侵物种每年给我国的经济造成的损失达数千亿元之巨，这个数字还不包括生态破坏及其引起的间接损失。

7.1.3　外来有害生物入侵造成的危害

我国幅员辽阔，生态类型多种多样，涉及的外来入侵物种数量多、范围广，造成的危害也比较严重。外来入侵物种有别于普通外来种的最大特征是它对本地生态系统带来“侵入”后果，入侵物种往往对生态系统的结构和功能产生较大的不良影响，危及本地物种特别是珍稀濒危物种的生存，造成生物多样性的丧失。有的入侵物种还对本地经济、社会构成了巨大危害。从生态角度来看，外来物种一般是不利于本地生态系统稳定的；但从经济和社会作用来看，一些外来物种虽然产生了不良的生态后果，但确实具有一定的经济价值。有的外来物种在刚刚引入时是有益的，但大肆扩散蔓延后变得有害；有的在某一些地区有益，但在其他地区有害。因此，评价外来种的利弊既具有时间性和空间性，又要有生态性和社会经济性。

外来入侵物种其危害性表现在，通过竞争或占据本地物种的生态位，排挤本地物种；或与当地物种竞争食物；或直接扼杀当地物种；或分泌释放化学物质，抑制其他物种生长，减少当地物种的种类和数量，改变种群、群落或生态系统的结构或功能，导致生态系统的单一或退化；影响当地的遗传多样性。外来入侵物种对生物多样性的威胁或破坏是持久的、长期的。

1. 破坏景观的自然性和完整性

如凤眼莲原产美洲，1901 年作为花卉引入中国，20 世纪 50 ~ 60 年代曾作为猪饲料“水葫芦”推广，此后大量繁生。在昆明滇池内，1994 年该种的覆盖面积约达 $10km^2$，不但破坏当地的水生植被，堵塞水上交通，给当地的渔业和旅游业造成很大的损失，还严重损害当地水生生态系统。

2. 竞争、占据本地物种生态位，使本地物种失去生存空间

在广东，薇甘菊往往大片覆盖香蕉、荔枝、龙眼、野生橘及一些灌木和乔木，使这些植物难以进行正常的光合作用而死亡。在上海郊区，北美一枝黄花通过根和种子两种方式繁殖，其有超强的繁殖能力，往往形成单一优势群落，占据空间，致使其他植物难以生存。20世纪60年代在滇池草海曾有16种高等植物，但随着水葫芦大肆生长，使大多数本地水生植物如海菜花等失去生存空间而死亡，到20世纪90年代，草海只剩下3种高等植物。

重庆市2010年国际生物多样性年活动会上的资料显示：重庆作为中国17个生物多样性保护关键区，生物区系复杂古老，拥有以山地生物多样性和河流生物多样性为特征的生态系统，目前已知植物约有5600种，其中高等植物占中国高等植物的21.1%，兽类占中国种类的18.8%，鸟类占中国种类的29%，渝东地区更是全球著名的生物避难所。经粗略统计2010年已有78种外来入侵植物威胁当地生物多样性和生态安全，一些外来入侵物种十分霸道，会蚕食本地物种的生存空间，最后导致本地物种不得不灭绝。而在2004年调查时共发现重庆外来入侵植物只有60多种，可见外来入侵物种的数量呈递增趋势，生物多样性保护任重道远。

3. 与当地物种竞争食物或直接杀死当地物种，影响本地物种生存

外来害虫取食危害本地植物，造成植物种类和数量下降，同时与本地植食性昆虫竞争食物与生存空间，又致使本地昆虫多样性降低，并由此带来捕食性动物和寄生性动物种类和数量的变化，从而改变了生态系统的结构和功能。

4. 危害植物多样性

入侵物种中的一些恶性杂草，如飞机草、薇甘菊、紫茎泽兰、豚草属等可分泌有化感作用的化合物抑制其他植物发芽和生长，排挤本地植物并阻碍植被的自然恢复。外域病虫害的入侵导致严重灾害。原产日本的松突圆蚧于20世纪80年代初入侵我国南部，据广东省森林病虫害防治与检疫总站统计，截止2002年，广东省有虫面积达$111.58\times10^4hm^2$，发生危害面积为$31.88\times10^4hm^2$，受害枯死或濒死已更新改造的马尾松林达$18\times10^4hm^2$，还侵害一些狭域分布的松属植物，如南亚松。原产北美的美国白蛾1979年侵入我国，仅辽宁省的虫害发生区就有100多种本地植物受到危害。

5. 影响遗传多样性

随着生境片段化，残存的次生植被常被入侵物种分割、包围和渗透，使本土生物种群进一步破碎化。有些入侵物种可与同属近缘种，甚至不同属的种杂交。入侵物种与本地种的基因交流可能导致后者的遗传侵蚀从而改变本土物种基因型在生物群落基因库中的比例，使群落基因库结构发生变化。而且有时这种杂交后代由于更强的抗逆能力而使本土物种面临更大的压力。这种情况不但发生在植物中，在鱼类、两栖和无脊椎动物中也时有发生。

6. 对人类健康的影响

豚草类的花粉对人的健康危害很大，每到豚草开花散粉季节，可造成过敏性哮喘、鼻炎、皮炎，每年同期复发，病情逐年加重，严重的会并发肺气肿、心脏病乃至死亡。

7. 对社会和文化的影响

外来入侵物种通过改变侵入地的自然生态系统，降低物种多样性，从而严重危害当地的社会和文化。我国是一个多民族的国家，各民族聚居地区周围都有其特殊的动植物资源和各具特色的生态系统，对当地特殊的民族文化和生活方式的形成具有重要作用，特别是在云南少数民族地区。由于紫茎泽兰等外来入侵物种不断竞争，取代本地植物资源，生物入侵正在无声地削弱民族文化的根基。凤眼莲往往大面积覆盖河道、湖泊、水库和池塘等水体，影响周围居民和牲畜生活用水，人们难以从水路乘船外出。

8. 对经济发展的影响

外来入侵物种对社会和经济发展带来诸多不利影响，如外来杂草导致作物减产，破坏城市园林生态体系，增加控制和管理成本。

据农业部2005年统计数字分析和计算表明，外来入侵物种每年对中国国民经济有关行业造成直接经济损失共计198.60亿元。其中，农林牧渔业160.05亿元，交通运输仓储和邮政业8.47亿元，水利环境和公共设施管理业0.87亿元，人类健康29.21亿元。以物种论，美洲斑潜蝇、豚草、褐家鼠、烟粉虱、温室白粉虱、紫茎泽兰造成损失均在10亿元以上，是危害中国国民经济的主要外来入侵物种。

专家们根据间接经济损失评估模型计算的结果表明，外来入侵物种对我国生态系统、物种及遗传资源造成的间接经济损失每年为1000.17亿元，其中对生态系统、物种多样性和遗传资源造成的经济损失分别为998.25亿元、0.71亿元和1.21亿元。

上述两项相加，外来入侵物种对中国造成的总经济损失为每年1198.76亿元，为国内生产总值的1.36%。另据当年最新研究表明，在全世界濒危物种名录中的植物，大约有35%～46%是由外来生物入侵引起的，生物入侵已成为导致物种濒危和灭绝的第二位因素，仅次于生存环境的丧失。表7-1部分地显示了外来入侵物种相关的经济影响。

表7-1　我国外来部分入侵物种相关的经济影响

物　种	经济变量	时　间	经济影响	地　点
紫荆泽兰	控制	每年	80万元	云南
凤眼莲	人工打捞	1999年	>1亿元	全国
豚草	花粉病	每年	>100万人	全国
喜旱莲子草	经济损失	每年	6亿元	全国
美洲斑潜蝇	防治	每年	4.5亿元	全国
松材线虫	仅减少受灾面积0.4万hm^2	1年	6000万元	广东省

7.1.4　我国外来生物入侵的途径

大多数外来物种的传入都与人类的活动有关。尤其是近年来，随着国际贸易的不断增加、对外交流的不断扩大、国际旅游业的迅速升温，外来入侵生物借助多种途径越来越多地传入我国。在对外交往中，人们有意或无意地将外来物种引入我国。但也有一些入侵生物种类属于自然传入，与人类活动没有明显关联。

7.1.4.1　无意引入

货物的进出口是外来物种进入中国的重要渠道。“十一五”期间，为扩大对我国农林产业保护面，质检总局会同农业部、国家林业局，将原来84种进境植物危险性病虫杂草名录修订后扩大到437种检疫性有害生物名单，严防传入，并实施动态调整，初步建立了具有中国特色的外来有害生物和有毒有害物质入侵防御体系，包括检疫准入、检疫审批、境外预检、口岸查验、隔离检疫、风险预警、除害处理、后续监管8大制度。“十一五”期间我国

截获疫情超过122万批次，仅2010年，在全国进境动植物检验检疫就发现疫情、有毒有害物质超标等问题货物264983批，来自188个国家和地区，其中截获各类有害生物3654种（类）40万次，检疫性有害生物217种（类）29297次，其他有害生物3437种37万次。按截获有害生物类别统计，昆虫占48.68%，杂草占26.65%，真菌占10.32%，线虫占7.42%，细菌、螨类、病毒和其他类别占7.02%。按检疫业务类别统计，货物占65.61%，运输工具检疫占11.89%，木质包装检疫占9.79%，旅检、邮检及其他占8.93%，对来自动植物疫区的交通工具实行动植物除害处理99.8万个次，对来自动植物疫区的集装箱进行动植物除害处理567万箱。针对截获的疫情，动植物检疫部门依法采取了除害处理、退货、销毁等检疫措施，有效保障了国门安全。轮船压舱水可能带入外域水生物种，这方面我国尚无深入报道。无意引入的病虫草害在农林牧和城市园林建设等各个行业造成极大经济损失的案例很多，并已经引起相关部门，包括海关检疫部门的高度重视。如松突圆蚧、美国白蛾和蔗扁蛾等。

7.1.4.2　有意引入

从国外引入植物的主要目的是为发展经济和保护生态环境。植物引种为我国的农林业等多种产业的发展起到了重要的促进作用，但人为引种也导致了一些严重的生态学后果。根据资料统计，截止1970年，由原产世界各地引种到我国来的植物837种，隶属于267科，约占我国栽培植物的25%～30%。另外近40年来，随着对外经济和科技交流的日益扩大，外来入境植物（包括杂草）数量也大为增加。例如我国草坪草种除结缕草外，其他草的种子几乎全部依赖进口，仅1997年进口量就达2000t以上。在自然保护区、国家公园和名胜风景区涌现出一批以开发旅游为目的的种植花园、人工气候的温室观赏花园、动物园等人为设施，一味满足旅游者的好奇心，大量引入外来物种，这些物种常常是这些地区入侵物种的重要来源，很可能导致入侵种种类增加、危害加剧。在我国目前已知的外来有害植物中，超过一半的种类是人为引种的结果。

7.1.4.3　自然传入

外来入侵物种还可通过自然因素如风力、水流从原产地自然迁移和扩散至另一地域，鸟类等动物还可传播杂草的种子。例如紫茎泽兰是从中缅、中越边境自然扩散传入我国的。薇甘菊可能是通过气流从东南亚传入广东的。稻水象甲也可能是借助气流迁飞到中国内地的。

世界自然保护联盟在2000年公布的全球100种具有威胁的外来物种中，我国就有50多种，据环保总局的调查，在入侵我国的外来物种中，有39.6%属于有意引进造成的，49.3%属于无意引进造成的，自然扩散的仅占1.3%，在我国已知的108种外来杂草中，有62种是作为牧草、饲料、观赏植物、药用植物、绿化植物等有意引进的，占了杂草总数的58%。

7.1.5　外来有害生物入侵传播疫情特点

一个外来物种进入一个新的生态系统，最后是否形成入侵通常取决于两个因素，即进入新环境的外来物种的自身特点，以及这个环境是否容易被这个物种入侵。

7.1.5.1　外来有害生物的特点

外来有害生物在新的生态系统中，如果温度、湿度、海拔、土壤、营养等环境条件适宜，就会自行繁衍。许多外来物种虽然可以形成自然种群，但多数种群数量都维持在较低水平，并不会造成危害。造成生物灾害的外来入侵物种往往具有以下特点：

1. 生态适应能力强

许多外来入侵物种适宜生活范围非常广，可以在多种生态系统中生存，其中许多物种可以跨越热带、亚热带和温带地区。有的可以在极其贫乏的土壤中生存，喜干旱和阳光充足的地方（生态退化常形成这种生境）。有的则可以某种方式渡过干旱、低温、污染等不利条件，一旦条件适合就开始大量滋生。例如种子可以在土壤中存活多年，一旦条件好转，就开始发芽。如大瓶螺需要有淡水才能正常生长繁殖，但它却可以在干旱季节埋藏在湿润的泥土中渡过6~8个月。一旦发生洪水或稻田被灌溉时，它们又能再次活跃起来，并大量繁殖形成危害。

2. 繁殖能力强

入侵种能够产生大量的后代或种子，或繁殖世代较短，特别是具有很强的无性繁殖（如营养繁殖）能力，可以通过根、芽、茎、孢芽或孢子等大量繁殖。繁殖和扩散能力强是入侵物种的重要特点。如凤眼莲和紫茎泽兰就都具有有性和无性两种繁殖方式。它们通过匍匐枝或根状茎进行无性繁殖，又可通过种子传播进行有性繁殖，其传播和侵占的能力大大增强。

3. 传播能力强

入侵种能够迅速大量传播，使其有更多的机会找到更适宜的栖息环境。有的种子非常小，可以随风和流水传播到很远的地方；有的种子可以通过鸟类或其他动物远距离传播；有的物种与人类的生活和工作关系紧密，很容易通过人类活动被无意传播；也有的物种因外观美丽或具有经济价值，而常常被人类有意地传播或引种。

4. 潜伏能力强

一个物种从进入一个新的环境到“反害为主”成功入侵，通常要经历一个迁徙扩散、潜伏积累、竞争爆发的过程。许多外来入侵物种对生物多样性的影响一般具有5~20年的潜伏期。所以，外来物种在其入侵的初期难以让人察觉，易使人们放松警惕，而且，由于在多数情况下物种入侵的危险不会威胁到引入者自身的利益，人们不愿投入必要的资金来阻止这类偶然事件的发生。

5. 危害的不可逆性

外来物种一旦入侵成功，往往难以控制，它们对生态环境及人体健康所造成的大多数损害也是无法挽回的。

7.1.5.2 被入侵生态系统的特点

几乎所有的生态系统或多或少都有外来生物物种的入侵，但其中一些生态系统更容易遭到入侵。与外来入侵物种一样，这些易遭到入侵的生态系统也具有一些共同特点。

1. 具有足够的可利用资源

外来入侵物种必须有足够的可利用资源（包括食物、光照和水分）才能成功入侵。在经常受到人类干扰或已经退化的生态环境中，外来入侵物种比较容易扩张。例如在云南和四川造成严重危害的紫茎泽兰，其入侵的就是大面积退化的草场。在退化的生态系统中，物种单一，一些资源被过度利用，而另一些则没有被充分利用。外来物种正是借助这些没有被充分利用的资源而得到发展。在稳定的生态系统中，空间、光照和水分等资源都已经被充分利用，没有闲置生态位，外来物种必须形成相当势力后，才可能与本地物种竞争。

有的生态系统虽然已经有利用其系统资源的本地物种存在，但是入侵物种在身体构造和

生理等特性上，在资源利用方面，比这些本地物种有更多的优势，因而能够逐渐抢占这些资源，排挤本地物种。

2. 缺乏自然控制机制

繁殖能力强的物种，在其原来的生态系统中必然有天敌生物，或以其为食，或寄生，或能够与其竞争，或能够分泌物质抑制其生长，从而控制其种群数量。可是在引入的地区，如果没有这种自然控制机制，这些物种就有可能肆无忌惮地大爆发。在岛屿或隔离地区（如湖泊、被隔离的水域等）被入侵的可能性比较高，就是因为这些地区常常缺乏这些控制机制。

例如，在湿地松粉蚧原产地，捕食这种粉蚧的瓢虫达30多种，一些寄生蜂对湿地松粉蚧也有一定的控制作用，但在我国几乎没有本地的天敌可以控制湿地松粉蚧的种群增长或扩散的能力。

3. 人类进入的频率高

人类进入生态系统的频率与外来物种入侵的机会存在相关性。这些原有的生态系统本身不一定具有很高的被入侵的可能，但是由于人类频繁出入，容易带入外来物种。同时人类的频繁活动常常使生态系统受到干扰，这些干扰也容易给外来物种入侵创造机会。

7.1.5.3　容易遭受外来物种入侵的区域

依据外来入侵物种的传入途径以及入侵物种和生态系统的特点，可以预计在我国外来物种容易入侵的区域。

1. 重要的港口、口岸附近，铁路、公路两侧

经国际货运传入的外来物种往往首先在港口、口岸附近"登陆"，遇到适宜的环境条件建立小的种群而后开始扩散；轮船的压舱水排放使某些海洋物种也常常在港口落脚；火车、汽车携带的外来物种则容易在铁路、公路两侧定居、扩散。

2. 人为干扰严重的森林、草场

人类活动可直接带来外来物种。森林、草原等生态系统本来是稳定的，严重的人为干扰如乱砍滥伐、过度放牧使生态系统退化、多样性下降，给外来物种的入侵创造了良好的条件。

3. 自然生态场所

物种多样性偏低、生境较为简单的岛屿、水域、牧场等自然生境，自然抑制力也低，天敌种类少，外来物种容易生存，种群容易扩增。

4. 受突发性的自然干扰

在受火灾、洪水和干旱等破坏的生态环境中，生态系统短时间内受到严重破坏，物种组成和群落结构变得简单，入侵物种极易迅速占据大量的生态位而成为优势物种。

5. 温暖湿润、气候条件好的地区

我国的南方地区，优越的地理和气候条件，常常给外来入侵物种的大爆发提供良好的条件。

任务2　外来入侵生物的主要种类及防治

任务分析：该任务主要包括影响园林植物生长发育的几种主要外来入侵生物的形态和危

害状识别，及其发生规律（生长习性）和具体防治技术等。该任务是园林植物病虫害防治的重要内容之一，要完成该任务必须具备昆虫形态、病害症状诊断及病原物鉴定及植物学的相关知识，掌握外来有害生物的危害症状及其形态，了解其发生发展规律，学会对外来入侵生物的综合防治方法。

知识点：主要外来入侵生物的分布，形态特征识别，危害症状及发生规律。

能力点：常见外来有害生物的识别与田间诊断，病原菌显微观察鉴定及防控技术。

任务实施的相关专业知识

近年来，外来有害生物频繁侵入，在园林植物上常见的外来有害生物主要有松材线虫、水葫芦、薇甘菊、椰心叶甲、红棕象甲、松突圆蚧、日本松干蚧、美国白蛾、蔗扁蛾、加拿大一枝黄花、凤眼莲、空心莲子草、美洲斑潜蝇、杨树花叶病毒病、菊花白锈病等，已严重威胁着城市绿地生态系统的平衡。因此，必须对这些外来有害生物进行有效防控。

7.2.1　昆虫类园林外来有害生物

7.2.1.1　蚧类主要害虫

（一）松突圆蚧（图7-1）

1. 分布与危害

松突圆蚧属于同翅目盾蚧科。该虫主要分布我国广东、福建及港澳台地区，危害松属树种，其中以马尾松受害最重。松突圆蚧以若虫及雌成虫的口针刺吸松树针叶、嫩梢、新鲜球果果鳞的汁液危害，一般在老叶的基部虫口最多，因此造成大量针叶枯黄脱落，影响松树生长，甚至引起全株死亡。

2. 形态特征

（1）成虫　雌成虫介壳圆形或圆球形，隆起，有3圈明显轮纹，中心枯黄色，外圈灰白色。雌成虫体淡黄色，长0.7～1.1mm。臀部较宽，硬化。触角疣状，口器发达。雄成虫体橘黄色，长约0.8mm。触角10节，单眼2对，足3对，翅1对，后翅特化成平衡棒，交尾器发达。

图7-1　松突圆蚧

（2）卵　椭圆形，无雕刻纹，长约0.35mm，宽约0.14mm。

（3）若虫　1龄若虫介壳圆形，白色，边缘透明；2龄介壳在性别分化前圆形，中央有橘红色的1龄蜕皮；性分化后雌性2龄若虫除虫体增大外，其形状及颜色变化不大；而雄性2龄若虫介壳变为长卵形，壳点突出于一端，褐色，壳点周围淡褐色，介壳另端灰白色。初孵若虫无介壳，可行动，体卵圆形，淡黄色，长0.2～0.3mm；触角4节；口器

和胸足发达。

3. 发生规律及习性

在广东每年发生5代，世代重叠严重，无明显越冬期。卵在母体内发育成熟，产卵和孵化几乎同时进行。刚孵出的若虫活跃，沿针叶爬动，寻找到适合的部位后，就将口针插入取食。若虫固定后5~19h开始泌蜡，此后经2~3d蜡丝封盖全身增厚变白，可形成圆形介壳。该虫初孵若虫涌散高峰期有4个，分别是：3月中旬至4月中旬，6月初至6月中旬，7月底至8月上旬，9月底至11月中旬。雌虫多寄生在针叶叶鞘内，雄虫多寄生在叶鞘上部的针叶、球果和嫩梢上。其自然传播主要靠气流和风作近距离扩散，也可随苗木调运进行远距离传播。

4. 防治措施

（1）严格检疫　禁止疫区松类的苗木、原木、薪材等外运。

（2）生物防治　施放松突圆蚧花角蚜小蜂。放蜂的方法是：从有花角蚜小蜂定居的松林内，采集松枝，捆扎成束，每束2~3kg，然后将这些带蜂的松枝绑挂到无蜂的虫灾区树上。每隔500~600m设一个放蜂点。

（3）药剂防治　用40%速扑杀乳油1000~1500倍液或其他杀虫剂马拉硫磷、扑虱灵等；或85%增效机油乳剂100~300倍液，杀虫效果较好。还可用溴甲烷、磷化铝等熏蒸处理苗木以及包装材料24h，用药量20~30g/m^3，以减少虫源。

（二）日本松干蚧（图7-2）

1. 分布与危害

日本松干蚧又名赤松干蚧，松干蚧，松干介壳虫。我国辽宁、山东、江苏、浙江、安徽和上海等地为主要分布区。该虫自然扩散蔓延能力有限，主要随种苗、枝条、原木的运输进行远距离传播。其危害7~15年生赤松、油松、黑松以及马尾松幼树的枝干。由于其繁殖力强、寄生部位分散、传播途径广，一旦发生，就难于彻底根除，松树被害后枝干下弯，针叶枯黄，以致逐渐干枯或引起大面积死亡。

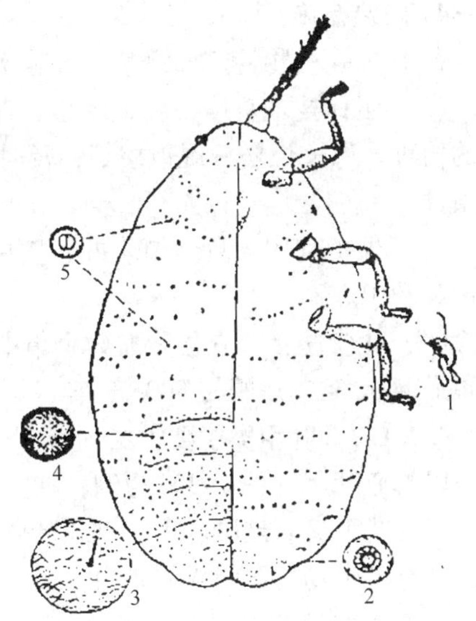

图7-2　日本松干蚧雌成虫体
1—后足之爪　2—多腺孔　3—体刺　4—背疤　5—管状线孔

2. 形态特征

（1）雌成虫　体长3.5mm左右，卵圆形，橙褐色，体扁，体壁柔软，体节不明显，前端略狭，后部较宽。口器退化，胸足3对，胸气门2对，腹气门7对，腹部末端钝圆。雄性体长2mm左右，胸部特别发达，黑色。复眼大，口器退化。胸足3对，细长。前翅发达，半透明，有明显的羽状纹；后翅退化成平衡棍。腹部第7、9节背面各有1隆起，其上有管状线10多根，分泌白色蜡丝。腹末有一个钩状的交尾器。

（2）卵　椭圆形，初产时黄色，后变为暗黄色，孵化前卵的一端可透见2个黑色眼点。

（3）若虫　初孵若虫长椭圆形，橙黄色。触角6节，口器发达，喙圆锥状，口针极长，卷于腹内。腹末有长短尾毛各1对。1龄寄生若虫梨形或心脏形，橙褐色。虫体背面有明显成对的白色蜡条，腹面有触角、胸足等附肢。2龄若虫无附肢，触角、眼、足全部消失，口器特别发达，虫体周围有长的白色蜡丝。雌雄分化显著，无肢雄性若虫体小，椭圆形；无肢雌性若虫体较大，扁圆形，橙褐色。3龄雄性若虫，长椭圆形，橙褐色，口器退化，触角和胸足发达，外形与雌成虫相似。

3. 发生规律及习性

1年发生2代，以1龄若虫潜于树皮裂缝内越冬或越夏。成虫第1次集中出现在5月中旬至6月上旬。第2次集中出现在8月上旬至9月中旬。南方早春气温回升早，到达成虫期要比北方提早1个月。若虫每个世代各有一次隐蔽期和显露期。越冬代（第2代）若虫的隐蔽期，自9月上旬开始，到次年3月下旬及4月上旬。4月中旬至6月上旬为越冬代若虫的显露期，此期各虫态均大量出现，比较集中。第1代若虫的隐蔽期在6月上旬至8月上旬，显露期在7月下旬至9月中旬。此期各虫态参差不齐。

成虫为雌雄异型。产卵盛期出现在5月中、下旬及8月下旬、9月上旬。产卵后分泌蜡丝，将卵包裹起来，形成卵囊。卵主要产在轮枝节、树皮裂缝、球果鳞片、新梢叶基等处。初孵若虫沿树木枝干爬行，1~2d后寻找背阴面的树皮缝、顶芽及顺鞘基部潜伏固定，开始营寄生生活。该虫主要寄生于3~4年生枝条及10年以下的主干上。1龄寄生若虫蜕皮后，虫体逐渐增大，开始显露。2龄无肢雄若虫蜕皮即为3龄雄若虫，沿树木的枝干爬行，在粗糙的树皮缝、球果鳞片、树根附近和枯枝落叶层及石块缝隙等处，由体壁分泌白色蜡丝结小茧化蛹。

4. 防治措施

（1）加强植物检疫　严禁疫区苗木、原木向非疫区调运。

（2）园林技术栽培　合理密植，改善生态环境；营造混交林，补植阔叶树或抗此虫较强的树种，如火炬松、湿地松等；及时修枝间伐，以清除有虫枝、干，造成松蚧不适于繁殖的条件。

（3）保护利用天敌　如蒙古光瓢虫、异色瓢虫对松干蚧均有较强的抑制作用，应加以保护和利用。

（4）化学防治　在松干蚧2个集中出现期的显露期间喷25%蛾蚜灵可湿性粉剂1500~2000倍液或50%杀螟松500倍液。

7.2.1.2　叶甲类主要害虫

以**椰心叶甲**（图7-3）为例：

椰心叶甲又名红胸叶甲、椰长叶甲、椰棕扁叶甲，属于鞘翅目叶甲科，是一种重大危险性外来有害生物，属毁灭性害虫。

1. 分布与危害

椰心叶甲在我国主要分布于广东、海南、香港等地，危害以椰子为主的棕榈科植物。成虫和幼虫在寄主上的危害部位为最幼嫩的心叶，叶片受害后出现枯死被害状，严重时植株死亡。椰心叶甲具有繁殖快、破坏性强和防治难度大的特点。

2. 形态特征

（1）成虫　体扁平狭长，雄虫比雌虫略小，体长8~10mm，宽约2mm。头部红黑色，触角粗线状。触角间突超过柄节的1/2，由基部向端部渐尖，沿角间突向后有浅褐色纵沟。

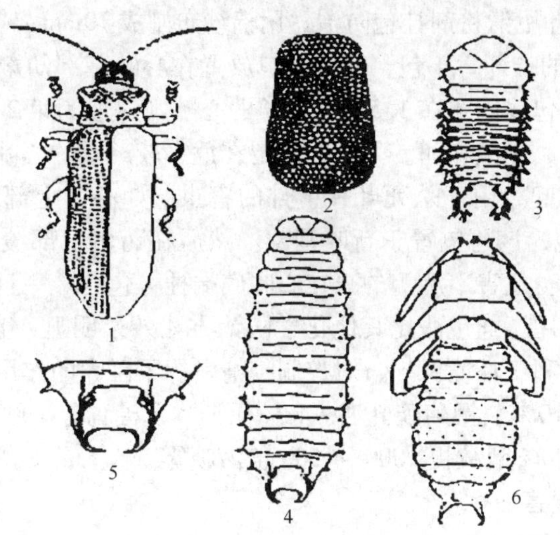

图7－3　椰心叶甲

1—成虫　2—卵块　3—1龄幼虫　4—老熟幼虫　5—末龄幼虫骨盘　6—蛹

前胸背板黄褐色，略呈方形，长宽相当。具有不规则的粗刻点。前缘向前稍突出，两侧缘中部略内凹。鞘翅颜色因分布地不同而有所不同，纵纹数条，有时全为红黄色，有时全为蓝黑色。足红黄色，粗短，跗节4节。

（2）卵　长1.5mm，宽1.0mm。椭圆形，两端宽圆。卵壳表面有细网纹，褐色。

（3）老熟幼虫　体扁平，白色至乳白色。幼虫的龄期可从尾突的长短来分别，即1龄平均为0.13mm，2龄平均为0.20mm，3龄平均为0.29mm，4龄平均为0.37mm，5龄平均为0.45mm。各腹节两侧有一对刺状侧突，腹部末端有一对向内弯曲的钳状尾突。

3. 发生规律及习性

椰心叶甲属于完全变态昆虫，一生经过成虫、卵、幼虫、蛹四个虫态。在海南一年发生4～5代，世代重叠。卵期为3～6d，孵化率92.5%，幼虫期为30～40d，预蛹期3d，蛹期6d，成虫寿命可达3个月。雌成虫产卵前期1～2月，每雌虫可产卵约100多粒。从卵至成虫约为50d。产卵前期18d，成虫有的每天都产卵，有的隔1～5d产一次卵，每次产卵多为1～2粒，最多6粒。卵产在取食心叶而形成的虫道内，3～5个一纵列，卵和叶面粘联固定，周围有取食的残渣和排泄物。

成虫惧怕阳光，喜聚集在未展开的心叶基部活动，见光即迅速爬离，寻找隐蔽处。其具有一定的飞行能力和假死现象，可缓慢爬行或借助气流进行短距离的自然扩散。远距离传播是借助于各个虫态随寄主（主要是种苗、花卉）调运而人为传播。

4. 防治措施

（1）加强植物检疫　不从有椰心叶甲分布的国家和地区引进棕榈科植物，如必须引进须实行严格的检疫措施，包括植株检查：检查未展开和初展开心叶的叶面和叶背是否有椰心叶甲危害状即成虫和幼虫存在，发现被害植株应割除并销毁；装载容器如集装箱、纸箱等箱体的检查：若发现虫情，应立即进行包括退回、烧毁和熏蒸等方式的处理。

（2）积极选育和利用抗虫品种

（3）化学防治

1）挂包法。利用叶甲清粉剂挂包防治。用棉纱布制成70mm×40mm小袋包装，每袋的质量为10g，危害严重的挂药2小包，其中1包放置在心叶基部幼嫩叶片内侧，塞入心叶与旁侧叶片之间，并用挂包线固定在1.5m以上长的心叶（一般为第2片心叶）叶梗上，用于杀死藏于心叶内的幼虫、成虫和卵。另1包固定在危害较严重的心叶上方内侧，再把心叶和周围几片心叶捆绑在一起，用于杀死叶片上部的害虫。如心叶上部未发现成虫或成虫少于20头，则该树用药一包，该药包置于新叶基部。然后在药包上部缓慢淋水，让水慢慢进入有虫的叶片和心叶深处。危害不严重的只在心叶底端挂一包药。一旦下雨，雨水也会带着药剂流向叶心起到杀虫作用。挂包法比其他化学防治方法效果明显，且药效期长、效果较好，无粉尘或雾滴污染，有利于环境保护，对控制疫情发挥了巨大的作用。

2）喷雾法。选用10%氯氰菊酯乳油+48%乐斯本乳油稀释1000倍液，或2.5%溴氰菊酯乳油3000倍液，或90%敌敌畏1000~1500倍液喷雾。

7.2.1.3 蛾类主要害虫

（一）美国白蛾（图7-4）

1. 分布与危害

美国白蛾又名美国白灯蛾、秋幕蛾、秋幕毛虫，是一种世界性的检疫对象，原产北美。其分布于美国、加拿大、墨西哥、东欧各国及日本、朝鲜等国。我国1979年在辽宁省首次发现后，至今在天津、河北、山东、陕西、上海等地都有此虫危害。其幼虫食性很杂，被害植物主要有白腊、臭椿、山檀、桑树、苹果、海棠、金银木、紫叶李、桃树、榆树、柳树等300多种果树、行道树和观赏树木，尤其以阔叶树为重。初孵幼虫有吐丝结网、群居危害的习性，每株树上多达几百只、上千只幼虫危害，常把树木叶片蚕食净光，严重影响树木生长。

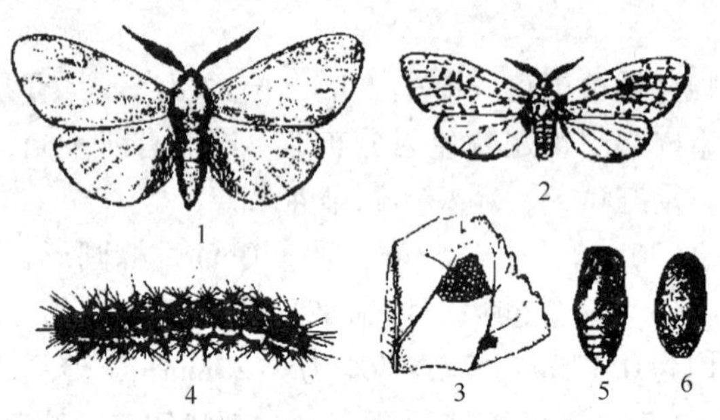

图7-4 美国白蛾

1—雌成虫 2—雄成虫 3—卵 4—幼虫 5—蛹 6—茧

2. 形态特征

（1）成虫 体长9~14mm，翅展雄蛾23~40mm，雌蛾33~44mm，纯白色。复眼黑褐色，下唇须小，端部黑褐色。胸部背面密生白毛，多数个体腹部白色，无斑点，少数个体腹部黄色，上有黑点。雄蛾触角黑色，双栉齿状，前翅上散生多个黑褐色斑点。雌蛾触角褐色，锯齿状，前翅为纯白色，后翅常为纯白色或在近边缘处有小黑点。

（2）幼虫 幼虫分为“黑头型”和“红头型”，我国多为“黑头型”。老熟幼虫体长28~35mm，头黑色具光泽，腹部背面具1条灰褐色的宽纵带。背线、气门上线、气门下线为浅黄色，背部毛瘤黑色，体侧毛瘤多为橙黄色。毛瘤上白色长毛丛，混杂少量的黑毛，气门白色，椭圆形，具黑边。

（3）卵 圆球形，直径0.5mm，初产时黄绿色，有光泽，后变灰绿色，近孵化时灰褐色，表面有刻纹。卵单层排列成块，覆盖白色鳞毛。

（4）蛹 长9~12mm，暗红褐色，有臀棘8~15根。

（5）茧　椭圆形，灰白色，丝质，混有幼虫体毛。

3. 发生规律及习性

美国白蛾在我国1年发生2~3代，以蛹结茧在老树皮下、地面枯枝落叶和表土内越冬。次年5~6月开始羽化。成虫喜夜间活动和交尾，飞翔力不强，雄蛾对黑光灯有一定的趋性。其产卵于树冠外围叶背，卵单层排列成块，1个卵块有500~600粒，最多达千余粒，卵块上覆盖白色鳞毛。幼虫拉丝结网，3~4龄幼虫的网幕直径可达1m以上。幼虫在多数地区为7龄，一般可经历5~7龄。5龄后，幼虫开始抛弃网幕，分成小群在叶面自由取食。1头幼虫一生可吃10~15片叶。6~7月和8~9月是幼虫危害盛期。幼虫老熟后，沿树干下行，在树干的老皮下或附近其他地方寻觅化蛹处。若钻入表土内，则形成蛹室，蛹室内壁衬有幼虫吐丝和体毛。幼虫有较强的耐饥力，可耐饥15d，这种习性有利于远距离传播。各虫态可随木材、苗木、果品、蔬菜、包装物、运输工具传播。

美国白蛾喜欢阳光充足而温暖的地方，交通线两旁、公园、果园及村落周围和庭院的树木上尤为集中。温度过高过低不利于其发育，但高湿度对幼虫发育有利。

4. 防治措施

（1）加强检疫　疫区苗木不经检疫或处理严禁外运，疫区内积极进行防治，有效地控制疫情的扩散。

（2）人工防治　在幼虫3龄前发现网幕后人工剪除，并集中处理。利用黑光灯诱杀成蛾。

（3）生物防治　利用周氏啮小蜂、寄生性的赤眼蜂、茧蜂等进行防治。

（4）化学药剂喷雾　在幼虫危害期做到早发现、早防治。药剂选用Bt乳剂400倍液、2.5%溴氰菊酯乳油2500倍液、80%敌敌畏乳油1000倍液、5%来福灵4000倍液等喷雾防治，均可有效控制危害。

（二）蔗扁蛾（图7-5）

1. 分布与危害

蔗扁蛾在我国广东、北京、海南、福建、河南、新疆、四川、上海、江苏、浙江等均发现其分布危害，南方地区尤为严重。其食性广，主要危害巴西木、鹤望兰、袖珍椰子、香蕉、甘蔗、鹅掌柴、竹子、棕竹、凤梨、一品红、百合等多种观赏植物。

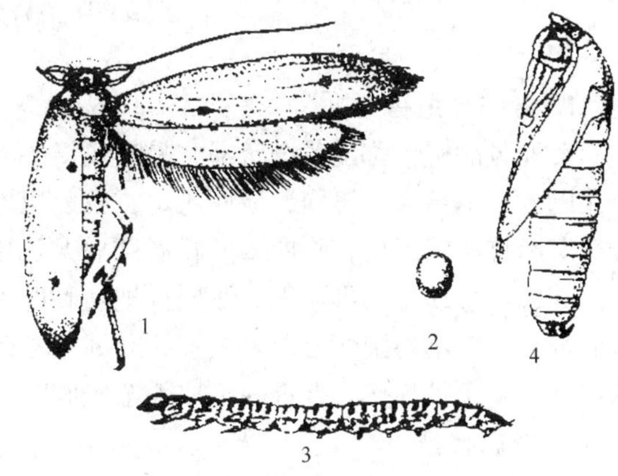

图7-5　蔗扁蛾

1—成虫　2—卵　3—幼虫　4—蛹

2. 形态特征

（1）成虫　黄褐色，体长7.5~10mm。翅披针形，前翅上有2个明显的黑褐色斑点和许多细褐纹。触角丝状。足粗壮而扁，跗节最长，后足胫节有2对距。

（2）卵　椭圆形，淡黄色，长约0.5mm。

（3）幼虫　乳白色，透明。

（4）蛹　亮褐色，背面暗红褐色，首尾两端多呈黑色。

3. 发生规律及习性

1年发生3~4代，在温度较高的条件下，可达8代之多。幼虫蜕皮6次，7龄，历期长达37~75d，期间幼虫的活动能力极强，蛀食皮层、茎秆、咬食新根，是该虫危害猖獗的时期。蛹期以13~17d为主，成虫羽化前，蛹的头胸部露出蛹壳，约1天后成虫羽化。在野外受害的巴西木和发财树等植物上，常可见成群露出虫洞外的蛹壳，这是成虫羽化后留下的。羽化后的成虫喜暗，常隐藏于树皮裂缝或叶片背面。成虫的交配多在凌晨2~3点，也有在上午8~9点进行的，成虫在羽化后4~7d产卵，少数在羽化后1~2d内就产卵。卵散产成堆，每雌虫产卵50~200粒。

4. 防治措施

（1）加强植物检疫　对疫情发生区及时采取隔离、重症株销毁等措施，加强对花卉尤其是巴西木、发财树等的产地检疫和调运检疫工作。

（2）生物防治　当巴西木茎局部受害，可采用斯氏线虫局部注射进行防治。

（3）药剂防治　幼虫越冬入土期，是防治此虫的有利时机。可用菊杀乳油等速杀性的药剂灌浇茎的受害处，并用敌百虫制成毒土，撒在花盆表土内。大规模生产温室内，可挂敌敌畏布条熏蒸，或用菊酯类化学药剂喷雾防治。在花卉生长季节可喷10%吡虫啉乳油2000倍液，每10~15d喷1次。对新巴西木木桩，可用20%氰戊菊酯（速灭杀丁）乳油2500倍液浸泡5min进行预防。

7.2.1.4　潜蝇类主要害虫

以美洲斑潜蝇（图7-6）为例：

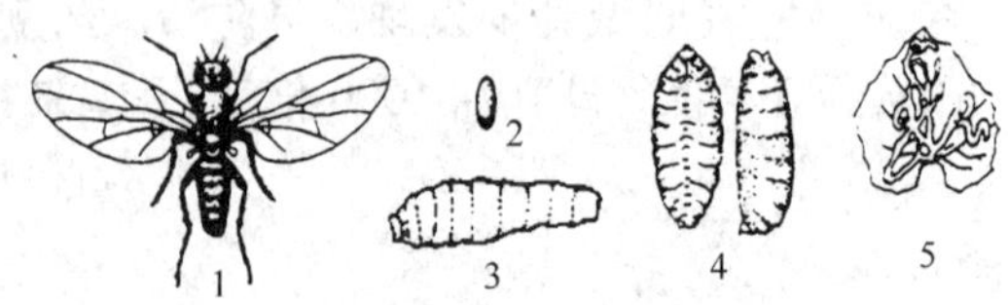

图7-6　美洲斑潜蝇

1—成虫　2—卵　3—幼虫　4—蛹　5—叶面危害状

1. 分布与危害

美洲斑潜蝇俗称蔬菜斑潜蝇、蛇形斑潜蝇、甘蓝斑潜蝇等，属于双翅目，潜蝇科。原分布在巴西、加拿大、美国、墨西哥、古巴、巴拿马、智利等30多个国家和地区，我国1994年在海南首次发现后，除西藏、青海和黑龙江以外，现已扩散到全国各地。

其成虫、幼虫均可危害。雌成虫把植物叶片刺伤，进行取食和产卵，幼虫潜入叶片和叶柄危害，产生不规则蛇形白色虫道，叶绿素被破坏，影响光合作用，受害重的叶片脱落，造成花芽、果实被灼伤，严重的造成毁苗绝收。

2. 形态特征

（1）成虫　体小不易发现，体长1.3~2.3mm，胸背板亮黑色，体腹面及侧板黄色，头部黄色着黑色复眼，雌虫体比雄虫大。

（2）卵　米色，半透明。

（3）幼虫　蛆状，初无色，后变为浅橙黄色至橙黄色。

（4）蛹　椭圆形，橙黄色。

3. 发生规律及习性

成虫具有较强的趋光性，以产卵器刺伤叶片，吸食汁液，雌虫把卵产在部分伤孔表皮下或叶肉中，卵经2~5d孵化，幼虫期4~7d，初孵化幼虫潜食叶肉，并形成隧道，隧道端部略膨大，末龄幼虫咬破叶隧道表皮在叶外或土表下化蛹，蛹经7~14d羽化为成虫。世代随温度的变化而变化，一般每代夏季2~4周，冬季6~8周，繁殖能力强。

4. 防治措施

（1）严格检疫制度，防止该虫扩大蔓延　严禁从疫区引进花灌木，以防传入，发现有斑潜蝇幼虫、卵或蛹时，要就地销毁。

（2）农业防治　在斑潜蝇危害重的地区，要考虑进行合理的种植方式；适当疏植，增加田间通透性；及时摘除带虫叶片集中深埋或烧毁。

（3）物理机械防治　利用其趋光性、趋黄色习性，在成虫始盛期至盛末期，白天采用悬挂黄板诱杀，晚上在田间开启黑光灯诱杀。

（4）生物防治　释放姬小蜂、潜蝇茧蜂等寄生蜂，防治效果较好。

（5）药剂防治　在受害植物叶片平均有幼虫5头左右时，掌握在幼虫2龄前（虫道很小时），于8~11时露水干后幼虫开始到叶面活动或者老熟幼虫多从虫道中钻出时，开始喷洒25%斑潜净乳油1500倍液或48%毒死蜱1500倍液、5%顺式氰戊菊酯乳油2000倍液、25%杀虫双水剂500倍液。防治时间掌握在成虫羽化高峰的8~12时效果好。此外，还可选用5%氟虫清悬浮剂、5%氟虫脲乳油、5%氟啶脲乳油等。

7.2.2　病害类园林外来有害生物

7.2.2.1　线虫类主要病害

以松材线虫病（图7-7）为例：

1. 分布与危害

该病又称为松树枯萎病，是松树的一种毁灭性流行病，是危害较大的外来入侵物种之一。其主要分布在我国的江浙、安徽、山东、重庆、湖南、湖北、广东、贵州、江西、香港和台湾。

图7-7　松材线虫病症状

2. 症状识别

病原线虫侵入树体后，松树的外部症状表现为针叶陆续变色，松脂停止流动，萎蔫，而后整株干枯死亡，枯死的针叶红褐色，当年不脱落。松树从出现症状至死亡约需一个月至一个半月的时间，发病和死亡过程的时间是该病诊断的重要依据之一。松材线虫侵入树体后不仅使树木蒸腾作用降低，失水，木材变轻，而且还会引起树脂分泌急速减少和停止。当病树已显露出外部症状之前的9~14d，松脂流量下降，量少或中断，在这段时间内病树不显其他症状，因此从泌脂状况还可以作为早期诊断的依据。松材线虫病症状发展过程可分为四个阶段：首先外观正常，但树脂分泌量减少或停止，蒸腾作用下降；接着针叶开始变色，树脂分泌停止，通常能够观察到天牛或其他甲虫危害和产卵的痕迹；然后大部分针叶变为淡褐色，萎蔫，可见到甲虫蛀屑；最后针叶全部变为黄褐色或红褐色，病树整株枯死，此

时树体一般有多种次生性的害虫栖居。

3. 病原

松材线虫病是由蠕形动物门，线虫纲，滑刃目，滑刃科，伞刃属的松材线虫侵染引起的。线虫成虫虫体细长，体长约1mm，雌虫尾部近圆锥形，末端圆；雄虫尾部似鸟爪，向腹面弯曲，如图7-8所示。在广东患病的松树中还分离出拟松材线虫，它与松材线虫十分相似，主要区别是在雌虫的尾部：拟松材线虫为圆锥形，有明显的指形突，其长度约为3.8~5.0nm，而松材线虫尾部为近圆锥形，末端钝圆，无指形突。

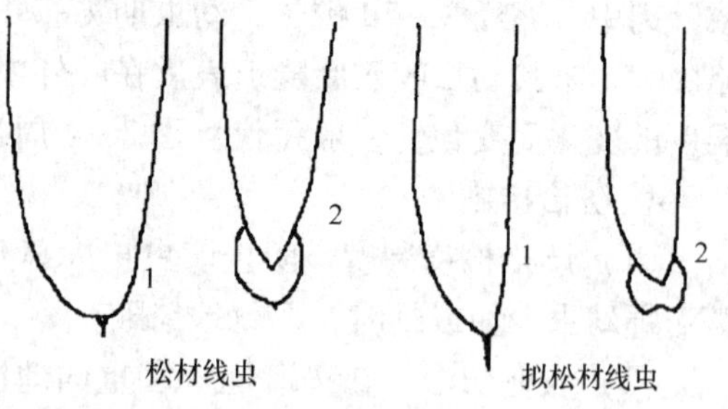

图7-8 松材线虫与拟松材线虫

1—雌成虫尾尖突 2—雄成虫交合伞

4. 发病规律

松材线虫病多发生在每年7~9月。高温干旱气候适合病害发生和蔓延，低温则能限制该病害的发展；土壤含水量低，病害发生严重。在我国，传播松材线虫的主要媒介是松墨天牛。松墨天牛一般5月前后羽化，从病树中羽化出来的天牛几乎100%携带松材线虫，天牛体内的松材线虫均为耐久型幼虫，这个阶段幼虫抵抗不良环境能力很强，它们主要分布在天牛的气管中，每只天牛都可携带成千上万条线虫，最高可达28万条。当天牛在树上咬食作补充营养时，线虫幼虫就从天牛取食造成的伤口进入树脂道，然后蜕皮成为成虫。被松材线虫侵染的松树往往又是松墨天牛的产卵对象。翌年，在病松树内寄生的松墨天牛羽化时又会携带大量线虫，并“接种”到健康的树上，导致病害的扩散蔓延。病原线虫近距离由天牛携带传播，远距离则随调运带有松材线虫的苗木、枝丫、木材及松木制品等传播。松树线虫雌雄虫交尾后产卵，每雌虫产卵约100粒。虫卵在25℃温度下30h孵化。幼虫共4龄。在温度30℃时，线虫3d即可完成一个世代。松材线虫生长繁殖的最适温度为20℃，低于10℃时不能发育，28℃以上繁殖会受到抑制，在33℃以上则不能繁殖。

5. 防治措施

1）严格检疫制度，禁止疫区的苗木、木材、木制品、枝丫、锯片等运往非病区。

2）清除病害的枯木或濒于枯死的树木，集中成堆，用塑料布密封，以溴甲烷熏蒸5~10h，药量为69~83g/m^3，可杀灭天牛成虫及幼虫。树丫集成小堆烧毁。也有用天牛化学引诱剂Ⅰ号诱杀天牛或养放肿腿蜂寄生天牛幼虫诛杀。

3）预防性喷药，包括树冠喷药和地面喷药。前者在松墨天牛羽化出来取食补充营养时喷药，后者在羽化开始时喷药，喷药一次可持效2.5~3个月。可用25%杀螟松乳剂，3~3.6kg/hm^2 或25%灭幼脲悬浮剂1000~1500倍液防治；也可采用内吸性杀虫、杀线虫剂注射树干，能有效地预防线虫的侵入。

7.2.2.2 真菌类主要病害

以菊花白锈病（图7-9）为例：

1. 分布与危害

我国在20世纪80年代从日本引进的菊花中发现菊花白锈病，该病为世界性检疫病害。国内主要分布在上海、江苏、山东、辽宁、吉林等地。随着我国花卉事业的蓬勃发展，商品

性花卉在国际上的交流和销售也日益频繁，该病传播迅速，危害严重，给花卉生产及观赏造成极大的损失。

2. 症状识别

菊花白锈病主要发生在叶片上，严重时茎也有发生。最初阶段，叶背出现变色斑，由淡黄色小斑点逐渐变成浅褐色至黄褐色，最后形成大量白色瘤状斑。病叶自下而上，叶面稍凹陷。

3. 病原

该病为真菌病害，由掘氏菊柄锈菌引起，属于子囊菌亚门锈菌目柄锈菌属。叶片上的褐色斑是白锈病的冬孢子堆。

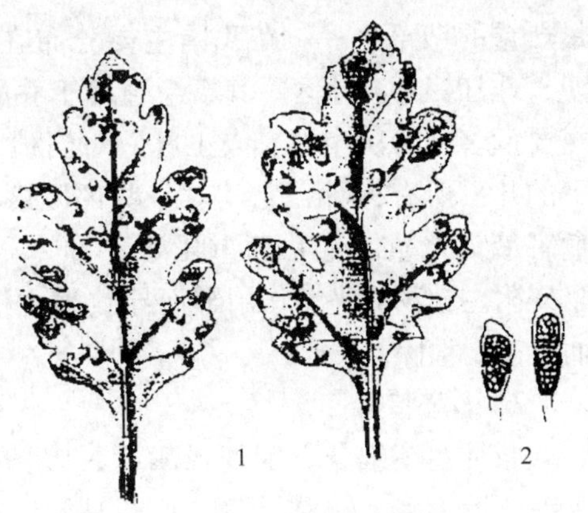

图7-9　菊花白锈病
1—菊花叶片症状　2—冬孢子

4. 发生规律

该病无论是保护地或者是露地栽培都容易发生，是一种极难防治的病害。叶片上的冬孢子在12～20℃内容易萌发，在温暖地区主要发生在4～6月，冷凉地区主要发生在5～7月。其传播主要是冬孢子发芽形成小孢子，小孢子再随风飘散，落在菊花的叶片背面，10～15d就可以再次形成色斑。高温、干燥以及光照可以阻碍小孢子的形成。

5. 防治措施

（1）严格检疫制度　一是从国外引进菊花种苗时要严格进行植物检疫，防止白锈病病原菌传入和扩展；二是对国内疫区实行封锁，避免从疫区向其他菊花栽培地区传播。

（2）园林技术防治　加强菊花栽植地管理，发现有病植株后立即拔掉焚毁，防止病情继续扩大。合理排灌，防止湿度过大。密度适宜，必要时及时修剪并清除病残枝叶，特别在温室、大棚等设施栽培时要注意通风透光，减少病原菌滋生和蔓延。

（3）药剂防治　发病初期，发现斑点时，必须及时喷洒杀菌剂，每隔4～5d喷洒一次，连续4～5次。常用的药剂有25%阿米西达悬浮剂100倍液、20%三唑酮乳油1500倍液、10%世高水分散粒剂100倍液、25%敌力脱乳油1500倍液等。发病期，可喷洒苯菌灵水合剂1000倍液、10%宝利安可湿性粉剂800倍液，或杀破隆乳油1000倍液等，每隔4～5d一次。

7.2.3　植物类园林外来有害生物

7.2.3.1　多年生藤本植物

以薇甘菊（图7-10）为例：

薇甘菊又名小花假泽兰，是多年生藤本植物，生长迅速，不耐荫，通过攀缘缠绕并覆盖附主植物，对森林和农田土地造成巨大影响。由于薇甘菊的快速生长，茎节随时可以生根并繁殖，快速覆盖生境，且有丰富的种子，能快速入侵，通过竞争或它感作用抑制自然植被和作物的生长。

1. 分布与危害

薇甘菊原产于中美洲，现已广泛传播到亚洲热带地区，如印度、马来西亚、泰国、印度尼西亚、菲律宾，以及印度洋和太平洋上的一些岛屿，成为当今世界热带、亚热带地区危害最严重的杂草之一。在我国主要分布在广东、港澳、珠江三角洲地区。其攀缘缠绕于乔灌木植物，主要危害天然次生林、人工林，对当地6～8m以下的几乎所有树种，尤其对一些郁闭度小的林木危害最为严重。薇甘菊重压于乔灌木冠层顶部，阻碍附主植物的光合作用继而导致附主植物死亡，而且难以清除。

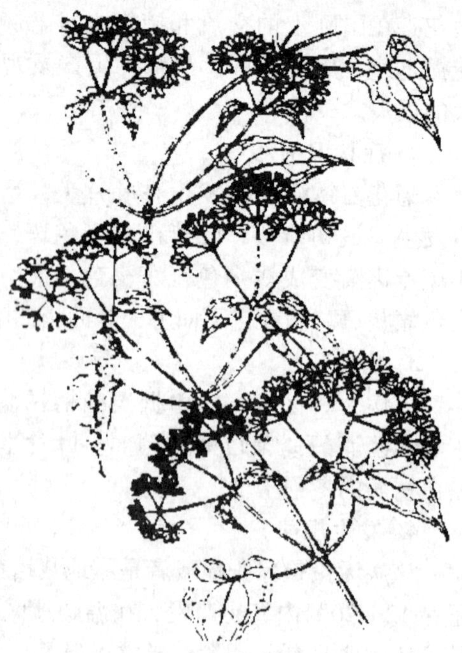
图7-10 薇甘菊

2. 形态特征

薇甘菊茎细长，匍匐或攀缘，多分枝，被短柔毛或近无毛，幼时绿色，近圆柱形，老茎淡褐色，具多条肋纹。茎中部叶三角状卵形至卵形，基部心形，先端渐尖，边缘具数个粗齿或浅波状圆锯齿，自基部起3～7脉，两面几乎无毛，上部的叶渐小，叶柄亦短，头状花序多数，在枝端常排成复伞房花序状，顶部的头状花序花先开放，依次向下逐渐开放。

3. 生长习性

薇甘菊具有无性和有性两种繁殖方式。从花蕾到盛花约5d，开花数量很大，开花后5d完成授粉，再过5～7d种子成熟，然后种子散布开始新一轮传播，所以生活周期很短。幼苗初期生长缓慢，但随着苗龄的增长，其生长随之加快，其茎上的节点和节间极易生根，伸入土壤吸取营养，进行无性繁殖，每个节的叶腋都可长出一对新枝，形成新植株。故其营养茎可进行旺盛的营养繁殖，而且较种子苗生长要快得多，薇甘菊一个节1d生长近20cm，蔓延速度极快。

4. 防治措施

1）人工铲除并及时清理蔓延的攀缘茎集中烧毁。

2）药剂防治：使用70%嘧磺隆2500倍液喷雾。施用嘧磺隆时应注意避开其他敏感植物（如叶榕、马樱丹等乔灌木及其他菊科、十字花科、禾本科植物），以免受药害。

3）利用田野菟丝子控制薇甘菊危害，田野菟丝子能寄生并致死薇甘菊，使薇甘菊的覆盖度大大降低，较好地控制薇甘菊的危害，且不会对及其他园林绿化植物造成伤害。

4）利用紫红短须螨控制薇甘菊，通过接种紫红短须螨的虫卵，经过3个月后，可使薇甘菊的藤叶成片黄化卷曲，6个月后，薇甘菊的茎叶黄化，边缘不整齐，横向较窄，随着时间的推移，薇甘菊逐渐枯死。绣线菊蚜对薇甘菊也有较好的控制效果。

7.2.3.2 多年生草本植物

以**加拿大一枝黄花**（图7-11）为例：

1. 分布与危害

加拿大一枝黄花又名黄莺、麒麟草。其原产于北美，分布在我国的浙江、上海、安徽、湖北、江苏、江西等地，曾作为观赏植物引种，后扩散蔓延成恶性杂草。其与周围植物争阳

光、争肥料，直至其他植物死亡，从而对生物多样性构成严重威胁。可谓是黄花过处寸草不生，故被称为生态杀手、霸王花。

2. 形态特征

长根状茎很发达，茎秆直立，高0.3～2.5m。叶互生，披针形或线状披针形，边缘锯齿形。头状花序排列成总状或圆锥状花序，头状花序着生于花序分枝的一侧，呈蝎尾状，瘦果全部具细柔毛。

图7-11　加拿大一枝黄花

3. 生长习性

加拿大一枝黄花喜欢生长在河滩、荒地、公路铁路两旁、农田边、农村住宅四周、城市绿地、自然保护区等地域，多年生草本植物，花果期7～11月。以种子和根状茎繁殖，繁殖力极强，传播速度快，生长优势明显，生态适应性广阔。

4. 防治措施

（1）焚烧　将其花穗剪去，将地上部分和块状茎拔出，之后将这些尽快集中焚烧干净，防止种子、根状茎和拔出部分传播扩散。

（2）药剂防治　在加拿大一枝黄花的出苗季节和开花前后，利用药剂对植株进行防治，防治的药剂主要是有：用草甘磷在开花以前喷洒；利用草甘膦和洗衣粉5∶1的比例混合在其幼苗期进行防治；也可使用其他灭生性除草剂进行防治。

（3）加强园林绿地的管理

相关技能训练

实训26　检疫性有害生物标本识别

一、实训目标

通过新鲜、干制或浸渍的园林植物检疫性有害生物标本的观察，仔细观察并掌握其各有害生物的形态特征和危害状，为提早预防和及时发现并处理这些影响当地园林植物的检疫性有害生物打下坚实基础。

二、实训材料和用具

材料：椰心叶甲、松突圆蚧、日本松干蚧、美国白蛾、蔗扁蛾、薇甘菊、加拿大一枝黄花、美洲斑潜蝇、松材线虫、菊花白锈病等主要检疫性有害生物新鲜、干制或浸渍标本及其危害状标本或图片。

用具：有关植物检疫性病虫草害的挂图、影视教材、剪刀、光学显微镜、放大镜、镊子、挑针、搪瓷盘、记录本、铅笔等。

三、实训内容与方法

（一）检疫性有害昆虫各虫态形态及危害状观察识别

认真观察供选的各检疫性害虫的形态特征，找出它们的识别要点（特别是各虫态特征及对植物的危害状），填入表7-2。结合收集的相关资料，讨论并作总结。

表7-2 检疫性有害昆虫各虫态形态及危害状观察记载表

序号	检疫性害虫名称	识别要点	危害状

（二）检疫性病害的症状观察识别

选取提供的检疫性病害标本或图片，用显微镜、放大镜仔细观察其病症和病状。将观察的结果与诊断鉴别要点填入表7-3。

表7-3 检疫性病害的症状观察记载表

序号	检疫性病害名称	病状特点	病原物

（三）检疫性有害植物观察识别

选取检疫性植物标本，利用挂图、影视教材、剪刀、镊子等工具，借助放大镜，仔细观察它们的根茎叶花果实特征，并将识别要点填入表7-4。

表7-4 检疫性有害植物观察记载表

序号	检疫性植物名称	形态特征	生态习性

四、实训报告

列表描述观察到的检疫性有害生物的识别要点及危害状。

归纳总结

- 外来有害生物及防治措施
  - 外来有害生物入侵的形势与危害
    - 外来有害生物及其入侵的概念
      - 外来有害生物
      - 生物入侵
    - 外来有害生物入侵的形势
    - 外来有害生物入侵的危害
    - 我国外来有害生物入侵的途径
      - 无意引入
      - 有意引入
      - 自然传入
    - 外来有害生物入侵传播特点
  - 外来入侵生物的主要种类及防治
    - 外来害虫
      - 松突圆蚧及其防治
      - 日本松干蚧及其防治
      - 椰心叶甲及其防治
      - 美国白蛾及其防治
      - 蔗扁蛾及其防治
      - 美洲斑潜蝇及其防治
    - 外来植物病害
      - 松材线虫病及其防治
      - 菊花白锈病及其防治
    - 外来杂草
      - 薇甘菊及其防治
      - 加拿大一枝黄花及其防治

同步测试

一、填空题

1. 生物入侵是指（　　）的现象。

2. 外来入侵物种是指（　　）的外来物种。

3. 我国外来有害生物入侵的主要途径是（　　）、（　　）、（　　）。

4. 外来物有害生物在新的生态系统中，如果温度、湿度、海拔、土壤、营养等环境条件适宜，就会自行繁衍。造成生物灾害的外来入侵生物往往具有（　　）、（　　）、（　　）等特点。

5. 生物入侵最根本的原因是（　　）把这些物种带到了它们不应该出现的地方。

6. 生物防治是指从外来有害生物的原产地引进（　　），将有害生物的种群密度控制在生态和经济危害阈值之内。

7. 外来入侵物种的人工防治方法是依靠人力，捕捉外来害虫或拔除外来入侵物种，或者利用机械设备来防治外来植物，利用黑光灯诱捕有害昆虫等。该方法适用于（　　），可在短时间内迅速清除有害生物，但对于已沉入水里和土壤的植物种子和一些有害动物则无能为力；高繁殖力的有害植物容易再次生长蔓延，需要年年进行防治。

8. 美国白蛾在我国 1 年发生（　　）代，主要以（　　）越冬。

9. 外来物种（　　）繁殖迅速，常大面积的爆发，引起河道堵塞、影响航运、阻碍排灌、水环境的剧烈变化、水体富营养过程加速，并引发新的生态灾害，是造成江河湖泊水体富营养化的罪魁祸首。

10. 有一种植物，给农业和生态环境酿成的绿色灾难，甚至比洪涝旱灾更可怕，因此其又被称为“绿色杀手”、“植物食人鱼”，它是（　　）。

11. 被称为“松树癌症”的松材线虫属于检疫性病害。其传播松材线虫的主要媒介是（　　）。

二、简答题

1. 外来有害生物容易从哪些地方入侵?

2. 怎样识别薇甘菊？如何防治?

3. 简述蔗扁蛾的识别要点与防治。

4. 简述菊花白锈病症状的识别与防治。

5. 外来有害生物对园林植物主要会造成哪些危害？怎样采取措施预防和控制外来有害生物的入侵?

园林植物保护课程标准

一、课程性质与任务

课程性质：《园林植物保护》是高职园林技术专业的必修课程。本课程根据专业方向不同，建议开设64~96学时，4~6学分。

课程任务：通过本课程的学习，要求掌握园林植物有害生物防治的基础知识和基本技能；具备从事园林植物有害生物防治技术与推广工作的工作能力，达到绿化工、花卉工、植保工等高级工职业技能等级证书的要求，使学生能适应相应职业岗位并具有一定的调查研究及创新能力。

设计思路：本课程立足于学生实际操作能力的培养，按照园林植物保护工作任务整合理论与实践，以具体的工作任务为载体，将基础理论融入具体的工作任务之中，充分体现以岗位任务引领、以工作项目为载体，以典型工作过程为主线，将相关知识的讲解贯穿于完成工作任务的过程中，所设计的“教学项目”为学生毕业后就业上岗需求的实际需要，学生通过教、学、做一体，校内外实习基地及企业实习，为学生提供更多的操作机会，使学生在识别园林植物有害生物并进行有效防治的前提下提高综合素质，为学生的就业及可持续发展提供技术保障。

前导课程：植物生长与环境、花卉栽培技术、园林树木。

后续课程：园林植物栽培技术、顶岗实习、毕业论文。

二、教学基本要求

知识目标：

1）掌握园林植物常见有害生物的诊断识别、调查预测和综合防治方法。

2）掌握常见园林草坪及苗圃杂草的种类及化学防除方法。

3）掌握外来生物对园林植物的危害及防控措施。

能力目标：

通过在园林植物的养护过程中对有害生物综合防治技术能力的培养和训练，最终达到能独立诊断各种有害生物、分析其发生原因、进行调查预测、制定防治方案并组织实施的植物保护技能型专门人才的培养目标。

素质目标：

具有较强表达能力，人际沟通能力，团队协作精神，良好的心理素质，较强的环保意识；能自主学习，达到能拍摄有害生物形态及为害状、利用网络等教学资源查找学习资源，分析及解决问题，并能制作有害生物防治ppt进行讲解宣传的目标。

三、教学条件

1）植物保护实训室、校内生产性实训基地（包括园林植物病虫发生危害现场）、校外生产性实训基地。

2）植物保护教学做一体化多媒体教室，要求配有光学显微镜、体视显微镜，有害生物标本、挂图、投影仪

3）超净工作台、高压灭菌锅、生化培养箱、接种器械、病原切片；标本采集、制作、保存及昆虫饲养所需的仪器设备和器具。

4）植物病虫害防治器具如喷雾器、喷雾车、频振杀虫灯、高压汞灯等。

四、教学内容及学时安排

本课程分为七个部分，包括园林植物病虫害识别技术、有害生物综合防治技术、城市不良环境的影响及防治措施、园林植物害虫防治技术、园林植物病害防治技术、草坪病虫草害防除技术及外来生物入侵的危害与防治措施。

项目序号	项目	工作任务	教学要求	参考时数
		绪论	充分利用ppt图片，说明该课程的重要性，提高学生学习兴趣。	2
一	园林植物害虫及病害的识别技术	任务1　昆虫的形态识别技术 1.1　昆虫的外部形态 1.2　昆虫的生物学特性 实训1　昆虫外部形态及变态类型识别 1.3　常见园林昆虫的分类与识别 实训2　园林植物常见目科害虫种类识别 实训3　昆虫生活史的饲养观察 实训4　昆虫标本的采集、制作与鉴定 任务2　园林植物侵染性病害及病原的识别 1.2.1　园林植物病害的症状 实训5　园林植物病害的症状识别 1.2.2　园林植物侵染性病害的病原 实训6　常见植物病原真菌类群的观察与识别 1.2.3　园林植物病害的诊断 实训7　园林植物病害病原物的分离培养和鉴定 实训8　园林植物病害的田间诊断 实训9　园林植物病害标本采集与制作	1. 通过本项目的学习，要求掌握病虫害的主要特征并能熟练识别；熟悉昆虫的生物学特性及分类基本知识；熟悉病原菌的一般性状及所致病害特点；能熟练掌握显微镜的使用、昆虫饲养技术、病虫害标本采集制作及鉴定技术 2. 教学应在教、学、做一体化多媒体教室进行，要求配有光学显微镜、体视显微镜，有害生物标本以及标本采集、制作、保存及昆虫饲养所需的仪器设备和器具。教学时边采用ppt讲解边观察对照实物标本；也可与实训结合进行 3. 昆虫饲养可在课外进行，不占用教学课时 4. 有害生物标本采集等教学实习应集中时间灵活进行，不占用理论教学课时。建议时间：3天	26~32

（续）

<table>
<tr><th>项目序号</th><th>项目</th><th>工作任务</th><th>教学要求</th><th>参考时数</th></tr>
<tr><td rowspan="4">二</td><td rowspan="4">园林植物有害生物综合防治技术</td><td>任务1　园林植物有害生物综合治理
2.1.1　综合防治的概念与发展
2.1.2　综合防治的原理与策略
2.1.3　综合防治方案的制订</td><td rowspan="4">1. 通过本项目的学习与实施，要求了解综合防治的概念和意义，理解综合防治的原则和方法，熟悉常用农药的特点、防治对象和使用方法，掌握植物病虫害的发生消长和预测预报及各种防治方法的原理、特点、应用技巧，会拟定园林植物有害生物综合防治方案，能够根据有害生物的总体发生情况合理应用各种防治措施并组织实施
2. 教学在教、学、做一体化多媒体教室进行；实训可在室外或植物化学保护实训室进行
3. 病虫害田间调查应选择病虫害发生较重的季节在野外多次进行
4. 农药的配制和使用，可结合校园病虫害防治进行</td><td rowspan="4">10～18</td></tr>
<tr><td>任务2　植物病虫害的发生消长和预测预报
2.2.1　昆虫种群及其种群的消长
2.2.2　植物病害的发生过程和流行
2.2.3　园林植物病虫害的调查与测报
实训10　园林植物病虫害的田间调查</td></tr>
<tr><td>任务3　园林植物有害生物的防治方法
2.3.1　植物检疫
2.3.2　园林技术防治
2.3.3　物理机械防治
2.3.4　生物防治
2.3.5　化学防治</td></tr>
<tr><td>任务4　常见农药及使用技术
2.4.1　农药的类型及基本特性
2.4.2　杀虫、杀螨剂
2.4.3　杀菌剂和杀线虫剂
2.4.4　除草剂
2.4.5　植物生长调节剂
2.4.6　其他农药
实训11　园林植物常用农药性状观察
实训12　波尔多液的配制与石硫合剂的熬制
实训13　农药的使用技术</td></tr>
<tr><td rowspan="2">三</td><td rowspan="2">城市不良环境的影响及控制措施</td><td>任务1　不良环境因子及所致生理性病害
3.1.1　不良环境因素的种类及影响
3.1.2　非侵染性病害的诊断</td><td rowspan="2">1. 通过本项目的学习，要求了解城市不良环境的类别及对园林植物的影响，熟悉由不良环境影响造成的园林植物非生物性病害的诊断，掌握消除或改善不良环境的方法
2. 教学在教、学、做一体化多媒体教室进行
3. 实训选择在多处园林植物生长势较差的园林小区进行</td><td rowspan="2">2～4</td></tr>
<tr><td>任务2　不良环境因子的控制措施
3.2.1　构建合理的植物群落
3.2.2　科学施工
3.2.3　选择抗污染植物
3.2.4　降低城市土壤对园林植物的不良影响
3.2.5　加强养护
实训14　园林植物不良生长环境调查</td></tr>
</table>

（续）

项目序号	项目	工作任务	教学要求	参考时数
四	园林植物害虫防治技术	任务1　主要食叶害虫的种类及防治技术 4.1.1 刺蛾类　4.1.2 袋蛾类　4.1.3 毒蛾类　4.1.4 灯蛾类　4.1.5 尺蛾类　4.1.6 夜蛾类　4.1.7 舟蛾类　4.1.8 卷叶蛾类　4.1.9 枯叶蛾类　4.1.10 天蛾类　4.1.11 斑蛾类　4.1.12 螟蛾类　4.1.13 蝶类　4.1.14 叶甲类　4.1.15 叶蜂类　4.1.16 软体动物类 实训15　园林植物食叶害虫的识别与防治 任务2　园林植物吸汁害虫和害螨的识别与防治技术 4.2.1 蚜虫类　4.2.2 介壳虫类　4.2.3 木虱类　4.2.4 粉虱类　4.2.5 叶蝉类　4.2.6 蜡蝉类　4.2.7 蝽类　4.2.8 蓟马类　4.2.9 螨类 实训16 园林植物常见吸汁害虫和害螨的识别与防治 任务3　园林植物钻蛀性害虫的识别与防治技术 4.3.1 天牛类　4.3.2 吉丁虫类　4.3.3 小蠹类　4.3.4 透翅蛾类　4.3.5 象甲类 实训17　园林植物钻蛀性害虫的识别与防治 任务4　园林植物根部害虫识别与防治技术 4.4.1 蛴螬类　4.4.2 蝼蛄类　4.4.3 金针虫类　4.4.4 地老虎类　4.4.5 白蚁类 实训18　园林植物根部害虫的识别与防治	1. 通过本项目的学习，要求掌握常见园林植物食叶害虫、吸汁害虫、钻蛀害虫和根部害虫的主要特征并能熟练识别；熟悉园林植物主要害虫的发生规律及习性；能熟练掌握园林植物主要害虫的防治技术 2. 教学应结合季节及周边害虫发生情况在校园内外进行现场教学，必要时结合室内多媒体教学 3. 有条件时应结合教学进行害虫防治实训	12～16
五	园林植物侵染性病害防治技术	任务1　园林植物叶花果病害诊断与防治 5.1.1 白粉病类　5.1.2 锈病类　5.1.3 炭疽病类　5.1.4 灰霉病类　5.1.5 叶斑病类　5.1.6 叶畸形类　5.1.7 病毒病类 实训19　园林植物叶花果病害的症状观察 任务2　园林植物枝干病害诊断与防治技术 5.2.1 腐烂、溃疡病类　5.2.2 细菌性软腐病类　5.2.3 枯萎病类　5.2.4 丛枝病类 实训20　园林植物枝干病害的症状观察 任务3　园林植物根部病害诊断与防治 5.3.1 幼苗立枯和猝倒病类　5.3.2 白绢病类　5.3.3 线虫病类　5.3.4 根癌病类　5.3.5 紫纹羽病 实训21　园林植物根部病害的症状观察 实训22　园林植物有害生物防治综合实训	1. 通过本项目的学习，要求掌握常见园林植物侵染性病害的特性，熟悉各类病害的症状特点，能鉴定病原，明确病害发生发展规律，掌握各类病害的诊断与防治技术。 2. 教学应结合季节及周边园林植物病害发生情况在校园内外进行现场教学，必要时结合室内多媒体教学。 3. 有条件时应结合教学进行病害防治实训。	8～12

（续）

项目序号	项目	工作任务	教学要求	参考时数
六	草坪主要病虫草害防治技术	任务1　草坪主要害虫及防治技术 6.1.1 螟蛾类　6.1.2 夜蛾类　6.1.3 蝗虫类　6.1.4 叶甲类　6.1.5 蚜虫类　6.1.6 叶蝉类 任务2　草坪主要病害及防治技术 6.2.1 叶枯病类　6.2.2 枯萎病类　6.2.3 锈病类　6.2.4 线虫病类 实训23　草坪病虫害的田间诊断识别 任务3　草坪及园圃主要杂草防除技术 6.3.1 杂草主要种类识别　6.3.2 草坪及园圃主要杂草的综合防除 实训24　草坪及园圃杂草种类识别 实训25　草坪及园圃杂草的防除技术	1. 通过本项目的学习，要求掌握草坪主要病虫害的形态特征、危害特点及发生规律，常见杂草的种类、防除方法及除草剂的正确使用，制定出科学、合理的治理方案 2. 本项目可以选讲，内容和课时可根据各校的具体情况而定 3. 教学应结合季节及周边草坪病虫草害发生情况在校园内外进行现场教学，也可结合杂草标本在室内进行多媒体教学 4. 有条件时应结合教学进行草坪病虫草害防治实训	2~6
七	外来有害生物的危害与防控措施	任务1　外来有害生物入侵的形势及危害 7.1.1　外来有害生物及其入侵的概念 7.1.2　外来有害生物入侵的形势 7.1.3　外来有害生物入侵造成的危害 7.1.4　我国外来生物入侵的途径 7.1.5　外来有害生物入侵传播疫情的特点 任务2　外来入侵生物的主要种类及防治技术 7.2.1　昆虫类园林外来有害生物 7.2.2　植物类园林外来有害生物 7.2.3　病害类园林外来生物 实训26　检疫性有害生物标本识别	1. 通过本项目的学习，要求掌握常见外来有害生物的形态特征并能熟练识别；熟悉有害生物的分布与危害特点及其生活习性，能够采取综合防控措施最大限度的减少或控制外来有害生物的入侵，以维护经济、生态和社会效益 2. 教学在教、学、做一体化多媒体教室进行。要求配有检疫性有害生物标本。 3. 有条件的学校可以组织学生到当地植物检疫部门参观	2~6
合计				64~96

五、教学方法

本课程理论及室内实训课均可在“教、学、做一体化”教室进行，讲授以多媒体及相关的影像资料和现场采集的实物标本为载体进行讲授，边讲授边对主要病虫害标本进行观察和鉴别，并辅助于课外的标本采集、制作和鉴定，害虫生活史的饲养及病原菌的分离培养观察，增强学生对植物病虫害的诊断识别能力以及生物学特性和发生规律等方面的感性认识。室外实训课主要采用项目教学法，在公园、绿化小区及校内外花园进行；有害生物的识别诊断及防治方案的制订与实施主要采用现场教学法、案例教学法；对学生制定的综合防治方案，可采用讨论评价教学法。

六、考核方式及评分方法

采取理论与实践相结合、平时与集中相结合、笔试与实作相结合的全面素质综合考核

办法。

1）平时成绩占40% ~50%，包括出勤、讨论发言、专题调查资料的整理及答辩、平时测验、实训内容完成情况、标本采集及识别效果等。

2）期末成绩占 50% ~60%，包括实作考试及卷面考试。实作考试以诊断识别有害生物、防治方案的可行性及防治实施情况考核为主。

七、教材与参考书

（一）教材

教材名称	出版社	出版时间
《园林植物保护》	机械工业出版社	2011年

（二）参考书目

书目名称	作者	出版社	出版时间
《园林植物病虫害防治》	江世宏	重庆大学出版社	2007年
《园林植物病虫害防治》	张随榜	中国农业出版社	2001年
《园林植物病虫害防治》	张中社	高教出版社	2004年
《园林植物病虫害防治》	武三安	中国林业出版社	2007年

参考文献

[1] 李清西，钱学聪. 植物保护 [M]. 北京：中国农业出版社，2002.
[2] 张随榜. 园林植物保护 [M]. 北京：中国农业出版社，2008.
[3] 江世宏. 园林植物病虫害防治 [M]. 重庆：重庆大学出版社，2007.
[4] 徐明慧. 园林植物病虫害防治 [M]. 北京：中国林业出版社，1999.
[5] 武三安. 园林植物病虫害防治 [M]. 北京：中国林业出版社，2007.
[6] 王瑞灿. 园林花卉病虫害防治手册 [M]. 上海：上海科学技术出版社，1999.
[7] 江建国，柴长宏. 园林植物病虫害防治技术 [M]. 郑州：黄河水利出版社，2010.
[8] 花蕾. 植物保护学 [M]. 北京：科学出版社，2008.
[9] 李传仁. 园林植物保护 [M]. 北京：化学工业出版社，2007.
[10] 许志刚. 普通植物病理学 [M]. 北京：高等教育出版社，2009.
[11] 张中杜，江世宏. 园林植物病虫害防治 [M]. 北京：高等教育出版社. 2007.
[12] 徐志华. 园林花卉病虫害图鉴 [M]. 北京：中国林业出版社，2002.
[13] 徐惠风. 城市园林生态学 [M]. 北京：中国林业出版社，2010.
[14] 萧刚柔. 中国森林昆虫 [M]. 北京：中国林业出版社，1992.
[15] 袁锋. 农业昆虫学 [M]. 北京：中国农业出版社，2001.
[16] 宋瑞清，董爱荣. 城市绿地植物病害及其防治 [M]. 北京：中国林业出版社，2001.
[17] 杨子琦，曹国华. 园林植物病虫害防治图鉴 [M]. 北京：中国林业出版社，2002.
[18] 欧阳秩，吴帮承. 观赏植物病害 [M]. 北京：中国农业出版社，1999.
[19] 张青文，刘开建，王刚. 草坪虫害 [M]. 北京：中国林业出版社，1999.
[20] 商鸿生，王凤葵. 草坪病虫害及其防治 [M]. 北京：中国农业出版社，1996.
[21] 赵美琦，等. 草坪病害 [M]. 北京：中国林业出版社，1999.
[22] 李扬汉. 中国杂草志 [M]. 北京：中国农业出版社，1998.
[23] 李善林. 草坪杂草 [M]. 北京：中国林业出版社，1999.
[24] 王文和，田晔林，陈之欢. 草坪与地被植物 [M]. 北京：气象出版社，2004.
[25] 王春梅. 草坪病虫害 [M]. 延吉：延边大学出版社，2002.
[26] 刘荣堂. 草坪有害生物及其防治 [M]. 北京：中国农业出版社，2004.
[27] 胡林，边秀举，阳新玲. 草坪科学与管理 [M]. 北京：中国农业大学出版社，2001.
[28] 王春梅. 草坪建植与养护 [M]. 延吉：延边大学出版社，2002.
[29] 迟德赛，严善春. 城市绿地植物病虫害及其防治 [M]. 北京：中国林业出版社，2001.
[30] 徐海根，王建民，强胜，等. 外来物种入侵生物安全遗传资源 [M]. 北京：科学出版社，2004.
[31] 万方浩，李保平，郭建英，等. 生物入侵：生物防治篇 [M]. 北京：科学出版社，2008.
[32] 万方浩，谢丙炎，褚栋，等. 生物入侵：管理篇 [M]. 北京：科学出版社，2008.
[33] 农业部外来物种管理办公室. 农业外来入侵物种知识100问 [M]. 北京：中国农业出版社，2006.
[34] 田家怡. 山东外来入侵有害生物与综合防治技术 [M]. 北京：科学出版社，2004.
[35] 刘振宇，邵金丽. 园林植物病虫害防治手册 [M]. 北京：化学工业出版社，2009.
[36] 车晋滇. 中国外来杂草原色图谱 [M]. 北京：化学工业出版社，2009.
[37] 徐正浩，陈为民，蔡国强. 杭州地区外来入侵生物的鉴别特征及防治 [M]. 杭州：浙江大学出版社，2008.
[38] 王晓燕，李建玲，等. 城市园林植物保护的体系需重新构建 [J]. 内蒙古农业科技，2010 (2).